心 理 学 译 丛

AN INTRODUCTION TO THEORIES OF PERSONALITY 8e

第8版

人格心理学入门

[美] 马修·H. 奥尔森（Matthew H. Olson）　　B. R. 赫根汉（B. R. Hergenhahn）/ 著

陈会昌　苏　玲 / 译

中国人民大学出版社
·北京·

作者简介

马修·H. 奥尔森，美国知名心理学教授。1973 年在加利福尼亚大学戴维斯分校获得学士学位，1977 年在密歇根大学获得实验心理学博士学位，专注于生物心理学和决策理论的研究。1977 年加入哈姆林大学，从事教学和写作。他的课程因充满趣味性，能启发学生的探索精神并激发学生的学习兴趣，而赢得学生喜爱。1991 年获得哈姆林大学的 Burton 和 Ruth Grimes 年度教师奖，2011 年获得明尼苏达心理协会的 Walter Mink 杰出研究生教师奖。

其作品主要有：《学习理论入门》（第 9 版）（*An Introduction to Theories of Learning*，9th edition，2013）、《人格心理学入门》（第 8 版）（*An Introduction to Theories of Personality*，8th edition，2011）（以上两部作品均与 B. R. 赫根汉合著）。

B. R. 赫根汉，哈姆林大学荣誉教授，心理学系的前任主任，因其卓越的教学水平而多次获奖，撰写了多部被广泛采用的教科书，发表了大量期刊论文。其主要作品除了与马修·H. 奥尔森合著的《学习理论》（第 9 版）、《人格心理学入门》（第 8 版）外，还有被许多高校所广泛采用的《心理学史导论》（第 6 版）（*An Introduction to the History of Psychology*，6th edition，2009）。

译者简介

陈会昌，我国著名发展心理学家，北京师范大学发展心理研究所教授、博士生导师。现任中国关心下一代工作委员会儿童发展研究中心专家委员会委员，中国家庭教育学会理事，东南大学（南京）兼职教授，中国青少年研究中心专家支持系统特聘专家，沈阳师范大学兼职教授，《亚洲与太平洋语言与听觉杂志》编委，香港《幼儿学报》编委。

代表性研究项目有"儿童从 2 岁到 25 岁社会行为与家庭教养方式的追踪研究"（国家自然科学基金及国际合作项目）、"尊重平等教育与学校教育改革"（国家社会科学基金项目）、"转型期中小学生的个性、品德发展与教育"（教育部"九五"重点项目）等。

共发表论著、译著、科普著作 700 余种，共计 1 000 多万字，其中代表性著作有《道德发展心理学》《德育忧思：转型期学生个性心理研究》《竞争：社会－心理－文化透视》《儿童的想象与幻想》《幼儿社会化训练》，代表性译作有《伯克毕生发展心理学》《人格心理学》《社会性与人格发展》等。

译 者 序

"如果学生想学习一门最好的心理学入门课程，那么，这本《人格心理学入门》是不二之选。"

这是本书作者在前言里说的一句话。我刚看到这句话时，颇感怀疑，尤其是，作者自认为，这是"一门最好的心理学入门课程"。心理学的领域那么广大，一本人格方面的书能达到这一目的吗？

等我翻译完全书，回过头来思考作者这句话，我的看法有了根本的转变，深感作者站的位置之高，对心理学整体评价之贴切，对心理学各理论流派的分类之独特，对各派人格理论产生原因分析之深入，都令人有耳目一新之感。

一、可证实和不可证实的心理学

作为"学院派"的正统心理学家，作者用弗朗西斯·培根的可证实性原理、卡尔·波普尔的可证伪性原理和托马斯·库恩的范型论来看待心理学，实事求是地指出，和物理学、化学这些已经拥有大量范型的自然科学相比，心理学还处于婴儿期。心理学中，行为主义流派的研究是既可证实又可证伪的，而精神分析流派的多数理论观点是既不能证实，也不能证伪的。但是，作者又引用卡尔·波普尔的话指出这些"非科学"的心理学研究的价值：

> 从历史角度，所有的——或几乎所有的——科学理论都发源于神话……神话可能含有科学理论的预感。……因此我［相信］，一个理论被发现是非科学的，或"形而上学"的……并不能说明它微不足道或无关紧要，或"毫无意义"，或是"荒谬的"。（Karl Popper，1963，p. 38）

在心理学短短一百多年的发展史上，实证派和非实证派一直在打嘴仗，互相轻视、互相贬低的言论比比皆是。在这种复杂的门派之争中，本书作者站在超然的立场，在书中收入了所有有代表性的理论，甚至包括连他本人都否认自己是人格理论家的斯金纳的理论。用作者的话来说：**"斯金纳对本书的贡献不在于描述人格成分的理论构想，不是影响人格的精神作用——意识或无意识，也不是人格发展所经历的阶段，而在于，斯金纳确定并描述了一定的行为被习得、被表现和其他行为被淘汰的过程。"**

在不可证实也不可证伪的心理学理论方面，存在主义心理学家罗洛·梅的一段寓言式比喻也确能给人启发：

> 一位心理学家——也许是我们中的任何一位——在度过了富有成果的漫长一生后，站在了天堂门前。他被带到圣彼得面前接受常规的评判。……一位白衣天使把一个马尼拉纸夹放在桌上，圣彼得打开它，一边读着，一边锁起双眉。这位审判官的表情令人敬畏，但心理学家紧握公文包，鼓起勇气走上前。不过圣彼得的眉头锁得更紧。他用手指敲着桌子，嘴里咕哝着什么，一边用他摩西般的眼神注视着这位被评判者。
>
> 沉默令人难堪。心理学家忍不住打开公文包叫喊起来："看！我的132篇论文的复印件。"
>
> 圣彼得慢慢地摇了摇头。
>
> 心理学家掏了掏公文包的深处，说："给你看我因为科学成就获得的奖章。"

圣彼得的眉头并没有舒展，他仍旧默默地注视着心理学家的脸。

最后，他终于开口了："我的善良的人，我知道你有多么勤奋。你被指控不是因为懒惰，也不是因为非科学行为。"……

这时，圣彼得用手重重地拍着桌子，他的声音像摩西宣布《十诫》："**你被指控把事情搞得简单平庸！**

"你耗尽一生在大山上挖老鼠洞——那就是你的罪过。当人身处悲剧中时，你说他遇到的只是琐碎小事。……当他被迫忍受痛苦时，你把这说成是傻笑；当他鼓足勇气付诸行动时，你却称之为刺激和反应。……你用你童年时玩的建筑模型的图像和主日学校的格言塑造一个人——凡此种种都令人厌恶。

"一言以蔽之，我把你送到人世间的但丁竞技场活了 **72** 年，你却没日没夜地表演你的串场小杂耍！"（May，1967，pp. 3-4，黑体强调为译者所加）

显然，在罗洛·梅眼里，心理学家应该做愚公移山的伟业，而不应该只是在山底下挖老鼠洞；应该探索整体的人格和行为，而不应该把心理学研究搞得简单平庸；应该在人类科学舞台上扮演主角，而不应该只是表演串场小杂耍。

由于二战以后的长期和平环境，人类的工业、农业、科技、教育事业飞速发展，工业化国家和新兴发展中国家人民的生活水平提高，人的期望寿命延长，人们关注的焦点越来越指向人本身。在这种背景下，心理学似乎正在朝着纯科学的实证和整体主义的社会人两个方向快速发展。本书作者站在超然、中立、整合的立场，也许是更符合时代要求的。

二、心理学的"范型"

按照托马斯·库恩的"范型"概念，心理学中并没有像牛顿力学三定律、门捷列夫元素周期表那样被本专业所有人都赞同的理论。但是本书作者却大胆地把库恩的概念"降格"，从相对主义立场出发，提出了心理学界的几个范型：

精神分析范型：弗洛伊德、荣格
社会文化范型：阿德勒、霍妮、埃里克森
特质范型：奥尔波特、卡特尔、艾森克
学习范型：斯金纳、多拉德和米勒、班杜拉和米歇尔
进化论范型：巴斯
存在主义-人本主义范型：凯利、罗杰斯、马斯洛、罗洛·梅

这种分类在此前的所有心理学专著和教科书中从未有过，它颠覆了多年来心理学家对一些流派的"刻板印象"。这只能代表本书两位作者的个人观点，但是当我认真研读了本书内容之后，对某些"革新"不免点头称是。

第一，把原来被认为属于新精神分析流派的阿德勒、霍妮、埃里克森三人的理论划归社会文化范型，相当有道理。

第二，作者居然把很多人一直不看好的进化心理学单独作为一个范型提出来，这是需要胆量和理由的。

第三，在很多人格教科书里被称为人格认知流派的乔治·凯利的理论，被归为存在主义-人本主义范型，这似乎更符合凯利本人的意愿。

第四，在人格心理学领域影响巨大的人本主义流派，在本书中与存在主义心理学"联姻"，在该范型中专门加入罗洛·梅的一章。实际上，人本主义和存在主义在基本的人性观上分歧不小，人本主义主张"人之初，性本善"，很像中国的儒家思想，也符合基督教、佛教的本旨。而存在主义则主张人性无善无恶，很像中国古代哲学家告子的观点，可能也弥补了人本主义一直被诟病的一些主张。近年来存在主义心理学的影响在西欧、北美逐渐强大，是一个值得注意的趋势。

三、人格理论是提出者人生的写照

本书作者在最后的第17章"结语"中提出一种"新"观点，即人格理论往往是理论提出者人生的写照。这算不上什么新观点，但是把它写进一本教科书，则显得很独特。作者认为，人格理论往往反映了理论家鲜明的个人经历。每一位人格理论家都是从他独特的个人视角来看待人类的。这使人格理论受到其个人主观因素的很大影响。

在"结语"中指明的这种观点，其实是贯穿全书的。全书共介绍了15种人格理论，涉及18位心理学家。作者对这18个人的生平，都用不小的篇幅（相对于一本教科书来说）做了介绍。值得注意的是，这些生平回顾都涉及了他们的家庭状况，父母的意识形态、价值观、职业、家庭教育方式，特别是这些理论家童年时代经历的重要事件，从中可以约略看出他们提出和形成自己理论的脉络。这18位理论家的生平，是本书中趣味性和可读性最强的内容，其中很多东西是在其他心理学著作中很难见到的，因为关于这些心理学家的一些难登大雅之堂的趣闻逸事，甚至丑闻，必须费力地去搜寻。比如，关于弗洛伊德生日的不同说法和原因，弗洛伊德对早期"诱惑理论"的自我修正，弗洛伊德被吹捧为"一个孤独、英雄式人物"的神话，关于弗洛伊德协助布洛伊尔治疗的著名的癔症少女安娜·O的一生经历和她后来对精神分析理论的强烈反对，关于荣格与夫人艾玛·荣格和比他小13岁的情人托妮·沃尔夫长达几十年的三角爱情，关于罗洛·梅一生中两次失败的婚姻和79岁开始并持续到逝世的第三次幸福的婚姻，关于"乖孩子"斯金纳文学专业大学毕业后躲进阁楼写小说却屡遭失败、几十年后用乌托邦式的小说《桃源二村》圆梦的故事，关于进化心理学家戴维·巴斯的传奇人生，他父亲是心理学教授，母亲是教育家，自己却在高中时反叛家庭，辍学去当汽车修理工，后来上夜校拿到高中毕业证书，并幡然悔悟，辗转在加利福尼亚大学伯克利分校拿到心理学博士学位。如此等等。

在翻译本书的过程中，我的感想颇多。我在发展心理学社会性与人格发展领域闯荡40年，自诩为学院派心理学家，深感与本书的两位作者马修·奥尔森和B. R. 赫根汉的很多看法有共鸣。在读到罗洛·梅那段精彩的讽刺寓言时，也微微觉得脸红。随着经验和阅历的增多，我对心理学的看法似乎朝着更宽容的方向转变。

当前在世界范围，包括中国，有很多非主流的人格理论观点，可能因其在实践中的应用性而大行其道，我不一一列举这些观点是什么，但是我建议，无论你是心理学专业的学生，还是在自己工作中需要用到心理学知识的非专业人士，当你被某种非主流的人格理论吸引并决定仔细研读之前，最好先读一读像本书这样的"正牌"书，你会站得更高，看得更远。

本书的正式"身份"就是一本大学心理学专业的教材，本科生、研究生都可用。我曾经问自己一个问题："如果我现在正在大学教'人格心理学'这门课，我会拿本书当教材吗？"

我的回答非常肯定，因为这是迄今我看到的最合我意的一本人格心理学入门书。

"人格"这个字眼儿，现在被越来越多的中国人所熟悉和关注，因为它和"心理"这个词一样，每个人都跟它脱不开干系。官员和民众，父母和子女，教师和学生，企事业管理者和员工，医生和患者，教练员和运动员……谁能离开"人格"和"心理"来做人、做事？在这个意义上，不妨把开头那句话改成："**任何想了解心理和人格的人，如果想读一本入门书，那么，本书是不二之选。**"

　　本书是我和苏玲教授合译的，她翻译了第2、6、14、15章，我做了校对，其余13章由我本人翻译。因内容涉及的范围广泛，译文肯定有错漏之处，企望读者不吝指正。

陈会昌

2018年2月 于北京学知园

以爱、感谢和赞赏献给米拉·K.奥尔森（Mira K. Olson）和玛茜娅·索德尔曼－奥尔森（Marcia Soderman-Olson）

前　言

本书第 8 版有很多微小改动，也有如下一些较大的改动：

1. 所有章节都经过学生测验、修订并主要根据学生的评论和建议对内容进行了重组。

2. 和第 7 版一样，每章都有一个概述，把本章和其他章相关联，或说明其历史背景。

3. 和第 7 版一样，书中每章的讨论题都只有三个，但教师手册中有更多的讨论题。

4. 对人物生平部分进行了更新和修改。

5. 第 2 章有关压抑（repression）的讨论根据弗洛伊德对其理论的修正和他对诱惑假设（seduction hypothesis）的重新解释进行了修正。

6. 第 3 章增加了一个涉及迈尔斯－布里格斯类型指标（Myers-Briggs Type Indicator，MBTI）的提示性说明，该指标用于测量个体在荣格的人格类型分类中的位置。

7. 第 4 章中，鉴于其他一些出生次序现象，阐述了兄弟出生次序效应（fraternal birth order effect，FBO）的影响。

8. 第 12 章增加了导致波动性不对称（fluctuating asymmetry，FA）的吸引人的线索及其与适宜性（fitness）的关系。

9. 对参考文献进行了更新。

　　本书第 8 版的主要目的，仍是使学生通过学习丰富其心理学知识。学生将从心理学领域科学严谨的学者到富有人文情怀的思想家那里，感悟到一些精华。在课程学习中，学生将会寻找以下问题的答案：什么使所有人具有共同点？什么导致了人与人之间的差异？心与身有何关系？我们所说的人格，有多少来自遗传，多少来自经验？人的行为有多少是天生已定的，又有多少是自由意志的机能？本课程将对人类动机的各种理论，以及心理学中的主要流派、范型或"学说"加以回顾，包括精神分析、行为主义、人本主义和存在主义。学生在学习本书时，会沉浸在心理学历史中，从弗洛伊德到现代理论家，包括埃里克森、奥尔波特、卡特尔、艾森克、斯金纳、班杜拉、米歇尔、巴斯、凯利、罗杰斯、马斯洛和梅。学生从本书学到的知识将有助于改进他们自己的生活，以及他们与别人的关系。此外，本书要对精神病的特征及其治疗加以探索。还有其他心理学课程能涉及如此多的领域吗？我们的回答是：没有。我们认为，如果学生想学习一门最好的心理学入门课程，那么，这本《人格心理学入门》是不二之选。

　　这本教材涵盖了上述主题，其宗旨是对最有影响力的人格理论做一番回顾。编写本教材的一个基本理念并不是打算找出一种正确的人格理论，这是一种误导，相反，对人格最恰当的理解来自对各种不同观点的整合。因此，代表着精神分析、社会文化、特质、学习、社会生物学以及存在主义－人本主义等各个流派的理论，都是以不同但有效的方式对人格进行的探索。

补充材料[①]

　　培生教育出版公司很高兴地向有资格的教学人员提供了以下补充材料。

　　带测验的教师手册（Instructor's Manual with Tests，0205809596）是为教师备课和教学管理所用

的有效工具，包含一个适用于本书所有章节的大纲。测验题库中包括一套多选题和论文考试题，每题都附有一页参考文献、难度评价和技能类型名称。**我的测验（MyTest，0205809588）**则提供了测验的计算机版，可以方便地创建班级测验。

致谢

我们向戴维·M. 巴斯（David M. Buss）表达谢意，他的指导和建议保证了第12章的写作。还要感谢提供各章照片的列达·科斯麦兹（Leda Cosmides）和约翰·图比（John Tooby）。感谢约翰·霍普金斯大学的克里斯蒂娜·哈奈特（Christina Harnett）和肯特州立大学的约翰·谢尔（John Schell），他们对本书第7版的审读为我们第8版的写作提供了帮助。

我们向多萝茜·迪特里希（Dorothee Dietrich）教授、R. 金·冈瑟（R. Kim Guenther）教授和罗宾·帕里茨（Robin Parritz）教授表示感谢，他们在哈姆林大学心理系为本书的写作向奥尔森提供了必要的帮助。我们还要感谢艾伦·埃斯特森（Allen Esterson），他一直与我们分享他在弗洛伊德理论中有关欺骗、拒绝和诱惑理论方面的学识。读者对本书的任何评论、批评和要求，可直接与奥尔森联系：mholson@gw. hamline. edu。

马修·H. 奥尔森

哈姆林大学

B. R. 赫根汉

哈姆林大学荣誉教授

内容提要

第八篇　总结与未来方向

第八篇　总结与未来方向

目 录

第 3 章

卡尔·荣格 / 51

第三篇 社会文化范型

第 6 章

第四篇　特质范型

第 7 章

第 8 章

雷蒙德·卡特尔和汉斯·艾森克 / **172**

第五篇 学习范型

第 9 章

B. F. 斯金纳 / **207**

第 10 章

约翰·多拉德和尼尔·米勒 / **230**

第 11 章 　阿尔伯特·班杜拉和沃尔特·米歇尔 / **255**

第六篇　进化范型

第 12 章 　戴维·M. 巴斯 / **281**

第七篇　存在主义－人本主义范型

第八篇　总结与未来方向

第 17 章

第一篇

人格概论

第1章

什么是人格?

本章内容

Personality（**人格**）这个术语来自拉丁文的 persona 一词，意思是**面具**。人格好像面具，这就把人格定义为一个人公开的自我。人格是我们选择向公众展示的自我的那些方面。这个定义意味着，人的一些重要方面因为某些原因被隐藏了。人格的其他定义五花八门，从比较流行的说法，即人格使人的社会交往更有效（一个人可以被看作有完美的人格、糟糕的人格，或根本没有人格），到包含数学公式的高度技术性的定义。凡此种种，不一而足。实际上，每一种人格理论都可以被看作给人格下定义的尝试，这些定义彼此之间差别巨大。

一、人格理论关心的三个问题

克拉克霍恩和穆雷（Kluckhohn & Murray, 1953, p. 53）提出：（1）每个人都和其他所有人相像；（2）每个人都喜欢一些人；（3）每个人都不喜欢一些人。我们和所有人相像，是因为所有人都具有**人的本性**（human nature），即所谓的"人性"。人格理论家的一项任务就是要描述，所有人有哪些共性，每个人在出生时就具有什么独特性，就是说，要描述人的本性。我们喜欢一些人，是因为我们和这些人享有共同的文化。例如，人的本性之一是要装扮自己的身体，使整个世界和自己在世界上的空间更有意义，人要寻找一个配偶并生儿育女，抚养儿女，与自己的同僚相互照应，共同生活。正是文化决定着这些需要怎样得到满足。在我们的文化中，如果我们想结婚，那么，在同一时间，我们只能有一个妻子或丈夫。每个人都是独特的，拥有自己独特的基因，也有自己独特的个人经历。

人格理论家试图通过描述人格，揭示出我们在哪些方面与别人相似，在哪些方面与别人不同。前者关切的是人的本性，后者则关切**个体差异**（individual differences）。他们的一个成就，是描述了人类本性的各个成分，以及人们在这些成分中的差异；另一个成就是解释了人的起源，人们怎样互动，怎样随着时间而变化，怎样发挥自己的机能。人格理论的目的就是要描述人们在哪些方面相似，为什么会相似，这就是，既要解释人的本性，也要解释个体差异。这是一项艰巨任务，没有一个理论在这两项任务上做得完美。不同理论都会强调人的本性和个体差异的不同方面，做出不同的描述、解释并决定研究方法。也许由于这个原因，对人格的最好理解，来自多种人格理论的结合，而不是来自某一个理论。

二、人格的决定因素

本节，我们将回顾一些人格理论家在解释人格时提出的一些因素。一个理论家可能强调下列因素中的一个或几个，另一些理论家则可能低估甚至忽略这些因素。

1. 遗传

对人格最普遍的解释多以遗传为依据。当问到这个问题时，我们的学生喜欢说，他们相信，人格特征同眼睛颜色、头发颜色和体格所透露的东西，其本源是一致的。如果想查明一个人为什么害羞，这和要搞清楚一个人为什么身材高大，是一个道理。照这种观点，这两类特征都是由遗传决定的。人常说"他有爱尔兰人的性情""她和她老爸一个样""他具有他叔叔的艺术爱好"，都暗含着对人格的遗传学解释，因为这些说法都带有"一切皆在血缘中"的口气。

你们不要认为，只有非专业人员承认遗传对人格特征的影响。遗传对人格的决定作用可能远大于人们过去认为的那样。例如，小托马斯·布沙尔（Thomas J. Bouchard, Jr）曾经研究了从出生就被分开抚养的同卵双生子。布沙尔令人信服地发现，即使同卵双生子被相距遥远的不同家庭抚养，彼此从未见过面，他们的人格仍有很大的相似性。布沙尔（Bouchard，1984）的结论是："双生子研究和收养研究……都得出令人吃惊的发现，相同的家庭环境对人格形成的作用非常微小。"（pp. 174-175）。换言之，如果儿童在相同家庭长大并具有相似的人格特征，这样的结果应该更多地归于他们的共同基因，而不是他们共享的家庭经验。特勒根等人（Tellegen et al.，1988）使用多维人格问卷考察 11 种人格特质的遗传力，发现遗传在影响人的人格特质的程度上，是唯一一个最有影响力的变量，这些特质包括幸福感、社交能力、成就、攻击性和保守性。最令人惊讶的发现也许是，宗教信仰也有高度的遗传性（Waller，Kojetin，Bouchard，Lykken，& Tellegen，1990）。沃勒等人的结论是："社会科学家不得不抛弃早先的假设，即宗教信仰和其他社会态度的个体差异仅仅是环境因素影响的结果。"（1990，p. 141）。霍尔登（Holden，1987）在看了布沙尔等人的研究后写道：

> 尽管行为遗传学者在研究方法上彼此诟病，但是结论很明确：在导致家庭成员的人格相似性方面，共同环境所起的作用微不足道。站在有机体角度，看来不存在对两个给定个体而言的共同环境，除非这两个人拥有共同基因。（p. 600）

进化心理学（第 12 章）在解释人格时也强调遗传和逐渐形成的适应性的作用。实际上，所有人格理论都建立在遗传特性的基础上，无论是弗洛伊德（第 2 章）、斯金纳（第 9 章）、多拉德和米勒（第 10 章）和马斯洛（第 15 章）所说的生理需要，还是荣格（第 3 章）、霍妮（第 5 章）、罗杰斯（第 14 章）和马斯洛（第 15 章）所说的自我实现的倾向，或是阿德勒（第 4 章）所说的社会兴趣，无一例外。问题不在于基因是否影响人格，而在于影响程度有多大，以什么方式影响。

人格在多大程度上受遗传影响，这是心理学诞生以来就存在的问题。**先天论与经验论之争**（nativism-empiricism controversy，亦称天性与教养之争）发生在心理学的各重要领域，也包括人格理论。一般来说，先天论主张，像智力这样的重要属性在很大程度上是由遗传决定的。例如，先天论声称，人的最大限度的智力水平在精卵结合时就已确定，而生活环境最多只能帮助人们实现这一由遗传决定的智力潜能。相反，经验论认为，人的各种重要属性主要是由经验决定的。对经验论者来说，智力更多地由人的经验决定，而不是由遗传天赋决定。一个人智力的最佳表现只能诉诸环境，而不是基因。

先天论与经验论在人格理论中以多种方式得以体现，本书将多次提到这一问题。

2. 特质

一些人格理论家认为，人与人之间有不同，是因为每个人拥有不同的特质。他们假定：有些特质是习得的（如饮食偏好），有些则是由遗传决定的（如人的情绪特征）。有些特质（如智力）在人的一生中发挥着强有力的影响，有些则影响较小（如着装偏好）。特质理论家相信，人的行为在不同时间、在相似情境中具有一致性。奥尔波特（第 7 章）和卡特尔及艾森克（第 8 章）的理论都强调特质在解释人格中的重要性。

3. 社会文化因素

人们所处的文化决定着他们在求偶、结婚、养育子女、政治活动、宗教、教育和法律等方面是否做出恰当行为。这些文化变量和其他未列举的文化变量可以解释人类很多重要的个体差异，也就是生活在不同文化中的人们的差异。

更特别的是，一些理论家声称，一个人的人格可以被看作他所扮演的多个角色的综合。如果让你在一张写着"我是……"的纸上列出你的特征，你会写出一个内容宽泛的清单。例如，你可能是女性，19 岁，一个大学生，一个路德宗基督徒，来自美国中西部，身高 1.72 米，一个共和党人，很有魅力，巨蟹座，学习心理学专业，如此等等。写在清单上的每一项都是一个相应的角色，而社会则决定该角色可被接受的行为（标准）。你如果越出这一标准，就会面临各种社会压力。哪些行为属于正常，哪些行为属于不正常，在很大程度上取决于你的所作所为是否合乎社会期望。

人格的另外一些社会文化因素还包括人所在家庭的社会经济水平、家庭规模、出生次序、族群认同、宗教、所属国家和地区、父母的学历等等。生长在富足家庭和贫困家庭的人不会拥有相同经历。一个人在出生时就具有的这些身不由己的环境（即文化、社会与家庭）会自然而然地对人格产生重要影响。这一点是所有人格理论家都承认的，区别在于他们更看重哪些方面。阿德勒（第4章）、霍妮（第5章）和埃里克森（第6章）的理论强调社会文化因素对人格的重要性。

4. 学习

那些强调遗传解释人格的学者代表了先天论和经验论之争的先天论一方，而强调学习过程在解释人格中的重要作用的学者则代表了经验论一方。例如，学习理论家认为，人是为了生存而受到奖励或惩罚的结果，被奖励和惩罚的经历不同，人格也就不同。一些学习理论家认为，成功者和不成功者的区别存在于他们被奖励和惩罚的方式中，而不是基因中。

这种理论观点的强有力的含义是，人可以通过控制环境来控制人格发展，因为奖励和惩罚的实施与撤销是可控的。照此观点，从理论上来说，通过有目的地操控奖励和惩罚，就有可能创造出任何一种人格类型。那些强调人格的遗传基础的学者否认学习理论家所说的人格的可塑性。斯金纳（第9章）和多拉德、米勒（第10章）的理论强调奖励在学习过程中的重要性。班杜拉和米歇尔（第11章）也强调学习过程，但不认为奖励在这一过程中有多重要。

强调人格中的社会文化因素的观点与强调学习过程的观点之间有很大的兼容性，二者都接受**环境论**（environmentalism）。一个人的人格受到文化期望的影响，并通过奖励和惩罚方式把这种期望传递给儿童。就是说，两种理论都认为，人格是人们生活经验的结果。

5. 存在主义-人本主义因素

主张存在主义-人本主义的理论提出了以下问题：意识到你最终一定会死亡的事实意味着什么？人类存在或个体存在的意义来自何方？秉持什么样的价值观，对人的生活是最好的？这种价值观是怎样决定的？人对可预测性与安全性的需要和人对冒险与自由的需要有何联系？

这一理论强调自由意志的重要性。人类可能因环境超越了人类对生存条件的控制力而被抛弃，但是人怎样看待、解释这些条件并做出反应，则取决于个人选择。例如，你生来可能是男性或女性，富足或贫困，生活在和平、战争、饥荒或盛世中。你小时候可能被虐待，或生活在充满爱的条件下。无论你所处的条件如何，也无论你的经历如何，面对这些条件的人是你自己，体验到它们对你的意义的也是你自己。对你的生活负责的人是你自己，因此，你会成为哪一类型的人，完全取决于你自己。凯利（第13章）、罗杰斯（第14章）、马斯洛（第15章）和梅（第16章）的理论都强调存在主义-人本主义观点。

6. 无意识机制

强调无意识机制的理论在很多方面与存在主义-人本主义理论是对立的。这种所谓的深度理论最关切的是探索行为的原因。根据这一观点，行为的根本原因来自童年期的无意识，所以，找到这些无意识根源就非常重要。这种探索需要复杂的手段，如对梦和象征物的分析、自由联想、催眠术、对记忆错误的分析等。这一观点认为，因为无意识心理会以各种方式出现在意识中，所以仅考察人们的有意识经验，是无法真正了解其无意识的。持这种观点的人格理论家不会问一个人，他为什么以一种令旁人不解的方式行事，因为人并不知道其行为的真正原因。要理解人格，就必须千方百计地获得深藏于无意识心理下方的无意识心理的自然流露。换言之，必须找到人们的面具后面的东西。弗洛伊德（第2章）、荣格（第3章）和霍妮（第5章）的理论在分析人格时都强调无意识机制。

7. 认知过程

在人格理论发展的晚期，人们对认知过程的兴趣越来越浓厚。认知过程决定着一个人对环境中的信息是怎样接收、保持、改造和付诸行动的。这一理论强调，一般来说，认知过程看重人对行为的自我调节，以及人对自我奖励或自我惩罚的关注。自我奖励或自我惩罚来自目标的实现与否，而不是来自外部的奖励或惩罚。认知取向的理论强调人当前的经验和未来目的对行为的重要性，而不看重过去。强调认知的理论有班杜拉和米歇尔（第 11 章）及凯利（第 13 章）的理论。

8. 作为多因素混合体的人格

几乎每一种人格理论都包含上面提到的解释人格的成分，也许可以肯定地说，人格是上述所有成分的机能。其中哪些成分被看重，取决于各个人格理论对哪些成分更关切。这种情况可以归结如下：

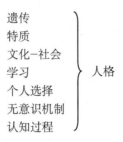

三、人格理论家面对的问题

在探索完整的人的心理学时，人格理论家处于一种独特地位。其他心理学家大多只关心人的一个方面，如儿童发展、老年、知觉、智力、学习、动机、记忆或心理疾病。只有人格理论家试图呈现人的完整图景。

这一任务是非常宏伟的，它不但与心理学其他领域相关联，而且与其他学科相关联，如医学、神经生理学、生物学、社会学、人类学、哲学以及计算机科学。人格理论家力图把心理学和其他学科的知识加以整合，形成一个联系紧密的完整结构。人格理论家经过多年的努力，已经考察了有关人类本性及个体差异的几个问题。对这些问题有多种答案，但无论有多少答案，每一种人格理论都总算直接或间接地解决了一些问题。如前面讨论过的先天论与经验论之争就是一个例子。此外，人格理论家还考察了以下一些问题。

1. 过去、当前和未来哪个更重要？

一个问题是，童年经验与成年后的人格特征有何联系。与此相关的一个问题是：人格发展有没有一个关键的、不可逆的阶段？弗洛伊德认为，在人生第五年末期，人格从本质上就已得到充分发展。另一些理论家强调未来目标对人的行为的重要意义。指向目标或指向未来的行为也被称为**目的论行为**（teleological behavior），这种行为在荣格（第 3 章）、奥尔波特（第 7 章）和班杜拉与米歇尔（第 11 章）的理论中起着重要作用。而斯金纳的学习理论（第 9 章）和梅的存在主义－人本主义理论（第 16 章），则都强调当前在人格中的重要作用。

2. 人的行为是由什么推动的？

大多数理论家假定，有一种"掌握"动机推动着人的行为。他们认为，在人的行为背后存在一种所谓的主要驱力。弗洛伊德（第 2 章）、斯金纳（第 9 章）、多拉德和米勒（第 10 章）认为，这种驱力是**快乐主义**（hedonism），或寻求快乐、回避痛苦的倾向。荣格（第 3 章）、霍妮（第 5 章）、马斯洛（第 15 章）和罗杰斯（第 14 章）认为，这种掌握动机是**自我实现**（self-actualization），或挖掘自己全部潜力的冲动。阿德勒（第 4 章）认为是优越感。梅（第 16 章）和凯利（第 13 章）假定，这种驱力来自对意义的寻求和减小不确定性。巴斯（第 12 章）认为是反映出进化心理机制的素质。班杜拉和米歇尔（第 11 章）认为是为了有效地应对环境而发展认知能力的需要。

3. 自我概念有多重要？

把人的行为比作平稳跑步的一些理论认为，人的行为始终需要以某种方式对行为的特征做出有条有理的解释。有的理论把**自我**（self）看作是对人格加以组织的机制。自我还被认为是为个体行为提供跨时间、跨情境稳定性的机制。霍妮（第 5 章）、奥尔波特（第 7 章）和罗杰斯（第 14 章）等人的理论非常强调自我概念。其他理论家声称，使用自我概念可以很容易地把我们关于人的问题转换为有关自我的问题。换句话说，自我好像是人身体内部的一个小矮人，它操控着人的行动。反对自我概念的人则认为，自我怎样操控人的行为还是一个谜。而弗洛伊德所说的自我（ego）常以相同方式与自我概念混用，也因为同样原因招致批评。斯金纳（第 9 章）就是一位严厉批评自我理论的学者。

4. 无意识机制有多重要？

弗洛伊德和荣格这样的深度理论家则关注无意识心理。这些强调无意识机制的理论面临的问题是：意识和无意识之间有何关系？怎样对无意识进行研究？人们能够晓得他们自己的无意识动机吗？如果能，他们是怎么做到的？

对强调人格的社会文化因素（如阿德勒、霍妮和埃里克森）的理论家以及进化心理学家（如巴斯）来说，无意识机制也很重要。而特质理论家（如奥尔波特、卡特尔和艾森克）、学习理论家（如斯金纳、多拉德和米勒、班杜拉和米歇尔），以及存在主义–人本主义理论家（如凯利、罗杰斯、马斯洛和梅），要么否认无意识因素对人格的重要性，要么认为其作用微不足道。

5. 人的行为是自由选择的还是听命于人的？

如果在某一时间点上，对人行为的所有影响都能查明，我们能否完全准确地预测人的行为呢？如果你回答"能"，你就是一个决定论者。如果回答"不能"，你也许就是相信自由意志的人。不过，在回答这一问题之前须先假设，我们能查明影响人的行为的所有因素，而这是做不到的。例如，假设给你一个任务，让你查明一个人为什么去偷窃。那么，可能的原因数不胜数，包括生物、社会和个人因素。无论是偷窃，还是别的行为，大多是由这样那样的原因互相结合而导致的。因此，即使坚定的决定论者也懂得，他们对行为的预测只是概率性的。多数人格理论家是决定论者，但是，他们所强调的决定因素各有不同。

唯一不承认**决定论**（determinism）的是存在主义–人本主义理论家，他们相信，人的行为是自由选择的。在他们眼里，人是自己命运的掌控者。人不一定要成为自己的经历、文化、基因、特质、奖惩方式或其他因素的牺牲品。

6. 通过向人们询问，我们能够了解什么？

自己查明自己的心理内容称为**内省**（introspection）。这个问题的关键是，内省报告有多少是可信的。这个问题的答案不一而足：存在主义者认为，内省是探索人格的最有价值的手段；学习理论家则声称，内省既是无效的，也是无用的。弗洛伊德和荣格处于这二者之间，他们认为，只有经过训练有素的分析师的解释，内省报告才有用。

7. 独特性对共同性

前面曾提到，每个人都是独特的，因为两个人之间没有完全相同的基因或环境经验。但是，所有人都有很多共同点，这也是事实。我们每个人都拥有与别人相似的大脑、感官和文化，这意味着，在很多情境下，我们和别人会做出同样的反应。使人们产生美感的东西、勾起人们喜怒哀乐的事物以及人们对超自然现象的恐惧，在很大程度上是由文化决定的。因此，每个人既是独特的，又有很多地方和别人相同。这两种说法在人格理论里都能找到。对一个个体的研究被称为**特殊规律研究**（idiographic research），对一群个体的研究则被称为**一般规律研究**（nomothetic research）。奥尔波特（第 7 章）、斯金纳（第 9 章）和凯利（第 13 章）等人都采用特殊规律研究法，因为他们都强调每个个体的独特性。卡特尔和艾森克（第 8 章）则使用一般规律研究法，因为他们强调很多个体共同拥有的特质。

8. 人是内控的还是外控的？

人的行为的控制点在哪里？一些理论家强调特质和自我调节系统这样的内部机制，如奥尔波特（第 7 章）、卡特尔和艾森克（第 8 章）、霍妮（第 5 章）、罗杰斯（第 14 章）和马斯洛（第 15 章）；另一些人强调环境刺激和奖惩形式这些外因，如斯金纳（第 9 章）、多拉德和米勒（第 10 章）；还有人认为内控和外控都重要，如班杜拉和米歇尔（第 11 章）。从内部控制人的行为的变量被称为**人的变量**（person variables），从外部控制行为的变量被称为**情境变量**（situation variables）。对人的行为来说，究竟是人的变量更重要，还是情境变量更重要，要看每个人格理论家的基本观点。内控对外控的问题往往是以主观想法对客观现实的方式提出来的。人的变量包括人的主观觉知（意识），而情境变量只不过是人所经历的客观环境的另一种说法。

9. 心身之间有何联系？

纯心理的东西，像精神、思想或意识，对纯生理的东西，如脑、身体或行为究竟有何影响？反过来又怎样？这个经典的哲学问题仍然活生生地存在。一种回答是，这个问题并不真的存在，因为精神并不存在，我们所说的精神状态不过是一些精细的身体反应而已。这种观点被称为**生理一元论**（physical monism），亦称唯物论。第二种回答是，精神活动不过是身体反应的副产品，它可以而且应该在分析人的行为时被忽略。这种观点被称为**副现象论**（epiphenomenalism）。第三种回答是，外部事件同时导致了身体和心理活动，这两类活动彼此独立。这一观点被称为**平行论**（parallelism）。最后，一些人主张，精神影响身体，身体也影响精神（如弗洛伊德认为，致病思想可能导致身体疾病）。这种观点被称为**交互作用论**（interactionism）。我们将看到，关于身心问题的各种观点，在各派人格理论家中都能找到代表人物。

10. 人的天性的本质是什么？

人格理论家怎样回答这个问题，决定着他们理论的主要推动力是什么。答案是因人而异的：经验主义理论认为，人会变成他们所经历过的那个样子。理性主义理论认为，人的行为是或可能是被思想、逻辑、理性思维过程控制的。兽性论认为，人类拥有和其他动物，尤其是灵长类动物相同的冲动和本能。进化心理学理论声称，人类继承了祖先的行为倾向，但这些倾向可以凭借理性思维或文化影响而得到修正。存在主义理论主张，人类本性的核心是选择行为理由、赋予生活事件以意义的能力。人本主义理论认为，人之初，性本善。人之所以做出不符合期望的行为，只是因为文化、社会或家庭条件强迫人去这样做。机械主义理论认为，人好像是自动对环境事件做出反应的机器人。这些自动化的反应可能是对环境刺激的简单反应，或者是来自环境的信息被信息加工系统加工后做出的反应。两种情况下，反应都是自动的、像机器一样的。在后一种情况下，机械主义理论把人类本性比作计算机。同样，上述各种观点都可以在不同的人格理论中找到。

11. 人的行为有多大的稳定性？

强调特质、习惯、遗传或无意识机制的理论家在解释人格时假定，人的行为在相似情境中应该是稳定的，而且随着时间的变化保持一致。例如，拥有诚实特质的人，在大多数有关诚实或不诚实的情境中会表现出诚实。同样，一个具有攻击性的人会在各种情境中表现出攻击。传统上，多数人格理论家认为，人的行为是稳定的，他们所要做的就是对这种稳定性做出解释。但是，后来人们发现，人的行为并非那样稳定。例如，米歇尔（Mischel, 1968）在认真回顾了有关行为的跨时间、跨情境稳定性的研究之后，做出结论说，人的行为是很不稳定的，以至于无法对特质这样的术语进行解释。证据显示，有些人的行为在某些方面稳定，但在另一些方面不稳定，稳定的那些方面，人与人之间又有不同。人格理论家现在必须面对的问题是：人的行为具有怎样的稳定性？什么原因构成了稳定性？对稳定性的个体差异做何解释？哪些因素导致了稳定性和不稳定性？对这些问题的回答往往转为关于人的（内部）变量与情境（外部）变量孰轻孰重，以及二者相互作用问题的讨论。本书将在第 11 章专门讨论人的行为的稳定性问题。

四、我们怎样找到答案？

1. 认识论

认识论（epistemology）是对知识的研究。它试图回答以下问题：知道意味着什么？知识的局限性是什么？知识源自何处？科学由于是或至少部分是获取知识的方法，因此被认为是一种认识论的追求。

2. 科学

科学（science）结合了自古以来有关知识起源的两种哲学观点。一种是**理性主义**（rationalism），认为人通过精神上的实践获得知识，这种实践如思维、推理、运用逻辑等。在理性主义者看来，人在做出合理的结论之前，必须凭借心理过程对信息进行分类。另一种是**经验主义**（empiricism），认为感觉经验是一切知识的基础。极端的经验主义者声称，我们只知道自己经验过的东西。理性主义者强调心理操作，而经验主义者则把知识等同于经验。科学结合了这两种立场，从而创造出强有力的认识论手段。

3. 科学理论

在科学领域，经验主义与理性主义通过**科学理论**（scientific theory）相遇。科学理论始于经验性的观察。这些观察，有些是过去的研究者记录下来的，有些是现代的研究者针对一些特殊问题或现象所做的。然后，借助于推理、逻辑，有时凭借顿悟，人们寻找能够组织或解释这些观察的模式或主题。反过来，使经验观察更有意义的、有组织的主题应能对其他类似现象做出解释。所以，在科学上，先要进行观察（经验主义），然后以某种有意义的方式加以组织（理性主义）。随后，科学工作者必须检验，所做的各种分类在实际中是否有意义。如果有意义，它们就应该说明，我们到哪里去寻找新的信息。斯坦诺维奇（Stanovich，2004）对科学理论的动力角色做出如下评论：

> 科学理论是一套相互关联的概念，用来解释大量数据，对今后的实验结果做出预测。假设是一种特殊的、来自理论的预测（假设更一般化和更具综合特征）。当前那些活跃的理论就是其众多假设得到证实的理论。根据大量观察得出的这些理论，其结构是相当稳定的。如果得到的数据不能验证理论假设，科学工作者就要想办法建构新的理论，对数据做出更好的解释。因此，处于科学讨论中的理论，是已在一定程度上得到验证的理论，对于被现有资料否定的问题，它们还不能做出很多假设。这种理论并不仅仅是猜测和预感。（pp. 20-21）

上面所说的过程可用下图来表示：

注意，我们不能说证据"证明"或"否证"了一个科学理论。确认了一个科学假设的证据只是"支持"了理论，而相反的证据要么"不支持"、要么"拒绝"了相关理论。经检验和确认的理论在很多时候没有被明确拒绝，可能在科学工作者中获得较高的信任，但是它们并没有像我们证明一个数学

定理那样得到证明。

我们可以看到，科学理论在形成之后，可以对各种观察进行解释，这是它的**整合机能**（synthesizing function）。理论一旦提出，就必须能提示研究者寻找其他信息的位置。向新研究推进，理论的这一机能被称为**启示机能**（heuristic function）。

举一个与此相关的例子。假设青年弗洛伊德正在与他的一个朋友谈话，这位朋友提到，他错过了一次牙医门诊。这件事被敏感的弗洛伊德记在心里。后来，弗洛伊德观察到这位朋友的其他失忆的情形，并发现这些情形有一些共同特点：它们都是为了保护个体免于痛苦、焦虑的体验。弗洛伊德推断，很多令人烦恼的思想都服务于两个目的：使先前相互脱节的观察变得更有意义，并生成有关压抑过程和机制的假设。例如，假使令人烦恼的想法被压抑，那么无意识心理会成为这种想法的名副其实的储藏室，它可以在适当情况下得以释放。换言之，如果一个人能利用催眠、梦的分析或自由联想之类的手段触碰到无意识心理内容，他就能发现被压抑的记忆的丰富内容。

4. 整合机能对启示机能

科学理论的哪种作用更重要？能为经验观察提供富于创造力的详尽整合但只能提示出简单、无用的研究，这样的理论更好，还是能够提示出内容丰富研究的理论更好？霍尔和林德西（Hall & Lindezey，1978）对这一问题做出了如下回答：

> 无论理论多么模糊，发展多不完善，也无论它的结构和经验定义多么不充分，如果它能显示出对重要研究领域具有创造性的影响力，我们就不得不得出结论，它通过了至关重要的检验。所以，理论是具有压倒性的，或微不足道的，还是提出了详细充分的问题，要看理论产生了多么重要的研究。（p. 20）

13

5. 可证实性原理

科学理论与非科学解释，包括外行人使用"理论"这一术语时所做的猜想，其最大区别在于它是否符合**可证实性原理**（principle of verification）。正如斯坦诺维奇（Stanovich，2004）在前面段落中指出的，外行人的非正式"直觉"、意见和狂热的信仰不具有科学理论那样的地位，因为这些东西都没有或根本不可能被客观地证实。一切科学解释必须借助像实验这样的客观、实证方法得到检验。而且这种检验，任何感兴趣的人都可以去做。这意味着，科学命题必须能够得到公众的证实。无论理论多么令人感兴趣，只要不具有被公众经验性地证实的潜力，它就不是科学理论。马克斯和古德森（Marx & Goodson，1976）指出："如果理论不能得到检验，它在科学上就毫无价值，哪怕它貌似合理、富于想象力或可能具有创新性。"（p. 249）

科学理论除了能对观察进行整合（解释）之外，还应该具有内部稳定性、准确性、可检验性、简约性和启发性。没有哪种人格理论能够满足这些标准，但这并不等于说，这些理论是无用的。即使人格理论包含的一些术语和命题过于抽象，以致很难被直接证实，它们也往往能提出一些研究假设，并可以得到经验性的证实。这就是努力以实证方法证实其术语和命题的人格理论家，与那些伪科学家的根本区别。

■ 五、科学与人格理论

科学理论在严格性上差别巨大。像物理学、化学这样的学科，其理论已得到高度发展。这些学科中的术语都得到准确的界定，理论中的用词、符号、公式以及解释各种经验活动的意义都有高度一致性。这些理论都会用到复杂的数学，而心理学理论大多处在不同的发展阶段。在心理物理学、认知和学习领域，心理学在严格性上已经有了与物理学相匹敌的资本。但是，心理学的很多理论还处在婴儿期，其中的很多术语还没有得到准确的界定。而且这些术语和经验活动之间的关系也不十分紧密。多数人格理论仍处于后者的范畴。一些人格理论还不能在严格控制条件下得到检验。这些理论声称，它们已在日常经验或临床实践中得到证实。但斯坦诺维奇（Stanovich，2004）提醒人们，尽管个案研究和奇闻逸事在理论发展的早期阶段可能是重要的，但"引用一个证言或一个个案研究来支持一个特殊的理论是……错误的"（p. 54）。这是因为，和严格控制的实验不同，个案研究和奇闻轶事不能使研究者操控模棱两可的理论，或者对所考察的现象做出解释。

14

　　我们说大多数人格理论缺乏科学的严格性，这与说这些理论无用处是两回事。每个人格理论都给我们提供了不同的观点。通过分析，我们可以了解关于相关问题的更多东西。当然，这种回顾是从多个角度进行的，而不只是从一个角度做深入的挖掘。

1. 库恩的科学观

　　托马斯·库恩（Thomas Kuhn，1922—1996）在其影响巨大的著作《科学革命的结构》（*The Structure of Scientific Revolutions*，1996）中指出，大多数科学家接受涉及他们开展研究的主旨的一种"观点"。这种观点指引着他们的研究活动，而且在很大程度上决定着研究什么、怎样研究。库恩把很多科学家共同拥有的这种观点称为**范型**（paradigm）。例如，过去，大多数物理学家在研究中接受牛顿的观点，但是后来，大多数追随爱因斯坦的观点。物理学中占统治地位的范型从牛顿的理论转为爱因斯坦的理论。

　　心理学至今仍没有一个能够指导所有心理学研究的范型，但是同时存在着好几个范型。我们把范型这个术语应用到心理学中，相当于把几个相互关联的理论一起称为"思想流派"或一种"学说"，而不是像物理学那样，是一个单独的理论。在两种情况下，范型都可以被看作探索和考察相关课题的途径。不同的科学家探索相同课题时，采用的研究方法之所以不同，是因为指导其研究活动的范型不同。

　　涉及范型的最重要一点是，不一定把哪个看成是对的和哪个是不对的，它们不过是在研究方法论上有所不同。

　　这些思想与人格理论有何关系？人格这个课题太复杂，对人格的研究途径太多了。这些研究途径都是范型，而且每一种途径都被说成是应用于人格研究的。本书中，我们举出了指导人格研究的六个范型。下面列出这六个范型及其代表的理论家。

精神分析范型
西格蒙德·弗洛伊德
卡尔·荣格
社会文化范型
阿尔弗雷德·阿德勒
卡伦·霍妮
埃里克·埃里克森
特质范型
戈登·奥尔波特
雷蒙德·B.卡特尔和汉斯·艾森克
学习范型
B. F. 斯金纳
约翰·多拉德和尼尔·米勒
阿尔伯特·班杜拉和沃尔特·米歇尔

进化论范型

戴维·M.巴斯

存在主义－人本主义范型

乔治·凯利

卡尔·罗杰斯

亚伯拉罕·马斯洛

罗洛·梅

注意,每个范型都是以它的核心主题命名的。精神分析范型注重分析精神,社会文化范型主要研究影响人格的社会文化因素。特质范型强调人身上各种特质的重要性,学习范型强调学习对人格发展的重要意义。进化论范型强调遗传倾向影响人的社交行为,存在主义－人本主义范型则看重自由选择和人的责任。

我们要再次强调,不要试图去确定哪个范型最正确。所有范型都提供了有关人格的有用信息,从一个范型得到的信息不同于另一个范型提供的信息。若想只用一种工具,如锤子、锯子或螺丝刀,来建造一座房子,那将于事无补。同样道理,若想用一种理论来解释人格,就会在一个人的心中留下巨大的缺口。本书介绍的多种理论,可以提供对人格的更全面的理解,这种理解远比一种理论全面得多。

2. 波普尔的科学观

上面介绍了库恩的科学哲学,尤其是他强调的范型概念。与此同时,了解卡尔·波普尔(Karl Popper,1902—1994)的科学哲学也很重要,因为它与人格理论有特殊关系。卡尔·波普尔认为,如果一个理论能够解释可能发生的所有事情,那么,这个理论就不能被认为是科学的。能够解释任何事物的理论,实际上什么也解释不了。一个理论要成为科学的,它就必须能做出**有风险的预测**(risky predictions)。也就是说,它必须能预测出犯错误的可能性。如果一个理论做出的预测(假设)不被证实,这一理论就被认为是无效的,应该被修改或放弃。所以,根据波普尔的**可证伪性原理**(principle of falsifiability,也称为可反驳性原理),一切科学理论必须是可证伪的。道斯(Dawes,2001)出于对波普尔的赞同,写了以下的话:

> 应该有一些证据可以引导我们怀疑或拒绝这种理论。如果所有证据都只是支持该理论的解释,使它不可驳倒,那是伪科学而不是科学的特征。可以被检验或可能被拒绝的含义,可能不是直接来自对理论基本思想的陈述,但是在根据这些思想得出的推理链条的某些点上,必须有一些环节能够通过实证得到检验。在这里,其含义不需要被发现是真实的。(p. 96,表示强调的楷体是后加的)

历史上,人们曾经被人格的伪科学解释所困扰。曾经广泛传播的这些伪科学有占星术、命理学、手相术、颅相学、面相学和笔迹学。虽然流传广泛,但它们对人格的解释都违反可证实性原理和可证伪性原理。也就是说,它们的主张过于一般而模糊,以致没有现成的检验方法可以明确地说明它们的真伪。例如,占星术就不能被认为是科学的,因为对每个星座的描述都是泛泛而谈,对什么人都适用。假如占星术能对个体生活中的大事件做出非常特别的、可能错误的预测,那么,对这些预测应能做出客观评价,可惜它根本做不到这一点。

3. 科学中的自我修正

科学理论有被驳斥的风险,正是这一点推动了科学的进步。无法驳倒的理论会妨碍研究者抛弃不正确的解释,同时发现更正确的解释。马克斯和古德森(Marx & Goodson,1976)对波普尔的可证伪性做了以下描述:

在真正的科学研究中，理论的贡献不在于它是正确的，而在于它**是错误的**。换言之，科学理论的进展像做实验一样，致力于成功地修正很多错误，包括小错误和大错误。所以，流传甚广的说法，即理论必须能被正确地加以使用，这是不正确的。（p. 249）

波普尔的可证伪性原理对人格理论尤为重要。很多人格理论即使不是不可能，也很难被证伪。奥尔森和赫根汉（Olson & Hergenhahn，2009）举了这样的例子：

弗洛伊德的理论……没有做出有风险的预测。一个人的所有行为都能被弗洛伊德的理论"解释"。例如，弗洛伊德的理论预测说，根据早期经验，一个男人应该恨女人，但是后来发现他喜欢女人，相信弗洛伊德理论的人会说，这个男人表现出"反应生成"。就是说，他在无意识层面真的恨女人，但是他热衷于走向反面，是为了减轻他意识到他真实的恨女人想法的焦虑。占星术也有相同的命运，因为没有可接受的观察可以用来反驳它的说法。和公众的想法不同，如果每一种可能的观察都赞同一个理论，这个理论就是弱小的，而不是强大的。（p. 25）

本书下一章还要举出弗洛伊德理论不符合可证伪性原理的例子。

看来，在波普尔的科学哲学中，能够提出预测（假设）是至关重要的。理论不能做出预测，就不可能被证伪。遗憾的是，在人格理论领域，人们往往只能做出后测（postdiction），而不是预测。霍尔和林德西（Hall & Lindzey，1978）指出："多数人格理论家倾向于事后解释，而不是提出关于行为的新预测。"（p. 16）

很多人格理论无法通过可证伪性检验，所以，根据波普尔的观点，它们就不是科学理论。但是请记住，人格无比复杂，含有很多无法观察或直接测量的主观成分。对人格的系统、客观的研究相对于过去的主观研究是相对比较新、更具确定性的科学。最后一点，说一个理论不科学，不等于说它无用。波普尔（1963）做了如下的阐述：

从历史角度，所有的——或几乎所有的——科学理论都发源于神话……神话可能含有科学理论的预感。……因此我［相信］，一个理论被发现是非科学的，或"形而上学"的……并不能说明它微不足道或无关紧要，或"毫无意义"，或是"荒谬的"。（p. 38）

我们相信，尽管在科学的严格性方面，人格理论各有不同，但是它们都对我们理解人格做出了贡献。正如波普尔所说，即使现在看来是非科学的，甚至像是神话的东西，也可能在日后引出更严格的科学解释。

▼ 小　结

人格的定义是随着对人格的假定和对所做研究的评价而定的。由于人格理论有多种，对人格也有多种不同的定义。人格理论家试图描述什么特征是所有人共同具有的（人的天性），什么特征是一些人共同具有的，什么特征是每个个体独特的东西（个体差异）。本书作者认为，遗传、特质、社会文化因素、学习、存在主义–人本主义因素、无意识机制和认知过程，对人格都有相对的重要性，应该把这些流派综合起来对人格做出解释。每个人格理论家都必须要么含蓄、要么明确地回答几个问题：过去、当前和未来哪个更重要？人的行为是由什么推动的？自我概念有多重要？无意识机制有多重要？人的行为是自由选择的还是听命于人的？通过向人们询问，我们能了解什么？人的独特性和共同性孰轻孰重？人是内控的还是外控的？心身之间有何联系？人的天性的本质是什么？人的行为有多大的稳定性？

采用科学方法回答上述问题是最客观的方式。科学理论把经验主义和理性主义相结合，通过直接的经验观察，找出感兴趣的现象，然后经过准确的解释，对观察的现象加以论证。除了对观察进行解释之外,好的科学理论还会提出下一步的研究(理论的启示机能)。在科学领域内,所有的术语和命题都必须得到公开的、经验性的证实。可证实性原理是区别科学解释和伪科学解释的试金石。

库恩提出,大多数科学工作者拥有一个一般范型,用来决定他们的研究课题和方法论。物理学中只有一个范型占统治地位,但是在心理学中,总是有若干个范型同时存在。指导人格研究的范型有精神分析、社会文化、特质、学习、社会生物和存在主义-人本主义等范型。波普尔科学哲学的突出一点是他的可证伪性原理。根据这一原理,一个理论如果被认为是科学的,必须能够提出一些假设,而这些假设具有不能被证实的风险。如果一个理论做出的预测过于一般性,以致任何结果都能证实这些预测,那么,在波普尔看来,这一理论就不是科学的。很多人格理论都通不过波普尔的可证伪性检验,因此,根据波普尔的定义,这些理论都是不科学的。但是,波普尔认为,非科学的理论往往是科学理论的前奏,所以,非科学的理论也可能是有用的。

18

▼ 经验性练习

1. 在一张纸上的"我是……"的句子后面写上你现在具有的一些真实特征。例如,我是一个女人,一个基督教徒,一个心理学专业的学生,一个妈妈,一个女服务员。从文化角度简单描述与每一项相关的社会角色。你是否认为,一个人拒绝承担一个被社会指定的角色,或不能胜任这一角色时,会体验到某种形式的社会压力?请解释。
2. 请说出你自己的人格理论。指出你的理论强调什么。例如:你的理论对人的本性做出什么假定?你认为过去、当前和未来哪个更重要?无意识机制重要吗?你会把自己的理论列入存在主义-人本主义范型吗?如果不是,又是哪个范型?你的理论可以被证伪吗?记住你的理论,并把它和本书最后将要向你提出的一个问题相比较。
3. 将人格的稳定性和不稳定性之争用到你的人格上情况如何?你人格的哪些方面具有跨时间、跨情境的稳定性?举例说明你的人格中稳定和不稳定的方面。

▼ 讨论题

1. 举例说明下列因素对人格有怎样的影响:遗传、特质、社会文化因素、学习、存在主义-人本主义因素、无意识机制和认知过程。
2. 什么是决定论?举例说明人格理论中代表决定论的几种类型。与决定论不同的另一种观点是什么?
3. 描述波普尔的可证伪性原理,并说明根据这一原理,为什么占星术和弗洛伊德的人格理论不能被认为是科学的。

▼ 术语表

Determinism(决定论) 认为一切行为都是被决定的而不是自由的。

Empiricism(经验主义) 认为人的属性由经验决定,而不是由遗传决定。这一认识论认为一切知识都来自感觉经验。

Environmentalism(环境论) 认为决定行为的因素在于环境而不在于人本身。

19

Epiphenomenalism(副现象论) 认为心理活动是身体活动的副产品。身体活动导致心理活动,而心理活动不能导致身体活动。因此,对人的行为进行分析时,心理活动可以被忽略。

Epistemology(认识论) 对人的知识之本质的研究。

Hedonism（快乐主义）　认为生活的主要动机是寻求快乐，回避痛苦。

Heuristic function of a theory（理论的启示机能）　理论能够生成新信息的能力。

Human nature（人的本性）　所有人共同具有的特征。人格理论家的一项任务就是确定人的本性的本质。

Idiographic research（特殊规律研究）　对单个人的深入研究。

Individual differences（个体差异）　人与人之间的不同。人格理论家的一项任务就是描述并解释个体差异。

Interactionism（交互作用论）　主张心理影响身体，身体也影响心理。即心理和身体互为因果。

Introspection（内省）　自我审察。把人的思想引向内部以发现有关自我的事实。

Mind-body problem（心身问题）　查明某些心理（认知）成分怎样影响某些生理成分，反之亦然。

Nativism（先天论）　认为人的属性由遗传决定而非由经验决定。

Nativism-empiricism controversy（先天论与经验论之争）　亦称天性与教养之争，关于一种属性，如智力，多大程度由遗传决定、多大程度由经验决定的争论。

Nomothetic research（一般规律研究）　对一群人的研究。

Paradigm（范型）　库恩所用术语，指很多研究者共同拥有的理论观点。

Parallelism（平行论）　认为环境事件同时导致心理与身体反应。根据这种假设，对心身问题的回答是，身体现象和心理现象是互相平行的，而非互为因果的关系。

Person variables（人的变量）　被认为对人的行为负责的包含在人的头脑中的变量，这些变量包括特质、习惯、记忆、信息加工机制、被压抑的早期经验等等。

Persona（人格面具）　拉丁文单词，意为面具。

Physical monism（生理一元论）　亦称唯物论，认为心身问题不存在，因为精神并不存在。没有心理活动发生，只有身体活动发生。

Principle of falsifiability（可证伪性原理）　波普尔认为，一个科学理论必须能够做出有风险的预测，即，它必须能做出被可靠地证明为错误的预测，在这种情况下，该理论将被拒绝。

Principle of verification（可证实性原理）　评价理论的一条规则，即科学命题必须能够被任何感兴趣的人以客观、实证方法验证。

Rationalism（理性主义）　认为知识只能通过心理实践才能获得，这些实践包括思维、演绎或推理。

Risky predictions（有风险的预测）　冒着被证伪的风险做出的预测。根据波普尔的观点，一个理论如果是科学的，就必须能做出有风险的预测。

Science（科学）　把经验主义哲学和理性主义哲学相结合而进行的认识论探索。

Scientific theory（科学理论）　理性主义哲学流派和经验主义哲学流派的结合，具有两个主要机能：（1）对诸多观察进行整合（解释）；（2）生成新信息。

Self（自我）　众多人格理论家使用的概念，用来解释人的行为为什么会稳定、前后一致、组织有序等事实。自我概念也用来解释，人为什么意识到自己是一个个体。

Self-actualization（自我实现）　一个人表现出自己全部潜能的状况。

Situation variables（情境变量）　被认为对人的行为负责的环境中的变量。

Synthesizing function of a theory（理论的整合机能）　理论把诸多杂乱的观察加以组织和解释的能力。

Teleological behavior（目的论行为）　有目的的行为。

第二篇

精神分析范型

西格蒙德·弗洛伊德

本章内容

弗洛伊德（1966b，pp. 284-285）认为，人类的自尊受过三次巨大的冲击。第一次冲击来自哥白尼，他提出地球不是宇宙的中心，而之前人类一直是自我中心地这样认为的。哥白尼甚至证明，地球不是我们所处的太阳系的中心。这是人类难以接受的事实。

第二次冲击来自查尔斯·达尔文，他提出，人类不是"特殊的造物弄人"的产物，而是起源于所谓低等动物连绵不断的进化。

21　　随着达尔文的启示所带来的尘埃正在落定，我们的自尊因相信人类是理性的动物而得以拯救。虽然我们起源于低等动物，但是在进化过程中，由于我们拥有智力，因而与动物有了本质的区别。动物由本能所驱动，而人类的行为由理性决定。

对人类自尊的第三次冲击正是来自弗洛伊德本人，他认为，人类的行为从根本上是本能的，主要是由无意识驱动的。换言之，根据弗洛伊德的观点，大多数人不是理性的动物。无论我们是否赞同弗洛伊德的理论，弗洛伊德的概念确实彻底修正了我们对人性的看法。

一、生平

西格蒙德·弗洛伊德16岁时与母亲阿玛丽亚·内森索恩·弗洛伊德的合影，摄于1872年。

22

西格蒙德·弗洛伊德（Sigmund Freud），1856年5月6日出生于奥地利的弗莱堡（现捷克共和国的普日博尔）。然而，我们下面就会看到，弗洛伊德极有可能是出生于3月6日，而不是5月6日。在弗洛伊德4岁的时候，他们全家搬到了维也纳，他在那里一直生活了将近80年。弗洛伊德的父亲雅各布（Jakob），是一位小有成就的羊毛商，也是一位极其专制的父亲。弗洛伊德出生时，他的父亲40岁，他的母亲阿玛丽亚·内森索恩·弗洛伊德（Amalie Nathansohn Freud）才20岁，他母亲是他父亲的第三任妻子。弗洛伊德的母亲在10年内生了8个孩子，弗洛伊德是老大。其中一个男孩在7个月时就夭折了，当时弗洛伊德2岁。有一点说来有趣，即阿玛丽亚是雅各布·弗洛伊德的第三任妻子，而不是人们普遍认为的第二任妻子。1968年，通过查阅弗莱堡的市志，人们得知雅各布的第二任妻子是一个叫丽贝卡（Rebecca）的女人。对此人的其他情况则一无所知。此前，人们核查了弗莱堡的出生登记，发现官方登记的西格蒙德·弗洛伊德的出生日期是1856年3月6日，而不是广为流传的5月6日。弗洛伊德的官方传记作者欧内斯特·琼斯（Ernest Jones）提出说，出生日期的差异仅仅是由于小小的笔误。但是其他人认为这事很重要，例如，巴尔马里（Balmary，1979）认为，弗洛伊德的父母对外说他的生日是5月6日，是为掩盖弗洛伊德的母亲在与雅各布结婚时已经怀上了西格蒙德这一事实。巴尔马里在她所著《对精神分析学的精神分析：弗洛伊德与其父亲隐藏的过失》一书中，推断说有两个"家庭秘密"对弗洛伊德及其后来的精神分析理论产生了重要影响，一个是阿玛丽亚是雅各布的第三任妻子而非第二任妻子，另一个是弗洛伊德的母亲是奉子成婚的。雅各布与他第一任妻子（萨莉·坎纳［Sally Kanner］）有两个儿子，在西格蒙德出生时他已经当了爷爷。注意到这一点很有趣，即雅各布·弗洛伊德与第一任妻子所生儿子的年龄几乎与西格蒙德的母亲年龄相仿。弗洛伊德最早的玩伴之一就是他同父异母哥哥的孩子，弗洛伊德的这个玩伴，也就是他的侄儿，比他大一岁。西格蒙德与他母亲的关系非常亲密，弗洛伊德认为，这种亲密关系影响了他的一生。事实上，弗洛伊德在很大程度上把自己的成功归于他母亲对他的信任。弗洛伊德的母亲活到 95 岁，于 1930 年 9 月 12 日去世，仅比她儿子西格蒙德早去世 9 年。

弗洛伊德读书时是一个优秀学生，以全班第一的成绩中学毕业。在家里，他的弟弟妹妹们都不允许玩乐器，因为怕打扰弗洛伊德的学习。他 17 岁时进入维也纳大学医学院，但是 4 年的课程他用了几乎 8 年才完成，主要因为在医学课程之外他还有其他兴趣。弗洛伊德之所以选择医学院，是因为医学是当时奥地利犹太人能从事的不多的几个职业之一。尽管他对成为一个医生没有多大兴趣，但是他把学医看作是进入科学研究领域的一个途径。

弗洛伊德的愿望是成为一个神经病学的教授，他发表了几篇这方面的文章。然而，不久他发现，一个犹太人在学术职业的发展上是非常受限的。有了这种认识，再加上他需要钱这一现实，他于 1886 年 4 月 25 日开始从事私人诊疗，当起了临床神经病医生。大约 5 个月以后，也就是 1886 年 9 月 13 日，他终于与玛莎·伯奈斯（Martha Bernays）结婚。他们早在 1882 年就订婚了，在他们将近 5 年的订婚期内，弗洛伊德给他的未婚妻写了 400 多封信。直到弗洛伊德去世，他们一直没有分开。他们有 6 个孩子，3 个儿子、3 个女儿，其中的一个女儿安娜（Anna），成为伦敦非常知名的儿童精神分析师。

可卡因事件

1884 年，弗洛伊德听一个德国军医说，毒品可以增强士兵的耐力，于是开始了可卡因的实验。他亲自服用可卡因，发现它可以缓解抑郁，集中注意力，而且没发现任何不良反应。由于弗洛伊德对可卡因的感觉良好，于是他经常服用，还让玛莎、自己的几个妹妹、他的朋友和同事也服用。后来，弗洛伊德发表了 6 篇有关可卡因的论文，推荐将它作为一种兴奋剂、局部麻醉剂、治疗消化不良的药物、吗啡的无害替代品来使用。弗洛伊德的一个合作者，卡尔·科勒（Carl Koller），从弗洛伊德那里得知在眼部手术时可将可卡因作麻醉剂使用，并发表了一篇论文介绍相关的一项成功实验。科勒的论文引起了轰动，几乎一夜之间使他享誉全球。弗洛伊德因错失获得这个学术成就的机会而深感遗憾。

尽管可卡因在眼部手术时是有价值的，但是弗洛伊德有关可卡因这一"神奇物质"的其他观点不久被证明是虚假的，弗洛伊德用可卡因治疗他的一个好朋友对吗啡的依赖，结果他的朋友变成了可卡因瘾君子。有关可卡因成瘾的报道开始从四面八方蜂拥而来，可卡因也受到医学界的猛烈抨击。由于弗洛伊德与有害的毒品关系密切，因此他的医学形象严重受损。正是这个可卡因事件的插曲，在很大程度上导致了怀疑论的出现，以至于弗洛伊德后来的观点一直受到他的医学同行的怀疑。尽管弗洛伊德避免了对可卡因成瘾，但是他确实对尼古丁有瘾。他成年后的大部分时间是平均每日吸烟 20 支。

二、弗洛伊德理论形成中受到的早期影响

1. 访学沙考

1885 年，弗洛伊德获得一笔数目不大的基金，资助他到著名的法国神经学家**让 - 马丁·沙考**（Jean-Martin Charcot，1825—1893）处访学并开展研究，当时沙考正在进行催眠术的实验。那时的沙考正处在职业生涯的巅峰时期，在法国医学界被认为是仅次于路易·巴斯德（Louis Pasteur）的第二号杰出人物。19 世纪 70 年代的催眠师弗朗茨·安东·梅斯默（Franz Anton Mesmer，1734—1815）声称，催眠术可对动物体内的灵魂进行重置，自此之后，医学界一直对催眠术持否定态度。沙考通过对催眠术效果的印证，极大地逆转了医学界对这一现象的否定态度。在对一个患者实施催眠后，沙考证实，通过催眠师的诱导，各种瘫痪症可被人为制造出来，也能被人为地去除。他由此证明，身体疾病既有生理或器官上的起因，也有心理上的根源。大脑制造和去除身体症状的能力，促使沙考想知道最终是否能用他的这一发现来解释信念疗法（Sulloway，1979，p. 30）。

沙考的观察结果对于治疗**癔症**（hysteria）有明确意义。癔症是用于描述麻痹、感觉丧失、视觉或语言失调等各种症状的一个术语。起先，人们断定，癔症只是女性特有的一种障碍（在希腊语中，hystera 一词表示子宫）。因为很难看到癔症患者在机体上有任何毛病，因此医学界往往认为她们在装病，同意给她们治疗的医生也会名誉扫地。沙考的研究表明，癔症患者的身体症状可能是心因性的，因此，即使这种病不能用身体机能紊乱来解释，也要对其严肃对待。因此，沙考对癔症治疗做出了很大贡献。沙考还有力地证明，与大多数医生的看法相反，癔症不是女性特有的一种障碍。通过证明身体症状的心因性本质，沙考提供了研究癔症这种困扰医学界几个世纪的疾病的新方法。不久之后，弗洛伊德对这种方法的深刻含义进行了探索。弗洛伊德对沙考深为推崇，以至于他给自己的第一个儿子取名时用了沙考的名字——让 - 马丁。

让 - 马丁·沙考正在做催眠示范。（Culver Pictures，Inc.）

2. 访学伯恩海姆

弗洛伊德从沙考那里访学回来后，开始在他的私人诊疗中使用催眠术，但是效果不佳。为了提高催眠技能，弗洛伊德于 1889 年重返巴黎。这次，他是到南锡的**希波莱特·伯恩海姆**（Hippolyte Bernheim，1840—1919）那里访学。与沙考及其同事一样，"南锡学派"的成员也正在进行用来治疗癔症的催眠术实验。弗洛伊德从这次访学中获得的知识，无论对他后来理论的形成，还是对治疗方法的发展都有深远影响。伯恩海姆把人催眠，让他们在被催眠状态下做出各种举动。还是在被催眠状态下，他指示被催眠者，当他们清醒时不要设法记住在催眠状态下的所作所为。这样就造成了**催眠后遗忘**（posthypnotic amnesia），即被催眠者不能回忆起自己在被催眠时做了什么。但伯恩海姆发现，遗忘不是彻底的，如果催眠师坚称记忆可以恢复，那么它就能恢复。为了让被催眠者回忆起自己做过的事，伯恩海姆一边把手放在醒来的人的额头，一边坚定地说，在催眠期间发生的事会被记起。弗洛伊德从伯恩海姆那里获知，催眠状态下的人仍有记忆，只是没有意识到而已，在一定的压力下，这些记忆就能够恢复。

弗洛伊德在伯恩海姆那里的第二个重要课程涉及**催眠后暗示**（posthypnotic suggestion）。为说明这一现象，伯恩海姆对一个妇女实施催眠，并告诉她，在她清醒过来一段时间后，她将会走到屋子角落，拿起那里的一把雨伞，并把雨伞打开。在她从催眠后的昏睡中被唤醒、在催眠效果已经不起作用后，她真的这么做了。当有人问她为什么要打开雨伞时，这位妇女说她想看看这是不是她的伞。弗洛伊德从这个案例中得知，一个行为可以由一个人自己完全没有意识到的念头引发。因此，对伯恩海姆的访学使弗洛伊德领悟到，行为能够由无意识的念头而引发，而且这种念头在适当条件下可以被带入意识。

弗洛伊德从沙考和伯恩海姆那里获得了大量的启示，这些启示后来成为精神分析的基本内容。还有其他很多的想法则来自约瑟夫·布洛伊尔。

3. 约瑟夫·布洛伊尔和安娜·O 的病例

弗洛伊德于 19 世纪 70 年代末第一次见到**约瑟夫·布洛伊尔**（Josef Breuer，1842—1925）是在维也纳大学，当时他们两人都在从事神经病学的研究。布洛伊尔比弗洛伊德年长 14 岁，他与沙考一样，是一位德高望重的医生和研究者。布洛伊尔给弗洛伊德提供了建议、友谊，还借给他生活费。布洛伊尔的妻子也成为弗洛伊德夫妇的好友，弗洛伊德夫妇为他们的第一个女儿取名为玛蒂尔德（Mathilde），就是取自布洛伊尔妻子的名字。然而，对精神分析的创立最为重要的是布洛伊尔对一位化名安娜·O 的年轻女子的治疗。

安娜·O 时年 21 岁，布洛伊尔于 1880 年 12 月开始对她进行治疗，治疗一直持续到 1882 年 6 月。安娜·O 的症状包括：身体许多部位出现麻痹，视力有问题，间歇性耳聋，神经性咳嗽，间歇性厌食、厌水，自杀冲动，偶尔不能讲出自己的母语——德语，但可以讲英语，以及各种各样的幻觉。安娜·O 的情况被诊断为癔症。

使布洛伊尔惊奇的是，他发现安娜·O 能追溯出她的某个病症的开始以及这个病症暂时或永久性消失的情况。他发现在对安娜·O 实施了催眠或者在她极度放松的情况下，安娜·O 可以说出她的各种症状的起源。在一年多的时间里，布洛伊尔每天对她治疗几个小时，采用上述方法系统地移除了她的每个症状。安娜·O 本人将这个耗时费力的过程叫作"谈疗法"或者"扫烟囱"，布洛伊尔称其为**宣泄**（catharsis）。这个词最早是由亚里士多德发明的，用来描述观众在观看戏剧时经历的情绪放松和净化感觉。治疗证明，安娜·O 的大多数症状源于她照料病重的父亲时的一系列创伤经历。

布洛伊尔从安娜·O 的治疗中获知了几个重要事实。其中最重要的是：当她敞开心扉表达情感时，她的状况就得到改善。布洛伊尔还发现，随着治疗的深入，安娜·O 逐渐把她对父亲的感情转移到他身上。患者对精神分析师的回应就好像精神分析师是患者生活中的一个重要人物一样，这种现象被称为**移情**（transference）。弗洛伊德认为移情对有效的精神分析是一个致命因素。同样，布洛伊尔在情感上也变得与安娜·O 纠结在一起。一个精神分析师与一个患者形成情感依恋的现象后来被称为**反移情**（countertransference）。由于布洛伊尔与安娜·O 一起度过很多时间，他们彼此产生了深深的感情，布洛伊尔的婚姻开始出现危机。最终，布洛伊尔决定停止继续对安娜·O 进行治疗。对此，安娜·O 深感困扰，以至于突然出现了癔症性的（假想的）分娩。根据弗洛伊德的官方传记作者欧内斯特·琼斯（Ernest Jones，1953）所称，布洛伊尔通过对安娜·O 施以催眠使她平静下来，然后"带着一身冷汗""逃离"（p.225）她家。第二天，布洛伊尔和妻子就去了意大利的威尼斯做第二次蜜月旅行。显然，这次修复婚姻的努力很成功，第二次蜜月的结果是怀上了他们的女儿。

如同我们在本章通篇会看到的那样，随着一些相关事件的披露，后期的学术界揭开了精神分析史上几个自相矛盾的事件。琼斯关于布洛伊尔中止对安娜·O 治疗的事件就是其中之一。琼斯的说法可能是为了娱乐大众，现已发现这种说法并不真实。在布洛伊尔的传记中，赫希缪勒（Hirschmüller，1989）写道：布洛伊尔并没有突然中止对安娜·O 的治疗，而是与她的母亲一起对治疗做了精心的计划。根本不存在所谓癔症性怀孕的事，因此也没有必要对安娜·O催眠，及"一身冷汗"地离开；布洛伊尔的"第二次蜜月旅行"是去了格蒙登，而不是威尼斯，他们的女儿是在他们离开维也纳之前出生的；最后，与琼斯所声称的相反，布洛伊尔在经历了对安娜·O的治疗后并没有放弃治疗癔症。

关于安娜·O的案例，还有一个不真实的历史记载。在布洛伊尔与弗洛伊德合著的《癔症研究》（1955）一书中，布洛伊尔总结说，他对安娜·O的治疗是成功的。然而，事实上，这一治疗并不十分成功。

琼斯（1953，p. 223）证实了安娜·O的真实身份是伯莎·巴本海姆（Bertha Pappenheim，1859—1936），下面将详细介绍她的情况。

4. 伯莎·巴本海姆的命运

艾伦伯格（Ellenberger，1972）凭借机智的侦探工作，揭示出伯莎·巴本海姆在布洛伊尔结束了对她的治疗后所发生的事。艾伦伯格披露的文件表明，伯莎·巴本海姆于1882年进入一个疗养院，一直遭受布洛伊尔所确诊的那些病症的折磨。在疗养院期间，她接受了大量的吗啡治疗。有关记录显示，她在离开疗养院几个月之后仍继续接受吗啡注射。对于后来几年的情况，人们不得而知，但是她最终于19世纪80年代末期出现时，成为一位社会工作者。此后她的成就辉煌：她在法兰克福一家孤儿院当了12年的院长（1895—1907）；她创立了犹太妇女社团（1904）；她创建了未婚妈妈之家（1907）；她的足迹遍布近东地区，以及波兰、俄国、罗马尼亚等地，对那些地方的孤儿施以援助，并帮助解决卖淫和被拐卖妇女的问题；她成为欧洲女权运动的领袖；她还是儿童故事的编剧和作家。此外，她也是毫无保留的堕胎反对者。

₂₇ 伯莎·巴本海姆在整个的职业生涯中，对精神分析一直持否定态度，从不允许她所照料的任何女孩去接受精神分析。从她1922年说的一段话，可以看到她的女权主义主张（引自Jones，1953，p. 224）："如果说女性在以后的生命中有任何公正的话，那就是由女性去制定法律，由男性去带孩子。"到她1936年3月去世时，她已经成为一个几乎是传奇式的人物，欧洲的杰出人士都对她称颂不已。1954年，德国政府发行了一组颂扬"人道主义的援助之手"的邮票，其中一张就印有她的照片。巴本海姆最终的成功与包括布洛伊尔对她进行的治疗在内的早期经历是否存在关联，一直争论不断，至今仍无定论（例如，参见Kimble，2000；Rosenbaum & Muroff，1984）。

5. 自由联想法的发展

弗洛伊德在沙考和伯恩海姆那里访学时的所见所闻，对他影响很大，因此，他在自己的治疗实践中尝试采用催眠，但收效甚微。弗洛伊德最终放弃了催眠术，因为他发现，并不是所有人都能够被催眠。他的一个患者，弗劳·埃米·冯·N（Frau Emmy Von N.），在被他催眠的过程中，曾对他的暗示语大发脾气，说她就是想要不被打断地说出自己的想法。

后来，弗洛伊德试图利用手压法来代替催眠。手压法是他从伯恩海姆那里学到的一种方法：把一只手放在患者额头上，一边轻轻地移开手，一边引导患者开始谈话。这种方法有些效果，但他最终还是放弃了，而采用**自由联想**（free association）。弗洛伊德称这种方法是"精神分析的基本原则"。

弗洛伊德对催眠术和手压法的实验，以及他记忆中14岁时看到的由路德维希·伯尔内（Ludwig Borne）写的一篇论文，逐渐使他发展出自由联想法。伯尔内的论文题目是《三天成为原创作者的艺术》，该论文包含着自由联想法的种子。伯尔内鼓励新手作者们拿起笔和纸，"不去胡编滥造，而是把你头脑中所思所想的一切写下来"（引自Freud，1955c，p. 265），鼓励作者或多或少随意地写出有关自己、历史事件或其他各种人的事情。伯尔内声称，不出三天，这种做法就会带来"惊喜"。

布洛伊尔和弗洛伊德一道对几个癔症病例进行了治疗，并于1895年出版了名为《癔症研究》的专著。该书一般被认为是精神分析运动的开端。这部专著现在被认为具有里程碑式的意义，但在当时却遭遇到否定，在 13 年里只卖出了 626 册。由于弗洛伊德坚持认为性冲突是引发癔症的原因，而布洛伊尔虽然赞同性冲突常常会引发精神障碍，但他不同意弗洛伊德有关性冲突是其唯一原因的观点，这对曾经亲密无间的朋友，不久后只得分道扬镳。

1897 年，弗洛伊德开始了影响深远的自我分析研究。他进行自我分析有理论上的原因，也有个人原因。例如，他曾经历过一次可怕的乘火车旅行，脑子里一直闪现着有关自己死亡的念头。他的自我分析，主要手段是对自己的梦境进行解释。这种分析的最终结果是，被普遍认为是弗洛伊德最伟大成就的专著《梦的解析》一书于 1900 年出版。与他之前与布洛伊尔合写的著作一样，这本书也遭到大量的批评，8 年只售出 600 册。弗洛伊德为此得到了相当于 209 美元的收入。然而，这本书的重要性最终为人们所认识，它被翻译成多种语言在世界各地出版发行。

正是在《梦的解析》一书出版之后，精神分析运动开始蓬勃开展起来。当弗洛伊德和他的几个追随者于 1909 年被 G. 斯坦利·霍尔（G. Stanley Hall）邀请到美国克拉克大学举办系列讲座时，他的理论终于得到了国际上的认可。虽然弗洛伊德对美国所知不多，而且只去过这一次，但他到访克拉克大学对精神分析运动发展的影响极其深远。

1923 年，弗洛伊德被诊断患了口腔癌，这病与吸烟有关，甚至他在被诊断患癌之后，仍没有戒掉吸烟这个老习惯。从 1923 年到 1939 去世，弗洛伊德经历了 33 次手术。他拒绝服用镇痛药，因此持续的疼痛折磨着他，但他的头脑一直保持清醒，并为自己的理论而工作不止，直到生命结束。

1933 年纳粹掌权时，他们在柏林公开焚毁弗洛伊德的书，纳粹的一个发言人叫嚣道："为了反击对性生活灵魂毁灭式的过高评价——以人类高尚灵魂的名义——我奉命对西格蒙德·弗洛伊德的书付之一炬！"（Schur，1972，p. 446）对这一事件，弗洛伊德评论说："我们的进步多么大呀。如果在中世纪，他们会把我烧死。当今，他们烧掉我的书就满足了。"（Jones，1957，p. 182）1938 年维也纳被纳粹占领后，弗洛伊德仍拒绝离开。直到他的女儿安娜被纳粹逮捕和拷打，他才同意移居伦敦。之后，他的四个妹妹都在奥地利被纳粹杀害。在伦敦，弗洛伊德一家住在城北汉普斯特德区的梅尔菲尔德花园 20 号。他在这里继续从事写作，给人治病，偶尔出席伦敦精神分析协会的会议。

弗洛伊德与他的医生麦克斯·舒尔（Max Schur）约定，当弗洛伊德的身体状况到了无望之时，舒尔将协助他死去。彼得·盖伊（Peter Gay，1988）这样描述弗洛伊德最后的日子：

> 舒尔流着泪，亲眼看着弗洛伊德有尊严地、毫无自怜地走向死亡。他从没见过任何人像他那样死去。9 月 21 日，舒尔给弗洛伊德注射了 3 毫克吗啡——镇静用的正常剂量是 2 毫克——弗洛伊德陷入了安宁的睡眠。当他仍然无法安宁时，舒尔再次进行了注射。第二天，即 9 月 22 日，又注射了最后一次，弗洛伊德陷入昏迷中，从此再也没有醒来。他于 1939 年 9 月 23 日凌晨 3 时逝世。（p. 651）

■ 三、本能及其特征

在弗洛伊德看来，人的人格的所有方面都来自生物本能。这一点不用过多地强调。无论多么高尚的思想和成就，归根结底都与生物需要的满足相关。弗洛伊德的理论是一种快乐主义理论。该理论断言，人类像其他动物一样，不断地寻求快乐，回避痛苦。当身体的所有需要得到满足时，人就感到快乐。当一个或多个需要得不到满足时，人就会经历痛苦。因此，人类的主要动机就是要去实现因所有生物需要都得到满足而体验到的稳定状态。

本能（instinct）具有四个特征：（1）本源，它是身体内某种东西的缺乏；（2）目的，移除身体上的缺乏，重新达到内在平衡；（3）对象，即减轻或移除体内所缺乏东西的体验或东西；（4）动力，它取决于身体缺乏的程度。例如，体验到饥饿本能的人需要食物（本源），他想消除对食物的需求（目的），于是去寻找并摄取食物（对象），这些活动的强度取决于人有多长时间没吃东西（动力）。

生的本能与死的本能

所有与保存生命有关的本能称为生的本能，与此相关的精神能量统称为**力比多**（libido）。在弗洛伊德的早期文献中，力比多与性能量是等同的。但是，由于相反的证据不断增加，以及各种激烈的批评，甚至包括他的最密切同事的批评，弗洛伊德扩展了力比多的概念，使其涵盖了与生的本能相联系的所有能量，包括性、饥、渴在内。最后，弗洛伊德把力比多的能量扩展到人的一生。他也把生的本能统称为**厄洛斯**（eros）。

死的本能，即**塔纳托斯**（thanatos），能激发一个人返回到生命产生之前的无机状态。死亡是一种终极的稳定状态，因为不用再为满足生物需要而挣扎。弗洛伊德引用叔本华的话说："一切生命的目的都是死亡。"（Schopenhauer，1955a，p. 38）根据弗洛伊德的观点，死的本能，或有时也称为死亡愿望，其最重要的派生物，就是自我毁灭需要从指向自己转为指向外部而产生的攻击性。残忍、谋杀和其他形式的侵害，在弗洛伊德看来都来自死的本能。弗洛伊德对塔纳托斯没有做出像厄洛斯那样全面的论述，但它仍然是弗洛伊德理论的重要组成部分。

■ 四、心理结构

1. 本我

成年人的心理由三部分构成：**本我**（id）、**自我**（ego）、**超我**（superego）。人出生时，整个心理就只有本我（id 这个词来自德语的 das es，相当于英语的"the it"，意为本来的样子），本我是纯粹的本能能量，且完全处于无意识水平。本我不能忍受由身体需要而造成的紧张，因此它要求马上移除这些紧张。换言之，本我要求立刻满足身体的需要，它受**快乐原则**（pleasure principle）的支配。

本我以两种方式来满足身体需要：**反射动作**（reflex action）和**愿望实现**（wish fulfillment）。反射动作是对一个刺激源的自动反应。例如，一个婴儿会因为鼻子受到刺激而打喷嚏，或者反射性地动一动自己还不能活动自如的肢体，以应对一个刺激。在这两种情况下，反射动作都有效地降低了紧张程度。咳嗽和眨眼也属于反射动作。

愿望实现则比较复杂。本能除了前面描述的特征之外，还可被看作生理需求的心理表征。弗洛伊德利用本我并通过本能概念，把握了心身关系问题。心身关系问题涉及生物活动和心理活动是如何彼此关联的，每个含有认知成分的理论都必须对这一问题做出回答。

弗洛伊德对心身关系问题做了如下的回答。生物上的缺乏（需求）促使本我想象出一个可以满足这个需求的对象或事件，由此减弱与该需求相关的紧张状态。例如，对食物的需求会自动地激发本我对食物的想象，这一想象对于减弱因对食物的需求而引起的紧张具有暂时效果。这就是所谓的愿望实现。在这一点上，弗洛伊德变得相当神秘。既然本我完全是无意识的，那么在回应各种需求时所产生的想象是怎样的呢？毫无疑问，对饥饿冲动的回应，不会是对汉堡包的想象，因为本我尚未体验过汉堡包或其他与减弱饥饿驱力直接联系的事物。相反，本我具有的东西似乎只是世世代代遗传下来的经验的残留物。如果事实如此的话，那么本我可以想象到的东西必是以往世世代代一直用来满足需求的东西。这就是弗洛伊德后来所接受的观点。由此，弗洛伊德接受了拉马克**获得性特征遗传**（inheritance of acquired characteristics）的观点。对这一观点，后面还要介绍。

由于愿望实现并没有真正满足身体需求，只是提供了一个临时性的基础。因此，人格的另一个组成部分就必须发展起来，以使真正的满足成为可能。这个组成部分就是自我。如前所述，本我试图通过幻觉（能够使需求得到满足的事物的心理图像）来减弱某种需求。这种机制与反射动作一起，共同被称为**初级过程**（primary processes）。然而，本我的初级过程对需求的彻底满足是无效的，本我不能把自己的想象与外在的真实情况加以区分。事实上，对本我来说，它的想象就是唯一的真实。

2. 自我

最终，自我得以发展，并试图将本我的想象与真实世界中的客体对象和事件相匹配。弗洛伊德把这个匹配过程称为**认同**（identification）。自我受**现实原则**（reality principle）支配，并服务于本我，换言之，自我引导着人真正体验到自己的需求得到满足，并由此来表明自己的存在。当人饿了，自我就去找食物；当人有了性冲动，自我就去找合适的性对象；当人口渴了，自我就去找水。自我通过**现实验证**（reality testing）过程来寻找适当的对象。由于自我既意识到本我的想象，也意识到外在的真实，因此，自我是既在意识水平也在无意识水平上运行的。自我为带来真正的生物满足而做的现实努力被称作**次级过程**（secondary processes），它与本我无效的初级过程是完全不同。本我与自我之间的关系如下图所示。 *31*

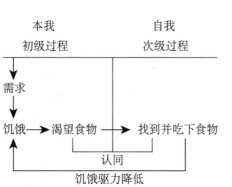

在弗洛伊德的理论中，认识到自我是服务于本我的这一点是重要的。

> 总体上，自我必须执行本我的意图，通过寻找实现这些意图的最佳环境来完成自我的任务。自我与本我的关系好像骑手与其马匹的关系。马提供了运动的能量，而骑手有确定目标和驾驭马匹运动的特权。但是自我和本我之间往往并非处于理想状态，骑手不一定能引导马匹沿着自己想走的道路前行。（Freud，1966a，p.541）

3. 超我

如果人格只是由本我和自我两个部分构成的话，那么，人将是享乐主义的、动物性的，在有需求的状态下，他将从适当的环境客体对象中（自我）寻求对需求（本我）的即刻满足。然而，人格的第三个组成部分，即超我，使这一过程更加复杂。超我（来自德文 das überich，意为"超过我"）是人格的道德目标。它最初是来自幼儿所经历的奖励或惩罚的内化模式。就是说，根据父母的价值观，儿童的一些言行受到奖励从而被促进，另一些言行受到惩罚从而被阻止。当自我控制取代了环境控制或者父母控制时，就可以说，超我完全形成了。

完全形成的超我包含两种成分。**良心**（conscience）是儿童因经常受到惩罚而内化的体验。此时去做这样的行为，甚至只是想到去做这样的行为，都会使儿童感到内疚或"不听话"。超我的第二种成分是**自我理想**（ego ideal），它是儿童经常受到奖励而内化的体验。此时去做这样的行为，甚至只是想到去做这样的行为，都会使儿童感到成功或骄傲。弗洛伊德认为，超我深受内化的个人经历的影响，但他也认为，超我受到历史的或种系发生过程的影响。后面会用实例对此加以说明。 *32*

超我为了达到完美而不断奋争，因此，它与本我一样，是不现实的。任何有违童年时内化价值观的体验都不为超我所容忍，这使自我的任务变得更复杂。自我不仅必须找到能满足本我各种需求的对象和事件，还必须找到不违背超我价值观的对象和事件。例如，一个男孩在城市公交车上想撒尿，本我会要求马上尿，来满足这一需求。自我则提出，必须先拉开裤子拉链才能尿。但是，在公交车上撒尿完全有违超我的内化价值观，这一行为会使他感到严重的内疚或焦虑。在这种情况下，自我意识到本我和超我双方的需求，于是，他在下一站下车，找到洗手间，在那里撒尿将满足人格三个组成部分的需求。自我被称为人格的执行官，这毫不奇怪。弗洛伊德（1966a）把自我的任务形容为给"三个严厉主人"提供服务，必须"把它们的命令和要求和谐地融为一体"（pp. 541-542）。第一个"主人"是所面临的一些客观事实，如疼痛和不适，或者美味食物和有吸引力的同伴等积极刺激物。第二个"主人"是本我，它要求立即满足需求，但它只能反射性地或通过愿望实现来应对客观现实，这仍不能解决好与客观现实的斗争。第三个"主人"是超我，它给自我提出了一个两面受限的困境。无论自我在真实世界中怎样做，其结果，要么因为违背良心而内疚，要么因为没有达到自我理想的高标准而羞愧。

■ 五、投注与反投注

弗洛伊德在维也纳大学的导师中，对他影响最大的当属著名的生理学家恩斯特·布吕克（Ernst Brücke，1819—1892），他与赫尔曼·冯·赫尔姆霍茨（Hermann Von Helmholtz，1821—1894）及其他几位生理学家一道，彻底颠覆了生理学界，摒弃了生理学中很多主观的、非科学的概念和术语。他们的目标是用已知、可测量、可验证的物理学术语来解释生理学的内容。也就是说，生命系统被看作一个动态的能量体系，它遵从于物理世界的法则。**活力论**（vitalism）——相信生命是由某些不能还原为物理事件的活力所构成——遭到这些人的强烈反对，在他们看来，根本就没有什么独立于生理活动的"机器幽灵"，也没有管控它们的规则。弗洛伊德就是在这所"赫尔姆霍茨医学院"接受了他的早期训练，这种实证主义的训练对他产生了强烈的、持久的影响。弗洛伊德在心理学上的最初努力之一就是一个题为《科学心理学项目》的研究。这个项目力图用神经生理过程来解释心理学现象。虽然这个项目于 1895 年（弗洛伊德与布洛伊尔合著的《癔症研究》出版的同年）完成，但是弗洛伊德认为这是个失败的项目，在他有生之年从未发表（1950 年于德国首次出版，1954 年于英国出版）。尽管后来弗洛伊德在他的人格理论中采用了主观的（非生理学的）术语，但赫尔姆霍茨医学院的实证主义训练深刻影响了他，使他在解释人类行为时一直避免使用活力论和目的论概念。

用对自己有深刻影响的人的名字给自己的孩子取名，这是弗洛伊德的一贯做法，他给自己的第四个男孩取名恩斯特，就是恩斯特·布吕克的名字。

弗洛伊德采用的赫尔姆霍茨的概念之一是**能量守恒原理**（principle of conservation of energy）。这一原理认为，在一个系统内，能量不会增加或减少，而只是被重置，或从一处转移到另一处。该原理并不是赫尔姆霍茨提出的，但他是将其应用于生命有机体的第一人。例如，赫尔姆霍茨用实例说明，一个有机体付出的全部能量与消耗的食物与氧气的能量相等。

弗洛伊德把能量守恒原理应用于对人类的人格分析中。他提出，每一个人出生时都带有同样的**心理能**（psychic energy），每个人的心理能数量不等，但数量不变，一直保持，直到死亡。然而，这种心理能可以转化和重新安排，这种能量在特定时间的分配状况，决定了一个人的人格特征。

弗洛伊德使用**投注**（cathexis，来自希腊文 kathexo，意为占领）这一术语来描述想到能满足需求的对象或过程时的心理能投入。能量本身从不离开肉体，但是如果巨大的能量被注入对一个对象的想象中，一种对它的强烈渴望就会以思想、映像和幻想的形式而产生。这些思想和情感将持续到需求得到满足。此刻，能量得以消散，并可用于其他的投注。因此，如果只存在本我和自我，人类就会是动物性的。那就是说，一种需求出现时，能满足这种需求的一种客体的意象愿望就会形成，并被赋予能量，从而创造一种紧张，在需求被满足之前，这种紧张会一直存在。在这种情况下，人就不会考虑别人，满足需求的对象可接受与不可接受也没有差别。然而，如我们已经知道的，随着超我的发展，产生了抑制低级欲望的需求。这就需要消耗能量去阻止那些不可接受的投注。弗洛伊德把为防止不合期望的投注而付出的能量消耗，称为**反投注**（anticathexis）。由于不可接受的投注的出现将引起焦虑，自我和超我常常共同创造出一种足够强大的反投注，来阻止本我强烈的、低级的投注。在这种情况下，起初的需求并没有消失，而起初的投注被其他更安全的对象取代。

■ 六、焦虑

弗洛伊德认为，人所体验到的最大焦虑，发生在出生时与母亲分离那一刻。弗洛伊德把这种体验称为**出生创伤**（birth trauma）。因为我们突然离开了一个完全安全的、令人感到满足的环境，在这个环境中，我们需求的满足是完全可以预期的。在弗洛伊德看来，因出生而产生的无助感是以后的焦虑感的基础。

焦虑的作用是向我们发出警告，如果仍以某种方式去思考或行为，我们将面临危险。由于焦虑是令人不愉快的，因此我们就要做降低焦虑的事情。也就是说，我们倾向于终止引起焦虑的想法或行为。弗洛伊德划分了三种类型的焦虑。**现实焦虑**（reality anxiety），它是由环境中真实的、客观存在的危险因素引起的，这种类型的焦虑只要客观事物得以解决就最容易降低。比如，大楼着火了，就离开这个大楼。**神经症焦虑**（neurotic anxiety），它是害怕本我的冲动将压倒自我，并导致个人去做将受到惩罚的某些事情。这方面的实例包括一个人变得具有过分的攻击性，或者屈从于个人的性欲望等。总的来讲，这是一种害怕变成类似动物的恐惧。**道德焦虑**（moral anxiety），表现为担心做出与超我相反的举动，并由此而感到内疚。如果一个人认同的价值观是诚实，那么，即使想到不诚实的事，也会引起道德焦虑。神经症焦虑是害怕个人因冲动行为而受到（来自他人的）外部惩罚，而道德焦虑是害怕如果违背个人超我的命令而受到（来自罪恶感的）内部惩罚。这样的焦虑控制着我们的行为，使我们避开环境中危险的体验，约束本我的冲动，并按照内化价值观来行动。

自我的最大任务之一就是避免或降低焦虑。除了反投注之外，自我还具有其他几个机能，这几个机能在对抗焦虑上发挥作用。这些机能统称为自我防御机制。

■ 七、自我防御机制

如果自我用来降低或消除焦虑的常规、理性方法无效，那么自我可能转而采用非理性的方法，这称为**自我防御机制**（ego-defense mechanisms）。所有的自我防御机制都具有两个共同的特点：第一，它们是无意识的，也就是说，个人没有意识到自己正在使用自我防御机制；第二，它们对现实进行篡改或者歪曲。对自我防御机制的详尽阐述主要由弗洛伊德的女儿安娜（Anna Freud，1966）所完成。以下我们将对自我防御机制的几个机能分别予以介绍。

1. 压抑

任何防御机制发挥作用时，首先出现的必定是**压抑**（repression），因此，压抑是最基本的防御机制。弗洛伊德写道："压抑的本质就是使某些东西移开，让它离开我们的意识。"（1915，p. 147）关于压抑的重要性，弗洛伊德说："压抑的理论是整个精神分析框架得以立足的基石。"（1966c，p. 14）在弗洛伊德理论的早期版本中，他认为压抑的作用是使令人不安的记忆远离意识。后来他公开承认放弃早期理论，重新修正了他关于压抑的观点。在一篇题为《压抑》（Freud，1915）并被大量引用的论文的参考文献中并没有将压抑记忆的文章列入其中（Boag，2006）。在弗洛伊德的成熟理论中，他清楚地表明，压抑的对象是无意识的本能、愿望、幻想和冲动，而不是记忆。这些东西可能是与生俱来的本我部分，在这种情况下，对它们的压抑称为**原始压抑**（primal repression）；它们也可能是原始本我冲动的不可接受的派生物或替代物，在这种情况下，对它们的压抑称为**真正压抑**（repression proper）。简单说，原初压抑使我们远离那些可能会压倒我们、使我们面临危险的原始冲动，而真正压抑则使我们不去做不可接受的、可能带来惩罚的行为。在两种情况下，自我都在无意识中潜在地保持着引发焦虑的念头，同时伴随着一种反投注，它会威胁说，这些东西已接近意识。弗洛伊德所关心的是与生俱来的本我部分，认识到这一点很重要。弗洛伊德认为，人与其他动物共享的原始驱力是与生俱来的本我成分，它们更多地处于本我中，而不是在生理需求中。如前述，弗洛伊德是一位忠实的拉马克主义者。他相信，人类继承了祖先从经验中积累的记忆。弗洛伊德指出，由于人类祖先因做出某种行为而受到惩罚，所以，人类的本我中储存了遗传而来的各种禁忌。人一生中许多引起焦虑的事件都源于祖先的经验。因此，我们会害怕被阉割，相信一个成年人会像儿童一样对我们施加性攻击，避免乱伦，这些想法不是因为我们学习过，而是因为它们是**种系遗传禀赋**（phylogenetically inherited endowment）的一部分。

弗洛伊德认为，自我看起来是在当前的特定活动中"把自己转化成为本我的经验，但是本我的印象是由遗传而保留下来的"（Freud，1961b，p. 38）。由于本我是原始动物本能的保留地，它可以被继承，把这些经验性的记忆一代一代往下传。

如果人类祖先不断地因某种活动而受到惩罚，那么，我们一出生时就带有禁止这些活动的倾向。然而，从事这些活动（如乱伦和暴力）的冲动依旧存在于本我中，必须消耗心理能去阻止这些活动及相关冲动。换一种方式来表述弗洛伊德立场，那就是说，他认为人类道德中至少有一部分是遗传的。在《图腾和禁忌》（1958）一书中，弗洛伊德说："我推测，对某种行为的负罪感已经存在了成千上万年，而且仍然世世代代地起作用，哪怕有的时代根本不了解那些行为。"（pp. 157–158）

弗洛伊德坚信拉马克的遗传获得性概念，他最后的著作《摩西与一神教》（1964a）可以证明这一点。他指出，我们的心理生活确实是出生后积累的各种经验的产物，但是他又说，出生时我们就已拥有"种系发生起源的成分——一种古代的遗产"（p. 98）。

在弗洛伊德看来，压抑的机制是至关重要的，因为被压抑的思想并不会停止对我们的人格产生影响，它们只是尚未出现在意识中而已。诸如梦的分析、自由联想、催眠以及口误或失忆分析（后面将讨论）等程序，其目的就是试图发现被压抑的思想，以查明这些思想对人格的影响。然而不是所有的无意识素材都是被压抑的。在任何一个确定时间，都有大量信息与个人并无关联，比如名字、电话号码、日期等。尽管人在这一刻没有意识到这类信息，但是需要时，人能轻易地想起它们。我们说，这些信息存在于**前意识**（preconscious）中。

2. 移置

前面讲到，**移置**（displacement）是需求满足方式的一种替代。例如，自我可以用现成的对象替代一个当前不具备的对象，它也可以用一个不会引发焦虑的对象或者活动来替代一个引发焦虑的对象或活动。通过移置，一个人真正渴望的东西被压抑并被更安全的东西所代替。

弗洛伊德在其《文明与其缺憾》（1961a）一书中指出，文明本身依赖于力比多能量从一个对象到另一个对象的移置，当一个移置带来了某种文明进步时，它被叫作**升华**（sublimation），诸如性冲动被绘画、写作、建筑，或只是单纯的努力工作所取代。弗洛伊德写道："本能的升华，是文化发展上的一个特别引人注目的特点。正是它使得更高级的精神活动、科学、艺术、理想等能够在文明生活中发挥重要作用。"（1961a，p. 63）

所有的冲动都能够被移置，甚至那些与死的本能相连的冲动也是如此。例如，趋向于自我毁灭的冲动能够被毁灭他人所替代；一个指向有威胁的人，如老板、父母的攻击冲动，能够被指向威胁性较小的大街上下班回家的小汽车、儿童和宠物，或者更普遍情况下，被指向对抗家乡城市运动队的其他城市运动队所替代。这些都是**移置性攻击**（displaced aggression）的实例。移置性攻击是弗洛伊德最有影响的概念之一。

3. 认同

弗洛伊德在使用**认同**（identification）一词时采用了两种方式。其中一种我们已经讲过，即自我试图把环境中的客观对象和事件与本我的主观愿望相匹配。另一种方式则是用来描述个人从心理上依附于卓越的人、群体、机构从而提升个人价值感的倾向。当家乡球队在比赛中获胜，或者来自祖国的运动员在奥林匹克运动会上获得金牌时，那种骄傲的情感就是具体实例。对时装、音乐专辑、阅读材料、个人风格的选择也是认同的具体例证，因为这种选择使一个人与他认为成功、有力量、有吸引力的人更近。穿着球队、公司或印有机构图标的体恤或者夹克衫，也是认同的实例。

儿童还会认同他的父母（使他们的价值观内化），从而消除因与他们的价值观相对立而带来的惩罚。这对超我的发展非常重要。

4. 否认现实

这个机制指拒绝接受生活中的某些事实，哪怕有大量证据证明它们是真实的。例如：拒绝相信所爱之人已死；拒绝承认所爱之人的否定态度；拒绝相信某人蹩脚的驾驶技术是造成车祸的原因；某些严重超重和体重过轻的人否认他们的体重有问题；对某些物质比如酒精、尼古丁、可卡因成瘾的人，相信这些东西对他们无害，他们能够轻松戒除对它们的依赖。可以肯定，一个使用**否认现实**（denial of reality）机制的人，至少不会去触及现实的某些方面，因为这会对正常的机能造成损害。

5. 投射

这一机制指，某事对某人为真实，如果被意识到将引起焦虑，于是此事将被压抑，并被投射到其他的人或事情上。例如，"我想与他上床"这句话是真实的，但是，由于这样说会引起焦虑，于是被转换为"他想与我上床"。再有，"我考试考砸了，因为我没做准备"这句话是真实的，于是被转换成："我们的教材太差了。""她是教过我的最差劲的老师。""这次测验出的是偏题。"

投射（projection）是对与己有关、引发焦虑的事实的压抑，方法是在别人身上看到这一问题，或者辩称周围环境中的某人有缺点并且对其加以指责。

6. 抵消作用

这一机制指，一个人做出了某个不可接受的行为，或者想做这样的行为，之后，他做了某个用来补偿或"抵消"这种不可接受的行为或想法的仪式性活动。所谓**抵消作用**（undoing），好像一个人试图魔法般的用另一行为来抵消某个行为。"它是一种否定性的魔术，其中，人的第二个行为取消了第一个行为，或使其失效。"（A. Freud，1966，p. 33）例如，在麦克白杀死了国王邓肯之后，麦克白夫人强迫性地洗手，好像要用此免除她自己的恶行。一个男人在对妻子实施身体虐待之后，可能通过反复向她道歉、向她表达爱意，或者给她买个礼物，比如鲜花，来抵消他的施虐行为。

7. 反向作用

这一机制指，令人讨厌的想法被压抑并以相反方式表达出来。例如，一个被性材料深深吸引的人，可能做了镇上的邮件检查员；一个不关心孩子的母亲，却对孩子过分溺爱。弗洛伊德认为，区分**反向作用**（reaction formation）与真实情感之差异的一个线索，就是这种情感被强调的程度。表现出反向作用的人，表达的情感往往更强烈而过度。比如，一个女孩的男友不停地说："我爱你，我爱你，我爱你胜过世上的一切。"或者某人会说："你应该见见我的母亲，她绝对是棒得令人难以置信。"在莎士比亚的名剧《哈姆雷特》中，王后做出过多的抱怨，暴露出她的内疚。

我们从身边就能找到展现出反向作用的公众人物。翻一翻最近的《新闻周刊》（2010 年 6 月号）杂志上的新闻报道，就能看到大量的事例。

38   先来看看一个知名的电视福音传道者的行为。他在电视节目中的布道，总有些内容令人怀疑。例如，他让听他布道的大批崇拜者忏悔自己乱伦和通奸的罪恶。他在观众面前粗鄙地做着手势，夸张地擦额头，谴责众人——如果不是所有人，也是大多数人——说他们躲在阴暗的角落，干着乱伦和通奸的勾当。当执法人员发现这位布道者不止一次地与性工作者做交易，甚至有乱伦和通奸行为时，可以想象他的崇拜者有多么震惊。在一次弗洛伊德式的自辩中，他大为暴怒，还使用投射防御，把对他行为的谴责不是指向自己，而是指向了撒旦。

最近，我们见证了对两个神职人员的指控，他们在反对同性恋和同性婚姻方面非常知名。其中一人因与男妓有性行为而被记录在案，他的行为不仅表现在性方面，还涉及冰毒交易。另一个反对男性同性恋的牧师从一个同性恋服务公司那里雇了一个陪伴，陪他去做一次海外旅行。他在自辩中声称，他不过是以在线方式联系了同性恋陪伴服务公司，要它出一个人来给他提行李。

当然，不仅神职人员使用反向作用这种防御机制，最近几年，我们看到有不少于四位政府工作人员，其中有的还供职于联邦政府，参与了公共的，有时是恶意的反同性恋权利、反对同性婚姻的运动。对这些一边吹嘘政治观点、一边采用弗洛伊德的防御机制的公职人员来说，他们与同性恋者的暧昧关系被揭露，着实不足为怪。

8. 合理化

通过这一机制，一个人对可能引起焦虑的行为或想法给予理性的解释或证明。自我从逻辑后果（尽管是错误的）中找到借口，如果不能以某种方式对它们做出解释，它们将带来烦恼。所谓酸葡萄式的**合理化**（rationalization）几乎人人皆知。大约公元前 500 年，伊索讲了个故事，一只狐狸看到葡萄藤上成串的葡萄，它尽力想摘下葡萄，但都失败了。狐狸只得转身离开，它边走边说："这些葡萄肯定很酸。"把一个人极力追求却得不到的事物贬低到最差的程度，是合理化的一种常见形式，称为"酸葡萄"式合理化。同理，起先并不具有强烈吸引力的事物，得到后却对其大加赞美，称为"甜柠檬"式合理化。

9. 理智化（亦称情感隔离）

这一机制指，对一件导致痛苦的事情，通过理智分析，抛开其中的情绪内容。这样，被有意识否认的就不是令人烦恼的想法，而是与之伴随的负面情感。利用**理智化**（intellectualization），人们可能在不涉及负面情感的情况下去思考死亡、与爱人分离、严重的疾病、个人丧失等话题，而通常情况下，这些事件都是与负面情感密切关联的。例如，努力以富于逻辑的、超然的态度去理解癌症的医学属性，能够把所爱之人患了癌症带来的负面情感影响降到最低。同样，通过强调死亡是生命不可避免的结果，人们能把所爱之人的死亡带来的负面情感降到最低。还有，人们能够通过在理智上强调钱财乃身外之*39* 物，使情感上对钱财的依附毫无意义，从而把房子被烧毁带来的痛苦降到最低。

10. 退行

这种机制指，人在经受压力时，返回到之前的发展阶段。例如，当弟弟妹妹出生时，一个孩子可能会尿床或者吮手指。关于**退行**（regression），后面讲到心理性欲发展阶段时会做更多的介绍。

上述自我防御机制由弗洛伊德及其同事提出，并由他的女儿安娜在其《自我与防御机制》（1966）一书中做了概括介绍。在该书中，安娜·弗洛伊德提出了她自己的两个防御机制：利他性屈从和攻击者认同。

11. 利他性屈从

利他性屈从（altruistic surrender）指人替代性地认同一个比自己更优秀的人，并按照那个人的价值观生活，从而把自己在做出负责任决定时的挫折与焦虑降到最低。

12. 攻击者认同

攻击者认同（identification with the Aggressor）指人把他惧怕的一个人的价值观和行为风格加以内化，从而降低来自那个人的威胁。这个机制可以解释为什么某些人质会喜欢绑架他们的人。安娜·弗洛伊德认为，这个机制对超我发展有帮助："除了认同攻击者，超我还能做什么呢？"（引自 Young-Bruehl，1988，p. 212）

需要澄清的一点是，任何一个人采用自我防御机制并且以适当方式去做，常常有助于正常机能的发挥。但是，如果频繁使用一个或多个自我防御机制，则可能出现机能失调。

克莱默（Cramer，2000，2001）在当代认知和发展心理学背景下讨论了自我防御机制。他还讨论了自我防御机制在何种条件下是适应性的。

■ 八、心理性欲发展阶段

弗洛伊德认为，每个儿童都要经历序列性的发展阶段，儿童在这些发展阶段中的经验决定着其成年后的人格特征。弗洛伊德相信，就所有的实用目的来讲，成年后的人格是在人出生后的前五年形成的。

每个阶段都有一个**性感区**（erogenous zone）与其相连。在特定的发展阶段，性感区是刺激和快感的最重要来源。

要从心理性欲的一个阶段顺利过渡到下一个阶段，儿童既不能满足不够，也不能满足过度，这两种情况都会导致儿童固着在某个阶段上。当大量的心理能仍然聚集于某个对象的映像，而这个对象能够对一个特定发展阶段的需求给予满足时，**固着**（fixation）就会发生。同样，固着既可能因为与一个阶段相对应的需求不断受到阻滞（满足不够）而发生，也可能因为其需求太频繁、太容易满足（满足过度）而发生。稍后我们会讲到一个婴儿，无论其是否表现出饥饿或者不舒服的迹象，妈妈都会让他吮吸母乳的例子。固着与退行是携手并行的，因为，当一个人退行时，他往往会返回到其一直固着的那个阶段。另外，固着在某个阶段的人，在成年后，会表现出与曾经固着的阶段相对应的人格特征。下面会看到有关实例。

1. 口唇期

口唇期（oral stage）发生在出生后的第一年，这一阶段的性感区是口腔。在口唇期早期（8 个月内），快感主要来自口腔、嘴唇、舌头的吸吮和吞咽动作。弗洛伊德认为，固着在口唇期早期的成年人，会热衷于大量的口唇活动，例如吃、喝、吸烟、接吻等。这种人还会热衷于在象征意义上与这些口唇活动相似的其他活动，例如收藏、做一个好听众（吸取知识），或者被贴上易受骗者的标签。这样的人"吞咽"他听到的任何事情，具有**口欲合并性格**（oral-incorporative character）。

在口唇期晚期（8 个月到大约 1 周岁），快感体验集中于牙齿、牙龈、下颌上。快感来自咬和吞咽活动。一个固着于口唇期晚期的成年人可能会咬指甲或贪吃，他们还会热衷于在象征意义上与咬的动作相似的活动，例如讥笑、挖苦、冷嘲热讽、嘲弄揶揄等。这种人具有**口欲施虐性格**（oral-sadistic character）。

2. 肛门期

肛门期（anal stage）出现在出生后的第二年，性感区是肛门和臀部。在这一阶段，儿童必须学会控制其生理过程，使他们的行为与社会要求相一致。也就是说，儿童必须进行大小便训练。

在肛门期前期，快感来自排便。固着于这个阶段的人，成年后会出现括约肌控制不良或尿床等生

40

理问题。在象征意义上，这种人可能过于慷慨，几乎把自己的所有东西都给出去，还可能是具有创造力的人。这种人具有**肛门排出型性格**（anal-expulsive character）。

在肛门期晚期，快感来自粪便占有。固着于此阶段的人，可能出现生理上的便秘问题，或象征性地表现出吝啬、抠门、整洁等特性，往往会追求完美。这种人具有**肛门滞留型性格**（anal-retentive character）。

3. 性器期

这一阶段大约发生于从出生后的第三年到第五年，此时的性感区是阴茎。阴茎是男性器官，但弗洛伊德认为**性器期**（phallic stage）既适用于男孩的发展，也适用于女孩的发展。弗洛伊德认为，阴蒂是缩小的阴茎，因此，阴蒂手淫等与阴蒂相关的活动在本质上被看作男性化行为。在弗洛伊德的阶段划分中，性器期是一个最复杂、争议最大的阶段。性器期是俄狄浦斯情结（恋母情结）发展的舞台，弗洛伊德认为，俄狄浦斯情结（恋母情结）的解释对于成年人的生活有深远影响。

俄狄浦斯情结（Oedipus complex，恋母情结）是根据索福克勒斯创作的古代剧作《俄狄浦斯王》命名的，该剧中，国王俄狄浦斯杀死其父，娶了其母。弗洛伊德认为，无论男孩女孩，都会对他们的母亲产生强烈的积极情感，因为母亲能满足他们的需要。比如，由于哺乳以及为孩子洗澡和日常照料时的性接触，男孩和女孩都对他们的母亲产生性欲情感，这种情感在男孩身上会一直存在，而在女孩身上大多会发生改变。

男孩开始担心父亲成为其母亲感情的强有力的竞争对手，而且这种担心会发展为**阉割焦虑**（castration anxiety）。也就是说，男孩产生失去性器官的担心，因为性器官被认为是他与父亲之间发生冲突的根源。弗洛伊德认为，对于男孩来说，即使没有受到公开的被阉割威胁，也会产生阉割焦虑。男孩可能看到女孩没有阴茎，并以为她们曾经有阴茎。换句话说，男孩可能以为女孩失去了她们的阴茎，因为女孩和他们一样，其阴茎是她们与父亲之间出现麻烦的根源。另外，根据弗洛伊德的说法，阉割焦虑源自种系发生过程中对久远的过去真实发生的阉割行为的记忆。

无论阉割焦虑是不是与父亲发生冲突的根源，它确实导致了对母亲性渴望的抑制，并对父亲产生敌意。另外，男孩通过对父亲的认同，使对母亲的性冲动获得替代性满足。在某种意义上，男孩变成了父亲，并与父亲分享他的母亲。通过保持对父亲的认同，男孩不仅与其分享了母亲，而且接受了父亲的是非观，把它变为自己的观念。这种说法对安娜·弗洛伊德有关攻击者认同的观点给出了实例证明，也合理地解释了弗洛伊德所说的俄狄浦斯情结（恋母情结）。

俄狄浦斯情结（恋母情结）在女性身上的表现更为复杂，弗洛伊德曾经想把女性身上的俄狄浦斯情结（恋母情结）称作厄勒克特拉情结（恋父情结），它是以索福克勒斯的另一剧作《厄勒克特拉》来命名的。在该剧中，厄勒克特拉的母亲杀死了她的父亲，后来厄勒克特拉唆使她的哥哥杀死了她的母亲。然而，弗洛伊德并不赞成这样的想法，而是选择用其他替代物，既指代男性的恋母情结，也指代女性的恋母情结。

如前述，女孩起先深受母亲的吸引，然而，当她们发现自己没有阴茎时，这种吸引力就降低了。相形之下，男孩则以为，女孩曾经有过阴茎，但后来失去了；而女孩则以为，其他所有的小孩都有阴茎，只是由于某种原因，她才失去了阴茎。女孩认为，她失去这样重要的器官是她母亲造成的。对母亲的拒绝同时伴随着受到父亲的吸引，因为她知道，父亲拥有这种她也想拥有的器官。然而，她对父亲的积极情感混杂着嫉妒，因为父亲拥有她没有的东西。这被称为**阴茎嫉妒**（penis envy）。弗洛伊德让女孩游移在母亲和父亲之间，同时伴随着对父母的积极和消极情感。

弗洛伊德认为，男孩的阉割焦虑很快就被压抑住，但女性阴茎嫉妒的各种表现形式能够持续很多年。在弗洛伊德看来，当女性幻想着生一个她与自己父亲的孩子时，她的性特征就从男性化变为女性化。女性生孩子的冲动，正是出于这样的幻想，而不是出于母性本能。当然，这种冲动象征性地扩展到其他男人身上，并宣告了对女性恋母情结的合理解决。在弗洛伊德看来，女性恋母情结的最终解决发生在女性生孩子，尤其是生一个男孩之时。

不论男孩还是女孩都是双性化的，所以性器期的情况更加复杂。如前述，男孩和女孩起先都深受其母亲的性吸引，这种吸引通常在男性身上一直持续下去，最终结果是异性恋。然而，由于男孩被自己的母亲深深吸引，因此他还会把父亲想象为一个爱的对象，并对他产生性幻想。相形之下，虽然阴茎嫉妒使女孩从受母亲吸引转为受父亲吸引，但她并没有完全抛弃对母亲强烈的积极情感。由于男孩和女孩都是既认同父亲也认同母亲，所以他们都拥有男性化和女性化的特征。也就是说，他们是双性化的。弗洛伊德认为，双性化是普遍的、正常的。当生活环境引发的自然冲动超过了一定限度时，同性恋就会出现。根据弗洛伊德的观点，所有人都具有同性恋的潜能。

退行到性器期的男性，可能会表现出他父亲的很多特征，他们往往很脆弱，对男子气和男性生殖力过分在意。退行到性器期的女性，可能表现出与阴茎嫉妒有关的行为，这些行为包括寻求与他人"共有一个阴茎"——例如滥交、勾引男人，或象征性地对男性实施阉割，诸如令男人尴尬、欺骗或伤害他们。

心理性欲发展的前三个阶段，称为前生殖期，它在人格发展上是最重要的时期。弗洛伊德认为，成年人人格中的基本要素在性器期结束之前已经形成了。

4. 潜伏期

潜伏期（latency stage）大约从 6 岁到 12 岁。这个时期，性欲望被压抑并被其他活动取代，这些活动包括学习、体育锻炼、同伴群体活动等。也就是说，在这一阶段，力比多能量被升华了。

5. 生殖期

生殖期（genital Stage）是发展的最后一个阶段，也是青春期的开始阶段。在这一阶段，人脱离前生殖期，展现为他注定要成为的一个成年人。有时，一个儿童会从一个自私、寻求快乐的孩子变成为一个现实的、社会化的成人。通常情况下，这种转变还伴随着导致其结婚生子的异性恋欲望。然而，如果前生殖期中的经历使某种固着得以形成，他们将会在整个成年后的一生中去证明自己。有人假定，只有精神分析才能使其回忆起这些早期经验的残留，因为这些早期经验仍被压抑在无意识中，精神分析能使人理性地面对它们，从而降低它们对自己人生的影响。

精神分析可以被看作发现被压抑想法的手段，它们正在对人生产生消极影响。问题是：人们怎样才能接近那些活跃地占据无意识心理的思想？要回答这个问题，我们需要对弗洛伊德有关女性心理的观点做一概括。

九、弗洛伊德关于女性心理的观点

毫无疑问，弗洛伊德认为女性心理比男性心理更加神秘。他有一次对他的朋友玛丽·波拿巴（Marie Bonaparte）说道："我一直没有做出回答，而且至今仍未能回答的一个重要问题，就是'女人想要的是什么？'，尽管我对女性心灵的研究已有 30 年之久。"（引自 Jones，1955，p. 421）但是弗洛伊德尽其所能采用各种方法来理解女性，他多次强调，社会因素决定着性别差异，认为女性比男性地位低，是因为社会对女性的压抑。然而，他更经常的说法是"解剖即命运"，也就是说，性别差异有生物学根源。

弗洛伊德认为，女性是低于或劣于男性的。他的女性心理学的基石是阴茎嫉妒。对男性而言，俄狄浦斯情结是由阉割焦虑决定的，这种焦虑导致他们对父亲的认同，并在成年后的生活中去寻找女性伴侣。对女性来说，阴茎嫉妒始于俄狄浦斯情结，而且导致她们在一定程度上把性对象从母亲转为父亲。由于阴道器官参与生殖，因此依恋关系的这种转变导致女性的性感区从阴蒂转为阴道。弗洛伊德认为，只有性感区从阴蒂转为阴道之后，真正的女性性征才开始形成。

弗洛伊德认为，女性对自己被"阉割"的反应有三种方式：（1）离开所有的性活动，变得性冷淡；（2）坚守男性化倾向，成为同性恋者或女权主义者（他认为女权主义者是以男性化的攻击性为特征的）；（3）象征性地把自己的父亲当作性对象，从而形成异性恋并生育子女。

44　　弗洛伊德认为，由于阴茎嫉妒不像阉割焦虑那么强烈，因此女性不像男性那样，有获得防御性认同的需要。必须记住，正是对父亲的防御性认同，男性的超我才得到发展。但是，女性又如何呢？弗洛伊德相信，女性在某种程度上是认同其母亲的（主要是由于担心失去母亲的爱）。但是，她们的认同不像男性那样强烈和彻底。弗洛伊德指出，其结果是导致女性的超我往往弱于男性的超我。换句话说，女性通常在道德上是低下的。弗洛伊德在表达他关于女性心理的观点时，曾经招致很多的支持者和反对者。有趣的是，他的许多支持者是女性精神分析学家（例如珍妮·兰普尔-德·格鲁特［Jeanne Lampl-de Groot］和海伦娜·多伊契［Helene Deutsch］）。相反，他的许多批评者是男性精神分析学家（如欧内斯特·琼斯［Ernest Jones］）。当然，这并不等于说所有的女精神分析学家都赞同他，所有的男精神分析学家都反对他。其中最坦率的批评者就是卡伦·霍妮，她的人格理论将在第5章介绍。

最终，弗洛伊德实质上承认了他在理解女人方面是失败的。以下是他对这个问题最后的话：

> 关于女性，这就是我对你们［已经］说过的全部。它肯定是不完全的、碎片化的，听上去也不总是友善的。关于女性，如果你想了解更多，就从你自己的生活经历中去获得吧，或者诉诸诗人们，再或者等待着，直到科学能够给出更深入、更明确的信息。（1966a，p. 599）

弗洛伊德关于女性心理的观点一直受到尖锐批评，人们指责它仅仅反映了弗洛伊德混乱的病态思维过程，反映了他所处的维多利亚时代文化，反映了他的个人偏见，抨击它在科学上是不正确的。与这些指责及其他批评同样存在的是，弗洛伊德还常常为他从未说过的话而受到批评。另外，他有时持有与所谓批评者同样的观点，例如，女性因为受到社会压抑而低于男性。为了对弗洛伊德女性心理的观点给予更加客观的评价，杨 - 布吕尔（Young-Bruehl，1990）搜集了弗洛伊德在这方面的所有文章，她把这些文章按时间顺序加以编排，使人们能够了解弗洛伊德有关女性心理的观点在他职业生涯过程中是如何变化的。

▮　十、探索无意识心理

如果被压抑的引发焦虑的想法被自我或超我成功地反投注，那么，我们怎么能知道它们是什么呢？至少可以说，要知道它们并不容易，但这正是精神分析学试图要解决的课题。弗洛伊德采用几种方法来查明无意识心理的内容，下面介绍其中几种。

1. 自由联想

本章开头曾介绍自由联想法是如何逐步发展的。为激发自由联想（精神分析学说的基本原则），弗洛伊德引导他的患者说出他们的想法，但同时要求他们避免任何自我监查。弗洛伊德警告说，他们可*45*　能由于"这个或者那个想法与此无关，或者它是相当微不足道的、荒谬的"，从而不想去谈论那些时而在头脑中冒出来的念头。但是他说，不是由于别的原因，"恰恰是由于你对这样做感到厌恶"（1963，pp. 134-135），以此引导他们避开那样的评论，并将那些念头讲出来。弗洛伊德主张，诚实和敞开心扉是治疗的根本条件，因此，没有必要有所保留。

按照这一思想，即使在有意识的表达中，也有一些线索涉及无意识心理内容，训练有素的观察者能够察明之。没有说出的东西和说出的东西相比，即使不是更重要，也是同等重要的。患者表现出强烈**阻抗**（resistance）的话题，可以向分析师提供关于无意识心理中的问题领域的有用线索。弗洛伊德放弃催眠术的原因之一，就是被催眠的患者不能表现出发自内心的阻抗。在自由联想过程中，阻抗可能有各种方式：详细讲述结构性故事，长时间保持沉默，拒绝说出某些被（患者）认为愚蠢或尴尬的事情，避开一个话题，喜欢以高智力、非情感的方式讲述事情，"忘记"以前治疗中已获得的重要见解，把重要想法隐藏在过多的情感下面，等等。此外，如果治疗过程似乎正在接近引发焦虑的素材，患者可在约定的见面时间迟到，或者根本就不赴约。

揭示无意识心理的内容很困难，并且需要大量时间。通常，对一个患者进行精神分析，要连续几年，每周 4～6 次治疗，每次 50 分钟。为促使思维的流畅性，弗洛伊德让患者在一个昏暗的房间里，躺在一个长沙发上，他坐在患者看不到的地方。弗洛伊德这样做基于两个理由：（1）他不想让他的姿态、手势和表情影响患者的想法；（2）他不能容忍被人盯着看几个小时。偶尔，弗洛伊德对其治疗过程表现出相当漫不经心的态度，在其职业生涯的早期，他在对一个患者实施催眠的情况下，抽空给他的朋友威廉·弗里斯（Wilhelm Fliess）写了一封信（Masson，1985，p. 21）。后来，他承认，如果在午后治疗，他会小睡一会儿，而这时他的患者也许正在做自由联想（Masson，1985，p. 303）。

我们应该知道，尽管弗洛伊德将他的主要治疗方法称作"自由联想"，但他相信，所说出的联想在随机和偶然的意义上可能是其他东西，而不是"自由"的。确切地说，患者的联想反映了对不可接受的冲动予以压抑、替代、掩饰的复杂方式。这样，患者的联想可能看起来是自由的，但对于训练有素的分析师来说，它们反映了大脑在意识与无意识水平复杂的相互作用。

2. 梦的分析

弗洛伊德认为他的著作《梦的解析》（1965a）是他最重要的贡献，正是这本书最终给弗洛伊德带来了他一直寻求的专业认可。弗洛伊德相信，在梦境中，无意识的东西表达得最多，并隐藏其中，或者被扭曲地表达出来。的确，弗洛伊德认为"梦的解释是通向了解大脑无意识活动的捷径"（p. 608）。

注意到这一点很有趣，即当弗洛伊德开始进行梦的分析时，俄狄浦斯情结的论点得到了佐证。尽管他的父亲一直生病，并且临近死亡，但他的父亲病逝时，弗洛伊德还是极度抑郁。抑郁使他困惑不堪，直到他对自己的一个梦做出了解释才得以缓解。经过仔细分析这个梦境所包含的象征符号，弗洛伊德得出结论说，他对其父亲的逝世产生的极端反应，可以由这样一个事实给予解释：在无意识层面上，他希望父亲死去，并因此感到内疚。进一步的分析表明，弗洛伊德对他的母亲有过性欲望，并把他的父亲看作他母亲感情的竞争者。如前面讲过的，弗洛伊德认为，这样的俄狄浦斯冲动（对母亲的强烈性欲望和盼着父亲死去）在男孩中是普遍存在的。

弗洛伊德认为，梦是日间发生的事件激活了无意识中不可接受的冲动而引发的，这些冲动的引发是为了寻求有意识的表达。在夜间，当一个人睡着时，这些冲动继续寻求意识的表达，但是自我认识到，如果梦中的内容太具威胁，它们将导致做梦者中途醒来。因此，自我通过将这些冲动驱回到无意识中而对其进行监查。如果这些不可接受的冲动曾经在意识水平被认识到，那么，它们至少部分地被伪装。这里，我们看到，弗洛伊德实际上修正了他有关压抑的观点。在整体上扭曲不可接受的冲动的真实意义，使其变得更可接受这样一种机制，被弗洛伊德称为**梦的工作**（dream work）。梦的工作有两个重要类型：压缩和替换。

当一个梦中的元素同时代表了多个念头时，就叫作**压缩**（condensation）。例如，出现在梦境中的一个人，能够代表做梦者在日常生活中遇到的几个人。当不可接受的想法在梦中由一个在象征意义上与其等同但是可以接受的想法所替代时，就叫作**移置**（displacement）。例如，阴茎变成棒球杆、旗杆，乳房变成山峰、气球、棒球，性交变成跳舞、骑马。弗洛伊德认为，某个人梦境中出现的大多数象征符号源于那个人生命中经历的事件。然而，弗洛伊德还认为，梦中的一些象征符号是带有普遍性的。例如，国王和王后象征父亲和母亲，盒子、箱子、碗柜象征子宫，上下楼梯、台阶、梯子象征性交，理发、光头、砍头象征阉割，小动物象征小孩，又长又硬的东西象征阴茎。一个人梦中出现的这些象征符号，可能来自这个人日常生活中所发生的事件、来自他的童年时期，或来自人类种系发生的遗传（这里我们再次看到弗洛伊德吸收了拉马克有关获得性遗传的观点）。

梦的工作创造出一些相互无关的象征符号，这些象征符号对做梦者来说没有什么实际意义，因此这些象征符号能够越过监查，进入意识。梦中的象征符号不再因为它们代表了不可接受的愿望而引发焦虑，但是它们却由于其他原因而引发了焦虑。由于自我的理性过程（次级过程）寻求以符合逻辑的、可理解的方式与生理世界交互作用，无意义的象征符号试图采取梦的工作所不能容忍的行为，并由此试图进入意识中。为了使素材成为可接受的，自我参与到弗洛伊德所称的**润饰作用**（secondary revision，亦称二次校正［secondary elaboration］）中。就是说，自我以某种连贯方式对象征符号进行了整合。我们回忆起的一个梦境，就是这样的润饰作用的结果。当我们回忆一个梦境时，我们是在描述这个梦的**显性内容**（manifest content），或者是它显现出来的东西。更为重要的是梦境的**隐性内容**（latent content），它由那些被压抑且正在寻求表达的想法构成。

在一个梦中，梦的工作和润饰作用发挥了作用，从而使梦的内容变得更加可以接受。但是其隐性含义仍然一直是存在的，待训练有素的分析者去发现。由于梦境总是至少包含了某些具有威胁性的素材，患者和治疗师双方都必须在这些素材再次被压抑之前尽快抓住它们。梦的本质和压抑的过程说明了为什么对梦的记忆总是如此短暂。

3. 日常生活

1901年，弗洛伊德出版了名为《日常生活中的精神病理学》一书，在这本书中，他引用了大量**失误动作**（parapraxes）的案例，即被压抑的想法在日常生活中显现出来的案例。作为一个决定论者，弗洛伊德相信人类的行为是有其原因的，没有任何事情是纯属偶然——甚至不是"意外"。弗洛伊德相信，即使暂时遗忘这种很小的"错误"，也能提供有关无意识心理的信息。例如：有人对于要去看牙医或精神分析治疗师这种具有潜在痛苦的约定，可能会忘得一干二净；有人可能会忘记一次约好的聚会，或者原来约定是星期五而他是星期六才去；有人可能在去他岳母家的路上遇到绿灯时也会停下来。

口误，即为人们熟知的**弗洛伊德口误**（Freudian slips），也被认为是无意识动机的暴露。据说，弗洛伊德曾经被人介绍为西格蒙德·弗劳德（Fraud，意思为骗子）博士，津巴多和鲁赫（Zimbardo & Ruch, 1977, p. 416）报告说，一个广播电台播音员在宣读芭芭拉·安面包的商业广告时，他本应该说"芭芭拉·安，最好的面包（best bread）"，他却说成"芭芭拉·安，床上最好的乳房（breast in bed）"。

甚至真实的意外情况在弗洛伊德看来也是有含义的。当然，突发的车祸还是被人们认为是没有其他含义的一种形式。这里的要点在于：恰恰由于一个念头是被压抑的，所以它并未消失，它总是在那里存在着，渴望表达出来，它们在日常生活中的显现正是以另一种方式对无意识的窥视。

4. 幽默

弗洛伊德认为，**幽默**（humor）使被压抑的想法以社会认可的方式表达出来。在《诙谐及其与无意识的关系》（1960）一书中，弗洛伊德指出，通过幽默（例如实用性笑话），一个人能够表达出他的攻击性或者性欲望，而不用担心自我或者超我的报复。笑话和梦境一样，都能使不可接受的冲动以妥协的方式表达出来，而且都采用压缩、替代和符号化的手段。笑话和梦境的目的都是间接地满足不可接受的冲动，这些冲动如果被直接表达出来则会令人吃惊。一个过于俗艳的笑话一定不是幽默的，就好比一次梦魇是不可能让做梦者继续睡下去的。在笑话与梦境中包含的冲动都不会完全被隐藏起来。还有，笑话像梦境一样，由于它们也涉及"危险的"素材，因而通常很快会被忘掉。事实上，要使一个笑话很"搞笑"，它必须包含能引发焦虑的素材。根据弗洛伊德的观点，我们只是对可能引起不安的那些笑话才会发笑。对美式幽默进行的分析表明，性、排泄、死亡是最受欢迎的话题，在弗洛伊德学派看来，上述内容包含了大量被压抑的念头。用他们的说法就是：要想发现一个人无意识心理中被压抑的东西是什么，那就去检验他认为什么是可笑的。

十一、弗洛伊德的宗教观

在我们的祖先还是孩童的时候，他们向自己的父亲寻求保护和指导，而父亲往往是受尊敬、令人惧怕和可以依赖的。弗洛伊德认为，人类祖先创造了与现实中的父亲有同样特征的上帝，这是完全可以理解的。弗洛伊德认为，这些幼稚的有关父亲的概念被泛化为一个神的形象，对这个神的形象必须盲目服从，就像对一个真正的父亲那样。这个上帝保护他的子民免于受到地震、暴风雨、洪水、火山爆发以及疾病等自然灾害的伤害。上帝以及宗教建立的基础就是上帝存在，并保护人类在生活中遇到诸多矛盾时不会感到无助和困惑。宗教往往告诉人们，人死后生命会继续；即使生前不完美，死后的生命也可能是完美的；好人最终会得到回报，而坏人最终会受到惩罚；一个人生命中经历的各种困难都是为了一个更高的目的，因此不要绝望；总的来说，这个世界是由一个拥有优越的智慧和无限的善的天意所统治的，这个天意与人类有着慈父般的亲密关系。宗教还告诫人们，人类对性欲和攻击行为的禁止是上帝的旨意，是为了与人类同伴和谐相处。关于宗教在人类生活各方面的作用，弗洛伊德说道："整个事情幼稚得如此显而易见，如此远离真实，以至于任何一个崇尚人道的人一想到大多数凡夫俗子从来不能超越这样的生活态度，就感到痛心疾首。"（1961，p. 22）

在弗洛伊德看来，或许未受过教育的普罗大众总是需要宗教幻觉来约束他们的各种激情，但是受过教育、有知识的人应该依据科学事实而不是什么幻觉来度过此生。弗洛伊德说，到了该承认我们的祖先关于宗教是错的时候了，奇迹从来就不存在：自然灾害伤害的既有不信仰宗教的人，也有信仰宗教的人；人死后没有生命；人类历史依据进化法则而发展，而不是神学计划的实施。进一步说，尽管文明社会需要规则、条例、禁令等，但应该在理性的基础上说明它们的正当性，而不是声称它们是神的旨意。换句话说，应该向人类表明的是：各种各样的处罚最终如何影响到他们的自身利益，并且正因为如此，人类应该怎样努力抗争来维持其利益。

弗洛伊德希望，宗教最终将被理性、科学的原则取代。正如弗洛伊德在与癌症较量的 16 年间从不服用镇痛药一样，他相信，人类能够并且应该在没有幻觉的帮助下面对现实：

> 贬低科学不能以任何方式改变这样一个事实，即当前正在努力思考我们对真正的外部世界的依赖，同时也在思考宗教是一个幻觉，它从其自身的意愿中获得了力量以适应我们本能所渴望的冲动。（1966a，pp. 638-639）

弗洛伊德在他的著作《一个幻觉的未来》（1961c）中得出结论说："我们的学科是没有幻觉的，但假定科学不能给予我们的东西我们能从其他地方获得，这则是一种幻觉。"（p. 71）

十二、弗洛伊德的人性观

对弗洛伊德来说，人类主要是一个生物有机体，他的主导动机是满足身体的需要。在科学、艺术和宗教方面的文化成就，主要被看作来自更直接（和自然）的方式来满足一般性生物需要以及我们特定的性需要的移置。弗洛伊德视人类为享乐主义的生物，受与非人类的动物同样的冲动所驱动。宗教和文明的发展既是由于我们对未知的恐惧，也是由于我们需要对抗我们自己与生俱来的攻击倾向。

看起来弗洛伊德似乎是随着年龄的增长而变得更加悲观，事实上，他的悲观在很大程度上要归因于他的口腔癌和咽喉癌。在《文明及其缺憾》一书中，他对"你应该爱邻如爱己"这条圣训的回应如下：

假如实现这个格言对我们来说没有什么可取之处，那么，这样严肃颁布的命令又有什么意义呢？……这个陌生人不仅总的说来不值得爱，而且老实说，我必须承认，这个陌生人对我抱有更多的敌意，甚至对我产生仇恨。他对我似乎没有丝毫爱的迹象，对我根本不予考虑。假如能给他带来什么好处的话，他会毫不犹豫地伤害我，甚至从不扪心自问，他由此而获得的好处与他对我造成的伤害的相对比例。更有甚者，他甚至无须从中获得任何好处：假如他能够从中得到任何这种欲望的满足，他就会不顾一切地嘲笑我，侮辱我，诽谤我，向我显示他的威力。他越是觉得自己安全，我就越孤独无助，就会越肯定地预料他会对我采取这种行动。……的确，如果这条庄严的圣训这样说的话，即"爱你的邻居像他爱你自己一样"，我就不会反对了。……

所有这一切背后的真理就是——这是人们如此渴望否定的——人类并不是期望得到爱的文雅的、友好的生物，人如果受到攻击，至多只能来防卫自己。相反，他们是这样一种生物，必须把他们具有的强有力的攻击性看作他们的本能天赋的一部分。结果是，他们的邻居对他们来说不仅是个可能有帮助的人或性对象，而且是满足人类对他实施攻击的一个诱惑物，无报酬地剥削他的工作能量，未经他的同意就把他用于性生活，夺取他的财产，羞辱他，使他痛苦，折磨他并杀害他。对人来说，人就是狼。（1961a，pp. 65-69）

虽然弗洛伊德是个悲观主义者，但他相信，人类能够并且也应该过上更加理性的生活，而且他的理论所提供的信息能够对此有所帮助。要理性地生活，人就必须逐渐了解自己的心理，弗洛伊德（1955b）警告说："意识是不完整的，不足以依赖。"（p. 143）他还评论说，我们错误地行动，好像我们意识到的所有信息都是全面的、准确的。他希望人们借助于他的理论，以精神分析学为引导，探查人类的深层心理，这样，我们才能更全面地了解自己，至少认识到让生活更理性的可能性。

十三、弗洛伊德传奇的修正

弗洛伊德是人类历史上最有影响的人物之一，对此，很少有人怀疑。然而近期，几位研究者披露了一些信息，提示人们需要从根本上改变对弗洛伊德及其观点的传统认识。

1. 弗洛伊德对诱惑理论的修改

1896 年 4 月，弗洛伊德提交了一篇论文，题目是《癔症的病因学》。在这篇论文中，他得出结论：癔症是患者在童年期所经历的性诱惑而引起的。当时，弗洛伊德报告说，诱惑者是保姆、家庭女教师、佣人、陌生成人、教师。多数情况下，比妹妹稍年长的哥哥被假定为诱惑者，未提到父母是诱惑者。弗洛伊德对同僚的这次演讲遭到所有人的沉默反应，有人劝他不要发表这个研究结果，因为这样做将会对他的职业声望造成无法修复的损害。然而，弗洛伊德不顾这些警告，于 1896 年发表了这篇文章（再版自 Masson，1984），之后他继续经历着专业上、情绪上、理智上的孤立，甚至他当时最亲密的朋友威廉·弗里斯（Wilhelm Fliess，1858—1928）都不支持他的诱惑理论。

尽管**诱惑理论**（seduction theory）从没有在学术上被驳倒，但弗洛伊德在 1897 年 9 月放弃了他的这个理论。放弃的理由仍有待进一步考察。弗洛伊德曾多次承认，他错了，他的患者说他们在童年时受到了真实的诱惑，他听信了这样的话。他修正后的观点是：诱惑常常是虚构的。后来，弗洛伊德声称，从真实诱惑到虚构诱惑的改变，标志着精神分析理论开始成为一门科学、一种治疗方法、一个职业。正是在这时，弗洛伊德声称，他的患者报告说，他们的患者，通常是父亲，是诱惑者。现在可以确信，这个转变是有计划的，它使弗洛伊德的临床观察与他新提出的俄狄浦斯情结理论相匹配。当时弗洛伊德有一种倾向，那就是去发现证据，以支持他感兴趣的理论观点。可以说，这种转变是弗洛伊德这种倾向的一个例证。关于这种倾向，埃斯特森（Esterson，1993）指出："我们很难避免得出这样一个结论，即在这个故事中，自我欺骗与不诚实都发挥了作用。尽管尝试了很多次，但要把自我欺骗与不诚实区分开来，几乎是不可能的。"（p. 31）

杰弗里·马森（Jeffrey Masson）在《探索真相：弗洛伊德对诱惑理论的压制》（1984）一书中，考察了弗洛伊德将真实诱惑变为虚构诱惑背后的可能原因。他总结说，弗洛伊德之所以这样做，主要是由于他缺乏个人勇气，而不是出于任何临床或理论上的原因。马森曾任西格蒙德·弗洛伊德档案项目主任，他的结论是以过去未发表或新发现的一些信函及其他一些文档为根据的。马森本人是一位精神分析学家，他的结论是，如果弗洛伊德没有修改他的诱惑理论，精神分析理论在今天就会更好一些。马森说，当前"全世界精神分析理论和精神病治疗的停滞不前"，其根源就在于弗洛伊德对诱惑理论的放弃。他认为，治疗需要针对一个"疯狂、悲惨、残酷的现实世界"（p. 144），而不是像弗洛伊德修正其理论时所说的那样，只是针对儿童想象的戏剧性虚构。

马森（1984）提供了很多理由，来说明为什么弗洛伊德修改他的诱惑理论，这些理由对弗洛伊德本人和整个精神分析理论都是有损形象的。马森认为，弗洛伊德的根本错误在于没有接受作为真实事件反映的、重新恢复的童年性诱惑记忆。但是，如果没有任何恢复的记忆，情况怎样？目前有令人信服的证据证明，弗洛伊德是带着对个人观点的确信进入治疗情境的，即，他的患者存有幼年受虐待的被压抑的记忆，并且在治疗期间以导致他的这一观点得以确认的方法，掌控治疗过程。此外，有证据表明，为弗洛伊德的观点提供证据的，是他对患者反应所做的解释和再造，而不是患者实际说出的东西（Powell & Boer，1994）。例如，埃斯特森（Esterson，1993）指出："仔细考虑所有证据……它们都指向了这样的结论：总的来说，弗洛伊德的早期患者，都没有说过儿时被诱惑的情节，这些情节事实上是他强加给患者的分析型重建。"（pp. 28-29）麦克纳利（McNally，2007）认为，弗洛伊德"无情地让他的患者相信，他们在童年早期遭到了性虐待"（p. 360）。埃斯特森（1998，2001）以更多的证据证明，弗洛伊德提出其诱惑理论期间，他的患者中没有人报告说，自己在童年时期受到了性诱惑。同样，韦伯斯特（Webster，1995）得出结论："没有证据表明，到弗洛伊德那里接受治疗的、没有性虐待记忆的患者曾经遭受过这样的虐待。"（p. 517）

鉴于弗洛伊德把压抑概念说成是精神分析的基石，上述这些研究者的说法就是对精神分析理论的基础发起了挑战。然而要记住，当弗洛伊德公开宣布放弃诱惑理论时，他改变了自己关于压抑的观点。弗洛伊德修正后的观点是，压抑是根据欲望和冲动而不是根据记忆发挥作用的。麦克纳利（McNally，2007）指出，一些心理治疗师"相信，弗洛伊德有关压抑的最初理论，即体现在诱惑理论中的压抑理论，比他后来成熟的理论更接近于真理。……这种治疗学观点认为，各种症状都可能是当前被压抑的创伤发出的信号，它有助于患者恢复那些记忆，并在情感上加以整理，这对患者的康复是至关重要的"（p.359）。因此，对恢复记忆这一治疗方法的批评，有可能不是针对弗洛伊德的攻击，而是对那些依附于弗洛伊德的诱惑理论、反对其修改后的压抑理论的心理治疗师的质疑。

20 世纪 80—90 年代，聚焦于记忆恢复的心理治疗技术出现了复兴。当代研究者对有关被压抑记忆的各种研究给予了关注。例如伊丽莎白·洛夫特斯（Elizabeth Loftus，1993）试图查明，为什么有这么多没有受虐记忆的人来接受心理治疗，并继续治疗下去。她推测，这主要是由于心理治疗师的暗示在起作用。

如果治疗师问的问题会引发被认为是童年期创伤受害者特有的行为和体验，他们也会制造出这种社会现实吗？

不论治疗师的本意有多么好，一些有案可查的疯狂暗示将迫使我们至少要思考一个问题，是否有些治疗师会暗示他们的患者，使其产生幻觉的记忆，而不是打开对遥远过去的记忆。……被认为是患者无意识心理中呈现的东西，实际上可能是治疗师自己的意识心理中的东西。（p. 530）

像洛夫特斯这样的研究者并不否认有许多儿童受到性虐待，也不否认心理治疗能够帮助他们有效地应对这些经历，他们质疑的只是压抑概念和用来恢复"被压抑的记忆"的方法。

> 许多受过虐待的人，多年生活在过去受虐待的阴暗秘密中，只有接受治疗时在支持和共情的情境中，才有勇气谈论童年的创伤。我们不对这些记忆进行争论。我们只是质疑，这些记忆常常被说成是"被压抑"的——这些记忆在有人寻找它们之前并不存在。（Loftus & Ketcham，1994，p. 141）

基于恢复记忆的儿童期性虐待申诉频繁发生，以至于1992年成立了错误记忆综合征基金会（False Memory Syndrome Foundation，FMSF），以对这方面的诉讼进行调查和评估。美国心理学会（American Psychological Association［APA］，1995）批准错误记忆综合征基金会为信息提供者，提供所谓恢复的记忆中受虐的有关信息。时至今日，它仍履行着这一职能。

2. 弗洛伊德其他神话的纠正

在本章开头，我们引用了一些实例来表明，弗洛伊德学派为了让他们的历史更加有趣或者逢迎献媚，而对其进行了歪曲和篡改。为此，弗洛伊德及其追随者把弗洛伊德描绘成一个孤独的、英雄式的人物，他遭受歧视，因为他是犹太人，因为其他人很难接受他大胆、富于创造性、新颖的思想。亨利·艾伦伯格（Henri Ellenberger）为消除弗洛伊德的传奇神话色彩做了大量工作，艾伦伯格（1970）认为，弗洛伊德传奇主要有两个特点。第一个主题是英雄传说中常见的，即一个孤独的人物，在一个新的地域冒险探索，他遭遇到众多敌对势力，最终耀武扬威地矗立在那里。艾伦伯格指出，弗洛伊德的英雄传说"严重夸大了反犹主义的范围和作用，严重夸大了学术界的敌意以及所谓维多利亚时代的偏见"（p. 547）。第二个主题是有关弗洛伊德作为一个前沿先锋人物的，弗洛伊德所从事的科学和医学普遍不受关注，英雄被赋予了其"前辈、同事、弟子、对手以及同时代的人所取得的成就"（p. 547）。

艾伦伯格认为，对事实的认真分析显示，反犹主义对弗洛伊德职业生涯只有些微的损害，弗洛伊德所经历的只不过是司空见惯的、来自医学界同行的敌意，而且还不如其他几个更著名的医生遇到的多。此外，弗洛伊德有关梦、无意识心理、性的病理学的多数观点都不是他首创的。艾伦伯格（1970）指出："被认为是弗洛伊德观点的大部分内容，是四处传播的流行知识，他的角色就是使这些观点具体化，并赋予它们一个初始形态。"（p. 548）

弗洛伊德及其早期追随者对各种批评不能容忍，通常会将其归因于缺乏理解、抵制和偏执。弗兰克·萨洛韦（Frank Sulloway）在其《弗洛伊德，研究心理的生物学家：在精神分析传奇背后》（1979）一书中总结道：随着精神分析理论的流行，多数针对精神分析的批评是理性、公正的。萨洛韦（1979，p. 460）概括了批评的九个方面：第一，弗洛伊德学派把他们自己作为精神分析学家的职业经历作为他们下结论的证据，而没有向非弗洛伊德学派精神分析学家提供可信的、有意义的证据；第二，弗洛伊德学派持一种隔绝态度，他们拒绝接纳或者完全否认其他学派的意见和观点；第三，他们既没有使用统计学方法来支持他们的主张，也没有对其方法学进行客观、公正的检验；第四，他们宣称，只有弗洛伊德学派精神分析学家才有资格挑战弗洛伊德，这再次把弗洛伊德的理论体系与其他学派隔绝开来；第五，他们将各种批评边缘化，声称批评者陷入了"神经病式的抵制"，因此是不足为信的；第六条是之前由艾伦伯格提出的，即弗洛伊德学派忽略了他们的同时代者及其做出的先于弗洛伊德的努力，并且"对其起源提出了毫无道理的质疑"；第七，他们把弗洛伊德学派的理论地位看作示范性科学事实来对待，从而进一步将任何批评意见边缘化；第八，指责那些批评精神分析的人是"野路子的分析师"，是未经过弗洛伊德理论的传统培训的治疗师，他们以"不负责任"的方式对待患者；第九，萨洛韦指出，弗洛伊德学派正在成为"一个教派，具有一个教派所具有的全部突出要素，包括狂热的忠诚、独特的术语、道德优越感，以及对对手的不宽容态度"。

十四、评价

1. 经验研究

以实验方法验证弗洛伊德观点的很多尝试，结果令人喜忧参半。J. 麦克维克·亨特（J. McVicker Hunt，1979）综述了多项研究后发现了对弗洛伊德以下观点的支持，早期经验对成年后的人格塑造很重要，但对弗洛伊德有关特殊心理性欲阶段的影响，很少能够提供支持。马迪（Maddi，1996）发现，有很多研究能够支持弗洛伊德提出的各种防御机制，尤其是压抑机制。在男孩比女孩经历更多的阉割焦虑这一论断上，马迪也找到了证据。西尔弗曼（Silverman，1976）、布卢姆（Blum，1962），以及霍尔和范·德·卡斯特（Hall & Van de Castle，1965）也发现，男孩比女孩体验到更多的阉割焦虑，而女孩比男孩体验到更多的阴茎嫉妒。克莱恩（Kline，1972）对 700 多项检验弗洛伊德观点的研究进行了分析，他得出结论说，不能根据专门设计来检验弗洛伊德理论的那些研究结果，来否定弗洛伊德理论，因为"弗洛伊德学派的观点已经在很大程度上得到了验证，真正能够反驳这个理论的像样研究并不多"（p. 350）。费舍尔和格林伯格（Fisher & Greenberg，1977）得出了同样的结论："对于验证弗洛伊德理论的多方面研究进行审查，我们的总体印象是，研究结果往往证实了他的预期。"（p. 393）另外，人们常常断言，称弗洛伊德的观点过于模糊，无法验证。对这一批评，费舍尔和格林伯格回应道："事实上，我们找不到其他一个单一的、系统化的心理学理论能够像弗洛伊德的概念那样，在科学上受到这么多评价！"（p. 396）马斯林（Masling，1983）也报告，有很多实验研究证实了弗洛伊德的一些观点。

2. 批评

前面曾回顾了在弗洛伊德时代、他的理论获得广泛承认背景下，对精神分析理论的一些批评，当前，许多弗洛伊德理论的批评者认为，这些早期的批评仍然适用。除此以外，批评者还指出，弗洛伊德理论具有内在的矛盾性，显示了男性至上主义（比如女孩渴望有阴茎），过分强调性动机，过于重视无意识动机，对人性过于悲观（比如人类从根本上是攻击性、非理性的），把幸福的终极状态等同于人的所有生物需要得到满足后的无张力状态。

批评者还声称，尽管弗洛伊德的少数概念得到了经验研究的支持，但他的多数重要观点仍未得到验证。关于整体的精神分析理论，斯坦诺维奇（Stanovich，2004）指出：

> 精神分析理论的追随者花费大量的时间和精力，想得到一个能解释一切的理论，从个人的怪癖行为到大范围的社会现象，但他们只是成功地把这一理论变成事后解释的丰富资源，却剥夺了它的任何科学用途。（p. 26）

数学心理学这一严谨学科的领军人物、长期以来批评糟糕的心理治疗实践的道斯（Dawes，2001），指出了足以动摇弗洛伊德许多概念的另一个问题。他针对的是口唇期固着和口唇期性格发展的观点。根据该理论，口唇期固着是心理性欲发展的口唇期的剥夺、放纵，或二者不一致导致的。口唇期性格可能是口欲合并性格，这种性格表现为消极地轻信别人，对别人的意见"照单全收"；另一种结果是口欲施虐性格，这种人可能表现出言语虐待，说话尖刻、"刺痛"。道斯注意到，由于存在着三个可能的原因和两个可能的结果，这样就可能有六个原因–结果的组合用来解释口唇期性格。他指出，这些"构成了所有可能的组合"，而且"无论哪一种组合，我们都可以说，它支持童年期在成年精神病理学方面有决定作用的观点"（p. 97）。我们再回到波普尔的观点，即好的理论应该能做出有风险的预测，因此有被否证的风险。道斯抱着尊重口唇期性格发展理论的态度指出，所有可能性都说明"全部论证都是驳不倒的"。

弗洛伊德理论最常见的一个问题，如前面举例说明的，是事件发生后对其做出解释。也就是说，这个理论擅长的是后事之师，而不是先见之明。第1章已经指出，如果一个理论不能做出有风险的预测，它就不能被证伪，根据波普尔的观点，它就不是科学的。从中我们能得出的结论是：弗洛伊德理论的某些方面是科学的（可验证），而某些方面不是科学的。

3. 贡献

弗洛伊德的理论尽管受到很多批评，但仍有很多人赞同，认为它的整体价值是积极的。弗洛伊德对我们了解人格做出了贡献。他用实例说明了焦虑的重要性，说明焦虑是人类行为的决定因素；他向人们展示，身体和生理失调既有生理根源，也有心理根源；他向人们展示，起源于童年期的冲突会影响人的一生；他向人们展示，儿童性欲在人格发展中起重要作用；他向人们展示，人在对抗难以承受的焦虑时会采用多种方式；他向人们展示，很多"正常"行为与"不正常"行为的决定过程是同样的；他向人们展示，人类很多问题的源头是自私自利这一人的生物本性和人们在社会上与他人和谐相处的需要之间的矛盾；他创立了一种方法，这种方法能对经受着难以承受的焦虑的人进行治疗。弗洛伊德还向我们提供了探索人格的总的框架。尽管弗洛伊德理论中的有些部分可能不正确，或者含混模糊，并且很难得到验证，但是这个理论提出了一些问题，自那时起，研究者一直尝试找到这些问题的答案。

如同本章开头指出的，历史上能像弗洛伊德那样对人类思想产生影响的人为数并不多，弗洛伊德涉足人类存在的大多数领域，例如，他影响了宗教、哲学、教育、文学、艺术以及所有社会科学领域。

本书后面的内容可以说，主要是对弗洛伊德的回应。一些理论家支持弗洛伊德，并扩展了他的观点，一些理论家对其理论观点进行了反驳，但无论怎样，站在第一位的是弗洛伊德，而站在最前列的人总会遇到最大的困难。

▼ 小　结 ────────────────────────────────

弗洛伊德通过展示人类行为中无意识的重要性而震惊世界。弗洛伊德最初的愿望是做一个神经病学教授，但是他对心理问题的兴趣逐渐浓厚。起初，弗洛伊德相信可卡因是一种"神奇的物质"，他自己吸食，并将其大量用于处方中。然而，当人们发现它会使人成瘾后，弗洛伊德的医学声誉大受损害。弗洛伊德曾到沙考那里访学，他了解到，身体失调可能既有心理起源，也有机体上的起源，因此癔症应被看作一种严重的、可治愈的失调。弗洛伊德从伯恩海姆那里了解到，行为可因个体没有意识到的念头而引发。他还从伯恩海姆那里获知，遵照特定的程序，无意识念头可以被意识到。弗洛伊德从布洛伊尔那里了解到，当患者敞开心扉讨论自己的问题时，被称为"宣泄"的张力释放往往就会发生。有时，患者会对治疗师做出反应，治疗师似乎成为患者生活中的一个重要人物，这一过程称为移情。有时，治疗师会在情感上与患者纠缠在一起，这种情况称为反移情。在实验性地采用几种治疗方法后，弗洛伊德把自由联想作为探索无意识的基本手段。

弗洛伊德认为，本能是人格背后的驱动力。本能有原因、目的、对象和动力。弗洛伊德用厄洛斯来指代整体的生的本能，用力比多或力比多能量指代与生的本能相关的能量。称为塔纳托斯的死的本能会导致攻击性，弗洛伊德认为攻击性是转向外部的自我毁灭倾向。

成年人的心理分为本我、自我和超我。本我是人类心理中与较低等的动物共有的成分，由快乐原则所支配。自我是人格的执行者，由现实原则所支配。超我是人格的道德成分，包括良心和自我理想。当一个生理需求出现时，本我会创造出能满足该需求的客体的心理映像，这称为愿望实现，它与反射动作一道，构成一个初级过程。由于愿望不能满足需求，自我必须在环境中寻求能够满足需求的真实对象。自我的这种解决问题技能称为次级过程。

　　将心理能投入一个能满足需求的客体的映像上，这称为投注。如果一个被渴望的对象与超我的价值观相冲突，就会体验到焦虑，自我将阻止本我对它的映像投入能量，此时，反投注即发生。当一个反投注发生时，一个人通常会把愿望移置到一个不会引发焦虑的替代性目标上。弗洛伊德提出了三种类型的焦虑：现实焦虑是对环境中存在的实际危险的恐惧，神经症焦虑是对因冲动、肉欲行为而受到惩罚的恐惧，道德焦虑是当一个内化于超我的价值受到破坏时体验到的焦虑。

　　自我防御是无意识的，它通过扭曲或篡改现实而降低焦虑。压抑是最基本的自我防御机制，其他所有的自我防御机制首先采用的都是压抑。压抑使可能引发焦虑的想法留在无意识心理中，因此不会被意识到。移置是用一个不会引发焦虑的目标替换一个可能引发焦虑的目标。移置如果表现为对一个性冲动的替换，并对社会有积极作用，即称为升华。如果一个攻击行为的原来目标被替换为社会可接受的较安全的目标，即称为移置性攻击。认同指一个人服从于某人或某事，以此来增强自己的价值感。否认现实指拒绝承认某个可引发焦虑的真实事件。投射是在其他人、客体或事件的特征中看到关于自己的真实情况，但如果承认这一点，就会引发焦虑。抵消作用指一个人完成某个仪式性活动，以尽力降低或取消由一个不被接受的行为或想法带来的焦虑。反向作用是压抑可能引起焦虑的冲动，并增强反方向的冲动。合理化是在对引发焦虑的行为无法说清楚的情况下，对其做出"合逻辑"的解释。理智化，是指通过理性分析，把一个潜在的引发焦虑的想法中的情感成分剥离出来。退缩是返回到一个因感受到压力而发生固着的发展阶段。在自我防御机制的清单中，安娜·弗洛伊德增加了两项：利他性屈从，即把另一个人的价值观内化，并根据其价值观来生活的倾向，以及攻击者认同，即把对自己造成威胁的人的价值观内化，以降低来自该人的威胁的倾向。

57

　　弗洛伊德认为，每个儿童都会经历心理性欲发展的几个阶段，儿童在这些阶段的经历决定着他们成年后的人格类型。在心理性欲发展的每个阶段，身体的某个部位会感受到最大的快感，称为性感区。无论在哪个发展阶段，满足过多或过少，都会导致固着，这意味着儿童成年后将会具有该阶段的特征。心理性欲发展的第一个阶段是口唇期，口唇期的固着可能导致口欲合并性格或口欲施虐性格。心理性欲发展的第二个阶段是肛门期，肛门期的固着可能导致肛门排出型性格或肛门滞留型性格。心理性欲发展的第三个阶段是性器期，这是俄狄浦斯情结的表现舞台，在这一阶段，男孩大多会体验到阉割焦虑，女孩会体验到阴茎嫉妒。弗洛伊德认为，性器期在很大程度上决定了成年后的性偏好。心理性欲发展的第四个阶段是潜伏期，在这一阶段，对性的兴趣受到抑制，被学习、同伴群体活动等取代。心理性欲发展的第五个阶段是生殖期，在这一阶段，个体历经之前各阶段之后，变成他注定要变成的成年人。

　　弗洛伊德曾尝试根据几种理论去理解女性，但他最坚持的主张是"解剖即命运"。也就是说，性别差异的最终源头是生物差异。但是后来，弗洛伊德从实质上承认，他理解女性的努力是失败的。

　　弗洛伊德探索无意识心理的主要方法是自由联想、梦的分析，以及对日常生活和幽默的分析。通过自由联想，弗洛伊德发现，患者常常会阻抗对某些念头的思考，他假定，这些念头会引发患者的焦虑。通过梦的分析，弗洛伊德划分出梦的显性内容与隐性内容，把梦的表面含义与真实含义区别开来。使梦失真的机制称为梦的工作，它包括压缩和替换。弗洛伊德发现，在日常生活中，人们往往会忘记那些引发焦虑的经历，有时会出现"令人意外的状况"，有时会出现"口误"，这都暴露出他们的真实（无意识）情感。弗洛伊德还发现，笑话像梦一样，以间接方式表达出一些想法，如果直接表达出这些想法，将引起难以承受的焦虑。

　　弗洛伊德认为，人类祖先在面对大自然的威力和不确定的生活时感到无助，这导致他们创造了神，神拥有强大、无所不知和仁慈父亲的特征。弗洛伊德认为，当代人把自己的生活建立在包括宗教在内的非理性的愿望实现的基础上，这是危险的。弗洛伊德认为，按照科学提供的客观现实来生活，情况会更好。弗洛伊德对人的本性的看法相当悲观，他认为，人是受文明的要求阻挠的动物。在弗洛伊德看来，人类具有攻击和自私的本性。但他相信，人类也可以过理性的生活，他的理论能够帮助人们做到这一点。

58 　　近期，有关弗洛伊德的传奇在几个重要方面被修正。弗洛伊德放弃其诱惑理论的原因受到质疑。有人提出，这个理论是正确的，而不应该被放弃。还有人发现，到弗洛伊德那里接受精神分析治疗的患者中，那些没有有意识地记住年幼时受到性虐待的人，没有一人在治疗中重新恢复这样的记忆。因此，记忆受压抑是弗洛伊德强加于其患者的一个理论上的先入之见。在当代心理学中，对被压抑的记忆是否存在，有很多质疑，这给精神分析学说的理论基础带来挑战。人们还发现，弗洛伊德并未经历过像有人所说的那样严重的反犹主义影响和来自医学界的排斥。此外，被归于弗洛伊德的很多思想并不是弗洛伊德首创的。以经验方法验证弗洛伊德观点的许多尝试得到了模棱两可的结果。批评者指出，弗洛伊德最基本的论点中，许多都不能被证伪。其他的批评还包括其理论存在内在矛盾，男性至上主义，过分强调性和无意识动机，对人的本性过于悲观，把真正的幸福等同于人的所有生物需要被满足之后的无张力状态。尽管弗洛伊德的观点有各种不足，但是他的理论已经影响了对人类存在的所有领域的理解。他对艺术、文学、哲学和科学都产生了重要影响。他的理论是有关人格的第一个综合性的理论，在他之后的所有人格理论都可以被看作对弗洛伊德理论的回应。

▼ 经验性练习

1. 回忆近一周你做的梦，尽可能地把你能回忆起的每一个梦的过程都写下来，像弗洛伊德那样分析你的梦。如果假定存在有更基本的隐性内容，对每个梦的显性内容进行分析。如果假定显性内容引发的联想将透露出某些隐性内容，对你的梦做自由联想。最后总结，你的梦揭露出你无意识中的什么东西。
2. 根据弗洛伊德的理论，自我防御机制是在无意识水平发挥作用，但有时通过仔细观察一个人的行为，有可能对他采用的自我防御机制进行探查。把你采用的自我防御机制列出来，描述你是怎么使用它们的。
3. 对你自己的行为观察一周，并对以下内容做记录：你迟到或者爽约的约会，口误的情况，暂时性遗忘的情况，你出现的任何"令人意外的状况"，你听到且觉得好笑的任何笑话。根据日常经历可能反映出人的无意识心理的理论，对它们进行分析，并得出结论。

▼ 讨论题

1. 概括说明本能概念在弗洛伊德理论中的重要性。
2. 讨论投注、反投注、移置三者之间的关系。
3. 讨论弗洛伊德有关移置与文明之间关系的观点。

59
▼ 术语表

Altruistic surrender（利他性屈从） 安娜·弗洛伊德提出的一种自我防御机制，即一个人把另一人的价值观内化，并按照这些价值观来生活。

Anal-expulsive character（肛门排出型性格） 起源于肛门期早期固着的一种性格类型，这种人可能在大小便控制上出现问题，并表现出过于慷慨的行为。

Anal-retentive character（肛门滞留型性格） 起源于肛门期晚期固着的一种性格类型，这种人可能会遭受便秘之苦，还可能比较吝啬。

Anal stage（肛门期） 心理性欲发展的第二个阶段，大约发生于出生后的第二年。在这一阶段，肛门是主要的性感区。

Anticathexis（反投注）　为阻止可能引起焦虑的投注而消耗能量。

Anxiety（焦虑）　对即将发生的危险产生的一般情绪。亦见 Moral anxiety（道德焦虑）、Neurotic anxiety（神经症焦虑）和 Reality anxiety（现实焦虑）。

Bernheim, Hippolyte（希波莱特·伯恩海姆，1840—1919）　法国神经病学家，弗洛伊德从他那里学习到，人的行为可以由他自己未意识到念头所决定，而且在一定的强迫和引导下，人能够意识到自己的无意识想法。

Breuer, Josef（约瑟夫·布洛伊尔，1842—1925）　医生，弗洛伊德的密友，二人曾合著《癔症研究》一书。他是采用"谈疗法"治疗癔症的第一人，该方法后被弗洛伊德发展为自由联想法。

Castration anxiety（阉割焦虑）　男孩对失去性器官的恐惧，因为它被认为是男孩与自己父亲之间冲突的根源。

Catharsis（宣泄）　人有能力对导致疾病的想法进行有意识的思考时产生的情绪释放。宣泄后，身体失调常常得以缓解。

Cathexis（投注）　把心理能投到一个能满足某种需要的客体的映像上。

Charcot, Jean-Martin（让–马丁·沙考，1825—1893）　法国神经病学家，弗洛伊德从他那里了解到，身体失调有其心理根源，因此癔症应被作为一种疾病来严肃对待。

Condensation（压缩）　梦的扭曲的一种形式，梦的一个成分同时代表几种含义。

Conscience（良心）　超我的组成部分，是童年期受到惩罚的经验被内化的结果。这一人格成分是内疚感产生的根源。亦见 Ego ideal（自我理想）。

Countertransference（反移情）　发生于治疗期间，治疗师对患者产生情感依恋的现象。

Denial of reality（否认现实）　否认现实中某些潜在的引发焦虑的因素而不顾有大量信息证明其确实存在的事实。

Displaced aggression（移置性攻击）　指向一个比引发攻击冲动的人或者物更少威胁的人或物的攻击。

Displacement（移置）　用不会引发焦虑的投注替换可能引发焦虑的投注。这是梦的扭曲的一种形式，在梦中用一个可接受的映像代替一个不可接受的映像，例如用山峰替代乳房。

Dream work（梦的工作）　对一个梦的隐性内容进行扭曲的各种机制。

Ego（自我）　人格的执行者，受现实原则支配，其任务是通过从事适当的活动，同时满足本我和超我的需要。

Ego-defense mechanisms（自我防御机制）　通过篡改或者扭曲现实来减少或防止焦虑发生的无意识过程。

Ego ideal（自我理想）　超我的一部分，是儿童受到奖励的体验被内化的结果。人的成功感和自豪感就产生于人格的这一成分。

Erogenous zone（性感区）　产生快感的身体部位。

Eros（厄洛斯）　所有生的本能的统称。

Fixation（固着）　因某个需要的满足不够或者满足过度而停滞在心理性欲发展的某个阶段。固着决定了一个成年人在遇到压力时会退缩到哪个阶段。

Free association（自由联想）　弗洛伊德所称的精神分析基本规则，它要求患者说出所想的东西，无论那些想法多不相关，有多大威胁或多么荒谬。

Freudian slip（弗洛伊德口误）　令人意外的言语表达，被认为是说话者真实感受的暴露。

Genital stage（生殖期）　心理性欲发展的最后一个阶段，在青春期之后出现。在这一阶段，成年人的全部人格特征形成，前生殖期的各种经验都会显现出来。

Humor（幽默） 弗洛伊德认为，幽默是表达被压抑的、引发焦虑的想法的一种社会可接受的方式，例如涉及性或者冒犯他人的想法。

Hysteria（癔症） 用来描述诸如手臂、腿脚麻痹，感觉丧失，视觉、语言障碍，恶心，以及身心混乱等失调的一般术语。癔症的身体原因尚不明确，其病因被假定是心理性的。在沙考之前，癔症通常被认为是女性特有的疾病。

Id（本我） 人格的完全无意识的成分，包含各种本能，是人格中的兽性成分，受快乐原则支配。

Identification（认同） 弗洛伊德的术语，有两种含义：（1）本我意象与其身体对应物相匹配；（2）接纳另一人的价值观或特征，以增进个人自尊，或降低该人的威胁。

Identification with the aggressor（攻击者认同） 安娜·弗洛伊德提出的一种自我防御机制，即将可怕的人的价值观和行为风格加以内化，以降低对那个人的恐惧。

Inheritance of acquired characteristics（获得性特征遗传） 拉马克提出的论点，认为人一生中获得的信息可以传递给下一代。

Instinct（本能） 弗洛伊德认为，本能是人格形成的原料，是对生物性缺乏的认知反射。本能有四个特征：一个本源，一个目的，一个对象，一个动力。可分为两个范畴：生和死。

Intellectualization（理智化） 亦称情感隔离，指通过分离、对事件的逻辑分析，把事件中的消极情绪降到最低。

Latency stage（潜伏期） 心理性欲发展的一个阶段，大约从6岁持续到12岁。在这一阶段，性活动被抑制，出现丰富多彩的替代活动，如学习和体育活动等。

Latent content of a dream（梦的隐性内容） 被梦的工作篡改或扭曲的梦的真实意义。

Libido（力比多） 在弗洛伊德的早期著作中，力比多是与性本能相关联的心理能。后来他把此概念扩展为与人的生的本能相联系的一切能量，例如，除了性之外还有饥、渴等本能。

Manifest content of a dream（梦的显性内容） 一个做梦者梦到的东西。

Moral anxiety（道德焦虑） 当一个人已经做或打算做某件违背自己的超我价值观的事情时体验到的内疚感。

Neurotic anxiety（神经症焦虑） 恐惧本我冲动将战胜自我，从而做出使自己受到惩罚的事情。

Oedipus complex（俄狄浦斯情结） 当男孩爱他的母亲，同时把父亲看作争夺母亲的爱的占优势的竞争对手时，男性的俄狄浦斯情结就开始了。当他出于防御对其父亲产生认同从而使超我得到完全发展时，他的俄狄浦斯情结就会得以摆脱。女性的俄狄浦斯情结开始于女孩发现自己没有阴茎，并把这种缺失归咎于她的母亲时。当她在象征意义上把父亲看作爱的对象并渴望与自己的父亲生一个孩子时，她的俄狄浦斯情结就部分地得到摆脱。这种渴望会产生出对另一个男性的爱情。只有当女性最终生了孩子，特别是一个男孩时，她的俄狄浦斯情结才能完全得到摆脱。

Oral-incorporative character（口欲合并性格） 一种起源于口唇期早期固着的性格类型，这种人会花很多时间从事吃、吻、吸或听等活动。

Oral-sadistic character（口欲施虐性格） 一种起源于口唇期晚期固着的性格类型，这种人常表现出口头上的攻击性，喜欢咬指甲，对别人冷嘲热讽。

Oral stage（口唇期） 心理性欲发展的第一个阶段，大约发生于出生后的第一年。在这一阶段，口唇是主要的性感区。

Parapraxes（失误动作） 被压抑的念头在日常生活中的表现，包括失言、"意外事件"、忘事儿、笔误和口误等。

61 **Penis envy（阴茎嫉妒）** 女性因男性有阴茎、自己没有而产生的嫉妒。

Phallic stage（性器期） 心理性欲发展的第三个阶段，年大约发生于3～5岁。在这一阶段，生殖器是主要的性感区。弗洛伊德认为阴蒂是小的阴茎，因此他用"性器期"这一术语同时描述男性和女性的发展。亦见 Odeipus complex（俄狄浦斯情结）。

Phylogenetically inherited endowment（种系遗传禀赋）　人从祖先那里继承的、反映祖先长期经验的观念。弗洛伊德接受这一观点，表明他赞同拉马克关于获得性遗传特征的理论。亦见 Inheritance of acquired charateristics（获得性特征遗传）。

Pleasure principle（快乐原则）　支配着本我的快乐主义原则，要求立即降低与生物需要有关的紧张状态。

Posthypnotic amnesia（催眠后遗忘）　人不能记住在被催眠状态下的所作所为。

Posthypnotic suggestion（催眠后暗示）　人在清醒时做出在被催眠状态下被指示做的事的现象。通常，人不清楚这样做的原因。

Preconscious（前意识）　信息的一种状态，它处于无意识心理中但没有被抑制。当需要时，这些信息很容易进入意识。

Primal repression（原始压抑）　对那些作为本我天生成分、与个人经验无关，但会引发焦虑的想法的压抑。

Primary processes（初级过程）　本我具有的满足需要的过程，包括反射动作和愿望实现。亦见 Reflex action（反射动作）和 Wish fulfillment（愿望实现）。

Principle of conservation of energy（能量守恒原理）　系统内能量的数量保持恒定。系统内的能量在数量上不能增加或减少，但可被重新安排及自由转换。

Projection（投射）　一种自我防御机制，即把一个引发焦虑的念头归于其他人或其他事物，而不承认它属于自己。

Psychic energy（心理能）　弗洛伊德认为的驱动整个人格的数量相对固定的能量，心理能服从于能量守恒原理。亦见 Principle of conservation of energy（能量守恒原理）。

Rationalization（合理化）　一种自我防御机制，即为一个行为或想法找到一个合理、合逻辑（但不正确）的理由，以避免焦虑。

Reaction formation（反向作用）　一种自我防御机制，即为抑制一个引发焦虑的想法而夸大和它对立的想法。例如，一个喜欢色情描写的人，可能会成为一个邮件审查员。

Reality anxiety（现实焦虑）　由环境中真实的、客观的危险因素引起的焦虑，这种焦虑容易降低或防止。

Reality principle（现实原则）　支配自我的原则，使自我以同时满足本我和超我的方式以应对环境。

Reality testing（现实验证）　自我积累环境中能够满足本我或超我需要的经验的过程。

Reflex action（反射动作）　移除一个刺激源的自动化反射。通过眨眼来移除眼中的异物即是一例。

Regression（退行）　遇到压力时返回到之前的发展阶段。

Repression（压抑）　一种自我防御机制，即引发焦虑的念头被抑制在无意识心理，防止其进入意识。亦见 Primal repression（原始压抑）和 Repression proper（真正压抑）。

Repression proper（真正压抑）　对可能导致惩罚和制裁的引发焦虑的想法进行压抑。

Resistance（阻抗）　患者在治疗过程中不愿意思考和说出引发焦虑的想法。弗洛伊德认为阻抗非常有益，因为它暗示出患者感到烦恼的东西。

Secondary processes（次级过程）　自我发挥机能以减弱真实需要的过程，它与本我的愿望实现导致的暂时需要的减弱相对立。

Secondary revision（润饰作用）　亦称二次校正，指经过梦的工作对梦进行扭曲之后对梦的成分进行重新组合，赋予被扭曲的梦的成分以足够的意义，以便其在进入意识时被接纳。

62 **Seduction theory（诱惑理论）**　弗洛伊德早期曾认为，癔症源于童年期真实的性诱惑经历。后来由于不完全明确的原因，弗洛伊德修正了该理论，认为大多数诱惑是想象的而不是真实的。

Sublimation（升华）　用较高级的文化成就，如艺术和科学活动成就来替代性活动。

Superego（超我）　人格的道德成分，包括良心和自我理想两部分。亦见 Conscience（良心）和 Ego ideal（自我理想）。

Thanatos（塔纳托斯）　对死的本能的命名。弗洛伊德认为它是攻击性，即转向外部的自我毁灭的源头。

Transference（移情）　发生于治疗过程中的现象，患者把治疗师视为自己生活中的重要人物，如父亲或母亲。

Undoing（抵消作用）　一种自我防御机制，即通过做出某种仪式性活动，试图弥补或否定一个不可接受的行为或想法。

Vitalism（活力论）　认为生命不能仅仅被解释为物理事件和过程，而必然有某些非物理的活跃力量存在。

Wish fulfillment（愿望实现）　在脑海中出现一个可满足一个生物需要的客体或事件的映像。

卡尔·荣格

本章内容

本章我们将了解到，荣格的人格理论是复杂的。他描绘的人类本性的图画是所有人格理论家中最难看懂的。像人们认为的那样，荣格本人就是个难以看透的人。他的生活细节显得有些矛盾。例如，斯特恩（Stern，1976）说荣格是有精神病倾向的人（如果不是真的精神病），是个既反犹又反纳粹的机会主义者。但是荣格的好友、支持其学说的汉纳（Hannah，1976）却认为，荣格是个杰出而敏感的人道主义者，而不是什么反犹分子或反纳粹人士。汉纳笔下的荣格的确是个非同寻常的人，有时甚至是个具有很多特殊品质的令人困惑的人，但是在他看来，这些都是一位天才而不是一个狂人的特性。荣格的自传（1961）也没有多大帮助，因为荣格承认，那只是神话与真实的结合。

看来，关于荣格个人生活的很多真实情况，如果全部公之于世，还要假以时日。怎样看待这些事实，也仍会众说纷纭。至于人们对荣格理论观点的评价，像其他人格理论家一样，要么肯定他的思想合理、有用，要么持否定意见。个人经历虽能引起人们的兴趣，但那毕竟与科学无关。

一、生平

卡尔·古斯塔夫·荣格（Carl Gustav Jung），1875年7月26日生于瑞士一个名叫凯斯乌尔的村庄，但他是在巴塞尔的大学城长大的。早年，宗教是荣格生活中一个影响强大的主题。其父保罗·荣格（Paul Jung）是瑞士新教派的牧师，其母艾米莉·普莱斯维尔克·荣格（Emilie Prieswerk Jung）是一位神学家的女儿。荣格的父亲认为自己是个失败者，他信奉的宗教没给他带来多少安慰。荣格小时候常常向他父亲提出一些关于宗教和生活的尖锐问题，但却得不到令他满意的回答。荣格慢慢明白了，从信仰上，他父亲完全接受了宗教教条，但是从未借助宗教体验碰触其个人内心。据荣格回忆，由于这些枯燥无味的神学讨论，他与父亲渐行渐远。在荣格后来的生活中，宗教成为其理论至关重要的一部分，但那是另一类宗教，它从情感上深入人的内心，却很少带有特定教派或宗教教条的东西。

荣格认为他母亲在家里具有支配地位，但是他认为母亲身上表现出严重的不一致性，甚至怀疑是否真的是两个人融于一身。一个人善良，极其热情友好又非常幽默；另一个人很神秘、古板而无情。荣格记述了当她母亲表现出第二种人格时自己的反应："我的内心常常因此受到冲击，被吓得大气也不敢出。"（1961，p.49）有趣的是，少年荣格认为他和他的母亲一样，身上也有两个不同的人。一个人被他称为一号（男学生），另一个人是二号（聪明的老男人）。后来，荣格意识到，他的一号我代表他的自我（ego），或意识心理，二号我则代表他更强有力的无意识心理。作为一个男孩，荣格体验到他后来认为的人的存在的本质：意识与无意识之间的互动。

也许因为荣格父母无尽无休的争吵，他开始把自己从一个特别的家庭和一个普通的世界隔离开来。由于起初的现实生活，他的梦想、愿景和幻想日益强烈，使他形成一种信念，这种内心的现实一直推动他形成秘密的、只能向少数有选择的人透露的知识，这些知识也是很难与别人分享的。

二、荣格早期的梦、幻觉和幻想

1. 石头

大约7岁时，荣格发现了一块能在上面玩想象游戏的大石头。起初，他感觉到自己坐在这块石头上。但是后来，他开始假设石头的想法。荣格想象自己是这块石头，被一个男孩坐着。荣格发现，他能很容易地转换两种想法。对荣格来说，他很难说出，到底是他坐在石头上，还是他是那块被男孩坐着的石头："答案一直不清楚，好奇心和神奇的模糊感一直伴随着我。毫无疑问，这块石头和我之间有某种秘密的关系。我可以坐在上面几个小时，像一道谜题，使我心驰神往。"（1961a，p.20）

30年后，当荣格重新回到这块石头跟前时，作为一个已婚、事业有成的男人，这块石头的魔力立即重现："向另一个世界的拉力如此强大，我情不自禁地泪流满面，拼命离开这里，以免失去我对未来的掌控。"（1961a，p.20）

2. 小木人

荣格在大约10岁时，刻了一个木头人，把它保存在一个小木盒里。荣格给这个小木人穿上衣服和黑色的鞋，戴上帽子，还给了它一块小石子。这个小木人成为荣格的避难之地，不管遇到什么困惑，他都要拿出这个秘密的朋友。在学校里，荣格在一小卷纸上用密语写了字，后来把它放到装着小木人的铅笔盒里。每增加一卷纸都要举行庄严的仪式。荣格从不怕对这些行为做出解释，因为它们给了荣格安全感。"那是不可侵犯的秘密，是永远不会背叛的，我的生命安全都靠它。我没问过自己为什么那样做。很简单，我就那样做了。"（1961a，p.22）荣格与这个小木人的"关系"持续了一年。

3. 阳物之梦

小木人和石头体验虽然有些奇怪，但并没有让荣格感到恐惧。小木人给了他和平与安全。但少年荣格的另一些神秘体验却没有给他平静。荣格在大约4岁时做的一个梦使他感到极度恐惧。在这个梦中，荣格看见地上有一个石头洞，朝下看去，只见有石阶直通地下。荣格沿石阶下去，一直走到底，他看到一个圆拱门，被一块厚厚的绿色门帘遮挡。掀开门帘，荣格看见了一个长约9米的房间。房间里有一个平台，上面有一个豪华的、金光闪闪的皇帝宝座。宝座上立着一个高3.5～4.5米、粗约0.6米的东西。这个东西是由皮和肉组成的，顶部有一个圆形的头，但是没有面孔和头发。这个东西的顶部有一只眼睛凝视着上方。这显然是一个巨大的生殖器。虽然这个东西不能移动，但它给人能够移动的印象。荣格在梦里非常恐惧，动弹不得，他还梦见他母亲说："不错，看看他吧。那是个吃人的东西！"（1961a，p.12）荣格的恐惧更加强烈，他醒过来，吓出一身冷汗。后来的好几个夜里，荣格都睡不着觉，害怕再做这样的梦。这个生殖器在荣格的梦里反复出现有几年之久，而且在多年里影响了他对基督教教义的看法。从梦中，荣格得出结论，那个巨大的生殖器就是耶稣基督的地下化身：

> 不管怎么说，这个梦里的生殖器好像是个"无名的"隐秘的神，它一直留在我心中，直到青年时期，每当有人大谈而特谈耶稣基督时，它就会再度出现。对我来说，耶稣基督从来不是真实的，也从未被我完全接受，从来不是可尊可敬的，我一次又一次地想起他的地下化身，一个可怕的真相在我并没有寻找它时却降临到我头上。（1961a，p.13）

荣格受到这个生殖器的梦的巨大震动，直到65岁，他从未向任何人提起。

4. 宝座的幻想

大约12岁时，荣格在一个温暖的夏日离开学校。附近一座教堂顶上新镶的上釉瓷砖在灿烂阳光下熠熠生辉。荣格心头被一种念头充斥，上帝创造了美好的一天、美丽的教堂，他正坐在蓝天上的金色宝座上凝望着他的造物们。突然，荣格心头闪过一个念头，如果他不停止这个想法，一个可怕的思想就会进入他的内心。他深信，他如果再想下去，就会陷入最可怕的罪恶，他的灵魂将永远打入地狱。后来的几天荣格一直受此困扰着，他极力想摆脱这种不该有的想法。终于，这种被禁锢的想法还是冒了出来：

> 在我眼前，我看到了那大教堂，那蔚蓝的天空。上帝坐在他那金色的宝座上，高高在上，远离尘世——而从那宝座的下面，一块巨大的粪便掉下来，落在那熠熠生光的新屋顶上，把它击得粉碎，把大教堂的墙壁也砸得粉碎。啊，原来如此！我感受到一种强烈而难以言传的宽慰。落到

我头上的不是预料中的天谴，而是慈悲，伴随这种慈悲的，是我从未有过的难以言表的狂喜。因为幸福和感激，我哭了起来。（1961a，pp. 39-40）

这一幻想对荣格有深刻影响。此时，他相信他知道了他父亲不知道的上帝的事情。荣格的父亲只会借助《圣经》的戒律获得上帝的指引，但他从没有直接体验到上帝的意志：

[荣格的父亲]信仰上帝，像《圣经》教导的那样，像他的祖先教导他的那样。可是他不知道，在他的《圣经》和教堂之上，站着一位无所不知的、自由的、活生生的上帝，他召唤人们分享他的自由，他能迫使人们放弃自己的观点和信念，以便毫无保留地执行上帝的命令。为了考验人们的勇气，上帝反对容忍传统习俗，而不论其何等神圣。他将以他的全知全能看到，这种对勇气的考验，不会带来任何邪恶。一个人执行了上帝的意志，他便可以放心：自己走得正，行得直。（1961a，p. 40）

上述的个人经验使荣格深信，人的心灵中有些东西是其他任何人的个人经验所不具备的。荣格从这些个人幻想中领悟到什么？对此，荣格（1961a）这样说：

我的幻想带给我重要的灵感，使我明白，心灵中有些东西不是我创造的，它们是自己产生的，有它们自己的生命……我知道，我身上有些东西，它们会说出一些我不知道也不想说的事情，有时甚至是针对我的事情。（p. 183）

荣格后来专注于他的职业生涯，并试图理解他小时候那些离奇的心理体验的本质和起源。

三、荣格的早期职业生涯

起先，荣格想研究考古学，但是一个梦使他转而跟随他曾祖父的脚步，想当一名医生。他在巴塞尔大学学习医学时，发现了精神病学这个新领域。1900年，他在这里获得了医学学位。荣格相信，他在精神病学中找到了自己真正的职业。荣格对异乎寻常的精神现象感兴趣，从未动摇过，他的医学学位论文题为《论所谓神秘现象的精神病理学》，于1902年发表。当时，荣格几乎全身心地投入对神秘现象的研究。他出席降神会，参加"降神者"转动桌子的实验，如饥似渴地阅读心灵学书籍。除了他的幻想和阅读的心灵学书籍之外，他的个人经验似乎也证实了超自然现象的存在。例如，有一次他回到家，在自己房间学习，他和母亲突然听见很大的声音，并且看见一张结实的桌子从边缘到中间裂开，而且不是像人们预料的那样，从接榫处裂开的。两周以后，又有一次像爆炸一样的响声，他们看见，一把切面包的刀变成碎片。找刀匠检查，没发现任何能够造成刀片爆炸的原因。荣格曾经喜欢向一群人讲述一个有关他不认识的人的想象故事，只是为了证明他有超人的眼力，能揭露这个人的真实情况。一天夜里，荣格醒来感到剧烈的头痛，后来他知道，正是在那天夜里，他的一位患者向自己头部开了一枪。

荣格的职业生涯是在苏黎世著名的伯戈尔兹利精神病医院开始的，在那里，他在曾创建了精神分裂（schizophrenia）这一术语的尤金·布洛伊勒（Eugen Bleuler）手下工作。布洛伊勒对心理测验感兴趣，他鼓励荣格做语词联想实验，此前弗朗西斯·高尔顿（Francis Galton，达尔文的表弟）和威廉·冯特（Wilhelm Wundt，唯意志论学派创建者）都用过这种方法。本章后面讨论情结问题时，还要提到荣格的语词联想测验。1905年，荣格在苏黎世大学获得讲师职位，讲授精神病理学、精神分析和催眠术。在伯戈尔兹利医院，他升为临床主任医师和门诊部主任。1909年，荣格辞去在伯戈尔兹利医院的职务，1914年又辞去苏黎世大学讲师职务，投身于私人门诊、研究和写作中。

1903 年 2 月 14 日，荣格与富有的实业家的女儿艾玛·劳申巴赫（Emma Rauschenbach）结婚，他们生育了四个女儿和一个儿子。艾玛成为丈夫理论的实践者。中年后，荣格与一位比他年轻 13 岁的女性陷入漫长的风流韵事中。她叫托妮·沃尔夫（Toni Wolfe），是个充满魅力、受过良好教育的女性，曾经是荣格的患者。起初，荣格的妻子艾玛陷入深深的困扰，但是他们的境况最终还算不错。斯特恩（Stern，1976）对这种境况做了如下描述：

> 荣格与托妮的婚外情并没有造成多大的麻烦，因为他坚持把托妮拉入他的家庭生活，成为家庭周末晚餐的一位常客……荣格把这种不对等的三角关系维持了几十年，并吸引这两位女性为他的事业服务。艾玛·荣格曾经是荣格的"心理学俱乐部"的首任主席，几年后她辞去这一职务，托妮成为主席。这两个女人都发表过有关荣格心理学的论文。（pp. 138-139）

汉纳（Hannah，1976）描述了荣格、艾玛和托妮·沃尔夫之间的三角爱情：

> 荣格要……处理的最令人头痛的问题，或许是一个已婚男人必须面临着他既爱他的妻子又爱另一个女人的局面。……荣格竭尽全力，成功地把他与托妮的友情融入他原来的生活中，因为他能谨慎地公平对待各方。当然，这对卷入此事的每个人都是痛苦的磨难。……嫉妒是人的本性，任何健全人都不会失去这种本性，但是，正如荣格所说："嫉妒的核心是缺乏爱。"维持这种境况的原因是，三个人中的任何一方都不"缺乏爱"。荣格能够同时给妻子和托妮令她们非常满意的爱，这两个女人又都发自内心地爱他。……多年以后，艾玛·荣格这样说："你们知道，他从没有从我这里拿走任何东西给托妮，但是他给她的越多，给我的就越多。"……［托妮］后来也意识到，荣格对自己婚姻的始终不渝的忠诚比起荣格对婚姻不忠诚，她得到的东西可能更多。（pp. 118-120）

四、荣格与弗洛伊德的关系

荣格对弗洛伊德感兴趣，是在他读了《梦的解析》之后。此后，荣格把弗洛伊德的思想用于他自己的临床实践，并写出了专著《早发性痴呆心理学》（1936），总结了弗洛伊德思想的效用。荣格发现，他的语词联想实验大大地支持了弗洛伊德关于压抑的论断，他在这部专著和另外几篇论文中报告了这一结果。1906 年，荣格与弗洛伊德开始通信，翌年 2 月，两人在弗洛伊德的维也纳寓所见面。两人面对面的会见场面十分热烈，持续了 13 个小时。两人成为亲密无间的朋友。荣格回到苏黎世以后，与弗洛伊德频繁地通信达 7 年之久。由于荣格在发表的介绍弗洛伊德理论的著作中的赞美言语，也因为弗洛伊德在后来的会面中对荣格的良好印象，弗洛伊德决定让荣格做他的继承人。1911 年，弗洛伊德提名荣格担任国际精神分析协会的首任主席，虽然有其他会员强烈反对，荣格仍然顺利当选。

1909 年，荣格和弗洛伊德一起到美国克拉克大学做系列讲座。荣格得到邀请，主要因为他的语词联想测验。在海船上，荣格与弗洛伊德花了很多时间互相分析彼此的梦。荣格对弗洛伊德的无能感到震惊，这位梦的解析大师却不能分析荣格的几个梦境。更令他奇怪的是，弗洛伊德不愿意向荣格祖露可能说明其梦的符号的个人生活隐私，但是原因却是"我不能拿我的权威性冒风险"。荣格（1961a）描述了他听到弗洛伊德这句话时的反应，"从那时起，他的权威性就完全丧失了。这句话深深刻在我的记忆里，从中可以预见到我们关系的结束。弗洛伊德已把个人权威置于真理之上。"（p. 158）也是在这次美国之行中，荣格首次对弗洛伊德理论强调性驱力这一点产生怀疑。但是他并没有明确表达对弗洛伊德观点的反对意见，两人仍然维持了亲密朋友关系。荣格只是建议弗洛伊德，如果他不那么强调性的作用，可能更适合美国听众。弗洛伊德却把这种建议看作对科学精神的背叛。

在 1911 年荣格当选国际精神分析协会主席之前，他已公开表达出对弗洛伊德有关性的力比多能量观点的怀疑。荣格的著作《无意识心理学》（1953）和他在福特汉姆大学所做的《精神分析理论》系列报告（1961c），详细阐述了荣格与弗洛伊德力比多概念的不同。在两人的来往信件中，他们各自表达了对力比多本性的不同意见。1907年3月31日，荣格写道：

> 在当下流行的对性欲的有限概念的看法中，认为性这个术语只是应用于你的"力比多"的最极端形式，而一个不那么令人厌恶的集体性术语是为力比多的所有临床表现创建的，这难道是不可想象的吗？（McGuire，1974，p. 25）

4月7日，弗洛伊德给荣格回信说：

> 我欣赏你想把酸苹果变成甜苹果的动机，但是我认为你做不到。即使我们把无意识称为"类精神"的东西，它仍然是无意识，即使我们不把广义的性欲概念称为"力比多"，它也仍旧是力比多。……我们无法回避反对意见，为什么不从一开始就面对它们呢？（McGuire，1974，p. 28）

1909年弗洛伊德和荣格到克拉克大学讲学时的合影。上面一行左起：桑多尔·费伦齐（Sandor Ferenczi）、欧内斯特·琼斯（Ernest Jones，弗洛伊德传记作者）、A. A. 布里尔（A. A. Brill）。下面一行左起：卡尔·荣格（Carl Jung）、G. 斯坦利·霍尔（G. Stanley Hall，后担任克拉克大学校长）和西格蒙德·弗洛伊德（Sigmund Freud）。

荣格与弗洛伊德的关系日趋紧张，从1912年起，他们同意停止通信联系，1914年，荣格辞去国际精神分析协会主席职务，不再是这一组织的会员。二人关系的中断给当时已经接近40岁的荣格造成相当大的困扰。与弗洛伊德的决裂使荣格陷入他所谓的"黑暗年代"，在大约4年时间里，他对自己的梦和幻想进行了深度探索，很多人认为，这种活动使荣格几近疯狂的边缘。

荣格的创造性疾病

荣格认为："与弗洛伊德分道扬镳之后，我内心产生一种不确定感。毫不夸张地说，这是一种迷失方向的状态。我感到完全被悬在了半空中，似乎找不到立足点。"（1961a，p. 170）

在艾伦伯格（Ellenberger，1970）看来，荣格在与弗洛伊德决裂后的"黑暗年代"经历的是一种**创造性疾病**（creative illness）。艾伦伯格对此下定义说：

这是一种思考和探索真理的精神集中和全神贯注状态。它是受抑郁症、神经症、身心失调状态甚至精神错乱影响的多种表态共存的身体状态。……伴随着这种疾病，主体从未失去占主导地位的全神贯注的思路。它往往与正常的职业活动及家庭生活共存。但是如果保持社会活动，他将会只是全身心地关注他自己。……主体从这种持久的人格转换的折磨中走出来，并且坚信他已经发现了伟大的真理或新的精神世界。（pp. 447-448）

在荣格经历这一创造性疾病时期，他究竟是走入一种自发的自我探索旅程（例如，参见 Van der Post，1975），还是显示出一系列完全的精神病发作（例如，参见 Stern，1976），各方说法不一。但是不管怎样，在这个患病时期，荣格继续维持着精神病治疗和家庭生活。根据荣格本人的说法，他的家庭和他的患者使他保持心智清醒。这是他"面临无意识"的时期，在这段时间，他建立起前述的与托妮·沃尔夫的关系。

荣格既要卷入激烈的自我探索，同时又要给精神病患者治疗，这多么令人惊奇！但是无论奇怪与否，荣格显然从这两方面更加深刻地了解了人类的心灵：

我作为一个精神病医生，在我的实验性探索中，每前进一步都应该深入心灵的素材中，它们既是精神病的素材，又是在精神错乱中被发现的，这不无讽刺意味。这些素材是无意识意象的源头，它们难免使精神病患者感到困惑。但是，它们也是在我们理性年代已经消失了的神话想象的来源。虽然这些想象无处不在，但是它们既被禁忌又令人恐惧，这使它们即使出现也会被看作一种危险的实验，或令人怀疑的走入迷途的冒险，从而使它们进入深层无意识中。……这是对世界另一极的不受欢迎的、模糊不清的、危险的探索之旅。（1961a，pp. 188-189）

从荣格的创造性疾病中，他的人格理论崭露头角，这只是一个与荣格的良师益友弗洛伊德的理论遥相呼应又给其带来麻烦的理论。这是一个对自己的心灵进行漫长而痛苦探索的结果，这在人的人格理论中处处可见。

荣格于 1961 年 6 月在瑞士伯林根他的塔楼别墅中逝世，享年 86 岁，在此之前，他一直在发展他的理论。荣格是勤奋笔耕 60 年的多产作家，《荣格选集》共 20 卷。他的头衔很多，其中有八个荣誉博士学位，包括哈佛大学（1936）、牛津大学（1938）和日内瓦大学（1945）。1938 年，他被授予皇家医学会名誉会员，1943 年被授予瑞士科学院荣誉院士。1944 年，担任巴塞尔大学以他的名字命名的医学心理学会主席。1948 年，首个卡尔·古斯塔夫·荣格研究所在苏黎世成立，此后很快成立了国际分析心理学协会。本章后面将要讲到，今天，研究荣格学说的专业组织已遍布全世界。

五、力比多与守恒、熵和对立原理

1. 力比多

在**力比多**（libido）的本性问题上，弗洛伊德与荣格的意见不一致。在弗洛伊德与荣格合作时期，弗洛伊德认为力比多主要是性欲能量。荣格认为，这种观点过于狭隘，他把力比多定义为一般生物学意义上的生命能量，这种能量根据其在不同方面的突出地位，而集中于不同问题上。荣格认为，力比多是一种用于人的心理持续生长的创造性的生命力。在生命早期，力比多主要消耗在吃喝、排泄和性方面，但是随着人能够自如地满足这些需要，或者这些需要变得不那么重要之后，力比多能量就要更多地被用于满足理性和精神需要。因此，在荣格看来，力比多是蕴含在**心灵**（psyche，荣格指代人格的术语）后面的驱动力，它针对各种需要，无论是生物需要还是精神需要。投入更多力比多能量的那些人格成分比其他成分更有价值。就是说，人格成分的**价值**（value）取决于力比多能量投入的多少。

2. 守恒原理

荣格和弗洛伊德一样，把他生活的时代的很多物理学知识印入人格理论中。他使用守恒原理、熵和反作用力原理，表现出这种倾向。**守恒原理**（principle of equivalence）是热力学第一定律，指系统内的能量大小从本质上是固定不变的（能量守恒），能量如果从系统内的一处被移走，将在另一处得以显现。把它用在人的心灵上，意味着心理能量只有这么多，如果心灵的一种成分被高估，其他成分就要付出代价。例如，假若心理能量集中在意识活动上，无意识活动的能量就会减少，反之亦然。我们在后面还要讨论这一概念。

3. 熵原理

熵原理（principle of entropy）是热力学第二定律，说的是系统中存在一种能量恒等的稳定趋向。例如，一个热的物体和一个冷的物体放在一起且相互接触，热物体会失去热能（冷物体将得到热能），直到二者的温度达到平衡。同样，在荣格看来，心灵的所有成分之间也存在这一能量平衡倾向。例如，心灵的意识方面和无意识方面也有能量平衡趋向，它们将在一个人的人格中表现出来。然而，心理平衡很难实现，必须积极地寻求之。如果达不到平衡，人的心理能量就不能平衡，导致人格发展的不平衡。就是说，心灵的某个方面比其他方面被高估。

4. 对立原理

对立原理（principle of opposites）在荣格著述中多处可见。这一原理类似于牛顿所说的"每个运动都存在着相等的和对立的反应"，或黑格尔所说的"任何事物都处在对其自身的否定中"。荣格理论的每一个概念都有其对立面。无意识与意识对立，理性与非理性对立，女性化与男性化对立，肉欲的东西与精神的东西对立，因果论与目的论对立，发展与退行对立，内倾与外倾对立，思维与情感对立，感觉与直觉对立。人格的一个方面得到发展，其对立面就要付出代价。例如，当一个人变得更男性化时，其女性化特征必然减弱。对荣格的生活目的来说，按照熵原理，它就是要寻求对立的两方面的平衡，因此，把更多的表达性赋予一个人的人格，那么，这个人言说起来就比行动更容易。

■ 六、人格的成分

1. 自我

在荣格理论中，**自我**（ego）是人意识到的所有东西。它涉及思维、情感、记忆和知觉，并负责对日常生活中执行机能的理解。自我还负责人的同一感和跨时间的连续感。重要的是，不能把自我与心灵相等同。对自我的意识体验只代表人格的一小部分，心灵指人格中的意识和更为本质的无意识两个方面。荣格关于自我的概念与弗洛伊德的概念之间存在着很大的相似性。

2. 个人无意识

个人无意识（persona unconscious）由曾经被意识到，但被压抑或遗忘，或者不够活跃并不足以产生有意识的印象的素材组成。个人无意识包含着一组带有情绪性的（被高度看重的）思维，荣格称之为情结。更特别的是，**情结**（complex）是困扰一个人的一组想法，与常见的情绪色彩相联系（1973，p. 599）。情结对人的行为有很大影响，围绕着情结的主题会在人的一生中反复出现。一个具有母亲情结的人会花大量时间投入直接或象征性地与母亲念头有关的活动中。同样的情况还会出现在具有其他情结的人身上，如父亲情结、性情结、权力情结、金钱情结等等。

荣格很早就闻名于世的是他用于研究情结的方法。他使用弗朗西斯·高尔顿和威廉·冯特创建的**语词联想测验**（word-association test），加以重新设计，作为探查个人无意识情结的工具。1909年，荣格与弗洛伊德一起去克拉克大学讲学时，所讲的就是这一研究。荣格的方法之一是让患者一口气连续读出 100 个单词，让患者尽快说出印象最深的第一个单词。这些词如儿童、绿色、水、歌曲、死、长、愚蠢等等。用秒表测量患者对每个词做出反应的时间，同时测量患者的呼吸频率，用电流计测量患者的皮肤导电性。

以下是荣格使用的、能表明一种情结所包含的因素的"情结指标"：

（1）对一个刺激词做出反应的时间比平均反应时更长。

（2）重复说出同一个刺激词。

（3）根本不能做出反应。

（4）使用表达性身体反应，如大笑、呼吸频率加快、皮肤导电性增强。

（5）说话结巴。

（6）持续对原来用过的刺激词做出反应。

（7）做出无意义的反应，如硬造一些词。

（8）用一个听起来像刺激词的词做出虚假反应，如用 lie 对 die 做出反应。

（9）用多于一个词做出反应。

（10）把刺激词错误理解为另一个词。

荣格以不同方式使用他的语词联想测验。例如，他发现，男性被试倾向于比女性被试更快地对刺激词做出反应，受过教育的人比未受过教育的人做出更快的反应。他还发现，同一个家庭的成员对相同的词做出非常相似的反应。下面是一位母亲和她女儿对几个刺激词做出的反应（1973，p. 469）：

刺激词	母亲	女儿
法律	上帝的戒律	摩西
土豆	块茎	块茎
陌生人	旅行者	旅行者
兄弟	我亲爱的	亲爱的
亲一亲	妈妈	妈妈
欢喜的	快乐的孩子	小孩子们

荣格认为，找到情结并对其加以处置非常重要，因为应对情结需要付出大量心理能量，从而会抑制心理的平衡发展。

荣格的语词联想测验表明，系统地对无意识心理进行考察是可能的。仅这一成就本身就使他在心理学史上占据显著地位。

3. 集体无意识

如能理解**集体无意识**（collective unconscious）——荣格这一最大胆、最神秘和最具争议性的概念，就等于理解了荣格理论的核心。集体无意识反映的是人类在历史进化中的集体经验，用荣格自己的话说，它"是数百万年来祖先经验的沉淀，是史前文化的回声，每一个世纪都只能往这种无意识中增加极微小的变化和分化"（1928，p. 162）。在集体无意识中不但能找到人类历史的碎片，而且能找到史前人类或我们的动物祖先的踪迹。由于集体无意识来自所有人类拥有的或曾经拥有的共同经验，从本质上来说，集体无意识的内容对全人类而言是相同的。荣格指出，它"与任何个人的东西相分离，而对所有人都是共同的，因为它的内容在任何地方都能找到"（1966，p. 66）。在荣格看来，集体无意识和超越个人的无意识是同义词。

这些铭刻在心灵中的祖先经验留存在不同时代、不同种族的记忆中，留存在人类的原始意象中，或者更一般的说法，被保留在原型中。**原型**（archetype）可被定义为对世界上各种问题做出反应的遗传倾向。就像眼和耳经过进化以后，可以对环境中的一定方面最大限度地做出反应，进化的心灵能够使人对一定类型的经验最大限度地做出反应，这些经验是人类在无数代的漫长历史中反复积累的，是每一代的每个成员必然要经历的。每个人都可以通过对一个问题做出简单回答，列出自己的原型清单。这个问题就是：每个人在一生中会经历什么？你的回答必然包括出生、死亡、太阳、黑暗、权力、女人、男人、性、水、魔幻、母亲、英雄和疼痛。人类对这些和其他普遍存在的经验类型具有一种遗传倾向。一些特殊的反应和思想不是继承来的，而遗传的东西是一种对人类共有的经验，以令人兴奋的神话方式做出的反应。例如，当我们的祖先遇到电闪雷鸣时，他们立刻以一种神话方式做出反应。荣格（1966）这样解释：

> 最常见且最令人印象深刻的经验是太阳日复一日地移动。我们当然不能发现任何形式的无意识，只关注到目前为止所知道的物理过程。与此同时，我们发现的是数不尽个版本的关于太阳神的神话。正是这些神话，而不是物理过程，形成了太阳的原型。关于月相也同样可以这样说。原型是准备一次又一次地产生出相同或相似神话创意的东西。看起来它是处于无意识之上、给人深刻印象的东西，是物理过程引发的独特的主观幻想意念。因此我们可以认为，原型是主观反应造成的反复发生的印象。（p. 69）

原始人对他们的所有情绪体验以神话方式做出反应，正是这种制造神话的倾向深入集体无意识中，并一代一代传下去。我们所继承的就是再次体验这些原始神话的一些表现方式，这发生在我们遇到那些与远古神话有关的生活事件时。每个原型都可以被看作对一定类型的经验的情绪上神话般的反应倾向，这些经验产生于诸如我们遇到一个儿童、一位母亲、一个恋人、一个噩梦、一次死亡、一次地震或一个陌生人的时候。

集体无意识是心灵中最重要、影响力最大的部分，它的遗传倾向使它不断寻求对外的表达方式。在未被意识到的情况下，集体无意识的内容通过梦、幻想、想象和象征物得以表现。由于很少有人能完全意识到他们的集体无意识内容，所以多数人只能通过自己梦和幻想的内容来了解自己。在荣格看来，人能通过研究这些梦境而了解很多关于未来的情形，因为它们象征着人类的基本属性，就像它们在某一天能够被理解一样。在这个意义上，集体无意识包含的东西，比一个人或一代人知道的东西多得多。荣格从形形色色的大量来源中收集到有关原型的信息，这些来源包括他自己的梦和幻想、原始部落、艺术、宗教、文学、语言以及精神病患者的幻觉。

虽然荣格意识到有很多原型存在，但是他只详细描述了几种原型，包括人格面具、女性原始意象、男性原始意象、阴影和自性。下面来看他对这些原型的描述。

七、人格面具、女性原始意象、男性原始意象、阴影和自性

1. 人格面具

Persona（**人格面具**）是拉丁语面具之意，荣格用这一术语来描述一个人公开的自我。人格面具原型的产生，源于人类想在社会上扮演角色的需要。虽然所有人共享相同的集体无意识，但是个体是在特定时间、特定地方存在的。原型必然出现在这些社会文化环境中。就是说，原型的表现受到一个人所生活的社会习俗和独特环境的影响。人格面具是人所处环境许可的心灵的外在表现。人格面具是心灵的一部分，一个人就是凭借人格面具被别人认识的。荣格指出，一些人使自己的人格面具等同于他的完整心灵，这是一个错误。在某种意义上，人格面具对其他人是具有欺骗性的，因为它在别人面前

表现出来的，只是其心灵的一小部分，如果人们相信他们就是他们表现的那样，他们就是在欺骗自己，这是很令人遗憾的。荣格写道：

> 适合于集体的人格面具的建构意味着对外部世界的巨大让步，真正的自我牺牲会驱动自我带着人格面具直接达到一种认同，使人得以真正地存在，并相信他们就是他们所假装的那样。[然而]……这种对社会角色的认同恰恰是神经症的丰富源头。一个人在没有惩罚的情况下不可能摆脱对虚伪人格的喜好。即使非要这样做，也会带来坏心境、情绪反应、恐惧、强迫思想、退行、罪恶感等无意识反应。那种社交"强人"在私下里往往只是个孩子，他自己的情感状态却令人忧虑，他在公众面前的纪律性（他向别人提出相当明确的要求）在个人生活中却支离破碎。他"工作中的快乐"不过是在家里的愁苦面容，他在公众面前"无可挑剔"的道德在其面具后面显得很陌生——我们在这里不提行为，而只是幻想，这种男人的妻子身上会有动听的故事可讲。像他无私的利他精神一样，他的子女对此会有明确的看法。(1966，pp. 193-194)

荣格把过分看重人格面具的情形说成是**人格面具的膨胀**（inflation of the persona）。就像心灵的各种成分一样，如果人格面具被过于看重，其他成分就会受损失。

2. 女性原始意象

女性原始意象（anima）是男性心灵中的女性成分，它起源于男性在世世代代中与女性关系的经验。这一原型服务于两个目的。第一，它使男性具有女性特质。荣格指出："没有一个男人会如此男性化，身上没有任何女性特质。"（1966，p. 189）这些女性特质包括直觉、柔情、多愁善感、合群等。第二，它为男性提供一个与女性互动的框架。"男性无意识中存在一种遗传而来的对女性的集体意象，男人借助于这种意象去理解女人的本性。"（Jung，1966，p. 190）由于男人与女人打交道的集体经验融入他们与女人的互动，如母亲、女儿、姐妹、爱人，也许还有天上的女神，所有这些都反映在女性原始意象中，从而形成一种复杂的、理想化的女人意象。这种意象可能把女人描绘成险恶的、忠贞的、富于魅力的、危险的或富于挑战性的。女人被看作善与恶、希望与失望、成功与失败的源头。男人正是在这一理想化的框架中，形成与一生中碰到的女人的互动方式。荣格认为，这个复杂的女人意象几个世纪以来一直激励着艺术家、诗人和小说家对女人的描绘。

3. 男性原始意象

男性原始意象（animus）是女性心灵中的男性成分。它使女人身上具有男性特质（如具有独立性、攻击性、竞争性和冒险性），同时也给女人提供了建立与男人关系的框架。就像女性原始意象使男人心中具有一个关于女性的理想一样，男性原始意象也使女人心中有一个关于男人的理想。这种理想来自亘古以来女人与男人打交道的经验，她们打交道的男人包括父亲、儿子、兄弟、爱人、勇士，也许还有各种男神。和女性原始意象一样，这种复杂的、带有许多互相矛盾形象的男性原始意象，也会投射到女人一生中遇到的男人身上。

女性原始意象为男人提供了女性特质和理解女性的基础，男性原始意象则为女人提供了男性特质和理解男人的基础。荣格认为，最理想的情况是，两性既能意识到另一性别的特质，又能向另一性别表现出自己的特质。很少或不能表现出其女性特质的男人，将缺乏敏感性、同情心、直觉与创造性。很少或不能表现出自己的男性特质的女人会成为过度被动的人。心灵的一种成分假如不能得到充分而有意识的表现，将被迫进入无意识，并产生不可控和非理性的影响。就是说，如果一个女人拒绝表现出其男性特质，或一个男人不能表现出其女性特质，这些被压抑的特质就会在梦和幻想中直接表现出来。

荣格认为，如果一个男人过度表现出其女性特质，或一个女人过度表现出其男性特质，也是不受欢迎的。荣格指出："一个拥有男性原始意象的女人时刻处于失去其女性特质和恰当的女性人格面具的危险中，同样，这样的男人也会冒着过分柔弱的风险。"（1966，p. 209）就像荣格理论多次强调的那样，应该找到一种平衡，在这里，就是一个人身上的男性特质和女性特质之间的平衡。

4. 阴影

阴影（shadow）是心灵中最黑暗、最深藏的部分。它是我们从史前人类继承而来、包含着所有动物本能的集体无意识。由于阴影，我们具有强烈的邪恶、攻击和易怒倾向。

像所有原型一样，阴影寻求对外的表现，并以恶魔、怪物或罪恶态度象征性地投射到外部世界。荣格发现，阴影会投射到人身上，他曾经向一个年轻患者提出以下问题：

> "当你没有和我在一起时，我在你心目中是什么样子？"……她说："有时你看上去非常危险、阴险，像一个邪恶的魔术师或一个恶魔。我不知道为什么会有这样的想法——你一点也不像那样的人。"（1966，p. 91）

不仅像上面的问题显示出阴影的投射，荣格还举出治疗心理疾病的例子。荣格的目的是向他的患者介绍心灵的各种成分，当患者了解了这些成分，并把它们整合到一个相互关联的结构中以后，有的人会变得更深刻、更富创造性。在这一问题上，荣格和弗洛伊德不同：弗洛伊德认为，如果一个人变成真正文明的人，就必须把他的无意识、非理性心理逐渐变得更有意识、更加理性；而荣格认为，像阴影这样的原型应该被意识到，然后被加以应用而不是被克服。在荣格看来，阴影的动物本性是自发性和创造性的源泉。这样的人如果不善于应用他们的阴影，就会变得迟钝、死气沉沉。

5. 自性

自性（self）是心灵中努力协调其他各部分的成分。它表现为，人努力使整体人格达到统一、完整和统合。如果能够实现这种统合，人就可以说达到了自我实现。本章后面讲到"生活目标"时，还要对自性进行更全面的论述。

八、心理类型

1. 态度

荣格认为，人的心灵有两种重要倾向。一种是向内的，指向个体的主观世界；另一种是向外的，指向外部环境。荣格把这两种倾向称为**态度**（attitudes），前者称为**内倾性**（introversion），后者称为**外倾性**（extroversion）。内倾表现为安静、富于想象力，对个人思想比对其他人更感兴趣。外倾表现为善于社交、开朗，对别人和环境事件更感兴趣。

1913 年在慕尼黑举行的国际精神分析学大会上，荣格首次提出了内倾性和外倾性态度问题。之后，他在《心理类型》（1971）一书中进行了详细分析。荣格以不同方式应用内倾性和外倾性概念，用于解释为什么不同的人格理论家建立了不同类型的人格理论。例如，弗洛伊德是一个外倾的人，所以他创立了强调外部事件，如性目标的重要性的理论；阿德勒的理论（第 4 章）强调内在情感的重要性，因为阿德勒是一个内倾的人（Jung，1966，pp. 41-43）。荣格能够很容易地创建自己的理论，这是由一位内倾者创建的人格理论，但又不同于阿德勒的理论。

2. 心理机能

除了态度或一般倾向之外，还有四种**心理机能**（functions of thought）用来解释一个人怎样理解周围世界，怎样处理信息和经验。

（1）**感觉**（sensing），发现客体的存在。它表明有某些东西存在，但不能说明那是什么。

（2）**思维**（thinking），告诉人们客体是什么。为感觉到的客体命名。

（3）**情感**（feeling），确定客体对人的价值。对它是喜欢还是厌恶。

（4）**直觉**（intuiting），在缺少真实信息时提供一些预感。荣格说："在任何时候，在你必须应对不熟悉环境，而你缺乏确定的价值观或确定概念情况下，你将要依赖于直觉能力。"（Jung，1968，p. 14）

举一个例子，心理机能可以查明环境中有一个对象存在（感觉），注意到对象是一个陌生异性（思维），感到这个人的吸引力（情感），相信和此人有建立长期关系的可能（直觉）。

思维和情感被称为**理性机能**（rational functions），因为它们能对经验做出判断和评价。此外，思维和情感被认为是对立的两极，正如荣格所说："当你认为你必须排除情感时，你会感到这很像你必须排除思维一样。"（1968，p. 16）感觉和直觉是**非理性机能**（irrational functions），它们也是对立的两极。它们之所以被看作非理性机能，是因为它们都是独立于逻辑思维过程之外的。感觉是由于其身体机制而自动发生的，直觉则是在缺乏真实信息情况下做出的预测。

理想情况下，态度和机能会平衡发展，而且整个世界能够和谐运行。然而，这种情况很少见。通常是一种态度和一种机能占支配地位，而另一种态度和另三种机能却不够发达并处于无意识状态。在心理机能中，与支配性的、有意识的机能相对的机能是最不发达的，另两种机能则屈从于支配性机能，并且以这种方式得到某种程度的发展。例如，一个人的思维机能发达，另外三种机能，尤其是情感机能（与思维相对立的机能）就相对不发达，处于无意识水平，并可能通过梦、幻想或奇怪的、令人烦恼的方式表现出来。

3. 八种人格类型

80

荣格把两种态度和四种机能加以组配，划分出八种不同的人格类型。不过要注意，这八种类型可能不是以纯粹的形式存在，因为每个人都拥有两种态度和所有四种机能，哪些是意识到的，哪些是无意识的，要看人的发展如何。下面是这八种类型及其简单介绍（概括自 Jung，1971，pp. 330-405）。

（1）**思维型外倾者**（thinking extrovert）。客观现实占支配地位，由心理的思维机能来执行。情感、感觉和直觉机能被抑制。对客观经验的智力分析占据最重要地位。真理"就在那儿摆着"，每个人都必须服从真理。和情感相关的活动，如审美、发展亲密关系、对宗教的内省和对哲学的体验都很少。这种人遵循固定规则生活，并希望其他人也这样。他们显得教条和冷漠。像健康、社会地位、家庭利益、财产这类个人事物常被忽视。荣格认为，一些科学家属于思维型外倾者。

（2）**情感型外倾者**（feeling extrovert）。客观现实占支配地位，由心理的情感机能来执行。思维、感觉和直觉被抑制。这种类型的人会对客观现实做出充满情绪的反应。由于情感体验由外部决定，他们适于由剧院、音乐会和教堂引发的那种情境。这种人尊重权威和传统。他们总是把自己的情感调整到适合于所处情境的状态，他们的情感看上去有些矫揉造作。例如，对"爱人"的选择更多地取决于对方的年龄、社会地位、收入和家庭状况，而不是对那个人的主观感觉。就是说，对那个人的情感低于对环境条件的情感。

（3）**感觉型外倾者**（sensing extrvert）。客观现实占支配地位，由心理的感觉机能来执行。直觉、思维和情感机能被抑制。这种类型的人主要凭借感觉经验生存于世。他们是现实主义者，只关心客观事实。因为此类人的生活主要靠所发生的事情来把控，所以他们致力于结交令人愉快的朋友。他们很少对情境进行分析和支配。只要感觉到一种经验，就不再考虑别的事情。只有切实可行的具体东西才有价值。他们拒绝用主观思想或情感来指导自己和别人的生活。

（4）**直觉型外倾者**（intuiting extrovert）。客观现实占支配地位，由心理的直觉机能来执行。感觉、思维和情感机能被抑制。这种类型的人会从外部现实中看到各种可能性。他们热心地寻找新经验，直到理解这些新经验的意义，否则将抛弃之。他们不大关心别人的信用和道德，因此这种人常被看作不道德的、寡廉鲜耻的人。他们寻找能带来新机会的职业，如企业家、股票经纪人或政治家。这种类型的人在社会交往方面有优势，但他们可能浪费大量时间，用于从一项事业向另一项事业的转移。这种类型的人和感觉型外倾者一样，属于非理性的人，而且缺乏逻辑性。他们很难和理性机能（思维或情感机能）占支配地位的人进行有意义的交往。

（5）**思维型内倾者**（thinking introvert）。主观现实占支配地位，由心理的思维机能来执行。情感、感觉和直觉机能被抑制。由于这种人的生活是由主观现实而不是客观现实决定的，所以他们会对别人表现出固执、冷漠、武断甚至无情。他们只看重自己的思考，而无视这样做是否对别人来说不合常理和造成危险。他们不看重支持和理解别人的价值，只看重能理解其内在参照框架的少数朋友。对这种人来说，主观事实是唯一的事实，别人的批评无论是否有理，一律会被拒绝。逻辑思维仅限于自己的主观经验上。荣格称他自己就是个思维型内倾者。

（6）**情感型内倾者**（feeling introvert）。主观现实占支配地位，由心理的情感机能来执行。思维、感觉和直觉机能被抑制。和思维型内倾者一样，这种人不看重对主观经验的智力过程，而强调主观经验给他们带来的情感。客观现实只有在引发主观意象、被私下里体验到并感到有价值时才显得重要。他们与他人沟通困难，因为这种沟通需要两个人有相同的主观现实及相应的情感时才能实现。这种人傲慢自尊，缺乏同情心。别人无法理解这种人的内心动机，他们通常被看作冷漠无情的人。这种人心中没有给人留下印象和影响别人的需要。像所有内倾者一样，对他们而言，重要的是自己的内心，而不是外部世界。

（7）**感觉型内倾者**（sensing introvert）。主观体验占支配地位，由心理的感觉机能来执行。直觉、情感和思维机能被抑制。像很多艺术家那样，这种类型的人赋予自己的感觉经验以很大意义。由于这种人用主观评价来看待自己的感觉经验，他们与客观现实的相互影响很难被预测。对他们而言，感觉经验只有在引发主观意象时才是重要的。

（8）**直觉型内倾者**（intuiting introvert）。主观经验占支配地位，由心理的直觉机能来执行。感觉、情感和思维机能被抑制。对这种人来说，内心意象的含义被彻底挖掘。他们往往是神秘主义者、幻想家或空想家，经常产生新的、令人奇怪的想法。在所有类型中，这种类型最远离他人、最冷漠且最容易被误解。这些人有时被看作古怪的天才。他们常产生一些哲学和宗教方面的顿悟。

从荣格的类型学中，我们可以看到诸如守恒原理、对立原理和熵原理。一个人的力比多能量是有限的，如果其中大部分被投入一种心灵成分中，留给其他成分的能量就很少（守恒原理）。当一些东西被意识到时，与它相对立的东西就不被意识到，反之亦然（对立原理）。力比多能量有一种恒久不变的倾向，即保持心灵所有成分和水平的平衡性（熵原理）。本节讨论的心灵成分可以总结如下。

态度	心理机能		水平
	理性	非理性	
内倾	思维	感觉	意识
外倾	情感	直觉	无意识

九、发展阶段

发展阶段对荣格来说并不重要，这和弗洛伊德一样，但是他用一般术语谈到了发展阶段。荣格的阶段是根据力比多能量聚焦点来界定的。前面曾提到，荣格不同意弗洛伊德对力比多性质的看法。弗洛伊德认为，力比多在本质上是性能量，力比多怎样投入 5 岁以前的生活，在很大程度上决定着一个人在成年以后的人格是什么样子。相反，荣格认为，力比多能量直接指向某一时间对一个人重要的东西，而这些重要的东西是会随着成熟而发生重大变化的。荣格的发展阶段可以做如下的概括。

1. 童年期（从出生到青少年期之前）

童年期（childhood）的前半段，力比多能量花在学习走路、说话和其他必要的生存技能上。5 岁以后，力比多能量越来越多地被投入性活动中，到青少年期，这种投入达到高峰。

2. 成年早期（从青少年期到大约 40 岁）

成年早期（young adulthood）的力比多能量被投入职业、婚姻、养育孩子和相关的社会生活中。个体在这一阶段倾向于友好地与人相处，充满活力，容易冲动，热情洋溢。

3. 中年期（从 40 岁到生命晚期）

荣格认为，**中年期**（middle age）是最重要的一个发展阶段。人从精力充沛、外向和具有生物学倾向的人过渡到一个更看重文化、哲理和精神价值的人。此时的人非常关注智慧和生活意义。这一阶段必须满足的需要和以前阶段的那些需要同样重要，但却是不同类型的需要。

> 人的生命就像日出日落。早晨，它生机勃勃，直到中午骄阳似火。然后……平稳地向西落去，生机不再增强而是减弱。……但是以为生命的意义在青年和中年期已走到尽头，则是一个巨大的错误。……午后的生命像早晨一样意义非凡，只不过其意义和目标不同。……中青年时期必须到外面寻找的东西，到生命的午后，必须在自己身上寻找。（1966，pp. 74-75）

83

由于中年期是人开始思考人生意义的时期，所以宗教信仰变得重要起来。荣格认为，每个人都有必须满足的精神需要，就像对食物的需要必须满足一样。但是荣格对宗教的定义包括对上帝、神灵、恶魔、法律或思想的各种系统性的尝试。从前面内容可以看出，荣格对宗教并没有多大的容忍度，包括加入宗教教派、信仰宗教教条。

荣格认为，现代人宗教活动的减少已经导致人们在世界观上迷失方向。具体来说，他发现，由宗教世界观提供的生活意义和精神平衡性一旦失去，中年人就会患神经症。

> 在我的所有已过中年，即 35 岁以上的患者中，没有一个人的病因是跟宗教态度无关的。说实在话，其中每个人最终都失去了所有时代都会向其信徒传授的宗教，也没有一个人在没有重新获得宗教信仰之前被治愈，这自然与教义或归属教会无关。（引自 Wehr，1987，p. 292）

■ 十、生活目标

在荣格看来，生活的基本目标是达到**自我实现**（self-realization），或促成心灵的多种成分、多种力量的和谐相配。自我实现从来不能完全达到，它是个漫长而复杂的自我发现旅程。自我实现与个性化是紧密相关的。**个性化**（individuation）指持续一生的心理成熟过程，通过个性化，心灵的各个成分被一个特定个体意识到并得以表现。荣格认为，个性化，或自我实现的倾向，是所有生物体固有的。"个性化是生物过程的一种表现，无论这些生物过程简单还是复杂，通过个性化，每个生物体都会变成从一开始就注定要变成的那个样子。"（引自 Stevens，1994，p. 62）个性化描绘了通往自我实现的个人旅程，但是这一过程给所有人提供了一种重要的联系。荣格（1966）写道：

通过自我认识和相应行动，我们越多地意识到我们自身，我们叠加在集体无意识层面上的个人无意识就越来越少。意识便借此崛起，不再被围于狭小、敏感的自我的个人世界，而是自由地参与到广阔的客观世界中。……复杂的问题……不再是自我本位的愿望冲突，而变成怎样像关心自己一样关心他人。……现在我们可以看到，无意识产生出了这样的内容，它不但对个人关心的事情有好处，而且对别人也有好处，甚至对很多人，也许是所有人都有好处。（p. 178）

荣格（1969）还在另一篇文章中写道：

实际上，这一过程是那些完整的人的自发意识。……他越清楚他只不过是"我"，他就越把自己与那个自己是其一分子的集体的人分开，甚至可能发现与他对立的自己。但是，由于世界万物都努力寻求完整性，我们意识生活中难以避免的片面性会通过全体人们的帮助，不断被纠正与补偿，其目标就是最终实现意识和无意识的整合，或者，更好地把自我同化到更宽广的人格中去。（p. 292）

当自我实现逐渐完成的时候，自性就变为人格的新核心，并被体验为心灵的反向力量中似乎被悬挂的东西。荣格认为，自性是梵文中意为轮回的**曼荼罗**（mandala）的象征。自性就是这个轮回的中心，或组成心灵的诸多对立两极的中点。荣格发现，世界不同文化中曼荼罗的各种形态表明了曼荼罗的普遍性。像所有原型一样，自性创造出对一定经验的敏感性，在这种情况下，这是对像轮回一样的平衡、完美与和谐的敏感性。中国道家的阴阳说是曼荼罗的一个著名例子。

那些没有达到自我实现的人又会怎样呢？荣格认为，我们遇到麻烦的程度有所不同，它取决于我们发展不平衡的程度：

现代人不理解他身上有多少"理性主义"（这削弱了他对大量符号和思想做出反应的能力），从而把他推向可怜的心灵"地狱"。他让自己摆脱"迷信"（或他信仰的东西），但与此同时，他丢失了自己的精神价值观，并达到非常危险的地步。他的道德与精神传统崩溃了，现在他正在为这种流传于世的迷失与分裂付出代价。……随着科学理解力的逐渐成长，我们的世界正变得失去人性。人们觉得自己在宇宙中很孤立，因为他不再参与到大自然中，并失去他那带有自然现象特征的情绪上的"无意识本体"。这些正缓慢地丧失其符号的含义。雷鸣不再是愤怒之神的声音，电闪也不是他的复仇之箭。河流不再包纳精神，树木也不是人的生命法则，蛇不再是智慧的化身，山洞也不是恶魔的家园。石头、植物和动物不再跟人说话，他也不再对它们说话，即使他相信它们能听到。他与大自然的联系中断了，这种象征性联系提供的深藏的情绪能量也消失殆尽。（Jung, 1964, pp. 84-85）

荣格认为，生命的存在不仅仅在于做一个理性的人。荣格相信，忽视心灵的非理性部分也会导致很多现实问题：

［当代人］从合理性和有效性出发，往往看不到一个事实，即他们拥有超越其可以控制的"力量"。他们的众神和众恶魔并没有完全消失，不过是取了新名字。他们令现代人坐立不安，理

解问题模糊不清，心理混乱，慌不择路地寻求药物、酒精、烟草和食物——尤其是患各种神经症。（Jung，1964，p. 71）

尽管当前强调合理性与科学性，但是各种原型仍在持续表现着自己。但它们是在当代的技术环境下表现自己的。飞碟现象就是一个例子。在冷战时期，荣格对飞碟做了这样的描述：

> 这类精神现象有些像谣言，具有一种补偿意义，因为它是无意识对当前意识到的情境的回答，亦即对显然无法解决的政治形势的恐惧，这种政治形势可能会在任何时候导致全球性的灾难。在这种时刻，人们会转而求助于天堂，上苍会显现出令人惊异的来自危险或令人安心的大自然的信号。（1978，p. 131）

十一、因果论、目的论和同步性

1. 因果论

荣格的**因果论**（causality）所指的意思是，试图根据人的早期经验来解释成年后的人格，像弗洛伊德做的那样。在荣格看来，这种尝试不但不完全，而且会使人产生失望甚至绝望感。因果论主张，一个人将会变成什么样的人，是人已经拥有的经验的机能。

2. 目的论

荣格并没有完全否定因果论，但是他认为必须把人的动机的完整图景补充到其中。**目的论**（teleology）指，人的行为是有目的的，也就是说，我们的行为不但被过去所推动，而且被未来所激发。荣格指出："因果论只是一个原则，但心理学不能仅被因果方法所穷尽，因为心理还因为目标而生机勃勃。"（1961b，p. 292）换言之，要准确地理解一个人，就必须在个人水平上理解他的目标和愿望。荣格对人的动机的一般观点可图示如下。

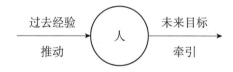

3. 同步性

荣格所称的**同步性**（synchronicity）指一种有意义的一致性，如梦见一个人并且其后不久这个人就出现，或幻想一件事并且其后不久这件事就出现。普罗戈夫（Progoff，1973）举了这样的例子：

> 一个人……做了一个或几个梦，这些梦与现实所发生的事情一致。一个人为特别喜欢的事情或愿景或强烈的希望祈祷，而它们以一种难以解释的方式变成了现实。一个人相信另一个人，或一个特别的象征，他通过祈祷，通过对信念之光的沉思，或身体康复，或某种"奇迹"使这些愿望变成现实。（p. 122）

在荣格看来，上面提到的那些事件对一个人的一生都非常重要，对它们必须做出确切理解。同步性是荣格概念中比较复杂的一个，我们在这里只能简单地讨论。同步性要求两个事件必须各自独立地同时出现。也就是说，两件事有各自的因果关系，但是它们二者之间却不存在因果关系。以后，在某一时间，两件事会被个体同时体验到，二者的结合对此人产生影响，但是，如果二者被分别体验到，就没有影响。这样的原来本无意义的两件事加在一起就变得有意义的情况，就被定义为同步性。普罗戈夫（1973）从亚伯拉罕·林肯的生平中找了这样一个例子：

> 亚伯拉罕·林肯生活中曾经发生过一个同步性事件，对我们理解同步性的本质及其未来很有启发。我们知道，林肯早年发现自己处于非常困难和充满矛盾的境地。事实告诉他，世界上有一件重要工作等着他去做。但是他意识到，那件工作要求他提高智力，掌握职业技能。和这种主观愿望相反，在林肯所处的穷乡僻壤环境中很难找到用于职业学习的智力手段。他有理由相信，他的希望很渺茫。
>
> 一天，一个陌生人带着一桶杂物来到林肯家。他说，他需要用钱，如果林肯能用一美元来换他的这桶杂物，他会感激不尽。他说，桶里的东西不值钱，是一些旧报纸之类的东西。但是陌生人急需用钱。这个故事告诉我们，虽然林肯难以想象出这些杂物对他有什么用，但是出于善良的本性，他答应用一美元换这些杂物。后来，当林肯清理这些杂物时，他发现里面几乎有布莱克斯通（Sir William Blackstone）的全套《英格兰法释义》，这就是那种机会或同步性，学习《英格兰法释义》使林肯成为一名律师，并最终成为职业政治家。（pp. 170-171）

可以看到，这两件事并无因果联系，但却有自身的因果性线索。从一个角度，雄心勃勃的林肯因缺少必需的材料而受挫；从另一角度，拿着废品的陌生人需要钱。当这两件事同时发生在林肯生活中一个特殊时点时，它们才变得有意义。我们可以说，林肯和那个陌生人"幸运地"相遇了。

87 同步性概念还可以通过较复杂的方式用于集体无意识与人们的各种经验的关系上。前面已讲过，每个原型都可以被看作一种固有的、对某类环境事件做出情绪反应的心理倾向。就是说，一个原型就是一种获得某种经验的需要。在这种情况下，当我们拥有一种可给予一个原型象征性表达的经验时，这种经验就能满足人的需要，好像找到食物能满足一个饿汉的需要一样。这可以解释，人们为什么会对音乐、各种艺术形式和生活中的各种象征物做出情绪上的反应。在荣格看来，我们所有人都有原型，当我们的经验使它们得以表达时，结果就是情绪上获得满足。由于原型具有一种因果继承性，使原型得到象征性表达的环境事件具有另一种因果性，二者结合就成为同步性的例子。

■ 十二、研究方法

荣格采用语词联想测验的研究，前面已有介绍。这种方法是他的研究方法中最符合科学传统的。他用来支持自己理论的其他证据来源则颇具争议。例如他对自己梦和幻觉的深度研究。他还研究了精神病患者的幻觉内容。他曾经到美国亚利桑那和新墨西哥州及突尼斯、印度、乌干达和肯尼亚旅行，考察那些地方的宗教、仪式、神话和形形色色的文化象征物。他的研究囊括神学、哲学、历史、神话、文学和诗歌。他考察了各种各样的艺术和语言。简言之，他几乎踏足人类现存的所有重要范畴，他在所到之地都发现了支持其论点的证据，即人类天生就能以一定方式对世界做出反应。他相信自己发现了与世界上无处不在的集体无意识内容相配的象征物，这些象征物影响力巨大，但是还没有借助对它们的反应得到完全解读。

1. 精神病患者

早在伯戈尔兹利精神病医院工作期间，荣格就意识到，通过研究精神病患者，可以了解有关心灵的很多东西。荣格（1961a）曾回忆：

> 通过对患者的治疗，我意识到，妄想狂思想和幻觉都包含有意义的萌芽。精神病总归事出有因，也许是一种人格、一部生活史，或一种希望和欲望的模式。假如我们不了解这些原因，过错就在我们身上。这第一次使我猛醒，人格的普通心理学就潜藏在精神病中，在这里，我们邂逅了

古代的人类冲突。尽管患者可能显得愚钝和麻木，或完全是个低能者，但是在他们心里有更多的东西在运转，有更多有意义的东西，比看上去更多。在底层，我们找不到任何有关精神病的新的和未知的东西；相反，我们找到了我们自己天性的基础。（p. 127）

荣格在 1906 年遇到的一位精神病患者为我们提供了一个例证，它告诉我们，怎样才能从心理患病的人身上了解人的心灵。一位患者把荣格叫过来，一边看着窗户，一边告诉他，你如果半闭上眼睛，看着太阳，就会看到太阳上挂着一个阴茎。不光如此，那位患者还告诉荣格，如果他把头从一边移动到另一边，太阳上的阴茎还会前后摆动。最后，那人断言，太阳的阴茎的摆动导致了刮风（Jung, 1969, pp. 151-152）。不到 4 年之后，荣格发现，那位患者的幻觉可能反映了无意识心理内容。1910年，荣格读了一本书，其中描写了古希腊宗教祭礼的仪式和幻觉。其中一种幻觉是，太阳上挂着一根管子，那根弯曲的管子的方向是由风向决定的。由于那位患者不大可能知道这个古代幻觉，荣格曾为这两个幻觉之间的相似性大为震惊。在以后多年里，荣格了解到，太阳阴茎或神的阴茎在很多原始文化中是普遍的主题。荣格分析，由于很多文化都显示出这种神话，而这些文化之间又不可能相互沟通，所以这很可能是集体无意识的表现。

2. 荣格对梦的分析

荣格像弗洛伊德一样，把梦看作无意识心理的最重要信息来源。但是二人对梦的解释不同。首先，荣格不同意弗洛伊德关于梦的显性内容不同于其隐性内容的观点。荣格认为，梦的内容就是梦所显现的东西：

> 我一直认为，我们无权把梦硬说成是，譬如，一种有计划欺骗的故意［计谋］。大自然常常是朦胧、费解的，但是它不会像人一样满口谎言。因此，我们必须接受这一点，梦就是它所假装的那样，既不多也不少。（1966, p. 100）

荣格后来还写道：

> 梦是一种超越有意识心理控制的无意识心理过程不知不觉的表达。它毫无疑问地显示了患者内心的事实与现实：既不像我猜想的那样，也不像他喜欢的那样，它就是它那样。（1969, p. 139）

荣格的陈述有些令人误解，但那是因为，梦的内容可能包含古老的象征物和神话的碎片，需要关于历史、宗教和人类学的渊博知识，才能理解它们。

荣格认为，梦的最重要机能之一是对心灵中被忽视部分的补偿。例如，某个阴影若无机会有意识地表现自己，它就要在梦的内容中得以表现，而那个人的梦境就会包含恶魔、鬼怪、妖魔，以及愤怒、邪恶的冲动。换言之，这个人将会噩梦频频。所以，探查心灵中未知部分的一种方法，就是分析梦的内容。

荣格并不局限于惯用的科学方法，而且认为不需要为此而辩解，因为他相信，传统的科学方法不能应用于丰富深奥的人类心灵。他主张，研究方法必须像所研究的东西那样，该复杂就复杂，该灵活就灵活，他确信，实验室的科学方法是不具这种能力的。在荣格看来，人类生活大舞台而非实验室，才是探索人类心灵的恰当所在。荣格向心灵研究者提出以下建议：

> 想要考察人类心灵的任何人都应该知道，通过实验心理学不会得到什么。对他的更好建议是，放弃精确科学，脱掉学者的礼服，告别原来的研究，漫步于世界人民的内心。到令人恐惧的监狱、疯人院和医院去，到毫无生气的郊野酒吧去，到妓院和赌场去，到高雅的沙龙、股票交易所、社会主义者的聚会处、教堂、宗教复兴运动者的聚集地和心醉神迷的瘾君子中去，通过他的

爱与恨，通过他自己身体里荡漾的激情，他将收获比一大摞书本所能给他的更丰富多彩的知识，他将知道，怎样运用有关人类灵魂的真实知识对患者进行治疗。（1966，pp. 246-247）

■ 十三、荣格的人性观

荣格的人性观是迄今对人类本性的最复杂的描述。人的心灵包含在过去、现在和将来中。它包括意识和无意识成分、男性特质和女性特质、理性和非理性冲动、精神欲望和兽性欲望，以及将这些相互矛盾的成分和冲动变得和谐的一种趋势。当接近这种和谐性时，人就达到自我实现境界，但是自我实现必须去寻找，它不会不请自来。

荣格认为，人的精神需要必须得到满足，这通常发生在中年期，此时心灵的很多成分都已经被发现。如前所述，对荣格来说，广义的宗教是通向自我实现旅程中的主要交通工具。如果说弗洛伊德对人的命运持悲观态度，那么荣格则是乐观主义者。但荣格的乐观主义是因人而异的，取决于人们怎样应对他们的无意识心理。如果不能应对，无意识心理的投射物，例如阴影，就会继续给我们的生活带来大量反理性的东西，甚至会导致第三次世界大战（1958，pp. 112-113）。

■ 十四、评价

1. 经验研究

用于检验荣格理论的经验研究相对较少，但还是有一些。例如，外倾性 / 内倾性（社交内向性）在应用广泛的明尼苏达多相人格调查表（Minnesota Multiphasic Personality Inventory，MMPI）中是所测量的一个主要维度。第 8 章我们将介绍，艾森克发现，外倾性 / 内倾性是极为重要的人格维度。其他研究则聚焦于荣格的心理类型理论。最常用也最有名的纸笔测验之一是迈尔斯 - 布里格斯类型指标（Myers-Briggs Type Indicator，MBTI）（Myers，1962；Myers，McCaulley，Quenk，& Hammer，1998）。麦考利（McCaulley，2000）热情地向咨询心理学家授权，让他们在企业和商业背景中使用迈尔斯 - 布里格斯类型指标。这项测验主要测量个体处于荣格的以下两极维度的什么位置，即外倾对内倾（EI）、思维对情感（TF）、感觉对直觉（SN）（Saunders，1991）。迈尔斯和布里格斯还根据他们对荣格理论的解释，增加了一个两极性维度，即判断对知觉（judging versus perceiving，JP）。可以根据一个人在四个维度上的分数，对其加以分类或划分类型。例如，一个人在迈尔斯 - 布里格斯指标上属于 ETSP 型（外倾、思维、感觉、知觉型），或属于 IFNJ 型（内倾、情感、直觉、判断型）等等，共有 16 种可能的交叉维度组合。虽然已有一些成功使用迈尔斯 - 布里格斯类型指标的实例（Carlson，1980；Carlson & Levy，1973；Kilmann & Taylor，1974；McCaulley，2000），但还是有研究者建议，要当心该测验方法上的缺陷。例如，该测验所依据的理论认为，人在四个维度上的得分要么表明是外倾型或内倾型，要么表明是思维型或情感型，等等，但是分析显示，多数分数落在各维度的两极之间（Bess & Harvey，2002；McRae & Costa，1989）。无论早期的（Stricker & Ross，1962）还是晚近的（Caparo & Caparo，2002）分析都表明，该测验的信度较低。换言之，当人们多次接受该测验时，得到的结果不相同。可能更重要的是，迈尔斯 - 布里格斯类型指标的四个维度在统计上有相关（Berr，Church，& Waclawski，2000）。（对相关的详细讨论见第 8 章。）也就是说，理论上，迈尔斯 - 布里格斯类型指标的四个维度是独立的，但是数据却表明，这四个维度并不是独立的。第 11 章还要讲到，人格测验分数与实际行为之间的一致性低得令人失望。由于诸如此类的发现，皮腾格建议谨慎使用迈尔斯 - 布里格斯类型指标：

"一个缺乏足够经验证据的人格测量工具，是不可能被推荐使用的。"（Pittenger，2005，p. 219）

2. 批评

荣格的理论像本书中其他各种理论一样，也都不是未受到批评的。人们批评他赞赏超自然论、灵性、神秘主义和宗教，这些领域都过分强调非理性主义。但是荣格相信，他在这些问题上很大程度上被误解了，他坚称，对这些主题的研究绝不意味着相信这些东西。相反，他探索这些问题只是为了获得关于集体无意识的素材。荣格像很多当代人格理论家一样，认为如果一种科学方法不能用于一个复杂主题的研究，那么，应该放弃的是这种方法，而不是那个主题。他认为，人格就是这种主题的一个典型。

有人批评荣格的理论很费解，阐述不明确，前后不一致，甚至自相矛盾。此外，他的自我实现概念只能用在杰出人士身上，因为，若想达到自我实现水平，必须具备高智力、受过良好教育，拥有大量闲暇时间，并且达到自我实现所需的自我顿悟水平。这些局限性把大多数人排除在外了。

还有一点，荣格的理论和弗洛伊德的理论一样，都具有不可证伪性，因而是不科学的。除了对心理类型和思维机能的一些研究之外，很少有经验研究可以证实荣格理论的主要成分。荣格的很多概念，如守恒原理、熵原理和对立原理，以及他对集体无意识和自我实现等问题的观点，都是未经检验的。由于荣格的理论只做出很少的风险预测，因此他的理论被证伪的风险很小。然而，荣格不会因为他的观察而感到苦恼。除了运用语词联想测验进行研究之外，荣格并不是在有控制的实验室条件下寻求对其理论的验证，相反，他是在人类经验和人类直觉的舞台上去验证自己的理论。

3. 贡献

从正面来说，荣格提出了人格理论中很多独创性概念。他的理论是第一个讨论自我实现过程的现代理论，这一概念当前在人格理论家中应用相当普遍。他的理论也是第一个强调未来对决定人的行为之重要性的理论。与此相关的是，他强调目的和意义在人的生活中的重要性。后来，这一主题在人格的存在主义－人本主义理论中得到重视。荣格理论在人的命运问题上主要是乐观的，而不像弗洛伊德那样悲观。荣格理论强调自我的获得，如人的行为中的掌握动机，而不是弗洛伊德强调的性冲动和早期经验。

荣格理论创造了一种心灵意象，从我们生活的时代角度，它是可信的。他留给我们一个心灵意象，它由过去推动，被未来拉动，并努力使当前更有意义。它是一种努力让它的各种成分得以表现的复杂心灵。这种心灵引出了宽广的行为与兴趣范围，其中有些东西甚至可以说是匪夷所思的。虽然有各种批评，但荣格理论在当代心理学中仍然很受欢迎。据基尔施的研究（Kirsch，2000），在20世纪60年代中期，荣格心理学的受欢迎程度与日俱增，荣格流派的职业团体开始在西欧和北美如雨后春笋般建立起来。到20世纪70年代，拉丁美洲、澳大利亚和新西兰开始建立荣格研究团体，在南非、日本和韩国人们也对它产生了兴趣。1989年，对分析心理学的兴趣扩展到东欧和苏联。现在，这种兴趣在中国也已出现。因此，基尔施得出这样的结论："当今的分析心理学已经名副其实地具有国际性。"（p. xxiv）关于荣格理论在当代心理学中广受欢迎的更多证据，可参见 DeAngelis，1994。

▼ 小 结

荣格的生平反映出，他是一个具有困惑不安的童年期的复杂人物。起先他想研究考古学，但是一个梦促使他学习了医学。与弗洛伊德的第一次会面，使他们二人成为亲密朋友，但两人之间的理论分歧最终导致他们不再结为盟友。他们之间的主要分歧产生于对力比多的解释。弗洛伊德认为，力比多主要是性能量，荣格则认为力比多是一般能量，它指向各种各样的问题，既可能是生物性的，也可能是精神性的。

荣格提出了守恒原理，认为心灵由有限的能量构成；他提出的熵原理认为，心灵各种成分的心理能量有一种恒常不变的均衡倾向；对立原理则认为，对每一种心理过程，都存在着与之对立的过程。在荣格看来，心灵包括自我（与弗洛伊德的自我概念相似）、主要由个人生活中被压抑的经验组成的个人无意识，以及被视为一种物种发生学上或是种族记忆方面的集体无意识。个人无意识包含成串的、被称为情结且相互联系的思想，荣格采用语词联想测验对此进行了研究。集体无意识由原型构成，原型是对某一类型的经验做出情绪反应的与生俱来的倾向。原型来自人类古往今来的共同经验。较成熟的原型包括：人格面具，指仅选择我们自身的一部分展示给公众的倾向；女性原始意象，指男性心灵中的女性成分；男性原始意象，指女性心灵中的男性成分；阴影，指人类心灵中与非人类的动物共享的部分；自性，每个人都拥有的心理完整性与和谐性的目标。

荣格假设人有两种主要的态度或倾向，即一个人的心灵可能表现出内倾性和外倾性。内倾者取向于内，外倾者取向于外。除了态度之外，荣格还提出了四种心理机能：（1）感觉，发现客体的存在；（2）思维，告诉我们客体是什么；（3）情感，告诉我们一个客体可不可接受；（4）直觉，使我们在缺乏真实信息情况下对客体或事件做出猜测。思维和情感是理性机能，感觉和直觉是非理性机能。两种态度和四种机能可以组合为八种人格类型：思维型外倾者、情感型外倾者、感觉型外倾者、直觉型外倾者、思维型内倾者、情感型内倾者、感觉型内倾者、直觉型内倾者。

人的发展有三个阶段：童年期（从出生到青少年期之前），这一时期要学习生存必需的技能；成年早期（从青少年期到大约 40 岁），人要掌握一种职业，结婚，养育子女；中年期（从大约 40 岁到生命晚期），荣格认为这是最重要的时期，此时的人要形成哲理与精神价值观，寻找生活意义。

荣格用个性化这一术语来描述人生全过程，通过个性化，个性的各个部分被发现，并且在个体生活背景下得以表现。生活的主要目标是达到自我实现，这是一种心灵圆满整合与和谐的状态。自性则被象征为曼荼罗。

荣格同时接受了因果论和目的论概念，前者指人格是由过去经验决定的，后者指人所做的事情是由对未来的预期决定的。此外，他还提出同步性或意义一致性概念，它会对人生发挥重要影响。荣格认为，梦的主要机能是给发展滞后的心灵以补偿，它使心灵中那些不能直接表现的内容在梦中得以表达。荣格坚持认为，他对人类的研究方法力图反映人的复杂性和独特性。他说，科学方法在探索并理解人类时的价值有限。

荣格在心理类型和思维机能方面所做的预测已得到经验研究的证实，但是荣格的多数重要概念还未得到经验方法的检验。对荣格的批评在很大程度上是由于其理论的不可证伪性，人们批评他的理论过于神秘、不一致、不明确甚至自相矛盾。相反，赞扬荣格理论的人们认为，他阐述了人类本性的多样性，他强调未来对人的行为的重要性，他描述了自我实现过程，对人类持乐观主义而不是悲观主义态度，他还意识到生活意义对人类生存的重要性。

▼ 经验性练习

1. 下面 20 个词选自荣格的语词联想测验：

死亡 怜悯 不公正 焦虑 犯罪 愚蠢 家庭 虐待 金钱 书籍
朋友 愚弄 自豪 悲伤 幸福 纯洁 旅行 结婚 说谎 击打

尽快地对每个词做出反应。尽可能多地应用本章讲过的标准，你是否发现了一些情结的指标？如果发现了，你怎样描述这些情结？然后，对你的亲属做测验，看能否发现相似的反应方式。最后，对你的朋友进行测验，把朋友的反应与你自己及亲属的反应加以比较。你怎样解释对这些词的反应的个体差异？你是否同意荣格的意见，即类似的测验可以探查人的无意识心理？说说你同意或不同意的理由。

2. 说说同步性在你生活中发挥了什么作用。

3. 荣格认为，梦是一种补偿。如果他说的是对的，那么你的梦在你人格的不成熟方面告诉了你什么？荣格认为，反复出现的梦具有特殊的关联性。所以，在做这道练习题时，你可能要特别留意这样的梦。

▼ 讨论题

1. 说说荣格和弗洛伊德之间关系的形成与衰落。
2. 解释守恒原理、熵原理和对立原理。
3. 说说荣格的集体无意识概念。你的描述中必须包括最成熟的原型。

▼ 术语表

Anima（女性原始意象） 男性心灵中的女性成分。

Animus（男性原始意象） 女性心灵中的男性成分。

Archetype（原型） 对外部世界的一定方面做出情绪反应的与生俱来的倾向。所有原型共同构成集体无意识。

Attitudes（态度） 对待外部世界的一般心理倾向。外倾性和内倾性是两种基本态度。

Causality（因果论） 认为人格可以由过去经验得到解释。

Childhood（童年期） 从出生到青少年期之前的发展阶段，力比多能量投向生存所需技能的学习和性活动。

Collective unconscious（集体无意识） 人类对一定事件做出反应的与生俱来倾向的总和。这些倾向源于人类进化过程中的普遍经验。

Complex（情结） 被高度看重、存在于人的无意识中的一组互相关联的思想。

Creative illness（创造性疾病） 艾伦伯格认为，这是探索特殊的事实而高度集中精力的时期所经历的状态。这种探索往往伴随着抑郁、身心疾病、神经症甚至精神病发作。

Ego（自我） 荣格认为自我是人意识到的、与执行日常生活机能有关的所有东西。

Extroversion（外倾性） 向外的倾向，自信、开朗、善于社交。

Feeling（情感） 决定着对一个对象或事件做出积极还是消极评价的心理机能。

Functions of thought（心理机能） 一个人怎样知觉外部世界并处理信息和经验的决定因素。心理机能有四种：感觉机能、思维机能、情感机能和直觉机能。

Individuation（个性化） 一个人意识到自己心理的各种成分，并在个人生活背景中使之得以表现的过程。此过程是接近自我实现的前提条件。

Inflation of the persona（人格面具的膨胀） 一个人的人格面具被过分看重的情形。

Introversion（内倾性） 向内的倾向，安静、主观，不善社交。

Intuiting（直觉） 在没有真实信息情况下，对客体或事件产生预感的心理机能。

Irrational functions（非理性机能） 荣格称感觉和直觉机能是非理性机能，因为它们不参与逻辑思维过程。

Libido（力比多） 荣格眼里的一般生命能量，可指向所面临的任何问题，无论是生物学问题还是精神问题。

Mandala（曼荼罗） 梵文词，意为轮回。荣格认为，曼荼罗是完整、完成和完美的象征，即自性的象征。

Middle age（中年期） 从大约 40 岁持续到生命晚期的发展阶段，此时的力比多能量将投入对哲理和精神的追求。荣格认为，这是人生最重要的发展阶段。

Persona（人格面具） 人在公众面前表现出来的心灵的外在一面，可能包括人在社会上扮演的不同角色。

Personal unconscious（个人无意识） 由两种素材构成，一是人一生中那些曾经被意识到但后来被压抑的素材，二是未被充分激活而成为有意识意念的素材。

Principle of entropy（熵原理） 热力学第二定律，指系统内存在持久不变的能量均衡倾向。

Principle of equivalence（守恒原理） 热力学第一定律，指系统内的能量大小固定不变。能量如果从系统内的一处被移走，将在另一处得以显现。

Principle of opposites（对立原理） 认为心灵的每种成分都有与其对立的另一种成分存在。

Psyche（心灵） 荣格使用的等同于人格的术语。

Rational functions（理性机能） 荣格认为思维机能和情感机能是理性机能，因为二者参与对经验的判断和评价。

Self（自性） 个性化过程完全实现的心灵状态。心灵的各成分达到和谐，自性成为各种互相对立的心理力量的中心。自性的显现（emergence of the self）、融入自我（coming into selfhood）、自我实现（self-realization），都是荣格使用的同义词。

Self-realization（自我实现） 被意识到并得以表现的心灵各成分的平衡、和谐状态。

Sensing（感觉） 发现客体是否存在的心理机能。

Shadow（阴影） 集体无意识的最深层部分，包括史前人类具有的所有的动物本能。

Synchronicity（同步性） 有意义的一致性。两个独立事件以有意义的方式同时发生。

Teleology（目的论） 相信一个人的人格已被完全理解情况下，人对未来的预期必须得到重视。

Thinking（思维） 为一个客体命名的心理机能。

value（价值） 力比多能量投入的变化带来的变化。力比多能量投入较多的人格成分，其价值高于能量投入较少的成分。

Word-association test（语词联想测验） 荣格用于探索人的无意识情结的研究方法。测验时被试须一口气读出 100 个单词，并尽快对单词做出个人反应。

Young adulthood（成年早期） 从青少年期到大约 40 岁的发展阶段。此时力比多能量投入掌握职业技能、结婚、养育子女、参与社交生活中。

第三篇
社会文化范型

阿尔弗雷德·阿德勒

本章内容

阿德勒的人格理论，在许多方面都与弗洛伊德的理论相对立。弗洛伊德认为个人身处与他人和社会的持续冲突中，而阿德勒认为他们之间是在不断地寻求合作与和谐；弗洛伊德忽略了有关生命意义的问题以及未来抱负对人生的影响，而阿德勒把这些问题置于其理论的核心地位；弗洛伊德认为，人格由不同成分构成，这些成分彼此之间常常相互冲突，而阿德勒认为，人格是综合性的，它以整体方式来运转，以帮助个人实现其未来的目标。因此，阿德勒选用了**个体心理学**（individual psychology）这一术语来命名他的理论，他完全不认为，人受私利驱动以满足其自身生物本能，相反，他认为，虽然每个人都是独一无二的，但他们都具有内在和谐的特征，并为与同类合作而竭尽全力。

96　　由于阿德勒的理论关注的是人类中积极的相互关系，因此，他的理论与人本主义有关。又由于他的理论关注人类存在的意义，所以他的理论与存在主义有关。阿德勒接受了存在主义的观点，即人类是面向未来的（荣格也持此观点），可以自由决定自己的命运，并关注人生的意义。很明显，在阿德勒的个体心理学与弗洛伊德的精神分析理论之间，几乎不存在相似之处。

■ 一、生平

阿尔弗雷德·阿德勒（Alfred Adler），1870 年 2 月 7 日出生于奥地利维也纳的郊区。他的父亲利奥波德（Leopold）是一个有中等家产的谷物商。阿德勒在舒适的生活环境中长大，并能接触到开阔的空间，拥有一定的自由度，所在城市（维也纳）是欧洲伟大的文化中心之一。另外，他还能与全家人分享他对音乐的热爱。

虽然生活条件看上去很优越，但是阿德勒却认为他的童年苦不堪言。他觉得自己身材矮小，面目丑陋。他是家里七个孩子中的老三，他的主要对手是他的大哥，大哥体育很棒，是兄弟们的榜样。阿德勒的母亲似乎更偏爱他的大哥，但是阿德勒与他的父亲却相处融洽。

阿德勒认为自己的基础条件很差。他是一个多病的孩子，直到 4 岁才会走路，他患有佝偻病，这使他不能参与任何剧烈的体育活动。

> 我对早期的记忆之一就是坐在板凳上，因佝偻病而缠着绷带。我健康的大哥坐在我的对面。他能跑、能跳，活动自如，毫不费力，而我呢，做任何稍大一点的动作都很吃力。所有人帮我时都感到痛苦不堪，我的父亲、母亲做了他们能做到的一切。（引自 Bottome，1957，pp. 30-31）

在阿德勒 5 岁时，他得了肺炎，这几乎要了他的命。他听见医生对他的父母说："你们要失去这个孩子了。"（Orgler，1963）阿德勒 3 岁时，他的弟弟就是因这个病死在他旁边的床上，因此阿德勒因为这个病而两次意识到对死亡的恐惧。他决定长大后要成为一名医生，他相信医生的职业能提供战胜死亡的手段。

与人们可能认为的相反，阿德勒一直是个友善、平易近人的孩子，他对人怀有真诚的爱（他持续一生的特质）。他上学后仍不快乐，曾是一名差生（特别是在数学方面）。他的一位教师建议他父母培养他成为一个制鞋匠，因为他看上去不适合做其他事情。然而，最终阿德勒成了他所在班上最优秀的学生之一。

当 1895 年阿德勒从维也纳大学（弗洛伊德的母校）获得医学学位时，他童年时的梦想终于实现了。他最初的专业是眼科学（研究眼睛疾病），后来改为普通医学，最后是精神病学。他从医学院毕业两年以后，与罗莎·爱普斯坦（Raissa Epstein）结婚，罗莎是一位富有的俄国女子，来维也纳学习。

97　　她无拘无束，盛气凌人，是一名激进的社会主义者。有一点很有趣，或许是在他妻子的影响下，阿德勒的第一本书就是在他与罗莎结婚后出版的，内容是关于个体裁缝恶劣的工作条件，以及需要对贫困人口提供公费医疗保障。阿德勒的一生一直受到马克思主义的影响，这种影响也延续到他的人格理论

中。阿德勒从马克思那里了解到，人生活于其中的社会条件，对人的人格形成影响重大。马克思的哲学还为阿德勒对普罗大众的深切关注提供了依据。

阿德勒有四个孩子，其中的一个女儿（亚历山德拉［Alexandra］）和独生儿子（库尔特［Kurt］）成为精神病医生，并继承了他们父亲在个体心理学方面的工作。阿德勒的妻子于 1962 年 4 月 21 日死于纽约，享年 89 岁。

阿德勒读了弗洛伊德《梦的解析》一书，并发表文章捍卫弗洛伊德的理论立场。因此，弗洛伊德于 1902 年邀请阿德勒加入维也纳精神分析协会。阿德勒接受了弗洛伊德的邀请，成为弗洛伊德最早的同事之一。阿德勒于 1910 年成为该协会的主席，一年后他与弗洛伊德团队公开分裂。在现在看来，加入弗洛伊德团队从一开始就是一个错误，因为阿德勒与弗洛伊德几乎没有什么共同之处。这种不一致在 1911 年变得更加明显，而那时阿德勒仍旧是维也纳精神分析协会的主席。在与弗洛伊德有了九年联系之后，他退出了该协会。此后二人再无见面。阿德勒与弗洛伊德之间的分歧是他们分离的原因，这种分歧是多方面的，在本章最后将对其进行总结。弗洛伊德的传记作者欧内斯特·琼斯（Ernest Jones）列出了阿德勒与弗洛伊德相对立的一些观点，引用如下：

> 性的因素，特别是童年时期性的因素，被降低到最低限度；男孩渴望与母亲建立亲密关系的乱伦欲望，被解释为只是被伪装成性欲望的男性征服女性的渴望；压抑、幼儿性欲，甚至无意识等概念都被弃置，因此精神分析的概念所剩无几。（1955，p. 131）

弗洛伊德本人的特点就是不能容忍"变节者"，他此后一生都对阿德勒充满敌意。在弗洛伊德的口中，阿德勒是个侏儒，"是我使一个侏儒变得伟大"（Wittels，1924，p. 225）。阿德勒对弗洛伊德理论的说法是：它建立在性神话的基础上，而且精神分析理论是由受宠儿童的自私自利的激发而来的。弗洛伊德不能理解他的一个朋友因阿德勒的逝世而感到悲伤，他说："我不能理解你对阿德勒的同情。一个从维也纳郊区出来、死在阿伯丁的犹太男孩，他的职业生涯闻所未闻，也无法证明他取得了什么成就。这个世界因他抵触精神分析理论而对他的奖励真是够多的了。"（引自 Jones，1957，p. 208）费伯特（Fiebert，1997）就阿德勒与弗洛伊德最初的职业联系、阿德勒与弗洛伊德之间的不和，以及阿德勒被"开除"之后两人的关系等，提供了有趣的细节。

与弗洛伊德学派决裂之后，阿德勒和他的追随者们形成了一个团体，这个团体最初叫作自由精神分析研究学会，以表明他们对弗洛伊德学派组织上的严格限制的蔑视。然而，不久他们就将名称改为个体心理学会，因为他们不希望被认为是对精神分析理论的简单反抗。由于个体心理学一词很容易被误解，本章中我们将介绍它的含义。

第一次世界大战期间，阿德勒作为军医在奥地利军队服役，退役后，他响应政府号召，在维也纳开了几家儿童指导诊所，这是他把自己的理论应用于儿童养育、儿童教育，以及其他日常问题的早期实践。他的许多书籍、文章、讲座（有数百次）都是针对教师或者普通大众的。很快，阿德勒声名鹊起，在维也纳，他被众多的学生、朋友、崇拜者所包围。弗洛伊德为此心怀不平，（不正确地）对外声称，阿德勒的理论除了精神分析的内容之外，其他什么也没有，阿德勒只是把精神分析理论换成了他自己的一些名词术语而已。

98

1926 年，阿德勒首次访问美国，受到了教育工作者的热烈欢迎。1927 年，他被任命为哥伦比亚大学的讲师，1932 年，他成为纽约长岛医学院的医学心理学教授。1935 年，由于纳粹在欧洲得势，阿德勒永久定居于美国。1937 年 5 月 28 日，他在去苏格兰的阿伯丁做讲座的路途中，因心脏病逝世。

20 世纪 30 年代，阿德勒流派心理学的流行程度达到高峰，有 2 000 人出席了在柏林举行的个体心理学第五届国际大会（Ansbacher，1983）。根据安斯巴赫的说法，另一个高峰就发生在最近：

> 当今的阿德勒运动，在美国、加拿大、欧洲国家，特别是德国，其成员人数达数千人之多。

它包含有精神病医生、心理学家、社会工作者、咨询师、教育工作者，以及那些接受了阿德勒的心理学理论并将其心理学方法应用于家庭生活和个人发展中的非专业人员。（1983，p. 76）

阿德勒的理论一直由《美国个体心理学杂志》，以及美国个体心理学会进行宣传推广。海因茨·安斯巴赫（Heinz Ansbacher）和罗威娜·安斯巴赫（Rowena Ansbacher）曾把阿德勒的观点汇集成两卷出版（1956，1979）。阿德勒深信，他的理论一定能为非专业的人士所理解和接受，而这项任务由鲁道夫·德雷克斯（Rudolf Dreikurs）所承担（1957，1964）。

二、器官缺陷与补偿

1907 年，阿德勒发表了《器官缺陷及其生理补偿的研究》，现在看来，这是他最著名的一篇论文。在这篇论文中，阿德勒提出一个观点：人的器官发育不良，或与其他器官相比有缺陷时，人就容易患病。例如，有些人一出生视力就较弱，有些人肠胃较弱，有些人心脏较弱，还有些人四肢有缺陷。这些生理缺陷带来的环境压力，会在人的一生中引发各种问题。器官上的不足会限制人的机能的正常发挥，因此他们必须以其他方式来应对。

由于身体是作为一个整体来运转的，因此，通过集中发展某些能力，或者突出那些能弥补弱点的其他机能，一个人能够对某个弱点进行**补偿**（compensation）。例如，某人身体孱弱，他可以靠努力工作来克服身体上的弱点。一个盲人可以集中发展他的听觉技能。在这两种情况下，身体缺陷都得到了补偿。

99 在某些情况下，一个人可以将身体上的弱点转化为身体上的优势，这就是**过度补偿**（overcompensation）。在这方面，泰迪·罗斯福（Teddy Roosevelt，即西奥多·罗斯福）和德摩斯梯尼（Demosthenes）就是两个具体的实例。泰迪·罗斯福曾经是一个极度孱弱的小孩，他后来成为一个强壮的、喜欢野外生活的人。而德摩斯梯尼，他克服了口吃，成为一个伟大的雄辩家。阿德勒在其理论发展的初期阶段，重点强调了身体上的缺陷、补偿，以及过度补偿问题。

三、自卑感

1910 年，阿德勒把他的研究重点从**器官缺陷**（organ inferiority）转移到主观缺陷，或称**自卑感**（feelings of inferiority）。此时，补偿或者过度补偿的问题指向了真实的自卑，或者想象的自卑。在这个问题上，阿德勒的理论离开生物科学，进入心理学。任何能引起自卑感的问题，都是他研究的内容。

阿德勒指出，所有人在生命之初都有自卑感，因为每个人都完全依赖成人才能生存。与儿童所依赖的强大的成人相比，他们完全是无助的。这种弱小、无能为力以及自卑的感觉，激发了儿童想要获得权力，进而克服自卑感的强烈欲望。从这一点出发，在阿德勒的理论演化中，他强调了攻击性和权力，认为它们是克服自卑感的手段。

遗憾的是，由于阿德勒写作时所处的文化条件的限制，他把权力和力量与男子气概和女性自卑等同起来：

> 各种各样不受约束的侵犯、活动、权势、力量，以及勇敢、自由、富有、攻击或者施虐狂等特质，都被认为是男子气概，而所有的压抑、匮乏、懦弱、服从、贫困以及类似特质，都被认为是女性化的。（1956b，p. 47）

根据阿德勒的观点，每个人都有软弱感（女性特质），并有变强壮的冲动（男性特质），在这个意义上，所有人都是双性化的。然而，对阿德勒来说，双性化主要是心理上的，而弗洛伊德认为它主要是生理上的。也就是说，阿德勒不相信解剖即命运的说法。他相信，一个人对自己和对他人的态度决定他的命运。

在阿德勒理论发展的这一阶段，他认为，在任何情况下，变得更有力量意味着变得具有更多阳刚之气和更少女性特质。他用**男性钦羡**（masculine protest）一词来说明变得更具男子气的努力。由于男人和女人都寻求使自己变得更强大，从而克服自卑感，因此男人和女人都试图达到文化所赋予的男子气的理想标准。换句话说，男人和女人都表现出男性钦羡。但阿德勒认为，文化上过高地评价男性特质，过低地评价女性特质，这不论是对男人还是对女人都不是积极的：

> 我针对民族和群体之间的怨恨和嫉妒所说的话，也适应于两性之间的痛苦争斗，这种争斗正在损害爱情和婚姻，并再次衍生出对女性的轻视。现实生活中对男子气的过高评价，使男性把优于女性当作一种义务，并把此义务强加于男孩和成年男人身上，而这造成了他对自己的不信任，夸大了他对人生的欲求和期望，增加了他的不安全感。与此同时，女孩感到她不如男孩，这也许会激励她付出加倍努力来补偿她的不适感，并且奋起对真实或表面的贬低进行全面抗争，或者导致她自我放弃，退回到她被假定的自卑状态。（1956c，p. 452）

在强力与男性相连、软弱与女性相连的任何文化中，男性钦羡都会发生。在女性被认为是强大的文化中，情况正好相反，那里存在的是女性抗议。在阿德勒看来，性之所以重要，是由于它是一种文化象征符号，而不在于其生物学上的差异。

1. 作为动力的自卑感

自卑感是负面情感吗？阿德勒的回答是"不"。在他看来，所有人都会感到自卑，它是所有人都会经历的一种状态，因此，它不是虚弱或者不正常的标志。这样的情感是隐藏在个人成就后面的原动力。一个人感到自卑，由此他就会被驱动着去实现某些东西。这样的成功之后，只有短暂的成就感，由于看到别人的成就，他再次感到自卑，并再次被推动去做出更多的努力。如此循环往复，以至无穷。

然而，即使自卑感对激发人的积极成长发挥了作用，它们也还是会造成神经症。一个人可能被自卑感压倒，使他被阻止去做任何事情。在这样的氛围中，自卑感就成了个人努力的障碍，而不是激发个人努力的动力。这样的人，就是具有**自卑情结**（inferiority complex）的人。根据阿德勒的观点，所有人都会经历自卑感，但是某些人的自卑感引发了神经症，而另一些人的自卑感激发出获得成功的需要。二者之间的差别是什么？为什么会有这些差别？本章后面将要讨论。

2. 追求优越

后来，阿德勒对他的观点进行了调整，认为人们寻求的主要不是攻击性、权力或男子气概，而是优越或完美。此时，阿德勒把**追求优越**（striving for superiority）定义为**生命的基本特征**（fundamental fact of life）。阿德勒的理论从起初强调对器官缺陷的补偿，演变为通过攻击和强力，使主观自卑感得到补偿，而生命的基本特征是，所有人都是为了努力达到优越和完美。那么，力求完美的根源是什么呢？阿德勒认为，人的天性是它的源头：

> 它与身体的生长平行，它是生命本身的内在需要。……我们所有的机能都跟随它的指引，无论正确与否，它们都力求征服、确定和增加。从减到加的动力从无止境，从"低"到"高"的演进从不停歇，无论哲学家和心理学家承诺的是什么，他们的梦想——自我保持、快乐原则、平等——所以这些，都是以模糊不清的方式，试图表达出伟大的上升驱力……这是思想的一个基本范畴，是我们理性的结构……是人的生命的根本特征。（1930b，pp. 398-399）

在阿德勒最后的理论框架中，他把作为主导动机的追求优越保留下来，但是他把追求个人优越，

100

101

改为追求一个优越、完善的社会。如前述，阿德勒相信，自卑感可以引起积极的成长，也可以导致自卑情结。他认为，追求优越可能有益，也可能有害。如果一个人把一切都集中于个人优越上，而忽视他人和社会的需要，他就可能形成**优越情结**（superiority complex）。具有优越情结的人往往会盛气凌人，自负，好吹嘘，傲慢，目中无人。阿德勒认为，这样的人对社会缺乏兴趣（稍后介绍），成为不符合社会期望的人。

四、费英格的"仿佛"哲学

1911年，汉斯·费英格（Hans Vaihinger，1852—1933）出版了《"仿佛"哲学：一个有关人的理论、实践和宗教的虚构体系》一书。费英格的主要观点是：（1）因为人只能通过感觉间接地体验物质世界，因此人能确定的只有感觉，即只有由感觉刺激及其相互关系提供的主观意识；（2）为理解感觉，人们发明了各种术语、概念、理论，来说明这些感觉。根据费英格的观点，这样的发明或者虚构使所有的文明生活成为可能。因此，尽管人类生活的各种虚构是想象力臆想出来的东西，但它们有巨大的实践价值：

> 虚构主义（fictionalism）的原则是：理论上不真实或不正确，因而是虚假的观念，能够被承认，绝不是由于它实际上毫无价值和毫无用处。这样的观念，虽然在理论上无效，但在实践中可能是重要的。（Vaihinger，1952，p. viii）

虽然意识体验仅由感觉构成，但是仍存在为这些感觉指定一定的含义这一固有倾向：

> 就如同［海贝］一样，一粒沙子进入海贝闪光表面的下面时，珍珠母自我产生的物质将它团团包住，以便将无足轻重的一颗沙粒变成一个美丽的珍珠。灵魂也是如此，只是更加细柔娇嫩，在一定的刺激下，它将所吸入的感觉材料转化为思想的闪亮珍珠。（Vaihinger，1952，p. 7）

这些通过想象而虚构出来的东西是什么呢？根据费英格的观点（1952），它们包括所有的法律、概括、抽象观念、模型、理论、类型、概念、理想典范、象征符号，甚至词汇。费英格声称，不通过虚构，人类中的大部分交流是不可能的。"社会交往中的大多数短语，都是虚构的。但［它们是］必要的虚构，没有它们，更精细的社会交往将不可能存在。"（p. 83）显然，对费英格来说，虚构一词不是贬义的，它指的是一个权宜的发明创造。没有诸如物质（比如原子）和因果关系这样的虚构，科学将是不可能的；没有诸如零、完美曲线、几何形式、虚数，以及无穷小和无穷大这样的虚构概念，数学将是不可能的。没有自由和责任的虚构，道德和法学的概念将是不可能的。没有诸如上帝、不朽、再生的虚构，宗教将是不可能的。

我们不可能在这里全面阐述费英格的哲学，但只要说一点就足够了，他认为所有关于所谓实现目标的说法都离不开"虚构"，评判虚构的唯一标准，就是其效力，或其实践价值：

> 虚构只有现实意义，建立在初级虚构基础上的完整虚构体系也只是更细微、更精致的虚构。对这个体系来说，它从未被赋予任何理论价值，而且它拥有至今我们一直在虚构中发现的所有特征。它在理论上是无价值的，但在实践中很重要。（Vaihinger，1952，p. 178）

五、虚构目标和生活方式

阿德勒热情地接受了费英格的哲学，并把它当作自己理论的重要组成部分。然而，费英格的基本兴趣在于展示科学、数学、宗教、哲学以及法学中使用的虚构怎样使社会生活变得复杂化，而阿德勒则把虚构应用于个体生活。从对早期经验的解释中，可以产生出各种各样的世界观。例如，世界可以被认为是一个邪恶或危险之地，应该避开它；也可以被认为是一个令人愉快、充满爱的地方，应该拥抱它。有一点需要强调，在阿德勒看来，主观现实比物理现实更重要。决定儿童世界观的，是儿童对其生活中重要事件的知觉，而不是真正的现实。如果儿童认为周围世界是一个混乱、不可预知的地方，他将根据这些认识来调整生活目标。如果儿童认为世界是一个温暖、充满爱、可预测的地方，这样的认知也将对他的生活适应发挥重要作用。由于对儿童人格塑造有重要影响的早期经验，正是那些历久难忘的生动记忆，因此，它们也是最容易说出来的早期记忆。因此，阿德勒相信，一个人的早期记忆，提供了有关他的生活目标和生活方式的重要信息。本章后面，对早期记忆重要性将有更多介绍。

儿童的世界观，与自卑感一道，将决定他的虚构目标或**虚构目的论**（fictional finalism）和他的**生活方式**（lifestyle）。如果儿童形成了消极的世界观，他将认为，为了追求优越，他必须与这个世界战斗，或者逃离这个世界。因此，其目标将是去支配、战胜、毁坏或者退缩。如果儿童形成了积极的世界观，他将认为，为了追求优越，他必须参与到这个世界中来，因此，他的目标将是去融入、创造、爱与合作。两种不同的世界观都能在众多生活方式中得到反映，反过来，这些生活方式又在职业生涯中得以显现。例如，一个持消极世界观的人，可能成为一个冷酷无情的商人、政治家、罪犯、隐士，或成为专横的父母、教师、配偶。一个持积极世界观的人，可能成为一个有爱心的父母、配偶、教师、医生、社会工作者、艺术家、作家、哲学家、神学家，或者一个以改进人类生存状态为己任的政治家。

阿德勒后来把虚构目的论改称为"导向性自我理想"（a guiding self-ideal），或"导向性虚构"（guiding fiction），这一概念赋予阿德勒理论强烈的目的论（未来导向的）色彩，但是它并没有完全忽略其以往的含义。根据这一概念，可以把人看作通过将其独一无二的生活方式作为实现未来目标的手段，被自卑感和不完美感推动着走向完美。

阿德勒特别强调，这些未来目标或未来理想是各种适当的虚构，和没有这些虚构相比，这些创造出来的虚构会使生活更有意义。阿德勒认为，当环境使健康人有正当理由去改变虚构时，他就会改变这些虚构。相反，神经症患者则不惜一切代价坚持他们的虚构。换句话说，阿德勒认为，健康人把虚构或理想作为应对生活的工具来使用，无意义的生活是不可承受的，因此人们创造出生活意义。无计划的生活是混沌杂乱的，因此健康人会制订这样的计划。对健康人来说，目标、理想和计划，都是创建更有效、更富建设性生活的手段。对神经症患者来说，目标、理想和计划不是手段，而是目的。因此，即使它们在现实中毫无效力，也被保留下来。在阿德勒看来，健康人和神经症患者之间的主要差别是，如果环境允许移除虚构的手段，能否欣然接受。健康或正常的人很少会忽视现实，而对神经症患者来说，虚构的生活计划则变成了现实。阿德勒（1956a）指出：

> 和正常人相比，神经症患者更坚定地固着于他的神、偶像和人格理想，固执地坚守他的底线，其深层原因，就是他忽视现实。而正常人则时刻准备着抛弃这个辅助手段和拐杖。在这个实例中，神经症患者好像一个崇拜神的人，他把自己托付给神，虔诚地等待着神的指引。*神经症患者被钉在了虚构这个十字架上。正常人也能够并且也将会创造出他的神，也会感到要向上提升，但是他从不会忽视现实。一旦需要行动和工作，他总会考虑到现实。神经症患者则处于一个虚构生活计划的催眠魔咒的控制之下。*（pp. 246-247，表示强调的楷体是后加的）

这再一次提醒我们为什么阿德勒的理论被称为个体心理学。个体虚构了一个世界观，并从这个世界观出发，派生出虚构目标，或导向性自我理想。个体进而虚构出一种生活方式，并将其作为实现目标的手段。所有这些虚构都暗含着大量的个人自由。本章稍后讨论创造性自我时，还要详细讨论这一问题。

六、社会兴趣

阿德勒的早期理论曾受到多方批评，人们指责他的理论把人看作受自私目的驱动而追求优越。为了消除误解，阿德勒提出了**社会兴趣**（social interest）概念。阿德勒指出，社会兴趣是人们为创造与他人和谐友善相处的生活、实现完美社会发展的内在需要。这样，实现完美社会就取代了阿德勒理论中个人完善概念所讲的基本动机。发展充分的社会兴趣几乎与人生活的方方面面密切相关：

104

> 增强社会情感的价值，无论怎么夸大也不过分。人格促进智力发展，这是一个共有的机能。价值感的增强，提供了一个令人鼓舞的、乐观的世界观。在我们大多数人共有的优点和弱点中，存在一种默许感。个人感到生活惬意，感到自己的存在有价值，也就是，对别人来说，他是有用的，他因此战胜了人们共有的而不是个体的自卑感。不仅道德品质，而且审美态度，即对美与丑的理解，也存在于最真实的社会情感中。（Adler，1956c，p. 155）

阿德勒认为，社会兴趣是人从祖先那里继承下来的。如果这一潜能不能实现，这是人一生中最大的不幸。那些社会兴趣没有得到正常发展的人，就是神经症患者，甚至比神经症更糟糕。"在人类的所有失败中，在儿童的任性中，在神经症和精神病中，在犯罪、自杀、酗酒、吗啡成瘾、可卡因成瘾中，在性倒错中，在所有神经质症状中，我们都可以看到社会情感在一定程度上的缺失。"（Adler，1930b，p. 401）

阿德勒强调，每个人在一生中都必须解决三个问题，这三个问题的解决都需要充分发展的社会兴趣。（1）职业任务——一个人通过建设性的工作，推动社会进步。（2）社会任务——这要求与他人的合作。阿德勒说："正是由于人们学会了合作，才有了劳动分工的伟大发现，这个伟大发现是人类福祉的主要保障。"（1964b，p. 132）（3）爱情和婚姻任务——这项任务与社会延续之间的关系十分明显。阿德勒说："一个人接近异性、完成其性角色的过程，是他在人类延续中的一部分。"（1956c，p. 132）

是什么决定了一个人是否拥有充分发展的社会兴趣呢？主要是母亲。在阿德勒看来，儿童遇到的第一个社会情境就是与母亲的关系。母子关系是作为后来的社会关系的样板而起作用的。如果母亲维持一个积极、合作的氛围，那么儿童往往会形成社会兴趣。如果母亲把孩子紧紧绑在身边，儿童将学会把别人排除在自己的生活之外，并形成较低的社会兴趣。阿德勒认为，母子之间早期互动的性质基本上决定了这个儿童是否对其他人持有健康、开放的态度。

在阿德勒理论的最终版本中，一个人的虚构目标和生活方式，必须把社会改进考虑在内。如果不是这样，这个人将是个神经症患者。对阿德勒来说，社会兴趣是一个人正常与否的参考指标。

七、错误的生活方式

任何不把对社会有益作为目标的生活方式都是**错误的生活方式**（mistaken lifestyle）。这方面我们已经举出两个实例，一个是寻求个人优越（优越情结），另一个是被自卑感压倒而一事无成（自卑情结）。这两类人都缺乏社会兴趣，因此他们的生活方式都是错误的或不恰当的。

105

阿德勒根据人的社会兴趣的不同程度，将人划分为四种类型。这四种类型是：（1）**支配型**（ruling-dominant type），这种类型的人试图支配或者统治他人；（2）**索取型**（getting-leaning type），这种类型的人期待并能够从别人那里得到他能得到的一切；（3）**回避型**（avoiding type），这种类型的人通过回避问题而取得生活中的"成功"（他们从不尝试做任何事情以此来避免失败）；（4）**社会利益型**

（socially useful type），这种类型的人敢于面对问题，并试图以有利于社会的方式解决问题。前三种类型的人持有的是有缺陷的或错误的生活方式，因为他们缺乏适当的社会兴趣。只有社会利益型的人才有希望过上丰富、有意义的生活。

有缺陷的生活方式来自哪里呢？阿德勒认为，它始于童年期，与健康生活方式的起源相同。阿德勒指出，童年期的三种状态可能导致有缺陷的生活方式。第一种是**身体劣势**（physical inferiority）。从积极方面，它可以激发补偿或者过度补偿；从消极方面，它可能导致自卑情结。第二种是**溺爱**（spoiling）或者**纵容**（pampering）。这会使一个儿童相信，他的所有需要都能从别人那里得到满足。这样的儿童是关注的中心，长大后会成为一个自私的人，他缺乏社会兴趣，即使有，也少得可怜。第三种是**忽视**（neglecting）。这会导致儿童感到无价值和愤愤不平，他会以不信任的态度看待每一个人。阿德勒认为纵容是父母犯的最严重错误：

> 最常见的困难是，母亲原谅孩子不帮她做事和不合作，给孩子大量的爱抚和关心，不停地为孩子做这做那，替孩子着想并替他说话，这些都剥夺了儿童成长的每一个可能。就这样，她纵容了孩子，使孩子习惯于一个想象的世界，这不是我们所处的世界，在这个世界中，儿童的每一件事情都是别人替他做的。（1956c，pp. 373-374）

阿德勒详细阐述了一个被溺爱的儿童是怎样看待世界的：

> 被溺爱的儿童习惯于做出这样的预期：别人会把他的愿望当作法律来对待。……当他进入一个环境，这里的人们不把他作为关注的中心，不把他的情感作为他们首先考虑的目标时，他将会感到非常失落，感到这个世界遗弃了他。他已经习惯于只会索取，不会给予。……当他遇到困难时，他只用一种方式去应对——向别人提出要求。……被溺爱的儿童长大后，也许是我们社会中最危险的一群人。（1958，p. 16）

阿德勒认为，溺爱导致俄狄浦斯情结。"我们也许能在儿童中诱发出一种［俄狄浦斯］情结，要做到这一点，只需要有母亲的溺爱，并拒绝把他的兴趣扩展到其他人身上，再加上他父亲的漠不关心或冷酷，这就足够了。"（1958，p. 54）有趣的是，阿德勒把弗洛伊德的人格理论看作一个被溺爱儿童的个人创造：

> 如果我们走近看，就会发现，弗洛伊德的理论就是一个被溺爱儿童的始终如一的心理学。他感到他的本能从来不容否认，他把其他人的存在看作是不公平的，他总是在问："我为什么要爱我的邻居？我的邻居爱我吗？"（Adler，1958，p. 97）

106

与溺爱相反的就是忽视，忽视也会给予儿童一个错误的世界观。在忽视的情况下，儿童会认为，这个世界是一个冷酷无情的地方。儿童将在这种世界观基础上形成生活目标和生活方式。阿德勒（1958）认为，被忽视的儿童

> 从不知道什么是爱，什么是合作：他对生活的解释不含有那些友善的能量。……他会过高估计［生活中的各种困难］，过低估计他克服这些困难的能力……［并且］根本不懂得，只要做出有利于他人的行为，他就能赢得情感和自尊。（p. 17）

除了溺爱和忽视，家庭的消极经历也能使儿童形成扭曲的世界观和错误的生活方式。阿德勒认为，家庭的消极经历包括：不能表达出适当的亲切与温柔，认为多愁善感是不可接受的，过度使用惩罚手段特别是体罚，设立的目标难以实现，对别人批评过度，认为父母中的一方胜于另一方。

在考虑可能导致错误的生活方式的相关因素时，还要注意一点，决定儿童人格的是儿童的认知，

而不是现实本身。一个感到自己受到忽视的被溺爱儿童，他将产生一个被忽视儿童的世界观。反之亦然。阿德勒说："影响儿童所作所为的，不是儿童的经历，而是他从这些经历中得出的结论。"（1958，p. 123）

八、创造性自我

霍尔和林德西把阿德勒的**创造性自我**（creative self）的概念称作他"作为人格理论家的加冕成就"。他们还指出："至少它是原动力，是点金石，是生命的长生不老药，是阿德勒一直寻找的人类一切的第一原因。"（Hall & Lindzey，1978，pp. 165-166）

在提出创造性自我这个概念时，阿德勒指出，人类不只是被动地接受环境或遗传影响，每个人对这些影响都有自由选择的权利，可以把这些影响与自己的愿望结合起来。因此，没有两个人是完全一样的，即使他们人格的构成部分相似。如前述，某些身体有缺陷的人，通过补偿，成为一个对社会有用的人。还有些人，则形成自卑情结一事无成。阿德勒认为，这种差异在很大程度上是由于个人选择。他指出，遗传和环境只是给一个人提供了"他以自己的创造性方式建构个人生活态度时所使用的砖瓦。如何使用这些砖瓦，完全是他个人的方式。换句话说，是他对待生活的态度，决定了他与外部世界的关系"（1956d，p. 206）。阿德勒指出：

> 我们承认，每个儿童天生具有的潜能，与其他儿童都不同，我们反对遗传决定论者的说教，反对任何过分强调合法处置的重要性的倾向。就是说，重要的不是一个人出生时具有什么，而是人如何使用他的先天条件。……至于环境影响，有谁能说，任何两个人，面对同样的环境时，会以同样的方式进行理解、解读、消化和回应呢？要理解这个事实，有必要假设存在另一种力量，即个人的创造力。（1979，pp. 86-87）

在阿德勒看来，人格在本质上是自我造就的。人们根据他们对世界、自己和他人的认知，赋予生活一定的含义。这种看法其实就是存在主义的观点。

九、保护策略

所有的神经症患者都是自我中心的，他们只关注自己的安全感和优越感，也就是说，他们缺乏社会兴趣。按照阿德勒的说法，神经症患者知道（或感觉到），他们要达到的个人完善是一个错误目标，而且这个目标可能已经暴露出来。这种在公众面前的暴露将使神经症患者已有的自卑感更加强烈。阿德勒认为，神经症患者利用**保护策略**（safeguarding strategies）来保护他们微弱的自尊，以及由错误生活方式带来的虚幻的优越感。健康人体验到的自尊感和优越感是真实的，因为它们建立在社会兴趣的基础上，因此不需要凭借欺骗性策略来支持这种情感。阿德勒的保护策略与弗洛伊德的自我防御机制很相似，只有一点不同，保护策略不像自我防御机制那样，既能在意识水平，也能在无意识水平发挥作用，保护策略只有神经症患者才使用，保护他们不受外来威胁，远离生活中的各种麻烦。阿德勒提出了保护策略的三种类型：借口、攻击和疏远。

1. 借口
神经症患者表现出一些症状，并利用这些症状作为其缺点的**借口**（excuses）：

> 患者……挑选特定的症状，并表现出这些症状，直到他们深切感到这些症状……已成为真正

的屏障为止。在各种症状的壁垒背后，患者感到自己隐藏了起来，并感到安全。对"你用你的天赋干了些什么"这样的问题，他回答说"天赋阻止了我，使我不能继续下去"，并指出他自我设立的壁垒。我们一定不要忽视患者自己对其症状的利用。……患者宣称"由于这些症状，而且仅仅由于这些症状"，他不能解决他的问题。他期望别人来解决他的问题，期望利用所有要求，从中寻找借口，或者至少把周围状况认定为是情有可原的。（Adler，1956c，pp. 265-266）

这种保护策略由"是的，但是……"以及"要是……"这样的借口所构成，靠这样的借口，他们保护了自己虚弱的价值感和欺骗性神经症，并让周围人相信，他们比其看上去的样子更有价值。

弗洛伊德也曾明确指出，患者常常会利用他们的症状来博得别人的注意，把无效的行为合理化。弗洛伊德把疾病带来的这些"好处"说成令人愉快的二次收益。

2. 攻击

根据阿德勒的观点，神经症患者还可能会利用**攻击**（aggression）来保护他们夸大的优越感和自尊心。神经症攻击有三种形式：贬低、谴责和自我谴责。**贬低**（depreciation）是高估自己的成就、低估别人成就的倾向。贬低有两个常见类型。一是理想化，即用过高的标准来衡量别人，以至于现实中没有人能达到这样的标准。这样一来，现实中的人将被贬低。关于理想化，阿德勒（1956c）给出了以下实例：

> 一个身材矮小的女孩喜欢高大的男人，或者一个女孩陷入爱情仅仅是由于父母禁止她谈恋爱，对可能交往的［对象］带有公开的蔑视和敌意。在这些女孩的谈话和思想中，限制性词语"只能"总是会突然冒出，她们想要找的只能是一个受过教育的男人，只能是一个富有的男人，只能是一个真正的男人，只能是柏拉图式的恋爱，只能是一个没有孩子的婚姻，只能是一个给妻子完全自由的男人。这里，我们可以看到，贬低的倾向如此强烈地在发挥作用，最后，几乎没有男人能满足她们的要求。通常，在她们的无意识中，有一个现成的理想人物，这个理想人物可能是她父亲、哥哥、童话般的英雄人物、她敬佩的文学或历史人物。我们对这些理想人物越熟悉，就越发相信，他们不过是一直以来被设定为一个用来贬低现实的虚构手段。（p. 268）

贬低的第二种类型是担心，当神经症患者做出的举动好像别人都照顾不好自己时，这就是担心。通过使用这个策略，神经症患者不断地提出忠告、展现关心，而且对待所有人都像对待孩子一样。因此，神经症患者通过说服自己，离开别人就过不好，来捍卫他们脆弱的自尊感。

阿德勒划分的神经症攻击的第二种类型是**谴责**（accusation），这是一种责备他人的不足，并寻求报复的神经症倾向。阿德勒认为，所有神经症患者都存有报复性，他们的神经症症状常常被用来给他人造成痛苦。阿德勒（1956c）指出：

> 在对神经症的生活方式进行调查时，我们必须时刻警惕一个对手，并注意，什么人因患者而深受其害，通常，这会是家庭中的一个成员。神经症患者暗藏着的谴责成分无时不在，他担心自己被关注的权利被剥夺，并把责任加在某个人身上并责备他。（p. 270）

因此，阿德勒认为，神经症患者的一个主要目标，就是让这些念头对他们的不幸负责，而他们实际上遭受的不幸远不像他们所想象的那样严重。

阿德勒提出的神经症攻击的第三种类型是**自我谴责**（self-accusation），它包括：

> 诅咒自己，责备自己，自我折磨，自杀。这看起来好像很奇怪，但是，如果我们认识到，神经症患者的整个生活都源于自我折磨特征，神经症好像一个抬高自我、贬抑周围人的自我折磨策

略，我们就不觉得奇怪了。第一次对身边人发起的攻击，往往源于这样一种情境，即儿童想让他的父母痛苦，或者想更有效地吸引父母注意。（1956c，p. 271）

109 因此，神经症患者伤害自己，其实是想给别人带来痛苦，至少是引起他人关注。有时候，因内疚而引发的忏悔常常用来给别人带来痛苦。阿德勒举了一个实例，一个专横的女人向她丈夫忏悔，说25年前她欺骗丈夫，和另一个男人出轨。她指责自己一文不值，因内疚而忏悔。阿德勒问道："有谁这么简单，会认为这［是］四分之一世纪之后被事实证明的权威案例？"（1956c，p. 272）按照阿德勒的观点，这个例子显示，这个女人正在通过忏悔和自我谴责而伤害她的丈夫，因为丈夫已不再听命于她。

3. 疏远

阿德勒认为，神经症患者往往通过**疏远**（distancing）他人来逃避生活中的各种困难。阿德勒讨论了神经症患者所采取的几种方式：后退、原地不动、犹豫不决、设立屏障、体验焦虑，以及利用排他倾向。后退，指通过倒退到一个更安全、不复杂的生活时段，来捍卫错误的生活方式。这种形式的疏远常常会利用各种失调，如自杀未遂、昏厥、偏头痛、拒绝饮食、酒精依赖、犯罪等等，来获得他人注意，取得对他人的某些控制，并逃避社会责任。

关于原地不动，阿德勒（1956c）说："它就像一个女巫围绕患者画的一个圆圈，阻止患者靠近生活，面对真实，采取立场，进行测试，或者决定自身的价值。"（p. 274）阿德勒认为，原地不动所伴随的各种失调的原因，往往是失眠（后果是不能正常工作）、记忆力差、手淫以及阳痿。犹豫不决指面对难题时摇摆不定。阿德勒认为，很多强迫行为，目的都是要占据神经症患者，而且占据的时间要足够长，以至于他最终能说的话就是"太晚了"。阿德勒给出了下列实例：

> 强迫性洗手……迟到、回溯人的脚印、销毁开始的工作，或者故意留下一些事情不去做，这些都很常见。同样常见的是，有人看到，"不可抗拒的"力量强行将人推向某些不重要的活动或娱乐，在这种力量的强迫下，患者会拖延完成工作，或者拖延做出决定，直到一切为时已晚。（p. 275）

设立屏障制造出可以成功越过的距离，而其他形式的疏远则使神经症患者远离生活中的各种问题。阿德勒指出，神经症患者通过轻度焦虑、强迫行为、疲劳、失眠、便秘、肠胃紊乱和头疼等等，在他们的生活中制造出一些微小的屏障。这些屏障，以及其他类型的屏障，为神经症患者创造出一个稳赚不赔的状态。

> 患者的自尊心受到他自己判断的保护，通常，还受到别人对他的声誉的评价的保护。如果［他不成功］，他可以把不能克服的困难说成是自己病态的证明，而这个病态实际上是他自己构建的。如果他成功了，那他还有什么不能做的呢？作为一个患者，如果他表现得很好，那么他得到的东西也算够多了——恕我直言！（1956c，p. 276）

110 体验焦虑会增强所有的疏远策略。神经症患者常常害怕做一些事情，比如离家、与朋友分离、申请一项工作、与异性建立关系等。只要这些经历会引起焦虑，神经症患者就试图与它们疏远。焦虑的程度越深，疏远的距离越大。神经症患者利用排他倾向来躲避生活中的问题，他生活在狭隘的范围内。"他与生活中面临的现实问题尽力保持距离，他把自己限制在他感到能控制的环境内。以这种方式，他为自己建了一个狭窄的马厩，关闭房门，在没有风、没有阳光、没有新鲜空气的状态下，走过自己的一生。"（Adler，1956c，p. 278）生活在一个狭窄的马厩中，包括一个成年人长期失业，无限期地推迟婚姻，在学校成绩差，只和自己的家人保持密切联系。各种类型的保护策略概括于图4-1中。

借口	疏远
攻击	后退
贬低	原地不动
理想化	犹豫不决
担心	设立屏障
谴责	体验焦虑
自我谴责	利用排他倾向

图 4–1　神经症患者为保护脆弱和虚假的优越感和自尊心而采用的各种策略

资料来源：Sulloway，1996，p. 48.

■ 十、心理治疗的目标

健康的人拥有浓厚的社会兴趣，不健康的人则缺乏社会兴趣。然而，那些有着错误生活方式的人，大多会继续这样的生活方式，因为生活方式往往是自我延续的。如同前面已经讲到的，一种生活方式集中体现了一个人看待事物的方式，这种认知态度会一直持续，直到这个人遇到重大问题，或者通过教育和心理治疗使他认识到自己的生活方式：

> 个体心理学认为，治疗的本质，在于使患者意识到他缺乏合作能力，并使他相信，他的问题来自他童年早期的适应不良。在这一过程中他都经历了什么，这不是小事。他的合作能力通过与医生配合可以得到增强。他的自卑情结被证明是错误的。他的勇气和乐观情绪被唤醒。生活意义在他身上初露端倪，他将认识到，人生必须被赋予适当的意义。（Adler，1930b，pp. 403-404）

通过对出生次序、最初记忆和行为习惯的分析，阿德勒追溯了错误生活方式的发展和表现，这种生活方式是需要治疗的，因为它在应对生活中的问题时毫无效益。患者在治疗师帮助下，将要寻求一种新的、包含社会兴趣的生活方式，因此，它也将更有效。

阿德勒的治疗方法不主张对患者采取批评、指责、惩罚和专横态度，因为这些方法通常会加剧患者已有的强烈自卑感。治疗师与患者相对而坐，气氛随意而放松。治疗师不允许患者利用自己的神经症症状来博得治疗师的同情，而这种手段是他们对其父母或者其他人惯用的。治疗师既不要纵容患者，也要避免犯相反的错误，即忽视患者。阿德勒流派的治疗师们相信，他们得到的任何素材，都要做清楚的解释，这样才能使患者从理智上和情感上理解和接受。阿德勒流派的治疗师一般希望在三个月内（1 ～ 2 周为一疗程）看到患者病情的改善。治疗过程超过一年的情况很少见。

阿德勒的治疗兴趣集中在一般民众身上，他的患者大多来自中低阶层。这在他那个时代的精神病医生中是很少见的。阿德勒非同寻常的特征还有，他经常直接接触儿童，针对儿童开展治疗。阿德勒常常在儿童家里这种自然环境下进行治疗，儿童的父母也参与到治疗中。由于他的这种治疗方法，阿德勒被认为是小组和家庭心理治疗的创建者之一。另外，阿德勒坚持在精神卫生诊所对问题儿童进行当众治疗，以帮助儿童认识到他的问题是一个社区性问题。

与阿德勒的心理治疗方法同样具有首创性和有效性的，是他主张采用适当的儿童养育和教育方法来预防失调，这比起以后通过心理治疗来矫正失调，要容易得多，而且代价低。

阿德勒关于无意识的观点

阿德勒用创造性自我的概念，否定了弗洛伊德的精神分析学的基础——被压抑的创伤经历。阿德勒说："我们没有遭受［创伤经历］的打击，我们所有的创伤经历，只是因为它们符合我们的目的。"

（1958，p. 14）如前所述，一旦一个人的世界观、导向性虚构和生活方式得以形成，所有的经历都是与它们相关的。与一个人的人格相匹配的个人经历，应该加以重视。那些不相匹配的经历，基本上是不可了解的。因此，对阿德勒来说，与一个人人格的匹配性，决定了意识到的经历与无意识经历的区别。如果一个人的人格通过治疗而发生了变化，那么之前不了解的很多经历会变得可以了解。人们只能意识到对自己有意义的那些经历，而其他经历则是不可了解的。我们将在第 13 章了解到，乔治·凯利对"无意识"的解释，其实就采用了与阿德勒同样的方式。

十一、研究方法

阿德勒把出生次序、最初记忆和梦看作心理生活的三个"入门"，对这三方面的问题，他进行了深入研究，发现了人的世界观、生活目标和生活方式的起源。

112

1. 出生次序

阿德勒认为，每个儿童，根据其**出生次序**（birth order），在家庭中会受到不同对待，这影响到儿童的世界观，以及他们对生活目标和生活方式的选择。阿德勒说："首先，我们必须摆脱这样一个迷信，即家庭情境对每一个儿童都是相同的。"（1964b，p. 229）

阿德勒的研究集中于头生子女、次生子女、末生子女以及独生子女身上。**头生子女**（first-born child）一直是父母关注的焦点，直到第二个孩子出现，他才被"废黜"。阿德勒认为，弟妹的出生，给头生子女带来深深的失落感，因为此时母亲和父亲的注意力被他的竞争对手分享了。阿德勒说："有时候，一个失去权力、失去他所统治的小王国的儿童，比起其他人更能理解权力和权威的重要性。"（1956c，pp. 378-379）然而，第二个孩子出生时头生子女的年龄如何，会带来本质的差别。如果头生子女的年龄足够大，已经形成了一定的生活方式，而且他的生活方式是合作性的，那么头生子女对新出生的弟弟或妹妹可以形成合作态度。如果不是这样，那么，对新出生的弟妹的愤恨可能会持续一生。

次生子女（second-born child）常常是雄心勃勃的，因为他一直试图赶上或超过他的哥哥或姐姐。阿德勒认为，在所有的子女中，次生子女最幸运。照阿德勒的说法，次生子女的行为好像在竞赛中有人就在一两步之前，他必须要往前冲。阿德勒说，次生子女"很少能够忍受其他人的严格领导"（1956c，p. 380）。

阿德勒认为，**末生子女**（youngest child）处在第二不利的位置上，仅次于头生子女，阿德勒的理由是：

> 通常情况下，家庭中的每个人都溺爱他，一个被溺爱的儿童从不会长大，他失去通过自己的努力而取得成功的勇气。家里的末生子女，总是雄心勃勃的，但是，所有子女中最有雄心的那个往往也最懒惰。懒惰是混杂着沮丧的雄心壮志的一个标志。这个雄心壮志是如此高远，使人看起来根本没有希望去实现。（1958，p. 151）

在阿德勒看来，末生子女最可能在家中寻求独一无二的身份，例如成为科学家家族中的一个音乐家。

独生子女（only child）与头生子女很像，但他从来不会被"废黜"，至少不会被兄弟姐妹"废黜"。独生子女受到的冲击，通常来自后来（在学校里）学习时，他不再是被关注的中心。独生子女常常形成一种被夸大的优越感，他认为，这个世界是个充满危险的地方。如果父母过度关注孩子的健康状况，儿童就容易产生这样的想法。独生子女多半会缺乏良好的社会兴趣，并表现出依赖他人的态度，希望别人纵容他，并提供保护：

独生子女往往温柔可爱，充满感情，由于他们在人生早期和后期，一直以这种方式行事，因此在后来的人生中，为了对别人有吸引力，他们的行为礼貌而富有魅力。……我们不认为独生子女的境况有什么危险，但是我们发现，如果缺乏最好的教育方法，他们的结果可能很糟糕，这种结果在有兄弟姐妹的情况下是可以避免的。（Adler，1964a，pp. 168-169）

113

有多种因素可以与出生次序的影响发生交互作用，带来与普遍期待相反的结果。这些因素包括年龄较大或较小的儿童的性别、与他们的年龄差距，最重要的是，儿童如何看待自己与其他家庭成员的关系。出于各种理由，阿德勒关于出生次序对儿童影响的所有评论，必须被理解为只是描述了一般倾向，阿德勒本人也希望人们以这样的态度来对待这些描述。

后面对阿德勒理论的评价中，我们将详细讨论对阿德勒有关出生次序对人格影响的预测，以及对这些预测的一些经验性验证。

2. 最初记忆

阿德勒认为，查明一个人生活方式的最好办法，就是了解这个人在婴儿期或幼儿期的最初记忆，它们反映了这个人一生的主观起点。这些记忆是否准确并不重要。在有些情况下，最初记忆能反映出一个人对早期经验的解释，正是这种对个人经历的解释塑造了儿童的世界观、生活目标和生活方式。这种对个人经历的解释，称为**最初记忆**（first memories）。由此得出的结论是，一个人的最初记忆，与其生活目标、生活方式一定存在着密切关系。阿德勒（1956c）指出：

一个抑郁的人，如果他回忆起自己的美好时光和取得的成就，那么他就不会仍旧抑郁。所以，一个抑郁的人一定会对自己说："我的人生是不幸的。"而且他在回忆中只会选择那些用来解释自己不幸命运的事件。记忆不会与生活方式背道而驰。一个人在追求优越感过程中，如果个人目标要求他必须感到"别人总是羞辱我"，那么他将选择回忆那些可以解释为丢脸的事件。一旦他的生活方式发生了改变，他的回忆也将改变，他将回忆起不同的事件，或者对他回忆起的事件做出不同的解释。

在所有记忆中，最有启示意义的就是一个人开始其人生故事的方式，以及他能回忆起的最早的事件。最初记忆将表明他关于生活的根本观点，以及他最初的个人态度的结晶。这给我们提供了一个机会，使我们在快速的一瞥中看到他个人发展的起点。（p. 351）

前面讲到，阿德勒本人的最初记忆是疾病和死亡，正是出于对疾病和死亡的关注，他步入从事医学的职业生涯。阿德勒的朋友和传记作者赫塔·奥格勒（Hertha Orgler，1963）说，阿德勒在他的几个糖尿病患者（胰岛素被发现之前）死亡后，放弃了他的全科医疗工作。显然，面对死亡，他有关无助感的最初记忆死灰复燃。此后，阿德勒转向精神病学，在这一领域，心理上的死亡（一种错误生活方式）和重生（获得一种带有浓厚社会兴趣的新生活方式）都是可能的。阿德勒询问了100多个医生，他们的最初记忆是什么，他们中多数人回答，要么是严重的疾病，要么是家人的去世。

114

3. 梦的分析

阿德勒赞同弗洛伊德关于梦的重要性的观点，但是，他不同意弗洛伊德对梦的解释。在弗洛伊德看来，梦可使人的愿望得到部分满足，而人在清醒状态下，这样的满足是不可能的。阿德勒认为，梦是人的生活方式的一种表达，而且必定与生活方式一致。但是，他认为，梦的发生几乎总是暗示着做梦者有错误的生活方式。而且，梦给错误生活方式提供了情感支持。"梦是常识的对手。我们或许会发现，那些不喜欢被自己的情感蒙骗的人和那些愿意遵从科学方式的人就不常做梦，或根本不做梦。而一些远离常识的人……则经常做梦。"（1958，p. 101）梦通常能创造一种情绪状态，这种状态能延续到清醒时的生活中，并证明那些行为习惯与做梦者错误的生活方式是相匹配的。通过这种方式，梦给错误生活方式提供了支持。例如，一个学生无意识里若想在他与一次重要考试之间制造一个距离，他就可能梦见被罪犯追逐，打一场注定失败的战争，或者被迫去解决不可能解决的问题。这个学生从梦中感受到恐惧、沮丧、无助的情绪，这些情绪将支持他做出决定，要去延迟或回避即将到来的考试。

阿德勒（1958）指出：

> 梦的目的必定暗含在梦所唤起的情感之中。梦只是搅动情感的一种手段和工具，梦的目标就是躲藏在梦后面的情感。……生活方式是梦的主宰，它总会唤起个体所需要的情感。个体身上不存在的症状和特征，在梦中是不会出现的。不论我们是否梦到它们，我们都将以同样的方式涉及生活方式问题，只是梦往往给生活方式提供了支持和辩解。（pp.98，101）

阿德勒强调梦的自我欺骗性，进而强调梦的有害本质。"在梦中，我们被自己愚弄。每一个梦都会使人自动中毒，自我催眠。它的目的就是让人的情绪兴奋，在兴奋状态下，使其做好准备去面对所处的情境。"（1958，p.101）

总之，阿德勒认为，大多数梦境提供了自我欺骗，这种自我欺骗对维持错误生活方式是必要的。因此，拥有健全人格的人很少做梦，或根本不做梦。也就是说，健全的人不需要自我欺骗，因而也不需要梦所提供的非理性的、情绪上的支持。

4. 行为习惯

除了分析出生次序、最初记忆、梦境以外，阿德勒还观察了来访者特有的行为方式，以便了解其生活方式。他观察的内容有：来访者怎样走路，怎样讲话，怎样穿衣，坐在哪里，怎么坐。他还观察来访者是否总是斜靠在某个地方，他与别人保持多大的距离，是否有对视，等等。这些观察的目的就是了解来访者是怎样看待这个世界和他自己的。

115

十二、阿德勒与弗洛伊德的差异概述

阿德勒与弗洛伊德之间的主要差异概括如下。

阿德勒	弗洛伊德
人格是一个综合性整体	人格包含各种相互冲突的因素
强调有意识的心理	强调无意识的心理
未来目标是动力的重要源泉	未来目标不重要
社会动机是根本性动机	生物动机是根本性动机
对人类持乐观态度	对人类持悲观态度
分析梦境是为了了解生活方式	分析梦境是为了探究无意识心理内容
人可以自由地决定自己的人格	人格完全由遗传和环境因素所决定
把性的作用最小化	把性的作用最大化
治疗的目标是鼓励把社会兴趣融入生活方式	治疗的目标是发现早期被压抑的想法

十三、评价

1. 经验研究

阿德勒理论引发的多数研究，都是探索出生次序与人格特征之间的关系问题。许多研究结果发现，头生子女和独生子女比起后出生的儿童，在教育期望和学习成绩上都更高，并且他们也都更聪明（例如 Belmont & Marolla，1973；Breland，1974；Falbo，1981；Wagner & Schubert，1977）。研究发现，头生子女一般更有责任感，也更有成就，而后出生儿童则更善于人际交往（例如 Steelman & Powell，1985）。对这一结果的可能解释是，头生子女和独生子女得到父母更多的关注，也承担父母更多的期望。法尔博（Falbo，1981）发现，末生子女与头生子女相比，通常自尊心较低。对这一研究结果，原因可能是，未生子女因为有能力强的哥哥、姐姐存在，他与哥哥、姐姐进行比较，从而导致了低自尊。

扎荣茨和马库斯（Zajonc & Markus，1975）考察了出生次序、生育间隔、家庭规模与智力发展的关系，他们报告说，孩子数量较少、子女年龄间隔较大的家庭，其子女可能更聪明。扎荣茨等人还发现，一些研究者发现出生次序和智力存在一定关系，但另一些研究者未发现这种关系（Zajonc，2001；Zajonc，Markus，& Markus，1979；Zajonc & Mullally，1997）。根据扎荣茨等人的观点，出生次序与智力之间是否存在一定关系，取决于被考察儿童的年龄。如果被考察的头生子女的年龄小于 11±2 岁，那么他们的智力水平与其弟弟妹妹的智力水平之间就未发现有显著差别。然而，如果头生子女被考察时的年龄超过 11±2 岁，那么他们在智力上与其弟弟妹妹就存在差别。扎荣茨等人对这种差异的解释是，家里的较年长儿童常常以"父母代理人"，或者"家庭教师"的面貌出现，而弟弟妹妹则不会。

116

罗吉斯等人（Rodgers，Cleveland，van den Oord，& Rowe，2000；Rodgers，2001）则认为，出生次序与智力无关。他们指出，研究者发现存在这样的联系，其实只是他们采用的研究方法制造出的人为产物。当对一个家庭内的成员进行观察时（家庭内数据），出生次序对智力的影响就几乎消失了。换句话说，在同一个家庭内，其家庭成员之间没有发现智力有显著差别。只有在错误地对不同家庭（家庭间数据）的数据加以比较时，才会发现这样的影响。哈里斯（Harris，2000）发现，一个儿童在家庭中的位置只会影响他在家庭内形成的人格，当他离开家庭后，他在家里习得的应对策略和其他人格特征将不再重要。哈里斯的结论是："很少有或者根本不存在所谓的训练迁移，因为在家庭中获得的行为模式，在家庭外多半是不适当或无关紧要的。"（p. 177）

由于有关出生次序的研究结果常常相互冲突，因此一些研究者高调批评了有关出生次序的一般性研究。例如，恩斯特和昂斯特（Ernst & Angst，1983）对 1946—1980 年间进行的有关出生次序的研究做了回顾，这几百项研究调查了出生次序与智力、学习成绩、职业成就、攻击性、自尊心、同情心、创造性以及各种心理疾病等变量之间的关系。他们得出结论："有关出生次序的研究，在方法学上有诸多缺陷，纯粹是浪费时间和金钱。"（p. xi）

有人认为，关于出生次序的很多研究，在变量控制上都做得较差，提出的假设太模糊，不能客观地进行检验。对这样的观点，萨洛韦（Sulloway，1996）予以赞同。但是，在对这些问题给予关注后，萨洛韦认为，出生次序对人格的影响是引人注目的。作为萨洛韦的大规模历史工程的一个组成部分，他对 3 890 位科学家所取得的 28 项首次科学发现进行了研究（其中有 16 项被认为是革命性的，如哥白尼、达尔文、弗洛伊德的发现，有 12 项被认为是不太重大的）。他发现，在所考察问题上拒绝创新的科学家，通常是头生子女，而那些接受创新的科学家一般是后生子女。萨洛韦说："在我对这 28 项发现所做的调查中，后生子女与头生女子的优势比是 2.0 比 1。这种差异因机会因素而提高的可能性小于十亿分之一"（p. 42）。此外，如图 4-2 和图 4-3 所示，萨洛韦发现，出生次序效应与兄弟姐妹的人数和社会经济地位无关，在宗教和社会创新方面，萨洛韦也得出同样的结果。总之，后生子女比头生子女更能接受革新。萨洛韦说：从后生子女中，"走出了勇敢的探索者、传统习俗的破坏者和历史上的异教徒"（1996，p. xiv）。

问题是，为什么会这样。对此，萨洛韦用达尔文的理论做出回答。在一个家庭内，兄弟姐妹之间为获得父母的资源，包括父母的情感，而彼此竞争。头生子女没有兄弟姐妹与其竞争，他们独自拥有父母的一切，并通常会认同父母和权威，他们在努力维护现状的情况下成长。后生子女面对的挑战，"就是寻找有价值的家庭小环境，以避免复制与父母保持认同的头生子女创建的小环境"（Sulloway，1996，p. 353）。后生子女的开放性和探索性促进了他们对这种尚不存在的家庭小环境的寻求，它一旦

118

形成，将持续终生。

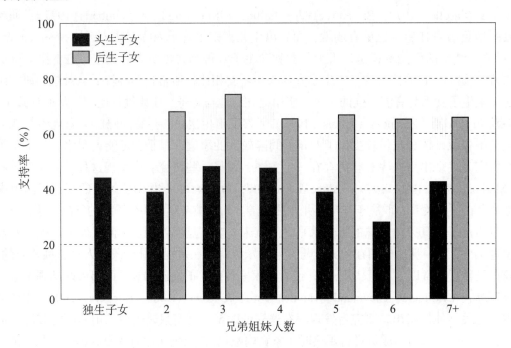

图4-2   出生次序和兄弟姐妹人数对科学发明接受度的影响

资料来源：Sulloway，1996，p.49.

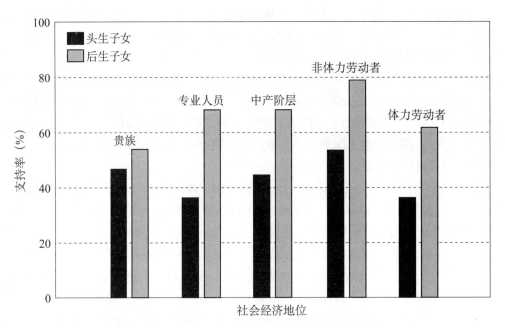

图4-3   出生次序和社会经济地位对科学发明接受度的影响

资料来源：Sulloway，1996，p.49.

据萨洛韦所言：

　　过去五个世纪以来，在人的革命性方面最为一致的看法，就是有关出生次序的预测。与头生子女相比，后出生的儿童大多会与受压迫者保持认同，并对已经建立的秩序发起挑战。由于头生子女对父母和权威予以认同，他们一般会维护现状。出生次序的影响超越了性别、社会阶层和民族，并且持续了500年，因而也超越了时间。（Sulloway，1996，p.356）

出生次序与对人格另一个方面的预测也有高度一致性。这是阿德勒未曾提及的一种现象，叫作**兄弟出生次序效应**（fraternal birth order effect，FBO）。研究表明，一个男孩的哥哥越多，他就越容易成为一个同性恋者（Blanchard，1997；Blanchard & Bogaert，1996，1997；Bogaert，2003，2006；Rahman，Clarke，& Morera，2009）。博加尔特（Bogaert，2006）指出，有血缘关系的哥哥的数量，"与生物人口统计意义上的男性性取向的相关性最高"（p. 10771），马斯坦斯基等人（Mustanski，Chivers，& Bailey，2002）把兄弟出生次序效应称为"性取向研究中最具可重复性的发现"（p. 119）。

与萨洛韦对后出生子女具有"反叛性"的分析相呼应，萨洛韦（1996）指出，这一影响可能是后出生男孩对各种经历和尝试越来越持开放态度所致。另一个假设是（Blanchard，2004，2008），兄弟出生次序效应是生物性的，而不是心理上的，它受出生前母亲的免疫反应调节，这种免疫反应伴随孕育男性胎儿而增强。生物学假设可能是一个最重要的假设，因为它说明与兄弟出生次序效应有关的更多现象。例如，这种影响只发生在有生物学联系（通过母亲）的哥哥与弟弟之间，即使这些哥哥与弟弟是分开养育的。换言之，兄弟出生次序效应甚至在家中没有其他兄弟争夺资源的情况下也有可能发生。另外，如果前面是姐姐而不是哥哥，则没有这样的影响。此外，在性取向方面，哥哥和姐姐对后出生的妹妹没有任何影响。无论这种影响是生物学的，还是心理学的，抑或是两者兼而有之，兄弟出生次序效应的发现给出生次序研究提供了新的启发。

2. 批评

不能证伪。与弗洛伊德和荣格的理论一样，阿德勒理论中所用的许多术语都不能被准确地验证。由于它们缺乏明确的定义，因此，即使不是完全不可能，也很难确定人格中的自卑感、追求优越、社会兴趣、创造力这些概念的作用。阿德勒有关"每个事物都可能不同"的论断（1956c，p. 194），使人们不可能运用他的理论做出一个可验证的预测。如前述，阿德勒认为，决定行为的是主观现实，而不是客观现实。因此，如果一个人形成了与所期望的特征有所不同的某种人格，比如与他的出生次序特征不同的人格，那么这种人格总会被归因于对外界环境的独特认知。另外，阿德勒声称，遗传和经验只提供了人格的原料，创造性自我根据这些原料来塑造出独一无二的人格。正是这个创造性自我概念，使人们不可能根据遗传或环境经历来预测成人的人格特征。

过于简单化。阿德勒声称，决定成人人格的，往往是少数的早期经验。如果一个人对世界的认识是基于这些经历而形成的，他的认识是可以改变的，不健康的生活方式也可以变为健康的生活方式。另外，阿德勒几乎仅仅依赖社会因素来解释人格，把生物学和遗传因素降到最低。阿德勒宣称，在人格的最终分析上，每个人都会或能够进行自由选择。许多现代人格理论家都认为，阿德勒的这些假设都过于乐观。另外，阿德勒坚持认为所有人都具有潜在的、与生俱来的社会兴趣。以这一观点为前提，阿德勒对战争、谋杀、强奸、犯罪和其他暴力行为感到困扰。弗洛伊德和荣格理论中的许多观点远比阿德勒的观点能更好地解释人类行为的消极方面。

3. 贡献

社会因素的重要性。尽管有人认为，阿德勒强调社会因素，是其理论中的消极方面，但也有人认为，这正是阿德勒最重要的贡献。阿德勒生动地指出，每个人都生活在自己创造的世界中。影响人的世界观的最重要因素，就是人与他人的关系。例如，一个人的家族系统就是一个因素，能够影响他的世界观。社会因素对人格发展的重要作用，是被弗洛伊德和荣格降到最低限度的。

影响广泛。阿德勒有关"生活方式"和"自卑情结"的术语已经成为日常用语的一部分。在人格理论和心理治疗领域，由于阿德勒的影响，重点已经放在自我选择的目标上，例如行为的决定因素、人格的社会决定因素、家庭治疗、小组治疗、精神病的社区治疗、对与客观现实相对立的主观现实重要性的强调，以及个人自由与人的责任等等。

几个有影响的人物认为阿德勒对心理学的贡献大于弗洛伊德。例如，阿尔伯特·艾利斯（Albert

Ellis）认为：

> 阿尔弗雷德·阿德勒甚至胜过了弗洛伊德，他也许是当代心理学的真正鼻祖。理由是，他建立了自我心理学，而弗洛伊德只是到后期才重新发现这一点。他是第一位人本主义心理学家。……他强调整体论、目标寻求，以及人类思维、情感、行动的重要价值。他正确地提出，性驱力和性行为在很大程度上是人类无性哲学的结果，而非其原因。……
>
> 在当代，很难找到一个在某方面有引领作用的治疗学家不将其成就归功于阿尔弗雷德·阿德勒的个体心理学的。（1970，p. 11）

维克多·弗兰克尔（Viktor Frankl）把阿德勒与弗洛伊德的对立比作

> 一次哥白尼式的巨变。人不再被看作一个产品、抵押物、内驱力和本能的牺牲品。相反，内驱力和本能成为原料，服务于人的言行。
>
> 不仅如此，阿尔弗雷德·阿德勒还被认为是存在主义思想家，是存在主义－精神治疗运动的先驱。（1970，p. 12）

▼ 小 结

阿德勒在童年的很长时间里曾遭受严重的身体疾病、自卑感和兄弟竞争的困扰。他是弗洛伊德的早期同盟者之一，但是他们之间的众多区别导致他们的关系破裂。阿德勒不赞同弗洛伊德关于压抑、婴儿期性欲和无意识的重要性等观点。阿德勒的理论被称为个体心理学，强调每个人在追求未来目标、克服自卑感的过程中，都是完整和唯一的。阿德勒的理论可以与存在主义相提并论，因为它们都关注自由意志和人类存在状态的意义。他的理论也可与人本主义兼容并蓄，因为它也强调人类天生的善良本性。

阿德勒在早期理论中提出，人可以扬己之长，补己之短，并以此作为动力。他认为，人有时候可能对自己的缺陷给予过度补偿，并可能把缺陷转化为一种优势。后来，阿德勒把这一观点加以扩展，使其不仅包括实际身体缺陷，而且包括想象中的身体缺陷。这使补偿或过度补偿直接指向了自卑感，它要么来自真实的劣势，要么来自想象的劣势。阿德勒在早期著作中把女性劣势与男性优势等量齐观，努力变得更有男子气，是为了变得更强大，这称为男性钦羡。阿德勒认为，自卑感不一定是坏东西，它正是多数人获得成功的动力。但是对有些人，自卑感未能激发成长，他们被自卑感压倒，自卑成为个人成长障碍。这种人被认为具有自卑情结。

阿德勒最终的理论认为，人的根本动力是追求优越感和完美，但是对优越的追求应该与社会并行，而不应是自私的、个人的优越感。一个自私地追求个人优越，同时忽视他人和社会需要的人，被认为具有优越情结。

阿德勒认为，人必须给予人生一定的意义，为此须建立理想和虚构目标，它们能赋予人生以意义，并围绕这些意义来规划自己的生活。这样的虚构被称作虚构目的论，或导向性虚构。健全的人把虚构当作度过有意义和有效人生的手段。对于健康人，如果环境许可，这些虚构能够轻易被抛弃。但是对于神经症患者，这些虚构与现实相混淆，因此他们不惜代价地坚持。人试图实现虚构目标的手段称为人的生活方式。

阿德勒的理论阐明了所有人天生就具有与他人和谐相处的潜能。他把人的这种需要称为社会兴趣。每个人都要在社会兴趣基础上解决人生的三个主要问题：（1）职业任务；（2）社会任务；（3）爱情和婚姻任务。阿德勒认为，儿童与母亲互动的特征决定着儿童将形成怎样的社会兴趣。任何不是以强烈社会兴趣为特征的生活方式，都是错误的生活方式。拥有错误生活方式的人有三种类型：支配型、索取型、回避型。社会利益型的人具有强烈的社会兴趣，因此其生活方式是没有错误的。童年时期的三种条件会导致错误生活方式的出现，即身体缺陷、溺爱或纵容，以及忽视。阿德勒不认为人格完全由生物遗传、早期经历以及环境所决定，他认为，每个人都可以自由地以各种方式解释其生活，创造性自我使人成为自己选择的样子。

由错误生活方式而形成的自尊感和优越感，从根本上是虚伪的，因此它们必须被保护起来。阿德勒归纳了神经症患者采用的保护策略，包括借口、攻击（谴责、贬低、自我谴责），以及疏远（后退、原地不动、犹豫不决、设立屏障、体验焦虑、利用排他倾向）。心理治疗的主要目标，是用健康的社会兴趣来代替错误的生活方式。阿德勒的研究方法包括对出生次序和最初记忆的研究以及梦的分析。

阿德勒理论与弗洛伊德理论的主要区别是，阿德勒强调有意识的综合人格、社会动机、个人未来目标、个人自由和作为有缺陷生活方式基础的梦，以及他对性动机重要性的贬低。阿德勒对人类状态持乐观态度，而弗洛伊德则持悲观态度。

对阿德勒理论的批评，主要是其术语模糊，难以验证，因此不能证伪，且对人格特征的描述过于简单。他的理论忽视了人类的阴暗面。对阿德勒理论的赞扬是，它强调社会因素在人格发展中的重要性，把一些术语、概念和方法引入治疗过程，并用于对人格的理解。有关出生次序对不同人格特征的影响有大量研究，但研究结果模棱两可。萨洛韦积累的大量证据显示，出生次序是人格强有力的、可预测的决定因素。但出生次序对人格的影响，在当代心理学界仍是争论热烈的问题。阿德勒关于社会兴趣和最初记忆的概念，仍是有待研究的课题。

▼ 经验性练习

1. 阿德勒认为一个人的最初记忆提供了人生的主观起点。说出你的最初记忆，并分析它们与你的人生目标有何关系。
2. 阿德勒将人划分成四种基本类型：支配型、索取型、回避型、社会利益型。说说你最像这四种类型中的哪一种，有何证据。
3. 阿德勒认为，每个儿童因出生次序不同，在家里受到的对待是不同的。根据你的出生次序，描述一下你的经历与出生次序不同的儿童有何差别。分析你的出生次序导致的一些经历怎样影响你成人后的人格特征。通过与熟人交谈，确定出生次序相同的人是否有相似的人格特征。

122

▼ 讨论题

1. 为什么阿德勒把他的理论称作个体心理学？
2. 自卑感和自卑情结的区别是什么？
3. 对阿德勒有关社会兴趣的概念进行讨论，用实例说明阿德勒在他的理论中是如何使用这一概念的。

▼ 术语表

Accusation（谴责） 神经症患者攻击他人的一种形式，包括因个人缺点而指责他人，对人寻求报复。

Aggression（攻击） 一种保护策略，可采取三种形式：贬低、谴责、自我谴责。亦见 Accusation（谴责）、Depreciation（贬低）和 Self-accusation（自我谴责）。

Avoiding type person（回避型的人） 表现出错误生活方式、尽力避免解决生活中的问题，进而逃避可能出现的争论的人，这种人缺乏恰当的社会兴趣。

Birth order（出生次序） 阿德勒为了考察人格而研究的课题之一。他认为，不同的出生次序创造出不同的情境，儿童必须调整自己以适应情境，这样的调整会影响人格。

Compensation（补偿） 扬己之长，补己之短，例如用意志力对某种器官缺陷进行弥补。

Creative self（创造性自我） 人格中的自由成分，它使人在可供选择的虚构目标和生活方式之间进行选择。这种创造力带来不同的实践，是个体差异的主要原因。

Depreciation（贬低） 神经症患者的一种保护策略，通过高估个人成就、低估他人成就来实现。贬低可采取理想化形式，用极高的标准来评判人，以至现实中无人能达到，因而被贬低。另一种形式是担心，似乎没有他们，别人就不能照料好自己。

Distancing（疏远） 神经症患者采取的一种保护策略，包括在他们与生活中面对的问题之间制造障碍。阿德勒认为，疏远的表现形式有：后退或为获得别人注意和对别人的控制而使用幼稚行为；原地不动或者不做任何努力以避免失败；犹豫不决或者改变方向，直到错过解决问题的时机；设立屏障或者设置一个较小的障碍，以便它们能够被克服，从而增加神经症患者虚构的价值感；体验焦虑是由神经症患者解决不了的生活问题所引起的，越是做不到，焦虑感越强，进而对疏远的需要也就越强；利用排他倾向或者神经症倾向，将他们的生活范围限制在可掌控的少数几个领域内。

¹²³ **Dream analysis（梦的分析）** 阿德勒认为，梦的目的是创造出某些情绪，帮助做梦者用来支持他们的错误生活方式。因而，通过梦的分析，可了解做梦者的生活方式。

Excuses（借口） 一种保护策略，神经症患者利用其症状作为自己弱点的借口。

Feelings of inferiority（自卑感） 一个人认为自己处于劣势的情感，而不论其是否来自对真实环境的判断。阿德勒认为，这种情感既可促成积极成就，也可导致自卑情结。

Fictional finalism（虚构目的论） 亦称导向性自我理想或导向性虚构，指人渴望追求的虚构的未来目标。它是一个人追求的终极目的，其生活方式是达到该终极目的的手段。

First-born child（头生子女） 在弟弟妹妹出生前，头生子女一直是关注的焦点，弟弟妹妹的出生使其遭到"废黜"，因而感到失落，这往往会造成痛苦，引发其后来生活中出现问题。阿德勒认为，头生位置是出生次序中最受困扰的位置。

First memories（最初记忆） 人最早的回忆。它们给人提供了世界观、虚构的最终目标以及生活方式的基础。阿德勒认为，随着人的人格特征发生变化，最初记忆也发生改变。

Fraternal birth order effect，FBO（兄弟出生次序效应） 男性在生物学上的哥哥越多，出现同性恋倾向的可能性越大。

Fundamental fact of life（生命的基本特征） 阿德勒用人们追求优越感或追求完美的论点，取代了其早期有关人们寻求强力以克服自卑感的论点。阿德勒称前者为生命的基本特征。阿德勒认为，健全人追求社会的而非个人的完善。亦见 Striving for superiority（追求优越）。

Getting-leaning type person（索取型的人） 表现出错误生活方式、期望事事靠别人帮助、缺乏适当社会兴趣的人。

Individual psychology（个体心理学） 阿德勒用来概括其理论的术语。个体一词强调他的信仰，即每个人都是一个综合的整体，他在与别人和谐相处的同时，力求获得未来目标并试图发现人生的意义。

Inferiority complex（自卑情结） 人被自卑感压倒、认为自己一事无成时的心理状态。

Lifestyle（生活方式） 人试图获得其自我创造的或虚构的生活目标的手段。

Masculine protest（男性钦羡） 试图通过变得具有更多男子气、更少女子气而成为更强大的人。阿德勒初期曾认为，不论男性还是女性，都试图通过拥有文化认同的男人形象而获得力量。

Mistaken lifestyle（错误的生活方式） 任何不是以社会利益为目标的生活方式，即任何把社会兴趣降到最低的生活方式。

Neglecting（忽视） 导致儿童感到无价值、气愤或不信任别人的教育方式。

Only child（独生子女） 这种儿童像是从不会被"废黜"的头生子女。阿德勒认为，独生子女为了求助他人，往往是听话、充满深情和迷人的。但阿德勒不认为独生子女像头生子女那样面临很多危险。

Organ inferiority（器官缺陷） 身体某器官未得到正常发育。这种状态能够激发补偿或者过度补偿的出现。补偿或过度补偿可能是健康的，也可能是不健康的并导致自卑情结。亦见 Compensation（补偿）和 Overcompensation（过度补偿）。

Overcompensation（过度补偿） 通过大量努力，把先前的劣势转化为优势的过程。如一个体弱儿童经过艰苦训练，成为一个运动员。

Physical inferiority（身体劣势） 真实存在的身体缺陷。亦见 Organ inferiority（器官缺陷）。

Ruling-dominant type person（支配型的人） 展示出统治和支配他人的错误生活方式、缺乏适当社会兴趣的人。

Safeguarding strategies（保护策略） 神经症患者用来维持错误生活方式所能提供的所剩无几的自尊和优越幻觉的机制。亦见 Aggression（攻击）、Excuses（借口）和 Distancing（疏远）。

Second-born child（次生子女） 家庭中排行第二的儿童，往往雄心勃勃，因为他会试图不断地赶上并超越其哥哥或者姐姐。阿德勒认为，在所有出生次序中，次生位置是最具优势的位置。

Self-accusation（自我谴责） 神经症患者进行攻击的一种形式，包括沉溺于自我折磨和内疚，其终极目标是伤害他人。

124

Social interest（社会兴趣） 一种与生俱来的潜能，力求创建与他人和谐、友善的生活，并寻求完美社会的发展。

Socially useful type person（社会利益型的人） 展示出具有适当社会兴趣并有利于社会的生活方式的人。

Spoiling or pampering（溺爱或纵容） 使儿童相信满足他的需要是他人责任的养育方式。

Striving for superiority（追求优越） 被阿德勒称作"生命基本特征"的内容。根据阿德勒的最终理论观点，无须研究克服自卑感的力量，自卑感是人的动力，因此应该研究完善或优越，但这是社会的完善而不是个人的完善。亦见 Fundamental fact of life（生命的基本特征）。

Superiority complex（优越情结） 人把过多的注意力集中于自己成功的需要，而忽视他人需要的一种心理状态。这样的人往往自负、专横、自大。

Youngest child（末生子女） 家庭中排行最后的儿童。阿德勒认为，此位置儿童的劣势仅次于头生子女，他们往往受到溺爱，因而失去通过自己努力取得成功的勇气。

卡伦·霍妮

本章内容

卡伦·霍妮曾接受弗洛伊德传统的训练，她的全部工作都受到这种训练的影响。在柏林精神分析研究所工作时，她接受了卡尔·亚伯拉罕（Karl Abraham）和汉斯·萨克斯（Hans Sachs）对她进行的精神分析，这二人当时是弗洛伊德精神分析理论的优秀传承者。在霍妮的早期职业生涯中，她曾反击来自阿德勒和荣格的批评而捍卫弗洛伊德的理论（Quinn，1988，p. 151）。然而，随着时间推移，霍妮越来越难以把弗洛伊德的观点应用于她的具体工作中。她完全不同意弗洛伊德有关俄狄浦斯情结的观点及人格中的本我、自我、超我的划分。她认为弗洛伊德理论是其他国家、其他时代的反映。简单而言，霍妮认为，弗洛伊德理论并不适用于美国大萧条时期人们遇到的问题。与这一特殊环境下出现的其他几个问题相比，性的问题是次要的。人们更担心的是失业，没有足够的钱支付租金、购买食物，以及为子女提供所需的医疗保健。

霍妮认为，其原因是不同国家的人经历的主要问题不同，所处的时代不同，人是由文化决定的，而不是如弗洛伊德所说，由生物因素决定的。因此，尽管霍妮接受了弗洛伊德传统的训练并受其深刻影响，但她的理论最终却与弗洛伊德分庭抗礼。对霍妮来说，一个人在社会上的经历，决定着他是否出现心理问题，出现什么样的心理问题。内在冲突是由环境条件引起的，并不是像弗洛伊德所说的那样由人格中相互对立的成分（本我、自我、超我）引起的。我们将看到，霍妮没有完全抛弃弗洛伊德的理论，但是她的观点更接近于阿德勒的观点，而不是弗洛伊德的观点。

126

■ 一、生平

卡伦·霍妮（Karen Horney），原名卡伦·丹尼尔森（Karen Danielson），1885 年 9 月 15 日出生于德国汉堡附近的小村庄（那年弗洛伊德正在巴黎跟随沙考学习催眠术）。她的父亲伯恩特·亨利克·瓦克尔斯·丹尼尔森（Berndt Henrik Wackles Danielson）是一位挪威远洋轮船的船长，她的母亲，克洛蒂尔德·玛丽·范·龙泽兰（Clotilde Marie van Ronzelen）来自一个杰出的荷兰－德国混血家庭，霍妮的母亲比她父亲小 18 岁，是他的第二任妻子。他的家庭里有第一段婚姻所生的四个孩子，以及霍妮的同父同母哥哥伯恩特（Berndt），这个孩子被认为是全家人的最爱。霍妮的父亲高大、威严，笃信正统派基督教，坚信女人低男人一等，是人世间罪恶的根源。他常常与霍妮的母亲争吵。霍妮的母亲骄傲、漂亮、聪明、思想开放。霍妮对她父亲的感情很复杂，一方面，她畏惧父亲严厉、自以为是的举止，以及他对霍妮本人容貌和智力的低评论。另一方面，父亲曾带她经历了至少三次海上旅行，这使她的生活充满冒险，父亲还送给她从世界各地带回来的有异国情调的礼物。或许，正是由于这些美好的记忆，霍妮在 30 多岁时开始戴船长帽。谈到她父亲对她的负面影响时，霍妮回忆说，在父亲终于读完《圣经》后，他有时会暴怒，把《圣经》扔向他的妻子，孩子们管他叫"扔《圣经》的人"（Rubins，1978，p. 11）。后来霍妮对宗教持否定态度，对权威持怀疑态度就毫不奇怪了。霍妮在 12 岁时接受了一个医生的治疗后，她就决定长大后要当医生——这个决定得到了母亲的支持，却遭到父亲的反对。

1906 年，卡伦 21 岁，她进入德国弗赖堡医学院，这是当时为数不多的几个接收女生的医学院之一。不久，她与奥斯卡·霍尼（Oskar Horney）结识，他是假期从另一个学院来此进修经济学的。卡伦深为奥斯卡所吸引，他坚定、聪明，有独立性，身体和精神都很强壮。卡伦与奥斯卡于 1909 年 10 月 31 日结婚（这一年弗洛伊德和荣格在美国克拉克大学做了系列讲座），他们婚后共生育了三个女儿。在他们结婚时，奥斯卡已成为一名律师（卡伦的哥哥也已是律师）。1910 年霍妮怀上了她的第一个女儿布丽奇特（Brigitte），布丽奇特出生前不久，霍妮的母亲因脑卒中去世，也是在这个时间，霍妮开始从事她自己的精神分析，为她作为一名精神分析师的职业生涯做准备。这是霍妮一生中非常紧张的一段时间，在几年里，她经历了结婚、母亲病故、孩子出生以及精神分析的起步。

127

霍妮与奥斯卡的婚姻并不美满，霍妮在 1911 年初，有了第一次婚外情，而这才仅仅是开始。

到 1912 年初，奥斯卡已经不再在卡伦的生活中有任何重要作用了。她感到压力巨大，感到他们的感情在婚后逐渐消失，她需要在其他地方寻求满足。……在婚后的两年中，卡伦和奥斯卡似乎达成了共识，同意建立一种开放的婚姻，两个人都可以寻求其他性伴侣，而不必隐瞒和欺骗。卡伦和奥斯卡在三个女儿成长期间，继续小心翼翼地保持着联系，并维持传统家庭的样子。但是他们之间的关系在布丽奇特出生后的第一年就失去了活力。（Paris，1994，p. 49）

从上述引文中，我们看到了性混乱的迹象，这是霍妮成年生活中的主要特征。几个和她关系密切的同伴把她描述为对男人成瘾，至少是与男人的关系很冲动（Paris，1994，pp. 148-149）。很多年间，霍妮的情人几乎都是比她年龄小的人，其中包括她的同事（有些是已婚的）以及她的学生。还有证据称，霍妮的性欲望扩及女性（Paris，1994，p. 241）。

虽然性混乱是霍妮生活的一个主题，但它并没有带来过度的破坏。非但如此，它还可能成为其灵感的来源。关于霍妮众多的性伴侣，帕里斯（Paris，1994）说道："他们不是……霍妮生活中的主要焦点，她对男人的需要是难以抑制的，但全然不是为了享受。这没有干扰她的创造性工作，反而为她继续心理学的研究提供了燃料。"（pp. 149-150）

有趣的是，虽然霍妮认为自己在童年时期既不受欢迎，也不被爱，但在她自己孩子的眼里，她对孩子们持完全自由放任的态度。鲁宾斯（Rubins，1978，p. 51）说过这样一件事，有一次圣诞晚餐，她的二女儿玛丽安（Marianne）向后紧靠在她的椅子里，为防止自己陷下去，她抓住桌布，结果使圣诞晚餐都撒在地板上。玛丽安的父亲（奥斯卡）用狗鞭打了她，另两个女儿大哭起来，这时霍妮没有表现出任何情绪。

霍妮的婚姻于 1923 年开始出现裂痕。大约就在那个时候，卡伦的哥哥因肺炎病逝，年龄 40 岁。在她哥哥死后不久，霍妮一家外出度假，卡伦独自去游泳，一个多小时还没回来，她的家人去找她，发现她抓着一个木桩，正在思考是否要继续活下去，抑或结束自己的生命。经过苦苦哀求，她同意游回岸上。这个事件只是霍妮一生中经历的多次严重抑郁事件之一。大约也是在这段时间，奥斯卡的生活发生巨变，他供职的公司遭遇破产，他的投资失败，为了生存，他借贷了大量资金，在脑膜炎几乎致命的打击下，之前成功的奥斯卡自己崩溃了，他闷闷不乐，孤僻离群。与他共同生活变得越来越困难。1926 年，霍妮和她的三个女儿搬入一个小公寓。1936 年之前，霍妮在官方记录中尚没有离婚。1938 年，他们才最终离婚。

霍妮于 1913 年在柏林大学完成她的医学学业，她在专业学习期间，是一个优秀学生，常常是班上头名。自 1914 年到 1918 年，她在柏林精神分析研究所接受精神分析培训；1919 年，她在 33 岁时成为精神分析师；自 1918 年到 1932 年，她在柏林精神分析研究所从事教学工作，同时从事私人开业医师工作。

1932 年，她接受弗朗茨·亚历山大（Franz Alexander）的邀请来到美国，成为芝加哥精神分析研究所的副主任。两年后，霍妮转到纽约市，在那里，她恢复了与老朋友埃里希·弗洛姆（Erich Fromm）的关系。她与弗洛姆在 1922 年相识，当时她在柏林精神分析研究所接受精神分析培训，那时他们就彼此吸引。然而，弗洛姆当时已经结婚，他们之间没有发生浪漫之事。他们二人在芝加哥精神分析研究所工作期间，曾一度在一起，但是他们之间明确的亲密关系直到 1934 年双双转入纽约后才真正开始。鲁宾斯（Rubins，1978）认为，他们之间的关系是相互受益的，因为霍妮"从弗洛姆那里学到了社会学，而他从她那里学到了精神分析"（p. 195）。弗洛姆比霍妮年长 15 岁，成就斐然，出版过几部有影响的著作，包括《逃避自由》（1914）。霍妮与弗洛姆的亲密关系持续了几年，最终结束，但他们之间的社会和专业上的关系持续了多年。在弗洛姆之后，霍妮的浪漫关系对象是汉斯·鲍姆加特纳（Hans Baumgartner），但是在与汉斯结婚和她的英国小猎犬之间，霍妮选择了英国小猎犬（Paris，1994，p. 145）。

在纽约精神分析研究所时，霍妮与传统弗洛伊德学派的根本分歧越来越明显，逐渐地，她的学生提交的论文通常会遭到拒绝，因为它们违背了传统弗洛伊德学说。与她对立的观点非常强大，这导致对她教学工作的种种限制，并禁止她以精神分析师的身份开展培训。在压力下，霍妮于 1941 年辞去纽约精神分析研究所的工作，之后她很快地建立了自己的机构，取名为美国精神分析研究所，并担任主任一职。在那里，她继续发展自己的理论，直到 1952 年 12 月 4 日因胃癌病逝。

二、基本罪恶、基本敌意和基本焦虑

在霍妮所著的《我们时代的神经症人格》（1937）一书中，她详尽地阐述了自己的观点，指出神经症是由不正常的人际关系引起的。具体来说，她认为，神经症行为植根于父母与子女的关系中。同时，霍妮还强调儿童早期经验对人格发展的重要性，她的这一观点与弗洛伊德理论是一致的。然而，霍妮并不接受弗洛伊德的心理性欲发展阶段论，与阿德勒一样，霍妮认为，儿童生活一开始是伴随着无助感的，这种无助感与强有力的父母有关。她相信童年时期的两个基本需求是**安全**（safety）和**满足**（satisfaction），而且儿童的满足完全依赖于父母。对满足的需求是指儿童对食物、水和睡眠的需求。最低限度地满足这些生理需求是儿童生存所必需的。不过霍妮认为，生理需求的满足对人格发展的重要性不及对安全需求的满足。霍妮所说的安全需求指安全保障和免于恐惧的需求。

虽然所有儿童早年都是无助的、依赖父母的，但是这种需求并不一定造成心理问题，霍妮不同意阿德勒的早期观点，即，所有儿童生来都感到无助和自卑，并在一生中进行补偿或过度补偿。霍妮认为，无助状态对神经症的发展是必要条件，但不是充分条件。存在两种可能：（1）父母对子女表现出真正的疼爱和温暖，能够满足子女对安全的需求；（2）父母对儿童表现出冷漠、敌意甚至仇恨情绪，从而阻碍儿童对安全需求的满足。前者导致正常的发展，后者导致神经症的形成。

霍妮把父母削弱儿童安全感的行为称作**基本罪恶**（basic evil）。这些行为包括：

> 对孩子冷漠
>
> 拒绝孩子
>
> 对孩子怀有敌意
>
> 偏爱兄弟姐妹中的某个孩子
>
> 惩罚不公正
>
> 嘲笑
>
> 羞辱
>
> 行为古怪
>
> 不兑现承诺
>
> 让孩子远离他人

受到父母上述一种或多种方式虐待的儿童，会体验到对其父母的**基本敌意**（basic hostility）。这样的儿童身陷依赖父母和对父母怀有敌意的中间地带，这是一种极为不幸的状态。由于儿童没有能力改变这种状态，为了生存，他必须压抑对父母的敌意情感。儿童对基本敌意的压抑是由无助、恐惧、爱或内疚等情感促动的（Horney，1937，p. 73）。出于无助感而压抑基本敌意的儿童似乎是在告诉人们："我不得不压抑我的敌意，因为我需要你们。"（p. 74）而出于恐惧而压抑基本敌意的儿童似乎在说："我不得不压抑我的敌意，因为我害怕你们。"（p. 74）

在一些家庭中，父母对子女可以没有真正的爱，但至少要有一种努力，使子女感到自己是被爱的。例如，口头表达出爱和情感可以是真正的爱和感情的替代品。霍妮认为，儿童可以毫不费力地说出其中的差别，但是他不得不依附于这种"替代性"的爱，因为毕竟有这种爱。儿童会说："我不得不压抑

130

我的敌意，因为我担心失去爱。"（Horney，1937，p. 74）在我们的文化环境中，儿童还可能压抑其基本敌意，因为经过塑造，他如果对父母有任何负面情感，就都会感到内疚。这样的儿童在对父母感到敌意时，会有罪恶感和愧疚感，因此会压抑这种敌意。这种儿童的座右铭是："我不得不压抑我的敌意，如果我怀有敌意，我就是个坏孩子。"（p. 75）

非常不幸的是，由父母引起的敌意并不是孤立的，它会推及儿童生活的各个方面，推及所有人身上。这时儿童会觉得，每件事、每个人都是潜在的危险。这样的儿童经历了**基本焦虑**（basic anxiety），这一概念是霍妮最重要的概念之一，霍妮描述基本焦虑与基本敌意的关系时，这样说道：

> 我所提及的由各种因素所滋生或导致的疾病……是一种在充满敌意环境中普遍存在、不知不觉增强的孤独感和无助感。……这种态度并不构成神经症，但它无疑是神经症可能发生的土壤。由于这种态度对神经症的产生起着根本作用，我给它一个特定的名称：基本焦虑。它与基本敌意不可分割地交织在一起。（1937，pp. 76-77）

霍妮认为，神经症行为起源于父母与子女的关系，如果儿童感受到爱和温暖，他就会感到安全，并得到正常发展。霍妮指出，如果一个儿童是真正被爱的，他就能在各种负面经历中得以生存，而不受这些经历的影响。"只要一个儿童内心感受到他是被想要的，是被爱的，他就能够承受人所共知的巨大创伤，比如突然断奶、偶尔被打、性的体验等"（Horney，1937，pp. 68-69）。但是，儿童假如不能感受到被爱，就会对父母产生敌意，这种敌意将逐渐被投射到所有事和所有人身上，变成基本焦虑。霍妮认为，一个具有基本焦虑的儿童，很容易成为一个患有神经症的成人。

三、基本焦虑的适应

由于基本焦虑引发无助感和孤独感，因此，经历基本焦虑的人必须想办法将其减弱到最低限度。最初，霍妮（1942）描述了10种策略，来使基本焦虑最小化，她称为**神经症趋向**（neurotic trends），或神经症需求。通过分析可以发现，几乎每个人都有这些需求，这一点很重要。事实上，正常人具有这些需求中的多种，或者所有类型，并自由地设法使这些需求得到满足。换句话说，当情感需求出现时，人们总要试图满足它。例如，当一个人产生被钦佩的需求时，他就会试图去满足这种需求，如此等等。然而，神经症患者，在条件发生变化时，不能轻易地从一种需求转向另一种需求。相反，他仅仅聚焦于某一种需求上，而排除其他需求。他把这些需求中的一种当作生活的焦点。与正常人不同，神经症患者满足某种需求的方式也与现实不符，强度不成比例，使用不加区分。当这种需求不能得到满足时，它会引发强烈的焦虑。"如果那是一个人必须具有的感情，那么，他必须从朋友和敌人那里，从老板和擦鞋童那里接受它。"（Horney，1942，p. 39）

131

霍妮提出的十种神经症趋向或需求如下（Horney，1942，pp. 51-56）：

（1）**对情感和批准的需求**。重视这种需求的人希望在别人的爱和赞赏下生活。"重心在别人，而不是自己，别人的愿望和意见是唯一有价值的，害怕自己做决断，害怕来自他人的敌意，也害怕自己心中的敌意。"（p. 51）

（2）**对由一个同伴来掌控其生活的需求**。重视这种需求的人必定要依附于某人，这个人能保护他，使其免于各种危险，并满足他的所有需求。"对'爱'估计过高，因为'爱'被假设能解决所有问题，害怕被遗弃，害怕孤独。"（pp. 51-52）

（3）**将生活限制在狭窄范围的需求**。重视这种需求的人非常保守，不愿做尝试以避免失败。"不要提出什么高要求，很容易满足，对物质生活的雄心和愿望有限，必须保持低调，处在次要位

置上；低估现有的才能和潜力，谦虚是最高价值。"（p. 52）

（4）**对权力的需求**。重视这种需求的人赞美强者，藐视弱者。"因为渴望支配他人而支配他人……根本不尊重其他人，不尊重他们的个性、尊严和情感，只在意他们的从属性……不加选择地崇拜强者，藐视弱者；害怕失控状态，害怕无助。"（pp. 52-53）

（5）**利用他人的需求**。重视这种需求的人害怕他人占据优势，但又不会考虑他人的任何优势。"主要是根据别人能否被利用或有没有用处来评价他们；……因具有利用他人的技能而感到自豪；害怕被人利用，害怕因此而'犯傻'。"（p. 54）

（6）**对社会认可与社会声望的需求**。重视这种需求的人为了被认可而生活——例如，自己的名字出现在报纸上。最高目标是获得声望。"所有的一切——无生命的物体、金钱、人、自己的品质、活动和情感——都仅根据它们的声望价值来评价。"（p. 54）

（7）**对个人赞赏的需求**。重视这种需求的人为获得奉承和恭维而生活。这种人希望别人把自己看作他心目中的理想形象。"他需要被赞赏，不是为了拥有公众或出现在公众眼中，而是为了想象的自我；自我评价依赖于在别人心目中的形象和他人的赞赏。"（p. 54）

（8）**对雄心壮志和个人成就的需求**。重视这种需求的人，不惜代价地变得出名、富有，成为重要人物，对此具有强烈兴趣。"需要超过别人，但不是通过自己表现出什么或自己是什么样子，而是通过个人的活动；自我评价取决于自己是否做到最好——做情人、运动员、作家、工人——尤其是在自己心理上，被他人认同至关重要，如果缺少这些会愤愤不平。"（p. 55）

（9）**对自给自足和独立的需求**。重视这种需求的人会极力避免成为别人的负担，不愿与任何事、任何人绑在一起。不惜代价地避免被束缚。"从不需要任何人，或屈从于任何影响，或与任何带来被束缚风险的事物和熟人发生联系；距离和分离是安全的唯一源泉；害怕自己对他人、对密切关系和对爱产生需求。"（p. 55）

（10）**对完美和无懈可击的需求**。重视这种需求的人，由于对批评高度敏感，而试图变得毫无瑕疵。"坚定不移地追求完美；……因为完美，感到自己优于他人；害怕在自己身上找到缺陷或者犯错；害怕受到批评或责备。"（pp. 55-56）

正常人也会体验到这 10 种需求，有些人可能少于 10 种，他们在体验到这些需求时，是以恰当的态度来对待的。例如，正常人对权力的需求并不会那么强烈，以免引起与其他需求，如情感需求的冲突。正常人能够满足其所有的需求，因为他们对其中任何一种需求都没有强烈的情感投入。反之，神经症患者会把其中的某种需求作为自己的生活方式，他的全部生活都只是为了满足其中的一种需求，并以牺牲其他需求为代价。但是由于其他多种需求也要得到满足，神经症患者就陷入一种恶性循环之中。越是把一种神经症需求当作应对基本焦虑的手段，其他重要需求就越不能得到满足；其他需求越是不能得到满足，神经症患者体验到的基本焦虑就越强烈；这个人越感到焦虑，于是，他会更深地藏身于应对焦虑的某个单一策略的洞穴中。如此恶性循环。

四、趋近别人、反对别人和离开别人

霍妮在《我们内心的冲突》（1945）一书中，把 10 种神经症需求概括为三种主要的适应模式，这三种适应模式中的每一种，都反映出神经症患者适应他人的方式。很多人认为，这三种适应模式是霍妮对人格理论的最重要贡献。

1. 趋近别人

这种适应模式包括神经症式的对情感和批准的需求、对由一个同伴来掌控其生活的需求，以及将生活限制在狭窄范围的需求。霍妮称这种人为**依从型**（compliant type）。他似乎在说："如果我放弃，我就不会被伤害。"（Horney，1937，p.83）

> 总之，这种类型的人需要被喜欢、被爱、被想要、被渴望，并感觉到被接受、被欢迎、被认可、被欣赏、被需要，对他人来说，特别是对特定人来说自己是重要的、有用的、受到保护的、被关心的、被引导的。（1945，p.51）

应该注意，和10种需求一样，这些适应他人的主要适应模式也是以基本焦虑为基础的，它们反过来又建立在基本敌意的基础上。因此，尽管一个人通过**趋近别人**（moving toward people）、寻求爱和情感等做法而调整了其基本焦虑，但是他在本质上仍然是持有敌意的。因此，依从型的人的友善是表面上的，是以受压抑的攻击性为基础的。

2. 反对别人

在大多数情况下，这类人与依从型的人正好相反。这种适应模式结合了神经症式的对权力的需求、利用他人的需求，以及对社会认可与社会声望的需求。霍妮称这类人为**敌意型**（hostile type）。这类人似乎在说："如果我掌握权力，就没人能伤害我。"（Horney，1937，p.84）

> 任何情境和关系都可从"我能从中获得什么"的角度去看待——看它是否与金钱、声誉、关系、想法有关。这种人意识到或部分地意识到，每个人都会这样做，因此最重要的，就是要比其他人做得更有效。（1945，p.65）

敌意型的人也可能表现出礼貌和友善，但这只是达到目的的手段。

3. 离开别人

这种适应模式包括神经症式的对自给自足、独立、完美、无懈可击的需求。这类人被霍妮称作**孤立型**（detached type）。这类人似乎在说："如果我离群了，就没什么能伤害到我。"（Horney，1937，p.85）

> 这其中最关键的，是他们与别人保持一定情感距离的内在需求。准确地说，他们有意无意地决定，不以任何方式与他人纠缠，无论是爱情、战斗、合作还是竞争，他们围绕自己画了一个神奇的圆圈，没人能突破这个圆圈。（1945，p.75）

正常人不但也有这10种神经症需求，而且也采用这三种适应模式来适应他人。具体采用哪种模式，取决于在当时情况下哪一种最适当。而神经症患者做不到这些，他们只看重三个调整策略中的一种，而放弃另外两种。这就会导致进一步的焦虑，因为所有人，在不同时间，都需要进攻性，或依从、孤立和离群。神经症的畸形发展引起进一步的焦虑，焦虑又引起进一步的畸形发展。这就形成了恶性循环。

有一点须注意，三种适应模式从根本上是不相容的。例如，一个人不能在趋近别人的同时又反对别人。无论是对神经症患者还是正常人来说，三种适应模式都是彼此冲突的。然而，对于正常人，冲突不会像神经症患者那样带来情感变化，他有更大的灵活性，在条件变化时，可以从一种调整状态转换到另一种调整状态。神经症患者在面对生活中的不同问题时，只是采用三种适应模式中的一种，而不管这种模式是否适当。这就使得神经症患者与正常人相比，灵活性更小，因此其对生活中的问题的应对效果也较差。

五、真实自我和理想化自我

霍妮认为，健康的**真实自我**（real self）是每一个人出生时就具有的，它有助于正常人格的发展。

如果人们与他们的真实自我相一致，他们就会沿着**自我实现**（self-realization）的道路前行。自我实现是他们接近全部潜能并与他人和谐相处的手段：

> 你不需要，也不可能，教给一个橡子怎么长成一棵橡树，若有机会，它的内在潜能将得以发挥。同样，一个人，如有机会，往往会发挥出他特有的潜能，并产生真实自我的独一无二的活力，即他的情感、思想、愿望、兴趣的清晰度和深度，开启自身资源的能力，他坚强的意志力，他的特殊能力或天赋，他的表达才能，并通过自发的情感把自己与他人相联系。所有这些都将使他及时地发现自己的价值和生活目标。简言之，他将从本质上不可逆向地朝着自我实现的目标成长。这也是为什么我讲到……作为内在核心动力的真正的自我实现，是所有人共同拥有的，但在每个人身上又是独特的。它是成长的深刻源泉。（1950，p. 17）

如果儿童体验到生物和安全需求的满足，他们就会形成真实自我，并成长为正常、灵活、有作为的成人。然而，如果儿童体验到的是基本罪恶，儿童就会远离他们的真实自我。这样的儿童会低估并鄙视自己。还有什么理由让他们遭受自我虐待之苦呢？这种针对自己的被扭曲看法，如同生活的参考框架一样，是真实自我的毫无价值的替代品。这样的人创造出一个**理想化自我**（idealized self），这个理想化自我与真实自我没有什么关系。

霍妮认为，当一个人依据一个幻觉生活、用理想化自我取代了真实自我时，他就是神经症患者。神经症患者利用他的理想化自我，从而逃避被消极看待的真实自我。与真实自我不同，理想化自我是一个不切实际的、难以改变的梦想。

当人的生活被一个不切实际的自我形象指引时，那么，推动这个人的动力，就是这个形象应该怎样，而不是它实际怎样。霍妮把这种情况称为**应该的专横**（tyranny of the should）：

> 忘掉你真实拥有的可耻生物体，这是你应该的样子，实现这个理想化自我就等于一切。你应该能够忍受一切，理解一切，喜欢每一个人，做个有作为的人——这些仅仅是内在指令中的少数几个。既然内在指令是不可避免的，那么我把它们称作"应该的专横"。（1950，pp. 64-65）

神经症患者被束缚在理想化自我的幻象中，这种幻象并不是真实的反映，它往往是不可改变的。神经症患者对理想的追逐越强烈，这个人受到真实自我的驱使就越多，神经症也就越严重。霍妮（1945）指出：

> 一个人建构了有关自己的理想形象，由于他不能忍受现实的自己，这个形象显然抵消了这个灾难，但是却又把他放到一个受人尊敬的地位上。他仍然不能容忍他的真实自我，并开始对真实自我产生怨恨。他轻视自己，在无法实现的自我要求的束缚下挣扎。然后，他在自我崇拜和自我轻视之间、在理想形象与被鄙视的形象之间摇摆不定，没有稳固的中间地带可以依靠。（p. 112）

135

对这样的人来说，唯一的希望寄托在一个训练有素的精神分析师上，或者一个相当专业的自我分析上。（霍妮有关自我分析的步骤在本章稍后进行讨论。）

相形之下，正常人也有梦想，但他们是现实的，是可以改变的。他们既体验到成功，也体验到失败，并经历了期望改变给他们带来的影响。而神经症患者体验到的主要是失败，因为他们的理想往往与他们的真实自我不相容。神经症患者经历的情感不能对他们与周围环境和周围人们互动的效果提供有意义的反馈，因为这些情感是不真实的。神经症患者"感到他应该感到的情感，渴望他应该渴望的愿望，喜欢他应该喜欢的事物"（Horney，1950，p. 159）。

六、外化

霍妮（1945）认为：

> 当真实自我与理想化自我之间的差异带来的张力达到不可忍受的境地时，［这个人］就不再诉诸他自己具有的任何东西，唯一留给他的就是彻底逃避自己，把所有事情都看作与己无关。（pp. 115-116）

这种把任何重要事情都看作发生在自身之外的倾向，被霍妮称为**外化**（externalization），并被定义为"体验好像发生于自身之外的内部过程的趋向，作为一个规则，掌控这些对自己面临的困难负有责任的外部因素。为逃避真实自我而达到理想化目标，这种情况是常见的"（1945，p. 115）。

外化与弗洛伊德的投射机制似乎有些相似之处，但是霍妮认为：

> 外化……是一种更广泛的现象，责任转换只是其中一部分。某个人的错误不仅会被别人感受到，而且或多或少地会被所有人感受到。一个倾向于外化的人，可能会因某些小国家遭受压迫而深感不安，却意识不到他自己受到了多大的折磨。他可能感觉不到他自己的绝望，却在别人身上产生情绪体验。在这种联系中，尤为重要的是，他没有意识到他对自己的态度。例如，当他对自己生气时，他却感到别人在对他生气。或者，当他的愤怒是指向自己时，他却意识到这是指向别人的。此外，他不仅把他的困扰归于外因，而且把他的好心情或者成就也归于外因。他的失败被看作是命中注定的，他的成功被归结为好运气，他的精神状态好被归因为天气，等等。（1945，p. 116）

由于神经症患者在任何重要事情的决定因素中把自己排除在外，他自然会高估外部因素，尤其是与其他人的关系给予他的体验。如果神经症患者的生活中正在发生重要变化，神经症患者会认为，这肯定是别人的变化造成的。"当一个人感到他的生活无论好坏都由别人决定时，唯一的逻辑就是他必须全力去改变他们，改造他们，惩罚他们，保护自己免受他们的干涉，或让他们钦佩自己。"（Horney，1945，pp. 116-117）

神经症患者会完全凭借外因来保持他的理想形象。当这些外因不支持神经症患者的理想形象时，他会感到愤怒，但那也必定要被外化。霍妮（1945，pp. 120-122）认为，愤怒可以被外化为三种形式：（1）如果没有任何限制来抗衡敌意，气愤会反过来针对与错误相关的其他人，或表现为一般性和特定性愤怒，尽管神经症者真正恨的，其实是他自己；（2）害怕自己不能容忍的错误会激怒他人；（3）出现身体失调，如肠道疾病、头疼、疲劳等等。

外化对神经症状况的改善没有帮助，反而会使情况变得更糟糕：

> 外化实质上是主动的自我排除过程。它之所以在自我疏离的各种谎言中能够奏效，是因为它是神经症过程所固有的。随着自我排除，内在冲突也很自然地从意识中被移除。但是，通过使人更多地被责备、被怀恨并害怕与别人交往，外化就用外部冲突取代了内部冲突。明确地说，它大大加剧了最初在整个神经症过程中形成的冲突：个体与外部世界的冲突。（Horney，1945，p. 130）

由于通过外化而自我消除的企图注定要失败，因此，神经症患者被迫诉诸霍妮所称的"人造和谐的辅助手段"。

七、人造和谐的辅助手段

霍妮认为，当神经症患者试图根据他们的理想化自我形象来生活时，他们会欺骗自己。为支持这种谎言，他们必须将自己的真实情感外化，这就导致另一个欺骗。为支持这些谎言，或者为控制由他们自己造成的损害，神经症患者需要利用更多的谎言。如此循环往复。霍妮（1945）指出：

> 这是司空见惯的，一个谎言通常导致另一个谎言，第二个谎言又需要第三个谎言来支持，如此循环往复，直到人被束缚在一个盘根错节的网中。在个人或群体生活的任何情境中，只要缺乏探寻问题本质的决心，这类事情就注定会发生。东拼西凑可能有帮助，但是这将带来新的问题，反过来又需要新的权宜之计。因此，这将伴随着解决基本冲突的神经症尝试。这和其他情况一样，没有任何事情是真正有益的，除非最初产生问题的条件发生彻底改变。神经症患者要做的事情——忍不住要做的——就是把一个虚假的解决方案摞在另一个虚假方案上。（p. 131）

当一个人用他的理想化自我来取代真实自我时，内在冲突就会被引发。霍妮描述了神经症患者用来应对不可避免的内在冲突的 7 种无意识手段。霍妮把这些手段看作神经症患者试图打造虚幻生活的另一种谎言。

霍妮所说的辅助的人造和谐法，与弗洛伊德所说的自我防御机制、阿德勒所说的保护策略，有一些相似之处。

1. 盲点

盲点指由于某些特定经历与一个人的理想化自我不一致，因而否认或忽略之。例如，一个人若把自己看作是极端聪明的，他就倾向于忽略那些要他不去做某事的建议。同样，把自己看作虔诚、圣洁的人，将会对他参与的任何明目张胆的冒犯行为漠然无视。霍妮（1945）举了下面的例子：

> 一个患者……具有依从型的所有特征，并认为他自己是耶稣式人物，他相当随意地告诉我说，在全体员工大会上，他常常用大拇指对着他的同事一个挨一个地轻弹，好似朝他们开枪。显然，引起这些比喻性杀戮的毁灭渴望，在当时是无意识的。但这里的关键点是，他称为"玩"的开枪举动，一点也不妨碍他自己耶稣式人物的形象。（p. 132）

霍妮有关**盲点**（blind spots）的概念与弗洛伊德自我防御机制中的否认现实有相似之处。

2. 间隔划分

这指的是，把一个人的生活划分为不同部分，每个部分适用于不同的规则。例如，一套规则用于人的家庭生活，另一套规则用于人的商务生活。这样，人可以在家里遵守基督教原则，而在商务活动中冷酷无情。由于情境是不同的，因而神经症患者看不到其中的冲突。霍妮（1945）对**间隔划分**（compartmentalization）的阐述如下：

> 一部分针对朋友，一部分针对敌人；一部分针对家庭，一部分针对外人；一部分针对职业生活，一部分针对个人生活；一部分针对社会地位与自己相同的人，一部分针对社会地位不如自己的人。因此，对神经症患者来说，一个组成部分中发生的事情，和另一个组成部分中发生的事情并不矛盾。一个人通过把他的冲突合理化，使他只有在失去同一感的状态下，才可能那样去生活。（pp. 133-134）

3. 合理化

霍妮认为，**合理化**（rationalization）是自我欺骗的一种形式，它指的是拿出合乎逻辑、似是而非但是不准确的借口，使一个人已经感知到的弱点、不足或不一致的东西成为正当的。依从型的人必然会为他的攻击行为找这样的借口，敌意型的人则会为他的善意行为找这样的借口。

4. 过度自我控制

这指的是通过控制一切形式的情绪表达，使自己免受焦虑困扰。其目标是，不惜一切代价维持严格的自我控制。霍妮（1945）这样解释：

> 实施这种控制的人，不论是否被热情、性冲动、自怜还是愤怒所控制，都不允许自己放任自流。在进行精神分析时，他们遇到的最大困难是自由联想。他们不允许用喝酒来唤起自己的情绪，常常宁愿忍受痛苦也不实施麻醉。简言之，他们想对所有自发行为进行检查。（p. 136）

5. 武断的正确

神经症患者的生活常常以优柔寡断、模棱两可以及疑惑不定为特征，但是这些特征产生的情感又是不可容忍的。通过利用**武断的正确**（arbitrary rightness），将其作为模棱两可情境下的保护手段，神经症患者选择了一种解决方案、一个答案、一个立场后，就武断地宣称问题已得到解决，争论已经结束。神经症患者采取的立场成为"真理"，因此不能被挑战。神经症患者不必再担心什么是正确的、什么是错误的，或者什么是确定的、什么是不确定的。

6. 飘忽不定

飘忽不定（elusiveness）与武断的正确是对立的。飘忽不定的神经症患者很少做出决定。如果一个人什么决定也不做，那他就不会犯错误，也就不会受到批评。霍妮（1945）对神经症患者的飘忽不定做了如下的描述：

> 他们时而恶毒，时而富有同情心；有时对人过度关心，有时对他人又毫不在意；在某些方面刚愎自用，在另一些方面又低调谦逊。他们急切地寻求一个专横的伙伴，只是为要变成一个"受气包"，然后再回到先前的状态。他们在残酷对待他人后，又悔恨不已，试图进行修补，然后感到像一个"笨蛋"一样，反过来又再次被虐待。对他们来说，没有任何东西是真实的。（pp. 138-139）

7. 愤世嫉俗

飘忽不定的神经症患者推迟做任何决定，而愤世嫉俗的神经症患者则不相信任何事情。愤世嫉俗者很愿意指出别人的信仰是毫无意义的。霍妮认为，**愤世嫉俗**（cynicism）或许是对先前信仰的多次失望所致，愤世嫉俗的人不相信任何东西，他们对失望有免疫力，这些失望来自原本承诺的东西被表明是虚假的。另外，他们把进入他们信仰体系的难题排除在外，他们只是说，没有任何东西值得相信。此外，这些神经症患者拒绝任何道德价值，他们用马基雅维利式的狡猾手段来说明人际关系。霍妮（1945）说到愤世嫉俗的神经症患者时，这样说："所有一切都是表面的，你高兴怎样做就怎样做，只要你不被抓住。每一个人都是伪君子而不是傻瓜。"（p. 140）

另外，正常人与神经症患者之间的差别是程度上的不同。正常人会毫无疑问地在任何时候使用这些非主要的适应技能。然而，神经症患者将会对其中的一种或多种技能给予过度使用，这就减少了他们解决生活中不可避免问题的灵活性和有效性。

■■ 八、女性心理学

如前所述，霍妮曾接受弗洛伊德精神分析理论的训练，她还接受过弗洛伊德的两个最狂热的支持者（卡尔·亚伯拉罕和汉斯·萨克斯）对她进行的精神分析。另外，从 1918 年到 1932 年，她曾在柏林精神分析研究所从事精神分析的教学。因此，霍妮的早期工作紧密追随弗洛伊德的教诲是毫不奇怪的。例如，在 1927 年发表的题为《一夫一妻制理想中的问题》的文章中，霍妮从严格的弗洛伊德观点出发，分析了一夫一妻制婚姻传承下来的问题。他的主要观点是，由于男性象征性地与他们的母亲结婚，女性象征性地与她们的父亲结婚，俄狄浦斯情结在婚姻生活中必定会表现出来。为支持这个观点，霍妮引用了弗洛伊德的说法："丈夫或者妻子永远是一个替代品。"（1967，p. 85）在这个范围内，儿童学会了抑制自己与父母乱伦的渴望，这种被压抑的东西将在婚姻中显现出来：

> 早期［俄狄浦斯］情境［在婚姻中］表现出来的影响方式和程度，取决于乱伦禁忌在个体心里仍然具有多大的活力。（Horney，1967，p. 86）

在霍妮看来，乱伦禁忌在婚姻中导致的结果，一般与亲子关系所导致的结果是同样的，就是说："直接的性目的的让位于情感上的一种禁止性目的的态度。"（Horney，1967，p. 86）霍妮得出结论，与配偶保持性关系，在象征性意义上，与一个人与自己的父亲或母亲保持这样一种关系是同样的，因此婚姻中性的成分很快就减少了：

> 从个人角度，我知道，只有在一种情况下，这种发展［从性关系转化为情感关系］才不会发生。那就是，妻子一直爱着丈夫，把他作为性对象。在这种情况下，当女性到了 12 岁的时候，她喜欢从自己的父亲那里得到实际的性满足。（1967，p. 86）

霍妮认为，在婚姻中使俄狄浦斯情结得以复活，并尽可能地寻找一个与自己的母亲或父亲不同的人作为婚姻伴侣，可以把婚姻中的损害降到最低限度：

> 情况可能是这样的：被选择为妻子的女性一定不能回忆起母亲。在种族或者社会起源中，在智力或外貌上，她必须和她的母亲有一定的差别。这有助于解释，为什么在第三方介入下促成的谨慎的或契约式婚姻往往比自由恋爱的婚姻相对更好些。我们知道，婚姻媒介机构中有某种心理上的智慧，如东方犹太人的婚姻就是这样。（1967，p. 87）

因此，一夫一妻婚姻存在的问题或许能够减少，但是不能被消除。"从来不会，也永远不可能找到可以解决婚姻生活中这些冲突的原则。"（Horney，1967，p. 98）例如，婚姻中常见的对伴侣的占有，"显然是婴儿期独占其母亲或父亲的愿望的复苏"（1967，p. 91）。

霍妮早期对婚姻的分析，反映出弗洛伊德有关男性和女性俄狄浦斯情结的正统观点，以及对**解剖即命运**（anatomy is destiny）的确信。然而，霍妮逐渐变得不赞同弗洛伊德的一些论点，即女性命中注定具有特定的人格特征，只是源于她们的生理特征。她逐渐形成了一种观点，即在解释人格特征时，无论对于男性还是女性，文化因素都比生物因素更重要。霍妮从 1923 年开始写作有关女性特定兴趣的文章，1937 年前，她一直发表这方面的文章。它们反映出霍妮从生物决定论到文化决定论的转变。这些文章后来以《女性心理学》（1967）的书名出版。

霍妮对阴茎嫉妒的解释

在弗洛伊德看来，女孩心理发展过程中最具伤害的经历是她们发现自己不像男孩那样拥有阴茎。她们对这一发现的反应，是希望拥有一个阴茎，并对比较幸运的男性产生了嫉妒心。在这一生物学领域，女性必然满足于象征符号，因此，她们希望生男孩，这些男孩最终将会在象征意义上使她们自己有了阴茎。据弗洛伊德所说，解剖即命运，女性命中注定劣于男性（或者至少是感觉劣于男性），且由于缺少阴茎而轻视自己的性别。

霍妮在其早期著作中，接受了弗洛伊德解剖即命运的观点，但她并未对此表现出太大兴趣。霍妮

140

在治疗男性患者时发现，他们常常表现出对母亲身份的嫉妒，至少是和假定在女性身上表现出的阴茎嫉妒同样强烈：

> 从生物学角度，女性具有母亲身份，或者有能力成为母亲，这是毫无争议的，而且这是一个毫无疑问的、可以忽略不计的生理优势。这一点在男性心理的无意识中十分清楚地反映出来，表现为男孩对母亲身份的强烈嫉妒。……当一个人对女性进行了长期的分析后才开始分析男人时——就像我做的那样——这个人得到的一个最令人吃惊的印象就是，男人对怀孕、生育、母亲身份以及哺乳和吸吮的强烈嫉妒。（Horney，1967，pp. 60-61）

进一步讲，"男性的'子宫嫉妒'一定比女性的'阴茎嫉妒'更强烈，因为男人贬低女人的需要超过女人贬低男人的需要"（Paris，2000，p. 166）。霍妮（1967）详细论述了为什么男人会怨恨女人，并因此而需要贬低她们。

> 性别上的生物差异带来的经验之一就是：男人有义务不断地向女人证明他的男人身份，而女人则不存在这一必要。即使她是性冷淡的，她也能够性交并怀孕生子。她仅仅待在那里就行，什么也不用做——这个事实总是让男人感到羡慕和怨恨。而男人则不得不做一些事情，以便实现自己。有"能力"，是一个典型的男子汉的理想。（p. 145）

141

霍妮认为，还有一点，这就是强调男人的表现，该表现是男性对其生殖器的大小产生"深深隐藏的焦虑"并企图"占有"尽可能多的女人的原因。霍妮说，通常男人并不想要一个与他们平等或者优于他们的女人，"在妓女或者水性杨花的女人那里，一个人不必担心遭到拒绝，不会有性、道德，或者智力方面的要求。一个人能够感到自己是优于她们的"（Horney，1967，p. 146）。

霍妮在她后来的文章中，彻底放弃了人格上的生物决定论，包括弗洛伊德关于阴茎嫉妒的观点。取而代之地，她说道：女人常常感到不如男人，是因为她们确实在文化上劣于男人。由于男人在文化上掌控着权力，女人似乎希望变得有男子汉气概。然而，她们试图做的一切，就是参与到那些她们所渴望的事物中，而这些事物已经由男人所控制。霍妮说："我们整个的文明是一个男性的文明。国家、法律、道德，以及科学都是男人的创造物。"（1967，p. 55）在其他场合下，霍妮说：

> 希望成为一个男人，如阿尔弗雷德·阿德勒所指出的那样，可能表达的是对所有那些好的品质或者优势的盼望，而这些品质和优势在我们的文化中被认为是男子汉的气概，诸如力量、勇气、独立、成功、性自由，以及选择性伴侣的权力。（1939，p. 108）

因此，女人嫉妒和渴望的不是阴茎，而是影响力，以及自由参与到所处文化中的能力。

为什么精神分析对男人的理解胜过女人，而且描绘的画面有利于男人而不是女人呢？霍妮回答道："对此，理由是明显的。精神分析是男性天赋的创造物，并且继承发扬他的想法的人几乎一直都是男人。因此，这样说应该是正确并合理的，即他们应该更容易演化出男性心理学，比起理解女人来，应该更多地理解男人的发展。"（1967，p. 54）霍妮接着指出：

> 像所有科学和所有评价一样，到目前为止，女性心理学一直仅仅是从男人角度来思考的。一个不可避免的事实是，正是男人的优势位置，成为他把与女性之间主观的、情感的联系归结为客观合法性的原因……到目前为止，女性心理学实际上代表了男人的渴望与失望的一个抵押品。（p. 56）

霍妮（1939）得出结论说，弗洛伊德是一个天才，但在知识视野上有其局限性：

> 具有承认偏见的洞察力和勇气，是天才的特征之一。在这个意义上，弗洛伊德确定无疑值得

被称作天才。他常常几乎令人不可相信地不受古老思维方式的束缚，并以新的眼光来看待精神现象。与此同时，没有人，甚至没有天才，能够完全跨越他的时代。他的洞察力、他的思维在许多方面受到他所处时代的精神的影响，尽管这听起来像是附加的陈词滥调。（p. 37）

142

■ 九、心理治疗

有关心理治疗的具体技能，霍妮从弗洛伊德那里借用了很多东西，她和别人一样采用了梦的分析和自由联想法。但是对霍妮来说，这两种方法都是用来发现一个患者所使用的主要适应策略（趋近别人、反对别人、离开别人）。她还对弗洛伊德有关移情的概念深信不疑，她说："有人问我，在弗洛伊德的发现中我最看重的是什么。我可以毫不犹豫地说：那就是患者对分析师和分析状态的情绪反应，以及治疗这些情绪反应的那些方法。"（1939，p. 154）在霍妮看来，患者通过移情所暴露出的东西就是他的主要适应方法。因此，敌意型患者试图控制治疗师；孤立型患者在治疗师提供超自然治疗方法的同时，像旁观者一样等待；依从型患者则试图利用自己的痛苦和病痛博得治疗师的同情和帮助。

神经症的外化倾向是心理治疗的主要障碍。霍妮（1945）的理由是：

> 一个患者的一般外化倾向是为精神分析制造难题，他的做法包括去看牙医，由此期望分析师去做他自己的事，而这事与他毫不相干。他对自己的妻子、朋友、兄弟的神经症状况很感兴趣，但唯独不谈他自己。他谈论自己生活中的困难环境，但很少检讨自己的问题。他觉得，如果不是他的妻子有神经症，或者如果不是他的工作受挫，他将一切正常。在很长一段时期内，他并没有认识到自己受到任何情绪问题的困扰。他担心鬼魂、盗贼、暴风雨、周围寻求报复的小人、政治局势，但从不担心他自己。他感兴趣的，充其量是他在智力和艺术欣赏方面有什么问题。但是，打个比方，只要他在精神上不去关注，他就不可能把他的任何洞察力运用于自己的实际生活中。因此，尽管他对自己有较多的认识，但这对他自己的改变来说，完全无济于事。（pp. 129-130）

■ 十、心理治疗的目标

与阿德勒一样，霍妮认为，人生来就有积极成长的趋向，但是这种趋向可能受到社会力量的干扰。霍妮认为，我们力求达到自我实现，它指的是一个人有所作为，他是真实的，与同类有情感共鸣。如果这种与生俱来的趋向没有受到任何干扰，人就能成长为一个正常、健康的人。霍妮（1945）把她有关人类的积极观点与弗洛伊德的消极观点做了比较：

> 弗洛伊德对神经症及其治疗的悲观主义，产生于他对人的善良本性和人的成长的深深怀疑。他假定，人类要遭遇厄运或毁灭，驱动人的本能只能被控制，或者最好是被"升华"。我本人的观点是：人有能力和意愿发展他的潜能，并成为一个体面的人。如果他与其他人的关系恶劣，并一直持续下去，那么他本人也会受到困扰。我认为，人是能够改变的，并且是活到老，改变到老。（p. 19）

因此，心理治疗的目标就是把患者拉回来，让他接触真实的自己，接触他积极成长的能力，与其他人建立温暖、有效关系的能力。患者首先必须明白，他一直生活在幻觉（理想化自我）中，这就使他的生活比本来应该的样子更令人沮丧。逐渐地，患者必须通过显示出他们建立群体合作关系的能力、

143

他们真正的才能和创造力，以及他们的责任，从而使他们沿着自我实现的方向前进。患者只在理智上了解这些品质是远远不够的，他们还必须在情感上理解它们，由此所获得的洞察力必须在患者身上变成活生生的事实。

霍妮描述了在有效心理治疗情况下她期望在患者身上出现的一些特征（1945，pp. 241-242）：责任心，在生活中做出决定，接受这些决定带来的后果，并认识到自己对他人的义务；内在独立性，根据自己的价值观来生活，尊重他人根据其自身价值观生活的权利；自发的情感，能够如实地表达个人的爱、恨、高兴、难过、恐惧和愿望；全神贯注，"能够毫不做作地、情感上真诚地投身于个人的感情、工作、信仰中"（Horney，1945，p. 242）。如果一个人展现出这些特征，他就走在了通往自我实现的道路上。

心理治疗的目标不是创造完美的人，而是帮助那些与自我实现过程背道而驰的人再次成为"真实的"人，而不是虚构的人。真实的人有真实的问题、真实的焦虑、真实的不足、真实的成功。霍妮（1939）说道："精神分析的目标不是使生活毫无风险和冲突，而是帮助个体自己去解决他的问题。"（p. 305）

■ 十一、自我分析

弗洛伊德认为，要成为一个合格的精神分析师，必须接受精神分析理论的训练，还要接受精神分析。霍妮在《自我分析》（1942）一书中，远离了弗洛伊德的传统理论，她声称，如果人们掌握了适当的知识和技能，他们就能对自己进行**自我分析**（self-analysis）。霍妮相信，这些相关的知识，可以通过阅读弗洛伊德和其他分析师的著作获得，也可以通过阅读哲学或文学大师的著作获得，例如哲学家尼采、叔本华的著作，文学家易卜生、歌德、莎士比亚、陀思妥耶夫斯基等人的作品。为帮助进行自我分析，霍妮提出了她自己有关神经症起源和10种神经症趋向或需求的理论。她还提供了大量研究案例，按照帕里斯（Paris，2000）的说法，霍妮有关自我分析的著作"是她与埃里希·弗洛姆关系破裂的产物"（p. 177）。

霍妮认为，患者在接受专业精神分析训练或进行自我分析时，面临的主要任务有三个：

> 第一是尽可能完整、坦率地表达自己；第二是对自己无意识驱力及其对个人生活的影响有清醒认识；第三是发展自己的能力，以改变那些破坏他与别人及周围环境关系的态度。（1942，p. 93）

治疗是否成功，由这些任务的完成情况所决定。因此，有效的治疗需要患者具有"较好的决定权、自我约束力和积极的努力"（1942，p. 112）。

无论是自我分析还是专业人员的分析，坦诚和自由联想都是至关重要的。"自由联想的过程、坦率且未加修饰的自我表达，是所有精神分析——自我分析以及专业人员分析——的出发点和继续进行的基础。"（1942，p. 225）与自由联想紧密相连的是抗拒问题。自我分析中的抗拒问题是如此重要，以至于霍妮用了整整一章来讨论（1942，chap. 10）。对霍妮来说，关键问题不是一个人能否独自去克服抗拒，而是他能在多大程度上克服抗拒：

> 一个人能够克服他自己的抗拒吗？这是一个现实问题，对这个问题的回答决定了自我分析是否可行。……当然，这项任务能否做好，取决于抗拒的强度，以及克服抗拒的刺激力有多大。这里重要的问题……是，在多大程度上可以克服抗拒，而不是能否克服抗拒。（pp. 134-135）

霍妮认为，自我分析能否取得成功，在很大程度上取决于一个人克服抗拒的能力。

那么，专业人员在分析过程中遇到移情现象时又该怎么办呢？在进行自我分析时，专业分析师是不在场的，因此，他不能像患者生活中的重要人物那样做出反应。霍妮认为，如果进行自我分析的人能仔细观察他的社交互动，那么他可以获得同样的信息：

> 不可忽略的事实是，精神分析师不仅是一个解释者，还是一个人，治疗过程中他与患者之间的人情关系是重要因素。[分析师与患者之间的关系]为研究患者提供了独特机会，可以观察患者与分析师交流的行为，以及他和其他人交往时的典型行为。如果患者学会了观察日常人际关系中的自己，他就能取代分析师的优势。他与分析师一道工作时，和在他与朋友、情人、妻子、孩子、雇主、同事和用人的关系中表现出的期待、愿望、恐惧、脆弱，以及禁忌，在本质上没有差别。如果他真想搞清楚，他介入这些关系的独特方式，那么，他作为一个社会存在，仅仅这一事实，就可以给他提供充足的自我审视机会。(1942, p. 135)

弗洛伊德也意识到移情发生在所有的人类关系中。"移情会出现在所有人类关系中，就如同它出现在患者与其医生的关系中一样。"(Freud, 1977, p. 51)

在霍妮看来，有效的自我分析无疑是完全可能的。但这种分析的效果，则取决于相关个体的自我约束和自我决定状况。

十二、霍妮与弗洛伊德之比较

1. 童年早期经验

弗洛伊德和霍妮都认为童年早期经验是非常重要的。但是关于这些重要经验的缘由，他们的观点却不同。弗洛伊德认为，人的发展有普遍适用的不同阶段，对某一阶段的固着会影响成年后的人格。霍妮则认为，儿童与父母的关系非常重要，这种关系决定着儿童是否会产生基本焦虑。

2. 无意识动机

霍妮和弗洛伊德都强调无意识动机的重要性。霍妮认为，被压抑的敌意导致基本焦虑，基本焦虑又导致神经症。因此，神经症行为的基础是被压抑的基本敌意，而基本敌意是无意识的。

3. 生物动机

弗洛伊德强调生物动机，他认为，所有的冲突都来自试图对生物驱力的满足——特别是对性驱力的满足。霍妮认为生物动机不那么重要，她强调儿童对安全感的需求。因此，我们可以说，弗洛伊德的理论强调生物性，而霍妮的理论强调社会性。例如，霍妮对俄狄浦斯情结是这样解释的：

> 如果一个儿童不仅依赖他的父母，而且有时还受到他们的恐吓，从而感到自己对父母的任何敌意都威胁到他的安全，那么，这种敌意冲动就会受到约束，进而导致焦虑。……其后续结果可能看上去与弗洛伊德所说的俄狄浦斯情结很相似：狂热地依附于父母中的一人，嫉妒他人，或妨碍他独占父母的任何人。……但是这些依恋行为的动力结构完全不同于弗洛伊德所说的俄狄浦斯情结，它们是神经症冲突的早期表现，而主要不是性现象。(1939, pp. 83-84)

4. 心理治疗

霍妮采用了弗洛伊德的自由联想和梦的分析方法，赞同弗洛伊德有关移情重要性的观点。然而，弗洛伊德利用这些概念是为了发现被压抑的创伤记忆，而霍妮则利用它们去发现神经症患者的主要适应方法。另外，弗洛伊德反对未经精神分析理论培训的非专业人员开展精神分析，而霍妮则鼓励个人进行自我分析。

5. 解剖即命运吗？

弗洛伊德承认解剖即命运。霍妮在其职业生涯早期也赞同此说法，但是后来她改变态度，反对这一说法。

146   **6. 人格变化的预后**

弗洛伊德认为，人格是在生命早期形成的，之后很难发生重要变化。关于人格受早期经验深刻影响的观点，霍妮持赞同态度，但她还认为，人格在整个人生中是可以改变的。因此，她比弗洛伊德更乐观。"我们敢于提出这样高的目标，是建立在人格可以改变这一观念上的。不仅儿童是可塑的，所有人，只要活着，就都有改变的能力，甚至是发生根本性的改变。"（Horney，1945，p. 242）此外，霍妮还指出：

> 阿尔贝特·施韦泽（Albert Schweitzer）在"世界与生命之肯定"和"世界与生命之否定"的意义上，使用了"乐观的"和"悲观的"术语。弗洛伊德的哲学，在其深层意义上，是悲观主义的。而我们的哲学，包括对神经症的所有悲剧成分的认知在内，是乐观主义的。（1950，p. 378）

■ 十三、评价

1. 经验研究

多数支持霍妮理论的研究都是间接的。霍妮认为，当人试图根据他们的理想化自我生活时，他们会出现行为失调。这些人认为自己卓越非凡，是伟大的情人，是美德典范，毫无自私自利之心，或勇敢无畏。他们还把其生活中每件事的本源看作是外在的（外化）。换句话说，霍妮认为，在人们关于自己的非理性信念与心理疾病之间，存在一种相关。霍妮的怀疑已经在几个领域得到证实。例如，那些对自己持有非理性信念的人，有人会抑郁（Dobson & Breiter，1983），或人际交往效果不佳（Hayden & Nasby，1977），或婚姻不幸福（Eidelson & Epstein，1982），或不善于解决各种问题（Schill，Monroe，Evans，& Ramanaiah，1978）。

阿尔伯特·艾利斯（Albert Ellis）提出的理性－情绪治疗方法，就建立在这样的基本假设基础上：心理疾病源自患者所持有的非理性信念。理性－情绪治疗师积极地向患者的错误信念发起挑战，并用更实际的想法和情感取而代之。有大量的证据说明，这样的治疗是有效的（Ellis & Greiger，1977；Smith，1983）。

2. 批评

非原创。与弗洛伊德一样，霍妮强调儿童早期经验、无意识动机和防御机制的重要性。她和弗洛伊德一样，在精神分析过程中，采用自由联想、梦的分析，以及移情分析的方法。与阿德勒一样，霍妮不看重行为失调的生物原因，而强调其社会原因。阿德勒有关保护策略的观念与霍妮的辅助人造和谐法颇为相似，二者都是对真实自我的掩饰。霍妮和阿德勒都认为，在男性主导的文化中，女性常常会试图变得更加男性化，以便获得权力。此外，荣格和霍妮都使用了自我实现概念，在他们的理论中，

147   这个概念意味着向健康人格发展的自然冲动。因此，审视霍妮理论的一种方法，就是把它看作弗洛伊德、荣格、阿德勒理论的混合。

经验性支持不足。人格理论使用的术语和概念往往含糊不清，不能用经验方法来证明。这些同时担任临床医生的人格理论家声称，他们理论的真正价值是由治疗过程的后续进展所决定的。在他们看来，用加以控制的实验程序进行实证检验并不重要。虽然已有一些间接的经验证明，但上述表述对霍妮理论来说也是真实的。

忽略了健康人。尽管霍妮提到自我实现的自然倾向，但她的大部分注意力集中于理解那些自我实现倾向发生断裂的人，即神经症患者。不过，帕里斯（Paris，1994）对此批评持不同看法，他说，霍妮的人性理论与罗杰斯（第 14 章）和马斯洛（第 15 章）的人本主义理论有许多共同之处。人本主义理论在本质上关注的是正常、健康的人。

3. 贡献

首创的观点。尽管有人批评霍妮从弗洛伊德、荣格、阿德勒那里借用了很多东西，但是也有人认为，她对这些（以及其他）理论的融合是理解人格上的高度原创和重要贡献。例如，她有关"应该的专横"概念、神经症的主要适应技能，以及对当一个人与他的真实自我变得疏远时将会发生什么情况的探讨，都对当代人格理论和治疗技能产生了深远影响（例如，参见第 14 章"卡尔·罗杰斯"）。

自我分析。与弗洛伊德以及同时代其他精神分析学家的观点相反，霍妮认为，许多人能够并且应该分析他们自己，她希望自己的文章能够帮助他们去做这样的分析。霍妮的《自我分析》（1942）一书是心理学方面最早的自助性著作之一，该书引起了相当大的争论。现在，人们普遍认为，许多遭受困扰的人，如果能获得适当的信息，他们的状况就能得到改善。然而，如同霍妮所说的那样，大多数治疗师认为，遭受严重困扰的人必须接受专业的治疗。

女性心理学。霍妮关于女性心理学的观点是她首次提出的，看来她是抢在了许多女权主义者对这个问题的关注之前（Chodorow，1989；Symonds，1991；Westcott，1986）。尽管霍妮受到弗洛伊德理论的深刻影响，并赞同弗洛伊德的许多观点，但是她反对弗洛伊德有关女性的几乎所有结论。我们必须认识到，在当时，脱离弗洛伊德的教条绝非易事。这样做无异于违反了宗教教义而被驱逐出教会。如同我们所知，霍妮还是孩子的时候，就观察到她父亲是如何反对盲目信仰宗教教义的，她从中学到了很多。或许这是她决定不让弗洛伊德毫无挑战地忘乎所以的原因之一。

▼ 小　结

148

尽管卡伦·霍妮受到弗洛伊德理论的传统训练，但她以几种方式脱离了那个传统。她的人格发展理论强调早期亲子关系的重要性。如果父母与子女的关系积极、温暖，以真正的爱为基础，那么，儿童将会正常发展。正常人是灵活的、自然成长的，他们的目标与能力联结在一起。就是说，他们按照天生的自我实现趋向来生活。但是，如果父母对子女的反应冷淡、肤浅，或带有攻击性，儿童将对父母产生基本敌意。由于儿童感到无助、恐惧、内疚，这种基本敌意必须加以压抑。儿童针对父母的被压抑的敌意，将被投射到周围人身上，从而形成基本焦虑。基本焦虑是在充满敌意的环境中的孤独感和无助感。

为了对抗基本焦虑，人们采用三种主要适应模式中的一种来应对，这三种模式都是与他人相关联的，他们或者趋近别人，或者反对别人，或者离开别人。正常人根据周围环境的需要而使用所有这些适应模式，而神经症患者则主要采用其中的一种，其他两种适应模式被废置不用，这样就引起更大的冲突与焦虑。对神经症患者来说，真实自我被理想化自我取代，他们的生活被一系列不真实的"应该"所支配，而不是被建立在自己经验基础上的目标所支配。神经症患者深深地陷入外化中，他们把生活中所有重要事件的原因都看作是自身之外的。

除了趋近别人、反对别人和离开别人这三种主要适应模式，霍妮还提出了次级适应方法，包括：盲点，对生活中的各种不协调视而不见；间隔划分，针对不同情境采用不同的价值观；合理化，对所做的错事和自己的缺点给出合乎逻辑但却错误的解释；过度自我控制，把生活限制在狭小、可预测的范围内，从而把失败降到最低限度；武断的正确，使自己站在与真理同等的立场上，因而能够不受任何挑战；飘忽不定，通过延迟做出决定而避免失败；愤世嫉俗，相信没有任何东西是值得去做的。

在霍妮发表的很多著作中，有一些是有关女性人格的，而这些人格是男性偏见和误解的反映。霍妮早期确实接受了弗洛伊德关于解剖即命运的观点，但是后来她拒绝了这一观点，强调了文化对人格的决定作用。例如，霍妮指出，女性常常渴望更具有男子气，但这并不是因为阴茎嫉妒，而是因为，在一个由男性统治的社会里成为一个男子汉，是获得权力的唯一途径。正如许多心理问题是由文化导致的一样，男女之间的许多差别也是由文化引起的。霍妮认为，弗洛伊德归因于解剖学的许多女性特征，应该被看作是由文化决定的。

霍妮认为，心理治疗的目标是使患者面对这样一个事实，即他正在试图活在一个幻觉（理想化自我）中。当这个目标实现后，治疗师就能帮助患者发现他的真实自我，使患者走上自我实现之路。

霍妮赞同弗洛伊德所说的，很多行为是受无意识驱动的，但是她不赞同弗洛伊德有关生物动机重要性的观点。霍妮认为，对安全的社会需求的满足比对生物需求的满足更重要。

霍妮的理论得到了一些新发现的支持，随着人们对自己非理性信念的增加，被压抑、不适应社会、婚姻不幸福以及解决问题能力较差的倾向也随之增强。另外，阿尔伯特·艾利斯提出的理性－情绪治疗方法表明，当患者的非理性信念受到挑战、被更现实的信念和发现代替时，他们的状况显示出明显的改善。

霍妮的理论受到的批评包括，这一理论是非原创的，对经验研究缺少激发作用，忽略了健康人的人格发展。霍妮理论的贡献，包括她对弗洛伊德、荣格、阿德勒等人的理论进行了创造性融合，鼓励人们进行自我分析，以及对女性心理学进行了阐述。

▼ 经验性练习

1. 根据霍妮的主要适应方法来描述你的人格。你趋近别人、反对别人或离开别人的程度相同吗？如果不同，这三种方法中你用的更多的是哪种？利用霍妮的理论，尝试解释为什么你会采取这种方式作为主要的适应方法。
2. 霍妮认为，每个人生来就有自我实现的趋向，即正常的、健康成长的趋向。但是，向自我实现发展的趋向可能受到基本罪恶的扭曲，在这种情况下，真实自我被理想化自我所取代。按照霍妮的说法，根据理想化自我生活的人，是活在幻象中的。你是根据自我实现趋向来生活的，还是由理想化自我来主导的？请解释。
3. 举一个例子说明你是怎样使用外化的。再举一例说明你是怎样使用盲点、间隔划分、合理化、过度自我控制、武断的正确、飘忽不定以及愤世嫉俗这几种方法的。

▼ 讨论题

1. 解释为什么弗洛伊德的人格理论被称为生物性理论，而霍妮的人格理论被称为社会性理论。
2. 说明霍妮认为有利于正常发展和导致神经症的童年经验之间的区别。
3. 说说真实自我和理想化自我的不同。根据真实自我和理想化自我，说明正常人与神经症患者有何不同。结合你的回答，讨论霍妮"应该的专横"概念。

▼ 术语表

Anatomy is destiny（解剖即命运）　一些人格理论家，比如弗洛伊德提出的论点，即一个人的性别在很大程度上决定了一个人的人格特征。

Arbitrary rightness（武断的正确）　当出现一个没有明确解决方法的问题时，一个人武断地选择一种解决方法，以此来结束争论。

Basic anxiety（基本焦虑）　当基本敌意受到压抑时出现的心理状态。这是一种常见的情感，感觉世界上的每件事和每个人都有潜在的危险，面对这些危险时是无助的。

Basic evil（基本罪恶）　父母所做的有损儿童安全感的事情。

Basic hostility（基本敌意）　如果一个儿童对安全的需求不能得到父母不断的、充满爱意的满足，他在童年时期将形成这样一种情感。

Blind spots（盲点）　由于特定经历与一个人理想化自我意象不相吻合，因而否认或忽略之。

Compartmentalization（间隔划分）　把生活划分为不同的组成部分，每个组成部分有不同的规则。

Compliant type person（依从型的人）　这类人使用趋近别人的策略作为降低基本焦虑的主要手段。

Cynicism（愤世嫉俗）　一种策略，一个人什么也不相信，因而避免因发现某些事是虚假的而失望。

Detached type person（孤立型的人）　这类人使用离开他人的策略作为降低基本焦虑的手段。

Elusiveness（飘忽不定）　与武断的正确相反，指人高度优柔寡断，不对任何事情做决断，因而很少犯错。

Excessive self-control（过度自我控制）　通过否认自己在情绪上介入任何事情来防止焦虑的出现。

Externalization（外化）　相信个人经历的原因在自身之外。

Hostile type person（敌意型的人）　这类人使用反对别人的策略作为降低基本焦虑的手段。

Idealized self（理想化自我）　神经症患者有关自己的虚构的看法，即用一系列的"应该"，取代真实自我。亦见 Tyranny of the should（应该的专横）。

Moving against people（反对别人）　基本焦虑的适应方法之一，通过压迫他人获得对他人的控制权。霍妮所说的敌意型指的就是使用这种适应方法的人。亦见 Hostile type person（敌意型的人）。

Moving away from people（离开别人）　基本焦虑的适应方法之一，通过自给自足来满足需求。霍妮所说的孤立型指的就是使用这种适应方法的人。参见 Detached type person（孤立型的人）。

Moving toward people（趋近别人）　基本焦虑的适应方法之一，通过被他人需要、被爱、被保护来满足需求。霍妮所说的依从型指的就是使用这种适应方法的人。亦见 Compliant type person（依从型的人）。

Neurotic trends（神经症趋向）　亦称神经症需求，包括把基本焦虑减低到最低限度的 10 种策略。

Rationalization（合理化）　给出"善意"的但却是错误的理由来解释一些做法，以免引起焦虑。霍妮对此术语的使用在很大程度上与弗洛伊德相似。

Real self（真实自我）　一种健康的、向着积极成长发展的自我。每个人生来就具有健康的真实自我，但是对真实自我的看法可能受到基本罪恶的扭曲。基本罪恶使人以否定态度看待真实的自己，因而试图逃避它。神经症患者虽然从否定角度看待真实自我，但是真实自我仍然是健康、积极成长的潜在源泉。

Safety（安全）　儿童对安稳和远离恐惧的需求。霍妮认为，只有安全需求得到满足，心理才能正常发展。

Satisfaction（满足）　为保证儿童生存，必须保证其对水、食物、睡眠等的生理需求。

Self-analysis（自我分析）　自我帮助过程。霍妮认为，人们能够把精神分析过程运用于自身，来解决他们生活中的问题，并将冲突降低到最低限度。

Self-realization（自我实现）　一种与生俱来的，奋力达到真实、有所作为、与他人建立和谐关系的倾向。

Tyranny of the should（应该的专横）　当人的真实自我被理想化自我取代时，其行为就受到多个非现实的"应该"所掌控。

第**6**章

埃里克·H.埃里克森

本章内容

根据弗洛伊德的观点，自我的任务是找到现实方法来满足本我冲动，同时又不冒犯超我的道德要求。弗洛伊德把自我看作"服务于本我"，但"不能驾驭本我的骑手"。根据他的这一观点，自我本身并没有需求，本我是整个人格的兴奋剂，人做每件事的动力，最终都因为本我需求的满足而减弱。如同第 2 章讲过的，弗洛伊德把艺术、科学、宗教等方面的成就，都仅仅看作对本我基本欲望的移置或升华。

第一个从弗洛伊德的立场发生转变的是他的女儿安娜·弗洛伊德。安娜·弗洛伊德在她的著作《自我与防御机制》（1966）一书中，建议不再强调本我的重要性，精神分析学家应该"尽可能全面地了解构成精神人格的所有三个部分（即本我、自我、超我），并了解它们彼此之间的关系，以及它们与外部世界的关系"（pp. 4-5）。埃里克·H. 埃里克森很明显受到他的导师安娜·弗洛伊德的影响，但他认为安娜·弗洛伊德走得还不够远。

埃里克森赋予自我新的属性，并提出，自我本身是有需求的。埃里克森提出，自我起先是为本我服务的，但是在这一过程中，它形成了自己的机能。例如，自我的任务是组织一个人的生活，并确保人能够与其生理和社会环境保持和谐。他的这一观点强调了自我对健康的成长与适应的影响，强调了自我是人的自我意识和同一性的本源。这一观点与弗洛伊德的观点截然相反，弗洛伊德认为，自我的唯一任务就是把本我的不适感降到最低。由于埃里克森强调了自我的自主性，因此他的理论示范了他后来称作**自我心理学**（ego psychology）的理论。第 4 章曾讲到，有人认为是阿尔弗雷德·阿德勒创立了自我心理学，但是，更多的人认为，这个荣誉应归于埃里克森。这或许是因为，他在其理论中真正突出了"自我"的地位。埃里克森的全部理论，都可被看作对自我获得或失去力量的描述，而获得或失去力量是自我发展的机能。

一、生平

埃里克·埃里克森（Erik Erikson），1902 年 6 月 15 日出生于德国法兰克福附近。埃里克森的母亲卡拉·亚伯拉罕森（Karla Abrahamsen）来自哥本哈根的一个犹太名流家庭，1898 年，卡拉 21 岁，与 27 岁的犹太股票经纪人瓦尔德马·伊西多·萨洛蒙森（Valdemar Isidor Salomonsen）结婚。他们的婚姻持续时间没超过一夜，或许根本没有完婚（Friedman，1999，p. 29）。据推断，瓦尔德马的迅速离开有可能是由于他涉及犯罪活动，这使他成为一个在逃犯，也有可能是他从身体上虐待卡拉，致使她终结了与他的关系（Friedman，1999，p. 30）。自他们婚礼那夜之后，卡拉再也没有见过瓦尔德马，然而，卡拉出于法律需要，保留了瓦尔德马的姓氏。四年后，当埃里克出生时，出生证明上写着瓦尔德马和卡拉为他的父母。埃里克的出生在法律上是合法的，但瓦尔德马不是他的父亲。即使说卡拉知道埃里克亲生父亲的身份，她也从未透露过他是谁（Friedman，1999，p. 30）。埃里克在晚年几次试图查明他的生父是谁，但都没能成功。埃里克常常宣称他的生父是丹麦皇室很有艺术天分的外邦人。然而，这种说法只是一个家庭传说，从未被证实过（Friedman，1999，p. 299）。

后来，卡拉与埃里克的儿科医生西奥多·霍姆伯格（Theodor Homburger）有了联系，他们在 1905 年 6 月 15 日，即埃里克 3 岁生日时结婚。埃里克和他们一起去度蜜月。西奥多提出一个条件，即要告诉埃里克，西奥多是他的生父。卡拉同意了（Friedman，1999，p. 33）。在他们结婚几年后，西奥多接受了埃里克，埃里克从法律上成为埃里克·霍姆伯格。

霍姆伯格医生并不是埃里克的亲生父亲这一事实，在埃里克童年时期一直是个秘密，但是他仍然产生了一种感觉，好像他不属于他的父母，并幻想着自己是"更好的父母"的儿子。埃里克森曾多年使用他继父的姓氏，并在发表第一篇文章时署名埃里克·霍姆伯格。直到 1939 年他成为美国公民时，他才把姓氏改为埃里克森。埃里克森出生的特殊环境使他选用一个适当姓氏时遇到了一个问题：

"埃里克的出生是他母亲婚外情的结果，埃里克森直到 68 岁一直保守着这个秘密。"（Hopkins，1995，p. 796）由于"埃里克森"不是他亲生父亲的姓，因此他选择这个姓的理由是经过深思熟虑的：

> 有一种说法是，他的孩子遇到了麻烦，因为美国人常把"霍姆伯格"（Homburger）与"汉姆伯格"（Hamburger）相混淆，他让他的一个儿子做选择。埃里克的儿子提议叫埃里克森。对于埃里克森的孩子们来说，这个姓氏与斯堪的纳维亚风俗相一致。但是对埃里克森来说，这个名字意味着，他是他自己的父亲，是自己生了自己。（Roazen，1976，pp. 98-99）

在一般情况下，"霍姆伯格"被简化为首写字母 H，作为埃里克森的中间名字，后来他在出版著作时都使用这个署名。

埃里克森对他的家庭没有归属感，这一点，因为他的母亲卡拉和继父西奥多都是犹太人而被放大了。埃里克森本人个头很高，蓝眼睛，金色头发。在学校时，他被说成是犹太人，而在他继父祈祷的犹太礼拜堂里，他被叫作"异教徒"（goy）。"同一性危机"的概念后来成为埃里克森最重要的理论关注点，就没有什么奇怪了。埃里克森清醒地意识到这个问题对他后期研究的影响。"毫无疑问，我最好的朋友坚持认为我需要用一个词来说明［同一性］危机，并且需要在其他每个人身上都发现它的存在，以便真正地由我自己提出专门术语来表述它。"（1975a，p. 26）

埃里克森毕业于一所文科学校，这大体相当于美国的高中。毕业后，埃里克森违抗他继父希望他成为医生的意愿，选择了学习艺术和到欧洲各地游荡。总的来说，埃里克森在学校时不是一个好学生，但他确实具有艺术才能。埃里克森（1964）说道："那时，我是一名美术家，那是欧洲对一个有着某些天赋却无处可去的年轻人的委婉说法。"（p. 20）

1927 年是埃里克森人生转折的一年，那一年他 25 岁。他原来学校的一个同学彼得·布洛斯（Peter Blos）邀请他去维也纳，到一所很小的学校工作，这所学校里有弗洛伊德的患者和朋友的孩子就读。一开始受雇时，他从事的是艺术方面的工作，后来成为一名教师，最后安娜·弗洛伊德问他是否愿意经过培训成为一名儿童精神分析师。埃里克森接受了这个提议，并在安娜·弗洛伊德的指导下接受了精神分析训练。为此，她每月向他收取 7 美元。这个培训，包括安娜对埃里克进行精神分析在内，共持续了 3 个月，几乎每天都进行。安娜·弗洛伊德在几个方面都不同于其父亲的独特的精神分析理论，对埃里克森有着深远的影响。1964 年，他把自己的著作《洞察力与责任》一书献给她，表明对她的谢意。

当埃里克森加入弗洛伊德的圈子时，弗洛伊德 71 岁，埃里克森对他的了解还是非正式的。之后埃里克森才认识到弗洛伊德的成就。那时，埃里克森深深感受到那些参与精神分析运动的人对他的热情。这种状况很适合埃里克森，他被邀请加入一个小组，成员都是那些被认为仍然是医学机构之外的人，通过参加这个"外围"小组，他能继续保持他的"外围者"身份。但由于小组的工作是帮助受到困扰的人，他至少又能间接地满足继父要他做一名医生的愿望。

154　埃里克森从文科学校毕业，获得蒙台梭利文凭，接受了作为儿童精神分析师的训练，这些是他受到的所有正规训练。由于埃里克森没有获得更高的学位，他是弗洛伊德有关人不需要经过医学训练就可以成为一名精神分析师这一论点的很好例证。1933 年，埃里克森从维也纳精神分析研究所毕业，被授予维也纳精神分析研究所正式（而不是准）会员资格，这使他成为国际精神分析协会的会员。

1929 年，埃里克邂逅了琼·塞森（Joan Serson）。琼出生于加拿大，她的父亲是一名圣公会牧师，母亲来自美国经营铁路的富足家庭，琼获得了巴纳德学院的教育学学士学位，以及宾夕法尼亚大学社会学硕士学位。她一边在哥伦比亚大学攻读教育学博士，一边在哥伦比亚大学和宾夕法尼亚大学研究并教授现代舞。她计划完成有关现代舞教学的学位论文，然后去欧洲进行研究。琼最终成为弗洛伊德旗下的一名成员，甚至开始接受由弗洛伊德早期追随者之一路德维希·耶克尔斯（Ludwig Jekels）对她进行的精神分析。在这期间，琼和埃里克在一次化装舞会上相遇，他们整夜交谈、跳舞。之后不久，她搬到埃里克那里与他同居，并怀孕。起初，埃里克不接受结婚的想法，但他最终还是决定不重蹈他父亲的覆辙。他们于 1930 年 4 月 1 日结婚，琼成为埃里克漫长余生中的智慧伴侣。

1933 年，为应对不断增长的纳粹威胁，埃里克森（此时有了两个儿子）先移居丹麦，后前往美国马萨诸塞州的波士顿。在那里，埃里克森作为一名儿童精神分析师开了一家私人诊所。此外，埃里克森还是哈佛大学医学院神经精神病学系亨利·默里（Henry Murray）指导下的研究人员。埃里克森在哈佛大学申请了攻读心理学博士学位，几个月后放弃了该计划。这或许是因为他已经被选举为维也纳精神分析研究所的正式会员，他认为没有必要接受进一步的正规教育。

1936 年至 1939 年期间，埃里克森在耶鲁大学医学院精神病学系任教。在那里，他既面对正常儿童，也面对情绪失调儿童。在此期间，埃里克森开始与人类学家鲁思·本尼迪克特（Ruth Benedict）和玛格丽特·米德（Margaret Mead）建立了联系，并于 1938 年到南达科他州的松岭印第安保留地进行实地考察，亲眼观察苏族印第安人的育儿实践。这些人类学方面的研究，增加了埃里克森对社会文化因素对人格发展重要性的认识，这些认识最终贯穿于他的整个人格理论之中。

1939 年，埃里克森来到加利福尼亚，成为加利福尼亚大学儿童福利研究所的助理研究员，1942 年晋升为心理学教授。但在 1950 年的麦卡锡风波中，他因拒绝签署一份效忠誓词而失去教授资格。后来，加利福尼亚大学发现他在"政治上是可靠的"，又重新向他提供这个职位，但是他拒绝接受，因为有其他的教授因同样的"罪行"而被解雇。

1950 年，也是埃里克森离开加利福尼亚大学的同年，他出版了著名的《童年与社会》一书。该书强调了社会和文化因素对人的发展的重要性。该书还用大量篇幅阐述了自我的作用，启动了现在称为自我心理学的理论。本章稍后，我们将对自我心理学做更多介绍。

从 1951 年至 1960 年，埃里克森住在马萨诸塞州的斯托克布里奇，担任奥斯汀－里格斯中心（一个针对受困扰青少年的治疗机构）的高级咨询顾问，以及匹兹堡大学医学院精神病学系的教授。

155

1960 年，埃里克森返回哈佛大学医学院，任人类发展教授，并讲授"人类生命周期"课程，这是一个在本科生中深受欢迎的课程。据埃里克森所说，他的学生把这个课程的名字改了，叫它是"从子宫到地宫"。在哈佛，埃里克森还组织了一个讲习班，对一些伟大历史人物的人生进行了精神分析。那时，世界各地都有大学和学院邀请他去讲学。1962 年，他赴印度，举办了一个有关生命周期的研讨会，此行使他对圣雄甘地产生了强烈兴趣，圣雄甘地以非暴力方式抗议英国殖民主义者，极大地改变了大英帝国。

埃里克森对心理学做出了一些杰出的贡献，其中之一就是把他的发展理论应用于考察一些著名历史人物。这一努力被称为**心理历史学**（psychohistory）。埃里克森还对一些历史人物，如阿道夫·希特勒、马克西姆·高尔基、马丁·路德、圣雄甘地进行精神分析。埃里克森的《甘地的真理》（1969）一书被授予哲学与宗教类的普利策奖和国家图书奖。通常，埃里克森的所有著作销路都很好，但是他最后一部著作《对生命周期完成之回顾》（1982），是把他之前发表过的观点加以综合的书，则不太受欢迎。该书出版几个月后，埃里克森抱怨说："我只收到一封来信说：嗨，你好，谢谢你，这是本好书。"（Friedman, 1999, p. 458）

在埃里克森的几乎所有著作中，他都坚持认为，他的理论与弗洛伊德的理论有密切联系，但是人们的印象是，他这么说只是对弗洛伊德的尊重。在这两个理论之间虽有相似之处，但是差异则更明显。例如，埃里克森的理论对人类积极成长的能力更乐观。在本章中，我们将把埃里克森的理论与弗洛伊德的理论加以比较，但这里，我们要指出的是两个理论的共同特点。它们都超越了心理学范围，并对其他领域，如宗教、哲学、社会学、人类学以及历史学产生了影响。

1970 年，埃里克森从哈佛大学退休后，先后在加利福尼亚州的马林县和马萨诸塞州的科德角两地居住。1987 年，在埃里克·埃里克森中心——该中心与坎布里奇医院和哈佛大学医学院都有联系——落成后，埃里克森搬回到坎布里奇。埃里克森于 1994 年 5 月 12 日病逝于马萨诸塞州的哈威奇。与埃里克森共度六十载的妻子及同道琼，于 1997 年 8 月 3 日病逝，她被火化，葬在她丈夫旁边。埃里克和琼的生命由他们的三个孩子（凯·埃里克森［Kai Erikson］、乔恩·埃里克森［Jon Erikson］和苏·埃里克森·布洛兰［Sue Erikson Bloland］）而延续。

■ 二、解剖与命运

埃里克森与传统的弗洛伊德理论最为接近的内容体现在他的《童年与社会》（1985）一书的"婴儿性欲论"一章中，在这章里，埃里克森对他在加利福尼亚进行的有关 10 岁、11 岁、12 岁的男孩和女孩的研究进行了概括。埃里克森要求这些儿童"根据一个想象中的活动画面，在桌子上建构一个令人激动的场景"（p. 98），孩子们可以使用玩具人偶和各种形状的积木。让埃里克森大为吃惊的是，在超过一年半的时间里，150 个儿童建构了 450 个场景，其中只有 6 个场景来自电影。例如，只有几个玩具人偶被起了电影中男女主角的名字。但是，如果孩子们在建构他们的场景时，不是遵从埃里克森的建议，那么他们的活动靠什么来引导呢？埃里克森注意到，在男孩创建场景时，常见的主题或成分与女孩创建的场景差别很大，答案就在这里。

例如，埃里克森观察到，由女孩创建的场景，通常会有一个围栏，有时还有一个精心制作的入口，这个场景常包含有人和动物等元素。尽管女孩的场景常常有动物或者危险的人侵入，但她们建构的场景往往是静止的、和平的。由男孩建构的场景常常有高墙围绕，里面有许多东西，比如高塔、从他们的视角对外突出的大炮，其围墙外还有相对较多的人和动物。男孩的场景是动态的，包括对他们创造的东西出现垮塌的想象。

男孩和女孩创建的场景实例如图 6-1 所示。埃里克森得出结论说：孩子们创造出的场景对外展示了他们的生殖器官。这个倾向是如此可信，以至于埃里克森感到惊讶，并很难对其置之不理。例如，埃里克森这样描述：

> 一天，一个男孩布置了……一个"女性化"的场景，其中有几只野生动物是入侵者，我感到有些不安，我觉得这种不安往往会向实验者透露出他内心深处期待的东西。的确，在这个男孩要离开并已经站在门口时，他大叫道："有地方做得不对！"他走回来，喘着气把那些动物放在一圈家具上。只有这一个男孩搭建过这样的构造，这是第二次。他有些肥胖，体弱。随着对他进行的甲状腺治疗开始奏效，他在第三次搭建时（距他第一次搭建已经过去一年半），他搭建了最高、最细的塔——就像一个男孩子所希望的那样。（1985，p. 101）

应该强调，埃里克森从没有说过生物学是决定一个人怎样认知世界以及如何行为的唯一因素。社会因素也是非常重要的。我们的文化主张男孩和女孩应该怎样做、怎样想，这指导着我们，这些文化的规定显然影响着我们的看法：

> 那么，我是在说"解剖即命运"吗？是的，解剖就是命运，解剖不仅决定着生理机能的范围、特征和局限性，还在一定程度上决定着人格特征。女性投入和参与事物的基本形式，也自然地反映着她身体的基本形态。……［但是］一个人除了身体，还是某个人，他有不可分割的人格，并且是群体中的一个明确的成员。……换句话说，解剖、历史、人格组合起来，就是我们的命运。（Erikson，1968，p. 285）

毋庸讳言，埃里克森对性别差异的看法没有逃过批评。其中之一来自娜奥米·维斯坦（Naomi Weisstein，1975），她在《心理学建构的女性，或男性心理学家幻想的生活（对男性生物学家、男性人类学家及其朋友们的幻想的关注）》一文中指出，心理学并不知道男人或女人真正是什么样的，因为它所研究的只是男人和女人的文化刻板印象。她声称，两性之间的行为差异被说成是生物学决定的，其实只是文化期望和男性社会科学家的偏见的结果。

保拉・卡普兰（Paula Caplan，1979）也对埃里克森有关性器官的类型影响到一个人与周围人交往这一论点提出了批评。她还特别批评了埃里克森的断言：一个女人的内部空间，也就是她的子宫的动觉体验，甚至在一定程度上决定着她的人格特征。埃里克森确实根据他的游戏实验，相信女童"内在空间"的体验影响到她创建的构造。卡普兰指出，埃里克森的说法是不可能的：

> 这里要考虑的最重要的生理因素是不存在所谓的内部空间。子宫壁是彼此紧贴的，就像阴道壁一样。它们只有被填入东西才会分开，比如性交或者怀孕。如果女孩的游戏建构代表了她们的子宫，那么它们应该看上去更像折叠的饼，而不像空箱子。此外，虽然阴茎是外显的、可以勃起的，但阴蒂也是如此，只是很小而已。对受精来说，卵子的运动尽管不如精子运动那样快，但卵子与精子的运动同等重要，而且卵子和子宫都是运动的（子宫在性高潮和分娩时会收缩，怀孕时会扩大）。因此，游戏建构中表现出的差异，如果有生物学基础，也只是程度的不同，而不是类型的不同。（pp. 101–102）

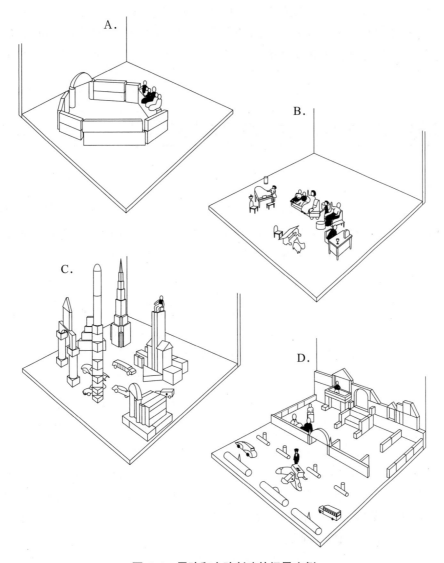

图 6–1　男孩和女孩创建的场景实例

A 和 B 是女孩创建的场景实例，C 和 D 是男孩创建的场景实例。

资料来源：Erikson，1950/1985，pp. 100–105.

卡普兰重复了埃里克森有关游戏建构的多项研究，但她选的被试是幼儿园儿童。她辩称，她选择的被试比埃里克森研究中的儿童年龄小，是因为埃里克森声称，人格的性别差异会在整个一生中表现出来。卡普兰（1979）对她的研究结果做了概括："在建构简单的封闭的场地、包含较复杂构造或车道和较高的建筑物的封闭场地，塔形结构、结构性建筑、房子、塔或街道的频次上——所有这些类别埃里克森都报告说发现了性别差异，但我们的研究中未发现性别差异。"（p. 105）卡普兰指出，她的研究结果表明，不存在由性别决定的人格特征。如果存在这些特征的话，应该在她的年幼被试中得到证明。她指出，后来出现在男人和女人之间的人格差异，只能归于不同的社会化实践。因此，解剖绝对不是命运。

针对上述批评，埃里克森在一篇题为《再谈内部空间》（1975b）的文章中给予了回应，要点是：（1）精神分析的事实往往令人困扰，他能理解人们因此感到不安；（2）生物学只是人格的一个强有力的决定因素，文化是另一个决定因素。

对于埃里克森有关性别差异的观点，还有一点要说明，即他没有说男性比女性强，或女性比男性强。他只是说，男性与女性之间存在重要差别，男性特征和女性特征可以互补。在某些文化，如西方文化中，男性角色相对于女性角色更受到赞美。但是，埃里克森认为，这是令人遗憾的。他认为，无论男人还是女人，都受到流行的文化刻板印象的伤害。埃里克森说："只有革新社会创造力这一概念，才能使男人和女人从互反的角色中解放出来，事实上这种互反的角色一直是彼此互相剥削的。"（1975b，p. 237）

三、渐成原理、危机、仪式化和仪式主义

1. 渐成原理

埃里克森把生命看作是由八个阶段构成的，这八个阶段从出生一直延伸到死亡。埃里克森认为，相互连接的八个阶段，是由遗传决定的，是不可改变的。因此，遗传所决定的发展序列遵循的是**渐成原理**（epigenetic principle），这是埃里克森从生物学中借用的一个术语。埃里克森对这个原理的描述如下：

> 我们要理解人的成长，时刻要牢记渐成原理，这个原理是从生物体在子宫内的成长派生出来的。概括来讲，该原理表明，任何事物的成长都有一个总的方案，从这个总方案产生出各个部分，每一个部分都有它独特的优势，直到所有的部分都成长起来，才能形成一个机能良好的整体。（1968，p. 92）

埃里克森指出，人格贯穿发展的八个阶段，但是八个发展阶段在人出生时都表现为原始形态。随着各种人格特征的展现，前一阶段形成的特征被结合进来，因此创造出人格特征的新结构。换言之，每个阶段，都是在前一个阶段的基础上建立起来的。埃里克森（1985）认为："任何一个阶段所获得的力量，都要由超越这一阶段的必要性来验证。验证的方式是，个体敢于在下一阶段用前一阶段较脆弱的宝贵品质去冒险。"（p. 263）根据渐成原理，任何特定发展阶段中展现出来的人格特征，在该阶段之前就已经存在，并且在该阶段之后仍继续存在。但是，由于社会和生物的原因，特定人格特征的发展成为某个阶段的焦点，而在其他阶段则不是。

2. 危机

每个发展阶段都有其特定的**危机**（crisis）。埃里克森使用的"危机"一词，与医生对这个词的使用有同样的含义，它意味着一个重要转折点。因此，每个发展阶段出现的特定的危机，可能得到积极

解决，也可能得到消极解决。积极解决有利于自我的增强，因而有更大的适用性；而消极解决则会弱化自我，因而限制其适用性。此外，某个阶段中危机的积极解决，使下一个阶段的危机更容易得到积极解决；某个阶段中危机的消极解决，则会降低下一阶段危机得到积极解决的可能性。埃里克森并不认为，一个危机的解决完全是积极的，或者完全是消极的。他认为，每个危机的解决都包含有积极成分和消极成分，只要积极成分的比率多于消极成分的比率，就可以说，危机是以积极方式解决的。对此，我们将在介绍第一个发展阶段时详细讨论。

根据渐成原理，一个危机有三种形态，即：未成熟期，此时危机尚未构成人格发展的焦点；关键期，此时由于生物、心理、社会等各种原因，危机成为人格发展的焦点；消退期，此时危机的解决影响到人格发展的后续结果。与八个发展阶段相连的危机得到积极解决，就会带来正常的人格发展；一个或多个危机得到消极解决，就会阻碍正常的人格发展。换言之，发展阶段中的每个危机，都要在一个人准备好应对下一阶段的主导危机之前，就要得到积极解决，这一点是非常关键的。

生物因素决定了人格发展的八个阶段将在什么时候出现，即成熟过程决定了特定经历在何时发生，但是，社会环境决定着特定阶段的危机能否得到积极解决。因此，埃里克森提出的阶段论被称作**心理社会发展阶段**（psychosocial stages of development），以便与弗洛伊德的心理性欲发展阶段相区别。

3. 仪式化与仪式主义

埃里克森认为，必须意识到，人格发展是在文化背景中发生的。弗洛伊德认为，人类是与其所处文化相对抗的。与此不同，埃里克森强调人与所处文化之间的相容性。文化的作用是以有效方式满足人的生物和心理需求。埃里克森指出，一个人要在特定文化中正常发展，并且正常发挥自己的各种机能，他的内在经验和外部经验就必须互相组合，至少在一定程度上加以组合。埃里克森（1985）说道："每一个阶段和危机，都与社会基本要素中的某个要素有特定联系。原因很简单，人类生命周期与人类的社会习俗是一起进化的。"（p. 250）

对人格发展的要求与当前社会文化条件之间和谐的相互作用，必须通过**仪式化**（ritualizations）来实现。埃里克森（1977）提出，仪式化是行为的重复模式，它反映由特定的社会或文化所准许的观念、价值观、习俗和行为。所有的社会或文化，都会赋予生命以一定的意义，这是一种仪式化现象，但多数人是在并不知情的状态下这样做的：

> ［每个儿童必须］在漫长的童年期中，被某种形式的家庭哄诱着而完成"物种进化"：他必须在人类存在的特定变体中被仪式化而熟知人的存在的一种特殊形式，并因此形成一种独特的集体同一性……我们必须从一开始就认识到，仪式化是日常生活的一个方面。在不同的文化、阶级或家庭中，比在我们自己身上可以更清楚地看到它的存在。仪式化往往被简单地看作以适当方式去做事情。问题仅仅在于，为什么不是每个人都按我们的方式去做事情。（pp. 79-80）

仪式化是文化所赞许的日常行为模式，它使一个人成为在文化上可以被接受的成员。仪式化包括人们相互交往的独特方式，如握手、亲吻和拥抱。仪式化还给我们指导，告诉我们，哪些行为可接受，哪些行为不可接受。例如，你可以被允许与一个陌生人在跳舞时有身体接触，但这样的行为在其他的场合就是不可容忍的。同样，一个女人在海滨穿比基尼是允许的，而在工作场合或者在学校这样穿着就会引起混乱。仪式化几乎引导了社会行为的方方面面，并成为特定文化中个人被"社会化"的一种机制。

埃里克森把**文化**（culture）定义为"人的存在的特殊方式"，就是说，存在着很多同样有效的方式。埃里克森认为，仪式化除了能够满足人的基本需要这一要求之外，还具有专断性。例如，在求偶、结婚、育儿实践中，有很多文化变式。但是，这些差异的重要性，远不如它们所在的文化都鼓励生育和繁衍。对有些人来说，仪式化的专断本质消失了，它们的机能价值被忽略。对这些人来说，仪式化的重要性远远超过了其必要性。埃里克森把这种被夸大或被扭曲的仪式化称为**仪式主义**（ritualisms）。仪式主义是不适当的或错误的仪式化，它们导致很多社会病态和心理疾病。例如，有的文化鼓励人们用头衔来称呼那些有造诣的人，因而鼓励了对他们地位的尊重感。然而，对这些人的偶像崇拜或者尊敬，会不恰当地夸大那种仪式化，使之变成一种仪式主义。仪式主义是机械的、刻板的仪式化。这种空洞的礼仪缺乏把文化中的人们团结在一起的力量，因此违背了仪式化的本意。

我们在下面讨论每个发展阶段时，还将涉及仪式化问题。

四、人格发展的八个阶段

埃里克森最突出的贡献，就是他对八个发展阶段的描述。他认为，所有人都要经历这八个阶段，并且描述了每个阶段的自我发生了什么变化。埃里克森提出的人格发展的前五个阶段，与弗洛伊德提出的心理性欲发展阶段，在年龄段上并行不悖，但是，关于这些阶段所发生的事情，埃里克森与弗洛伊德之间几乎没有相同之处。后三个阶段是埃里克森自己提出的，并代表了他对心理学的主要贡献之一。应该指出，渐成原理决定了各个阶段必然发生的具体顺序，但是，它们也不是严格按照指定顺序出现的。因此，与年龄相关的每个连续阶段，都应被看作一个近似的过程。我们根据发展水平以及它面临的危机，来命名每个阶段。

1. 婴儿期：基本信任对基本不信任

这一阶段发生在出生到大约1岁，与弗洛伊德心理性欲发展的口唇期相对应。这是儿童最无助、最依赖成人的阶段。如果对婴儿的照料充满疼爱，充分满足他们的需求，婴儿将产生**基本信任**（basic trust）感。如果父母不能满足婴儿的需求，或者有时满足，有时不满足，他们将产生不信任感。

如果对婴儿关爱备至，始终如一，那么，婴儿就知道，他们无须担心父母是否爱他、是否值得信赖。当父母离开他们的视野时，他们也不会有过分的不安：

> 婴儿的第一个社会化成就，就是他心甘情愿地让母亲离开他的视线，而没有过度的焦虑或愤怒，因为母亲已经给他带来内心的确定性和外在的可预测性。这种一致、连续、相同的经验提供了一种自我同一感的萌芽。我认为，这种同一感来自婴儿的认知，来自内心大量被记住的和可预期的感觉、形象，以及与之密切相关的来自外部的大量熟悉的、可预测的事情和人物。（Erikson, 1985, p. 247）

基本信任对**基本不信任**（basic mistrust）的危机，在儿童产生的信任多于不信任的情况下，就得到积极的解决。要记住，信任与不信任之间的比率是重要的。一个儿童若信任所有的人和事，他将身处麻烦。一定量的不信任是健康的、有利于生存的。然而，信任占优势的儿童，会有勇气去冒险，而不会被失望和挫折压倒。

埃里克森认为，当一个阶段的特有的危机得到积极解决时，人格中就会出现一种**优秀品质**（virtue）。一种优秀品质能给人的自我增添力量。在这一阶段，当儿童的基本信任多于基本不信任时，**希望**（hope）这一优秀品质就会出现。埃里克森把希望定义为"虽有人生之初的原始冲动和愤怒，但始终相信自己的强烈愿望能够实现"（1964, p. 118）。

我们可以说，拥有信任感的儿童敢于希望，这是一个面向未来的过程，而缺乏信任感的儿童难有希望，因为他们不得不时时担心自己的需求能否得到满足，因而被困在眼前。

守护神精神对过分尊崇（numinous versus idolism）。这一阶段的最初仪式化是**守护神精神**（numinous）。守护神精神包含特定文化中母亲满足婴儿需求的各种方式。尽管是个人化的，但母子互动反映的是文化所赞许的育儿实践。例如，许多母亲用母乳喂养婴儿，但是在美国，很少有人当众这么去做。同样，母亲往往对着她们的婴儿咿咿呀呀，模仿婴儿发出的各种咿呀语和咕咕声，而不是对婴儿说话，好像婴儿是有认知能力的成人那样。母亲与婴儿这种互动的结果，使儿童产生了对母亲的积极情感，进而产生了人际交往上的回应。因此，母亲对婴儿温暖的、可预测的照料，激发了儿童寻求与母亲之外的他人交往的愿望。

如果婴儿对母亲的正常崇敬和尊重被夸大，**过分尊崇**（idolism）的仪式主义就可能产生。一个人的正常尊重和深深敬意变得过于敬仰和理想化，就会导致过分尊崇。过分尊崇操控着成长中的儿童，使他走向盲目的英雄崇拜。

2. 童年早期：自主性对羞愧和怀疑

这一阶段大约发生在 1 岁到 3 岁，与弗洛伊德心理性欲发展阶段的肛门期相对应。在这一阶段，儿童很快地掌握了各种技能，他们学会了走、攀登、推、拉和说话。他们还学会了怎么控制某个东西，怎么把它扔掉。这种技能不仅被应用在自然客体上，还应用于大小便控制上。换句话说，儿童此时能够"任性地"决定去做某事，或者不去做某事。因此，儿童开始与其父母打起意愿之战。

父母以社会可接受为原则来控制儿童的行为，同时又不能伤害儿童的自我控制感或者自主感，这要求父母必须做细致的工作才行。换句话说，父母既要适度容忍，又要有足够的坚定性，以确保儿童的行为是社会可接受的。如果父母过度保护，或者使用的惩罚有失公正，儿童将会产生怀疑和羞愧：

> 因此，这一阶段对于爱与恨、合作与任性、自由地自我表达和压抑这种表达之间的比重关系是决定性的。有自我控制感，又不失去自尊，持续的良好意志和自豪感就会产生。失去自我控制感，靠外部过度控制，将导致持续的怀疑和羞愧倾向。（Erikson，1985，p. 254）

在这一阶段，如果儿童形成的**自主**（autonomy）多于**羞愧和怀疑**（shame and doubt），那么**意志**（will）这一优秀品质就会出现。埃里克森把意志定义为"虽然婴儿期不可避免地有过羞愧和怀疑体验，但是仍坚持学习怎样进行自由选择和自我克制"（1964，p. 119）。另外，还有一点很重要：这一阶段特有的危机的积极解决，并不意味着儿童不再经历羞愧和怀疑。它意味着儿童的自我变得更强大，足以适当地应对不可避免的羞愧和怀疑体验。

作为危机积极解决的结果而出现优秀品质，这是自我的机能。例如，希望和意志这些优秀品质将对人的生活质量产生影响，但对生存则影响不大。没有希望和意志的人仍可生存，也就是说，他们能够满足其生物需求，但是他们可能不像有希望和意志的人那样灵活、乐观和快乐。

谨慎守法对刻板守法（judiciousness versus legalism）。当一个人的意志可以自由发挥的时候，其自主性就得到最好的体现。由于每种文化都会限制某些行为，而允许另一些行为，因此儿童必须学会区别对与错，区别被允许和不被允许的行为。埃里克森把**谨慎守法**（judiciousness）称作一种仪式化，通过这种仪式化，儿童懂得什么是文化准许的、什么是文化不准许的。通过谨慎守法，儿童懂得了自己所在的文化特有的法律、规则、传统和规定。在此阶段之前，对儿童行为给予适当引导是父母的责任，但是进入这一阶段，随着一种文化的规则和规定被内化，儿童开始学习判断自己和他人的行为。儿童必须能够判断自己的行为，就像别人判断他的行为那样。随着超我的发展，儿童开始进行道德评价。

如果谨慎守法的仪式化被错误应用，**刻板守法**（legalism）的仪式主义就会出现。埃里克森把它定义为"字母对语词和语法的灵魂的胜利，表现为虚荣的正义感或空洞的悔悟，或者像道德家那样坚持揭露和孤立犯错者，而无论这对那个人或其他人是否有好处"（1977，p. 97）。在刻板守法的儿童或者成人看来，对违规者的惩罚和羞辱比被违反的法规的本意更重要。

3. 学前期：主动对内疚

这一阶段大约发生在 4 岁到 5 岁，与弗洛伊德心理性欲发展阶段的性器期相对应。在这一阶段，

164 儿童在精细动作、准确使用语言、生动想象等方面的能力得到增强。这些技能使儿童能够主动发起一些想法、行动、幻想，并计划未来。埃里克森指出，这一阶段的儿童，"对各种东西的大小，尤其是对性别差异，有不知疲倦的好奇心……他的学习非常积极，充满活力。这使他远离自己的局限性，进入充满机会的未来"（1959，p. 76）。

在前两个阶段，儿童懂得了他们是人。现在，他们开始探索，自己能够成为什么样的人。在这一阶段，他们对各种限制进行试探，以便知道什么事情被允许做、什么事情不被允许做。如果父母对儿童自己发起的行为和想象给以鼓励，那么，儿童将拥有健康的**主动**（initiative）感，并把它带入下一个阶段。相反，如果父母嘲笑孩子自己发起的行为和想象，他们在结束这一阶段时，将会缺乏自我满足感。他们将缺乏主动性，而且在想到这些行为时还会体验到**内疚**（guilt），他们将生活在一个由他人设定的狭窄界限之内。

如果儿童在这一阶段形成的主动性多于内疚感，**目的性**（purpose）这一优秀品质就会出现。埃里克森把目的性定义为"不为幼稚幻想的失败和内疚感所限，不畏惧惩罚带来的恐惧，具有面对和追求有价值的目标的勇气"（1964，p. 122）。在前三个阶段能够积极地战胜危机的儿童，就拥有了希望、意志和目的性的优秀品质。

真实性对角色化（authenticity versus impersonation）。这一阶段的儿童，在玩玩具和做游戏时，会有大量的假装扮演、模仿、穿道具服装，甚至扮演各种动物的行为。这种游戏向他们提供了一种现实性，他们能在其中探索自己的内部世界与外部世界的关系。无论扮演的是积极角色，还是消极角色，都能帮助他们确认行为的界限。通过"尝试"各种角色，他们再次确认什么是可能的、什么是不可能的，从而找到适合自己的"混合"角色。埃里克森把这些活动称为**真实性**（authenticity）的仪式化。

如果真实性的仪式化被夸大，**角色化**（impersonation）的仪式主义就会出现。人把真实的自我与他所扮演的一个或多个角色混淆，就会导致角色化的仪式主义。角色不再仅仅是真实自我的一部分，或是对真实自我有关信息的补充，相反，儿童变成了他所扮演的角色。在这种情况下，他将失去人格特征的丰富性，这种丰富性是一个独特而真实的个体在之前几个阶段中形成的。

4. 学龄期：勤奋对自卑

这一阶段大约从 6 岁持续到大约 11 岁，与弗洛伊德心理性欲发展阶段的潜伏期相对应。在这一阶段，大多数儿童在上学，他们要掌握生存所需的经济条件和技术手段方面的各种技能，这些技能将使他们成为所处文化中有作为的成员：

> 在这一阶段，一切都是为了"步入生活"而做准备，但儿童首先必须经历学校生活，不论学校是在田野、丛林，还是在教室里。儿童必须忘掉以前的希望和愿望，他生机勃勃的想象力被驯服，并被缺乏人情味的事情——读、写、算的规则所束缚。在以前，儿童在心理上已经要准备做父母，他可以成为生物学意义上的父母，还必须开始成为一个劳动者和未来的养家糊口者。（Erikson 1985，pp.258-259）

165 在学校，儿童为将来的就业和适应自己的文化而接受训练。由于生存的需要，与他人共同劳动的能力以及社交技能，是学校设置的重要课程。在这一阶段，儿童学习的最重要课程是"体会通过稳定的专注力和坚忍的勤奋精神，完成学习任务带来的愉悦"（Erikson，1985，pp. 259）。从这样的课程中，儿童将获得**勤奋**（industry）感，这为儿童走入社会、在人群中自信地找到自己的位置做了准备。

如果儿童没有形成勤奋感，他们就会形成**自卑**（inferiority）感，这使他们对自己成为有贡献的社会成员的能力失去自信。这样的儿童很可能会形成"消极同一性"。对此概念我们将在讲到下一阶段时详细介绍。

这一阶段存在的另一个危险是，儿童将来可能会过于看重他们在工作单位的地位。对这种人来说，工作就是生活，他们看不到人的存在的其他重要方面。"如果他认为工作是他唯一的职责，'做了什么工作'是他唯一的价值标准，那么，他可能会成为一个墨守成规的人，成为拥有技术以及在某个职位上利用这些技术的那些人的缺乏头脑的奴隶"（Erikson，1985，p. 261）。埃里克森认为，未来职业所需的技能，必须在这一阶段得到促进，但是不能以丧失人的其他属性为代价。

如果儿童的勤奋感胜过自卑感，那么，在这一阶段结束时，他们就会形成**胜任力**（competence）这一优秀品质。"胜任力……是他在完成任务时可以自由发挥，且未被幼稚的自卑感损害的聪明才智。"（Erikson，1964，p. 124）与前面介绍过的优秀品质一样，胜任力来自充满爱的关注和鼓励。自卑感则源于重要他人的奚落或缺乏关心。

条理性对形式主义（formality versus formalism）。在这一阶段，儿童懂得了要成为社会上有作为的成员，就必须拥有真正的（而不是想象的）技能和知识。埃里克森把这一阶段对应的仪式化称作**条理性**（formality）。条理性表现为儿童学会以适当方式来完成任务。无论儿童做什么，无论是在学校、家里、在学习时还是在体育方面，他都必须学会"有条有理地"去做。

如果夸大了条理性的仪式化，**形式主义**（formalism）的仪式主义就会出现。过度关注技术而忽略任务的目的和意义，就会导致形式主义。一个学生仅仅关注分数就是形式主义的实例。对于形式主义，埃里克森（1977）指出：

> 无论称它什么，它说的都是这样一个事实：人们对方法和逻辑性的追求也会导致自我束缚，把每个人都变成马克思所说的"技术白痴"。也就是说，人们为了达到精通技术的目的，而忘记并否认人所处的背景。其中，精通技术具有显著的，以及可能危险的机能。（p.106）

5. 青少年期：同一性对角色混乱

这一阶段大约发生在 12 岁到 20 岁，与弗洛伊德心理性欲发展阶段的生殖期相对应。埃里克森也因他对这个心理阶段的描述而知名，因为这一阶段包含他最著名的概念——**同一性危机**（identity crisis）。

埃里克森认为，这一阶段代表了从童年期向**成年期**（adulthood）的过渡。在前几个阶段，儿童懂得了他们是谁，他们能做什么，他们能充当的角色是什么。在这一阶段，儿童必须思考不断积累的有关自己和社会的各种信息，以及他们要采取什么策略投入生活。如果他们这样做了，他们就能获得同一性，变成一个成年人。获得个人**同一性**（identity）标志着这个发展阶段令人满意的结束。然而，这一阶段被看作是探索同一性而不是拥有同一性的时期。埃里克森把青少年到成年人的过渡称为**心理社会性延缓**（psychosocial moratorium）。埃里克森（1964）对这个从童年期到成年期的过渡，做了生动的描述：

> 青年人像表演空中飞人的演员，在飞快的运动中，必须松手放开童年期抓住的安全感，伸出手牢牢抓住成年期。这取决于过去与未来之间屏住呼吸的连接，取决于他必须松手放开那些东西和将要"接受"他的那些人的可靠性。（p. 90）

埃里克森以多种方式使用"同一性"（亦称自我同一性）这一术语。例如，它是"身体上待在家里的感觉、一种知道'自己将走向何处'的感觉，以及从他看重的人那里得到预期的认可的内心确定性"（Erikson，1968，p. 165）。埃里克森对于以多种方式使用"同一性"术语，没做过任何辩解。因为它是一个复杂的概念，他认为必须从多个角度来理解。

如果年轻人在这一阶段结束时不具有同一性，他们就会产生**角色混乱**（role confusion），或形成

166

消极同一性（negative identity）。角色混乱的特征，是不能选择生活中的角色，因此无限期地延长了心理延缓期，或者只做出表面上的承诺，但很快就放弃了。消极同一性表现为青少年承担了被警告不要去承担的角色。埃里克森把消极同一性定义为"倔强地建立在那些认同和角色基础上的同一性，在发展的关键阶段，这些认同和角色对个人来说是最不被期望、最危险，同时也是最真实的"（1959，p. 131）。埃里克森举了这样一个实例：

> 有一位母亲，她对自己因酗酒而崩溃的弟弟在无意识中充满矛盾心理，她只是选择性地对自己儿子身上出现的一些特质做出反应，这些特质似乎会使儿子重蹈她弟弟的覆辙。在这个实例中，这种"消极"同一性对她儿子来说，比他所做的任何向善的自然努力都更真实：他可能会努力成为一个酒鬼。（1959，p. 131）

在埃里克森看来，角色混乱或消极同一性的概念，可以很好地解释美国青少年中表现出的不安和敌意。例如，青少年会嘲讽那些不适合他的同一性：

> 同一感的缺失常常表现为，对家庭或社区提供的恰当的、符合期望的角色，采取轻蔑的、玩世不恭的敌意态度。被期望的角色的任何一部分，或者全部，不论是男性化的还是女性化的，民族的还是阶级的，都能成为年轻人刻薄地蔑视的焦点。（Erikson，1959，p. 129）

167

为什么青少年在未形成积极同一性的情况下会选择消极同一性呢？埃里克森认为，这是由于青少年"宁愿做一个小人物，或者一个坏人，从根本上说——这完全是自由选择的——也比做一个不完全的人好些"（1959，p. 132）。

如果年轻人从这一阶段开始出现了积极同一性，而不是角色混乱或消极同一性，他们身上将出现**忠诚**（fidelity）这一优秀品质。埃里克森把忠诚定义为"尽管与价值体系有不可避免的矛盾，但仍自愿地承诺保持忠实的能力"（1964，p. 125）。

此前的阶段向儿童提供了可从中获得同一性的品质。在这一阶段，人必须把这些信息加以综合。同一性的发展标志着童年期的结束和成年期的开始。从这时起，人生就等于一个人的同一性的表演。此时，人"知道了自己是谁"，人生的任务将引领"这个人"以最佳方式度过人生的后面几个阶段。

意识形态对极权主义（ideology versus totalism）。与这一阶段相对应的仪式化是**意识形态**（ideology）。青少年探索一种意识形态，把以前各阶段中自我的发展加以整合。这种意识形态能够提供人生规划，赋予人生以意义。只有把以前的自我的机能加以整合，而且把这种整合诉诸意识形态，同一性才能产生。选择的意识形态可以是宗教的、政治的或哲学的。唯一的要求是，它必须按照个人和文化的目标而起作用。

对意识形态的仪式化的夸大，会导致**极权主义**（totalism）的仪式主义。极权主义指的是无可置疑地相信一种过于简单化的意识形态。例如，青少年可能会接受由宗教教派、音乐团体、吸毒文化、体育运动、帮派团伙、电影或政治团体中形形色色的"英雄人物"所宣扬的价值观。埃里克森认为，青少年过分认同这样的群体或个人，是因为他们似乎给生活中最大的难题给出了答案。这种极权主义的简单化思维，可能使受到困扰的青少年的生活变得轻松一些，如果这只是暂时的，它也可能不会带来伤害。只有当极权主义持续时间过长，超出了应该获得同一性的时间时，它才会造成问题。

必须记住一点，根据渐成原理，所有的危机存在于发展的所有阶段。例如，同一性危机也存在于幼儿中，也存在于成熟的成年人中。只不过，它分别是在未成熟期和消退期表现出来的，由于生物、心理和社会原因，只有青少年期，才是同一性危机的关键期。

6. 成年早期：亲密对孤独

这一阶段大约从 20 岁持续到 24 岁。这一阶段和在此之后的心理社会阶段，在弗洛伊德的心理性欲发展阶段中都没有相对应的时期。

埃里克森认为，年轻成人的"常态"，在很大程度上表现为能够成功地去爱和工作。在这一点上，他赞同弗洛伊德的观点：

> 弗洛伊德曾被问及，他认为一个正常人能够做什么。提问题的人或许期待一个复杂的回答。但是据说弗洛伊德以他惯常的简略方式说道："爱和工作。"这个简单的公式值得深思，你对它思考得越多，它的含义也越深刻。……我们可能会仔细思索，但是我们不可能改进"这位教授的"公式。（Erikson，1985，pp. 264-265）

埃里克森在爱的重要性问题上赞同弗洛伊德的观点，但他认为，只有那些具有安全同一性的人，才敢于冒风险深入爱的关系中。具有稳固同一性的年轻人，会渴望与他人建立亲密关系：

> 从探索和坚持同一性中走出来的年轻人，渴望并情愿把他的同一性与其他人的同一性相融合。他已经准备好建立亲密关系了，这是使自己献身于建立一种联盟和伙伴关系，并通过这种献身精神培养道德力的能力，哪怕他可能需要做出重大的牺牲和妥协。（Erikson，1985，p. 263）

那些没有形成有效地工作和建立**亲密**（intimacy）能力的人，会退回到他们自己，回避亲密的接触，并因此产生**孤独**（isolation）感。如果个体在这一阶段形成的建立亲密能力的比重大于他的孤独，他们将形成**爱**（love）这一优秀品质。埃里克森把爱定义为"一种相互的献身，它能不断地抑制与生俱来的、敌意的分离机能"（1964，p. 129）。

同盟对精英统治（affiliation versus elitism）。当同一性得以实现，并选择了一种有助于同一性得以有效表现的意识形态，一个人就能够与工作、友谊和爱情中的伙伴结成同盟关系。这一阶段的仪式化特征是**同盟**（affiliation），指成年人之间由文化约定俗成的关怀和富有成效的关系的各种形式。结婚典礼和度蜜月，就是两种约定俗成的仪式。婚礼要交换戒指，宣誓彼此忠诚。我们在之前的阶段就曾看到仪式化的婚礼成分。例如，仪式上使用一个令人敬畏的（即崇敬感）咒符，它带有智慧成分，其中包含特定的授权；婚礼及之后的婚姻关系可能反映早期角色扮演的实验；条理性在这样的事实中得到反映，即典礼中包含着必须符合可接受的做法而完成的成分；由男方和女方的宣誓，确定了他们作为丈夫和妻子的同一性。同盟关系使个体准备好与文化中的伙伴们和谐相处。

对同盟的仪式化的夸大，会导致**精英统治**（elitism）的仪式主义。那些体验到孤独感而不是亲密感的人，周围往往围绕着与他们的想法相似的小群体，而不是与健康的人们形成感情深厚的关系。他们的生活往往以势利、看重地位和加入排外者俱乐部为特征。由于这样的关系不是真正的亲密关系，因此他们在文化内继续着他们的孤独感。

7. 成年中期：繁衍对停滞

这一阶段大约从 25 岁延续到 64 岁。如果一个人足够幸运，形成了积极同一性，并过着有富有成效的幸福生活，那么，他会试图把带来这种生活的条件传给下一代。要做到这一点，他可以与儿童（不一定是他亲生的）直接地互动，也可以创造出有助于改善下一代人生活质量的各种经验。不能形成**繁衍**（generativity）感的人，其特征是"停滞和人际关系贫乏"（Erikson，1985，p. 267）。如果繁衍的比重大于**停滞**（stagnation），那么，一个人在结束这一阶段时将会拥有**关怀**（care）这一优秀品质。埃里克森把关怀定义为"由于爱、他人需要和意外事故等情况引起的广泛的关心，它摆脱了强迫性的义务感带来的心理矛盾"（1964，p. 131）。

繁衍主义对权威主义（generationalism versus authoritism）。这一阶段特有的仪式化是**繁衍主义**（generationalism），它指年长者以多种方式把文化价值传递给下一代。父母、教师、医生和精神领袖在向儿童传递文化价值中具有特殊的影响力。健康的成年人专注于把他们的经验提供给儿童，包括促进人格成长的经验和延续文化价值的经验。

对繁衍主义的仪式化的夸大，会导致**权威主义**（authoritism）的仪式主义。一种文化中的权威人物不是利用权力关怀和指导下一代，而是用权力谋求私利，就是权威主义。

8. 老年期：自我完整对绝望

这一阶段大约从 65 岁持续到死亡，称为成年晚期。埃里克森对**自我完整**（ego integrity）的定义如下：

> 只有他，才能以某种方式关注事物和人民，只有他，才能作为人，作为人群中的发起者，作为产品和思想的生产者，承受这些角色带来的成功和失望——只有他，才能一步一个脚印地使前七个阶段瓜熟蒂落——我不知道还有什么比自我完整感更好的词语能对此加以说明。（1985，p. 268）

埃里克森指出，一个人回溯自己丰富多彩的、建设性的、幸福的人生时，他将不会恐惧死亡。这样的人有一种圆满感和自我实现感。一个回忆人生时充满挫折感的人，会体验到**绝望**（despair）。这看起来似乎有些奇怪，体验到绝望感的人不像拥有自我实现感的人那样，能够直面死亡，因为他没有实现任何重要的人生目标。

这八个阶段不仅在进程上相互关联，而且第八个阶段与第一阶段也有直接联系。换言之，八个阶段是以循环方式相互连接的。例如，成年人对待死亡的态度会直接影响到婴儿的信任感。埃里克森指出："对成年期的完整感和婴儿期的信任感的关系，可以做深层的解释。对健康儿童来说，如果其长辈拥有充分的完整感，且不惧死亡，那么他们将不会对人生有所恐惧。"（1985，p. 269）如果一个人的自我完整的比重大于绝望，他的人生将以**智慧**（wisdom）这一优秀品质为特征。埃里克森把智慧定义为"面对死亡时超然地看待生命"（1964，p. 133）。

整体论对智慧至上（integralism versus sapientism）。如果人的一生一直进展顺利，那么，他就认识到他在延续不断的文化中所起的作用。拥有不朽感的人知道，他努力保持的文化在他死后仍会延续。**整体论**（integralism）的仪式化涉及之前各种仪式化的统一，这种仪式化的最终整合把生与死都归入全景中：

> 此时，我们可以看到必须完成的仪式是什么：借助于把童年期的仪式化加以结合和更新，并肯定对繁衍的支持，成年人更加明确，他们的奉献和投入会创造出新人、新产品和新思想。那么，这些仪式就有助于巩固和加强成年人的生活。当然，通过把生命周期和社会机构结为一个有意义的整体，他们不仅为领袖和精英人物，而且为所有人创造出一种不朽感。毫无疑问，日常生活的仪式化允许甚至要求成年人忘记，死亡是一切生命的不可预测的背景，给予世界观的绝对真实性以优先地位，并且与拥有共同的地域、历史和技术的人们分享。通过仪式性手段，死亡成为这种真实性的有意义的边界。（Erikson，1977，pp. 112-113）

对整体论的仪式化的夸大，会导致**智慧至上**（sapientism）的仪式主义。埃里克森把智慧至上定义为"愚蠢地假装聪明"（1977，p. 112）。体验到绝望感而不是自我完整感的老年人，可能会充当一个无所不知、绝对正确的角色。其实，他不能把自己的生活纳入不断的文化演进背景中。这样的人生被看作没有意义的人生。

表 6-1 对八个发展阶段及相关的危机、优秀品质、仪式化和仪式主义做了概括。

表 6-1　　　　　　　　八个发展阶段以及与其相关联的危机、优秀品质、仪式化和仪式主义

阶段	大约年龄	危机	优秀品质	仪式化	仪式主义
婴儿期	出生至1岁	基本信任对基本不信任	希望	守护神精神	过分尊崇
童年早期	1～3岁	自主对羞愧和怀疑	意志	谨慎守法	刻板守法
学前期	4～5岁	主动对内疚	目的性	真实性	角色化
学龄期	6～11岁	勤奋对自卑	胜任力	条理性	形式主义
青少年期	12～20岁	同一性对角色混乱	忠诚	意识形态	极权主义
成年早期	20～24岁	亲密对孤独	爱	同盟	精英统治
成年中期	25～64岁	繁衍对停滞	关怀	繁衍主义	权威主义
老年期	65岁至死亡	自我完整对绝望	智慧	整体论	智慧至上

五、心理治疗的目标

埃里克森强调，他的心理治疗实践不同于传统的精神分析，因为现代社会导致了不同类型的心理失调。例如，埃里克森解释说："当今的患者最感困扰的问题是，他应该相信什么，他应该，或可能，成为什么样的人；而早期精神分析的患者遭受到的是压抑，这使他不能成为他认为自己知道的那个人。"（1985，p. 279）

对埃里克森来说，治疗的焦点是患者的自我，目标是使其强大到能应对生活中的各种问题。"如果临床调查以患者支离破碎的生活计划为焦点，如果提出的建议可以把患者形成的自我同一性的各种成分重新综合，则康复工作可以做得更有效、更经济。"（1959，p. 43）

埃里克森认为，传统的释放无意识心理内容的方法，带来的害处可能多于它的好处。他指出，精神分析方法"可能使一些人的病情比过去更严重……特别是，在心理治疗过程中，我们努力完成'捕捉意识'任务，而患者离无意识的悬崖还差一点时，我们把他推了下去"（1968，p. 164）。

与阿德勒一样，埃里克森让他的患者坐在他对面的一把舒适的椅子上，而不是躺在长沙发椅上。因为坐在椅子上能为患者创建出更合理的环境。

总之，健康人以自我的八种优秀品质为特征，它们是八个发展阶段中出现的危机得以积极解决的结果。无论是哪种优秀品质，如果它正在丧失，那么，心理治疗的目标就是促进它的成长——即使这意味着返回到以前的阶段——并帮助一个人形成基本信任感。在埃里克森看来，每个危机的解决结果都是可逆的。例如，如果一个儿童在第一阶段结束时未形成基本信任，他可以在后来的阶段重新获得。而一个拥有基本信任的人也可能在后来的阶段失去它。弗里德曼（Friedman，1999）对埃里克森有关治疗的观点概括如下：

> 埃里克森把早期生活经验必然决定后来心理发展这一假设描述为"发生学"的谬论。更重要的是，他认为，医生必须时刻牢记，治疗师与患者的关系在本质上是双方共予共取的关系。成功的治疗在很大程度上是"可能不算多，但也不算少"这一黄金规则的具体实践。（p. 477）

六、埃里克森与弗洛伊德之比较

埃里克森与弗洛伊德理论的主要差别表现在以下几方面。

1. 发展

弗洛伊德把他的研究集中在6岁前的心理性欲发展阶段上，他认为，人格发展中最重要的东西都是在6岁前完成的。埃里克森则探索了毕生的发展。尽管荣格也认为，重要的发展发生在人的一生中，但是埃里克森对发展过程的描述更详尽。

2. 解剖即命运

弗洛伊德强调男性和女性人格发展的生物差异之重要性。埃里克森赞同解剖上的不同提供了内部刺激的不同模式，但他认为，这些刺激与社会环境的相互作用，才形成了人格特征。"阴茎嫉妒"一词从未出现在埃里克森的主要著作（1985）中。在另一部著作中，埃里克森（1968）指出，所谓阴茎嫉妒，以及与此相关的行为和态度，在弗洛伊德的理论中和治疗方法中是必要的，"但有一点一直令人怀疑，就是用一种特殊的方法，总能发现一些事实，尤其是在采用这种方法所创造的特殊氛围中"（p. 275）。埃里克森的理论和方法并不支持弗洛伊德的阴茎嫉妒概念。

3. 自我心理学

在安娜·弗洛伊德的影响下，埃里克森把注意力从本我转向自我。埃里克森不认为个体是与社会相对抗的，而是把社会看作潜在的力量之源。

埃里克森认为，文化必须提供仪式化，以帮助人们积极地解决各个发展阶段特有的危机。个体为文化服务，文化也为个体服务。

4. 无意识心理

埃里克森的理论强调有意识的自我，但他没有完全忽视无意识的机制。他认为，尽管自我从一定的社会经验中获得力量，但这些经验在很大程度上是无意识的。他对无意识这一术语的使用与弗洛伊德有很大的不同。

5. 梦的分析

埃里克森在临床实践中很少使用梦的分析，但他赞同弗洛伊德的观点，即梦提供了有关无意识的信息，人做梦时创造出多个梦的象征物。埃里克森认为，自由联想是研究梦的有效方法。在他看来，最重要的是自我对梦的影响。健康的自我即使在睡眠中也是强有力的，自我对产生出成功和成就之梦境的本我冲动做出妥协，以唤起做梦者的胜任感和整体感。埃里克森还认为，梦往往给做梦者遇到的问题提出解决方案。在治疗期间，一个患者可能梦到一个分析师正在分析他出于同一目的而做的多个梦。"一旦我们打算研究我们的梦……我们就可能为了研究它们而做这样的梦。"（Erikson，1977，p. 134）此外，患者可能会配合治疗师，他做的梦正是治疗师寻找的那些梦：

> 患者……知道他们将要或者应该说出他们的梦，并且这正好符合治疗方式的背景。因此，荣格的患者和弗洛伊德的患者在显示其梦的想象时有很大差别。事实上，他们的梦可以被看作各自"流派"——一个治疗团体——之观点的反映，那么，这是不是用一点礼貌的"精明"来调味呢？（Erikson，1977，p. 134）

埃里克森虽然赞同弗洛伊德有关梦可以提供无意识和本我欲望的信息的观点，但他仍然把注意力集中到梦中那些有建设性、有目的性、对做梦者有益、能恢复精神的那些方面。如果说，埃里克森采用了梦的分析，它也是用来查明做梦者自我的力量，而不是企图发现被压抑的伤害性经历。埃里克森的梦的分析方法与阿德勒更相似，而不是与弗洛伊德更相似。

6. 心理治疗

埃里克森认为，如果人们顺利度过了人生的八个阶段，并获得了希望、意志、目的性、胜任力、忠诚、爱、关怀和智慧这些优秀品质，那么，他们就是健康的。如果人们不能获得这些优秀品质，他们的自我就会比获得这些优秀品质的人更弱，治疗师的工作就是帮助提供促使这些优秀品质发展的环境。这与弗洛伊德的观点形成鲜明对比，因为弗洛伊德认为，治疗就是采用梦的分析和自由联想等方法，查明被压抑的记忆。

7. 宗教

弗洛伊德对宗教的看法是悲观的，他认为宗教不过是建立在幼儿般的恐惧和欲望之上的集体神经症。埃里克森完全不同意这种看法。在他看来，宗教是许多人真正需要的东西。千万年来，人类利用宗教使他们生活中的事情更容易理解，从而减轻了恐惧。如果没有宗教，千百万人民的生活将充满不确定性。在这个问题上，埃里克森赞同荣格和阿德勒的观点。

埃里克森认为，宗教的一个关键作用是提供"可共同拥有的世界意象。只有一个合理的、有凝聚力的世界，才能提供信仰，它是由母亲满怀生攸关的希望传递给婴儿的"（Erikson，1968，p. 106）。换句话说，成人要把希望灌输给孩子，他们就必须拥有对所生活的世界的信仰。埃里克森并不认为，只有宗教才能提供有益于信任、希望和信仰的世界意象。他说，许多人从科学、社会活动等世俗领域产生了信仰（1985，p. 251）。

虽然埃里克森称他自己属于弗洛伊德流派，但是他的理论与弗洛伊德的理论很少有共同之处。另外，他有关人类本性的观点也显然不同于弗洛伊德。或许，埃里克森坚决主张他的理论比真实情况更接近于弗洛伊德，这反映出埃里克森内心深处对弗洛伊德的感恩，因为弗洛伊德流派阵营接纳了他，从而解决了他自己的同一性危机。

七、评价

1. 经验研究

与许多人格理论一样，埃里克森的理论不能仅根据实验室调查来评价，至少到现在为止还不能。埃里克森不是与考察心理的研究者一道创建他的理论的。他试图从概念上把一些有关人格发展的课题加以分类，人们既可以认为这些分类是明确的，也可以认为是不明确的；既可能认为他的理论在引导人们理解人格方面是有用的，也可能认为它是无用的。"证据就在治疗师和患者之间'持之以恒'的交流中，这种交流给予人们新的、令人惊奇的启发，以及患者应该对自己负有更大责任的假设。"（Erikson，1964，p. 75）这里的要点是，埃里克森相信，在评价人格理论上，除了实验室调查，还有其他方法。不管埃里克森是否认为，他的理论需要从科学上加以证实，其他人还是做了这一工作。例如，恰乔（Ciaccio，1971）请120名5岁、8岁和11岁的男孩根据五幅图画编故事，每个年龄组40人。几个评委负责把儿童讲出的故事逐句逐句地归类到埃里克森划分的前五个发展阶段，并计算百分数。所得数据大体支持埃里克森的理论。5岁儿童组中，符合第二阶段人数最多（46%），其次是第三阶段（42%）。8岁组符合第三阶段的人数最多（56%），其次是第二阶段（20%）。11岁组符合第四阶段的人数最多（44%），其次是第三阶段（26%）。

至目前为止，埃里克森理论引发的研究大多涉及同一性概念。一些研究者还设计出对同一性概念进行量化的方法，以便进行实验性调查（例如，参见 Bourne，1978；Marcia，1966；Rosenthal，Gurney，& Moore，1981）。采用一种或多种客观测量法对同一性进行的研究发现：获得同一性的大学生更多地选择难度大的专业（如化学、工程学、生物学和数学），而未获得同一性的人则较多地选择较容易的专业（如人类学、教育和体育专业）（Marcia & Friedman，1970）；获得同一性的大学生比未获得同一性的人学习成绩好（Cross & Allen，1970）；同一性获得者表现出对群体外的人有更大的容忍度，他们的逻辑推理和道德推理水平也较高（Cote & Levine，1983；Rowe & Marcia，1980；

Waterman，1982）；许多大学生在入学后到毕业的某个时间，既获得了职业同一性，也获得了意识形态同一性，这表明正如埃里克森所说的那样，青少年期是心理社会性快速成长时期（Adams & Fitch，1982；Waterman，Geary，& Waterman，1974）；如果在前几个阶段形成了信任感、自主性、主动性和勤奋，那么，同一性的获得就更容易（Waterman，Buebel，& Waterman，1970）；同一性的发展可以大大增加在中年期获得亲密关系的可能（Kahn，Zimmerman，Csikszentmihalyi，& Getzels，1985；Schiedel & Marcia，1985；Tesch & Whitbourne，1982）；经历角色混乱的人比起同一性获得者，更容易受到同伴压力的影响（Adams，Ryan，Hoffman，Dobson，& Nielsen，1985）。

对后来的成年期的发展阶段，埃里克森的理论预言说，成年人要面对的主题，主要是亲密、繁衍、自我完整，而不是同一性。谢尔登和卡塞尔（Sheldon & Kasser，2001）请大学生和老年人填写有关一般情感、人生满意度和个人奋斗的问卷。与埃里克森的理论相一致，问卷的结果表明，老年人和年轻人相比，他们较少关注亲密关系，而更多地关心繁衍和自我完整问题。老年人还比年轻人较少体验到消极情感，较多地体验到一般幸福感。

2. 批评

难以进行经验性检验。埃里克森对采用实验来检验自己的理论没什么兴趣，并且他写的研究报告（如对男孩和女孩游戏活动的研究）也缺少量化的统计学分析。不过，其他人已经成功地证实了埃里克森有关发展阶段的一些概念，特别是同一性概念。

对人类的看法过于乐观。尽管埃里克森声称与弗洛伊德理论有密切的渊源，但是他描绘的人类图画比弗洛伊德的更美好。在埃里克森的理论中，很少提到为保持我们被抑制的动物本性而做出巨大努力。埃里克森通过强调和扩展自我的机能，关注同一性、问题解决、人际关系等问题，而不是如何驯服强大的性本能和攻击本能。在一些批评者看来，埃里克森对人类的描绘过于乐观、不现实和简单化。

主张维持现状。埃里克森在本质上把健康的人定义为能够对自己的文化予以适应、接受并将其传递给下一代。在许多批评者看来，这样的定义听上去像是埃里克森在倡导遵从。埃里克森认为，自我的发展是由各个发展阶段的仪式化文化得到促进的。换言之，埃里克森主张健康的自我要支持自己文化所准许的角色，这种主张得到支持，因为许多这类角色是被认可的。对那些非常不公正的、危险的价值观，以及在其文化中被看作浅薄、愚蠢的行为来说，给心理健康下一个定义，来适应这样的不正常环境，可以说意义不大。

道德说教过多。埃里克森对积极适应各发展阶段的危机所下的定义，与基督教的伦理和现存的社会体系相一致。其中的危险（如同所有人格理论一样）是，埃里克森描述的是他自己的价值观，而不是客观的真实。拉松（Roazen，1980）指出：

> 把"应该怎样"与"是什么样"混淆起来的表述，会导致……不符合期望的后果。……这里存在保守主义的危险——抛出一张道德的地幔，把现存于世界、符合伦理、已经"是那样"的所有东西加以覆盖。埃里克森的信息传递出很多我们想听到的东西。他的愿望与社会保守主义联结得过于紧密。（p. 339）

拉松（Roazen，1976）还曾这样评论埃里克森的道德说教：

> 如同人们对埃里克森自我心理学的意义做出的反应那样，伴随着它对现存社会体系的好处的不同态度，一种始终如一的道德情怀出现了。婚姻、异性恋和养育子女无可置疑地成为他认为的美好人生的一部分。（p. 171）

批评埃里克森的理论道德说教过多，与批评他的理论主张维持现状，这二者之间有密切关联。

不承认其他理论的影响。还有批评认为埃里克森的理论是"后弗洛伊德主义"的，其实他的理论与弗洛伊德的理论在实质上很少有相似之处。有人提出，埃里克森一直标榜自己属于弗洛伊德学派，目的是避免被"驱逐"出精神分析的圈子。换句话说，他的动机是实用主义的、政治性的。埃里克森尽管对弗洛伊德赞颂有加，却不认可其他理论家，如阿德勒、霍妮等，而他们在埃里克森之前就曾强调社会因素的重要性。

3. 贡献

176

扩展了心理学的领域。尽管埃里克森的理论缺乏科学严谨性，但是很多人认为他的理论是已形成的理论中最有用的之一。今后，当你看到心理社会发展、自我力量、心理历史学、同一性、同一性危机、毕生心理学这些术语时，要记住，这些概念是由埃里克森首先定义，并成为心理学重要组成部分的。

重要的应用价值。埃里克森的理论被成功地应用于儿童心理学、精神病学、职业咨询、婚姻咨询、教育、社会工作以及商务活动等领域。

发展了自我心理学。埃里克森通过发展和推进自我心理学，促进了对神经症和精神病之外的健康人的研究；他鼓励对毕生的人格发展进行研究；他描绘了人类有尊严的图画。另外，埃里克森否认弗洛伊德的观点，即社会必定是冲突和挫折的根源，他强调社会的积极影响，并推动了心理学与社会学、人类学等学科的融合。

▼ 小 结

埃里克森只获得了相当于高中的毕业证书，他受聘到一所规模很小的学校，负责护理正在接受安娜·弗洛伊德治疗的儿童，以及其父母正在接受西格蒙德·弗洛伊德治疗的儿童。埃里克森做了一段时间的教师，后来接受培训，成为安娜·弗洛伊德指导下的一名儿童精神分析师。安娜·弗洛伊德对自我的兴趣持久地影响了埃里克森，使之成为自我心理学的创建者。自我心理学强调自我的自主机能，不再强调本我在人格发展中的重要性。

埃里克森赞同弗洛伊德有关性别对人格有显著影响的观点，但是他相信，解剖学差异总是通过与社会影响相互作用，才导致了个体差异。此外，他不相信男性化特质比女性化特质更好或者更差，他认为二者是互补的。

埃里克森理论最广为人知的部分是他对人格发展八个阶段的描述。根据埃里克森的渐成原理，各个阶段的展开是由遗传决定的。八个阶段中的每一个都有对应的危机，危机可能得到积极解决，也可能得到消极解决。这八个阶段及其对应的危机是：（1）婴儿期——基本信任对基本不信任；（2）童年早期——自主对羞愧和怀疑；（3）学前期——主动对内疚；（4）学龄期——勤奋对自卑；（5）青少年期——同一性对角色混乱；（6）成年早期——亲密对孤独；（7）成年中期——繁衍对停滞；（8）老年期——自我完整对绝望。

社会提供了有利于积极解决各种危机的经验，这些经验被称为仪式化。对仪式化的扭曲或者夸大，称为仪式主义。第一阶段的仪式化特征是守护神精神，表现为儿童与母亲的积极互动使儿童产生了社交回应。如果守护神精神被夸大，它就成为过分尊崇的仪式主义，导致对人的过分敬仰。第二阶段的仪式化特征是谨慎守法，表现为儿童学会了对与错的文化含义。对谨慎守法的夸大，将导致刻板守法的仪式主义，这是对法律的偏见，而不懂得制定法律是用来做什么的。与第三阶段对应的仪式化是真实性，表现为儿童通过扮演各种角色，来检验一生的各种可能性。对真实性的夸大，将导致角色化的仪式主义，即儿童所扮演的真实人格角色出现混乱。第四阶段的仪式化特征是条理性，表现为儿童掌握本文化中的正确行为方式。条理性被夸大，会导致形式主义的仪式主义，它关注怎样完成任务，而不是为什么要完成任务。第五

177

阶段的仪式化特征是意识形态，表现为青少年要接受一种人生哲学，它对前几个阶段自我的发展进行加工整理。意识形态被夸大，会导致极权主义的仪式主义，它指接受一种简化观念，使生活变得更容易。第六阶段的仪式化特征是同盟，表现为年轻人通过关心他人及其他有效方式与别人分享自己的生活。同盟被夸大，会导致精英统治的仪式主义，指一个人的生活只在表面上与类似的人群分享。第七阶段的仪式化特征是繁衍主义，表现为健康的中年人帮助年轻一代积极适应本文化的一切形式。繁衍主义被夸大，会导致权威主义的仪式主义，指人们出于自私原则而利用权威。第八阶段的仪式化特征是整体论，表现为老年人对人生中的所有部分进行整合。对整体论的夸大，会导致智慧至上的仪式主义，指不懂装懂、好为人师。

　　如果一个危机得到积极解决，一种优秀品质就会出现，它使自我变得更强大。如果八个发展阶段的所有危机都得到积极解决，这个人将在以后的生活中拥有希望、意志、目的性、胜任力、忠诚、爱、关怀和智慧。这样的人即埃里克森所称的健康人，他回溯以往时会充满积极情感，不惧怕死亡。儿童与具有这种特质的长者接近，更容易形成基本信任感。

　　第五阶段是最重要的发展阶段，这一阶段会出现同一性危机。在这一阶段，人们试图知道他们是谁，他们的人生将走向何处。如果一个人找到了这些问题的答案，他将带着同一性步入下一阶段；如果没有找到答案，他在这一阶段结束时将会出现角色混乱。还有一种可能，一个人形成了消极同一性，它是社会可接受角色的对立面。

　　埃里克森认为，各个发展阶段的经历所产生的结果是可以逆转的。好结果可以变成不好的，不好的结果可以变成好的。埃里克森把治疗过程看作把各发展阶段出现的负面结果加以转换的过程。在埃里克森看来，治疗的目标是使有意识的自我变得强大，而不是像弗洛伊德那样去了解无意识心理的意图。此外，埃里克森的理论与弗洛伊德的理论之间还有许多其他不同。例如，弗洛伊德把宗教看作以不成熟的欲望、恐惧、忽视为基础的一种集体神经症，而埃里克森认为宗教有利于健康适应。

　　埃里克森认为，他的理论不必用经验方式来验证，但是其他人做了这种尝试。采用埃里克森的理论所做的研究，大多聚焦于各个发展阶段以及同一性概念上。这些研究对建立在埃里克森理论基础上的各种预言给予了支持。埃里克森的理论受到的批评有：难以进行经验性检验，描绘出的人类图画过于简单和乐观，主张维持现状，道德说教过多。埃里克森还被指责不承认对他曾产生影响的理论。埃里克森的贡献包括：扩展了心理学的领域；扩大了他的理论的使用范围，发展了自我心理学，像关注不健康的人那样关注健康的人；他的理论涉及贯穿一生的人格发展；强调社会因素有助于人格发展，而不是冲突和挫折的根源。

▼ 经验性练习

1. 一个人一生中最重要的事件可能发生于他获得同一性的时候，埃里克森认为，同一性出现在发展的第五个阶段，这一阶段结束时要么获得同一性，要么处于角色混乱中。根据本章内容，说说你是获得了同一性，还是仍处于角色混乱中？有何证据。

2. 埃里克森提出，一个人只有获得了同一性，才能真正体验与他人的亲密关系。就是说，如果两个人没有都获得同一性，就不能分享他们内心深处的爱的关系。请以自己的生活为例说明这一观点，再把这一观点应用到你和你的一个亲密朋友的关系上。

3. 要把生活中的混乱降低到最低限度，青少年往往会对一个教师、一个电视或电影明星、一个摇滚歌星、一个运动员，甚至一个朋友产生偶像崇拜，并过度认同。你在青少年期时有没有偶像崇拜？如果有，这种过度认同是有益的，还是有害的？解释理由。

▼ 讨论题 ─────────────────────────────

1. 把自我心理学与传统的精神分析理论进行比较。
2. 为什么埃里克森的发展阶段论被认为是心理社会发展阶段而不是心理性欲发展阶段？
3. 说说仪式化和仪式主义的定义。列出每个发展阶段仪式化和仪式主义的特征，并举例说明。

▼ 术语表 ─────────────────────────────

Adolescence（青少年期） 人生第五个发展阶段。

Adulthood（成年期） 人生第七个发展阶段。

Affiliation（同盟） 第六个发展阶段的仪式化特征，表现为以关心和有效的方式与他人分享同一性。例如，与一个已获得同一性的人建立亲密关系。

Anatomy and destiny（解剖与命运） 弗洛伊德认为，人格特征是由一个人的性别决定的。埃里克森赞同此观点，但是他认为人所处的文化是人格的另一个强有力的影响因素。埃里克森同意男人和女人有不同的人格特征，但他不认为彼此有强弱之分。

Authenticity（真实性） 第三个发展阶段的仪式化特征，表现为通过角色扮演来发现渡过成年期的可能途径。

Authoritism（权威主义） 第七个发展阶段出现的一种仪式主义，指为了私利而不是为了帮助他人而运用权力。

Autonomy（自主） 相对独立的内在控制感，出现于第二个发展阶段的主导危机得到积极解决的情况下。

Basic mistrust（基本不信任） 对周围世界和人缺乏信任，出现在第一个发展阶段的主导危机得到消极解决的情况下。

Basic trust（基本信任） 对周围世界和人的普遍信任感，出现于第一个发展阶段的主导危机得到积极解决的情况下。

Care（关怀） 第七个发展阶段结束时，繁衍感多于停滞感时出现的一种优秀品质。

Competence（胜任力） 第四个发展阶段结束时，勤奋感多于自卑感时出现的一种优秀品质。

Crisis（危机） 各发展阶段中的主导性冲突，得到积极解决，则可增强自我，得到消极解决，则削弱自我。每个危机都是人生发展的转折点。

Culture（文化） 埃里克森认为，文化是人类存在的不同方式。

Despair（绝望） 对人生感到不满意且对死亡感到恐惧，出现于第八个发展阶段的主导危机得到消极解决的情况下。

Early childhood（童年早期） 人生第二个发展阶段。

Ego integrity（自我完整） 对人生感到满意且不恐惧死亡，出现于第八个发展阶段的主导危机得到积极解决的情况下。

Ego psychology（自我心理学） 一种理论体系，强调自我作为人格中的一个主动部分的重要性，而不是把自我仅仅看作本我的服务者。

Elitism（精英统治） 在第六个发展阶段出现的一种仪式主义，指年轻人与观念相同且不努力寻求同一性的人之间的肤浅关系。

Epigenetic principle（渐成原理） 生物学原理，它决定着八个发展阶段的结果。

Fidelity（忠诚） 第五个发展阶段结束时，获得了同一性而不是角色混乱的人表现出的一种优秀品质。

Formalism（形式主义） 第四个发展阶段出现的一种仪式主义，指儿童关注事物如何发生，以及与人的工作有何关联，不关注事物发生的原因，以及为什么存在不同的职业类型。

Formality（条理性） 第四个发展阶段出现的仪式化特征，表现为儿童懂得各种事物在本文化中为何发生。

Generationalism（繁衍主义） 第七个发展阶段出现的仪式化特征，表现为健康的人帮助年轻一代获得有助于其人格健康成长的多种经验。

Generativity（繁衍） 帮助下一代成员的推动力，出现于第七个发展阶段的主导危机得到积极解决的情况下。

Guilt（内疚） 一种一般情感，出现于第三个发展阶段的主导危机得到消极解决的情况下。

Hope（希望） 第一个发展阶段结束时，基本信任感多于基本不信任感时出现的一种优秀品质。

Identity（同一性） 亦称自我同一性，表现为知道你是谁，你的人生将走何方，出现于第五个发展阶段的危机得到积极解决的情况下。同一性的形成标志着童年期的结束和成年期的开始。它是埃里克森最著名的概念。

Identity crisis（同一性危机） 第五个发展阶段的主导危机，它可能导致一个人获得同一性（积极解决），也可能导致角色混乱（消极解决）。

Ideology（意识形态） 第五个发展阶段出现的仪式化特征，表现为青少年接受一种人生哲学，从而使自己的过去、现在和未来充满意义。

Idolism（过分尊崇） 第一个发展阶段出现的一种仪式主义，指婴儿没有产生对他人温暖、积极的情感，而是学会了对他人的崇拜。

Impersonation（角色化） 第三个发展阶段出现的一种仪式主义，指幼儿把自己扮演的角色与他的真实人格相混淆。

Industry（勤奋） 从持续地集中注意力努力学习中获得快乐，出现于第四个发展阶段的主导危机得到积极解决的情况下。

Infancy（婴儿期） 人生第一个发展阶段。

Inferiority（自卑） 对自己成为对社会有作为成员的能力失去自信，出现于第四个发展阶段的主导危机得到消极解决的情况下。

Initiative（主动） 提出想法、发起行动、策划未来的能力，出现于第三个发展阶段的主导性危机得到积极解决的情况下。

Integralism（整体论） 第八个发展阶段出现的仪式化特征，表现为老年人把人生置于更大背景中的智慧，以及把个人有限的生命看作对永恒文化的贡献。

Intimacy（亲密） 把自己的同一性与他人相融合的能力，出现于第六个发展阶段的主导危机得到积极解决的情况下。

Isolation（孤独） 不能与别人分享个人同一性，出现于第六个发展阶段的主导危机得到消极解决的情况下。

Judiciousness（谨慎守法） 第二个发展阶段出现的仪式化特征，表现为儿童从错误中学会正确的行为方式。

Legalism（刻板守法） 第二个发展阶段出现的仪式主义，指儿童关注制度和规则本身，而不关心其目的。

Love（爱） 第六个发展阶段结束时，拥有的亲密感多于孤独感时出现的一种优秀品质。

Negative identity（消极同一性） 与社会目标相反的同一性，表现为个体承担了被社会告诫不要去承担角色。

Numinous（守护神精神） 第一个发展阶段出现的仪式化特征，表现为文化认可的母子互动的多种方式。

Old age（老年期） 人生第八个发展阶段。

Preschool age（学前期） 人生第三个发展阶段。

Psychohistory（心理历史学） 埃里克森利用他的人格发展理论分析历史人物的术语。

Psychosocial moratorium（心理社会性延缓） 第五个发展阶段青少年探索但未获得同一性的一段时间。

Psychosocial stages of development（心理社会发展阶段） 埃里克森的人的发展八阶段，强调社会经验对解决每个阶段特有危机的重要性。

Purpose（目的性） 第三个发展阶段结束时，主动感多于内疚感时出现的一种优秀品质。

Ritualisms（仪式主义） 被扭曲或夸大的仪式化。

Ritualizations（仪式化） 反映并保持被特定文化准许的观念、习俗和价值观的行为。

Role confusion（角色混乱） 在第五个发展阶段没有获得同一性的状态，特征是不能选择人生明确的角色，反映了同一性危机的消极解决。

Sapientism（智慧至上） 第八个发展阶段出现的一种仪式主义，以老年人假装什么都懂为特征。

School age（学龄期） 人生第四个发展阶段。

Shame and doubt（羞愧和怀疑） 第二个发展阶段的主导危机得到消极解决时产生的非自主情感。

Stagnation（停滞） 缺乏对下一代的关心，出现于第七个发展阶段的主导危机得到消极解决的情况下。

Totalism（极权主义） 第五个发展阶段出现的一种仪式主义，指青少年为了使生活变得更能容忍而接受由各种"英雄人物"灌输给他们的简单化观念。

Virtue（优秀品质） 当一个发展阶段的主导危机得以积极解决时出现的、能使自我变得更有力量的品质。

Will（意志） 第二个发展阶段结束时，自主感多于羞愧和怀疑感时出现的一种优秀品质。

Wisdom（智慧） 第八个发展阶段结束时，自我完整感多于绝望感时出现的一种优秀品质。

Young adulthood（成年早期） 人生第六个发展阶段。

第四篇
特质范型

戈登·奥尔波特

本章内容

　　戈登·奥尔波特是一位折中主义的理论家，他的理论吸取了其他人格流派的精华。但他也是第一位批评那些人格理论缺点的人。奥尔波特曾经批评精神分析理论、行为主义（刺激－反应心理学）、旨在为人类提供信息的动物研究，以及人格研究的统计方法，如因素分析（参见第 8 章卡特尔和艾森克的理论）。奥尔波特坚信，说明非人类动物或神经症患者行为的原理，不同于说明健康成人行为的原理，要想了解一个人，你去研究其他人，也不能了解多少东西。"有些理论拿来做根据的，主要是患者或焦虑者的行为，或囚犯和卑鄙小人的古怪行为。鲜见来自研究健康人的理论，与其说这些人为了维持生计而奋斗，不如说是让生活有价值。"（Allport，1955，p. 18）从这句话中，我们有了人本主义或第三势力心理学（参见第 15 章）将要诞生的预感。德卡瓦略（DeCarvalho，1991）认为，奥尔波特是最早使用人本主义心理学这一术语的人。

182

　　奥尔波特不容忍任何忽视人的个体性或尊严的心理学观点。如果有人想找出奥尔波特著作中占统治地位的主题，那无疑是个体的重要性。这一主题使奥尔波特处在与"科学"心理学对立的立场，因为后者关心的是寻找行为一般规律的科学事业。科学感兴趣的是一般真理，而奥尔波特对特殊的事实感兴趣。他认为，心理学研究应该具有实践价值，他的人格理论著作包括：《个体与其宗教》（1950）、《偏见的本质》（1958a），以及与莱奥·波斯特曼（Leo Postman）合著的《谣言心理学》（1947）。

■ 一、生平

　　戈登·奥尔波特（Gordon Allport），1897 年 11 月 11 日出生于印第安纳州的蒙特祖玛。在本书依次介绍的人格理论家中，他是首个在美国出生的。奥尔波特在家里四个儿子中是最小的。他父亲约翰·爱德华·奥尔波特（John Edwards Allport）是一位医生，他母亲内莉·伊迪思·怀斯·奥尔波特（Nellie Edith Wise Allport）是一位教师，父母对他都有很大的正面影响。他曾在自传中写道：

　　　　我的母亲，一位中学教师，带给她的几个儿子理性地质疑并在宗教中寻找最终答案的意识。由于我父亲缺少足够的给他的患者准备的医疗设备，所以，在好几年时间里，既要看病，又要护理，就成了我们的家务。在办公室值班、洗瓶子、照顾患者，都是我最早接受的训练。……父亲是个不相信假期的人。他遵守的是他自己的生活准则，他把那说成是：如果人人都尽其所能地努力工作，又把家庭所需开支降到最低限度，就会有足够多的财富来运转。因此，带有责任和热爱色彩的勤奋工作精神笼罩着我们的家庭环境。（1967，pp. 4-5）

　　奥尔波特相信，他终其一生关心人类的福祉和强烈的人本主义心理学情怀，与上述的经历非常契合。和弗洛伊德对人类本性的观点（见第 2 章）不同，奥尔波特的观点是这样的：

　　　　从原理上和人的偏好上，世界各地的人们都会抵制战争和破坏。他们希望与邻居过和平、友好的生活，他们希望爱与被爱，而不喜欢恨与被恨。（Allport，1958a，pp. ix-x）

183

　　奥尔波特出生在印第安纳州，但是他成长在俄亥俄州的克利夫兰，他在那里上了公立学校。在他哥哥、哈佛大学毕业生弗劳德（Floyd Allport，后来也成为著名心理学家）的鼓励下，戈登·奥尔波特于 1915 年考入哈佛大学。他勉强通过了入学考试，而且在一年级开始时成绩大多在 C 和 D。但是经过刻苦努力，一年级期末时成绩都上升为 A。1919 年，他从哈佛大学毕业，专业是经济学与哲学。

　　由于对下一步要做什么摇摆不定，而且仍然在寻求自己的个人同一性，毕业后的一年，奥尔波特来到土耳其伊斯坦布尔的罗伯特学院教英语和社会学。他很享受教书工作，并且决定接受哈佛大学的奖学金，读心理学研究生。

在回美国途中，他来到维也纳看望他的两个哥哥。这次经历深深影响了后来他建立的理论。他给弗洛伊德写信，希望能得到允许去拜访他，他的请求被接受了。奥尔波特这样描述他对弗洛伊德简短的拜访：

> 当我进入墙上挂着关于梦的图画的一流红麻布房间后，他马上请我进入他里面的诊室。他没跟我说话，只是静静地坐着，让我说明来意。我没料到这种沉默，只得赶快想一个合适的话题。我给他讲了在来他诊所的电车上看到的一个情节。一个大约 4 岁的小男孩显然表现出肮脏恐惧症。他喃喃不休地对他妈妈说："我不坐在那儿……别让这个脏兮兮的人坐在我边上。"好像对他来说，什么都是肮脏的。他妈妈是个壮实的家庭主妇，看起来有很强的支配性和目的性。我认为，其中显然有因果关系。
>
> 我讲完这段故事，弗洛伊德用他那治疗师的和蔼目光看着我，说："那个小男孩是你吗？"我大吃一惊，觉得有点内疚，就很不自然地转变了话题。我意识到，他习惯于应对神经症患者的防御，而我表现出的动机（带着有些失礼的好奇心和年轻人的雄心）脱离了这一点。从治疗进展来说，他会设法减弱我的防御，但是，这却在本不是治疗的情境下发生了。（1967，pp. 7-8）

奥尔波特从这件事中意识到，本应深刻地进行挖掘的"深度"心理学可能把那些更重要的事实忽略了。奥尔波特相信，他拜访弗洛伊德并且跟他讲那个小故事有着完全合理的、有意识的原因，但是这些被试图"深刻"挖掘真相的弗洛伊德彻底曲解了。奥尔波特（1968）在提到这次拜访时说道："这次经历告诉我，深度心理学由于其全部的优缺点，可能陷得太深。心理学家要想做好，必须在探讨无意识之前，先彻底查明人的明显动机。"（p. 384）本章我们将看到，奥尔波特相信，发现一个人的动机的最好方法是让他谈自己的事情。

1921 年，奥尔波特在哈佛大学获得硕士学位，又在 1922 年获得博士学位。他的早期研究恰好说明，奥尔波特是怎样创立自己的人格理论的。他的第一份出版物是与他哥哥弗劳德合写的《人格特质的分类与测量》（Allport & Allport，1921）。他的博士论文题目是《对人格特质的实验研究》。

奥尔波特对人格的兴趣在他那个年代是越过了心理学门槛的。结构主义在当时是占统治地位的心理学流派，该流派试图以科学方法考察有意识的思维的要素，以及和这些要素相关的原理。结构主义的创建者和领袖是著名的独断主义者爱德华·铁钦纳（Edward Titchener，1867—1927）。奥尔波特曾这样回忆他和铁钦纳见面的情形：

184

> 摆在面前的事情有些令人担忧。当我单独与铁钦纳见面时，我的内心矛盾达到了极点。1922年 5 月，就在我刚写完论文后，我被邀请到克拉克大学参加铁钦纳的实验组成员的聚会。先用两天时间讨论感觉心理学问题，之后铁钦纳专门拨出时间，给每个来访问的研究生讲他自己的研究。我报告了人格特质的研究，却遭到冷遇，参加会议的所有人都沉默不语，铁钦纳不时投来失望的目光。之后，铁钦纳用命令口气向兰格菲尔德［Langfeld，奥尔波特的论文指导教师］说："你为什么让他研究那个问题？"回到坎布里奇，兰格菲尔德用一句简单的话安慰我："你别在意铁钦纳怎么看。"我觉得自己也没有在意。（1967，p. 9）

奥尔波特把他与铁钦纳的会面看作一次重要的成长经历："这次经历是个转折点。从那以后，我再也没遇到过对我跨越门槛的兴趣的指责和专业上的轻蔑。"（1967，p. 9）1922—1923 年，奥尔波特拿到访学资助到柏林大学和汉堡大学访学，1923—1924 年，又到英格兰剑桥大学访学。1924 年，他回到哈佛大学，开始在美国教授第一门人格课程："人格：其心理与社会方面"。

1925 年 6 月 30 日，奥尔波特和艾达·勒夫金·古尔德（Ada Lufkin Gould）结婚，她后来成为一名临床心理学家。他们有一个儿子，罗伯特·布兰德利（Robert Brandlee），他后来成为一位儿科医生。除了从 1926—1930 年在达特茅斯学院任职的 4 年外，奥尔波特的职业生涯都是在哈佛大学度过的。他在 70 岁诞辰前一个月的 1967 年 10 月 9 日，因肺癌逝世。

奥尔波特享有很多显要的地位并获得过众多荣誉。从 1937 年到 1949 年，他任《变态与社会心理学杂志》的主编。1939 年 41 岁时当选美国心理学会主席，1943 年当选东部心理学会主席。1936 年，他参与创建了社会问题心理学研究会（SPSSI），并于 1944 年当选该研究会的主席。二战期间，他是心理学紧急情况委员会委员，并担任艾拉·莱曼·卡波特基金会的秘书长，帮助从纳粹德国逃难到美国的心理学家寻找工作机会。1963 年，他获颁美国心理学会的心理学杰出贡献金质奖章，并于 1964 年获美国心理学会的杰出科学贡献奖。1966 年，他成为哈佛大学首位理查德·克拉克·卡巴特社会伦理学教授。不过，奥尔波特最看重的荣誉，是他的 55 个前博士研究生 1963 年送给他的两卷精装本著作集，其扉页上有这样的献词："来自他的学生——感谢他对他们个性的尊重。"（Allport，1967，p. 24）

■ 二、什么是人格？

在奥尔波特 1937 年出版的著作《人格：心理学的解释》中，他开创了美国式的对人格（personality）的研究方法。书的开篇就显示出奥尔波特与精神分析与行为主义观点的对立。奥尔波特的早期理论构建主要受格式塔心理学的影响，他从哈佛大学研究生毕业后去德国访问时接触了格式塔心理学，对他产生影响的还有他早年生活中形成的人本主义倾向。格式塔心理学强调意识经验的整体和相互关系，而无意识心理几乎完全被忽视。奥尔波特曾说，格式塔心理学是"我一直憧憬的那种心理学，只是我不知道它的存在"（1967，p. 10）。实际上，奥尔波特不相信作为人格信息来源的科学。他更接受文学和哲学对人的传统描述。当然，这并不等于说奥尔波特忽视科学方法提供的资料，他显然不是这样做的。但是，在他致力于理解人格的过程中，他不被科学方法绑住手脚。他相信，长年累月累积的非科学资料也是有用的，不善于利用这些资料是一种有勇无谋行为。当然，奥尔波特也不希望任何特殊方法或观点成为他对人格进行探索的桎梏："对一个人的理论加以扩展和修正，直到它能对人的人格尊严和财富的公平性进行一些测量，这总好于对人格进行裁裁剪剪，好让它适合于自己封闭的思想体系。"（1937，p. vii）

1937 年，奥尔波特从意思为面具的拉丁词 persona 开始，回顾了人格一词的历史。他归纳出 50 种人格定义，之后提出了他自己的、现在广为人知的定义："人格是个体心理物理系统内部决定其对环境的独特适应的动力组织。"（1937，p. 48）

1961 年，奥尔波特把"对环境的独特适应"改为"特有的行为和思想"（p. 28）。由于奥尔波特的人格定义是他主要概念的总结，所以下面我们将更认真地分析这一定义的重要成分。

1. 动力组织

尽管人格总是有组织的，但它也一直是变化的，或动态的。根据奥尔波特的理论，人格不是固定不变的，而是不断**生发**（becoming）的。虽然人身上有很多相似性，使他们保持着从一个经验到另一个经验的同一性，但是在一定意义上，他们和获得一个特殊经验之前的自己从来不是相同的。古希腊哲学家赫拉克利特曾经说，"没有不变的东西，万物都在变化"，"没有人会两次踏进同一条河"。奥尔波特把这一思想借用到人格概念中。即人格是有组织的，而且在人身上具有连续性，但它不断发生变化，或变得有些不同。

2. 心理物理系统

在奥尔波特看来，"'心理物理'这个词提醒我们，人格既不是单纯心理的东西，也不是单纯生物的东西。这一组织要求身体和心理携手融入人的统一体"（1937，p. 48）。

3. 决定

根据奥尔波特的定义，人格不是抽象的或随便编造的，而是实际存在的："人格是某种东西，而且做某些事情。……它与特殊行为并行不悖，存在于人身上。"（1937，p. 48）奥尔波特认为，人绝非简单地对环境做出被动反应，人的行为是通过人格结构，从人内心生成的。

4. 特有的行为和思想

前面提到，奥尔波特在 1961 年在他的人格定义中删去了"对环境的独特适应"，改为"特有的行为和思想"。这样做的原因是，他认为早期的陈述过多地强调生存，强调生物需要的满足。修改后的定义则涵盖了所有的行为和思想，无论它们是否与对环境的适应有关。例如，一个人对未来的梦想和饥饿的满足同样重要，但前者和生物角度的生存很少或没有关系。

奥尔波特两个版本的人格定义都强调个体性的重要性。在 1937 年的定义中，使用了独特（unique）一词；在 1961 年的定义中，使用了特有（characteristic）一词。毫无疑问，主张探索个体化的人的存在，而不是考察适合所有人的规律，确实是贯穿奥尔波特所有研究的持续的主题。他反复说过，没有两个人是相同的，所以，了解一个人的唯一途径，就是研究这个特殊的人。

三、性格、气质与类型

奥尔波特对**人格**（personality）、**性格**（character）、**气质**（temperament）和**类型**（type）几个术语进行了划分。

1. 性格

奥尔波特对性格这个术语感到烦恼，因为它包含对一个人的道德判断，当我们说一个人"性格好"时就是这样。奥尔波特倾向于"把性格定义为被评价的人格，人格……是未被评价的性格"（1961，p. 32）。

2. 气质

奥尔波特所说的气质、智力和体格都是**未经加工的人格材料**（raw materials of personality），这三种东西都是由遗传决定的。气质是人格的情绪成分。

3. 类型

类型是把一个人与另一个人比较并排位的标准。换言之，我们用类型这个词来描述别人。因此，类型是把人加以分类的途径。如果一个人持续表现出攻击行为，我们就会说，这个人属于攻击性类型，就是说，这个人的行为适合划入这个标准。反之，人格是人身上引起他以一定方式行为的东西。我们可以说，人格引起了行为模式，这些行为模式就可以说是类型。

四、好的人格理论的标准

1960 年，奥尔波特提出了他认为好的人格理论应该拥有的五个特征。

1. 把人格看作人内部的东西

奥尔波特认为，有的理论根据人扮演的各种角色来解释人格，有的理论则根据环境条件不适当引发的行为模式来解释人格。换言之，人格必须通过内部机制，而不是外部机制来解释。

2. 人的各种变化影响其行为

这一陈述和第一点有关，显示了奥尔波特对行为主义者的蔑视。后者认为，出于方法论的原因，人类机体是空洞的东西。对那些心理学家来说，研究人类行为的恰当方法是对刺激条件（S）和对这些条件的反应（R）做"机能分析"。这些心理学家为研究空洞的机体而自豪（斯金纳领导的这一流派及其理论见第9章）。奥尔波特认为，这种观点是特别令人不愉快和不人性的："任何自称正确的人格理论都必须是动力性的，若是动力性的，机体就必须是一个贮存着充分能量的东西。"（Allport，1960，p. 26）

3. 为当前而不是过去的行为寻找动机

奥尔波特的这一点表达了他对精神分析理论的不满，因为后者把成人的动机追溯到童年期的经验："人似乎总是努力把他们的生活引向未来，但是心理学却在很大程度上极力追溯着他们的过去。"（Allport，1955，p. 51）奥尔波特认为，神经症患者可能是他们过去的囚徒，精神分析方法对他们可能有用，但是对健康、成熟的成人来说，要从当前来发现他们的动机。因此，健康、正常的成人能够察觉自己的动机，如果让他们说出来，他们就能做出正确的描述。在本章后面讨论机能自主时，我们将看到，奥尔波特认为，健康成人的动机是独立于早期经验的。

4. 使用能测量"整体生活"的测量单元

奥尔波特认为，永远也不能忽视对整个人格的整合。人身上的东西比收集到的测验分数或条件反射多得多。无论用什么测量单元来描述人，它们都必须能够描述整体的、动力性的人格：

> 说约翰·布朗在"男性化－女性化"方面得分为80百分位，在"成就需要"方面为30百分位，在"内向性－外向性"方面得分为平均水平，只是一个大致轮廓。即使用更多的维度、更多的心理测量分数，模式化的人格似乎也只是在迷惑心理诊断师。（1960，p. 30）

奥尔波特的理论从不忽视作为整体的人。我们将会看到，使这一点成为可能的测量单元就是"特质"。

5. 充分评价自我意识

人是唯一拥有自我意识的动物，奥尔波特认为，这一事实在探讨人格时必须被充分重视。在后面讨论"自我统一体"时，我们将尝试探索这一难题。

五、奥尔波特的特质概念

如上述，奥尔波特认为，一个好的人格理论会采用能够测量"整体生活"的单元。他认为，这种单元就是特质。为了描述人们拥有的各种各样的特质，奥尔波特和奥德伯特（Allport & Odbert，1936）检验了17 953个用于描述人的形容词。但奥尔波特并不把特质等同于名称，对他来说，特质是实际的生物物理结构。

奥尔波特把特质定义为"一种神经心理结构，它能够施加许多机能上等价的刺激，并能激发并指导各种等价的（即一致的）适应和表达行为形式"（1961，p. 347）。换言之，一种特质能引起一个人以相似方式对相似的环境事件做出反应。根据奥尔波特的理论，特质是通过内部需要和学习的结合形成的。他举了下面的例子：

> 一个婴儿发现，他妈妈几乎总能满足他的愿望，于是就形成了对她的早期依恋（条件作用）。但是后来，其他社交联系也被证明有助于这个孩子的快乐和良好适应，例如玩伴、家庭聚会者、

马戏场的人群。……这个孩子渐渐愿意接近人,而不是回避。合群性特质(而不是本能)就这样形成了。于是这个孩子渴望社交互动,和人们在一起时很快乐。只要独自待一段时间,他就会想念别人,焦躁不安。随着长大,他以越来越多的方式表达这种社交兴趣。在会场、剧院、教堂,他千方百计地加入人群;他交朋友并和他们保持联系,招待他们,追随他们。……社交性成为这个个体人格的深刻、特有的品质。这一品质的表达方式多种多样,五花八门的等价刺激都能唤起它。(1937,pp. 292-293)

特质可以解释人的行为为什么有稳定性。因为没有两个人拥有完全相同的特质,每个人都面临着 *189* 不同的环境经验。一个拥有鲜明的友好特质的人,和一个拥有较强的怀疑特质的人,对陌生人将做出不同的反应。对这两个人的刺激相同,但是反应不同,这是不同的特质使然。奥尔波特这样解释:"能把奶油熔化的人,同样能使鸡蛋变硬。"(1961,p. 72)

人的特质对经验加以组织,因为人带着自己的特质面对世界。特质指导着人们的行为,因为人只能根据自己的特质对世界做出反应。因此,特质既能激发也能指导人的行为。图 7-1 显示了特质怎样影响着一个人对形形色色的情境做出反应的方式。

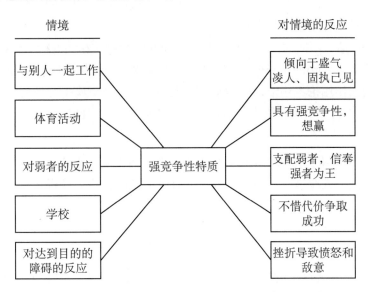

图 7-1 一个具有强攻击性特质的人对各种情境的反应

特质不能被直接观察到,所以特质的存在只能是推测。奥尔波特认为,假设特质存在的标准如下:

一个人采用某种适应类型的频率是特质的标准之一。第二个标准是他采用这一相同的行为模式的情境范围。第三个标准是他保持这种"偏好的行为模式"的强度。(1961,p. 340)

奥尔波特的理论预测,一个人的行为有相当大的跨情境一致性。人表现出的一致性类型决定于一个人拥有的特质。虽然多数人格理论预测或假定行为具有一致性,但是近年来发现,一个人的行为并不像人们认为的那样,从一个情境到另一个情境保持一致。在第 11 章概述社会认知理论时,我们将了解一致性与不一致性的争论。

1. 特质与情境的交互作用 *190*

公平地说,奥尔波特从未说过,拥有一种特质或特质模式必然导致一个人在所有相似情境中都做出相同的行动。行为中的某些一致性在一种特质或特质模式被假定存在之前已经存在,但是关于不一致性的一些例子并不一定说明这样的特质不存在。奥尔波特认为,一个人的特质设定了对给定情境做出反应的一个可能范围,但情境本身的属性决定着最后实际表现出来的是哪个潜在的行为。

奥尔波特（1961）阐述了特质与情境是怎样交互作用的：

> 我们不得不得出结论，情境可能在很大程度上矫正行为，但只是在人格提供的潜在行为有限的情况下才会发生这种事。同时，我们也不得不承认，人格特质必然不被看作固定和稳定的，在所有场合也不是以相同程度机械地得以表现。我们应该想一想，特质有一个可能的范围，它根据情境的需要，在该范围内的不同点上被激活。
>
> 有一种错误的说法，说吉姆有 y 数量的焦虑，或外向性，或攻击性。我们应该说，他拥有这些特质的上限或下限。意思是说，他表现出的某行为数量从来不比 x 多，也不比 z 少。在任意给定时间，他在该范围内的准确定位取决于情境线索所带来的东西。换一个角度说，我们可以设想，情境会把处在其潜力尺度上的一个人"拉高"或"拉低"，但总不会超出他的特定限度。（pp.180-181）

即使在奥尔波特理论的早期提法里，他也曾说过："［行为的］完全的一致性从没有被发现过，将来也不会被发现。"（1937，p. 330）1961年，他举例说明了特质与情境怎样交互作用并产生行为的："那个年轻教师并不总是'友善的'，他在每个方面也并非会表现出同等的'野心勃勃'，他的'热情'肯定取决于他教什么和教的是什么人。"（p. 333）

因此，奥尔波特相信，不同的情境，即使相似，唤起的与特质相关的行为的程度也可能是不同的。由于这一观点，祖洛夫（Zuroff，1986）总结说，奥尔波特是一个早期的交互作用论者，而不是一个纯粹的特质论者。交互作用论者相信，行为永远是人的变量（如特质）与情境变量的影响相互结合引起的。在第11章，我们将更多地介绍人的变量、情境变量及二者之间的交互作用。

2. 特质不是习惯

习惯（habits）是比特质更特殊的东西。例如，一个人可能有早上刷牙、穿干净衣服、梳头、洗手和剪指甲的习惯。但是，人有这些习惯，是因为他有爱清洁的特质。换言之，一种特质包含着多种特殊的习惯。

3. 特质不是态度

191**态度**（attitudes）和习惯一样，也是比特质更特殊的东西。一个人对某些事物表现出某种态度，例如，对一个人的态度、对汽车制造业的态度，或对旅行的态度。而特质是更一般的东西。例如，如果一个人具有攻击性，他就倾向于对陌生人、熟人、动物等表现出攻击性。态度与特质之间的第二个差别是：态度通常隐含着评价，即态度一般是针对某事物的；态度既可能是正面的，也可能是负面的；态度还隐含着对某事物的接受或拒绝。而特质对所有的行为和认知负责，无论其中是否包含着评价。

■ 六、特质的类型

首先，奥尔波特划分了**个体特质**（individual traits）与**共同特质**（common traits）。如命名所示，个体特质是特定个体拥有的特质，共同特质是若干个人共享的特质。二者间的差别主要决定于指定的对象是什么。我们说，任何群体都可能有自己的特质。例如，人们说一个群体是友善的、富有攻击性的或智慧的。同样，人们可以用一个人的特质来描述他，说他是友善的、富有攻击性的或智慧的。用特质描述群体时，所说的特质就叫作共同特质；用特质描述个体时，这些特质就是个体特质。奥尔波特虽然认为这两种特质都存在，但他相信，人格理论家应该专注于个体特质。

个体特质与共同特质之间的差别往往因为一条假定而被混淆，这条假定是，一种个体特质只是一个单个的人拥有的。这一假定是不正确的。我们几乎不能设想，任何一个人没有某种程度的友善、诚实、整洁、攻击性或其他特质。奥尔波特所说的个体唯一性涉及的是一个人拥有的特质模式。比如说，一个人可能具有较强的友善特质、较弱的诚实特质和中度的攻击特质。另一个人可能有中度的友善、诚实和攻击性。当列出的特质被扩大，而且人们意识到，每一种特质可能以任何程度被拥有，可能的特质结构的数量就非常大了。奥尔波特说的个体特质指的是一个特定个体拥有的独特的特质模式。而且应该记住，一种特质指一个可能的行为范围。例如，很多人有攻击性，但是，没有两个人的攻击性会以完全相同的方式，并且在完全相同的情况下表现出来。任何一种特质都可能以无限多的方式得以表现，奥尔波特（1937）指出：“严格说来，没有两个人拥有一模一样的特质。”（p. 297）。因此个体差异不仅表现在人们拥有的特质模式上，而且表现在一种特定的特质怎样在人格中得到表达。

奥尔波特借用德国哲学家威廉·文德尔班（Wilhelm Windelband）的术语，认为人格理论家应采用**特殊规律研究法**（idiographic method），针对单独个案进行研究，而回避**一般规律研究法**（nomothetic method），这种方法针对人的群体，要求对平均数进行分析。奥尔波特认为，平均数是抽象的东西，不能准确地描述单个的人。也就是说，要了解一个特定的人的唯一办法就是去研究这个人，因为没有两个人拥有完全相同的特质水平或结构。

在奥尔波特理论发展的后期，他认为用特质这个术语既描述群体，又描述个体特征会造成混乱。所以他保留了共同特质来描述群体特征，但是把术语个体特质改为**个人素质**（personal disposition），其定义是“（个体特有的）一般神经心理结构，它能施加各种机能上等价的刺激，并能发起和指引各种一致的（同等的）适应行为和风格化行为”（1961，p. 373）。注意，这个个人素质的定义和早期的特质定义从本质上是相同的。

对个人素质展开研究后，显然，奥尔波特认为，一个人拥有的所有倾向并非对人格有相同影响。因此他划分出首要素质、核心素质和次级素质。

1. 首要素质

如果一个人拥有**首要素质**（cardinal disposition），它将会影响人的一切所作所为。例如：你想到唐璜时，会想到一个浪漫的人；你想到弗罗伦斯·南丁格尔时，就会想到一个充满同情心的人。这两个人都为首要素质提供了例子。奥尔波特用来描述首要素质的形容词有：如基督一样的，爱狂饮的，浮士德式的，马基雅维利式的，堂吉诃德式的，虐待狂式的，等等。首要素质只能在少数人身上观察到。

2. 核心素质

想出一个你很熟悉的人，为他写一封真诚的推荐信，并列出你打算在这封推荐信里描述他的特征。这些词语所说的就是他的**核心素质**（central dispositions），它们归纳出这个人的稳定行为。例如，守时、整洁、富于创造性、富于坚持性等等。

奥尔波特认为，每个人都拥有出人意料的少数核心素质。“一旦心理学发展出充足的诊断方法，从而能发现有组织的特定人格（个人素质）的主要特征，人们就会发现，这样的焦点的数量大约在五个到十个之间。”（1961，p. 367）

3. 次级素质

和首要素质与核心素质相比，**次级素质**（secondary dispositions）用于较特殊的行为范围。次级素质与习惯或态度相似，但是比这二者更特殊。这包括人的癖好，如偏好某些类型的食物或衣着。

■ 七、自我统一体

前面提到，奥尔波特把人格定义为“动力组织”。还讲到，奥尔波特认为人格是由像个人素质这样

193 的生物和心理结构组成的。鉴于人格的所有方面都是持续发展的和有组织的，这意味着存在一种组织机制。在古代，这一机制被称为灵魂。后来，它被称为自我、心灵或自我意识。奥尔波特认为，这些术语过于模糊，他把这种人格的组织改称为**自我统一体**（或称统我，proprium）。自我统一体包括使人具有唯一性的所有因素。

这种内部组织和自我意识在出生时并不存在，它是随着年龄增长逐渐形成的。奥尔波特认为，自我统一体的机能是从出生到成年期八阶段发展的最后阶段的典型特征。

（1）**身体"我"**（bodily "me"）的意识（0～1 岁）。婴儿知道，他们的身体存在，因为他们体验到很多感觉。尽管身体"我"的意识是自我统一体发展的第一个方面，但它是人一生中自我意识的基础。身体"我"的意识用于辨别哪些是自己身体的一部分（因此知道身体是热的，是自己的），以及哪些是外部加于自己的。奥尔波特（1961）生动地说明了被知觉到的属于自己的东西和不属于自己东西的区别：

> 想想咽唾液的情境，或实际咽一下。然后想象把唾液吐进一只玻璃杯，再喝下去。自然的东西和"我的"东西似乎一下子变得令人恶心、难以接受。让这种令人不快的想法再持续一会儿，想象自己从扎破的手指上吸血，然后想象从绑在你手指上的绷带上吸血。你把知觉为属于你自己身体的血是热的和可接受的，你知觉为分离的血马上就变成了凉的、不一样的。（p. 114）

（2）**自我同一感**（1～2 岁）。随着这种感觉的出现，对自我连续性的意识也逐渐形成。就是说，儿童开始意识到，尽管身体的样子和个人经验发生了变化，但自己还是同一个人。语言发展与**自我同一性**（self-identity）的发展有直接关系。尤其是儿童知道自己的名字后，它通过形形色色的经验成为其同一性的基础。"儿童重复地听到自己的名字，他逐渐懂得，自己是一个独特的、重复出现的参照点。一周岁以后，名字对儿童变得很重要。由于有了名字，儿童意识到自己在社会群体中的独立地位。"（Allport，1961，p. 115）

（3）**自尊**（self-esteem）感（2～3 岁）。这是一种自豪的情感，当儿童知道自己能做事情的时候，这种情感就出现了。在这一阶段，儿童常常想脱离成人监督，寻求完全的独立。

（4）**自我扩展**（self-extension）感（3～4 岁）。这一阶段，儿童懂得了"我的"这个词的意义。他们意识到，不仅身体属于自己，而且玩具、游戏、父母、宠物、姐妹等等也属于自己。此时的自我感扩大到外部对象。

（5）**自我形象**（self-image）的出现（4～6 岁）。这一阶段，儿童形成了良心，它成为"好的我"和"坏的我"的参照框架。儿童能够把自己做的事与别人期望他们做的事进行比较，并开始为自己订立未来目标。

194 （6）**作为理性应对者的自我**（self as a rational coper）的出现（6～12 岁）。这一阶段，儿童意识到"思维"是解决生活问题的手段。儿童在某种程度上开始对想法进行思考。

（7）**为自我统一的努力**（propriate striving）的出现（12 岁到青少年期）。这一阶段的人变成几乎完全是未来定向的。对生活给予组织、赋予意义的长期目标开始建立。在奥尔波特看来，生活的基本目的不是像很多理论家说的那样，是**需求减弱**（need reduction），反之，**需求增强**（need induction）变得重要。也就是说，通过在很多情况下未能实现的未来目标，健康的成人找到了问题：

> 为自我统一的努力融入了人格的整体，但还不是完善、稳定或张力降低的整体。有献身精神的父母还没有减少对子女的关心，对民主的追求成为子女人际关系中持续一生的事情。通过对年轻人自觉行动本性的研究，科学工作者发现了越来越多的问题，而不是越来越少。像一位哲学家认为的，人的智力成熟的标志是，能够感觉到，随着人们对越来越好的问题的回答，得到的满足越来越少。（Allport，1955，p. 67）

长远目标的建立是一个人的个人存在的核心，它使人能够区分人类和非人类的动物、成人与儿童，在很多情况下，还要区分健康人格与病态人格。

（8）**作为理解者的自我**（self as knower）的出现（成年期）。当人意识到自我达到统一并超越了自我的前七个方面时，发展的最后一个阶段就出现了。换言之，作为理解者的自我整合了所有的自我统一机能。在我们的日常生活中，多数情况是，自我统一体的好几个方面同时出现。奥尔波特（1961）举了下面的例子：

> 假设你正面临着一次困难的、重要的考试。你无疑会感觉到心跳加速，心慌意乱（身体自我）；想到自己的过去和未来，知道这次考试的意义（自我同一性）；想到你将骄傲地参加考试（自尊）；想到考试的成功与失败对你的家庭的意义（自我扩展）；想到你的希望和抱负（自我形象）；想到你在考试中作为问题解决者的角色（理性应对者）；想到整个情境与你的长远目标的关系（努力达到自我统一）。在实际生活中，各种自我统一状态的融合是常见的。在你体验到的这些自我状态后面，你就间接地瞥见了作为"理解者"的自己。（p. 137）

自我统一体这一术语指自我的全部八个方面。对自我统一体的概括见表 7-1。

表 7-1 自我统一体及相关机能发展的八个阶段

发展阶段	自我统一体的发展
1. 0～1岁	婴儿凭借许多体验到的感觉知道自己的存在
2. 1～2岁	儿童知道虽然接触的环境发生变化但自己是同一个人
3. 2～3岁	个人成就激发自豪感
4. 3～4岁	儿童认识到某些东西属于自己而扩展了自我形象
5. 4～6岁	儿童形成了超我或良心，能够明辨是非
6. 6～12岁	儿童用因果性和逻辑性解决复杂问题
7. 12岁到青少年期	儿童形成未来目标，开始组织自己的生活
8. 成年期	个体把前面各阶段形成的自我加以整合

良心

在奥尔波特看来，良心是伴随着自我统一体的几个方面，尤其是自尊、自我形象和为自我统一的努力，而逐渐出现的。奥尔波特认为，良心的演变有两个阶段。第一个阶段出现的是**必须的良心**（must conscience），它是儿童具有的唯一一种良心类型。必须的良心是在父母的限制和禁止之外、当父母不在场时表现出内化的自我指导行为之后形成的。在这一点上，奥尔波特赞成弗洛伊德的观点："在良心出现的这一早期阶段，无疑像弗洛伊德说的，它是族群和父母价值观内化的结果。对这些价值观的违反，即使没有惩罚威胁，也会导致焦虑和内疚。"（1961，p. 135）

必须的良心逐渐被**应该的良心**（ought conscience）取代。必须的良心因害怕惩罚才能持续，而应该的良心与人的自我统一体紧密联系。例如，年轻人意识到，如果想实现长期目标，就应该积累一定的、别人会回避的经验。奥尔波特（1961）这样总结了必须的良心和应该的良心之间的差别：

> 在成年期还保留着许多"必须"，但此时它们产生于对后果的理性认识，很少被觉察为良心之类的东西：我必须遵守交通规则，我必须修理汽车电路，我必须不能向她显示真实情感。但是，与此同时，我应该去投票，我应该写那封信，我应该努力学习，我应该做我认为的善事，这些都是符合自我统一的价值判断。如果我按照自己的方式去生活，即使失败也没人会惩罚我。……因此，成熟的良心是一种义务感，它使人把自我形象保持在可接受的范围内，它使人不断地选择达

到自我统一的道路——一句话，它建立起（而且不会扰乱）一个人的存在方式。良心开始具有一种总体的自我指导作用，其重点也从群体和父母控制向个人控制转变。(p. 136)

奥尔波特赞成弗洛伊德关于必须的良心发展的观点，但他不同意弗洛伊德所说的，对权威人物的内化价值观指导人一生的道德行为。奥尔波特虽然确实赞成一些成人的品行受幼时的禁忌和限制支配，但这些成人是不健康的。正常成人的品行应该是多样的，是理性的，是面向未来的，是个人的。

196

■ 八、机能自主

如我们所知，多数人格理论包含有动机理论，无论这是明确的还是暗含的。奥尔波特对好的动机理论提出四个要求。

（1）它必须查明动机的当前属性。奥尔波特不同意精神分析学家所说的童年是成年之父的观点。奥尔波特认为，为了让一个动机成为动机，它必须存在于当前。他说："无论什么东西在推动我们，它必须现在正推动着我们。"（1961，p. 220）

（2）它必须接纳多种动机类型的存在。奥尔波特认为，要减弱所有人对一个因素的动机，如驱力降低或追求优越，是不可能的。"动机类型如此多样，我们很难找到其共同特征。"（1961，p. 221）

（3）它必须承认认知过程的重要性。对奥尔波特来说，如果不了解一个人的计划、价值观和意图，就不可能真正理解他的动机。奥尔波特认为，了解一个人的人格结构的最好的方法是问他："从现在起的五年内，你最想做什么？"像阿德勒和埃里克森一样，奥尔波特强调意识和认知过程对指导行为的重要性。

（4）它必须承认每个人的动机模式是唯一的。就像没有两个人拥有相同的特质结构一样，也没有两个人有相同的动机结构。由于奥尔波特认为，特质发起行为，所以它们可能被等同于动机。奥尔波特问道："动机单元和人格单元之间有何关系？我认为，一切动机单元同时也是人格单元。"（1960，p. 118）

奥尔波特提出了满足上述四个要求的动机概念。这就是**机能自主**（functional autonomy），它的定义是"任何习得的动机系统，参与其中的张力与该习得系统赖以发展的原来的张力不是同一类的"（1961，p. 229）。奥尔波特认为，机能自主概念非常重要，它"对人格心理学来说好像是一份独立宣言。"（1937，p. 207）

机能自主也许是奥尔波特最著名的概念，它直接揭示了，一个成年人现在表现出某种行为的原因为什么不同于过去使他表现出该行为的原因。换言之，过去的动机从机能上与当前的动机无关。奥尔波特举了下面的例子：

一个前水手渴望接触大海，一位乐师在被迫离开音乐后渴望演奏他的乐器，一个守财奴仍在累积无用的钱财。现在，水手可能因为在一次海难中为生存而斗争，第一次习得了他对大海的热爱。大海过去是他的饥饿驱力的"次级强化"。但是现在，这位前水手也许成为一个富有的银行家。原来的动机已不存在，但是他对大海的渴望仍然不减，甚至更强。那位乐师可能因为有人嘲讽他的演奏水平低下而倍受打击，但是现在，他已超越了这些嘲讽，并且发现，他热爱音乐胜过世界上的任何东西。那个守财奴也许看透了他在贫穷时养成的节俭习惯，但是他的吝啬本性仍然保持着，并且随着岁月流逝、节俭已无必要之后，变得更吝啬了。（1961，p. 227）

197

一个大学生开始时因为被别人要求、因为父母之命而选择了一个学习领域，但是因为偶然地在一堂课上，他发现自己被一个主题，也许是终生被吸引了。起初的动机或许已经完全消失了，达到目的的手段变成了目的本身。（1961，pp. 235-236）

奥尔波特相信，当动机变成自我统一体的一部分之后，它们就会追寻自己的目标，而不是为了外部的鼓励或奖赏。这样的动机是自立的，因为它们已经变成人的一部分。如果说，健康的成人追求目标是因为这样做会被奖励，对奥尔波特来说，这是荒谬的。他这样评论：

> 认为巴斯德关心的是奖励，或者是健康、食物、睡眠或家庭，这有多可笑，因为他献身于研究才是源头。在很长时间里，他对这些功利的东西视而不见，在白热化的研究中忘记了自我。在很多天才人物的传记中可以见到同样的热情，他们一生中很少或根本没有因为自己的工作得到过奖励。（1961，p. 236）

奥尔波特提出，机能自主分为两种：（1）**执拗的机能自主**（perseverative functional autonomy），表现为人盲目从事重复的活动，这种活动曾经是有目的的，但后来没有目的了。这些活动不是为了奖励，也和过去无关，但却是不重要的低水平活动。例如一个人已经退休一段时间了，仍坚持每天7：30起床。（2）**自我统一的机能自主**（propriate functional autonomy），表现为一个人的兴趣、价值观、目标、态度和情感。

奥尔波特认为，自我统一的机能自主是由以下三个原理支配的：

（1）**能量水平组织原理**（principle of organizing energy level）。这一原理说的是，当一个人不再需要担心生存和对生活的调整之时，就有可观的能量供他所用。这种能量由于无须再用于基本适应，所以可以释放到为自我统一的努力中，例如，为将来的目标而努力。

（2）**掌握与胜任原理**（principle of mastery and competence）。健康成人有与生俱来的增强自己的效能、效率和更好地掌握本领的需要。用奥尔波特的话来说，健康人需要在越来越多的任务中做得越来越好。这是驱力增强，而不是减弱的另一个例子。

（3）**自我统一的模式化原理**（principle of propriate patterning）。人的自我统一是一个参照框架，决定着在生活中追寻什么，不追寻什么。这意味着，尽管动机从机能上与过去无关，但是它们不可能摆脱自我统一体。也就是说，一切动机必须和整体自我（自我统一体）相融合。它保证了人格的一致性和完整性。

并非所有行为都是机能自主动机引起的。人的很多行为是生物驱力、反射行为、奖励和习惯引起的。奥尔波特承认这一点，但是他相信，在机能自主动机控制下的行为是人类特有的，因此应该成为人格理论家研究的重点。

九、健康、成熟的成人人格

奥尔波特的理论不是产生于精神分析理论。他不是一个心理治疗专家，对情绪障碍患者也不十分感兴趣。他坚信，适用于健康成人人格的原理不适用于被研究的动物、儿童或神经症患者。在奥尔波特看来，神经症患者和健康人之间的区别是，前者的动机以过去为依据，而后者的动机则源于现在和未来。从下面一段话里可以清楚地看到奥尔波特的人本主义倾向：

> 我们发现，当今对罪犯的研究较多，对遵纪守法者的研究很少；对恐惧的研究较多，对勇气的研究很少；对敌意的研究较多，对友善的研究很少；对盲目行为研究较多，对人的光明愿景研究很少，对人的过去研究较多，对人的未来憧憬研究很少。（1955，p.18）

奥尔波特关于研究健康人，而不是研究神经症患者的观点与后来马斯洛（参见第15章）的立场很相近。马斯洛后来修改了那些探索自我实现生活的人的状况。马斯洛发现，这些人具有的特征与奥尔波特所说的正常、健康成年人的下列特征很相似。

（1）**自我扩展能力**（capacity for self-extension）。健康成人参与广泛的活动。他们有很多朋友和兴趣爱好，愿意投入政治或宗教活动。

（2）**热情的人际互动能力**（capacity for warm human interactions）。健康成人善于和别人建立亲密关系，很少有占有欲或嫉妒心。他们能够容忍自己和别人价值观和信念的差异，这说明他们富于同情心。

（3）**情绪安全感和自我接纳**（emotional security and self-acceptance）的展示。健康成人能够接受生活中不可避免的冲突和挫折。他们有积极的自我形象。相形之下，不成熟的人往往自怨自艾且自我形象消极。

（4）**务实的观念**（realistic perceptions）的展示。健康成人实事求是地看待事件，而不是根据愿望看待事件。这些人在评价一件事和决定对情境加以调整时，表现出良好的常识。

（5）**自我客观化**（self-objectification）的展示。健康成人对自己的优点和缺点有正确的认识。他们富于幽默感。幽默的人有时会嘲笑自己喜欢的东西，甚至包括自己。而那些对自己缺乏自信的人会觉得针对他们或他们所相信的事物的笑话根本没有什么好笑的。

（6）**一以贯之的生活态度**（unifying philosophy of life）的展示。奥尔波特认为，健康成人的生活"有序或可控地指向选定的一个或多个目标。每个人的生活都有一些独特的东西和鲜明的意向"（1961，pp. 294-295）。

奥尔波特像荣格和埃里克森那样，以及在较小程度上像阿德勒那样，强调宗教的重要性；而且像荣格认为的那样，宗教的意义只能被成年人领会。奥尔波特认为，健康成人都有某种自成一统倾向的需求，虽然这种倾向通常是宗教的，但是情况也不尽然：

> 从心理学角度来说，我们应该指出在宗教倾向与其他影响变化过程的高水平图式之间，存在着很大的相似性。每个人，无论他是否信仰宗教，都有自己的基本假定。他发现自己的生活不能离开这些东西，对他来说，这些基本假定是真实的。这样的基本假定，无论被称为意识形态、哲学、观念，或只是生活直觉，对属于他的行为（就是说，对一个人的几乎所有行为），都会产生富于创造性的推动力。（Allport，1955，pp. 95-96）

后面我们还要介绍奥尔波特对宗教的观点，但我们先来看看奥尔波特对不健康个体的看法。

不健康的人

在奥尔波特看来，健康人是表现出上述六个特征，并稳定保持这种发展状态的人。这种人是定向于未来的。不健康的人是成长停滞的人。他们的动机往往止步于过去，而不是发自当前或未来。奥尔波特在解释为什么有些儿童会变成不健康的成人时，他基本同意霍妮的观点：

> 归根结底，满足最低限度的安全感看来需要从童年就过上一种具有创造性的生活。否则，个体就会产生对安全感的病态追求，比别人更不能容忍成长中的挫折。他通过对人持续不断的苛求、嫉妒、破坏和利己主义，透露出那种缠绕于身的病态追求。相形之下，婴儿期需求得到充分满足的儿童，很快会放弃苛求于人的习惯，在以后生活中学会容忍挫折。成功度过第一个发展阶段的儿童能自如地放弃适合于这一阶段的习惯，并走向成熟。在充满爱的环境中懂得如何接纳别人的人，就能更坦然地接纳自己，容忍周围人们的种种行为方式，以成熟方式化解以后生活中的矛盾

冲突。（1955，p. 32）

不健康的人要想摆脱困境，必须体验到童年生活中曾经失去的爱。家人、朋友或治疗师都能够提 *200*
供这种爱。无论在任何情况下，"被爱和爱人都是最好的治疗"（Allport，1955，p. 33）。

奥尔波特理论中的重要一点是，不健康的人如能按照其自我统一体生活，就能变成健康人。就是
说，他必须遵循自己的目标、价值观和志向来生活。因此，健康的定义不是适应社会标准。实际上，
顺从社会标准可能使健康人变成不健康的人，或者，这种顺从可能使不健康的人变得更不健康。奥尔
波特这样解释了其中的原因：

> 社会本身是病态的。是什么使一个患者对不公、伪善和战争安于现状？我们应该让患者适应
> 什么样的社会？使人变得粗鄙和丧失志向的责任在于他的社会阶级吗？使人失去对整个人类的愿
> 景的责任在于他的民族吗？认为适应社会（任何社会）是健康人格的标准，这一点是令人怀疑的。
> 一个主张割取敌人人头的社会要求那些适应良好、敢于杀死敌人的人作为公民，但那些离经叛道、
> 质疑杀人价值的人，就一定是不成熟的人吗？（1961，p. 305）

十、偏见的本质

奥尔波特在他的著作《偏见的本质》（1958a）的开篇这样写道：

> 文明人已经拥有相当客观的能力，去开发能源、物质和自然界那些无生命的东西，而且迅速
> 地学会了控制身体病痛和过早死亡。但是，相形之下，我们似乎还生活在石器时代，因为我们处
> 理人与人关系的能力仍然令人忧虑。（p. viii）

涉及人群中积极关系的一个因素是人们对**偏见**（prejudice）的偏好。虽然现在偏见这个词带有负
面含义，但情况并非一直如此。奥尔波特（1958a）回顾了这个词的发展史：

（1）对古人来说，praejudicium 这个拉丁词意为**预先的**——在先前的决定和经验基础上的判
　　断。
（2）后来，这个词在英文中有了对事实进行检验和深思熟虑之前做出判断的意义——过早
　　的、草率的判断之意。
（3）最后，这个词又有了伴随着一个预先做出、未得到支持的判断而产生的情绪味道、满意
　　或不满意的意义。（p. 7）

历史地看，偏见这个术语的意思是预先判断，它既可能是正面的，也可能是负面的。奥尔波特
（1958a）找到了对偏见的如下可接受的定义："对人或对事预先产生的或不以实际经验为基础的喜爱或
不喜爱的感受"（p. 7）。投射到群体（如家人、宗教、政党、性别、族群或国家）成员的正面属性，
就是正面偏见的例子。投射到群体成员的负面属性，就是负面偏见的例子。在这两种情况下，个体 *201*
都是被预判的，因为他们具有群体身份以及对作为个体的他们没有任何了解。

和预判紧密相关的是人把自己的经验举一反三的自然倾向。人们用已有的经验、类别、概念、观
念和价值观来指导后来的行为。虽然个体的经验总是与特定的人或事关联，但是经验一定会被举一反
三，以指导后来的行为。奥尔波特（1958a）认为，这样的举一反三是自然而然的、情有可原的："过
度分类也许是人类心理的一般策略。……生命如此短暂，对我们在生活中做出调整的要求又如此之多，
这使我们不可愚昧无知地囿于日常事务中。"（p. 9）奥尔波特又指出："分类一经形成，就成为正常预

判的基础。我们不能回避这一过程，有序的生活就依赖于这种预判。……思想的开放被认为是一种优点。但是严格来说，这做起来较难。"（p. 19）

把经验推及分类中可能产生三个结果：（1）该分类对以后行为进行合理而有效的指导；（2）该分类被发现不正确并且被修改，以便可以有效地指导以后的行为；（3）该分类被发现不正确，但未被修正。在这三种情况下，都有预判介入，但最后一种最可能和预判有关。就是说，对群体、客体或人物的负面分类得以形成，而且虽然得到反面经验，却没有加以修正。这样的分类可归为成见或刻板印象（stereotype）。

成见观念是怎样不顾事实而得以保持的？奥尔波特介绍了一项研究，研究中寄给旅店管理者信件，要求预订房间。一封信的署名是"格林伯格先生"，另一封是"洛克伍德先生"。93% 的酒店管理者给洛克伍德先生提供了住宿，给格林伯格先生提供住宿的只有 36%。我们从中看到了种族偏见的例子。尽管没有一家酒店的管理者认识格林伯格先生，但是他却被分类到被敌视和拒绝的那种人。涉及格林伯格先生的事实不是问题，他被拒绝是因为他被归于假定具有负面特征的那类人。

奥尔波特（1958a）引用一种巧妙的说法来形容偏见的定义，即"你反感一些东西，只因你不明就里"（p. 8）。一个持有偏见的人好像在说："我的主意已定，别再用一些事情迷惑我。"奥尔波特用下面的对话说明了这一点：

> 甲先生：犹太人的麻烦在于他们只关心自己的族群。
> 乙先生：但是社区慈善捐款记录却显示，按人口比例计算，他们给社区的慈善捐款比非犹太人多。
> 甲先生：那说明他们总是想花钱买欢心，花钱来干预基督教事务。他们脑子里只有钱，这就是为什么有那么多犹太银行家。
> 乙先生：但是近期的研究表明，银行业犹太人的比例微不足道，远小于非犹太人的比例。
> 甲先生：没错，他们不去做体面的生意，他们只是经营影视业和夜总会。（1958a，pp. 13-14）

像这种分类的自然偏好一样，促使负面偏见形成的另一个因素是形成一个圈子的倾向。也就是说，人们更认同自己的家庭、邻居、城市、省或州、国家、族群、宗教和性别，而且圈内人就暗含着也有圈外人。虽然把自己看作一个群体的成员并不意味着对非群体成员持否定态度，但事实往往如此。一些家庭、宗教、组织甚至国家都宣扬自己的成员比其他人更优秀。

群体成员身份是有优势的。如果我们周围人与自己有相同观念、风俗和价值观，生活就会更容易。反之，如果周围人都是"难相处的人"，生活就会更困难。但是承认差异，对他们不抱敌意，也是有可能的：

> 总之，圈内人身份对生存来说是至关重要的。这一身份会编织一张习惯的大网。当我们鼓励一个外来人入乡随俗时，我们就在无意识地说："他破坏了我的习惯。"打破习惯是令人不快的，因为我们偏爱熟悉的东西。当外来人要威胁和质疑我们的习惯时，我们束手无策，但是会起疑心。偏向本群体或参照群体的态度不要求对其他群体采取对立甚至敌意态度，尽管后者往往有助于增强本群体的凝聚力。在没有冲突的情况下，狭小的圈子可能因为忠诚于一个大圈子而得以增强。这种乐观情况并不经常发生，但是从心理学角度来看，这仍然是有希望的。（1958a，p. 45）

因为人们有把个别经验推而广之以及形成小圈子的自发倾向，与偏见做斗争是一项艰难的任务。加之人在受挫折时会表现出攻击性，情况就更复杂。因此，当一个人体验到个人生活或经济上的失败时，他会寻找一个出气的替罪羊（scapegoat），也就是把自己遭遇的困难归咎于某个人或某件事。鉴于这些自发的倾向会助长偏见的形成，只有全社会共同努力，才能战胜偏见。奥尔波特认为，只有家庭教育、法律体系、学校教育、宗教教诲、媒体、政治家和其他社会机构共同反对偏见，才能降低偏见的破坏性影响。

奥尔波特相信，只有认同全人类"同处一个世界"的观点，才能使各族群和平相处。也就是说，我们必须承认，作为个体的我们是不同群体的成员，但最终我们将成为同一个群体的成员。在某种意义上，我们都生活在同一个家庭——地球上。奥尔波特（1958a）用他适时的观察对他的著作做了如下总结：

> 虽然美国在实践中还有许多缺陷，但总的说来，美国是成为相同的人和不同的人的权利的坚定捍卫者。摆在我们面前的问题是，这种容忍性的进步能否继续，或者，会不会像世界上很多地区那样，出现重大的倒退。整个世界都翘首以待，看人类的民主理想能否实现。人们能否在寻求自己的福祉和成长时，不牺牲他们的同类，而是和他们携手前进呢？人类大家庭还不知道答案，但肯定是有希望的。（p. 480）

203

十一、宗教

弗洛伊德把对宗教的需要看作软弱和神经症特征，奥尔波特则相信，宗教倾向往往是健康人人格的典型特征。但是他认为，信仰某些宗教是有益的，但信仰另一些宗教是有害的。换言之，对奥尔波特来说，宗教有健康宗教与不健康宗教之分。

1. 外在宗教

外在宗教（extrinsic religion）是不健康的宗教。它是不成熟的，往往是童年期遗留下来的。这样的宗教造了一个神，他关心信徒的兴趣，"像一位圣诞老人或对子女过于放纵的父亲。这种情感是部落式的：'我的教会比你的教会好，上帝爱我的子民胜过爱你的子民。'"（Allport，1961，p. 300）。信仰外在宗教往往因为其肤浅的作用。例如，教会信徒可以进行生意往来，或成为社会里受尊重的成员。外在宗教在人的生活中往往成为一个分离因素，而不是一个统一的主题。实际上，接受外在宗教使一个人失去了健康、成熟的成人的大多数标准：

> 研究显示，常做礼拜的人比不做礼拜的人的种族偏见更普遍。这一事实说明，宗教往往使人们分崩离析而不是团结一致。外在宗教主张排外、偏见和仇恨，这些都与我们的成熟标准背道而驰。这样的宗教使自我得不到扩展，使自我缺少对他人的热情，缺少安全感，缺少对现实的知觉，缺少自我洞察力或幽默感。（Allport，1961，p. 300）

弗洛伊德曾经批评外在宗教，奥尔波特同意他的观点。

2. 内在宗教

内在宗教（intrinsic religion）是健康的宗教。内在宗教激发一个人去寻求并遵从作为实现个人目标基础的价值；它指引着一个人的生活和发展道路；它使很多超越个人经验的重要经验得以实现；它给予描述人类存在的很多难题以可能的解释，如谋事在人成事在天，善与恶并行不悖，无辜百姓常遭遇苦难；它建立起评价一个人的自我的标准并指导人的生活。内在宗教主张对全人类的认同，而不只是认同与自己有相同信仰的人们。借助于使人与世间万物建立有意义的联系的手段，内在宗教提出一个统一的主题，它描述了健康、成熟人格的特征。心怀着一种内在宗教，奥尔波特（1950）说道："一个人的宗教是一种勇敢的付出，他把自己与宇宙万物和造物主结合起来。这是他通过寻找他理应归属的最高境界，为扩展和完善自己人格的终极努力。"（p. 142）奥尔波特本人是一位虔诚的基督教圣公会教徒，从1938 年到 1966 年，他向哈佛大学的阿普尔顿小礼拜堂提供了 33 个系列的沉思录（Allport，1978）。

204

在探索为什么经常做礼拜的人比不做礼拜的人偏见更多这一问题时，奥尔波特和罗斯（Allport & Ross，1967）创建了宗教倾向量表（Religious Orientation Scale，ROS）。量表中包括一个区分内在宗教和外在宗教的分量表。和他们的预期相反，奥尔波特和罗斯发现，不是所有人都可以被分类到内在宗教和外在宗教中去。一些人接受这两种宗教。这些人被命名为未加选择的前宗教（indiscriminately proreligious）信仰者。研究发现，这些未加选择的前宗教信仰者具有最强的偏见，超过外在宗教信仰者的偏见。信仰内在宗教的人偏见最少。宗教倾向量表已成为一种受欢迎的研究工具，本章最后在评价奥尔波特理论时，将介绍近期该量表的一些应用。

十二、珍妮的信

既然奥尔波特强调个体，那么，我们怎样努力理解一个特定的人的人格呢？奥尔波特认为，最好的办法是使用**个人文档**（personal documents），如日记、自传、信件或访谈。奥尔波特对用这种个人文档法探索人格的最彻底应用，是他在11年里收集的301封由珍妮·格罗夫·马斯特森（Jenny Grove Masterson，化名）写的信。这一研究的最终版本是1965年出版的《珍妮的信》，此前，他已对这一个案进行了多年的研究。

珍妮于1868年生于爱尔兰，5岁时移民到加拿大。她有五个妹妹、一个弟弟，他们都很依赖她，因为她18岁时，父亲就去世了。当珍妮嫁给一个离婚的铁路巡道工后，她对她的家庭深感愤怒。她和丈夫搬到芝加哥，她曾描述，那里的生活非常无聊。她丈夫死于1897年，当时她29岁。丈夫死后不久，她生下了独生子，她给他取名罗斯。她工作勤奋，把自己的一切都给了罗斯。罗斯进入青春期时，她把罗斯送入一所昂贵的寄宿制学校。为了给这所私立学校付学费，她找了一个图书管理员的工作，住在一个无窗的小房间里，靠牛奶和麦片为生。直到罗斯17岁，母子俩的关系一直非常亲密，但就在那一年，罗斯离开家，考入普林斯顿大学。大学二年级时，罗斯被招募参军，在野战救护队服务。在罗斯出国去法国之前，珍妮曾到普林斯顿看他，并结识了罗斯的两个朋友，格伦和伊莎贝尔。后来，珍妮一直和格伦与伊莎贝尔有书信往来。

罗斯回到家里以后，他与以前判若两人，除了完成普林斯顿大学的学业之外，他的生活充斥着各种失败以及和母亲的争吵。最激烈的一次争吵源于珍妮发现罗斯的秘密婚姻。对此，奥尔波特评论道："在他第一次回来看她［珍妮］时，珍妮得知这一秘密，她连打带骂地把儿子赶出房间，还威胁儿子，如果再来看她，就让警察来逮捕他。"（1965，p. 6）这次见面之后，珍妮联系了罗斯的老朋友格伦和伊莎贝尔，他俩已结婚，在东部一个大学城教书。他们提议和珍妮"保持联系"，其结果就是这301封信。他们的通信从1926年3月开始，当时珍妮58岁，持续到1937年10月为止，此时珍妮去世，享年70岁。她比儿子罗斯多活了8年。

1928年，罗斯抛弃了他的妻子，开始和另一个叫玛丽的女人交往。在写于1929年的一封信中，珍妮提到罗斯的身体变差。他的耳朵因感染而发炎，医生发现他耳内有一个肿瘤，外周组织的脓肿伤及大脑。罗斯从这次患病之后一直没有康复，不久就去世了。在1929年底的一封信中，珍妮责备玛丽，说她像个妓女，应该为罗斯的死负责。

> 我的天哪。他们闹得糟糕透顶。那个贱女人（虽然）泪流满面，伤心悲痛，但是还不糊涂，没忘记世间的身外之物。瞧！她拿走了罗斯的衣物，开走了罗斯的汽车。［她声称是罗斯最亲的亲属。］如果她是罗斯的直系亲属，她就会收到［退伍军人管理局的］补偿，那真是不幸，足以把人笑死。她认识他只有6个月。2月才开始他们"伟大的浪漫故事"——他们做的肮脏下流事——像大街上可鄙的流浪狗。她害死了罗斯——无论道德上还是身体上。（Allport，1965，pp. 73-74）

在罗斯的葬礼之后，珍妮曾经说："我的身体耗尽了，现在我得吃一顿牛排晚餐。"（据伊莎贝拉的回忆，参见 Allport，1965，p. 153）

1931 年，珍妮进入一个妇女之家，在那里一直住到去世。据那儿的主管反映，死前一年里，她变得让人无法忍受地难以相处。如果晚饭让她不满意，她会把饭泼到地上。她还打同住的室友，把桶扣在人家头上。妇女之家的主管把她送到一家精神病疗养院，不久，她就死了。

奥尔波特让 36 个分析者按顺序阅读珍妮的信，他们和奥尔波特一起，用 198 个特质词来描述珍妮。把同义词合并之后，他们得出了 8 个特质词，可以准确地描述珍妮：

（1）爱争论－多疑
（2）自我中心
（3）独立
（4）引人注目
（5）有审美感－艺术感
（6）富有攻击性
（7）冷嘲热讽－兴趣病态
（8）多愁善感

奥尔波特的学生杰弗里·佩吉（Jeffrey Paige，1966）使用计算机软件和因素分析，对珍妮的信进行分析，抽取了 8 个"因素"。

（1）攻击性
（2）占有欲
（3）对人际关系的需求
（4）对自主的需求
（5）对家人接纳的需求
（6）性欲旺盛
（7）感性（喜爱艺术、文学等）
（8）殉教精神

总结佩吉的研究，奥尔波特做出结论，计算机方法与他的"手工"方法得出的特质大致相同。大概没有什么方法比奥尔波特分析珍妮的信这种特殊规律研究法更好了。因为这种研究方法，奥尔波特受到指责，说他像个艺术家，而不像科学家。

■　十三、对表达行为和价值观的研究

奥尔波特除了对宗教、偏见、谣言以及对珍妮的信进行工程浩大的特殊规律研究之外，他还探讨了表达行为和价值观。在这两个主题的研究中，他仍坚持对个体重要性的强调。例如，在对表达行为的研究中，他观察了人的独特面部表情、走路姿态、言语习惯和书法（Allport & Cantril，1934；Allport & Vermon，1933）。他的《价值观研究》1931 年出版了第一版，现在已是第三版。为了研究价值观，奥尔波特、弗农和林德西（Allport，Vernon，& Lindzey，1960）编制了一个量表，试图查明一个人在其生活中重视各种价值的程度。奥尔波特发现，该量表实际上把一般规律研究和特殊规律研究结合了起来："开始，我们用一个测量 6 个共同特质［价值］的工具，但最后得出的概括完全是个人的和个体的。"（引自 Evans，1976，p. 211）该价值观量表所测量的下述六种价值，是爱德华·施普兰格

（Eduard Spranger，1882—1963）于1913年提出来的（Spranger，1928）。

（1）理论价值。人为了探求真理而重视这种价值。

（2）经济价值。人出于实际生活和对相关知识的兴趣而重视这种价值。

（3）审美价值。人出于强烈的艺术体验而重视这种价值。

207

（4）社会价值。人因为把发展和保持温暖的人际关系置于优先位置而重视这种价值。

（5）政治价值。人因为对获得权力感兴趣而重视这种价值。

（6）宗教价值。人为了寻求全人类的团结与和谐而重视这种价值。

奥尔波特等人（Allport et al.，1960）的研究结果发现，量表产生了预期的结果。例如，神职人员在宗教价值上得分最高，艺术系学生在审美价值上得分最高，经济系学生在经济价值上得分最高。

■ 十四、评价

1. 经验研究

奥尔波特是用特质描述人格的第一人，至今，从他的理论出发，直接或间接采用特质探索人格的研究已有几千项。此外，奥尔波特及其合作者做了更多的研究来验证他们的理论观点，数量超过了本书中介绍的其他人格理论家的研究。如前述，奥尔波特和罗斯（1967）编制了宗教倾向量表，以测量宗教信仰者的类型。从那以后，有人对该量表进行了修订（Hood，1970），并用来进行了多项研究。例如，宗教倾向量表得分被证明与心理健康有相关。贝尔金、马斯特斯和理查兹（Bergin，Masters，& Richards，1987）发现，在内在宗教分量表上得高分与焦虑呈负相关，与自我控制力和有效的个人机能呈正相关。对外在宗教分量表得分来说，上述情况则正相反。沃森、莫里斯和胡德（Watson，Morris，& Hood，1990）发现，在内在量表上得高分者，和在外在量表上得高分者相比，其个人问题较少。多纳休（Donahue，1985）和伍尔夫（Wulff，1991）曾对使用宗教倾向量表进行的多项研究做了综述。

我们已经知道，奥尔波特及其合作者还对表达行为进行了广泛研究，并提供了在这方面数量很少的、考察价值观的工具。虽然奥尔波特的价值观量表已经有50多年的历史，但这个简单、直接的工具现在仍在使用。例如，亨特利和戴维斯（Huntley & Davis，1983）发现，内科医生在理论价值和社会价值上得分较高，实业家和商人在政治价值和经济价值上得分较高。有趣的是，这些价值测量是在医生和实业家25年前仍在读大学时获得的。奥尔波特早期对表达行为的兴趣现在已在大量针对非言语沟通和体语的研究中体现出来（对此类研究的综述，参见Harper，Wiens，& Matarazzo，1978）。

最后，作为对奥尔波特的一种迟到的敬意，采用特殊规律研究法（即对个人文档的研究）考察人格的兴趣重新燃起（例如Bem & Allen，1974；Hermans，1988；Lamiell，1981；Pelham，1993；Runyan，1983；Stewart，Franz，& Layton，1988；West，1983；Wrightman，1981）。

2. 批评

缺乏严格的科学性。奥尔波特的理论常被批评是非科学的。因为所有的科学都要发现一般规律，通常采用一般规律研究法，但奥尔波特强调采用特殊规律方法，对单个个案进行集中考察，这看起来是非科学的。而且，对独特个体的研究和解释无法得到可解释一般人行为的原理。很多人认为，奥尔

208

波特坚持对独特个体进行的研究更像艺术，而非科学。例如，研究珍妮的信可能是令人感兴趣和讨人喜欢的，但是，除非能推论到其他人身上否则其科学价值就很小。

循环论证。在奥尔波特理论中，特质是从行为中推论出来的，然后再用特质来解释借以推出该特

质的行为。例如，我们说玛丝具有攻击性，因为她打马特，但我们不能说，玛丝打马特，因为她有攻击性。这样的循环推论不能说明攻击性的任何因果性。同样，如果一个人在各个情境下有多疑表现，我们得出结论说，这个人有多疑的特质。之后，要问起这个人为什么多疑，我们就说，因为他有多疑特质。换句话说，我们不能说，某人表现出多疑，因为他是多疑的人。由于奥尔波特的特质既用来描述行为，又用来解释行为，所以具有循环性。

没有理论。一些人认为，奥尔波特在描述人格方面所做的工作令人钦佩，但是在解释人格方面并不成功。他用特质或分层的素质来描述人格，但是某种特质或素质是怎样发展变化的，他很少提起。

否定有关人格研究的重要事实和方法。有人批评奥尔波特提出的假定，即动物和人类之间、儿童和成人之间、正常人与异常人之间没有连续性。还有人批评他过分强调意识心理，而忽视无意识心理，强调行为的内因，忽视外因。对奥尔波特最多的批评源于他提出的机能自主概念。心理学领域的大多数人（如果不是所有人）都接受早期经验对成人人格之影响的观点，但奥尔波特宣称，这种关系并不存在。

在无意识动机问题上，具有讽刺意味的是，奥尔波特与弗洛伊德会面的经历使他怀疑深度心理学，但实际上，这正好支持了深度心理学。我们记得，当他去拜见弗洛伊德时，为了打破令人尴尬的沉默，他讲了在来弗洛伊德诊室路上见到的小男孩的故事，那个男孩显然很强烈地厌恶肮脏。故事讲完之后，弗洛伊德问道："那个小男孩是你吗？"奥尔波特大吃一惊，他推断，弗洛伊德误解了这个故事的意义。奥尔波特一生中多次提到这件事，以证明精神分析方法是无效的。但是法伯尔（Faber，1970）认为，奥尔波特选择这个特别的故事，（很可能）是因为他猜想，弗洛伊德喜欢听"肮脏的"故事。奥尔波特觉得，冒昧地去拜访弗洛伊德是一种"顽皮的"举动，他对弗洛伊德使用了一个"肮脏的小把戏"表现出这种顽皮。在法伯尔看来，弗洛伊德完全理解整个情境，他提出这个问题只是为了使谈话更坦率。埃尔姆斯（Elms，1972）指出，奥尔波特本人是个整洁、有序、守时、一丝不苟的人。他非常看重整洁，而且是出了名的"整洁的人格先生"（Mr. Clean Personality）。在埃尔姆斯看来，弗洛伊德看懂了奥尔波特对肮脏的"病态的"关心，他给奥尔波特提出的问题与奥尔波特所说的那些风马牛不相及。埃尔姆斯认为，奥尔波特在弗洛伊德提出问题之后马上想改换话题，是因为奥尔波特在无意识中知道，弗洛伊德是对的。埃尔姆斯的这种理解既说明，奥尔波特否认无意识动机是错误的，也说明，精神分析理论不能解释这件事的说法完全不正确。

行为的不一致性无法用特质术语描述。如我们所知，奥尔波特从行为的一致性中推论出特质，或人的素质的存在。虽然奥尔波特相信，特质或人的素质允许有一个范围，其中的行为是由情境决定的，但是他仍然假设，行为在不同时间、相似情境中具有相当大的一致性。米歇尔（Mischel，1968）检验了奥尔波特的假设，他的结论是："除了智力以外，可举一反三的行为的高度一致性无法被证明，人格特质作为一种宽泛的反应素质也是站不住脚的。"（p. 146）关于米歇尔的结论以及对他的观点的评论，第 11 章将有更多介绍。

行为主义者的批评。行为主义者认为，行为应该通过来自环境的刺激给予解释。像本能、无意识心理和意识心理，或特质之类内部机制的假设，只是创造出来的神秘东西，它们是需要加以解释的。一旦人们了解了，一定的环境条件可能产生一定的行为，解释就完成了。说特质在环境和行为之间起干预作用，不如说它们是不相关的。本书第 9 章介绍斯金纳对行为的解释时，将涉及更多的行为主义观点。

3. 贡献

独创的概念和方法论。奥尔波特是诸如偏见、宗教、谣言和价值观这些复杂课题的社会心理学研究的先锋。奥尔波特采用自我报告、个人文档、观察表达行为等直截了当的方法，发现了关于人的很多可被了解的东西。奥尔波特指出："我们有太多的时候没能向最丰富的资料来源请教，那就是被试的自我了解。"（1962，p. 413）奥尔波特一直有志于采用他认为的可以理解人的行为的任何方法。他说：

"对了解人类本性有任何贡献的任何手段在科学上都是可接受的方法。"（1942，p. 140）奥尔波特促进了折中主义精神的发展，这成为当代心理学的典型特征。

看待人格的一种清新悦目的新途径。奥尔波特的理论像阿德勒的理论一样，可被看作存在主义 - 人本主义理论，这些理论将在第 13 章到第 16 章介绍。这些理论都强调个体的唯一性，都相信人的动机从本性上不仅是生物性的，人是未来定向的，心理学应该与社会相联系。奥尔波特相信所有这些陈述。事实上，奥尔波特抵制心理学中很多占优势的倾向，因为他相信，这些理论倾向使人丧失了其个体性。奥尔波特设想的健康人凭借创建未来目标，在他生活中制造出一种张力。因此，他是理性的，拥有一种"应该的"良心，而不是"必须的"良心。如果这种人信仰宗教，那就是内在宗教，而不是外在宗教。此外，健康人不仅属于五花八门的群体，而且最终他会认同全人类。但奥尔波特最关心的是每个人的尊严和唯一性。

210

▼ 小　结 ———————————————————————————

奥尔波特是美国第一位人格理论家。他在 1937 年提出人格定义，强调人格是动力性的、有组织的和独特的。他指出，人格既发起行为，又指导行为。他把人格与包含评价意义的性格加以区分，认为与智力相联系的气质和体格是人格的"粗原料"，而类型是用来把一个人与另一个人归于不同类别的途径。奥尔波特创建了特质理论，认为特质具有结构性、唯一性并包含一个人的人格独具的动机。个体特质指个体特有的那些特质模式和某种特质的表现方式，如攻击性，它们在特定的个体人格中得以表现。奥尔波特最初所称的个体特质，后来被称为个人素质，以避免与共同特质的混淆。共同特质是群体特有的特质。

一般规律研究法用于考察人们共同具有的东西，特殊规律研究法用于发现个体真实情形。由于并非所有的个人素质对行为都有相同影响，奥尔波特划分出首要素质、核心素质和次级素质。首要素质几乎会影响人的所有行为；核心素质，每个人拥有 5～10 个；次级素质是比复杂的习惯更一般的东西。

奥尔波特认为，成熟的成人人格的发展缓慢地历经八个阶段。每个阶段出现的主要品质是：（1）身体"我"；（2）自我同一性；（3）自尊；（4）自我扩展；（5）自我形象；（6）作为理性应对者的自我；（7）为自我统一的努力；（8）作为理解者的自我。

奥尔波特划分了必须的良心和应该的良心。必须的良心出现于儿童或不健康的成人在权威人物价值观指导下表现出道德行为之时，应该的良心出现于一个人的道德行为受个人价值观和为自我统一的努力指导之时。奥尔波特引起最大争论的概念是机能自主概念，他认为人的动机可以独立于早期状况而存在。换言之，曾经是达到目的手段的东西可能变成目的本身。

奥尔波特对研究动物、儿童和神经症患者不感兴趣。他的主要兴趣是健康的成年人，他认为，这些人表现出以下特征：（1）自我扩展；（2）热情的人际互动；（3）展示出情绪安全感和自我接纳；（4）展示出真实想法；（5）展示出自我客观化；（6）展示出一以贯之的生活态度。

211

与霍妮类似，奥尔波特相信，不健康的人的成长受到童年缺乏安全感的阻碍。要摆脱这种缺乏安全感导致的危险，人必须感受到来自家人、朋友或治疗师的爱。除了缺乏安全感会导致不健康之外，顺从社会习俗也会导致不健康。因为社会本身可能是病态的。宗教可能是健康的，也可能是不健康的。外在宗教是肤浅的，对人的成长没有好处；内在宗教使人发自内心地询问生活的意义，寻求崇高的目标，催人形成一以贯之的生活态度，这是健康人格特有的。

奥尔波特认为，推一及三、做圈内人和受挫时攻击等自然倾向导致消极偏见的产生。但是，通过全社会的共同努力，可以克服这些倾向。奥尔波特还认为，如果人们认同全人类，群体间冲突会大大减少。

《珍妮的信》（1965）概括了奥尔波特一个重要的特殊规律研究项目，他通过一个女人在 11 年间写的 301 封信，对她的心理特质进行了分析。奥尔波特及其同事还对表达行为进行了广泛的研究，并编制了可测量人的价值观的量表。奥尔波特对当前人格研究的影响表现在很多方面，如特质概念的流行、对于评价人格时更多运用个人文档法的呼吁、特殊规律研究法的重新出现，以及非言语沟通和体语研究的流行等等。

对奥尔波特理论的批评意见主要有：研究缺乏科学性，循环论证，缺少一个真正的理论，忽视无意识动机和早期经验这些重要的人格因素，预测说人的行为比实际情况更具一致性，以及关于内部机制的假定混淆而不是澄清了我们对人格的理解。奥尔波特理论受到的赞扬包括：第一次探讨了谣言、偏见、特质和价值观等重要课题，显示出利用个人报告和文档的优势，用表达行为来评价人格，为推动现在所称的存在主义－人本主义心理学做了大量工作。

▼ 经验性练习

1. 用奥尔波特关于成熟、健康人格的标准分析你自己。先列出你表现最突出的一条标准，然后是第二条、第三条等等。详细阐述你的一以贯之的生活态度，指出这种生活态度是否符合你的实际情况。按照奥尔波特的标准，你认为自己是一个成熟、健康的人吗？哪些方面还需要改进？
2. 根据奥尔波特的理论，偏见常常因为人们真实的或被感知到的群体成员身份而夹杂着个体所做的预判。把这一点记在心里，举出你自己的正面偏见和负面偏见的例子。你是否同意奥尔波特的观点，认同全人类可以大大降低负面偏见？
3. 奥尔波特认为存在着外在宗教和内在宗教。概述他对这两种宗教差别的论述，然后说说宗教是否在你的生活中起着重要作用。如果是，它是外在宗教还是内在宗教？

▼ 讨论题

212

1. 先说说奥尔波特的人格定义，然后针对这一定义中的每个重要成分展开讨论。
2. 就奥尔波特关于好的人格理论标准展开讨论。
3. 解释奥尔波特为什么对使用较低级的动物、儿童和神经症患者来获取人格信息采取消极态度。

▼ 术语表

Attitude（态度） 像习惯一样、比特质更特殊的东西。例如，一个人喜欢拳击的态度只是更一般的攻击特质的一种表现。

Becoming（生成） 奥尔波特理论中，人格永远不是静态的，而是不断变化的。

Bodily "me"（身体"我"） 自我统一体发展第一阶段的特性。在这一阶段，婴儿因感觉经验知道自己身体的存在。

Capacity for self-extension（自我扩展能力） 健康、成熟成年人特有的广泛参与各种活动的能力。

Capacity for warm, human interactions（热情的人际互动能力） 与其他人建立不带占有欲或嫉妒心的亲密关系的能力。

Cardinal dispositions（首要素质） 几乎影响人的所有行为的"支配性的激情"，只有少数人拥有首要素质。

Central dispositions（核心素质） 给一个人写推荐信时会提到的那些个人品质，具体来说就是一个人的人格中最具代表性的 5～10 个特征。

Character（性格） 对一个人带有价值判断的描述。人的性格有"好""坏"之分，但人格没有

"好""坏"之分。

Common traits（共同特质） 用于描述由个体组成的群体的特质。

Emotional security and self-acceptance（情绪安全感与自我接纳） 健康、成熟的成年人的两种特征。

Extrinsic religion（外在宗教） 出于自私、实用主义原因加入的肤浅的宗教，奥尔波特认为这样的宗教是不健康的。

Functional autonomy（机能自主） 起先出于某种实际原因，后来为达到个人目的而存在的动机。曾经是达到目的的手段，后来变成了目的本身。这是奥尔波特最著名、最具争议性的概念。

Habit（习惯） 特殊的反应模式，如每天早晨穿戴整洁出门，因更一般的特质，如整洁特质而形成。

Idiographic method（特殊规律研究法） 对单个个案进行细节的、深度的研究。

Individual traits（个体特质） 一个人具有的独特的特质模式，或一种特质本身在一个人的人格中得以表现的独特方式。例如，一个人表现出攻击性的特定方式。奥尔波特在其理论发展的后期，把个体特质改为个人素质。

Intrinsic religion（内在宗教） 寻求高尚的生活意义与目标、为人类存在的很多难题提供答案的宗教。奥尔波特认为这种宗教是健康的宗教。

Must conscience（必须的良心） 儿童用来做出道德判断的道德指引，由权威人物，如父母的内在价值观所决定，与弗洛伊德所说的超我相类似。

213

Need induction（需求增强） 需求的形成而不是减弱。奥尔波特认为，健康人的生活遵循长期目标，这给他们增添的问题比他们已经解决的问题更多。因此，他重视需求的增强而不是需求的减弱。

Need reduction（需求减弱） 基本需要的满足。很多理论家认为，需求的消除或减弱是生活的基本目标。奥尔波特不同意这种观点。

Nomothetic method（一般规律研究法） 考察群体的方法，重视所有人的表现，而不是单个人的表现。

Ought conscience（应该的良心） 正常的健康人所用的道德指引，他们根据自己的价值观并通过为自我统一的努力而做出道德判断。

Perseverative functional autonomy（执拗的机能自主） 低水平的习惯虽已不再发挥作用，但仍被保持。

Personal disposition（个人素质） 即个体特质。术语个体特质被改为个人素质，以避免与术语共同特质混淆。

Personal documents（个人文档） 奥尔波特认为，研究个体人格的最好方法是考察日记、自传和信件等个人文档。

Personality（人格） 奥尔波特认为，人格是个体身上决定其特有的行为和思想的心理物理系统的动力组织。

Prejudice（偏见） 根据群体成员身份，而不是根据本人实际经验，对人或事做出预判的倾向。

Principle of mastery and competence（掌握和胜任原理） 认为人类与生俱来就有渴求更多被掌握、可胜任事物的需要。

Principle of organizing energy level（能量水平组织原理） 认为曾经用于生存的能量在生存问题解决后转入对未来的关切之中。

Principle of propriate patterning（自我统一的模式化原理） 认为自我统一体是一个参考框架，人根据该框架决定哪些东西值得追求，哪些不值得。

Propriate functional autonomy（自我统一的机能自主） 人用来安排自己生活的重要动机。这种动机不受当初产生动机的条件的影响。

Propriate striving（为自我统一的努力） 自我统一体发展第七阶段出现的特性。在这一阶段，青少年变成几乎完全定向于未来的人。

Proprium（自我统一体） 一个人使自己具有唯一性的全部事实。

Raw materials of personality（人格的粗原料） 指气质、智力和体格。

Realistic perceptions（务实的观念） 健康、成熟的成人特有的对现实的准确理解。

Secondary dispositions（次级素质） 比首要素质或核心素质更特殊、比习惯和态度更一般的素质。例如人对艳丽服装和甜食的偏好。

Self as knower（作为理解者的自我） 自我统一体发展第八阶段出现的特性。在这一阶段，统一的、超越前七个阶段的自我统一体已经出现。

Self as rational coper（作为理性应对者的自我） 自我统一体发展第六阶段出现的特性。在这一阶段，儿童开始用复杂的心理操作（思维）来解决问题。

Self-esteem（自尊） 自我统一体发展第三阶段出现的特性。在这一阶段，儿童因独立做事情而产生自豪感。

Self-extension（自我扩展） 自我统一体发展第四阶段出现的特性。在这一阶段，儿童的自我同一性推及更大范围的对象。

Self-identity（自我同一性） 自我统一体发展第二阶段出现的特性。在这一阶段，儿童形成了自我同一感，并意识到，虽然条件变化了，但自己还是原来那个人。

Self-image（自我形象） 自我统一体发展第五阶段出现的特性。在这一阶段，儿童形成良心并规划未来目标。

Self-objectification（自我客观化） 健康、成熟的成人特有的对一个人优点和缺点的诚实的评价。具有很好的幽默感是自我客观化的典型特征。

214

Temperament（气质） 影响人格的一种粗原料，是人格的情绪成分。

Trait（特质） 赖以发起并指导行为反应的心理结构，使人的行为具有一致性。

Type（类型） 一个人和另一个人相比较之后被归入的类别。说一个人是"攻击类型"就是根据其行为把他归入一个描述类别。

Unifying philosophy of life（一以贯之的生活态度） 健康、成熟的成人生活所遵循并赋予其意义的一以贯之的主题。这样的主题从本性上通常是宗教的，但是奥尔波特认为，情况并不一定如此。

第8章

雷蒙德·卡特尔和汉斯·艾森克

本章内容

本章我们将考察雷蒙德·卡特尔和汉斯·艾森克的理论，这两人都曾在伦敦大学接受教育。他们二人的理论都以复杂的统计方法为基础，且都认为人格的一般因素起着非常重要的作用。但是在科学上经常有这样的情况发生：具有相似倾向的研究者，采用相似的方法，对相似的成套数据进行检验，却得出迥然不同的结论。我们将看到，卡特尔和艾森克的理论有共同之处，但是在几个突出问题上也有所不同。

前几章介绍了试图以不同程度改进弗洛伊德理论传统的几个理论。除奥尔波特的理论之外，它们都关注从婴儿期到晚年的发展，这些理论都在分析成人的异常行为时，追溯了童年期发生的各种问题和冲突。此外，这些理论倾向于关注每个人的人格的独特表现，不大重视总体的群体过程，也很少强调科学方法。

从本章讨论的理论来看，卡特尔和艾森克的理论代表了不同的出发点。两人强调对所有人都具备的基本心理特质进行科学探索和测量。在方法论上，两人都采用科学方法，而不是临床法，尽管两人都曾花大量时间尝试解释心理疾病，但他们主要关心的还是怎样解释正常成人的人格。前面已经提到，这两人都更加关注生物因素和遗传因素的作用，胜过对发展过程中各种事件的关注。

一、生平

1. 雷蒙德·B. 卡特尔

雷蒙德·B. 卡特尔（Raymond B. Cattell），1905 年 3 月 20 日生于英格兰斯塔福德郡。据他回忆，他的童年很幸福，而且从事的活动丰富多彩，如探索洞穴、游泳、航海等。他与自己的兄弟曾有过激烈的竞争，那时，他只有 3 岁。卡特尔 9 岁时，英格兰参加了第一次世界大战，战争对他的生活产生了巨大影响。目睹数百名伤兵在离他家不远、被改装为临时医院的房子里被救治，使他知道生命很短暂，一个人在活着的时候应该尽其所能地多做些事情。这种紧迫感从此就充斥着卡特尔的学术生涯。

卡特尔在 16 岁时考入伦敦大学，学习物理学和化学专业。1924 年，他以优异成绩从伦敦大学毕业。在本科学习期间，卡特尔越来越关心社会问题。他意识到，他的自然科学专业背景无助于他解决这些问题。这种思想促使他进入伦敦大学攻读心理学研究生，并于 1929 年获博士学位。1937 年，伦敦大学授予卡特尔荣誉科学博士，以表彰他的多项成就。在研究生院学习期间，他师从著名的心理统计学家查尔斯·E. 斯皮尔曼（Charles E. Spearman）。斯皮尔曼曾创立因素分析方法，并将其应用于智力研究。后来，卡特尔在他的人格研究中发展了因素分析方法。

获得博士学位之后，卡特尔在他受过训练的领域从事了一段非常艰难的探索工作，他接受了大量被他称为"边缘"工作的研究。他曾在英格兰埃克塞特大学担任讲师（1927—1932），之后，他在莱斯特市创立并领导了该市学校系统的心理诊所（1932—1937）。1937 年，美国著名心理学家爱德华·L. 桑代克（Edward L. Thorndike）邀请他来到哥伦比亚大学担任他的研究助理。卡特尔接受了桑代克的邀请，他回忆道，在纽约市的第一年，他曾因深深地想念英格兰而倍感压抑。

1938—1941 年，卡特尔在马萨诸塞州伍斯特的克拉克大学任遗传心理学教授，这一职位是以 G. 斯坦利·霍尔（G. Stanley Hall）命名的。1941 年，戈登·奥尔波特邀请卡特尔加入哈佛大学。在那里，奥尔波特、亨利·默里（Henry Murray）和罗伯特·怀特（Robert White）等人营造了令人兴奋的学术环境，卡特尔把因素分析从智力研究扩大到人格理论的更广泛的问题中。同时，他在哈佛大学担任讲师，直到 1944 年。

卡特尔对使用因素分析统计方法研究人格从未失去兴趣。1945 年，在卡特尔 40 岁的时候，他来到伊利诺伊大学任研究教授和人格与群体分析实验室主任。由于卸下了教学任务，卡特尔全身心投入研究工作，来实现他以科学方法确定人格结构的抱负。在伊利诺伊大学工作期间（1945—1973），卡特尔做

216
217

出了巨大的专业贡献。为了事业追求，他每天晚上至少工作到 11 点，在停车场一眼就能看到他形单影只的汽车。

1930 年 12 月 1 日，卡特尔与莫妮卡·罗杰斯（Monica Rogers）结婚，他们育有一子，现在是外科医生。婚后，他的妻子由于经济上窘迫，加之卡特尔专心于事业，几年后就跟他离婚了。1946 年 4 月 2 日，他与数学家阿尔伯塔·卡伦·许特（Alberta Karen Schuetter）结婚，二人育有三女一子。

前面曾说过，卡特尔在人生早期就形成一个信念：人应该努力工作，不能挥霍光阴。这种信念不仅在他的工作时间上给人深刻印象，而且还表现在工作质量上。在他 70 年的职业生涯中，卡特尔发表了 450 多篇文章，出版了 40 多部著作。他在人格与群体分析实验室的工作在世界范围内使他赢得了人格理论家的称号。

1953 年，卡特尔写的《科学研究者的人格与动机》一文获得纽约科学院颁发的温纳－格伦奖，他还曾获得"达尔文遗传学研究奖"。卡特尔的研究兴趣范围广泛，他的论文曾在美国、英国、澳大利亚、日本、印度和非洲的学术刊物发表。

1973 年，卡特尔在科罗拉多州的博尔德建立了道德与自我实现研究所。在那里，他继续探索他一生关心的社会问题。1977 年，卡特尔成为夏威夷大学马诺阿分校的访问教授、伊利诺伊大学的名誉教授。1997 年，卡特尔获得美国心理学基金会颁发的久负盛名的心理科学终生成就金质奖章。但是，考虑到卡特尔在一些社会与政治问题上所持的有争议立场，评委会决定延期颁发这一奖项。卡特尔请求把他的名字从获奖名单中撤销，这一要求得到认可。

卡特尔于 1998 年 2 月 2 日在檀香山的家中逝世，享年 92 岁。

2. 汉斯·J. 艾森克

汉斯·尤尔根·艾森克（Hans Jurgen Eysenck），1916 年 3 月 4 日生于柏林。他的父亲爱德华（Eduard）是有名的演员和歌手，他的母亲露丝（沃纳）·艾森克（Ruth［Werner］Eysenck）以艺名海尔格·莫兰德（Helga Molander）从事无声电影演员职业。艾森克的父母在他 2 岁时离婚，他父亲起初希望他继承家庭的演艺传统。但是他的演员生涯很短暂。艾森克回忆，他在"五六岁的懵懂年纪"时（1980，p. 154），曾在她母亲担任主角的一部电影里扮演一个小角色，但是大人却不让他在这种成年人的影片中看他自己的表演（1990b，p. 6）。在那部影片里，他帮助侦察互相疏远的父母的行动，但是他并没有在真实生活中扮演过这种角色。他的父亲再婚后仍然留在柏林，他母亲在嫁给犹太制片人马克斯·格拉斯（Max Glass）之后，为了逃避纳粹迫害而搬到巴黎。艾森克的父亲是天主教徒，母亲是新教（路德宗）教徒，但是两个人对戏剧和演艺生活的热爱远胜过对宗教的信仰。父母二人都不鼓励艾森克笃信宗教。他的父母离婚后，露丝·格拉斯把汉斯托付给留在柏林的她的母亲抚养。外祖母向他承诺，如果他学习并信仰路德教，就给他买一辆新自行车。他很想要这辆自行车，但是宗教教育在艾森克的发展中并没有发挥长远作用。例如，他曾说过，对"对宗教从未有过哪怕很小的兴趣，对社会和文学现象则不然"（Eysenck，1990b，p. 10）。大概因为他的母亲嫁给了犹太人，艾森克大学和研究生时期的一位导师后来曾指控他领导一个犹太人小集团，企图操控精神病治疗的培训设备。但是，并没有证据证明他改信犹太教。

尽管青年艾森克相信，"民族社会主义"能够解决德国的很多问题，但是他并没有加入希特勒的纳粹党，也没有兴趣参与各种地下政治运动。在得知他必须加入纳粹秘密警察才能在德国上大学之后，在 1934 年夏天，艾森克永远地离开了德国，他来到法国与母亲、继父一起生活。在第戎大学学了一年的历史和文学之后，他来到英格兰，先选修了皮特曼学院的入学预备课程，然后考入伦敦大学。

艾森克的早年生活经历和在法国的一年生活使他确信，他并不希望从事艺术方面的职业，他希望到伦敦学习物理学。他在 1980 年写的回忆录中写道：

> 从我有意识的生活之初，我的决心就已下定：艺术是为了娱乐，为了情绪体验，为了享乐，我一生的事业在于科学。这意味着我要研究物理学和天文学。……我被告知不能学习物理学，因

为我在大学入学申请书上选了"错误的"学科！我不能再等一年选择正确的学科，所以我问，还有什么科学学科让我选择。他们答道，有，可以选心理学。"那是什么东西？"我在愚昧无知的内心里问着自己。"你会喜欢上它的。"他们说道。就这样，我加入了这一学科，它的科学地位也许比推荐我读这一专业的人说的更值得怀疑。（p. 156）

在伦敦大学期间，艾森克结识了一位加拿大学生玛格丽特·戴维斯（Margaret Davies）并与她结婚，当时她正在为攻读硕士学位而研究对气味的审美反应。艾森克于 1938 年毕业，紧接着开始攻读心理学博士学位，并于 1940 年完成了以心理美学为主题的博士论文。

在艾森克和玛格丽特·戴维斯的婚姻处于最后阶段时，艾森克卷入了与一个心理学学生西比尔·罗斯塔尔（Sybil Rostal）的一段恋情之中。虽然这种浪漫史会在事业上造成潜在伤害，但是艾森克并没有隐瞒他与罗斯塔尔的关系，这一变故也没有对他们的事业造成什么不良影响。他们在 1950 年结婚，除了发表大量研究论文和著作之外，他们还生育了三子一女。

1949—1950 年，艾森克来到美国，在宾夕法尼亚大学任访问教授。访问期间，艾森克学习了临床心理学培训项目，以及临床心理学家在日常生活中应发挥的作用。回到英格兰以后，他参与了很多针对临床心理学家的科学心理学培训，致力于推广科学心理学原理在治疗中的应用，让临床心理学家从精神病医生中独立出来。他逐渐对坚持弗洛伊德理论的观点表示极为不满，无论这表现在精神病学还是临床心理学领域，并在莫兹利医院（英国最早的精神病医院）创立了临床培训的新方法，这是专注于行为疗法的新探索。1952 年，他对弗洛伊德主义的精神疗法做出评价，并发表证据称，接受精神分析治疗的患者，其病情的改善还不如根本不接受治疗的人。艾森克的一生都坚持对弗洛伊德精神分析的严厉批评态度，而且完全不赞成投射测验方法（如罗夏墨迹测验）。

艾森克从读本科时发表第一篇关于桑代克对因素分析的研究的综述开始，他总共出版了 61 部专著，参与编辑了另外 10 部专著，并发表了 1 000 多篇研究论文、综述或书的章节。在职业生涯的超过 55 年时间里，他在莫兹利医院精神病学研究所创建了心理学研究生院，并担任院长，直到 1983 年他 65 岁时退休；他创立并编辑了两种学术刊物，即《行为研究与治疗》和《人格与个体差异》；他在遍布世界各地的学术会议上发表了难以计数的学术报告，在各个大学做了大量讲座。在 1997 年 9 月因癌症逝世之前，他一直在从事有关人格和其他课题的研究。

1991 年，心理学史专家和一些心理学机构主席一致评价艾森克为当代最重要的前十名心理学家之一（Korn, Davis, & Davis, 1991）。1988 年，他获得美国心理学会颁发的特殊科学贡献奖，1994 年，他获得美国心理学会主席颁发的心理学杰出贡献奖。1996 年，在临床心理学诞生 100 周年之际，美国心理学会临床心理学分会向艾森克颁发了百年纪念特殊奖。颁奖词中说：

> 我们认为，在临床心理学的第一个 100 年间，您是这一领域最伟大的贡献者。您 1952 年发表的论文《对心理治疗效果的评价》唤醒这一领域的学者关心对心理干预进行科学评价的需要。您在行为疗法的兴起中扮演的角色证明，治疗方法的设计可以建立在心理学研究发现和对治疗方法加以严格检验的基础上。您所贡献的如外向性和神经质这些人格维度测量方法，如今已经影响巨大。您对很多问题发起挑战的勇气和思想也激发了后人的更多研究。（Division 12 News, September 1996，p. 3）

二、因素分析

即使普通的心理学大学生，在学习本书之前都听说过弗洛伊德、荣格或斯金纳的一些东西。如果让心理学新生说说最有影响的心理学家的名字，很少有人能说出卡特尔或艾森克。而且，很难说卡特尔和艾森克的人格理论在人格研究方面是最受欢迎的。不能被广泛接受的原因可能有两个。首先，这两个理论的大部分内容不可能被"外行人"消化吸收。例如，威金斯（Wiggins）在1968年《心理学年评》（*Annual Review of Psychology*）中这样评论：

> 卡特尔在人格结构领域占据了一个独特地位，对他的研究必须分别加以考虑。回顾过去三年（1964年5月至1967年5月），卡特尔出版了四部专著、与人合著的12个章节以及40篇论文，对这洋洋四千多页的成果必须认真进行概括。不仅如此，他还有精力创办一种新刊物（《多元行为研究》[*Multivariate Behavioral Research*]），编辑了一部大部头的手册（《多元实验心理学手册》[*Handbook of Multivariate Experimental Psychology*]）。这些理应加以分别考虑，但是还有更多的东西。如此大量研究成果的呈现，尤其是他的《论文选集（人格与社会心理学）》的出版，再次促使人们从各个角度、出于各种要求做出大量的评价，而美国很多研究者对此却置之不顾。（p. 313）

此外，正如我们在前面的人物生平中提到的，艾森克研究的广度，至少能和卡特尔相匹敌。对任何一个学者来说，如果没有付出努力去熟悉卡特尔或艾森克的研究，都很难理解他们的理论深度并做出有说服力的评价。解决办法是，我们可以借助他们部分代表性成果来理解他们的理论，并希望这些代表性成果能包括他们的最重要概念。本章将提供这样一些代表性成果。

其次，他们二人的理论都以**因素分析**（factor analysis）为基础。毫无疑问，这种方法表面上的复杂性使很多人忽略了卡特尔和艾森克的理论。但是我们认为，因素分析只是表面上复杂，它后面的逻辑则简单明确。因为，一个最重要的问题是，对因素分析的理解，就是对卡特尔以及在稍小程度上对艾森克人格理论的理解。下面开始对因素分析做初步讨论。

相关（correlation）概念是因素分析的基础。当两个变量同时发生变化时，它们就被认为是相关的。例如，身高和体重之间存在相关，因为当一个量增加时，另一个量也倾向于增加。两个变量共同变化的程度越大，二者之间的相关就越强。两个变量之间相关程度的大小，在数学上可以用**相关系数**（correlation coefficient）来表示。相关系数的变化范围是从+1到-1。相关系数+1表示两个变量完全**正相关**（positive correlation），即一个变量的测量值增加多少，另一个变量的测量值也增加多少。相关系数-1表示两个变量之间完全**负相关**（negative correlation），即一个变量的测量值增加多少，另一个测量值就减少多少。相关系数0.8表示两个变量之间存在高度的正相关，但不是完全相关，即两个变量都有向正向变化的倾向。相关系数-0.56表示两个变量之间存在中度负相关。

一般来说，因素分析要求对大样本人群进行大量测量，但是在不同时间点对同一个人进行多次测量也可做因素分析。因素分析的数据可能包括多种类型的因变量。例如，我们可能需要记录人口统计学信息（出生次序、兄弟姐妹人数、父母年龄等）、不同的测验和问卷结果（智商分数、各种人格问卷分数等）、不同的实验结果（一项学习实验的分数、一项决策任务的反应时等等），有时还要记录一些生理指标，如心率、脑电波（EEG）等等。接着计算所有数据的交互相关，建立一个**相关矩阵**（correlation matrix）。为了说明问题，我们假定所分析的数据包括五项测验的结果。这一分析的假设结果如表8-1。

表8-1　　假想的相关矩阵：五项测验中所有可能的交互相关

测验	A	B	C	D	E
A	—	1.00	1.00	0.00	0.00
B	1.00	—	1.00	0.00	0.00
C	1.00	1.00	—	0.00	0.00
D	0.00	0.00	0.00	—	1.00
E	0.00	0.00	0.00	1.00	—

资料来源：Cattell, 1965.

下一步，做出以下假设：

（1）测量相同变量的两项测验必然得出相似结果。换言之，测量相同能力的测验将存在相关。

（2）两项测验之间的一致性程度（相关）将表明两项测验所测量的在多大程度上是相同事物。

由于有这些假设，相关矩阵将得到检验，以发现哪些测验之间具有高相关。换言之，相关聚类已被找到。这种探索称为**聚类分析**（cluster analysis）。如果多项测验的一个聚类显示出相互之间有高相关，那么，这些测验就被认为测量了相同的能力或特征。以这种方式发现的某种能力被称为一个**因素**（factor），在卡特尔和艾森克的理论中，因素这一术语等同于**术语特质**（term trait）。对于卡特尔，因素分析是用于发现特质的方法，他把这些特质看作被构建的人格组块。对于艾森克，因素要经过进一步分析，以发现他所称的**超级因素**（superfactors）或**类型**（types）。

222

因素分析的程序可概括如下：

（1）用各种方法对很多人进行测量。

（2）计算每项测验结果与其他各项结果之间的相关，从而建立一个相关矩阵。

（3）确定有多少个因素（特质）需要加以设定，用来解释在相关矩阵中发现的多个交互相关（聚类）。

表 8-1 显示的假想相关矩阵显示，测验 A、B 和 C 相互之间有很大的共同性，因为它们完全相关，但是它们与测验 D 和 E 没有共同性。相反，测验 D 和 E 有很大的共同性，因为二者之间完全相关，但是它们和测验 A、B、C 毫无共同性。在这种情况下，相关矩阵就检测到两个相互分离的因素，或特质。一个是通过测验 A、B、C 的测量得到的，另一个是通过测验 D 和 E 获得的。

图 8-1 显示了三个测验彼此相关的样例。左上角的图显示三项测验测得了不同因素。右上角的图显示测验 A 和 B 测得了共同因素，但测验 C 测得了不同的因素。左下角的图显示三项测验测得了共同的因素。右下角的图显示测验 A 测得了一个因素，而测验 B 和 C 测得了另一个因素。

因素分析是基于相关计算的方法，其目的是解释在多项测量中发现的变量之间的相互关系。这一方法并不限于人格研究。前面讲过，卡特尔的老师查尔斯·斯皮尔曼曾经用因素分析来研究智力。卡特尔则首先把因素分析用于研究人格，并使用因素分析来考察不同群体、不同机构或不同民族的特征。

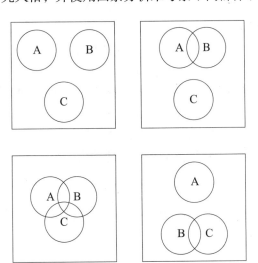

图 8-1　三项测验彼此的相关关系的样例

资料来源：Cattell，1957，p. 553.

223

1. 卡特尔的研究方法

卡特尔的早期研究，恰当地说，是一种**归纳推理**（inductive reasoning）或归纳研究。在研究开始时，不提出特定的指导性假设，而是收集大量的成套数据，从这些数据显露出的结果，来生成假设。卡特尔的研究步骤是，采用尽可能多的方法，对很多人进行测量。例如，他记录一些人的日常行为，像他们遭遇了多少意外事故、他们归属于哪些组织、他们的社交联系人的数量等等。他把这种通过观察收集到的信息称为 **L- 资料**（L-data），L 是生活（life）记录之意。他还发给被试一些问卷，让他们对自己的各种特征做出评价。他把这种方法获得的信息称为 **Q- 资料**（Q-data），Q 是问卷（questionnaire）之意。Q- 资料包括在标准化自我报告问卷和测量态度、意见和兴趣等各种量表上的得分。卡特尔意识到，Q- 资料具有局限性。首先，一些人可能对自己不甚了解，他们对问卷、调查表和量表的反应不能反映他们真实的人格。其次，有些人伪装或歪曲他们的反应，以制造出令人满意的印象。例如，一个具有攻击性的人可能认为，他的攻击性令人厌恶，因此装出软弱的样子。为了解决 Q-资料的这些难以避免的问题，卡特尔使用了第三种资料来源，他称之为 **T- 资料**（T-data）。T 为测验（test）之意。T- 资料是在被测者不知道他们的哪一类行为在被评价的情况下收集到的。例如，语词联想测验、罗夏墨迹测验、主题统觉测验中的反应。卡特尔认为这种测验比较客观，因为被测者无法伪装。卡特尔和沃伯顿（Cattell & Warburton，1967）列出了符合这一标准的 400 多个测验。

卡特尔采用因素分析探索了测量的聚类，或因素，这些因素在多个情境中或长时间内以稳定的模式出现。据此，他尝试确定这些因素在多大程度上属于基本人格特质。如下面将要讲到的，卡特尔宣称，他在正常人格中发现了 16 种基本特质。

卡特尔（1965）对他理解人格的探索给出了饶有兴趣的总结，这反映出他对因素分析的热情：

> 多年来令心理学家困惑的是，怎样找到一种方法，对人的行为中混沌的丛林产生机能上统一的影响进行梳理。但是我们要问：在这片用文字写成的热带雨林中，猎手怎样确定他看到的模糊斑点究竟是两三块朽木，还是一头短吻鳄呢？他等着斑点的移动。如果它们一起移动了——一起走过来或消失——他就推断那是一个单一的结构。（p. 56）

2. 艾森克的研究方法

艾森克的研究主要是**假设演绎推理**（hypothetico-deductive reasoning，与卡特尔的归纳推理不同）。也就是说，他先根据已有理论提出一个实验性的假设，根据假设推出一个合乎逻辑的可检验预测，然后收集数据，确定该预测是否准确。如果准确，假设就得到支持，并接受进一步的检验。如果预测不准确，假设就被推翻，要么放弃，要么修改。

224

艾森克的研究程序很像卡特尔，他收集大量的测量数据，采用因素分析查明基本人格特质，他假定这些特质具有遗传和生物基础。卡特尔相信，这些基本因素或特质可用于对人格的分析，艾森克比卡特尔更感兴趣的是基本特质之间的交互相关。他把这第一套因素归为因素分析的第二水平，并从中找出基本特质的集群，称为超级因素或类型。因此，艾森克更关注比卡特尔查明的因素更一般的因素。

需要注意的一点是，艾森克大多只是在研究过程的开始阶段使用因素分析。也就是说，他用这种方法查明并确认人格的基本成分。关于因素分析以及他作为一个因素分析者的角色，他写道：

> 我是认为它不那么重要的人之一。我把它看作有益的助手，一种在特定情况下价值非凡的方法，但是我们必须很快地离开它，去寻找解释这些因素的更适当的因果关系，以查明它们意味着什么。（引自 Evans，1976，p. 256）

三、一般规律法对特殊规律法

1. 卡特尔的 R-方法和 P-方法

20 世纪 40 年代初期，卡特尔在哈佛大学任讲师时，他常和戈登·奥尔波特一起吃午餐。当时，卡特尔的兴趣主要在发现构成人格的基本特质上，并确定人们在拥有各种特质的程度上有何不同。如前所述，卡特尔发现特质的方法是，采用各种手段对大量人群进行测量，再通过因素分析得出结果。奥尔波特表达了他的失望，他认为，卡特尔的方法强调群体表现（一般规律法），忽略了独特的个体（特殊规律法）。在奥尔波特的影响下，卡特尔开始探索，特质的强度怎样在同一个人身上、在不同时间而有所不同。卡特尔早期的特殊规律研究是在他妻子身上完成的，但很快扩展到其他人身上。

我们所说的因素分析类型，即对很多被试的很多变量加以测量并计算交互相关得分，被称为 **R-方法**（R-technique）。而因素分析的另一种类型，即追踪若干特质在同一个人身上、在一段时间内强度的变化，被称为 **P-方法**（P-technique）。图 8-2 显示了一项采用 P-方法的研究结果。这项研究在 44 天时间里对同一个人的 8 项特质进行了 80 次测量。在研究中每天都要对这个人进行测量，他的几个主要经历在图 8-2 中用曲线加以显示。举例来说，他必须为扮演一个领导角色而排练，他得了感冒，他排练的小剧本上演了，他的父亲发生了意外事故，他的姑姑批评他帮家里干活太少，他因为自己的指导老师对他抱有敌意而忧虑。从图 8-2 上我们可以清楚地看到，一个人拥有的几种特质随着这个人生活环境的变化而变化。

225

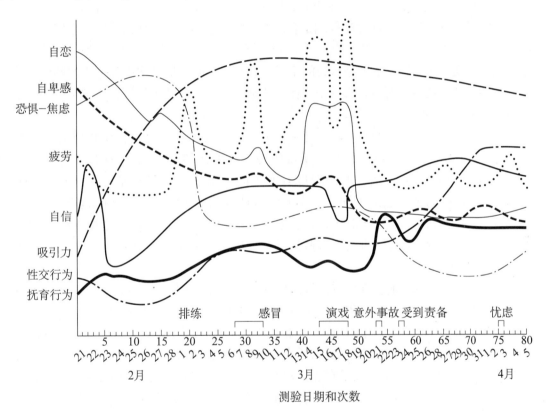

图 8-2　卡特尔的 P-方法之一例

图中，一个人具有的多种特质在不同时间被测量。
资料来源：Cattell, 1965, pp. 242, 347.

2. 艾森克对一般规律 - 特殊规律研究的折中

艾森克把他对人格理论的研究看作奥尔波特主张的纯粹的特殊规律法和大多数实验心理学家采用的一般规律法之间的折中。他认为，从绝对意义上，前者把每个个体看作唯一的，因此不可能得出一般的科学规律和原则。后者可以归结出一般规律，但是忽略了个体的独特特征。艾森克夫妇写道（Eysenck & Eysenck，1985）：

　　　　所有的有机体都是唯一的，彼此截然不同，所以不能用一般科学方法去研究。对这一假设的主要反对意见诉诸一个简单的事实，即差异性的存在同时意味着相似性的存在，而差异性和相似性必然处在一些可测量的维度中。……在这个问题上，我们不应该纠缠于主张研究特殊规律和主张研究一般规律的心理学家之间的争论。……从某种角度来看，这种争论是哲学范围的，它不能反映心理学家的实际兴趣。（pp. 5-7）

226

四、特质分类学

1. 卡特尔的特质分析

如前所述，卡特尔把特质看作人格的组块。显然，特质概念是他理论中最重要的概念。他的多数因素分析研究都是对人格特质的探索，下面我们将回顾，这种探索揭示出特质的几个范畴。

表面特质与根源特质。表面特质与根源特质之间的差异也许是卡特尔理论中最重要的差异。**表面特质**（surface traits）是观察到的一组存在相关的特质。例如，受过较多正规教育的人可能比受教育较少的人去电影院看电影少一些。这种观察就是表面的观察，它不能解释任何问题。它们只是一种对观察到的特征类型的陈述，并倾向于被归为一类（有相关的）。这些特征可能由很多原因所致。

反之，**根源特质**（source traits）是行为的原因。它们是人的人格结构中最重要的部分，并且从根本上对人的行为一致性负责。所以，每一个表面特质都是由一个或几个根源特质导致的，一个根源特质则能影响到几个表面特质。

描述根源特质与表面特质之间差异的另一种方式是，表面特质总是根源特质的具体表现。根源特质可以被看作人格的基本成分，我们所做的每一件事情都受根源特质的影响。卡特尔指出，所有个体都具有相同的根源特质，但是程度有所不同。例如，所有人都具有智力（一种根源特质），但是所有人拥有的智力程度不同。一个人的这种根源特质的强度会影响这个人的很多方面，例如，他所阅读的东西、他的朋友是什么人、他为生活所做的事情。智力这种根源特质的所有外在表现都是表面特质。但我们举的例子有些误导性，因为，我们已经知道，一个人的任何行为都不是一个根源特质导致的。

也许是受其化学背景的影响，卡特尔的目标是建立一个**人格球体**（personality sphere，或称人格领域），它与门捷列夫1869年创立的元素周期表具有相同的机能。然而，元素周期表是把物理世界的元素加以分类，人格球体描述的是人格的基本元素。和门捷列夫的努力不同，卡特尔的目标令人难以捉摸。一个重要问题是，究竟有多少根源特质存在，仍然没有答案。对根源特质的探索非常复杂而且屡受挫折。例如，一种根源特质如果存在，那么，人们就会预期它会在L-资料、Q-资料和T-资料中得以表现，但情况并非如此。有些根源特质的确在三种数据来源中出现，但另一些只在一个或两个数据来源中出现。此外，随着卡特尔的测量越来越多样化、越来越精细，又发现了一些新的根源特质。

卡特尔早期对L-资料和Q-资料所做的因素分析获得了正常人格具备的16个根源特质（见表8-2）。表中列出的前12个因素是凭借对L-资料的因素分析，或对L-资料和Q-资料的因素分析发现的。后面4个因素只是根据Q-资料因素分析获得的。卡特尔（和桑德斯、斯蒂斯合作）围绕这16个因素建构了他的影响广泛的十六个人格因素问卷（16PF；Cattell, Saunders, & Stice, 1950）。为了进一步评价个体人格，这一问卷可用来把各个群组加以比较（见图8-3的例子）。各个群组在16PF上的得分还可用来评价不同年龄组的人格特质，例如4～6岁、6～8岁、8～12岁、12～18岁等。与弗洛伊德的意见一致，这些测验表明，成人人格中典型的根源特质在4岁时开始显现（Coan, 1966）。

表 8-2 　　　　　　　　　　　卡特尔总结的构成人格组块的因素

因素	高分表示的趋向	低分表示的趋向
A	乐群性：社交调节　随和　热心　外向	离群性：社交敌意　冷漠　冷淡
B	聪慧性：警觉　富于想象力　深思	愚钝性：迟钝　愚蠢　缺乏想象力
C	稳定性：镇定　成熟　坚忍	易变性：焦虑　幼稚　担忧
E	恃强性：自信　自负　竞争	从属性：无自信　谦虚　圆通
F	兴奋性：健谈　亲切　快乐	抑制性：沉默　严肃　沮丧
G	有恒性：认真　负责　不屈不挠　忠诚	妄为性：肆无忌惮　轻率　无决断　不可靠
H	敢为性：粗心　对性明显感兴趣　敢冒险	恐惧性：细心　对性明显不感兴趣　害羞
I	敏感性：善自省　敏感　多愁善感　直觉	明智性：不敏感　务实　富于逻辑性　自立
L	怀疑性：多疑　嫉妒　疑虑　谨慎	朴实性：轻信　可信　不怀疑　易被骗
M	幻想性：古怪　想象丰富　自满　固执己见	正统性：求实　传统　泰然自若　诚恳
N	世故性：社交警觉　洞察他人　见机行事　精明	淳朴性：社交笨拙　粗鲁　漠不关心　冷漠
O	忧虑性：胆小　烦恼不安　抑郁　喜怒无常	刚愎性：自信　开朗愉快　不害怕　刚愎自用
Q（1）	实验性：鼓励变化　拒绝传统　思想自由	保守性：拒绝变化　讨厌脏话　循规蹈矩
Q（2）	独立性：独立气质　愿和少数助手而非多数人工作　喜欢给全班阅读	向群性：寻求他人赞许　群体依赖　喜欢和别人一起旅行
Q（3）	自律性：自控　对不确定性敏感　做不到的事情不承诺　不说事后后悔的事	变通性：无忧无虑　快速改变兴趣　尝试用几种方法解决同一问题　遇到困难时不坚持
Q（4）	紧张性：紧张　意外的记忆错乱　会因生理需要未满足而受挫	松弛性：放松　沉着　很少有沮丧的时候　讨厌烦恼

228

注：每个因素都是两极的。在某因素上得高分表明具有表格左侧特质的倾向，低分表明具有表格右侧特质的倾向。
资料来源：Cattell，1965.

　　注意，和艾森克的特质分析相比较，卡特尔意识到，16PF 确定的 16 个"一级"特质之间也存在着交互相关。卡特尔通过对这些交互相关的分析得出了 8 个"次级"特质，或更一般的特质。但是和艾森克不同，卡特尔认为，最重要的分析水平是 16 个基本特质，而不是较高级因素水平。

　　体质特质与环境养成特质。一些根源特质是由遗传决定的，称为**体质特质**（constitutional traits）；另一些是由经验决定的，称为**环境养成特质**（environmental-mold traits）。

> 　　如果因素分析发现的根源特质是纯粹的、独立的，像已有证据证明的那样，那么，一种根源特质就不可能是遗传和环境共同影响所致，它必然是二者之一导致的。……从另一个角度看，一种类型可能是借助来自外部的一些东西印刻在人格上的。……这种根源特质作为因素表现出来，我们可以称之为环境养成特质，因为它们来自建立了文化模式的社会机构和物理现实的塑造。（Cattell，1950，pp. 33-34）

230

　　因此，卡特尔认为，一些根源特质是遗传决定的，一些是文化决定的。

　　能力特质。一个人所拥有的一些根源特质决定着他能否有效地达到预期目标，这种特质称为**能力特质**（ability traits）。智力是最重要的能力特质之一。卡特尔把智力分为两种类型：晶体智力和流体智力。他把**流体智力**（fluid intelligence）定义为"一般智力的一种形式，它主要是天生的，适合于所有材料，无论这些材料和先前经验是否有关"（1965，p. 369）。卡特尔把**晶体智力**（crystallized intelligence）定义为"一个一般因素，主要是在学校习得的能力类型，反映过去应用流体智力的效果，以及接受学校教育的多少和强度，并表现在词汇和数字能力之类的测验中"（p. 369）。

229

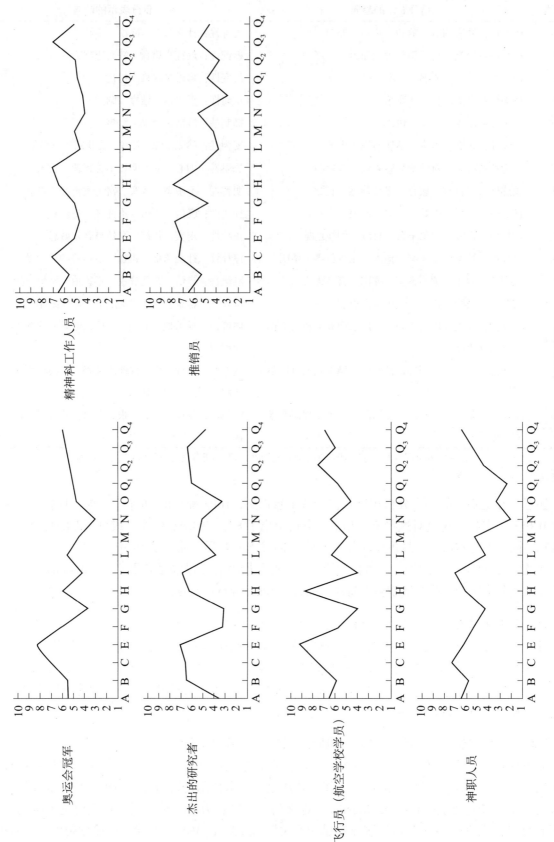

图 8-3 不同类型人员的 16PF 得分比较

卡特尔认为，人的智力往往等同于传统 IQ 测验试图测得的晶体智力。为了帮助纠正这种情况，卡特尔编制了**免除文化影响的智力测验**（Culture Free Intelligence Test，1944），用来测量流体智力。

卡特尔根据研究得出结论，遗传对流体智力和晶体智力都有很大影响。他的研究显示，流体智力的 65% 和晶体智力的 60% 是由遗传决定的（Cattell，1980，p. 58）。因此，在卡特尔看来，不但人的一般智力（流体智力）受遗传的很大影响，而且他得益于经验的能力以及把学到的东西加以运用的能力（晶体智力）也受到遗传同样大的影响。

当前，在心理学领域，对人的智力影响更大的究竟是遗传还是经验（或者说天性还是教养），仍是个有很大争议的问题。卡特尔认为，智力主要是与生俱来的（遗传决定的），这种观点使卡特尔成为一个有争议的人物。

气质特质。这是由遗传决定的特征，它决定着一个人的一般"风格和节奏"。**气质特质**（temperament traits）决定着一个人对情境做出反应的速度、精力和情绪。它决定着一个人是温柔恭谨、急躁易怒，还是稳定持久。气质特质是体质性根源特质，它决定着一个人的情绪特征。在 16PF 测量的根源特质中，15 个属于气质特质，只有一个属于能力特质。

动力特质。气质特质决定着一个人的行事风格，即一个人在一般情况下怎样对情境做出反应。能力特质决定着一个人解决问题的有效性，即一个人在一般情况下对情境做出反应的效果。**动力特质**（dynamic traits）决定着一个人为什么对情境做出反应。动力特质为一个人设定要达到的目标，是人格的动机成分。卡特尔划分出两种不同的动力性或动机性特质：内能和元内能。

内能（erg）是动力性的、体质性的根源特质。内能与其他理论家所称的驱力、需要或本能相似。卡特尔选择内能这个术语（来自希腊文 ergon，意为能量）是因为他认为其他有关动机的术语过于模糊。内能为所有行为提供能量。卡特尔这样给内能下定义：

> 内能是一种与生俱来的心理生理素质，它使拥有者比别人能更有准备地对一定类型的客体做出反应（注意、识别），体验到与之有关的特定情绪，并开始一个行动，这个行动在一个特定的目标活动中比在其他活动中能更彻底地被中止。（1950，p. 199）

从这一定义中可以看出内能具有四个成分：

（1）内能导致选择性的知觉，即使一些东西比另一些东西更容易参加进来。例如，对一个饥肠辘辘的人，与食物有关的事情比无关食物的事情更被关心。
（2）内能引发对特定思想或客体的情绪反应。例如，吃东西的想法令人愉快。
（3）内能引起有目的的行为。例如，饥饿的人想办法找到食物。
（4）内能导致使人满足的反应。例如，人找到食物时，会把它吃下去。

当然，内能的强度是变化的。一个人会以不同程度感到饥饿，产生性冲动、求知欲或愤怒。内能的当时水平决定着**内能张力**（ergic tension）的大小。

令人感兴趣的是，卡特尔声称，人的所有行为归根结底是本能的，这在本质上和弗洛伊德一致。但是，卡特尔列出的本能（内能）比弗洛伊德更广泛。卡特尔揭示了 11 种内能，它们显示在图 8-4 的右侧。

元内能（metaerg）是具有环境起源的动力性根源特质。换言之，元内能是环境塑造的、动力性的根源特质。因此，除了起源以外，元内能和内能是相同的。内能和元内能都能导致对环境对象的动机倾向，只不过内能是天生的，元内能是习得的。元内能分别进入情操和态度中。在卡特尔看来，**情操**（sentiments）是"主要的、习得的动力特质结构，它使其拥有者对特定对象或特定类别的对象集中注意，同时以特定方式产生感受并对其做出反应"（1950，p. 161）。卡特尔认为，情操往往处于很多事物的核心位置，例如人的事业或职业、体育、宗教，人对自己的父母、配偶或情人以及对自己的态度。他认为，在所有情操中，最强有力的是**自我情操**（self-sentiment），它对整体人格加以组织：

> 首先，保护自我，使之健康、完整地持续发挥作用，显然是使个体拥有的所有情操或内能得到满足的先决条件！同时，对社会尊崇的社会自我和道德自我的保护也是这样的先决条件。……动态地看，通过一定的行为标准迎合社会要求和超我而维持自我调整的情操，是满足人的多数生活乐趣的必要手段。……它促进所有的情操和内能得到满足，这也可以解释它作为"大情操"，在控制其他所有结构中的动力性强度。（1965，pp. 272-273）

情操是以一定方式对一类客体或事件做出反应的习得性倾向。**态度**（attitude）则更为特殊，但它是从情操中衍生出来的，情操又是从内能中衍生出来的。在卡特尔看来，态度是以特定方式对特定情境中的特殊对象或事件做出反应的倾向。卡特尔（1957，p. 444）这样描述态度的表现：

在这种情况下	我	非常希望	用它	来做这件事
（刺激情境）	（有机体）	（强烈的兴趣需要）	（与行为有关的客体）	（特殊的行动和路线）

因此，态度就是在一定情境中，对用某些东西做某件事情的一定强度的兴趣。

卡特尔用**辅助律**（subsidiation）这个术语来描述这一事实，即情操是内能的辅助者（情操依赖于内能），而态度又是情操的辅助者。换句话说，态度研究（因素分析）是为了发现更多的基本情操，情操研究（因素分析）是为了发现更多的基本内能。卡特尔用**动力格**（dynamic lattice）来表示态度、情操和内能的关系（见图 8-4）。

图 8-4 显示，内能欲望很少能直接获得满足。反之，人往往间接地满足基本需要。例如，人们

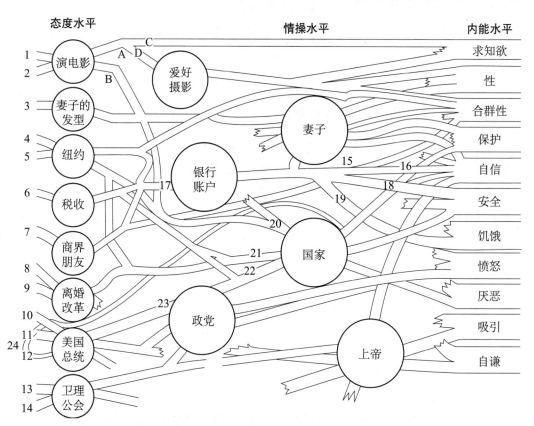

图 8-4　反映内能、情操和态度之间关系的动力格

资料来源：Eysenck & Eysenck，1985，pp. 14，15.

可能学习技能以便找工作、结婚，或满足性需要。卡特尔把这种间接地满足内能的冲动称为**长回路**（long-circuiting）。从图中还可以看到，每种情操都是多种内能的一种机能，或归附于多种内能。例如，对妻子的情操反映了性、合群性、保护和自信等内能。动力格的最重要一点是，它显示出人类动机的复杂性。态度、情操和内能不停地相互作用，它们不但反映当前情况，而且反映个体未来的目标。

2. 艾森克的特质分析

艾森克把智力概念纳入对人格的一般的、非正式的讨论中，他公开承认智力具有遗传成分。但是，他的正式人格理论的焦点是**气质**（temperament），定义为行为的情绪、动机及与能力无关的认知方面。艾森克没有把智力、认知能力或其他所谓的能力特质包括在这个定义中（Eysenck，1970；Eysenck & Eysenck，1985），他经常把"人格"和"智力"这两个术语交换使用：

> 术语"人格"的使用往往模糊不清。有些人，如对于 R. B. 卡特尔，它包括智力，但是对另一些人，它仅指行为的非认知方面。在这一问题上，我继续按旧有习惯，把"人格"这一术语界定为非认知方面，而认知方面则指"智力"。（1990a，p. 193）

对艾森克来说，最重要的特质是卡特尔归为体质性根源特质范畴的那些特质。在艾森克的理论中，重要特质是那些相对持久、具有明显生物起源、对通过学习获得的次级类型产生影响的特质。尽管艾森克认为环境对行为和人格整体上有重要影响，但他的理论中没有像卡特尔的环境养成特质那样的特质。对艾森克来说，类型和他所说的特质都是由遗传决定的，它们都不来源于学习。

■ 五、艾森克理论的历史起源

1. 荣格的假设

第 3 章曾经讲到，荣格认为内倾者或内向者是内省的人，他们比较退缩，倾向于主观或内部现实，而外倾者或外向者是开朗的人，他们倾向于外部事件。荣格（1921）曾经做出推测，当内向者出现神经症失调时，他们会表现出内化症状，如焦虑、敏感、易疲劳和精疲力竭。艾森克所说的术语**精神抑郁者**（dysthymic）指的就是患有严重精神失调的内向者。与此同时，荣格假设外向者的精神失调往往表现为癔症症状或外化的、远离"内在"自我的症状。艾森克使用术语**癔症者**（hysteric）来指精神失调的外向者。

在艾森克的第一部著作《人格的维度》（1947）中，他通过两种主要的独立类型或超级因素报告了对精神病患者（和正常人）的描述。这两个类型分别是**神经质**（neuroticism，N）（对稳定性，stability）和**外向性**（extroversion，E）（对内向性，introversion）。这两个超级因素似乎把严重神经症患者分为两类。研究发现，最严重的个案似乎是具有焦虑相关症状的内向个体（精神抑郁者），或具有癔症性失调的外向个体（癔症者），因此证实了荣格提出的假设。

在图 8-5 显示的等级结构中，每个较高级类型都包括若干个相互关联的特质。所以，一个高度神经质的个体会通过焦虑、抑郁、内疚感、低自尊等特质表现出这个一般因素。同样，图中还显示，高度外向的个体倾向于善交际、活跃、自信、感觉寻求等等。

在查明了前两个一般类型之后，艾森克编制了莫兹利医学问卷，该问卷可以用于住院患神经症的人，也可用于住院的或有心理问题的健康个体。（该问卷后来被纳入了艾森克人格调查表［EPI］、艾森克人格问卷［EPQ］，以及艾森克人格问卷修订版［EPQ-R］。）在艾森克的第二部著作《对人格的科学研究》（1952）中，他着重考察了住院患者与健康人之间的差异。他查明了第三个超级因素，即**精神质**（psychoticism，P）。它和神经质、外向性一起，提供了对人格的完整描述。要注意的是，最后一个类型，精神质，最初是用来寻找神经失调者和精神失调者之间的差异的。尽管精神质被保留在艾森克理论结构之中，但是它在他对正常、健康人的人格结构的研究中，并没有发挥主要作用。从图8-5中可以看到，在超级因素精神质之下的相关特质包括好斗、冷淡、自我中心、冲动等等。不管这三个超级因素被查明的顺序如何，艾森克和其他人往往用缩写字母PEN（精神质、外向性、神经质）来代表这个超级因素理论。

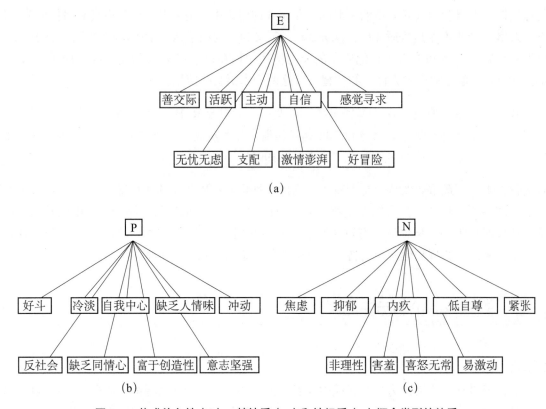

图 8-5　构成外向性（a）、精神质（b）和神经质（c）概念类型的特质

资料来源：Eysenck & Eysenck，1985，pp. 14，15.

2. 其他历史影响

虽然用现代标准来看，古希腊希波克拉底等人的研究并不科学，但是艾森克仍然相信希波克拉底（前460—前377）和古罗马医生盖伦（前130—前200），这两个人曾经影响了艾森克关于人格的思想（Eysenck & Eysenck，1985）。希波克拉底认为，人类是由四种成分组成的：土壤、空气、火和水。他还把这四种成分与四种体液相联系：土壤与黑胆汁，空气与黄胆汁，火与血液，水与黏液。盖伦把希波克拉底的思想延伸到气质上，并形成了一个早期人格理论。如果占优势地位或较多的体液是血液，个体就表现出多血质人格，他们热情、乐观，脾气随和。如果黑胆汁占优势地位，个体就表现出抑郁质人格，他们往往抑郁和焦虑。如果黄胆汁过多，个体就表现出胆汁质人格，他们易激动、愤怒，自信。如果黏液过多，个体就表现出黏液质人格，他们迟缓、懒惰、缺乏生气、平静。

这种关于人格的萌芽般的思想在著名哲学家伊曼努尔·康德（Immanuel Kant，1724—1804）那里得到发展，他在《实用人类学》（1912）一书中对气质进行了详细讨论。像希波克拉底和盖伦的分析一样，康德不同意把气质的各种类型相混合。例如，一个人不可能既冷漠又忧郁，但一个人既焦虑又担忧则正常而合理。创建了第一个心理学实验室的威廉·冯特（Wilhelm Wundt，1832—1920）曾提出他的人格思想，认为人格不是一个划分类型的简单问题。冯特（1903）指出，康德所说的类型划分涉及程度问题，程度取决于人在情绪强度和情绪易变性维度上所处的位置。例如，胆汁质和抑郁质类型倾向于体验到较强的情绪，多血质和黏液质类型则倾向于产生不太强的情绪体验。同时，胆汁质和多血质类型可能体验到情绪的快速变化，而抑郁质和黏液质类型则比较稳定，体验到较慢的情绪变化。艾森克夫妇（Eysenck & Eysenck，1985）把康德的分析与冯特的强度和易变性两维度结合起来，如图 8-6 所示。

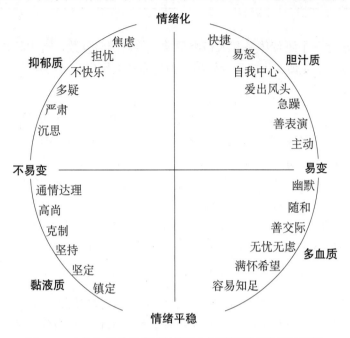

图 8-6　康德和冯特所描述的四种气质类型的经典理论图示

资料来源：Eysenck & Eysenck，1985，p. 45.

图 8-7 显示了艾森克对这一分析的贡献，他认为，外向 - 内向相当于冯特所说的"情绪易变性"维度，神经质（稳定对不稳定）相当于冯特的"情绪强度"维度。

图 8-7　四种气质与现代神经质 - 外向性维度体系的关系

资料来源：Eysenck & Eysenck，1985，p. 50.

六、人格的生物基础

艾森克不满足于建立一个测量体系和人格类型学。他对测验分数、行为和相应的生物机制与经验资料之间交互相关的探索，使他对人格理论做出了独特而富有历史意义的贡献。

1. 兴奋性和抑制性

艾森克最初对人格生物基础的解释，接受的是发现经典条件作用的俄国学者伊万·巴甫洛夫（Ivan Pavlov）和美国新行为主义者克拉克·L. 赫尔（Clark L. Hull）的思想。（进一步了解巴甫洛夫和赫尔，可参见 Olson & Hergenhahn，2009。）艾森克早期理论（1957）使用的概念大多是从行为推论出来的，而不是在研究中实际证实的东西。例如，巴甫洛夫对经典条件作用的解释在很大程度上依赖于他关于大脑活动的兴奋和抑制过程的理论思想。他发现，一些狗比另一些狗更快地学会条件反应，他据此推测（1928），一些狗神经活动的兴奋性占优势，另一些狗的抑制性占优势。虽然巴甫洛夫的这一思想未经科学验证，但他关于兴奋性占优势对抑制性占优势的思想引起艾森克的注意。关于兴奋性和抑制性，艾森克借鉴巴甫洛夫的研究，做出他关于类型的假设：

> 兴奋性电位生成较慢的个体和生成的兴奋性电位相对较弱的个体，倾向于形成外向行为模式。……兴奋性电位生成较快的个体和生成的兴奋性电位相对较强的个体，倾向于形成内向行为模式。（1957，p. 114）

艾森克关于抑制性的思想受到赫尔的学习理论的很大影响。赫尔曾经用反应性抑制的概念来解释实验性消退现象，在这种现象中可以观察到反应的减弱。一般来说，反应性抑制是疲劳——肌肉疲劳或神经疲劳——导致的，因此抑制了反应。关于抑制在人格中的作用，艾森克（1957）在他的类型学假设中写道：

> 同样，反应性抑制生成较快的个体、生成的反应性抑制较强的个体，以及反应性抑制消失较慢的个体，倾向于形成外向行为模式。……相反，反应性抑制生成较慢的个体、生成的反应性抑制较弱的个体，以及反应性抑制消失较快的个体，倾向于形成内向行为模式。（p. 114）

2. 皮层与情绪唤醒

詹森（Jensen，2000）曾指出："艾森克一贯拒绝接受任何与经验证据相矛盾的理论，包括他本人的理论。"（p. 351）因此，当艾森克用兴奋性/抑制性来解释人格的努力被证明不如期望时，他转向了以证据充分的大脑过程为基础的唤醒理论。他用**唤醒理论**（arousal theory）表达这样的基本思想，即内向者的大脑以高水平的神经活动为特征，这改进了他通过对神经质/稳定性人格维度（N）的解释提出的早期理论。由莫鲁齐和马高恩（Moruzzi & Magoun，1949）发现的第一个系统通常被称为**上行网状激活系统**（ascending reticular activating system，ARAS），它掌管大脑皮层的兴奋（和抑制）模式。第二个系统是艾森克所说的**内脏脑**（visceral brain，VB），即常说的边缘系统。它负责调节情绪表达，控制像心率、血压和出汗等自主反应（情绪生理表现）。艾森克（1967）提出，外向性/内向性受上行网状激活系统控制，而情绪表达，包括神经质的表现则独立地通过边缘系统加以调节。像早期类型学假设所总结的那样，内向者的典型特征是具有高水平的皮层兴奋性或唤醒程度，并通过上行网状激活系统加以调节，而外向者则不然。神经症患者与稳定的个体相比，他们具有高水平的自主活动（或反应性），通过边缘系统来调节。因此，患神经症的内向者，包括艾森克所说的精神抑郁者，其总体唤醒程度最高，其上行网状激活系统和边缘系统都具有高活动性。艾森克所称的"正常的"外向者则体验到最低的基线唤醒水平，他们的上行网状激活系统和边缘系统都相对不活跃。正常内向者和患神经症的外向者则处在极端个案间。后来，艾森克（1990a）考察了精神质（P）和激素水平之间的关系，这些激素包括睾酮，以及与唤醒有关的酶，如单胺氧化酶（MAO）等。但是，这次的结果显示，激素、酶和精神质之间的联结只是一种假设而已。

■　七、解剖即命运吗?

提到弗洛伊德或霍妮的理论时，这个问题涉及性别。对卡特尔和艾森克来说，解剖结构和命运具有特殊意义。这两位理论家都提供了一些重要特质或类型的**遗传力**（heritability）证据。遗传力的定义是"在表型中，由遗传型解释的方差比例"（Eysenck & Eysenck，1985，p. 88）。换言之，一种特质在表达或外观上的差异归因于遗传影响，而不是环境影响。因此，从遗传和生物因素是人格的重要决定因素这一角度，对这一问题的回答，必然是"对！"，尽管这不一定和性别有关。

1. 卡特尔：遗传对环境

在遗传与环境对每种人格特质的相对贡献问题上，没有人比卡特尔付出的努力更多。为了检验遗传和环境的贡献，卡特尔创立了一个复杂的统计程序，称作多元抽象变异数分析（MAVA）。一般情况下，这种方法可以比较在同一家庭长大和分开抚养的家庭成员，或在一起和不在一起抚养的无血缘关系的人。对每个人的研究都要进行一项或一系列测验，来评价一种特质。更有特色的是，测量对象包括在一起抚养的同卵双生子、分开抚养的同卵双生子、一起抚养的异卵双生子、分开抚养的异卵双生子、一起抚养的非双生兄弟姐妹、分开抚养的非双生兄弟姐妹、一起抚养的无血缘关系者、分开抚养的无血缘关系者（Cattell，1982，p. 90）。同卵双生子共享相同基因的数量最多，其次是异卵双生子，相同基因数量最少的无血缘关系的人。这种研究的逻辑很明确：如果一个特质是由遗传决定的，那么，具有该特质的两个人的拥有程度就应该和他们两人共享相同基因的程度相关。举例来说，如果一项特质完全由遗传决定，那么，同卵双生子就应该都拥有这项特质，而不管他们是一起被抚养还是被分开抚养。

在上述研究基础上，卡特尔得出结论，遗传至少在一些特质的形成中起着重要作用。他还证实了自己早期的观察，即智力（流体智力）大约有 65% 由遗传决定。风趣、主动性格对沉思、谨慎性格，大约有 70% 由遗传决定。卡特尔、舒尔格和克莱因（Cattell，Schuerger，& Klein，1982）曾经考察了三个根源特质的遗传力，这三个特质是：自我强度，或称稳定性（因素 C）；超我强度，或称有恒性（因素 G）；自我情操，或称自律性（因素 Q_3）。在这项研究中，94 名一起抚养的同卵双生子、124 名一起抚养的异卵双生子、470 名一起抚养的非双生兄弟姐妹和 2 973 名分开抚养的无血缘关系的儿童分别接受了长达 9 个小时的成套测验。研究者采用 MAVA 程序，结果发现，环境对超我强度，即有恒性的影响大于遗传影响。但遗传对稳定性和自律性的影响更大。卡特尔（1980，p. 58）还报告了其他多数根源特质的遗传力。其中几项特质的遗传力为 30% 或更大。至于遗传对人格的整体贡献，卡特尔基本上证实了他早期做出的结论，即人格的三分之二由环境决定，三分之一由遗传决定（Hundleby，Pawlik，& Cattell，1965）。

2. 艾森克：生物学证据

艾森克（1985）指出，为了证明精神质、外向性和神经质具有生物基础，必须符合四个标准：（1）必须有数据支持遗传对精神质、外向性和神经质的贡献；（2）必须通过观察确认精神质、外向性和神经质也在非人类的动物身上存在；（3）必须在不同文化中找到存在精神质、外向性和神经质的证据；（4）精神质、外向性和神经质必须被证明具有跨时间的稳定性。

在回顾了大量双生子研究数据之后，艾森克（1985）对人格特质的遗传力做了以下总结：

> 已经发现，对于所有人格特质和维度来说，遗传在相当程度上决定着个体。……在这一领域，没有一个严肃的学者否认遗传因素能够解释大约一半的变异，同样，也没有人否认环境变量的重要性。（p. 96）

第二个标准，即非人类动物也存在人格，这个问题必须认真研究。我们经常把我们养的宠物加以人格化，把人类的心境和特质加到宠物的行为上。同时，我们也不否认，同一物种的不同个体明显表现出气质的不同。实际上，对家养动物，人类一直是着眼于生理和气质特质两方面。

对非人类气质领域的研究一般通过记录动物社交群体中不同个体的活动进行。研究者可以避免拟人化，但也只能记录动物是否与其他同伴有联系，以及它的攻击性、积极回避同伴行为等等。查莫夫、艾森克和哈洛（Chamove, Eysenck, & Harlow, 1972）采用这种方法研究了恒河猴并对数据进行因素分析，发现，所观察的行为可聚为三类，大体相当于精神质、外向性和神经质。黑猩猩也表现出可以用艾森克的三个独立维度来描述的行为（Van Hooff, 1971）。

虽然跨文化人格评价有其本身的困难，但是收集跨文化的特质与类型的数据的很多尝试证实了精神质、外向性和神经质三个维度的广泛存在。艾森克夫妇（Eysenck & Eysenck, 1985）根据大量数据总结道：

> 我们不想画蛇添足，也不想对结果做冗长的评论。我们只想说，用同样的问卷进行因素分析研究，显示出基本相同的人格维度。这一观点得到了强有力的支持，因为研究是在数量可观的不同国家进行的，不但有欧洲文化，而且有很多不同类型的文化。（p. 108）

最终，很多研究证明了艾森克的超级因素，尤其是外向性和神经质，这两项相当稳定。有研究发现它们在12年里保持稳定（Hindley & Giuganino, 1982），也有研究发现它们在15～20年里保持稳定（Bronson, 1966, 1967），还有研究发现这种稳定性甚至超过30年（Conley, 1984; Leon, Gillenn, Gillenn, & Ganze, 1979; Mussen, Eichorn, Hanzik, Bieher, & Meredith, 1980）。即使是那些提出了与艾森克不同理论的研究者所做的研究（后面将要讨论到），也显示出外向性和神经质两个维度具有长期稳定性（例如 Costa & McCrae, 1980）。

如上述，艾森克提出的特质必须具有生物基础的要求已经得到满足。从事特质研究的多数学者现在都已经在不同程度上接受了这一结论，尽管人格的生物学机制的准确性质还须确定（Zuckerman, 1991, 1995）。

八、人格发展

1. 卡特尔的多元影响探索

像多数人格研究者一样，卡特尔也相信人格发展是动机和学习二者共同推动的。动机对知觉和行为能力的多方面变化有影响。

学习。学习以内能获得满足的方式引起各种变化，即，学习引起情操和态度的发展。卡特尔认为，学习有三种类型：经典条件作用、工具性条件作用和结构学习。他把**经典条件作用**（classical conditioning）定义为"新刺激在旧刺激出现之前施加于一个旧反应上"的情形（1965, p. 266）。**工具性条件作用**（instrumental conditioning，也称奖励学习或操作条件作用）是指通过学习表现出一个带来奖励的反应。

卡特尔认为，经典条件作用之重要，在于它解释了对人对物的情绪反应的学习原理。它也解释了恐惧症是怎样形成的。工具性条件作用的重要性在于，它解释了特定的行动怎样被习得，以满足特定的需要。但最重要的是**结构学习**（structured learning）。在卡特尔看来，一种人格要素的变化，会改变整个特质结构。虽然内能是天生的，但怎样把内能的张力降低则是习得的。例如，我们已经知道，内能可以在情操和态度中表现出来。随着这些元内能被习得，整个人格结构也会发生变化。新特质的习得或旧特质的矫正好像把一块石头扔进池塘：整个池塘会荡起涟漪。学习之前存在着一个特质结构，学习之后又出现另一个结构。

早期经验的重要性。卡特尔认为，早期经验对特定的人格特质有很强的影响。例如，据卡特尔的观察，表现出高乐群性的成人（见表 8-2）往往成长在充满温暖和爱的家庭，父亲开朗，母亲镇定，他们用说理而不是惩罚来教育子女。表现出高稳定性（见表 8-2）的成人也是如此。而那些表现出恃强性和忧虑性的成人，其父母往往是专制型的，经常体罚、批评孩子。（关于抚育行为与子女根源特质之间的联系的更多讨论，可参见 Cattell，1973，pp. 158-178。）

对阿德勒关于出生次序对人格发展的重要影响的观点，卡特尔（1973）也做了研究。他发现，一般来说，排行老大的孩子倾向于表现出恃强性、稳定性和保守性，但是自律性较差。排行老大之后的孩子倾向于兴奋性较强（见表 8-2）。最后一点，紧张性（Q_4 特质）会随着家庭规模的增大而增强。

群体性。卡特尔认为，人的很多行为是由他们所属的群体决定的。因此，尽可能多地了解人所归属的群体就很重要。人格这一术语概括了个人的特质，而**群体性**（syntality）这一术语则概括了一个群体的特质。卡特尔以对人研究的同样方法考察了家庭、各种宗教、学校、同伴群体和国家。例如，在一项研究中，卡特尔及其同事对 40 个国家的 72 个变量进行了评价（Cattell，Breul，& Hartman，1952），并对结果进行了交互相关计算和因素分析。结果发现，不同国家之间的主要差异可用以下四个因素来解释：

242

因素一：文明富足对贫穷落后
因素二：有力的规则对非适应性的严格管理
因素三：文化压力和复杂性对内能的直接表达
因素四：国家大小

也就是说，影响着人的群体也有特质，这些特质可以用因素分析来探索，就像人的特质可以用这种方法来发现一样。如能发现群体或国家的特质，就可以做广泛的比较。

2. 艾森克与遗传的特质

艾森克的理论并不关注婴儿期和童年期特质的发展，如前述，他强调精神质、外向性和神经质的遗传基础。不过，他不认为与此相关的那些类型、特质和行为在人类婴儿期就已完全得到发展。一种特质只是提供了以一定方式行为的倾向，问题行为也并非简单地因为缺少适当的环境刺激而形成的。艾森克夫妇（Eysenck & Eysenck，1985）指出：

> 一种特质的名字通常还意味着能使该特质得以展现和得到测量的情境，因此，特质理论就意味着一种情境分类学。……换言之，特质和情境好像一枚硬币的两面，二者密不可分，经典特质理论并不忽视情境，特质就意味着情境。（pp. 38-39）

艾森克的立场和奥尔波特、卡特尔一样，都主张交互作用论。根据这种立场，人的变量（如遗传和生物特征）和情境变量总是交互作用导致行为的。第 11 章在讨论班杜拉和米歇尔的理论时，还要对交互作用论进行详细说明。

杰罗姆·凯根后来的研究（Jerome Kagan，1994）可能有助于阐明遗传论观点。凯根的研究证明，一种由气质演绎出的偏见如何在婴儿和发展较成熟的成人身上得以表现。凯根及其同事发现，一些婴儿比另一些婴儿对厌恶刺激反应更强烈。而且很多反应性极强的婴儿在以后几年里成长为他所称的抑制型儿童，很多反应性极端不强烈的儿童成长为非抑制型儿童（Kagan，1994）。虽然凯根并没有直接指出抑制型儿童与内向者、非抑制型儿童与外向者之间的相似性，但他的研究提供了这些成人类型之早期表现的掠影。例如，抑制型儿童在新异情境中紧靠着母亲，不去探索新异环境，也不对陌生人做出积极应答。就是说，他们是以艾森克所称的内向方式行为的。相反，非抑制型儿童会离开母亲，探索新环境，玩新玩具，与陌生人一起玩。他们很像艾森克所说的外向者。

243

在艾森克看来，人格发展由遗传赋予的特质所指引，由环境因素所调节。人格特质影响着我们厌恶、回避什么环境，喜欢、寻求什么环境。由于这些特质指引我们趋向一些环境、回避另一些环境，因此它们影响着我们面对的行为、经验和学习类型，并且间接影响着我们获得人格中与生物／遗传性相反的那些东西。

九、精神病理学

卡特尔认为，精神疾病的产生有两个原因，一个是如16PF测得的正常人格特质发生了异常的不平衡。例如，A因素（乐群性对离群性）过强可能导致抑郁障碍。第二个原因是，异常特质的出现没有被正常个体发觉。卡特尔及其同事划分出12种异常特质，可用来描述各种类型的神经症和精神病。卡特尔（1975）设计了临床分析问卷来评价那些异常特质。卡特尔发现的这12种异常特质见表8-3。

卡特尔得出结论，精神异常的人和正常人一样，拥有所有正常的根源特质。但是，他们可能还拥有一些病理性特质（Cattell，1979，pp. 73-74）。表8-3中前七种异常特质（用字母D表示）属于抑郁特质，后五种特质相对来说更强大、更严重。

卡特尔认为正常个体与一些具有严重心理疾病的个体存在量的差异，而与另一些人则存在质的差异。也就是说，他们拥有异常特质，而那些未遭受心理失调的人身上没有这些特质。艾森克则认为，正常个体与患心理疾病个体之间的差异只是量的差异。换言之，他们的人格与正常人的一样，可以用

244

相同的精神质、外向性和神经质类型来描述，但是他们在一两个超级因素上，尤其是在精神质和神经质上有不正常的高分。

表8-3	卡特尔发现的12种异常根源特质	
因素	低分表示	高分表示
D_1	低疑病症倾向	高疑病症倾向
D_2	热心	自杀厌恶
D_3	低怨天尤人	高怨天尤人
D_4	低焦虑抑郁	高焦虑抑郁
D_5	高活力欣快症	低活力欣快症
D_6	低内疚怨恨	高内疚怨恨
D_7	低无趣抑郁	高无趣抑郁
P_a	低偏执狂	高偏执狂
P_p	低精神变态	高精神变态
S_c	低精神分裂倾向	高精神分裂倾向
A_s	低精神衰弱	高精神衰弱
P_s	低一般精神病倾向	高一般精神病倾向

资料来源：Cattell，1979，1980.

应该注意，精神质或神经质的高分并不一定等于患精神疾病。如前述，一种特质必须和特定情境交互作用，才能得到完全的表达：

> 有些人的精神质、神经质和外向性表现很像躁郁症或精神分裂患者的一般特征，但是，他们对自己的管理比较好，生活中并没有出现这些症状。也许一个人在艾森克三维空间中的位置可以被看作对他对不同类型心理疾病易感性的测量。（Eysenck & Eysenck，1985，p. 339）

十、心理治疗

卡特尔认为，在实施心理治疗之前，最好先对人格因素做准确的评价。这种评价不但能确切定义问题出在哪里，而且能帮助治疗师确定最有效的治疗方案。此外，治疗应该采用 P 方法，以便对患者在治疗中发生的变化加以评价。至于怎样治疗，卡特尔是不拘一格的。他认为，治疗方案应该根据准确的人格评价所揭示的失调类型而定。严重的精神病最好采用药物或电休克法；有些神经症可能采用梦的分析和重温创伤体验比较好；对一些不大严重的问题，采用行为疗法可能最有效（行为疗法将在下一章介绍）。

艾森克也认为，准确的人格测验会带来正确的诊断和更恰当有效的治疗。沃尔普和普洛德（Wolpe & Plaud，1997）赞赏艾森克主张的方法，即先查明外向性和神经质情况，因为这些生物因素既影响不适应行为的习得，也影响对行为治疗的反应性，例如，可以采用系统脱敏法对不适应行为进行治疗。

卡特尔在其治疗中主张不拘一格，艾森克则一贯地批评精神分析和行为疗法的支持者，他不接受缺乏经验研究支持的治疗方法。艾森克认为，治疗方法必须以被证实的心理学原理为基础，如经典条件作用和操作条件作用。对治疗的终极检验不仅要看治疗的目的，而且要看经验证据。尤其是，接受治疗的患者，其疾病改善程度必须强于未接受治疗的控制组患者，或接受安慰剂治疗的患者。

十一、当前发展："大五"

被称为"大五"的人格理论，有时也被称为"五因素模型"，在特质研究者中引起了很大兴趣。这一研究方向有很多积极的支持者（Costa & McCrae，1985；Costa & Widiger，2002；DeRaad，1998；Digman，1989，1990，1996；Goldberg，1990，1993；McCrae & Costa，1985，1987，1990，1996，1997），他们向卡特尔和艾森克的观点提出挑战，并且提供了一个取而代之的五个超级因素的理论。主张"大五"的心理学家和卡特尔、艾森克一样，也采用因素分析作为其基本的分析手段，五个超级因素中的两个因素和艾森克所查明的两个基本相同。卡特尔的研究也常常被用来支持他们的观点，即五因素比三因素或十六个因素更好。

尤其是，五个超级因素中包括神经质（N）和外向性（E），其定义方式和艾森克的很相像。其中还包括三个高阶因素，称为开放性（体验开放性，O）、亲和性（A）和尽责性（C）。（学生可以把五因素的首字母组成一个词 OCEAN，以便于记忆。）对这些因素的定义可见表 8-4。

对"大五"的研究在过去一些年很流行，其实这一取向的历史可以追溯到 100 多年前弗朗西斯·高尔顿爵士（Sir Francis Galton）的研究，这一历史后来作为**词汇学假说**（lexical hypothesis）而被人们所知（Goldberg，1981，1993）。词汇学假说的基本前提是，我们对人格所了解的一切都包含在自然语言中（即民间心理中）。这等于说，人们用来描述自己和别人时常用（有时不常用）的词语，包含着辨别人格基本维度的所有必要信息。

　　高尔顿（1884）在当时还没有因素分析统计技术的情况下，从词典中选择了用来形容人格的词语，发现其中很多词具有共同的意义。多年后，瑟斯顿（L. L. Thurstone，1934）借助因素分析的发展，采用形容词词表法，向参加实验的被试呈现一个词表，其中有 60 个描述人格的形容词。他让被试想出一个人，并说明每个形容词是否正确地描述了这个人。瑟斯顿经过因素分析，根据数据做出结论说，人类人格的复杂性可以用五个主要因素来描述。但是他没有说明这五个因素是什么。两年后，奥尔波特和奥德伯特（Allport & Odbert，1936）从大约 18 000 个形容词中挑选了 4 500 个人格描述词，卡特尔（1943）在其因素分析研究中使用了其中 35 个词。如前述，卡特尔喜欢从他的数据库里提取出尽可能多的因素，他从所考察的 35 个人格词中发现了至少 12 个因素。卡特尔不支持"大五"，也没有脱离他的 16PF 体系，他经常表示相信词汇学假说的早期版本，并坚持认为"人们认为重要的、感兴趣的和实际应用的人格的所有方面，都已经记录在语言的内容中"（Cattell，1943，p. 483）。其他研究者（Digman & Takemoto-Chock，1981；Norman，1963），尤其是图佩斯和克里斯塔尔（Tupes &

表 8-4　　　　　　　　　　　　　　　　人格的五因素模型

因素	低分特征	高分特征
神经质	平静 性情平和 自满 舒适 情绪平稳 坚定	担忧 喜怒无常 自怜 自我意识强 情绪化 脆弱
外向性	冷淡 不合群 安静 被动 严肃 无情	热情 合群 健谈 主动 风趣 多情
体验开放性	脚踏实地 缺乏创造性 墨守成规 偏好常规 缺乏好奇心 守旧	富于想象力 富于创造性 富于独创性 偏好多样化 富于好奇心 不拘一格
亲和性	无情 怀疑 吝啬 对抗 挑剔 急躁易怒	宽厚 信任 慷慨 顺从 宽容 和蔼可亲
尽责性	粗心 懒惰 缺乏条理 迟到 无目标 放弃	认真 勤勉 有条理 守时 雄心勃勃 坚忍

资料来源：Costa & McCrae，1986c.

Christal，1961）重新分析了卡特尔的变量，并得出结论：他的因素中只有五个能够重复得到。虽然名称不同，但这些因素与后来的"大五"研究中得到的因素大体相同。

对"大五"考察最多的研究者，保罗·T. 科斯塔（Paul T. Costa）和罗伯特·R. 麦克雷（Rovert R. McCrae）以他们的三因素理论参与了特质辩论。这三个因素是从人格问卷，而不是从形容词词表获得的。他们首次命名的超级因素包括神经质、外向性和开放性，他们编制的人格调查表称作 NEO-PI（神经质、外向性、开放性人格调查表；neuroticism, extroversion, openness-personality inventory）。在参加了由词汇学流派的支持者迪格曼（Digman）和高尔德伯格（Goldberg）举办的两次研讨会之后，科斯塔和麦克雷被说服，把亲和性和尽责性加入他们的模型中。他们进一步修订了原来的人格问卷，并且给"大五"中五个超级因素中的每一个列出六个方面（低序特质）。这五个因素及每个因素的六个方面见表 8-4。

"大五"是否已取代了卡特尔和艾森克？

尽管"大五"人格模型在当前很流行，但是卡特尔和艾森克这两位多产的人格理论家却拒绝接受这一模型。艾森克（1991）清楚地表达了反对这一模型的观点。艾森克认为，亲和性和尽责性只是初级特质而不是超级特质。他的结论是，"大五"的拥护者把超级因素（如神经质和外向性）与初级特质（如亲和性和尽责性）混为一谈了，这就把超级因素的数目从两个增加到四个。那么，开放性又怎样看呢？艾森克认为有两种可能性。一种是，像亲和性和尽责性一样，开放性与精神质有负相关，它其实是一种初级特质，而不是超级因素（Eysenck & Eysenck，1985）。后来，艾森克（1991）又指出，有七项研究显示，开放性与智力存在相关，因此它是一种认知能力因素，而不是气质因素。前面曾讨论过，艾森克是把能力因素排除在他对人格的分析之外的。德雷科特和克莱尼（Draycott & Kline，1995）分析了科斯塔和麦克雷的 NEO-PI 和艾森克人格问卷修订版（EPQ-R）。他们同意艾森克的早期观点，即"大五"把低级与高级因素混淆了。

对"大五"的直接攻击来自布洛克（Block，1995），他回溯了"大五"的历史，并指出，五因素的兴起，问题出在研究计划上，而不是出在实证发现上。他认为，"大五"拥护者的研究兴趣在于对五因素的确认，而不是检验相关理论。甚至科斯塔和麦克雷也指出，在明确查明开放性、亲和性和尽责性之后，"大五"并没有给当前的人格资料库增加多少东西。他们发现，这一理论包含"很少令人惊喜的东西。其基本思想，可在很多人格理论中看到"（McCrae & Costa，1996，p. 75）。所以，"大五"模型虽然受到一定程度的欢迎，但是它并没有取代艾森克的 PEN，也不能取代卡特尔的 16PF。例如，布洛克就指出，"大五"模型根本不是它所主张的东西。

> "大五"常被称为"人格的五因素模型"，并且被认为提供了对"人格结构"的理解。因为"模型"这个术语是心理学家的常用说法，它表示一个有理论基础、逻辑清楚、靠表征或模拟加以运作的框架，通过操作，试图生成感兴趣的心理现象。然而，没有可证实的假设、理论或模型指引着这个五维空间的出现，或在这个五维空间里能做出什么决定。……因为"大五"构想完全是非理论的，使用"模型"这一术语可能为时过早。（Block，1995，p. 188）

对"大五"的不满使祖克曼（Zuckerman，1991，1995）提出了一个具有生物学基础的"大五变式"，其中包括社交性（与外向性相关）、神经质 - 焦虑、冲动性感觉寻求、攻击 - 敌意以及活跃性。

尽管从直觉上，人格的复杂性需要比三个更多的超级因素，但是，要用"大五"推翻艾森克的三因素模型可能是不恰当的。实际上，像卡特尔 16 个人格因素那样的理论，对全面描述人格来说可能是必要的。这个问题还远远没有得到解决。

十二、评价

本书介绍的理论中，卡特尔和艾森克的理论是独特的，因为二人的理论都有大量的经验性支持。本章已讨论过为数众多的相关研究，下面再做一些补充。

1. 卡特尔：经验研究

卡特尔和奈塞尔洛德（Cattell & Nesselroade, 1967）曾使用 16PF 考察了婚姻稳定和婚姻不稳定两种人的人格轮廓。不稳定婚姻被定义为，一个人在婚姻中至少有一步棋走错而导致婚姻破裂。和"性格互补"的老说法不同，研究发现，稳定的婚姻以夫妻特质的相似性为特征，而不稳定的婚姻则暴露出夫妻之间特质的不相似。

卡特尔、埃贝尔和龙冈（Cattell, Eber, & Tatsuoka, 1970）使用 16PF 考察了企图自杀的男人和女人的人格轮廓。这些男人和女人的人格轮廓相似，但都明显不同于正常成人的人格轮廓。那些企图自杀的人一般更内向、更焦虑。和正常成年人群比较，他们表现出较低的有恒性。该研究还发现，飞行员和航空服务员和那些企图自杀的人具有几乎相反的人格轮廓。和一般人群相比，飞行员和航空服务员更外向，较少焦虑，表现出更强的有恒性。

预测学与决定论。像艾森克一样，卡特尔认为，一种人格理论如果不能预测行为，它就没有什么价值。在做预测时，卡特尔是个很坚定的决定论者。他相信行为是少数变量的机能，如果这些变量完全被我们所知，人的行为就能完全准确地得到预测。这种观点就属于**决定论**（determinism）。卡特尔和其他决定论者认识到，我们不可能知道影响行为的所有变量，所以行为预测永远是概率性的。认识到这一点之后，决定论者声称，我们对影响人的行为的变量知道得越多，做出的预测就越准确。在卡特尔看来，这一点也适用于人格研究领域。我们对某个人的特质了解得越多，我们就能越准确地预测其行为。

那么，对卡特尔来说，人格是什么呢？人格就是能对人的行为做出准确预测的东西：

> 人格就是能够预测一个人在给定情境中将会做什么的东西。因此，人格心理学研究的目的是探索不同的人在各种社会环境和一般环境中如何行动的规律。……人格研究所关心的，是个体的全部行为，包括外显行为和内心世界。（1950, pp. 2-3）

2. 艾森克：经验研究

50 多年的实验研究和相关研究提供的庞大数据库，支持了艾森克关于外向性的观点，同时在较小程度上支持了他的神经质和精神质概念。研究范围从比较简单的对基本人格类型行为的直接确定，到非常复杂的借助 ARAS-VB 唤醒模型对脑机能的探索。

社交行为。男性和女性外向者在青年期的性交频率都比内向者高，他们更可能有多个性伴侣，他们也更可能卷入不同类型的性活动（Eysenck, 1976; Giese & Schmidt, 1968）。相形之下，内向者在青少年期和成年期倾向于表现出学习成绩方面的优势。在西方和非西方文化中都发现了这一结果（Furneaux, 1957; Kline, 1966; Lynn, 1959）。艾森克（1967, 1977）还报告，外向性得分高的人、神经质得分高的人和精神质得分高的人都更可能卷入犯罪活动。

知觉现象。根据艾森克的研究，内向者的基线唤醒水平较高。他们对高水平的环境刺激更敏感。艾略特（Elliott, 1971）以及路德维格和哈普（Ludvigh & Happ, 1974）让实验参加者把听到的声音调到足以使他们感到不舒服的水平。在两项实验中，外向者都把声音调到比内向者更高的水平。外向者忍受疼痛的阈限值也比内向者高。在实验中，他们能忍受更强的电击，也能在较长时间地忍受低温带来的疼痛后，才请实验者中止这种疼痛刺激（Bartol & Costello, 1976; Shiomi, 1978）。

条件作用。眨眼条件作用常用于证明人的经典条件作用。艾森克（1965）以及琼斯、艾森克、马丁和利维（Jones, Eysenck, Martin, & Levey, 1981）发现，一般来说，内向者的眨眼反应比外向者更快。艾森克和利维（Eysenck & Levey, 1972）检验了参与经典条件作用实验的变量，发现，内向者在部分强化条件下占据优势，在从弱到中度偏强的 USs 以及短 CS-US 间隔情况下，正像预测的那样，他们具有较高的皮层唤醒。反之，外向者在连续强化并伴随较强的 USs 和长 CS-US 间隔的情况下，能更快地学会做出条件反应。上述表示经典条件作用成分的符号的定义，可见本书边码第 264 页。

如果内向者因较高水平的皮层唤醒而在条件作用中占据优势，那么可增强皮层唤醒水平的药物也应该能增强条件作用。这一现象已借助在经典条件作用之前服用一种兴奋剂（右旋安非他命硫酸盐）得到证明（Franks & Trouton, 1958）。同样如同预期，可降低唤醒水平的镇静类药物能抑制经典条件作用（Franks & Laverty, 1955; Franks & Trouton, 1958; Willet, 1960）。还有类似研究发现，服用兴奋剂可以增强条件作用，抑制剂则可以减弱之（Gupta, 1973）。

药物影响。检验唤醒模型的另一种方法称为镇静阈限法。这种方法是给患者提供镇静药物，直到患者的行为达到预定的镇静标准。实验中的因变量是导致这种行为所需的最小药量。比如，我们可以确定导致说话含混不清所需的最小药量为因变量，然后把内向者和外向者的最小药量加以比较。根据艾森克的唤醒理论，内向者具有较高的基线唤醒水平，他们需要较多的镇静药物才能进入这种昏昏欲睡状态。这种预测借助巴比妥类药物得到证明（Krishnamoorti & Shagass, 1963; Laverty, 1958; Shagass & Jones, 1958）。另一些研究也证明，高神经质和低外向性的人（内向者）比其他人需要更多的镇静药物才能达到同样的镇静效果（Claridge, Donald, & Birchall, 1981; Claridge & Ross, 1973）。

电生理学测量。有多项研究采用脑电图仪或事件相关电位法，比较了内向者和外向者之间的差异。这种方法可以用一种特殊的"靶"刺激引发累积的平均脑电图数据。艾森克综述了这些累积的证据（Eysenck, 1990a; Eysenck & Eysenck, 1985），他的结论是，根据脑电波记录，在多数情况下，尤其是在中度唤醒的测量条件下，内向者比外向者显示出更高的唤醒水平（Gale, 1973, 1983）。斯特尔马克、阿乔恩和米肖（Stelmack, Achorn, & Michaud, 1977）的研究发现，内向者比外向者显示出更强的事件相关电位（ERPs），但是从简单的 ERP 实验中获得的数据并不一致。一些研究者证明了在厌倦行为上，内向者和外向者之间的差异。布洛克、塔舍和比杜塞尔（Brocke, Tasche, & Beauducel, 1996）让被试听 1 200 种声音，其中 234 种是用来引发事件相关电位的靶声音。研究者预期，外向者会对这种冗长乏味的任务失去兴趣。果然，他们比内向者显示出更小的事件相关电位。同样，林丁、祖龙和迪亚兹（Lindin, Zurron, & Diaz, 2007）请被试听 500 种声音，其中 100 种是靶声音。研究者未发现内向者和外向者之间的初始差异，但是，随着实验的进行，外向者的事件相关电位逐渐减小，而内向者没有这种变化。虽然对电生理学证据有不同意见，但是对条件作用、药物效用以及许多没有在这里讨论的其他现象的研究都揭示了外向者和内向者之间的根本差异，那些把人格差异主要归因于社会化的理论很难对这些差异做出解释。

对艾森克的主要研究工作的批判性审视，可参见 Mogdil & Mogdil, 1986。

3. 批评

过于主观。尽管卡特尔和艾森克的理论在科学上显得非常严格，但仍有一些评论家认为，他们的理论过于主观。批评者指出，主观性的一个根源是，在开始时决定要研究人的什么。从因素分析可以得到什么，完全取决于分析的东西是什么。主观性还涉及哪些证据会被因素分析接受。也就是说，多少个变量必须是相关的，相关程度必须达到多少？最后，需要确定多少个因素才能对数据做出解释？探索人格的因素分析方法的主观性还从以下事实中反映出来：卡特尔的很多研究结果，其他研究者都不能重复。例如，迪格曼和塔克莫托 - 乔克（Digman & Takemote-Chock, 1981）发现，其他研究者并不能发现卡特尔的一些因素或根源特质。前面已讲过，多少个因素才能最好地描述人格，在这一问题上，意见还不统一。

行为不像因素理论说的那样稳定。虽然卡特尔和艾森克没有忽略特定环境对行为的影响，但他们始终假定，行为具有相当大的跨情境稳定性。批评者声称，这样的稳定性并不存在（例如，参见Mischel，1968；Mischel & Peake，1982）。人们发现，行为至少在中等程度上不具有跨时间、跨情境的一致性，奥尔波特、卡特尔和艾森克的理论都受到这种批评。

过分强调群体和平均水平。卡特尔创立了P方法以试图向奥尔波特让步，但奥尔波特却不满意卡特尔探索特质的初始方法。奥尔波特的批评也把艾森克包括在内，他指出，卡特尔的方法获得的只是平均水平的特质，而不是人们实际具有的：

> 把一个完整的群体（越大越好）放入研磨机，混合得如此巧妙，得到的东西与各因素都有联系，但是每个个体却失去了其独特性。他的心理特性与所有人的心理特性被混为一谈。所以，得出的因素所代表的只是平均倾向。一个因素是否确实是其中一个人身上的独特特性，是无法被证明的。所有人都能肯定地说，一个因素就是用经验方法获得的平均水平的人格成分，但是平均水平的人格完全是抽象概念。当人们思考，不用这种方法获得因素，而采用临床法对个体进行深入研究时得到的那些心理特性和特质时，这种缺陷就暴露无遗。（1937，p. 244）

奥尔波特在另一篇文章中指出，凭借因素分析得到的特质"很像填入香肠的肉末，无法通过纯净食品和卫生检查"（1958b，p. 251）。奥尔波特的观点只有在人们考察特质或超级因素如何被查明时才是合理的。这类研究大多针对人数众多的群体，考察其平均水平。但是，当16个人格特质或三个超级因素被分离出来后，它们就被用于理解单个人的行为并对其行为做出预测。说卡特尔和艾森克只对群体及其平均水平感兴趣，是不正确的。

具体化。当口头词语指代的东西在物理世界确实存在时，具体化就发生了。第7章曾经讲过，奥尔波特认为，特质是决定行为的真实心理结构。卡特尔和艾森克也认为，根源特质和超级因素是实际存在的。如果特质被看作由于科学的权宜之计而假设的实用的虚构物，那是没有问题的。但是，很少有证据表明，根源特质和超级因素是物质存在物。

4. 贡献

卡特尔和艾森克因为在人格领域付出的首创性科学努力而成为该领域的显赫人物，过去，这一领域充斥着形形色色的推测和无法证实、近乎神话的观念。由于在人格研究中采用的科学方法论往往被认为是卡特尔和艾森克的最突出贡献，所以下面我们将详细阐述他们的科学取向。

卡特尔：超越主义。卡特尔在一生的职业生涯中都把科学严谨性与对人类处境的同情心结合起来。这一双重兴趣体现在卡特尔的著作《来自科学的新道德：超越主义》（1972）和《超越主义：来自科学的宗教》（1987）中。卡特尔（1987）给超越主义这样下定义：

> 什么是超越主义？简言之，它是在科学知识和研究基础上，借助科学方法所进行的客观研究来寻找并澄清道德目标的一个体系。它不否认情感的丰富性，但是它寻找最深刻、最诚挚的情感满足与忠诚，以及神话和幻想带来的无助和背叛。它相信，艰难困苦和诚实的思想带给我们力量、光芒、温暖、前进的脚步、借助物理科学而实现的遍布全球的瞬间通信，以及借助医学而实现的健康长寿，它使我们确定自己的价值观，给社会带来真正的进步，给我们的心灵带来安宁，它表现在我们个人的、国家的和国际的行为中。（p. 1）

超越主义赋予进化原理，如适者生存和自然选择以很高的价值（参见第12章）。对卡特尔来说，生物进化与文化进化之间的关系极其重要。生物进化的产物（即人）创造了文化，它反过来又影响了生物进化。最佳的环境产生于生物进化与文化进化相互融合的情况下。例如，一种道德体系有助于生物学生存和进步时，它就是最好的。传统道德体系是建立在"揭示"知识、建立信念基础上的。相形之下，超越主义的宗教建立在科学事实基础上，对其有效性可以进行客观评价：

252

> 如果运气好的话，不久以后我们将看到，天启宗教会从那些较先进的国家中消失，大教堂将变成过往精神的标志。……两千年前充斥着迷信的黑夜将逐渐被以科学为基础的进化的宗教取代。这是这样一种新建构的生活，信仰超越主义的人们必然把注意力专注于他们自己身上。（Cattell，1987，p. 256）

无须讳言，卡特尔用科学客观性取代传统宗教道德基础的观点是他成为争论焦点的另一个原因。

艾森克：向神话心理学告别。由于科学研究中假设演绎法的优势，艾森克尝试在自然科学传统中建立一种可验证的心理学理论。他向一些心理学家提出挑战，建议他们把自己的理论置于同样的监视之下。他对很多理论，包括本书中介绍的一些理论，采取不接纳态度。原因是，它们在科学上有缺陷：

> 作为一个例子，我会把弗洛伊德、阿德勒、荣格、宾斯万格、霍妮、沙利文、弗洛姆、埃里克森和马斯洛的理论归为难以接受的理论。他们的失败，从本质上说，在于他们所做的大部分工作难以生成可检验的推理，也在于他们所做的大多数推理是虚构的，还在于它们没有包括过去 50 年来所做的所有实验性和经验性的研究。从历史角度，这些理论家曾经拥有一些影响，但是他们的理论和他们所做的研究不符合自然科学传统，他们也没有对反面批评意见做出反应或做出经验性的反驳。（Eysenck，1991，p. 774）

那么，这些理论为什么会广泛流传呢？艾森克认为，这些理论之所以受欢迎，主要是因为普通人存在一种畏难倾向。在很多时候，相对乏味的科学真理被非科学的精彩故事取代了。

> 当然，对于多数人，不管他们怎么说，实际上他们根本不喜欢对人的本性和人格的科学解释——其实这是他们真正想得到的最后的东西。因此，他们非常喜欢伟大的讲故事者弗洛伊德，或伟大的神话创造者荣格，而卡特尔或吉尔福特那些人，则希望人们学习矩阵代数，探索神经系统的生理学机制，脚踏实地地做实验，而不是依赖奇闻逸事、充斥着性情节的个案记录，以及机智独创的猜测。毕竟茶余饭后谈论俄狄浦斯情结和阴茎嫉妒不费吹灰之力，可是要谈论非格拉姆矩阵或网状结构就没那么容易了！（Eysenck，1972，p. 24）

法利（Farley，2000）认为，艾森克把严格的硬科学输入人格的"软"领域的努力是真正非同凡响的："他对人格的基本的、无处不在的与可靠的维度的辨别和测量使他成为最成功的心理学家之一。"（p. 674）

应用价值。卡特尔和艾森克编制的人格测验已经应用于临床诊断、人事选拔、职业咨询、婚姻咨询，而且用来预测事故倾向、患心脏病的概率、癌症的康复率以及学习成绩。例如，卡特尔的人格评价工具的各个版本已被译成十多种语言，并广泛用于科学研究和实际应用中。

253

▼ 小　结

卡特尔和艾森克以尽可能多的方式对大样本人群进行测量，开始了对人格的研究。这些测量后来因交互相关而产生了一种相关矩阵。测量结果为中度或高度相关的，被认为是对相同属性的测量。这种方法称为因素分析，查出的属性称为因素或特质。卡特尔的理论强调借助因素分析查明的根源特质。艾森克的理论强调从根源特质之间交互相关得出的高序特质，他称之为超级特质或类型。

卡特尔描述了一些类型不同的特质，其中最重要的差别在表面特质与根源特质之间。表面特质是实际测量出来并表现在一些类型的外显行为中的特质，根源特质是导致外显行为的潜在特质。有些根源特质是由遗传决定的，称为体质特质。另一些根源特质是因文化影响形成的，称为环境养成特质。卡特尔还把能力、气质和动力特质加以区分。最重要的能力特质是智力，卡特尔把智力分为两种类型。流体智力即一般的问题解决能力，被认为主要由遗传决定。晶体智力是在学校学到的累积知识，是凭借经验获得的。虽然晶体智力是通过经验而获得，但人有效地运用这些信息的能力同样主要由遗传决定。气质特质是体质性的，并决定着一个人的情绪特征和行为风格。动力特质决定着一个人的动机特征。卡特尔把动力特质分为两类：内能和元内能。内能基本等同于本能、生物需要或原始驱力。元内能是习得的驱力，它分为情操和态度。情操是以一定方式对各种客体或事件做出行动的倾向，态度是对具体对象或事件做出的特定反应。由于内能处于人的各种动机模式的核心，情操被认为隶属于内能。同时，因为态度取决于情操，因此态度被认为是归附于情操的。卡特尔用一个称为动力格的图形显示了内能、情操和态度之间的关系。人不可避免地采取间接途径满足其内能张力的事实被称为长回路。

艾森克也认为智力大部分是由遗传决定的，但是他的人格理论的焦点是气质。在艾森克给气质下的定义里，并不包括智力和能力。他认为特质是遗传影响的产物，而不是学习的结果。同时，特质是分层次的。艾森克划分出三种超级因素，它们足以对人格做出描述而且都具有生物基础。第一个超级因素是外向性（对内向性），外向性的不同水平源于大脑皮层的不同唤醒水平。高外向性的人，其皮层唤醒水平低；高内向性的人，皮层唤醒水平高。第二个超级因素是神经质（对稳定性），高水平的神经质源于自主神经系统的高活动水平。第三个超级因素是精神质，它可以解释严重的精神失调，其生物基础至今仍然未查明。

为了解释人格的发展，卡特尔提出三种学习类型的假说：经典条件作用、工具性条件作用和结构学习。第三种是最重要的学习类型，因为它包含人的完整人格的变化。卡特尔揭示了不同的早期家庭环境与不同人格特质之间的关系。他还发现了支持阿德勒出生次序和家庭规模对人格发展有显著影响观点的证据。卡特尔采用多元抽象变异数分析（MAVA）来确定遗传与环境对各种特质发展的相对贡献。他发现，一些特质具有很强的遗传成分（如智力），一些则不包含遗传成分（如有恒性）。卡特尔把人格中的大约三分之一归于遗传，三分之二归于环境影响。艾森克强调特质与类型的遗传基础，而不看重理论对发展问题的重要性。但是他也指出特质和类型所处的环境总会影响它们如何做出表达。

卡特尔认为，心理疾病既可能来源于正常根源特质的异常形态，也可能来源于12种异常特质中的一种或几种。艾森克把心理疾病仅仅归因于反映整体人格的三种超级特质的异常高水平。他认为独立的异常特质并不存在。

卡特尔和艾森克都认为，特质分析应该走在心理治疗的前面，因为这种分析有助于对问题做出准确诊断，并提出最有效的治疗方法。特质评价应该贯穿于整个治疗过程中，以确定治疗对患者的整体人格有何影响。卡特尔对心理治疗持折中态度，而艾森克只提倡行为疗法之类的方法，这些方法要么来自得到经验性证明的心理学原理，要么已被证明是有效的。两人的理论都受到批评，因为他们的理论含有大量主观成分，他们假设的人的行为多于人的实际行为，他们过于关注群体和群体平均水平，忽视独特个体，以及根源特质所具有的实际物理存在意义。

两人的理论也都受到赞赏，因为他们提供了以科学的严谨性进行的人格研究，之前这一领域一直缺乏这种严谨性。此外，他们提供了可用于各领域的测量工具，这些领域包括临床诊断、职业与婚姻咨询，以及人事选拔。

▼ 经验性练习

1. 根据表8-2的内容，用16PF问卷对你自己进行测试。假定每种因素的得分最高为10分，最低为 1 分，5 分表示你处于该因素的中等位置。也就是说，你在每种因素上的得分可能在 1～10 之间。然后，照图 8-3 的样子，创建你自己的人格轮廓。卡特尔发现，至少在已婚夫妻中，两个人的人格轮廓越相似，他们的关系就越好。找一个和你亲近的人也来做做 16PF 问卷，画出他的人格轮廓。把你的和他的做个比较。你能得出什么结论？

2. 看看图 8-5 中每个超级因素包含的特质。想一想你有没有这些特质。用这种全或无法，确定你自己在精神质、外向性和神经质之下分别具有哪些特质。你是否在一种特殊类型之下拥有许多特质，从而足以把你的人格划分为"高精神质型""高外向型"或"高神经质型"？

3. 从卡特尔和艾森克中选出一人，他会对你的行为做出什么预测。假定你对自己和你所处情境了解越多，你对自己在该情境中的行为的预测就越准确。想出你在短时间里处在其中的一个情境（如一个社交事件、一次重要考试、回家看亲戚），列出你需要了解的有关你和该情境的各种信息，并且尽量准确地预测你的行为。要做这个练习，你需要用到在练习一（作为卡特尔）或练习二（作为艾森克）中学到的关于你自己的一些知识。在预测你的行为问题上，你的结论如何？

▼ 讨论题

1. 说说因素分析法怎样用于人格研究。
2. 对艾森克关于一般规律研究和特殊规律研究的观点做一个概括。
3. 艾森克认为智力与人格之间有何差异？为什么说他的人格理论就是气质理论？

▼ 术语表

Ability trait（能力特质） 决定一个人为达到预期目标所做的工作是否有效的特质。智力就是这种特质。

Arousal theory（唤醒理论） 一种一般理论，假定行为部分是大脑皮层或 / 和其他脑结构的唤醒（兴奋）和非唤醒（抑制）状态的机能。

Ascending reticular activating system，ARAS（上行网状激活系统） 脑干的网状结构，掌管大脑皮层的唤醒和抑制。

Attitude（态度） 在特定情境中，以一定方式对特定的对象或事件做出反应的习得性倾向。

Beyondism（超越主义） 卡特尔主张，科学事实可用于创建道德体系而不是宗教幻觉或哲学猜想。

Classical conditioning（经典条件作用） 一种学习类型。在这种学习类型中，本来没有引发反应的刺激引发了反应。卡特尔认为，对人、对物、对事件的很多情绪反应是通过经典条件作用习得的。

Cluster analysis（聚类分析） 为查明因素对相关矩阵所做的系统考察。

Constitutional trait（体质特质） 由遗传决定的特质。

Correlation（相关） 两个变量以有规律方式同时发生变化。

Correlation coefficient（相关系数） 表明两个变量之间相关程度的数学量数，其数值在 1 和 -1 之间，1 表示完全正相关，-1 表示完全负相关。

Correlation matrix（相关矩阵） 来自很多交互相关的信息源的多个相关系数的矩形排列。

Crystallized intelligence（晶体智力） 智力的一种类型，来自正规教育或日常经验，是很多智力测验所要测量的智力类型。

Culture Free Intelligence Test（免除文化影响的智力测验） 卡特尔编制的用于测量流体智力而非晶体智力的测验。

Determinism（决定论） 认为行为是少数变量的机能，如能完全了解这些变量，就能对行为做出准确预测。

Dynamic lattice（动力格） 显示内能、情操和态度之间关系的格形图。

Dynamic trait（动力特质） 使人为达到目标而努力的动机特质。卡特尔认为这样的特质有两种：内能和元内能。

Dysthymic（精神抑郁者） 艾森克理论中患有严重失调，即内向型神经症的人，其症状包括焦虑、敏感、易疲劳和精疲力竭。

Environmental-mold trait（环境养成特质） 由经验而不是遗传决定的特质。

Erg（内能） 为所有行为提供能量的体质性动力根源特质。它与其他理论所说的原始驱力很相似。饥和渴就是内能的例子。

Ergic tension（内能张力） 随着内能紧张度变化而变化的张力。

Extroversion（外向性） 艾森克理论中的超级因素或类型，包括善交际、活跃、自信和感觉寻求等特质。

Factor（因素） 影响持久行为的能力或特征。在卡特尔理论体系中，因素也被称为特质。

Factor analysis（因素分析） 卡特尔和艾森克用于发现和考察人格特质的基于相关概念的复杂统计方法。

Fluid intelligence（流体智力） 主要由遗传决定的一般的问题解决能力。

Heritability（遗传力） 和环境影响相比，遗传因素在一种特质中所能解释的方差比例。

Hypothetico-deductive reasoning（假设演绎推理） 也称假设演绎研究，艾森克研究中提倡的提出假设并指导数据收集的方法。

Hysteric（癔症者） 艾森克理论中具有严重失调的外向者，其症状包括诸如非神经性麻痹或失明等癔症性转化。

Inductive reasoning（归纳推理） 也称归纳研究。卡特尔常用的先收集数据，再产生假设的方法。

Instrumental conditioning（工具性条件作用） 以获得奖励或移除厌恶刺激为目的学习。

L-data（L-资料） 有关人的日常生活的信息。L 表示生活（life）记录。

Lexical hypothesis（词汇学假设） 认为有关人格的所有重要信息都显露在日常语言中的思想。

Long-circuiting（长回路） 内能的间接满足。例如，一个男人为了得到一个能满足其性欲望的女人而培养自己的审美能力。

Metaerg（元内能） 由环境塑造的动力特质，与其他理论所称的次级特质或习得性驱力相似。亦见 Attitude（态度）和 Sentiment（情操）。

Negative correlation（负相关） 当一个变量的值增大时，另一个变量值减小，反之亦然。

Neuroticism（神经质） 艾森克理论中的超级因素或类型，包括焦虑、抑郁、内疚、低自尊、害羞等特质。

Personality sphere（人格球体） 根源特质的小宇宙，用它可以把所有人加以比较。这个小宇宙中根源特质的数量尚未确定。

257 **Positive correlation（正相关）** 当一个变量的值增大时，另一个变量减小，反之亦然。

Psychoticism（精神质） 艾森克理论中的超级因素或类型，包括好斗、自我中心、冲动和富于创造性等特质。

P-technique（P-方法） 因素分析的一种类型，考察一个人的特质如何随时间而变化。

Q-data（Q-资料） 让人们填写问卷、对自己的各种特征进行评价，由此获得的资料。Q 为问卷（questionnaire）之意。

R-technique（R- 方法） 因素分析的一种类型，考察很多人的多种特征。

Self-sentiment（自我情操） 把追求生活目标作为自我关注的先决条件。

Sentiment（情操） 以一定方式对客体和事件做出反应的习得性倾向。一种情操就是一种元内能。

Source traits（根源特质） 组成人的人格结构并导致相应行为的特质。根源特质与表面特质之间有因果关系。

Structured learning（结构学习） 导致人格结构重组的学习类型。卡特尔认为，它是最重要的学习类型。

Subsidiation（辅助律） 情操依赖于内能，态度依赖于情操。

Superfactor（超级因素） 也称类型。艾森克理论中的高级因素，它包含或可以解释一些相关的低级因素。

Surface traits（表面特质） 根源特质的外部表现，是人身上可以直接观察和测量的特征。

Syntality（群体性） 对一个群体或国家所具有的特质的描述。

T-data（T- 资料） 对一个人进行客观测验所获得的资料。T 表示测验（test）。

Temperament（气质） 描述行为的情绪、动机和认知等各方面的混合因素，但不包括智力和能力。

Temperament trait（气质特质） 决定人的情绪特征和行为风格的体质性根源特质。

Trait（特质） 指一组交互关联的外显行为（表面特质），或这些相互关联行为的深层决定因素（根源特质）。表面特质的主要作用是提供有关根源特质的信息。

Type（类型） 见 Superfactor（超级因素）。

Visceral brain，VB（内脏脑） 艾森克的术语，指边缘系统，即掌管自主神经系统的皮层下系统。

第五篇

学习范型

B. F. 斯金纳

本章内容

具有讽刺意味的是，虽然 B. F. 斯金纳既否认人格概念，又拒绝把人格理论当作研究手段，但是他的观点却在一本人格理论教科书（指本书）中受到重视。说到人格问题，斯金纳写道：

> 我不认为我的一生表现出弗洛伊德的人格类型，也没出现过荣格的原型，或埃里克森所说的发展时间表。没有什么永远不变的东西，但是可以在环境中而不是在性格特质中去追踪它们。它们在我的生活中变成我生命的一部分，它们不是从一开始就确定了路线的。（1983，p. 401）

259
就像这段引文里所说的，斯金纳拒绝本书中所讲的很多人格理论的核心思想。他坚持心理学中著名的**激进行为主义**（radical behaviorism）立场，我们会简要介绍这一观点。最重要的是，其他理论中提出的很多概念，如意识、无意识、焦虑，甚至"自我"——无论真实自我还是理想自我——他一概不承认。

一、生平

伯勒斯·弗雷德里克·斯金纳（Burrhus Frederic Skinner），1904 年 3 月 20 日生于宾夕法尼亚州萨斯奎哈纳。他是父亲威廉·亚瑟·斯金纳（William Arthur Skinner）和母亲格蕾丝·马奇·斯金纳（Grace Madge Skinner）的头生儿。二儿子爱德华·詹姆斯（Edward James）在两年半后出生，但是在斯金纳上大学一年级的时候，因脑动脉瘤突然死亡。斯金纳把他的母亲视为家里占支配地位的成员，他常回忆说，母亲为了生他差点死去（Skinner，1976，p. 23）。基督教长老会是斯金纳童年生活的主题。他去上《圣经》课，接受了很多传统宗教信仰。但是到了青少年期，他放弃了宗教信仰，从此再也没回头。斯金纳的父亲是个律师，他希望儿子继承父业，但未能如愿。

斯金纳的家教严格，但他只受过一次体罚：

> 我从未挨过父亲的打，母亲也只打过我一次。她用肥皂和水清洗我的嘴，因为我说了一个脏字。我的父亲一有机会就警告我，如果我有犯罪之心，等待我的将是惩罚。有一次，他把我领到县监狱门前，还有一次，是我放暑假的时候，他带我去听一次讲演，讲演中放了好多反映纽约州新新监狱生活的彩色幻灯片。从那以后，我很害怕警察，还多次买票参加他们的年度舞会。（1967，pp. 390-391）

也许是这种非同寻常的很少挨打的经历，使斯金纳在后来的理论中强调对行为的正面控制而不是负面控制（即通过惩罚来控制）。斯金纳广为人知的创建实验装置的才能在他童年时期就显露出来：

> 我时不时地制造一些东西。我做过滑旱冰的滑板车、可操纵的小推车、雪橇，以及可以在小水塘里滑行的皮筏。我做过跷跷板、旋转木马和幻灯片。我做过弹弓、弓箭、气枪，用竹子做水枪，将废水壶充满热气，把土豆和胡萝卜喷射到邻居家的房子上。……我花了几年时间设计了一个永动机（但是不能用）。（1967，p. 388）

上中学的时候，斯金纳曾经靠吹萨克斯管，在一个爵士乐队和一个管弦乐团挣钱。中学毕业后，斯金纳的家搬到宾夕法尼亚斯克兰顿。之后不久，斯金纳就考入汉密尔顿学院，这是纽约州克林顿的一所小型文科学校。斯金纳认为，他从未适应过大学生活，因为他体育成绩糟糕，还"任人摆布"地参加每天做礼拜这样无足轻重的活动。他在学校小报上发表了激烈批评学校和管理制度的文章，还要
260
小计谋把校园弄得一团糟。例如，他发布假消息说查理·卓别林要来讲演，结果把校园和当地火车站弄得拥挤不堪。校长警告斯金纳不要再搞恶作剧，否则就不能毕业。1926 年，斯金纳以优等生从该校

毕业并获得英语文学学士学位。有趣的是，斯金纳在大学本科期间从未学过一门心理学课。

斯金纳抱着成为作家的热切期望离开了大学，这种期望从美国著名诗人罗伯特·弗罗斯特（Robert Frost）对斯金纳写的三篇短篇小说的评论中可见几分端倪。斯金纳的第一次尝试是在他父母的阁楼上完成的，但这次尝试失败了。第二次尝试是在纽约市的格林威治村进行的，还是不成功。斯金纳把大学毕业后这段时间称为他的"黑暗年代"。他非常沮丧，不得不去看精神病医生。他的父亲认为，干这一行当，无异于浪费时间和金钱，于是他放弃了这一想法（Skinner，1976，p. 278）。经过两年的尝试，斯金纳得出结论，他"写不出什么重要东西"，于是放弃了当作家的想法。来年夏天他是在欧洲度过的。

在格林威治村生活时，斯金纳读了巴甫洛夫、伯特兰·罗素和华生的著作，这对他产生了很大影响。1928 年从欧洲回来以后，他考取了哈佛大学心理学研究生。据埃尔姆斯（Elms，1981）回忆，进入研究生院彻底解决了斯金纳从大学毕业后经历的同一性危机。在哈佛大学，斯金纳以极大的热情投入学习中。

> 我 6 点起床，学习到吃早饭，然后去上课，去实验室和图书馆。一天当中，不在日程计划内的时间不超过 15 分钟，一直学习到晚上 9 点才睡觉。我不看电影或话剧，很少去听音乐会，几乎不跟人约会，除了心理学和生理学，别的任何书都不看。（1967，p. 398）

这种高度的自律性成为斯金纳持续一生的习惯。

斯金纳用两年时间拿到硕士学位（1930），三年拿到博士学位（1931），之后五年留在哈佛做博士后研究。1936 年，他在明尼苏达大学开始了他的教学生涯，并在那里工作到 1945 年。在此期间，他广为人知的著作《有机体的行为》（1938）奠定了他成为美国国内著名实验心理学家的地位。有意思的是，《有机体的行为》这本书虽然帮助斯金纳建立起实验心理学家的生涯，但是却很少得到承认。该书第一次印刷只有 800 本，在四年中只卖出 80 本（Wiener，1996，p. ix）。

来到明尼苏达不久，斯金纳和毕业于芝加哥大学英语专业的伊文妮（伊芙）·布鲁（Yvonne Blue）结婚。这门婚姻虽然来得如疾风暴雨，不合习俗（Wiener，1996，p. 58），但是两人却白头到老，直到生命终结。斯金纳夫妇生了两个女儿：1938 年出生的朱莉（Julie）和 1944 年出生的黛博拉（Deborah，黛比）。

1945 年，斯金纳来到印第安纳大学，任心理系主任，他在那里工作到 1948 年，之后回到哈佛大学。1974 年，斯金纳成为哈佛大学的退休教授，并继续留在哈佛，直到 1990 年逝世。

斯金纳是个高产作家。1948 年，他出版了《桃源二村》，该书描写了一个符合他的学习原理的社会。1953 年出版《科学与人类行为》，这也许是对他理论的最全面阐述。《言语行为》于 1957 年出版，同一年还（与查尔斯·B. 弗斯特［Charles B.Ferster］合作）出版了《强化程式》。1971 年，他撰写了《超越自由与尊严》，这本书得到了来自各方的反应，包括美国副总统斯皮罗·T. 阿戈纽（Spiro T. Agnew）极为负面的评价。和刚开始《有机体的行为》（1938）的命运截然不同，《桃源二村》售出 300 万册，《超越自由与尊严》则在长达 20 周的时间里进入《纽约时报》的畅销书名单（Wiener，1996）。

斯金纳曾经感到困扰，因为他的观点被很多人（包括很多心理学家）误解，所以他又写了另一本书《论行为主义》（1974），来澄清他的观点。

斯金纳先撰写了他的简短自传（1967），以后又分三次撰写了详细自传，包括《我一生的详情：自传第一部》（1976）、《一个行为主义者的成形：自传第二部》（1979）、《导致结果的原因：自传第三部》（1983）。

斯金纳获得的诸多荣誉中，有他的母校汉密尔顿学院颁发的荣誉科学博士，以及来自美国和世界各主要大学和学院的荣誉博士；1958 年获美国心理学会的杰出贡献奖，1972 年获该学会颁发的金质奖章；1968 年因杰出科学成就获得美国国家科学奖。1990 年 8 月 10 日，美国心理学会史无前例地授予斯金纳心理学终身贡献奖。8 天后的 8 月 18 日，斯金纳因白血病逝世，享年 86 岁。

二、斯金纳与人格理论

行为主义流派的创始人华生（J. B. Watson，1878—1958）宣称，心理学如果想成为真正的科学，就需要一个能进行可靠而客观研究的对象。华生所说的这个对象，就是人的行为，而且他坚持认为，对意识的研究要完全抛弃。华生认为，把人类和动物人为地隔绝开来是不对的。他说，人和动物的行为都能根据相同的原理加以管理。

华生声称，除了一些与生俱来的情绪，行为方式都是通过经验而习得的。所以，如果你能控制一个人的经验，你就能创造出你想要的任何类型的人。表达华生观点的下面一段话是一个心理学家说出的最著名（或最声名狼藉）的宣言：

> 给我十几个健康、发育良好的婴儿，从我指定的地方把他们找来，我保证，从中任选一个加以训练，他都能成为我所选的一类专家——医生、律师、艺术家、商人和首领，没错，还能变成乞丐和盗贼，无论他的天资、嗜好、倾向、能力、天命和种族。（1926，p. 10）

约翰·布罗德斯·华生（John Broadus Watson）。

华生的行为主义观点被认为是相当激进的（如上述言论），但随后的另一些行为主义观点则比较温和。就是说，行为主义的后来几种形式更愿意考察行为内部甚至是认知方面的变量。下一章将要讲到的多拉德和米勒，就属于这类较温和的行为主义者。但是，斯金纳和华生一样，也是一位激进的行为主义者。斯金纳甚至拒绝人格这个术语，因为它表示行为的内因：

> 人们常说，行为科学研究人类的集体，却忽视了人或自我。被忽略的东西是泛灵论的残余，是一种教条，它幼稚地认为，身体是凭借一种或多种内在精神而移动的。如果行为是破坏性的，那么导致行为的精神大概就是魔鬼；如果行为是创造性的，这种精神就是天才导师或冥想家。当我们说起人格时，说到自我心理学中的自我时，说到那个知道他正在做什么并且用他的身体做那件事的我时，说到一个人在一部戏里穿上戏装扮演一个角色时，这一教条就栩栩如生地存在着。（1974，p. 167）

奥尔森和赫根汉（Olson & Hergenhahn，2009）发现，斯金纳不但拒绝考虑行为的内因，而且还认为，所有理论的发展都是在"浪费时间"（p. 105）。斯金纳甚至不认为理论对于指导研究来说是重要的：

> 从理论出发进行研究设计也是在浪费时间。一个生成研究的理论，除非研究是有价值的，否则不能证明其价值。很多来自理论的无用的实验结果，致使人们花费了大量精力。多数理论最后被推翻了，与这些研究有关的大部分结果也被抛弃。如果一项创造性研究真的需要一个理论，这一点就能得到证明——当然，有些人经常这样说。他们争辩说，没有理论指导，研究就是无目的、无条理的。这种观点得到一些心理学教科书的支持，这些教科书从逻辑学家那里，而不是从经验科学那里得到启发。它们说思维必须包括假设、演绎、实验检验和确证等阶段，但很多科学家的

实际研究方式并非如此。因为其他理由而设计一项重要实验是可能的，检验这种可能性的方法是，这样的研究带来了更为直接的信息，即科学往往是累积而来的。（1950，pp. 194-195）

斯金纳的整个职业生涯都主张只关注环境与外显行为之间关系的那种心理学。由于这一原因，斯金纳的方法以"空有机体"法为特征。斯金纳相信，借助于对可测量的环境事件与可测量的行为之间进行**机能分析**（functional analysis），同时排除干预活动，那就没有什么信息会丢失。他指出，所有问题都存在于可回避的对意识的研究中：

> 精神作用问题可以通过直接考察身体原因，同时绕开中介的情感或心理状态而加以回避。这样做的最快捷途径是把自己限制在一位早期行为主义者马克斯·梅耶（Max Meyer）所说的"另一人的心理学"之中：只关心一个人可被客观观察的行为及其与早期环境经历的关系。如果所有的联系都有规律可循，那么，即使忽略那些假定的非身体的联系，也不会丢失任何东西。（1974，p. 13）

因此，在斯金纳看来，我们称为"人格"的现象只涉及外显行为，包括语言，那是由可测量的刺激可信地释放出来的。也就是说，人格被降为人在特定条件下的所作所为。斯金纳对本书的贡献不在于描述人格成分的理论构想，不是影响人格的精神作用——意识或无意识，也不是人格发展所经历的阶段，而在于，斯金纳确定并描述了一定的行为被习得、被表现和其他行为被淘汰的过程。斯金纳（1971）指出，环境在这种习得和淘汰过程中所起的作用，类似于达尔文进化论主张的环境对体质的选择与淘汰的作用：

> 环境显然很重要，但其作用仍然模糊不清。它的作用不是推动或牵引，而是选择，这种机能很难被发现和分析。自然选择在进化中的作用已在 100 多年前得到论证，而环境对个体行为的影响与保持的作用只是刚被意识到，也刚开始被研究。随着机体与环境之间的相互作用越来越被人们理解，曾经被认为是精神、情感和特质所产生的影响，开始在容易接近的条件下被考察，行为研究技术可以把这样的研究变为现实。但是它不能解决我们的问题，直到它取代传统的前科学观点，这一切才能稳固地确立。（p. 25）

下一节我们将介绍，根据斯金纳的观点，环境怎样选择一些行为，而不选择另一些行为。

三、应答行为与操作行为

华生和斯金纳二人都是激进的行为主义者。但是两人有很大不同，因为两人所强调的行为类型不同，解释行为的原理也不同。华生把巴甫洛夫提出的学习原理作为他的行为主义理论的模型。巴甫洛夫对学习的研究要点如下：

条件刺激（conditioned stimulus，CS）：在训练开始时不能引发有机体可预测的反应的刺激。
非条件刺激（conditioned stimulus，US）：可引发有机体自动、自然、可预测的反应的刺激。
非条件反应（unconditioned response，UR）：由非条件刺激引发的自然、自动的反应。

巴甫洛夫发现，如果一个条件刺激与一个非条件刺激同时出现若干次，这个条件刺激就能逐渐地引发与非条件反应相似的反应，即**条件反应**（conditioned response，CR）。巴甫洛夫的条件作用，或称**经典条件作用**（classical conditioning）可见下面的图示：

条件刺激 ——→ 非条件刺激 ——→ 非条件反应　　　　最初的配对

条件刺激 ————————————————→ 条件反应　　　　条件反应出现

斯金纳把已知刺激引发的行为称为**应答行为**（respondent behavior），条件反应和非条件反应都是应答行为。他把巴甫洛夫条件作用或经典条件作用称为**刺激型条件作用**（type S conditioning），这种条件作用强调刺激的重要性。这种重要性指出，对应答行为的记忆是应答行为与先前刺激之间存在直接联系的结果。换言之，一个直接的刺激－反应联结发生了。所有的反射，如光的强度增大时瞳孔收缩，光的强度减弱时瞳孔放大，都是应答行为的例子。

斯金纳不同于巴甫洛夫和华生，他的理论不强调应答行为，他强调的是与任何已知刺激都没有联系的行为。这种行为是有机体本身释放出来的，而不是一个已知刺激引发的，他把这种行为命名为**操作行为**（operant behavior）。斯金纳认为，操作行为其实是由刺激导致的，但是这种刺激不是已知的，所以操作行为看上去像是被释放出来的。斯金纳还指出，了解操作行为的源头并不重要。操作行为的最重要特征是，它处于它的结果的控制之下。换言之，操作行为被释放之后发生的事情决定着它的命运。在这种情况下，操作这个说法就有了更深的意义。操作行为对环境进行了操作，进而以一定方式改变了环境。操作行为导致的环境变化将决定随后做出反应的频率。下一节我们会更详细地介绍这一概念，现在我们完全可以说，操作行为的条件作用称为**反应型条件作用**（type R conditioning），以强调反应的重要性。斯金纳的研究，从根本上，就是在操作条件作用领域进行的。

■ 四、操作条件作用

265

操作条件作用已被应用于心理治疗、教育和儿童养育等各个领域，还被当作重构文化的手段。如此强有力的技术必然是复杂而难以理解的，对吗？完全错误！操作条件作用可以用下面的陈述来概括："如果一个操作之后跟随的是一个强化刺激，这个操作的强度就会增加。"（Skinner，1938，p. 21）把这句话换作略有不同的表述，我们可以说，如果一个反应之后跟随的是一个奖励，这个反应就会变得更强。这个无比强大的规则简单得不能再简单了：如果你想使一个反应或一种行为模式变得更强，就奖励它！

要矫正行为，需要两个要素——行为和强化。根据上述对操作、反应类型和条件作用的定义，我们来看看其中的细节。根据斯金纳的理论，我们应该记住的特征是，人格不是别的东西，而是始终如一的行为方式，它可以凭借操作条件作用而加强。我们可以一边认真了解操作条件作用原理，一边考察斯金纳的人格理论。

1. 习得

为了证明操作条件作用，斯金纳制作了一个小小的实验箱，里面装着老鼠或鸽子之类的小动物，这一装置被称为斯金纳箱。实验箱里装有杠杆、灯、食物杯和格层。实验箱经过精心设计，当动物踩踏杠杆时，喂食机因受力会把一粒食物送入食物杯中。在这个实验箱中，压杠杆反应是研究者感兴趣的操作反应，食物就是强化物。即使在不给强化物的情况下，动物也会偶然压到杠杆，这只是动物的随机活动。在给予强化物之前出现的操作反应频率被称为**操作水平**（operant level）。当反应之后跟随的是强化物时，反应频率就会增加，如斯金纳所说，反应增强了。操作条件作用可以通过**反应比率**（rate of responding）的变化来测量。在上述情况下，压杠杆反应的比率，和操作水平相比如果增加，就证明操作条件作用的存在。注意，最初的压杠杆反应的原因是未知的，动物也并不需要做这一动作。所设计的情境是，一旦做出压杠杆反应，就给予强化，一给予强化，该反应就会增强，反应频率就会增加。

老鼠会在斯金纳箱里这样做。那么，人会不会也这样做呢？我们知道，激进行为主义者不认为，有一套学习原理适合于人类，而有另一套原理适合于非人类。他们假设，相同的原理可应用于所有生命机体。这一假设不是没有受到挑战。格林斯普恩（Greenspoon，1955）假设，在来访者平静地说话时，治疗师说的"嗯，是的"就是强化物。为了验证这一假设，他测试了很多被试，每当被试说出复数名词时，他就说"嗯，是的"。这种情境增加了说出复数名词的频率，但是没有一个被试意识到他们的言语行为被改变了。

沃普兰克（Verplanck，1955）在哈佛大学实验班上，以得分为强化物，对各种简单动作反应做了实验：

> 找到一个自愿做被试的学生之后，实验者向他说了如下的指导语："你要做的事情就是得到分数。每次我用铅笔敲一下桌子，你就得一分。得到分数以后，你马上在纸上记下来。要留意你得到了多少分。"在这个指导语中，敲一下桌子，得到"一分"就是一个强化刺激。这种方法很有效。实验者可以用被试做出的五花八门的简单动作作为条件，如拍踝关节、拍下巴、抬胳膊、拿起钢笔等等。他们还能进一步分化出，或塑造出一些较复杂的行为，然后将其当作反应加以操纵。他们获得的资料包括操纵各种变量的结果，这些变量的影响与白鼠、鸽子的操作条件作用很相似。实验在不同情境中进行，实验者能够获得绘图机能方面的资料，这是斯金纳箱中的白鼠或鸽子无法分化出来的。（pp. 598-599）

沃普兰克和他的学生还对表达意见行为（如"我认为……"或"我相信……"）做了实验：

> 这些实验结果很清楚。在第一次表达意见实验中，在10分钟时间里，23个被试中的每个人在表达意见后，如果得到实验者以表示同意或重复被试意见方式的强化，他们做出表达的比率都高于实验者不给予强化时的比率。（1955，p. 600）

和格林斯普恩一样，沃普兰克发现，条件作用并不取决于被试是否知道所发生的事情。沃普兰克的多数被试不知道做出行为的实验条件。

格林斯普恩和沃普兰克的研究只是数百项研究的代表，这些研究都证实了操作原理既可应用于人类行为，也能应用于非人类行为。本书选出这两人的研究，是因为它们显示出，操作原理能很容易地得到证明。

2. 塑造

如果我们想让一个本来没有的机体反应出现并得到加强，该怎样做呢？答案是，通过塑造使其产生。假设压杠杆反应是斯金纳箱里的一只白鼠从没有主动做出的反应，那么，凭借上述的操作条件作用原理，可以分几步得到这一反应。用一个外部手动开关来触动喂食机，只在白鼠越来越接近做出我们想要的反应时才给予强化。在这种情况下，我们最终想要的反应就是压杠杆。塑造过程有两个要素：一个是**差别强化**（differential reinforcement），对一些反应给予强化，对另一些反应不给予强化；另一个是**逐步接近**（successive approximations），对接近目标反应的反应给予强化，使其越来越接近目标反应。赫根汉（Hergenhahn，1974）归纳了**塑造**（shaping）压杠杆反应的几个步骤：

（1）当白鼠来到箱中装有杠杆的一侧时，给予强化。
（2）当白鼠走向杠杆时，给予强化。
（3）当白鼠面向杠杆时，给予强化。
（4）当白鼠碰到杠杆时给予强化。
（5）当白鼠用两只爪子碰到杠杆时给予强化。
（6）当白鼠有压杠杆动作时给予强化。
（7）当白鼠只在做出压杠杆反应时给予强化。（p. 361）

266

267

根据操作理论，一个复杂技能的最好教授方法是把它分为几个步骤，每次一小步，逐渐塑造而成。按照这种观点，塑造对教育和儿童养育是非常重要的。例如，斯金纳举例说明，母亲怎样无意中塑造了孩子的不良行为：

> 母亲可能不希望孩子身上养成她不喜欢的行为。例如，妈妈忙着干活时，她大概不会对孩子安静的呼唤和要求做出反应。只有当孩子提高嗓音时，她才可能回应。这样一来，孩子的说话声音强度就会上升到一个新水平。……于是妈妈就习惯了这样的声音，因此对大声说话给予了强化。这种恶性循环使孩子的声音越来越大。……妈妈的所作所为实际上像是在完成教给孩子大声说话的任务。（1951，p. 29）

3. 消退

如果操作行为后面跟一个强化物能使它加强，那么，在这种情况下取消强化物，操作行为就会减弱。情况的确如此。例如，在压杠杆的反应之后，喂食机中断了喂食，这就创设了一种情境，在压杠杆反应之后不再出现一粒食物，那么，这一反应就会回到自发操作水平。也就是说，当强化物不再跟随反应出现时，该反应出现的频次就会回到把强化物引入该情境之前的水平。这时，我们就说**消退**（extinction）发生了。

消退可以被看作是与习得相配对的，斯金纳认为，这两种过程可以解释被我们称为人格的很多东西。简单说，受到奖励的行为会保持，而没受到奖励的行为会消失。例如，婴儿会发出世界上任何一种语言的声音。在这种随机出现的咿呀语中，孩子的语言就得到塑造。那些像是父母语言中的词汇的声音会被注意并且以各种形式被强化，而那些与父母的语言无关的发音则会被忽略。受到强化的言语反应就被加强，并且被进一步地塑造，未被强化的言语反应则逐渐消退。这个道理也适用于被我们称为人格的所有行为。

消退对斯金纳的行为矫正观点非常重要。这一观点很简单：强化符合期望的行为，忽略不符合期望的行为。斯金纳认为，对待不合乎期望的行为的好办法是消退，而不是惩罚。他举了下面的例子：

> 最有效的可选择过程［相对于惩罚］大概就是消退。这要花点时间，但是比反应被忘记更快些。这种方法容易避免不良的副产品。例如，我们建议父母"忽视"孩子的不良行为时，就会推荐这种方法。假如孩子的行为很顽固，那就是因为被父母的"生气发火"强化了。如果避免这种后果，孩子的坏行为就会消失。（1953，p. 192）

本章在说到惩罚时，还要讨论这个问题。

4. 辨别操作

辨别操作（discriminative operant）是在某些环境下做出，而在另一些环境下不能做出的操作反应。斯金纳箱中一般装有灯，它位于杠杆上方。斯金纳箱的电路设计是这样的：灯亮时，压杠杆反应得到强化，灯光不亮时不给予强化。在这种情况下，实验白鼠在灯亮时的压杠杆动作就比灯不亮时多得多。此时，我们就说，灯光成了压杠杆反应的**辨别刺激**（discriminative stimulus，S^D）。换言之，灯亮这一条件成为压杠杆反应的原因。如果用 S^R 表示一个强化刺激，或一个强化物，这一情境可图示如下：

$$S^D \longrightarrow R \longrightarrow S^R$$

灯亮　　　　　　　压杠杆反应　　　　　　一粒食物

日常生活中辨别操作无处不在，下面是几个例子：

S^D	→	R	→	S^R
绿灯亮		驾驶		到达目的地

S^D	→	R	→	S^R
一天的某段时间		去上课		获得知识，看到朋友

S^D	→	R	→	S^R
红灯亮		停车		避免罚单和事故

S^D	→	R	→	S^R
见到某人		走另一条路		避开那个人

根据操作条件作用原理，在特定情境中，一个反应如果持续被强化，那么，当这种情境出现时，该反应就会重复出现。但是，还有一种以相同方式对相似情境做出反应的倾向。这种对与起初被强化的情境相似的情境做出反应的倾向，称为**刺激泛化**（stimulus generalization）。刺激泛化可以解释，我们为什么在一个不同的学习情境中也会做出学习行为。因此，学会回避某人也会导致出现回避另一个像他的人的倾向。他们两人越相像，这种回避倾向就越强烈。

5. 次级强化

此时，我们必须把**初级强化物**（primary reinforcer）与**次级强化物**（secondary reinforcer）加以区分。初级强化物与生存有关，如食物、水、空气、排泄和性行为。初级强化物从生物学角度看不是中性的，因为一个有机体（或一个有性物种）如果缺少了这些东西，就无法生存。食物对饥饿的动物是自然而强有力的初级强化物，就像水对口渴的动物一样。次级强化物是一种刺激，它起初在生物学上是中性的，所以它不是强化了而是通过与一个初级强化物的联结而具有了强化属性。这一原理可以表述为：任何一个中性刺激，如果与一个初级强化物持续地成对出现，它就能获得其强化属性。

一个在初级强化物，如食物之前出现的辨别刺激会变为一个次级强化物。在前面举的例子中，灯光对压杠杆反应来说是一个诱因，而压杠杆反应被食物强化，灯光就变成一个次级强化物。一个刺激一旦具有了强化属性，它就可以用来适应或保持这个反应，因为这个刺激是该反应的诱因。前面例子中的灯光可以用来教会动物一个压杠杆之外的反应，例如，用鼻子顶住斯金纳箱的一个角。同样，如果在老鼠的压杠杆反应消失时亮灯，老鼠就会继续做出压杠杆反应，如果没有灯光跟随压杠杆反应出现，反应就会停止。

根据斯金纳的理论，人类大多数行为受次级强化物左右。例如，母亲必须满足孩子的基本需要，所以母亲就成为次级强化物。结果，母亲只要出现，就足以暂时安抚一个饥渴的孩子。实际上，注意本身就是一个强有力的次级强化物，因为它必然发生在需要得到满足之前，即使不是全部需要，也包括基本需要。注意对儿童、对成人都是一个次级强化物，除此以外，常见的次级强化物还有：

和蔼的言语	奖励
身体接触	赞扬
瞥一眼	礼物
钱	特权
奖牌	分数

不依赖于特定动机状态的次级强化物称为**泛化的强化物**（generalized reinforcers）。例如，母亲就是泛化的强化物，因为她的出现与几种初级强化物有关系。母亲的强化属性并不依赖于孩子是否饥渴。金钱是另一种泛化的强化物，因为金钱和母亲一样，也和若干种初级强化物相联系。

五、连锁作用

270　　在斯金纳理论中，很多复杂行为可以用**连锁作用**（chaining）概念来解释，它与次级强化概念密切相关。前面讲过，任何一个辨别刺激，如果成为初级强化的诱因，就会变成次级强化物。还有一点也是成立的，即在初级强化物之前持续且立即出现的所有刺激都具有次级强化属性。反过来，与那些刺激相联系的刺激也将具有强化属性。就这样，远离初级强化物的刺激可能变成次级强化物，从而影响行为。这些次级强化物具有两种机能：（1）它们会强化在它们之前出现的反应；（2）它们作为辨别刺激会对下一步的反应起作用。作为辨别刺激起作用的次级强化物，最终会使机体与初级强化物产生联系。这样，初级强化物就具有了把各种事件连锁到一起的机能。连锁过程如图 9-1 所示。

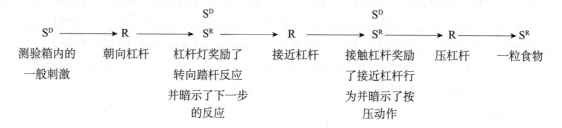

图 9-1　简单的连锁行为举例

资料来源：Olson & Hergenhahn, 2009, p. 87.

　　当两个人互相面对时连锁行为也会出现。一般来说，一个人说的话作为辨别刺激引起另一人的反应，另一人的反应不但奖励了第一个人的反应，而且作为辨别刺激引起第一个人的反应。这一过程可见图 9-2。

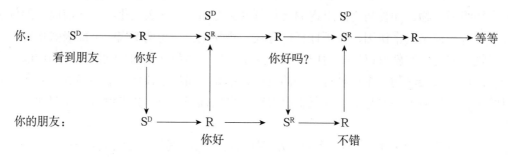

图 9-2　两个人之间的连锁作用

资料来源：Olson & Hergenhahn, 2009, p. 87.

　　斯金纳认为，这些原理也左右着我们单纯的漫步或自由联想的行为：

　　　　一个反应可能产生或转变控制着另一个反应的某些变量，其结果就是"连锁"。连锁可能很少有或没有经过什么组织。当我们在乡下漫步或在博物馆、商店徜徉时，我们行为中的任何一个小插曲都可能成为影响另一个人的条件。我们朝一个方向看去时，会受到一个物品的刺激，使我们朝那个方向走去。在这个移动路线上，我们如果接收到一个厌恶刺激，会仓皇地离开。这将产生*271*一个厌烦或疲劳的条件，于是一旦离开厌恶刺激，我们就会坐下来歇一会儿。如此等等。连锁作用不一定是空间移动的结果。例如，我们在闲聊或自由联想并"说出所思所想"时就是这样。（1953，p. 224）

演奏乐器的人都经历过连锁行为。当进入一个乐段时，演奏一个乐句既是对先前反应的强化（S^R），又是对演奏下一个乐句的刺激（S^D）。

■ 六、言语行为

第 1 章讲到，先天论和经验论之争是一个古老的话题。先天论认为，一些重要属性，如智力、创造性甚至人格都是遗传决定的。经验论则相反，认为这些属性是经验的产物，而不是基因的产物。人们可能会认为，对语言的解释正好体现了这两种观点。

斯金纳代表了经验论的阵营。他认为，语言只不过像其他行为一样，都是遵循同样原理的言语行为：受到强化的行为被保持，未被强化的行为则减弱。斯金纳（1957）曾经根据语言中的哪些东西被强化，描述了**言语行为**（verbal behavior）的不同类别。**祈使语**（mand）是一种指明了其自身强化物的口头指令。例如，"把盐递给我"这句话指明，盐是强化物，把盐递过来，它就得到强化。**应答语**（tact）是对某物的准确命名。例如，一个孩子拿起一个娃娃时说"娃娃"，这个孩子的这一行为就得到强化。**拟声行为**（echoic behavior）是逐字逐句地重复一句话。例如，在语言学习的早期阶段，父母指着自己的嘴说"嘴"，如果孩子通过说"嘴"来做出反应，这个孩子的这一行为就被强化。

斯金纳对语言的解释只是他关于学习的一般原理的延伸。斯金纳最严厉的批评指向诺姆·乔姆斯基（Noam Chomsky，1959）。乔姆斯基认为，用学习来解释语言太复杂了。例如，据估计，英语中含有 20 个词的句子的数量大约是 10^{20}，要把这些句子全部听完，大约需要相当于 1 000 倍于地球年龄的时间（G. A. Miller，1965）。因此，斯金纳对乔姆斯基说，这一过程不是学习，而是操作过程。乔姆斯基的回答是，大脑具有一个能生成语言的结构。换言之，我们的言语技能是遗传决定的。乔姆斯基对语言的先天论解释与斯金纳的经验论解释是完全对立的。

■ 七、强化程式

前面已经讲过，要矫正一个行为，必须对每个所期望的反应给予强化。我们如果想鼓励儿童阅读，那么，每次看到儿童阅读时，就应该给予强化；或者，我们如果想让斯金纳箱里的白鼠继续压杠杆，就应该在它每次压杠杆时用食物给予强化。如果每个期望反应都被强化，我们就说，有机体处于 100% 的强化程式中，也称**连续强化程式**（continuous reinforcement schedule）。如果一个习得的反应不被强化，我们就说，有机体处于一种 0% 的强化程式中，这会导致该反应的消失。

如果一个反应有时被强化，有时不被强化，这就是**部分强化程式**（partial reinforcement schedule）。很多人都承认，弗斯特和斯金纳（Ferster & Skinner，1957）对强化程式的研究是对实验心理学的一大贡献。弗斯特和斯金纳研究了很多种强化程式，以下四种是最具代表性的：

（1）**固定间隔强化程式**（fixed interval reinforcement schedule，FI）。以时间间隔为基础确定间隔程式。固定间隔程式指，在有机体做出一个反应之后，在一个特定时间给予强化。例如，在反应做出后 30 秒给予强化。机体以这种程式被强化后，其行为在间隔时间快结束时加快，在得到强化后迅速减慢。人为了每周或每月的工资而工作，就是这种间隔强化程式。学生写一篇学期论文，常在接近最后期限时"疯狂地工作"。这种行为就受典型的固定间隔强化程式控制。需要注意的是，一个反应只有在准确的时间做出，才能给予强化。

（2）**固定比率强化程式**（fixed ratio reinforcement schedule，FR）。比率程式是以反应数量为基础设

定的。在固定比率程式中，机体做出的反应数量只有达到 x 时，该反应才能得到强化。例如，每四次反应得到一次强化。这种程式可导致高比率的反应，适用于人在从事计件工作或为酬金而工作的情况。在这两种情况下，人会多劳多得，因为强化是因反应而定的，不是因时间而定的。

（3）**变化间隔强化程式**（variable interval reinforcement schedule，VI）。这种程式是指在变化的间隔时间结束时，给机体以强化。换言之，机体得到的强化不是在固定间隔之后，例如 10 秒之后给予强化，而是平均每 10 秒之后给予强化。例如，反应在 7 秒后，之后在 20 秒后，再之后在 2 秒后得到强化。那些相信雇员应该定期得到奖励的雇主会采用这种程式。在雇员工作的不同时间点，雇主用一句表扬的话语给予强化，尽管雇员在受到表扬后不会做额外的工作。

（4）**变化比率强化程式**（variable ratio reinforcement schedule，VR）。这种程式像固定比率强化程式一样，是因反应而定的，但是强化是根据平均反应数量来确定的。也就是说，不是在第四次反应出现时给予强化，而是平均每四次给予强化。所以强化可能间隔很近，也可能很远。但是，机体的反应做出得越快，得到的强化就越多。这种程式可以导致最高的反应比率。赌博行为就是在这种变化比率强化程式控制之下，销售员的行为也是如此。例如，拉动角子机把手的速度越快，越可能得到赌金（人也会越快地输钱）。对于销售员来说，他们与销售对象联系得越多，卖出的货就可能越多，尽管不能准确预测他们会销售多少。

部分强化程式对行为有两个重要影响：（1）影响反应比率。变化比率强化程式能得到最高的反应比率，固定比率强化程式次之，之后分别是变化间隔强化程式和固定间隔强化程式。（2）影响对消退的抵抗力。所有的部分强化程式都比连续强化程式或连续强化程式能导致更大的对消退的抵抗力，这种现象称为**部分强化效应**（partial reinforcement effect，PRE）。也就是说，反应之后只在有的时候给予强化，比起每次反应后马上给予强化，能在更长时间里抵抗反应的消退。部分强化效应对教育和儿童养育很有意义。例如，连续强化程式可用于训练的早期阶段，但是这样的行为反应比用部分强化程式训练的行为会更快地消退。部分强化程式能增加反应的耐久力。在多数情况下，这种效应会自动发生，因为在实验室之外发生的多数行为受部分强化程式中的某一种控制。

八、迷信行为

当一个反应能使一个强化物得以存在时，我们就说，这个强化物是因该反应而存在的。前面举过一个例子，斯金纳箱里的白鼠必须压杠杆才能得到一粒食物。这就是所谓**跟随强化**（contingent reinforcement），如果适当的反应没有发生，这一强化物就不存在。

现在让我们想象，如果斯金纳箱里的喂食机会自动开动，不管动物做出什么行为，都给提供一粒食物，结果会怎样。例如，喂食机每隔 15 秒就掉出一粒食物。根据操作条件作用原理，无论动物做出什么行为，喂食机掉出食物都会强化该行为，从而使动物重复该行为。当这一反应重复出现时，喂食机就再次开动，并再次强化了该反应。结果，当喂食机第一次开动时动物"碰巧"做出的反应将会变成一个强有力的习惯动作。在这种情况下，动物会形成一些奇怪的习惯行为。一只动物可能学会了转圈跑，另一只学会了摆头，还有一只可能学会了爬到斯金纳箱顶部气孔那里嗅来嗅去。这种行为称为**迷信行为**（superstitious behavior），因为它看起来好像是动物做出的习惯行为导致了强化物的出现，其实并非如此。无论动物做出什么反应都会出现的强化称为**非跟随强化**（noncontingent reinforcement）。迷信行为就是非跟随强化导致的。

人类的迷信行为也是举不胜举。例如，一个棒球手以某种戴帽子方式打出一记本垒打，在下次击球时，他就愿意把帽子戴成那个样子。另一个棒球手因为穿某种袜子恰好赢了两场球，他就相信，这种袜子是"幸运"袜。令人好奇的是，一些人买彩票时总是挑选相同的序号，虽然观察表明，这些幸运号码从来不会让人中奖。

■ 九、强化跟随

1. 正强化

如前述，**初级正强化物**（primary positive reinforcer）与生存有关。如果一个反应带来初级正强化物，该反应的发生率就会增大。前面还讲过，任何生物学上属于中性的刺激，如果和一个初级正强化物配对出现，它就具有了正强化特征，从而变为**次级正强化物**（secondary positive reinforcer）。和初级强化同样道理，如果一个次级正强化物跟随一个反应出现，该反应的发生率也会增大。

2. 负强化

正强化（positive reinforcement）使机体得到"想要"的东西，**负强化**（negative reinforcement）则使机体移除不想要的东西。一个初级负强化物是一个刺激，它对机体可能有害，如巨大的噪声、强光或电击等等。任何可以移除或减少这些厌恶刺激的反应，其出现频率都会增加，从而被认为受到了负强化。这种负强化称为**逃避跟随**（escape contingency），因为机体的反应使之逃避了一个厌恶情境。任何中性刺激如果持续不断地与一个初级负强化物配对出现，都会变为一个**次级负强化物**（secondary negative reinforcer），而机体会像逃避初级负强化物那样，极力逃避之。无论初级负强化物还是次级负强化物，都会导致对厌恶情境的逃避。

值得重视的是，正强化和负强化都会增大反应的概率或反应的比率。二者都能带来一些符合期望的东西。在正强化情况下，一个反应会引起某些符合期望的东西的出现。在负强化情况下，一个反应会移除一些不符合期望的东西。

3. 回避

当强化使一个行为可以阻止当前的一个厌恶事件时，**回避跟随**（avoidance contingency）就发生了。例如，打开一把雨伞可以避免被淋湿，被淋湿是被厌恶的。如果斯金纳箱的设计是在一次电击之前亮灯，那么动物就学会用躲避电击对灯光做出反应。采用回避跟随强化，机体的行为将使之阻止一个曾经体验到的负强化物。用前面曾经举过的某人甲的例子来说明就是：

$$S^D \longrightarrow R \longrightarrow S^R$$

看到了某人甲　　走另一条路　　避开某人甲

看到某人甲是一个不喜欢的遭遇的信号，走另一条路就阻止或回避了这种遭遇。负强化跟随中的强化来自对不喜欢事物的逃避，而回避跟随中的强化是为了回避一个不喜欢的体验。

4. 惩罚

惩罚（punishment）既可以是移除一个正强化物，又可以是给予一个负强化物。换言之，惩罚既可以是拿走机体不想要的东西，又可以是给它一些它不想要的东西。教师和父母都很熟悉的一种惩罚方式叫作**暂停强化**（time out from reninforcement）。采用这种方法，当一个儿童做出不合期望的行为时，就在一定的时间段里，不给予正强化，而这种强化平时在相同情况下是应该给予的。卡兹丁（Kazdin，1989）举了这样一个例子："让一个孩子离开班上别的孩子自己待 10 分钟。在这段时间里，他不能和别的孩子接触，不能参加活动，失去一切特权，以及其他通常有的强化物。"（p.149）

斯金纳一向强调，应该用正强化跟随对行为加以控制。他坚信，正强化和惩罚带来的结果不是对立的。也就是说，正强化使行为加强，而惩罚不一定使行为减弱：

> 惩罚的目的是从人身上移除不恰当行为、危险行为，或其他不合期望的行为，并假定，被惩罚者不再以相同方式行事。可惜，事情没有这么简单。奖励和惩罚并不仅仅在于它们所带来的变化的方向不同。一个因为玩性游戏而被严厉惩罚的儿童不一定不继续玩，把一个具有攻击性的人关进监狱，也不一定能减弱其暴力倾向。被惩罚的行为很可能在取消惩罚后死灰复燃。（1971，pp. 61-62）

　　就算惩罚能有效地消除不合期望的行为，那么，如果正面控制能取得相同结果，为什么还要使用惩罚呢？靠惩罚来控制行为显然有缺点。例如，它使被惩罚者陷入恐惧；它只告诉人不该做什么，而不是应该怎么做；它说明给别人带来伤痛是合理的；它常常导致攻击；它导致用一个不合期望的反应取代另一个，就像一个因为做错事挨打的孩子用大哭大叫来取代做错事。

　　斯金纳强调对合乎期望的行为给予正强化，而忽视不合期望的行为（消退）。但这只是一种理想情况，因为惩罚孩子有力地强化了父母时，这种实例就会出现。一个孩子在超市调皮捣蛋，如果挨父母一巴掌，孩子可能马上就不再调皮，而且这在很大程度上增加了下次因为调皮而挨打的可能性。父母也是善于学习的。正如斯金纳所说的，在学习情境中总是有两个有机体的行为被矫正，有时候很难分清哪个是实验者，哪个是被试者。

　　虽然现在有很多证据证明，体罚对矫正儿童的不合期望的行为是无效的，更有效的正面控制手段也比比皆是（如表扬符合期望的行为），但是体罚仍然被人们广泛使用。近期调查显示，美国80%的父母打过孩子。更令人惊讶的是，60%的心理学家打孩子，但其中只有15%相信体罚是有效的（Murray，1996a）。只有五个国家（奥地利、塞浦路斯、芬兰、挪威和瑞典）宣布，体罚儿童是非法的。其余国家对父母是否选择体罚孩子都留有余地（Murray，1996b）。

■ 十、我们的最大问题

　　马洛特、利特尔比和沃尔夫（Malott，Ritterby，& Wolf，1973，pp. 2-4）提出了我们最大的问题：

> 人的最大问题是
> 他的行为更容易受
> 微小但即时、确定的
> 强化物影响
> 而不容易受
> 大而遥远且不确定的
> 强化物影响

　　上面引用的这句话可以解释，为什么很多人"知道"自己不该吸烟却仍旧吸烟，很多暴饮暴食者明明"知道"长此以往会造成伤害，却仍然暴饮暴食。因为对健康长寿的预期无法和小量尼古丁或马上品尝美味的诱惑相比。

跟随型契约

　　那么，怎么解决我们的最大问题呢？一个办法是把未来变成现在，订立一个**跟随型契约**（contingency contracting）可以做到这一点。比如说，你想戒烟，但是你自己又做不到。我们再假设，100美元对你来说是数目可观的一笔钱。让我们来做个计划，你和另一个人订一个协定，其中规定，你先交给那个人 100 美元，如果你一个星期都没吸烟，可以要回 10 美元。但是在一周里你只要吸一支烟，你就会失去 10 美元。这样的协议称为跟随型契约，它有很多种变式。例如，钱的支付可以一天一次而不是一周一次，抵押物可以是信用分或服装，而不是现金。要点是通过这样的协议，你可以重新安排你的环境里的强化跟随，使它们鼓励你那些符合期望的行为，阻止不符合期望的行为。以吸烟为例，你不用等到老年才看到不吸烟的好处，而是只需等一天或一周。这就使你的行为处在即时强化的控制下，而不是在遥远的强化控制下。

契约到期了会发生什么？也许另一个强化跟随能支持符合期望的行为。换言之，只要不吸烟能在引起强化方面起作用就是好的。吸烟和不吸烟都能导致强化物的产生。问题在于，怎样从一个强化源切换到另一个强化源。例如，尼古丁和其他吸烟者的赞许也许是吸烟的强化物。不吸烟的强化物可能有省钱、感觉良好、不被抗癌广告困扰以及其他不吸烟者的赞许。吸烟和不吸烟都会带来强化，主要问题是怎样从一个强化源切换到另一个强化源。订立跟随型契约就是做出这种切换的一个好办法。

跟随型契约法早期曾被描述为一种行为矫正方法（例如 Homme, Csanyi, Gonzales, & Rechs, 1969；Stuart & Lott, 1972），后来，这种方法被用于解决：婚姻问题（Jacobson, 1978；Weiss, Birchler, Vincent, 1974）；学习和其他与上学有关的行为问题（Blechman, Taylor, & Schrader, 1981；Kelley & Stokes, 1982；Speltz, Shimamura, & McReynolds, 1982）；自我控制问题，如致瘾物滥用（Boudin, 1972；Frederiksen, Jenkins, & Carr, 1976）；体重控制（Aragona, Cassady, & Drabman, 1975；Mann, 1972）；酗酒（P. M. Miller, 1972）；过量吸烟（Paxton, 1980, 1981）。

十一、行为障碍和行为治疗

1. 行为障碍

根据斯金纳理论，人的不恰当行为和恰当行为一样，是以相同方式学会的。也就是说，符合期望的行为与不符合期望的行为都处在它们的后果控制之下。因此，斯金纳理论并不认为，异常行为是由某些神经生理疾病导致的，也不是像本我、自我和超我这样的心理冲突造成的。斯金纳理论对异常行为的分析和正常行为一样，强调外部可观察的事件，而不强调内部原因。斯金纳指出："一个精神病患者是因为他的行为而患精神病的，你不能因为一个人的情感而把他送进精神病院。"（引自 Evans, 1976, p. 89）不恰当行为和恰当行为一样，都是因为强化而得到保持。所以，根据斯金纳理论，想消除不符合期望的行为，就必须防止对它的强化。而且，要确定你想要的行为，当它出现时就给它强化，对不符合期望的行为则不要强化。

2. 行为治疗

行为治疗（behavior therapy）是基于学习理论的各个心理治疗流派所使用的术语。但是，有几种不同的学习理论存在。例如，行为治疗可能以巴甫洛夫的学习理论、班杜拉的观察学习理论（参见第 11 章）或斯金纳的学习理论为基础。斯金纳流派的行为治疗主张，应明确指出要消除的不符合期望的行为，以及需要强化的符合期望的行为，从而设计强化跟随方法，使之能产生符合期望的行为，而不是不符合期望的行为。由于跟随型契约包括了所有这些程序，所以它可以被看作斯金纳流派的行为治疗的一个范例。

斯金纳流派的行为治疗已被广泛应用于对各种行为障碍的治疗，包括酗酒、致瘾物滥用、心理迟滞、青少年犯罪、恐惧症、言语障碍、肥胖症、性障碍以及各种神经症和精神病。（进一步了解行为治疗的应用，可参见 Craighead, Kazdin, & Mahoney, 1976；Kazdin & Hersen, 1980；Masters, Burish, Hollon, & Rimm, 1987。）

3. 代币法

代币法（token economies）是斯金纳流派行为治疗的一个有趣的例子。这种方法先确定哪些行为是符合期望的行为，哪些是不符合期望的行为。代币法参加者如果表现出符合期望的行为，就得到代币（最常用的是圆形塑料片，有时用分数或塑料卡）。代币可以换糖果或香烟，所以是次级强化物。具体来说，代币是广义的强化物，因为它们是和几种初级强化物配对出现的。代币法较多地应用于学校和精神病院等机构。对代币法的程序、规则和注意事项的介绍，可参见 Ayllon & Azrin，1968；Schaefer & Martin，1969；Thompson & Grabowski，1972，1977。

代币法听起来有些做作和不自然，但是它也许是那种存在于机构中的跟随强化法，这些机构如果不用代币法倒是不自然的。马斯特斯等人（Masters et al.，1987）解释了其中的原因：

> 代币法并非真的是不自然的。所有具有货币体系的国家，从各种角度来说，都拥有代币经济：所有货币都包含对代币或符号的"强化物"定义，货币可以换成货物，而货物是强化的直接形式。人在社会上工作都是为了赚取代币（钱），然后用它们购买房屋、食品、娱乐用品等等。多数机构提供这种非跟随性的安慰，而不去鼓励各种适应性行为，这些行为在自然环境中是恰当和有效的。（p. 222）

艾利翁和阿兹林（Ayllon & Azrin，1965，1968）是最早采用代币法治疗适应不良行为的人。艾利翁和阿兹林在一家精神病院对精神病患者进行研究，他们先用 18 个月教会服务人员强化哪些行为，给予多少强化，什么时候给予强化。在行为矫正项目开始时，他们列出要矫正的行为列表，以及患者参加各种有组织活动可获得多少代币的列表。一般来说，参加不同活动可赢得多少代币，因供给和需求情况而定。从事费力、枯燥、耗时较长的工作比从事有吸引力的工作得到的代币更多。但这种方法也可采取个别化的治疗。例如，无论是什么原因所致，治疗师都希望鼓励某个患者身上的某种行为。如果患者表现出那种行为，他就能赢得较多的代币。可赢取代币的行为包括洗碗，给别的患者送饭，擦桌子，保持自己或别人房间的卫生，开饭时以符合规定的方式去餐厅吃饭，到洗衣房洗床单、枕套和毛巾等。赢取的代币可以换取糖果、香烟、咖啡等物品，或换取到院子里待 30 分钟、与住院心理学家或社会工作者私人交谈、独自使用收音机或选择电视节目等权利。

279

艾利翁和阿兹林发现，总的来说，用代币对符合期望的行为加以强化之后，这些行为出现的频率显著增加了。在该项目的另一个阶段还发现，当取消代币后，这些行为出现的频率减少，代币法重新恢复以后，这些行为再次增多。

4. 对代币法的批评及其缺陷

代币法看来是成功的，但也不是没有受到批评。对所有形式的行为治疗的一种批评意见是，这些方法治疗的只是症状，而不是这些症状的病根。批评者指出，精神病患者会装扮自己，会选择电视节目，这无疑是一种进步，但是真正的问题，即精神病本身并没有得到根治。另一些批评者指出，剥夺患者的物品和理应得到的服务，只在他们做出恰当行为时才选择性地给他们一些物品，这是不符合伦理的。

代币法的缺陷是，这些项目的效果往往不能推广到家庭、社区或就职单位等情境（例如，参见 Kazdin，1977；Kazdin & Bootzin，1972）。贝克尔等人（Becker，Madsen，Arnold，& Thomas，1967）的一项研究甚至得出结论，代币法项目中，在一天的某一段时间学到的行为，不能推及一天的另一段时间。这些研究表明，人们在能够得到强化的条件下学到的符合期望的行为，在不能得到强化的条件下会消失。加尼翁和戴维森（Gagnon & Davison，1976）指出，代币法其实是给参与者帮倒忙，因为在参与代币法项目时，一定的行为不可避免地被强化，但是在现实生活中，这样的强化几乎是不可预测的。

此外，代币法在某些情况下根本不起作用。例如，一个代币法项目本打算减少精神病医院附属学校里九个男青少年的破坏行为。不料这些破坏行为反而增加了，因为其中两个男孩意识到该项目的意图。这两个男孩声称他们要"罢工"，并且说，谁参加这个项目，谁就是"傻瓜"（Santogrossi，O'Leary，Romanczyk，& Kaufman，1973）。

■ 十二、桃源二村

有目的地操纵强化跟随，使它们能够鼓励一定的行为，这就是**跟随管理**（contingency management）。前面刚讲过，跟随管理怎样才能用于行为障碍的治疗。斯金纳认为，可以把跟随管理应用到更大的范围。他把**文化**（culture）定义为鼓励某些行为、不鼓励另一些行为的一系列强化跟随。按照这样的文化，像做实验一样，就可以产生某种影响：

> 一种文化很像用于分析行为的实验空间，二者都是一系列强化跟随。出生在一种文化中的儿童就像实验空间里的一个有机体。创建一种文化就像设计一个实验，都要对强化跟随加以计划，对效果加以记录。在一项实验中，我们对发生的事情感兴趣，在创建一种文化时，人们感兴趣的是它是否顺利运作。（Skinner，1971，p. 153）

把跟随管理用于创建一种文化的努力称为**文化工程**（cultural engineering）。1948 年，斯金纳出版了他的著作《**桃源二村**》（*Walden Two*），书中描述了根据操作条件作用原理设计的一种理想文化。

桃源二村是有 1 000 个居民的虚构社区。它有以下几个社区特征：没有单独的家庭，居民都生活在复合公寓里。儿童不和父母一起住，他们出生时在托儿所，之后住在寄宿学校，到 13 岁时搬到自己的公寓房。住宿的地方没有烹调设备，三餐均由社区食堂提供，能保证健康饮食，还能把人们从做饭的苦差中解放出来。桃源二村的女人不用背负做饭、打扫、相夫教子的负担，她们能像男人一样施展自己的潜能。青少年中期就鼓励人们结婚生子。婚姻大多得以持续，因为夫妻根据兴趣相配，钱不是问题，养育孩子也不是负担。如上述，儿童不和自己的父母一起生活，儿童由专家来教育，因为一般人不具备正确教育儿童的知识和设备。这样做的目的是"桃源二村的每个成人都把所有儿童看作自己的孩子，每个儿童都把所有成人看作自己的父母"（Skinner，1948，p. 142）。

教育是个别化的，每个孩子都以自己的步伐取得进步。不存在什么"正规"教育，教师要做的事情只是指导。教育在真实的工作坊和社区实验室中进行。即使到大学水平，学生也很少让别人"教他们怎样想"，他们要靠自己学习所有的东西。学校不分年级，也不发给毕业证书。

这里没有监狱、酒馆、失业、毒品、精神病医院、战争，也没有犯罪。这样的"理想"社会可能有吗？小说中的主人公弗雷泽（Frazier），作为斯金纳本人的化身，这样说道：

> 我要从这里每座房子的屋顶发出这样的呼喊：美好生活在等着我们。……它不需要政府的改变，也不需要世界上各种政治计谋。它不用等待人类本性的改善。此时此刻，我们有物质上和心理上必需的手段，为所有人创建完美的、令人满意的生活。（1948，p. 193）

斯金纳相信，采用《桃源二村》中体现的思想，可以解决我们的一些重大问题：

> 现在人们普遍意识到，美国人的生活方式必须做重大改变。当我们大肆挥霍，造成污染时，我们不但无法面对世界上其他地区的人民，还无法面对自己，因为我们的生活充斥着暴力与混乱。选择明摆在面前：要么无所作为，让痛苦和悲惨的未来把我们压倒，要么运用我们对人类行为的知识创建一种社会环境，在那里，我们应该有多产而创造性的生活，并且在我们这样做的同时，

还要给别人留下机会，让那些追随我们的人也能做同样的事情。《桃源二村》里说的那些事情可能不是个坏的开头。（1978，p. 66）

281　有人按照斯金纳在《桃源二村》中提出的设想设计了几个实验性社区。其中位于弗吉尼亚州的双橡树社区在其新闻通讯中介绍了该社区的进展（Twin Oaks；Louisa，VA 23093）。金达德的书（Kindade，1973）和科德斯的文章（Cordes，1984）对这一项目的情况进行了总结。当前双橡树社区的情况经常在其网站上（www.twinoaks.com）进行更新。

十三、超越自由与尊严

斯金纳认为，文化工程不需要虚构，但是要想让这样的工程得以实现，我们必须先形成一套行为技术：

> 我们需要一套行为技术。如果我们能把世界人民的进步调整得像宇宙飞船运行轨道那样精确，或者像高能粒子加速器那样充满信心地改进农业和工业，或者像物理学中接近绝对零度那样走向一个和平的世界（尽管后面这两点都遥不可及），我们就能尽快解决当前面临的问题。能够与物理学和生物学技术相比拟的行为技术尚不具备，而且那些没有发现这一可能性的人们可能对此望而却步，而不是充满信心。与物理学和生物学对自己领域的理解相比，我们与"理解人类问题"还相距甚远，离阻止世界因不可逆转的运动带来的灾难还相距甚远。（Skinner，1971，p. 5）

阻碍行为技术发展的是什么？在斯金纳看来，主要障碍是一种传统观念，即认为人是自主的。自主的人可以自由地进行选择，当他们做成一些事情时，会感到有价值、有尊严。如果那些成就被归于外部影响，它们就失去了意义："我们对无法解释的东西充满敬畏，因此毫不奇怪，我们更多地赞美行为，就像我们很少理解行为一样。"（Skinner，1971，p. 53）斯金纳对此做了以下阐述：

> 当我们因为一个人的所作所为而给予他信任时，我们意识到这个人的尊严或价值。我们给他的东西的数量与他的行为原因的显著性是成反比的。我们如果不清楚一个人为什么那样做，就会把其行为归因于他本身。我们凭借把人为什么以一定方式行动的原因隐藏起来，或者凭借宣称人的行为原因不那么强有力，而获得更多的自信。我们不愿意因为别人难以觉察的自我控制而损害这种信任。我们赞美别人，尽管我们不能解释他们所做的事情，而"赞美"这个字眼儿意味着"惊讶"。我们认为有关尊严的文学作品总是能够保持人们应得的信任。但这些文学作品可能反对技术进步，尤其是行为技术的进步，因为这种进步妨害了被赞美和做基本分析的机会。原因是，行为科学被认为提供了对行为的两可解释，而做出这些行为的个体本来是被信任的。因此，这些文学作品阻碍着人类未来的进步。（1971，pp. 58-59）

282　斯金纳认为，自主人这一概念的困难在于，它对人的行为不能做出任何解释。在自主人身上，行为的原因是神秘的。随着我们对人的行为的了解越来越多，曾经归因于自主人的很多东西已经被归因于环境。随着我们了解的东西增多，这种趋势仍将继续。

十四、评价

1. 经验研究

在经验确证问题上，斯金纳理论是没有问题的。纵观本章，我们引用了根据斯金纳理论进行的研究实例，我们提到的研究只是其中一小部分。由于追随斯金纳流派原理的研究如此之多，这些研究者组成了美国心理学会的一个独立分会（第 25 分会，即行为的实验分析分会）。此外，斯金纳流派有两份杂志，只发表他们的研究，即 *Journal of Applied Behavior Analysis*（《应用行为分析杂志》）和 *Journal for the Experimental Analysis of Behavior*（《行为的实验分析杂志》）。也许除了卡特尔和艾森克的理论之外，在与实验研究关联性上，没有一种人格理论能和斯金纳的理论相提并论。

2. 批评

从非人类动物向人类的过度推论。斯金纳学派的学者认为，非人类动物学习的东西，尽管不是所有，也有很多可以应用于人类。例如，他们认为，所有动物的行为都是被这些行为的后果控制的。如果你能控制后果，你就能控制行为，无论这些行为是白鼠的、鸽子的，还是人类的。很多被认为专属人类的属性，在斯金纳学派的分析中都被忽略。例如注意、自我感觉、思维、推理、情感、选择和反思，这些在斯金纳理论中都占很少的位置或毫无地位。各种类型的认知过程被大多数斯金纳学派的研究者回避。斯金纳在逝世前不久写的最后一篇文章还在猛烈地批评认知心理学（Skinner, 1990）。认知心理学当前非常流行，而斯金纳流派的行为主义的影响力逐渐下滑。从这些事实来看，我们可以得出结论，斯金纳在与认知心理学的战斗中已经败下阵来。至于事实是否会继续如此，只有时间会做出结论。

另一些批评者同意斯金纳的观点，即非人类动物的某些学习原理可以推广到人类，但是当他把这些原理应用到社会、宗教、经济、文化和哲学思考上来时，他就走得太远了。

激进的环境论。包括斯金纳在内的决定论者被称为激进的环境论者，因为他们认为，行为是由在环境中发现的强化跟随导致的。本章讲到的斯金纳学派在矫正行为上的全部努力，都是为了改变强化跟随。批评者认为，这种观点把人贬低为无头脑的机器人（或者像某些批评者说的，大老鼠）。批评者质问：在斯金纳的行为分析中，哪些东西可以解释自杀、抑郁、爱情、希望、目标和敬畏这些现象？

谁来控制那些控制者？对斯金纳论著的这种反应更多的是一种忧虑，而不是批评。斯金纳很坚决地认为，操作原理可以，也应该应用到文化工程领域。他相信，整个社会都能够用代币法那样的方式来构建。也就是说，符合期望的行为可以被定义，也可以用金钱、货物或服务之类的代币来强化。由于行为是被其后果控制的，该社会的其他成员很快就会像强化物的分派者那样，希望这些强化物能起作用。但是谁是强化物的分派者呢？谁来决定哪些行为符合期望，哪些行为不符合期望呢？斯金纳辩解道，这个社会的人们能够决定这些问题的答案，也能制定对控制者加以反控制的方法。但是，很多批评者不相信这些说法，他们仍然认为，在斯金纳的文化工程理论中可能存在着严重的理论滥用："我认为，行为科学像原子弹一样危险，它有令人恐惧的被滥用的可能。"（引自 Evans, 1981, p. 54）

3. 贡献

应用价值。从本章内容可知，斯金纳流派的原理已被应用到教育、儿童养育、行为治疗、个人提升和社会问题的解决中。斯金纳的思想还越来越多地被应用到监狱改革中，研究者探索了怎样用正面控制代替负面控制（例如，参见 Boslough, 1972）。一个好的理论可以解释并综合大量信息，生成新信息，而且能帮助人们解决实际问题。在这些方面，斯金纳的理论都得到很高评价。对他的批评，如从动物水平向人类水平、从实验室向"真实世界"过度泛化，如果和他的理论作为指导取得的成就比较起来，只是次要的。

对人的行为的严格科学解释。像人格理论这样的领域，很多术语、概念、观点和推测，如果不是不可能，也很难得到有效的经验验证。斯金纳的理论（像卡特尔和艾森克的理论一样）是个例外。斯金纳理论的所有成分都出自他的实验室研究。对斯金纳理论的质疑不在于该理论是否正确，也不在于它能否推广到人类，而在于它在多大程度上能用于解释人类行为。

斯金纳在心理学家中的受欢迎程度如何？戴维斯等人（Davis, Thomas, & Weaver, 1982）对这一问题给出了回答。他们向各大学心理学研究生院院长寄出调查表，分别在 1966 年和 1981 年向教授们征询两个问题：第一，历史上最伟大的前十位心理学家；第二，当前在世的最伟大的前十位心理学家。1966年，对于第一个问题，弗洛伊德排第一，斯金纳排第九。1981年，弗洛伊德仍然排第一，斯金纳上升到第二。对第二个问题，1966年和1981年两次调查，斯金纳都排第一。这几位研究者还发现，在历史上最伟大的心理学家名单上，弗洛伊德和斯金纳之间的距离显示，斯金纳可能很快就能取代弗洛伊德头名的位置。斯金纳逝世前做的一项调查（Korn et al., 1991），让心理学史专家和心理学研究生院院长说出当代和心理学史上最杰出的前十名心理学家。心理学史专家把斯金纳排在历史上最杰出心理学家的第八位、当代心理学家的第一位。研究生院院长则都把斯金纳排在两项排名的第一位。把心理学史专家和研究生院院长的排名做权重处理，结果表明，斯金纳领先于当代最杰出的其他所有心理学家。

284

▼ 小　结

斯金纳的立场属于激进的行为主义，因为它强调对外显行为的研究，拒绝研究行为的内部心理生理原因。斯金纳把行为分为两类：由已知刺激引发的应答行为和自发地表现出来而非被引发的操作行为。应答行为受先前发生的事件控制，操作行为受行为之后跟随的事件控制。斯金纳的研究集中在操作行为。如果一个操作反应后面跟随一个强化（无论是正强化还是负强化），该反应的发生率都会增加。如果一种符合期望的反应没有自发地出现，可以采用差别强化和逐步接近塑造出这一反应。如果对一个操作反应的强化中断，其发生率会回到原来的操作水平，这就是消退。通过情境设置，可以使一个操作反应在此种情境下而不在另一种情境下发生。这样的反应称为辨别操作。一个中性刺激如果总是和一个初级强化物配对出现，将会变为一个次级强化物。因此，所有的辨别刺激（S^D）都会变成次级强化物。一个刺激如果与不止一个初级强化物配对出现，将会变成一个泛化的强化物。

很多复杂行为都可以用连锁概念来解释。当机体使一个反应接近一个强化物时，该反应和该强化物都会对该反应加以强化，并引发下一个反应，此时即发生连锁。连锁也可能发生在两个人之间，当一个人的反应引发另一人的反应时，连锁就会发生。言语行为或语言被认为和其他行为一样，服从于相同原理。被强化的表达方式会重复产生，未被强化的表达方式则会逐渐消退。因此，在语言发生的先天论和经验论之争中，斯金纳站在经验论一方。一个反应之后只在某些情况下被强化，被称为部分强化程式。反应每次出现都被强化，称为连续强化程式或100%强化程式。部分强化程式比起连续强化程式，能使反应消退得更慢，这称为部分强化效应（PRE）。

如果一个反应可以获得一个强化物，此强化物就是跟随强化物。一个强化物独立于任何反应而出现，就是非跟随强化。被称为迷信行为的习惯性反应是由非跟随强化导致的。初级正强化物是生存所需的某种东西，次级正强化物是始终与一个初级正强化物配对出现的东西。初级负强化物是对机体有生理伤害的东西，次级负强化物是始终与一个初级负强化物配对出现的东西。当一个反应带来一个初级或次级正强化物时，就是正强化；当一个反应从情境中移除一个初级或次级负强化物时，就是负强化。惩罚指一个反应带来一个初级或次级负强化物，或移除一个初级或次级正强化物。在教育者和父母中常见的一种惩罚形式是暂停强化。斯金纳反对使用惩罚，而主张用正强化来控制行为。

285

人的一个重要问题是，我们的行为被较小而切近的强化物控制，而不是被更大更遥远的强化物控制。对这一问题的一个补救方法是跟随型契约法，即在环境中对强化跟随加以安排。根据斯金纳的理论，恰当行为和不恰当行为都因强化而得以保持。斯金纳主张的行为治疗旨在借助于强化跟随，加强恰当行为，弱化不恰当行为。代币法是斯金纳行为治疗的例证。斯金纳理论认为，可以通过强化跟随直接控制的行为与儿童养育有特殊联系，因为父母在相当程度上控制着子女的成长环境。斯金纳写过一部名为《桃源二村》的乌托邦式的小说，它描写了一个根据操作条件作用原理规划的社会。但是斯金纳相信，文化工程是不能虚构的。人类现在已有的知识使我们能够发明一种行为技术，用它可以解决人类面临的许多重大问题。拥有自由与尊严的自主人的传统观念是发展这一行为技术的主要障碍。

斯金纳的理论来自经验研究，从该理论诞生以来，它催生了大量经验研究。有人批评他的理论把研究发现从非人类动物水平过度推论到人类水平，认为复杂的人类行为也可以用强化跟随来解释。他的文化工程观点也引来质疑，即怎样决定哪些行为是符合期望的行为，哪些属于不符合期望的行为，以及由谁来控制那些控制者。斯金纳的贡献主要在于其理论广泛的应用价值和对待理解人格的严谨科学态度。

▼ 经验性练习

1. 假定斯金纳的设想正确，即频繁发生的行为是凭借强化得以保持的。请想出一个你经常参加的活动，说出持续参加这一活动的强化物是什么。

2. 根据斯金纳的理论，你只需要两个东西就能矫正行为：行为和强化。记住这一观点，尝试矫正某人的行为。首先，选择一个出现频率中等、容易测量的行为。例如复数名词表达方式、武断的话语、五花八门的手势或笑声。当此人出现这些行为时，用表示兴趣和注意给予强化。在你和那个人之间设置某种屏障，使你能够观察该行为原来的发生频率和强化后的频率。以 3 分钟为间隔，在纸上记录该行为的出现次数。15 分钟后停止强化，但继续记录该行为的出现次数。该行为是否因为强化而增加了？如果是，你能对人的行为做出什么结论？如果不是，你又会做出什么结论？

3. 利用本章学到的知识，和你的一个朋友订立一个跟随型契约，用来矫正那个朋友认为的不符合期望的行为。描述这个行为，并决定用什么来强化那个戒除行为，强化物该怎样安排。如果你的朋友想戒烟，用什么来强化戒烟行为，隔多长时间给戒烟行为一次强化？详细描述你们的跟随型契约程序及其效果。

286

▼ 讨论题

1. 说说激进行为主义的本质特征。

2. 围绕次级强化进行讨论。指出它在控制人的行为中的重要性。泛化的强化物的定义是什么？举几个例子说明。

3. 说说几种主要的强化程式。说明部分强化效应，讨论它与日常生活的关系。

▼ 术语表

Acquisition（习得） 操作条件作用的一部分，一个操作反应之后跟随一个强化物，从而使该反应的发生频率增加。

Avoidance contingency（回避跟随） 机体通过参与恰当活动而回避一个厌恶刺激的情境。

Behavior therapy（行为治疗） 以各流派的学习理论为基础治疗行为障碍的方法。

Chaining（连锁作用） 一个反应给机体带来一个刺激，该刺激强化了该反应，并引发另一个反应。连锁作用还可能涉及其他人，例如，一个人的反应既能强化另一人的反应，也能决定随后的行动路线。

Classical conditioning（经典条件作用） 伊万·巴甫洛夫研究发现、被华生用于其行为主义理论的模型。

Conditioned response，CR（条件反应） 与无条件反应相似的反应，由先前的中性刺激引发。

Conditioned stimulus，CS（条件刺激） 在经典条件作用原理被应用之前，这种刺激在生物学上是中性的，不会引发机体的自然反应。

Contingency contracting（跟随型契约） 两个人之间的协议，当一个人以恰当方式行动时，另一个人给以某种形式的奖励。

Contingency management（跟随管理） 有目的地操纵强化跟随使之能鼓励符合期望的行为。

Contingent reinforcement（跟随强化） 一个反应必然获得一个强化物，没有反应，就没有强化物。

Continuous reinforcement schedule（连续强化程式） 亦称100%强化程式，即符合期望的行为每次出现都给予强化的强化程式。

Cultural engineering（文化工程） 把跟随管理应用于文化构建中。

Culture（文化） 根据斯金纳理论，文化就是一套强化跟随。

Differential reinforcement（差别强化） 一些反应被强化、另一些反应不被强化的情况。

Discriminative operant（辨别操作） 在一种情况下出现，但在另一种情况下不出现的操作反应。

Discriminative stimulus，S^D（辨别刺激） 表明一个反应之后将有强化跟随的提示。

Echoic behavior（拟声行为） 对别人说的话的准确重复。

Escape contingency（逃避跟随） 机体必须以一定方式逃避一个厌恶刺激的情况。所有负强化都与一个逃避跟随有关。

Extinction（消退） 曾经跟随一个习得的反应的强化物被移除而使操作反应减弱。此时一个反应退回到其操作水平，即消退。

Fixed interval reinforcement schedule，FI（固定间隔强化程式） 在一段特定间隔后才对一个反应给予强化的强化程式。

Fixed ratio reinforcement schedule，FR（固定比率强化程式） 每当一个反应出现 n 次才给予强化的强化程式。例如，反应每出现5次，机体得到强化。

Functional analysis（机能分析） 斯金纳的研究方法，试图绕开认知和心理过程，把可测量的环境事件与可测量的行为相联系。

Generalized reinforcers（泛化的强化物） 与多于一个的初级强化物配对出现的一类次级强化物。

Mand（祈使语） 要求得到某物的言语反应，当要求得到满足后，反应便得到强化。

Negative reinforcement（负强化） 当反应移除了一个初级或次级负强化物时发生的强化。

Noncontingent reinforcement（非跟随强化） 机体行为与现有的强化之间毫无关系的情况。

Operant behavior（操作行为） 与任何已知刺激无关的行为，其表现是自发的而非被引发的。

Operant conditioning（操作条件作用） 亦称R型条件作用。反应强度因对反应后果的操纵而被修正。反应之后跟随一个强化物，反应增强；反应之后不跟随强化物，反应则减弱。

Operant level（操作水平） 一个操作反应在受到系统性强化之前的发生频率。

Partial reinforcement effect，PRE（部分强化效应） 对一个反应给予部分或间歇强化，该反应在消退前的持续时间比接受连续强化或100%强化的反应更长。

Partial reinforcement schedule（部分强化程式） 对一个符合期望的行为有时强化有时不强化的程式。在这种强化程式之下，反应比率将保持在100%和0%之间。

Positive reinforcement（正强化） 一个反应带来一个初级或次级正强化的强化类型。

Primary negative reinforcer（初级负强化物） 威胁机体生存的负强化物，如疼痛或剥夺氧气。

Primary positive reinforcer（初级正强化物） 有利于机体生存的正强化物，如食物或水。

Primary reinforcer（初级强化物） 与机体生存有正向或负向联系的刺激。

Punishment（惩罚） 移除一个正强化物或给予一个负强化物。

Radical behaviorism（激进行为主义） J. B. 华生创建的行为主义派别，认为只有可直接观察到的事件，如刺激和反应，才是心理学的研究对象。所有涉及内部事件的东西，都应该也可以加以回避。

斯金纳接受了行为主义的这一派别。

Rate of responding（反应比率）　斯金纳用于表明操作条件作用的术语。如果反应后面跟随一个强化物，该反应的频率或频次就会增加；如果反应后面没有跟随强化物，该反应的频率或频次则无变化（保持在原有的操作水平）或减少。

Respondent behavior（应答行为）　被已知刺激引发的行为。

Respondent conditioning（应答型条件作用）　亦称刺激型条件作用。经典条件作用或巴甫洛夫条件作用的同义语。

Secondary negative reinforcer（次级负强化物）　因为和一个初级负强化物发生联系而获得其强化属性的负强化物。

Secondary positive reinforcer（次级正强化物）　因为和一个初级正强化物发生联系而获得其强化属性的正强化物。

Secondary reinforcer（次级强化物）　通过与初级强化物的联系而获得其强化属性的物品或事件。

Shaping（塑造）　机体不是按照一般途径做出的、逐渐形成的反应。塑造需要有差别强化和逐步接近步骤。亦见 Differential reinforcement（差别强化）和 Successive approximations（逐步接近）。

Skinner box（斯金纳箱）　斯金纳发明、用于研究操作条件作用的小型实验设备。

Stimulus generalization（刺激泛化）　在学习到反应的情境之外的情境中做出条件反应的倾向。由于原来的强化情境与另一些情境的相似性增强，因此以相似方式对其强化的可能性也增大。

Successive approximations（逐步接近）　只有那些与最终符合期望的反应越来越相似的反应才得到强化的情况。

Superstitious behavior（迷信行为）　在非跟随强化条件下产生的行为，行为主体相信，其行动与强化之间存在一种关系，但这种关系实际并不存在。

Tact（应答语）　言语行为的一部分，为环境中的客体和事件命名的行为。

Time out from reinforcement（暂停强化）　一种惩罚形式，即暂时停止对有机体施以正强化，而这种强化在特定时间段里是本应存在的。

Token economies（代币法）　斯金纳学派行为治疗方法之一，通常在精神病院和学校等机构中使用。对符合期望的行为用代币（或分数、卡片等）给予强化，代币事后可换取所需的物品或特权，如食物、香烟、隐私权、选择电视节目等。

Type R conditioning（反应型条件作用）　亦称操作条件作用。斯金纳用于描述操作行为或主动发出的行为的术语，以强调反应（R）对这些条件作用的重要性。

Type S conditioning（刺激型条件作用）　亦称应答型条件作用。斯金纳用于描述经典条件作用的术语，强调刺激（S）对条件作用的重要性。

Unconditioned response，UR（非条件反应）　由非条件刺激（US）引发的自然、自动的反应。

Unconditioned stimulus，US（非条件刺激）　引发机体自动、自然反应的刺激。亦称初级强化物，因为条件作用最终取决于非条件作用的出现。

Variable interval reinforcement schedule，VI（变化间隔强化程式）　必须经过一段平均时间间隔才给予强化的强化程式。例如，机体反应出现后在平均相隔 30 秒之后被强化。

Variable ratio reinforcement schedule，VR（变化比率强化程式）　反应达到一定的平均次数后才被强化的强化程式。例如，机体在平均每 5 次反应之后才能得到强化。

Verbal behavior（言语行为）　斯金纳用于指代语言的术语。

***Walden Two*（《桃源二村》）**　斯金纳所著的长篇小说，描述了他的学习原理怎样应用于文化工程。

288

第 **10** 章

约翰·多拉德和
尼尔·米勒

约翰·多拉德和尼尔·米勒共同努力，创建了一个理论框架，使人格和心理治疗这样的复杂主题得到比过去更清楚的理解。我们将看到，他们把两个已经存在的体系，即西格蒙德·弗洛伊德的理论和克拉克·L. 赫尔（Clark L. Hull）的新行为主义，加以综合，创建了分别胜过弗洛伊德和赫尔理论的一个更全面实用的理论结构。多拉德和米勒把他们 1950 年出版的著作《人格与心理治疗》"献给弗洛伊德、巴甫洛夫和他们的学生"。书的开篇这样写道：

> 本书是对创造人类行为一般科学的心理学基础提供帮助的一次尝试。以前我们追随的三个伟大的传统在一起汇聚。其中之一是由天才的弗洛伊德发起、由他的众多能力非凡的学生在心理治疗艺术中带给我们的精神分析学。另一流派源自巴甫洛夫、桑代克、赫尔和其他实验主义者。他们使用精确的自然科学方法考察了学习原理。最后，现代社会科学也是至关重要的，因为它揭示了人类学习的社会条件。我们的最终目的是把精神分析学说的活力、自然科学实验的严格性和文化因素结合起来。我们相信，这种类型的心理学应该占据社会科学与人文科学的基础地位，让这三种理论的每一种不必再对人类本性和人格提出特殊的假设。（p. 3）

一、生平

1. 约翰·多拉德

约翰·多拉德（John Dollard），1900 年 8 月 29 日生于威斯康星州的梅纳沙市。在多拉德到上大学年纪时，他的父亲，一位铁路工程师，因一次火车事故而丧生。他的母亲，一位原学校教师，为了让子女更容易进入威斯康星大学，把家搬到了麦迪逊市。在一段短暂的入伍服役后，多拉德考入威斯康星大学，学习英语和商业。在 1922 年获得学士学位后，多拉德留在学校，担任威斯康星纪念联合会的资金筹集人。在此期间，他遇到了麦克斯·梅森（Max Mason），他成为多拉德的第二位父亲。后来，梅森做了芝加哥大学校长，多拉德也去了芝加哥大学，并在 1926 年到 1929 年任梅森的助理。1930 年，多拉德获芝加哥大学社会学硕士学位，又在 1931 年获社会学博士学位。1931—1932 年，多拉德来到德国柏林，在弗洛伊德的一位同事汉斯·萨克斯（Hans Sachs）建立的精神分析研究所做研究员。从德国回国后，多拉德在耶鲁大学获得助理教授职位，并于 1933 年在耶鲁大学新成立的人类关系研究所担任助理教授。1935 年，他升任该研究所的副研究员，1948 年成为心理学副研究员和教授。1936 年，尼尔·米勒加入人类关系研究所时，多拉德已在这里工作，两人很快就结成了密切的工作关系。多拉德一直留在耶鲁大学，1969 年成为耶鲁大学的退休荣誉教授。他在 1980 年 10 月 8 日逝世，享年 80 岁。

多拉德是一位真正的多面手。在讲授人类学、社会学和心理学的同时，他还受过精神分析训练。他曾写过《一个南方小镇的种姓和阶级》（1937）一书，现在，该书被认为是对 20 世纪 30 年代南方黑人的社会角色的经典现场研究。米勒（1982）在评价多拉德这本书的影响时写道：

> 今天，已经很难有这样的勇气做这样的研究、写这样一部著作了。南方白人和一些北方白人同行都觉得，描述这样的事实是可鄙的。这本书在南非和佐治亚州曾经是禁书。如果说当今我国的情况有了明显改善，那么，这在一定程度上应归功于多拉德对阶级和种姓的经典研究中给人们启示的长期影响。（p. 587）

这本书的姐妹篇《被奴役的儿童》（1940）是与黑人社会人类学家阿利森·戴维斯（Allison Davis）合著，在对新奥尔良、路易斯安那和密西西比州纳奇兹的黑人青年进行研究的基础上写成的。第二次世界大战期间，多拉德对军人行为进行了心理分析，并写了两本书：《战胜恐惧》（1942）和《与恐惧作斗争》（1943）。这些只是多拉德出版物中的一小部分。

1939 年，多拉德和米勒（与杜布、莫尔、西尔斯合作）出版了《挫折与攻击》，这部著作试图根据学习原理分析挫折及其后果。其后不久，米勒和多拉德出版了《社会学习与模仿》（Dollard，Miller，Doob，Mowrer，& Sears，1941），该书以学习原理为背景，分析了几个复杂的行为问题。1950 年，多拉德和米勒出版了《人格与心理治疗：从学习、思维和文化角度的分析》。本章的很多内容都和这本书有关。

2. 尼尔·米勒

尼尔·埃尔加·米勒（Neal Elgar Miller），1909 年 8 月 3 日生于威斯康星州密尔沃基。后来他家搬到华盛顿州贝灵汉市，以便米勒的父亲，一位教育心理学家，可以在西华盛顿州立学院（现为西华盛顿大学）教书。米勒于 1931 年在华盛顿大学获理学学士学位。在华盛顿大学期间，他曾追随著名的学习理论家埃德温·格思里（Edwin Guthrie）做研究。1932 年，他在斯坦福大学获硕士学位，并于 1935 年在耶鲁大学获博士学位。在耶鲁期间，他曾追随另一位著名的学习理论家克拉克·赫尔进行研究。赫尔对米勒的人格理论产生了重要影响。米勒承担了赫尔曾经说过但没有做的一件事——探索赫尔理论与弗洛伊德人格理论之间的关系。

在获得博士学位后不久，米勒作为社会科学研究理事会访问学者来到欧洲。在欧洲，他在维也纳精神分析研究所接受了弗洛伊德的一位同事海因茨·哈特曼（Heinz Hartmann）的精神分析。米勒付不起接受弗洛伊德本人分析所需的每小时 20 美元费用（Moritz，1974）。从 1936 年到 1941 年，他在耶鲁大学人类关系研究所任讲师、助理教授和副教授。该研究所成立于 1933 年，宗旨是探索心理学、精神病学、社会学、人类学、经济学和法学等学科间的关系。从 1942 年到 1946 年，他指导了对美国空军的心理学研究。1946 年，他回到耶鲁，于 1952 年成为詹姆斯·罗兰德·安吉尔心理学教授，以及生理心理学实验室主任。后期，米勒成为洛克菲勒大学的退休荣誉教授和耶鲁大学的研究顾问。

米勒在多年时间里都是一个勇敢的探索者，他希望把严格的科学方法用到人的主观经验方面，如冲突、语言和无意识机制等。这种大胆探索持续到米勒对一种条件的研究，在这种条件下，人能够学会控制自己的内部环境。他在**生物反馈**（biofeedback）领域的先锋式的探索，激发了该领域的大量研究，他对这一领域的贡献是非常突出的。直到 20 世纪 60 年代，人们还认为操作条件作用可能介入随意的躯体神经系统的反应，但不介入不随意的自主神经系统的反应。自主神经系统的反应涉及心率、唾液分泌、血压、皮肤温度等。米勒及其同事发现，一个机械装置，例如能发出听觉信号或闪光的装置，当它被用来显示所考察的内部生物活动状态时，个体往往能控制它们。生物反馈在医学上的意义马上显露出来。心脏病患者可以学会控制心脏异常，癫痫病患者可以学会控制其异常脑活动，偏头痛患者可以学会控制大脑周围的血管扩张。此外，研究还发现，患者在使用一段时间的生物反馈之后，他们能觉察到自己的内部状态，并在需要时对其加以矫正。例如，患者可以升高或降低自己的血压，而无须生物反馈的帮助（涉及生物反馈的应用及其发展的现状，可参见 Olson & Hergenhahn，2009）。后期，米勒涉足一些较新的行为医学课题，这些问题在很大程度上是他对生物反馈研究的结果（例如，参见 Miller，1983，1984）。

米勒获得的荣誉很多，包括美国心理学会主席（1960—1961）和美国神经科学协会主席（1971—1972）。他于 1957 年获实验心理学家协会颁发的沃伦奖章，1964 年获美国总统国家科学奖章。1991 年 8 月 16 日，美国心理学会授予米勒心理学终生杰出贡献奖（*American Psychologist*，1992，p. 847）。在接受这一奖项时，米勒（1992）强调指出了基础科学方法论和动物模型对探讨社会学习、精神病理学和卫生事业的重要性。米勒指出，在理解人类行为、解决社会问题方面的最显著优势，来自科学研究。因此，科学教学与科学方法论应该成为心理学入门课程的重要部分。在米勒看来，懂科学的人越多，我们的生活就越好。2000 年 11 月 4 日，美国神经科学部门与项目协会授予米勒千禧年大奖。米勒于 2002 年 3 月 23 日在睡眠中逝世，享年 92 岁。

3. 合作目标

多拉德和米勒为自己设定的目标，是把弗洛伊德思想与严格科学方法，如学习理论家的研究手段相结合，更好地探索在文化背景下人的行为。

他们为什么要强调学习原理？米勒和多拉德相信，人的大多数行为是学来的。他们的早期著作《社会学习与模仿》（1941），就是奉献给新行为主义学习理论家克拉克·赫尔的，他们解释了其中的原因：

> 人的行为是学来的。准确地说，被普遍认为是理性存在物的人，或一个国家、一个阶级的成员所特有的行为，是习得的，而不是天生的。要彻底查明人的所有行为——无论是社会群体中的行为还是个体生活中的行为——我们必须了解参与学习的心理学原理，以及学习赖以发生的社会条件。只了解学习原理或学习发生的条件是不够的，要预测行为，就必须同时了解二者。心理学领域阐述了学习原理，而其他社会科学学科则描述了学习的条件。（p. 1）

多拉德和米勒认为，不仅外显行为是学来的，而且像语言以及弗洛伊德所说的压抑、移置和冲突之类的复杂过程也是学来的。虽然赫尔是一位行为主义者，但他的观点并不激进。在致力于解释行为的过程中，他假设，有几个生物学因素和少数心理因素非常重要（参见 Olson & Hergenhahn，2009）。由于多拉德和米勒把这种温和的行为主义形式作为解释精神分析现象的模型，所以，他们的工作可以被看作从华生和斯金纳的激进行为主义（参见第 9 章）向现代认知心理学的过渡。

■ 二、赫尔的学习理论

第 9 章讲到，斯金纳把强化物定义为可以改变反应出现可能性或反应发生率的任何事物。赫尔（1943）对**强化**（reinforcement）特性的认识更独特。他说，一个刺激要成为强化物，它必须能减弱驱力。因此，赫尔提出学习的**驱力降低**（drive reduction）理论。能够降低驱力的刺激就是**强化物**（reinforcer），实际驱力的降低则是强化。

赫尔理论的基石是**习惯**（habit）概念，他把习惯定义为刺激与反应之间的联结。如果一个刺激（S）导致一个反应（R），反应反过来产生一个强化物，则刺激 S 和反应 R 之间的联结就变得更强。由于习惯描述了刺激与反应之间的关系，赫尔的理论被说成是刺激 - 反应学习理论。

除了驱力和习惯概念，多拉德和米勒还借用了赫尔理论的其他概念，包括反应等级、刺激泛化（系赫尔从巴甫洛夫理论中借用）、初级和次级驱力、初级和次级强化物、期望目标反应以及产生线索反应等。

弗洛伊德的理论概念中，有几个是多拉德和米勒尝试解释或与学习原理等同的，如快乐原则、挫折与攻击的关系、儿童早期经验对成人人格形成的重要影响，以及无意识心理在神经症行为持续发生中的重要性。多拉德和米勒还尝试根据赫尔的学习原理，解释心理治疗中很多有效的方法。

在讲述本章的以后部分之前，我们先回顾弗洛伊德理论的某些问题，并把它们置于**赫尔的学习理论**（Hull's theory of learning）背景下。

像华生和斯金纳一样，赫尔以及多拉德和米勒的学说都认为，用老鼠之类的低等动物来探索人的行为不是错误的。多拉德和米勒相信，关于正常人的人格信息的两个最好的来源，一个是老鼠，一个是向专业人员寻求帮助的神经症患者。他们认为，研究老鼠是有用的，因为它们的历史（无论是遗传还是环境方面）可以加以控制。老鼠并不比人简单多少，在老鼠身上发现的简单行为"单元"也是人类行为的材料。作为动物研究的毕生支持者，米勒常常为支持这类研究向动物保护者辩护（例如 Coile &

Miller, 1984；Miller, 1985, 1991）。

多拉德和米勒认为，研究神经症患者是有益的，因为：他们寻求帮助，因此可以在控制条件下被观察；对他们的行为可以在相当长时间里进行系统化研究；他们比正常人更愿意说出生活中那些敏感和高度私密的事情；涉及神经症患者和正常人的变量是相同的，但是有些变量在神经症患者身上以夸张形式表现出来，这使得对他们的观察更容易。弗洛伊德有时也认为，关于正常人的很多东西，是通过研究不正常人得知的："疾病总是让我们凭借隔离和夸张条件而被辨别，其在正常状态下往往深藏不露。"（Freud, 1964b, p. 150）但多拉德和米勒警告人们，把对老鼠或神经症患者的研究结果推及正常人之前，应该做经验性的检查，以检验其有效性。多拉德和米勒相信，心理治疗与实验室实验相结合，能给人格研究提供最好的手段。

三、驱力、线索、反应和强化

多拉德和米勒的人格理论主要基于从赫尔的学习理论借用的四个概念：驱力、线索、反应和强化。

1. 驱力

驱力（drive）是推动有机体行动的强刺激，驱力的减弱或降低则是一种强化。驱力可能是内部的，如饥渴；也可能是外部的，如巨大的噪声、高温或寒冷。驱力有初级驱力和次级驱力之分：初级驱力与生存直接相关，如饿、渴、疼痛和性；次级驱力是习得的驱力，如恐惧、焦虑，或对成功与吸引别人的需要。次级驱力大多由文化决定，而初级驱力则与文化无关。值得注意的是，初级驱力是搭建人格大厦的砖瓦，所有**习得的驱力**（acquired drives）说到底都离不开它们。这一概念与弗洛伊德的观点一致，即我们在人身上观察到的很多行为，都是诸如性或攻击这些原始本能的直接表现。

在米勒和多拉德的理论中，驱力是个能触发灵感的概念，它是人格的催化剂。刺激越强，驱力越强，动机也越强：

> 驱力是推动行为的强刺激。任何刺激，只要足够强，都能变成驱力。刺激越强，它就越具有驱动机能。远处传来的模糊微弱的音乐只有很小的低级驱动机能，而邻居家收音机里传来的刺耳声音，其驱动机能就大得多。（Miller & Dollard, 1941, p. 18）

2. 线索

线索（cue）是一个刺激，它为应该从事的活动指明方向。驱力赋予行为能量，线索则指引行为：

> 驱力促使人做出反应，线索决定人在何时、何地做出什么反应。起线索作用的刺激例子有：5 点钟的钟声决定着疲倦的工人该休息了，餐馆的标志决定着饥饿的人将会去哪里，红绿灯决定着驾车人是踩刹车还是快速通过。（Dollard & Miller, 1950, p. 32）

任何刺激，取决于它的强度，可能被认为具有一定的驱力属性，而某种线索属性则取决于它的可辨别性。

3. 反应

反应（responses）由驱力和线索引发，目的是降低或排除驱力。换言之，饥饿（驱力）、正在寻找餐馆（线索）的人必须在饥饿的驱力降低之前进入餐馆（反应）。根据多拉德和米勒的理论（以及赫尔的理论），反应可能是明显的——它可直接地、工具性地降低驱力——也可能是内部的，它引起思考、计划、推理并最终降低驱力。多拉德和米勒认为，内部反应是线索引发的反应。本章后面将更多地谈到这种反应。

一些反应比另一些反应能更有效地降低驱力，因此在驱力下一次出现时它们就是人们预期的反应。新反应必然是在面对新情境时学会的，而旧反应如果不再是最有效的，则必然被减弱。当新条件出现或旧条件变化时，反应概率的调整就是**学习**（learning）。下一节将详细讨论反应概率变化的情形。

296

4. 强化

如前述，根据多拉德和米勒的理论，强化等同于驱力降低："在驱力不存在时，奖励是不可能的。"（Miller & Dollard，1941，p. 29）任何导致驱力降低的刺激都被说成是强化物。强化物可能是初级的，可满足生存需要，也可能是次级的。次级强化物，如斯金纳理论所说，先前是中性刺激，一直和初级强化物配对出现。例如，一位妈妈成为一个很强的次级强化物，因为她能降低初级驱力。

若一个线索导致一个反应，反应又导致强化，那么，这个线索与反应的联结就会变强。若这一过程反复发生，机体就形成一种牢固的习惯。

前面提到，多拉德和米勒的目标是用学习理论来解释人格。我们已讨论了驱力、线索、反应和强化概念，现在我们就能理解，多拉德和米勒所说的学习是什么：

> 那么，学习理论是什么？简单说，它就是对一个反应和一个线索刺激赖以发生联系的情境的研究。学习完成之后，反应就和线索以这样的方式相互绑定，即线索的出现会引发反应。……学习遵循一定的心理学原理。练习不能总是完美的。只有在一定条件下，线索和反应之间的联结才能很紧密。学习者必须被驱动做出反应，并因线索出现时做出反应而被奖励。简单来说，一个人要想学习，必须**想**得到什么，**注意**些什么，**做**些什么，并**得到**些什么。更确切些，这些因素就是驱力、线索、反应和奖励。（Miller & Dollard，1941，pp. 1-2）

对学习理论所称的**强化理论**（reinforcement theory）的最好概括就是上面的陈述："一个人要想学习，必须**想**得到什么，**注意**些什么，**做**些什么，并**得到**些什么。"

四、反应等级

每个线索会同时引发几个反应，这根据出现的概率而变化。由一个线索引发的这一组反应，就是赫尔所说的**习惯家族等级**（habit family hierarchy），可图示如下：

在上面图示中，当出现线索时，反应 1 是最可能做出的反应，其次是反应 2，以此类推。如果反应 1 被阻止，反应 2 将出现，如果反应 1 和反应 2 被阻止，反应 3 将出现，以此类推。

297

当一个新生儿体验到一个刺激时，一系列的反应会被引发。由于没有学习介入，所以这些反应被称为**本能反应等级**（innate hierarchy of responses）。这一等级是由遗传决定的、由一定的驱力条件引发的一系列反应。饥饿的婴儿起先会焦躁不安，然后哭，然后踢腿、尖叫。但是本能反应等级只存在较短的时间。如果其中某些反应被强化，它们在等级中的位置就会改变。在任何给定时间最可能出现的反应被称为等级中的**优势反应**（dominant response），它是导致驱力降低的最有效反应之一。

学习会不断地重新安排反应在各种习惯家族等级中的地位。由线索引发、优先学习到的经验，其反应安排称为**反应的初始等级**（initial hierarchy of responses）。在学习发生之后被改变的反应安排称为**反应的结果等级**（resultant hierarchy of responses）。应该注意，反应的初始等级既包括与生俱来的反应等级，也包括由最初的学习导致的反应等级。在两种情况下，等级都是在新学习经验引发结果等级出现、对反应等级重新安排之前就存在的。初始这一术语表示在学习经验发生之前，已经存在一组反应可能性，无论这些可能性是遗传决定的，还是先前的学习经验决定的。

还要注意一点，如果等级中的优势反应总能降低现存的驱力，学习将不会发生。例如，如果本能的眨眼反应总能移除进入眼睛的沙粒，就不需要学习摩擦、转动或清洗眼睛。多拉德和米勒认为，一切学习——我们可以把它等同于反应等级的重新排位——都取决于失败。这一概念被称为**学习两难**（learning dilemma），对学校和家庭教育有重要意义：

> 没有两难，就没有新的学习，无论是试误学习，还是通过思维解决问题。例如，一位妈妈因为孩子学习说话很慢而担心。简单询问后发现，她善于根据孩子的手势理解孩子的每一个愿望。因为有其他有效的回应手段，这个孩子就没有陷入两难。他知道，只需更彻底地使用手势这一老习惯，他就不用做出导致言语的随意发音行为。后来，母亲通过假装不理解孩子的手势，就把孩子推入两难，这也许促进了孩子的语言学习。至少，在这种改变了的条件下，这个孩子很快学会了说话。

> 没有两难困境存在，是很难教会别人新东西的原因之一。只有去除曾经受到奖励的老习惯，新的学习才可能发生。当出现非同寻常的情况，例如大变革时，旧有的奖励减弱，新反应才可能发生。它如果受到奖励，就被学会。俄国的伯爵能学会开出租车，伯爵夫人则能变成厨子。（Dollard & Miller，1950，pp. 45-46）

298
强化梯度

如果反应出现后立即被强化，和被延时强化的反应相比，其力度就会更强。换言之，"延时强化不如即时强化有效"（Dollard & Miller，1950，p. 54）。但是在学习情境下，强化被延迟有另一种意义。多拉德和米勒发现，按次序做出反应的学习，只有最后一个反应受到强化。在这一次序中，最后一个最强，之后是倒数第二个，以此类推。多拉德和米勒（1950）举了这样的例子：

> 一个饥饿的男孩在客厅摘下帽子，穿过起居室，走进厨房，打开冰箱，拿出东西吃——离奖励较远的联结不如离奖励近的那样强。在这一顺序中，客厅壁橱信号与挂帽子反应之间的联结就弱于冰箱门信号与打开冰箱门的反应之间的联结。（p. 54）

这种**强化梯度**（gradient of reinforcement）告诉我们，为什么当接近一个积极目标时，活动会加速："一个走在吃晚饭路上的饥肠辘辘的人，在到家前的最后一个拐角，总会加快步伐。"（p. 55）强化梯度还告诉我们，如果有两条或更多条路通向一个目标时，人们愿意选择较短的路。

■ 五、作为习得驱力的恐惧

我们已经了解了多拉德和米勒复杂的反应与强化概念。这一节，我们专门谈一谈他们的驱力概念，下一节将讨论线索的其他一些特性。

前面讲到，有两种驱力——初级驱力和次级驱力。初级驱力是生物本能决定的，次级驱力是学来的，或文化决定的。恐惧是最重要的次级驱力之一，因为它对适应行为和适应不良都很重要（出于我们现在的目标，我们将把术语"恐惧"和"焦虑"作为同义语来使用）。弗洛伊德发现，焦虑是对即将出现的危险的警告。伴随痛苦体验的事件，如果再次出现，会导致恐惧或焦虑，因此提醒人们要小心。例如，一个曾经被炽热的火炉烫伤的孩子，下次看见火炉，即使没感到疼痛，只是看见火炉，也会感到恐惧。

1948 年，米勒完成了后来著名的探索恐惧习得的实验（Miller，1948a）。他用的是带有黑色和白色隔间的实验装置。一只白鼠被放进去，可以自由走动，结果显示，白鼠对黑色和白色隔间没有偏好。接着，米勒对进入白色隔间的白鼠施以电击，白鼠可以通过开着的门跑到黑色隔间，以逃避电击。白鼠很快就学会离开白色隔间来逃避电击。最后，当把白鼠放入白色隔间时，即使没有电击，白鼠也会吓得撒尿、拉屎、蹲伏，并跑进黑色隔间。白鼠学会了对白色隔间的恐惧，因为它与电击联结。

米勒实验的下一步是让白鼠必须转动一个小轮子才能逃离白色隔间。白鼠学会了这样做，即使不给予电击，也能做到。米勒又用杠杆取代轮子，结果，白鼠很快就能分辨出，转动轮子的反应已经无效，并学会用压杠杆反应来躲避电击。白鼠形成了对白色隔间的**条件恐惧反应**（conditioned fear reaction）。

米勒这一实验的最重要一点是，它证明恐惧本身变成了一种驱力，这种驱力因强化而被降低。这是恐惧的减弱，而不是痛苦的减弱，它使动物学会转动轮子和压杠杆反应。这种行为是高度抵制本能的，因为随着恐惧出现，恐惧的降低将被强化。注意，在这种情况下，动物并没有在该情境中停留很长时间，来学习不再受到电击的行为，从而减弱其恐惧反应。动物持续这样做，"仿佛"它逗留在那种情境中仍会受到电击。

多拉德和米勒认为，人类的恐惧症和其他非理性的恐惧是由相似的经验导致的。在观察者看来，这种行为似乎不合理，因为研究使用的是白鼠，其发展史我们并不知道。可能因为对童年早期性行为的严厉体罚，一个人才会厌恶性活动和性念头。出于这个原因，即使与此接近的活动或想法也会引发恐惧，并借助于逃离或回避而减轻。像米勒实验中的老鼠一样，这个人不愿长时间待在引发焦虑的情境中，并学会不再因这样的想法或做法而受到惩罚。和老鼠一样，恐惧的消除非常困难。如本章后面要讲到的，多拉德和米勒认为，心理治疗的主要任务，就是提供一种情境，让患者在该情境中体验有威胁的想法但不受到惩罚，从而最终消除之。这一目标类似于弗洛伊德，他试图运用自由联想和梦的分析来寻找被压抑的想法。

六、刺激泛化

在介绍斯金纳的学习理论时曾提到，如果刺激 1 和反应 1 之间存在联结，那么不仅刺激 1 会引发反应 1，而且与刺激 1 相似的刺激也会引发反应 1。与刺激 1 越相似，引发反应 1 的可能性就越大。这种现象称为**刺激泛化**（stimulus generalization）。在米勒的恐惧实验中，我们不但预期白色隔间会引发恐惧，而且各种灰色的隔间也会引发恐惧。但是，隔间的颜色越浅，恐惧反应越强，因为最初与痛苦相联结的正是白色隔间。

一切学会的反应都会向其他刺激泛化。如果一个孩子学会了怕蛇，他可能也会怕绳子，起码第一次会这样。如果一个少年害怕父亲，他也会害怕像父亲的男人。一个女人如果被强暴，从此以后，在短时间里她会恨所有男人。但是随着经验积累，多数正常人能学会辨别。**辨别**（discrimination）和泛化正相反。它使小孩子懂得，蛇可怕，但绳子不可怕。少年懂得了，也许在某些情况下自己父亲可怕，但是长相相似的男人并不会带来威胁。被强暴的女人意识到，强暴她的人并不代表所有男人。因此，泛化虽然会导致最初学到的反应倾向被更多的刺激引发，但是后来的经验使人去加以辨别，并有选择地对刺激做出反应。这至少适用于正常人。本章后面会讲到，神经症患者常常丧失了辨别力，因此往往把他们的焦虑过度泛化。

多拉德和米勒把泛化分为两种：初级泛化和次级泛化。**初级泛化**（primary generalization）以刺激中的生理相似性为基础。两个刺激在生理特性上越接近，引发相同反应的可能性就越大。初级泛化是天生的，由人的感官掌控。**次级泛化**（secondary generalization）以刺激中的语言标签，而不是生理相似性为基础。所以，一个人会以相似方式对带有"朋友"标签的所有人做出反应。同样，危险这个字眼儿等同于许多危险情境，它们都可能引发相似的反应。次级泛化就是多拉德和米勒所称的习得的等价，它是通过语言而中介出来的。值得注意的是，次级泛化不是以生理特性为基础，它可能会凭借一个人"好"、另一个人"坏"的标签，而抵消初级泛化，哪怕两个人在生理上很相似。

■ 七、冲突

冲突（conflict）是米勒详细探讨过的弗洛伊德概念。勒温（Lewin，1935）早期曾探讨过这一概念，米勒从弗洛伊德和勒温那儿借用了这一概念。但米勒对冲突概念进行了深度的、以实验为基础的分析。弗洛伊德探讨的是力比多欲望与自我、超我的持续不断的冲突。弗洛伊德认为，一个人既可能被一个对象吸引，又可能被它排斥。这就是后来所称的接近–回避冲突，它也是米勒所研究的四种冲突类型之一。下面来看这四种冲突。

1. 接近–接近冲突

接近–接近冲突是两个积极的，同时具有相同吸引力的目标之间的冲突。这一冲突可以图示如下：

目标1　　　人　　　目标2
（＋）　◀━━━━●━━━━▶　（＋）

当两个同样有魅力的人请一个人在同一个晚上约会，或一个人既饿又困时，就存在**接近–接近冲突**（approach-approach conflict）。一般情况下，这种冲突容易通过实现第一个目标、放弃另一个目标而解决。例如，一个人可以先吃饭，再睡觉。多拉德和米勒（1950）指出："驴不会面对着两堆同样想吃的干草却挨饿，除非草堆里藏着荆棘使它不得不回避。"（p. 366）如果草里藏着荆棘，饿驴会面临接近–回避冲突，我们将会看到，这是更难解决的冲突。

2. 回避–回避冲突

在这种情况下，人必须在两个消极目标中选择一个。例如：一个孩子要么吃菠菜，要么挨打；一个学生要么做家庭作业，要么得低分；一个人要么必须去上班做自己不喜欢的工作，要么失去收入。人面临这样的冲突时，"做也糟糕，不做也糟糕"。人们会说，这样的人"不是身陷恶魔，就是掉入深深的蓝海"。这样的冲突可以图示如下：

目标1　　　人　　　目标2
（－）━━━━▶●◀━━━━（－）

两种类型的行为都会使一个有机体陷入**回避–回避冲突**（avoidance-avoidance conflict）：（1）犹豫不决或优柔寡断。（2）逃避。逃避可以是真正离开冲突情境，或心理逃避，如做白日梦或贯注于其他想法。

3. 接近–回避冲突

在这种情况下，人既被一个目标吸引，也对这个目标感到厌恶。一个工作可能因为能赚钱而吸引人，但是因为无聊，或不能使人参加更多的有趣活动而缺乏吸引力。一个年轻女性可能被一个行政职位吸引，因为它带来挑战、收入和责任，但是也可能让她犹豫不决，因为这一职位对她的家庭生活有负面影响。这种冲突可图示如下：

$$人 \longrightarrow 目标1$$
$$(+)$$
$$\bullet \longleftarrow (-)$$

多拉德和米勒（1950）归纳了**接近 – 回避冲突**（approach-avoidance conflict）的最显著特征：

（1）接近一个目标的倾向越强，主体离这个目标就越近。这称为接近的梯度。
（2）回避一个目标的倾向越强，主体离这个目标就越近。这称为回避的梯度。
（3）随着目标的接近，回避的强度比接近的强度增加得更快。换言之，回避梯度比接近梯度更陡峭。
（4）接近或回避倾向的强度随着指向目标的动机强度的大小而变化。即，动机增强将抬升整个梯度的高度。（pp. 352-353）

米勒对接近－回避问题做了大量研究（例如 Miller，1944，1959，1964）。图 10-1 概括了接近－回避冲突的一些特征。

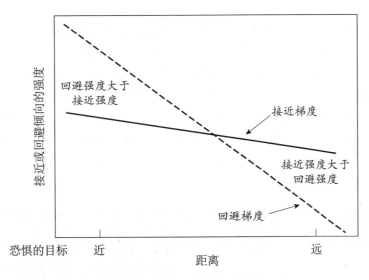

图 10-1　接近 – 回避冲突图示

资料来源：Miller，1959，p. 206.

从图 10-1 可以做出一些推论。例如，当接近梯度高于回避梯度时，人将会接近目标。当回避梯度较高时，人就会回避目标。接近梯度越高，人距离目标就越远，这时就出现更强的接近倾向。但是，当一个人接近目标时，回避倾向就增强，并且最终强于接近倾向。这时候，人就会向后撤退。因此，人会在两个梯度的交叉点上犹豫不决。人们都知道，一些夫妻对两人的关系疑心重重，所以时而吵闹，时而和解。在两人分开时，他们关系中的好的一面就占优势，这驱使他们重归于好。但是重聚之后，他们关系中负面的东西又抬头，这又促使他们分开。要想解决接近－回避冲突，要么增加接近倾向的强度，要么减弱回避倾向的强度。在心理治疗情况下，后者经常被采用。

本章的后面几节还要讲到接近－回避冲突问题。

4. 双重接近 – 回避冲突

当人面临两个目标时，会倍感矛盾。这种冲突可图示如下：

目标1　　　人　　　目标2
(+) ◄──────── • ────────► (+)
(−) ────────► • ◄──────── (−)

弗洛伊德理论中，女孩和她父母的关系就是**双重接近－回避冲突**（double approach-avoidance conflict）的一例。女孩被母亲吸引，因为母亲满足她的生物需要，但又对母亲感到厌恶，因为她是女孩，缺少男孩的阴茎。她被父亲吸引，因为父亲拥有这个重要器官，但又因此而嫉妒父亲。弗洛伊德认为，女孩对父母有矛盾情感。

多拉德和米勒同意弗洛伊德的观点，认为大多数神经症行为包含着冲突。例如，当神经症患者介入各种可以减弱性欲这样的强大驱力的活动或想法时，他们会感到非常焦虑。和满足他们性需要的目标越接近，他们的焦虑就越严重，直到离开这一目标。但是，因为他们的初始需要未得到满足，他们就会再次接近这个性欲目标，接着又因为焦虑而离开它，如此循环往复。只有心理治疗或使二者达到平衡，才能使他们摆脱这种恶性循环。

■ 八、移置

多拉德和米勒深度考察的弗洛伊德的另一个概念是**移置**（displacement）。这是弗洛伊德理论中他认为最重要的部分之一，即受到挫折后驱力并没有消失，而是以伪装形式得以表现。换言之，假如一个需要没有直接得到满足，它将被移置并间接地得到满足。如第2章所说，在弗洛伊德看来，性驱力可能被人们容易接受的活动，如努力工作、创造性活动所移置，这就是升华。

米勒首先以实验方法来验证移置现象。米勒（1948b）把两只白鼠放进实验箱，对它们施以电击，直到它们开始打斗，电击才停止。换言之，打斗这种攻击行为被逃避电击强化。用这种方式进行训练，直到白鼠在刚受到电击就开始打斗。这时，又把一个玩偶放进实验箱，给白鼠施加电击，直到它们互相打斗、忽视玩偶才停止电击。如图10-2所示。

图 10-2　为终止电击而互相打斗的两只白鼠

资料来源：Miller，1948b，p. 157.

当只把一只白鼠放进实验箱并被电击时，白鼠就会攻击玩偶。如图 10-3 所示。当攻击对象不在场时，白鼠就会攻击替代对象，即玩偶。这时，白鼠表现出**移置性攻击**（displaced aggression）。

图10-3　攻击反应的移置

资料来源：Miller，1948b，p. 157.

显示出移置的发生很重要，但这仍未回答一个问题：什么因素决定着移置对象的选择，为什么会这样？例如，一个雇员被拒绝加薪，如果他不能攻击老板，他会攻击什么对象呢？对此，米勒（1959，pp. 218-219）做出如下结论：

（1）当有机体有机会对一个期望的刺激做出反应时，将对与期望刺激最相似的刺激做出反应。例如，一个女人因最爱的男人死去而不能和他结婚，她会在日后嫁给与这个男人相似的男人。

（2）如果对最初刺激的反应由于冲突而被阻止，移置就会发生，其对象将是一个中介刺激。例如，一个女孩因为和男友吵架而与男友分手，她的下一个男友可能在很多方面与原来的男友相似，但是又和他不同。

（3）如果对一个初始刺激具有强烈的回避倾向，此时的移置会指向一个不相似的刺激。例如，一个女孩原来的一段感情不堪回首，她的下一个男友可能和第一个男友大不相同。

如果移置是因冲突而发生，那么，冲突反应的强度将决定移置在什么地方发生。图 10-4 显示了在弱冲突反应和强冲突反应时移置的特征。

从图 10-4 可见，如果有攻击一个目标的欲望，而且对惩罚只有较弱的恐惧，就会产生移置一个相似于原来目标的对象的趋向。但是，如果对攻击一个目标存有欲望而且对惩罚有强烈恐惧，攻击行为就可能指向与原来目标不相似的对象。换言之，增强一个人的恐惧，会减弱对相似对象做出移置反应的倾向，减弱一个人的恐惧，可以增强把相似对象作为移置物的趋向。例如，一个雇员不害怕老板，同时老板使他受挫，他就会直接攻击老板。如果一个雇员对老板有强烈的恐惧，在老板使他受挫时，他将会攻击一个与老板不相似的对象，如下班回家路上停着的别人的汽车、自己的妻子、孩子或宠物。

我们知道，如果要选择的对象不存在，也没有冲突发生，移置就只是刺激的泛化。就是说，一个与不存在的对象最相像的对象将被选择。但如果存在冲突，移置将取决于接近与回避倾向的情况。

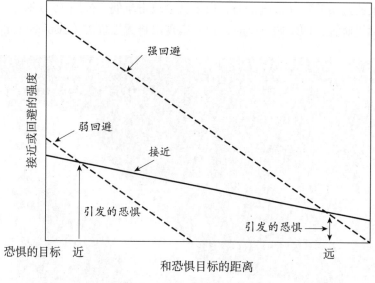

图 10-4　冲突反应的强度与移置的特征

此图显示，在较弱的回避倾向下，除非对象非常接近，或与所遇目标非常相似，否则就不会体验到恐惧。但是，当回避倾向非常强烈时，对象与目标较远并且与该目标更不相似将会导致恐惧。

资料来源：Miller, 1959, p. 208.

九、挫折 – 攻击假说

1939 年，多拉德和米勒（与杜布、莫尔和西尔斯合作）出版了他们的第一部著作《挫折与攻击》。他们分析了由弗洛伊德所说的挫折导致攻击这一观点引发的争论，这一观点就是人们熟知的**挫折 – 攻击假说**（frustration-aggression hypothesis）。多拉德等人提出了以下假设：

> 本研究以下面的假设为出发点：攻击永远是挫折的结果。明确地说，攻击行为的出现总是以挫折的存在为前提的，反之，挫折的存在总会导致某种形式的攻击。（Dollard, Miller, Doob, Mowrer, & Sears, 1939, p. 1）

挫折被定义为"当指向目标的反应受到干扰时所处的条件"，攻击则被定义为"目标反应伤害一个有机体（或替代性有机体）的行为"（1939, p. 11）。可以假定，指向目标的行为被破坏导致挫折，挫折又导致对人与其目标之间障碍的其他人或物的攻击。

多拉德等人（Dollard et al., 1939, pp. 28-32）归纳出三个主要因素，它们决定着由挫折导致的攻击的程度：

（1）与挫折反应相关的驱力水平。人想达到目标的动机越强，当指向目标的活动受阻时受到的挫折就越大，人的攻击性也越强。

（2）挫折的完全性。指向目标的反应的部分受阻只会导致较小的挫折和较弱的攻击性，若完全受阻则会导致较大的挫折和较强的攻击性。

（3）较小挫折的累积效应。较小的挫折或干扰会逐渐累积起来，并导致较大的挫折和较强的攻击性。举个例子，如果一个人去餐馆吃饭，先是被一个想和他聊天的朋友干扰，后来又遇到非同寻常的塞车，好不容易到了饭馆，却关门了，这个人受到的挫折肯定比顺利来到饭馆却发现饭馆关门的人受到的挫折大得多。

这三个因素告诉我们的信息是相同的——攻击的强度总是挫折大小的函数。

上一节讲到，当对一个直接的攻击行为的惩罚威胁增大时，攻击行为被威胁较小的人或物移置的趋向就会增强。多拉德等人认为："对一个直接攻击行为的压制程度越大，出现较不直接攻击行为的可能性就越大。"（1939，p. 40）

经过一些年的研究发现，挫折与攻击之间的关系并没有原来认为的那样直接。例如，米勒和多拉德（1941）总结说，攻击只是挫折的一个结果。对挫折的其他可能反应还有退缩或冷漠、抑郁、退行、升华、创造性的问题解决和固着（刻板行为）。起初的挫折－攻击假说中被后续研究最多证实的部分是，受挫的人比未受挫的人更具攻击性。但是研究也表明，如上述，挫折还可能导致很多非攻击行为。而且研究还发现，攻击行为并不像弗洛伊德和多拉德等人（Dollard et al., 1939）所认为的那样，能减弱攻击倾向。还有研究显示，攻击行为其实增强了攻击倾向（例如 Geen & Quanty，1977；Geen，Stonner，& Shope，1975）。这些证据都说明，挫折－攻击假说的最初提法不能得到一致的证据，因此莱昂纳德·伯科维茨（Leonard Berkowitz，1989）建议对这一假说做出重新界定。伯科维茨发现，如果强调一个事件带来的厌恶和不快，而不是它造成多大挫折，那么，当前的许多发现都是可以理解的。

但多数研究者仍然相信，攻击是对挫折的最普遍、最重要的反应，二者之间的关系对刑罚改革、儿童养育和一般行为矫正都有很大意义。

■ 十、语言的重要性

本章开头，我们曾列出了多拉德和米勒理论四个重要成分之一的"反应"。其他三个成分分别是驱力、线索和强化。还提到了反应的两种类型：工具性或外显的反应和内部的或思维反应。多拉德和米勒认为，这两类反应都很重要，这是他们的理论同斯金纳理论的最大不同。虽然斯金纳并不回避语言问题，但对他来说，语言只是口头行为，和其他行为一样，都服从相同的规律。多拉德和米勒与斯金纳不同，他们试图查明内部思维过程的属性及其与语言的关系。此外，多拉德和米勒还从内部反应机制角度，分析了弗洛伊德有关压抑与神经症的论断。他们认为，人使用语言的能力是为高级心理过程服务的，它是神经症的一部分，也是正常机能的一部分。

多年前，巴甫洛夫曾把有重要生物学意义的事件出现之前的物理刺激称为**第一信号系统**（first signal system）。这种刺激使机体能够预期有重要生物学意义事件的发生，并使其在事件发生时能做出有效的应对。例如，我们回避热火炉、肚子饿见到食物时流口水等等。巴甫洛夫把第一信号系统称为"现实的第一信号"。人类除了学会对生理刺激做出预期反应之外，还能学会对现实的符号做出反应。例如，我们在听到"火""危险"或"敌人"这样的词时会感到恐惧。我们在听到亲人的名字或"爱""和平""朋友"这些词时会感觉良好。巴甫洛夫称这些把现实符号化的词为"信号的信号"，或**第二信号系统**（second signal system）。

多拉德和米勒赞同巴甫洛夫的论断，认为语言是现实的符号表征。随着这种符号系统的发展，人可以在没有实际行动的情况下，把已有的经验"彻底想明白"。因此，思维是人针对几种行为可能性与自己的谈话。多拉德和米勒把想象、知觉和词称为**产生线索反应**（cue-producing responses），它们决定着下一步做出怎样的反应。例如，数数就是一种产生线索反应，因为数出"一"的反应会引发"二""三"等等。思维推出反应，同时，思维作为线索又引发进一步的反应。

推理（reasoning）和**计划**（planning）是产生线索反应的两个最有用的机能。推理用认知试错代替了外部行为试错。而认知试错更有效，因为从心理上解决一个问题，可以从几个不同角度进行尝试，无须遵照一定顺序。

图 10-5 显示了推理在问题解决中的优势。在这个推理的实例中，黑色轿车的驾驶者想左转弯，但因左侧车道车多而受阻。该驾车人看到，对面车道车很少，右转很容易，于是他想："我只需走另一条路。"这个想法引发他思考，怎样走另一条路。于是他把车拐到右侧车道，超过前面的车，到前面掉头，之后右转就来到他想走的路上。（十字路口中间的圆形标志表示红绿灯。）

当产生线索反应成为解决一个当前问题的一部分时，这一过程就称作推理。若产生线索反应指向解决一个未来的问题，这一过程就称为计划。

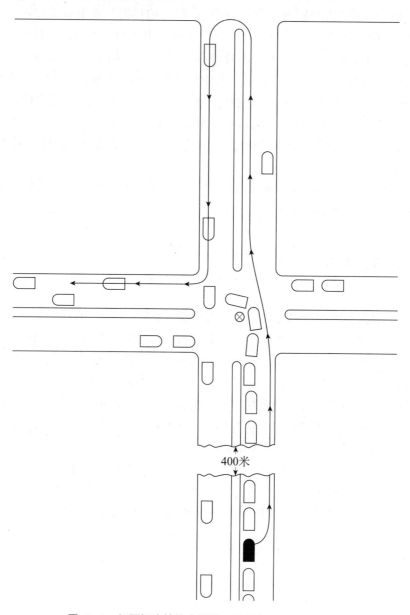

图 10-5 问题解决情境中用推理取代行为试错的例子

资料来源：Dollard & Miller，1950，p. 112.

十一、无意识心理

多拉德和米勒同意弗洛伊德的观点，认为无意识过程对决定行为起着至关重要的作用。他们描述了无意识素材的两个类别：（1）从未冠以语言标签的经验；（2）一直被压抑的经验。

1. 从未冠以语言标签的经验

在学会说话之前发生的学习是没有冠以标签和记录，但是可以回忆起的学习，这种学习就成为无意识的一部分：

> 我们假定，从未冠以语言标签的驱力、线索和反应必然是无意识的。儿童在学会说话之前会体验到这类无意识。言语的成功使用是逐渐发展而成的，在儿童会说"妈妈"之前，不可能形成某种范畴。这段时间里的社会学习是无意识的，它将持续好几年，而且没有固定边界。（Dollard & Miller，1950，p.198）

弗洛伊德认为，人一生中的这段时间对成年后的人格发展非常重要，此时的经验是未冠以语言标签的，因此不能回忆出来。这些早期经验对人的后期意识生活有深刻影响，但这些经验本身一直处于无意识状态：

> 在这段时间里，幼儿的经验是未被注意到或未说出的。在 1 岁前具有的性格特质、艰难困苦或深深的满足感，儿童自己都不能描述。这些从未冠以语言标签的东西，在儿童长大以后也不能被准确地报告。人生的这一重要片段就这样丢失了，而且不能从问卷和访谈中得到。幸好还有行为记录。习得的反应陆续发生，在一生中的类似情境中，可以重新发现那些丢失的东西。从非语言的线索中可以得到这些东西，它们已无声无息地与有意识的生活交织在一起。（Dollard & Miller，1950，p.136）

2. 一直被压抑的经验

有些想法因为会导致焦虑而令人不舒畅。举几个例子：想到一起导致自己家人遇难或受伤的交通事故，在认识到关于性欲的观念有多么邪恶之后又想到性的问题，想到你喜欢在商店里偷东西，想到你会怎样去爱抚你的老师或牧师，如此等等。焦虑是一种消极驱力，就像疼痛、饥饿和口渴那样，因此任何能减轻焦虑的东西都能起到强化作用。换言之，任何能够终止一个引发焦虑想法的东西都将作为一种习惯而被习得。

在一次交谈中，你突然想到和你最好朋友的男友发生性关系的事情，你就可能感受到这种引发焦虑的想法，因为这不符合你接受的道德教育。这时候，你会有意识地做出反应，"把这种想法从你心里赶走"。这种有意识、深思熟虑地终止一个引发焦虑想法的努力，称为**抑制**（suppression）。抑制像其他反应一样，是习得的。就是说，随着驱力的减弱（在这个例子中，是焦虑的减轻），抑制的强度会增大。抑制是终止导致焦虑想法的常见方式。

最终，对引发焦虑想法的抑制变为一种预期，它使这些想法在造成焦虑之前被自动终止。一个潜在的、令人不快的想法在进入意识之前被中止，这一过程称为**压抑**（repression）。压抑是习得的、不去想那些令人不快念头的反应。在压抑过程中，原来的想法作为信号而起作用。假如一系列的想法持续产生，它们将导致焦虑体验。所以，这一系列的想法在它们带来痛苦之前就被终止了。由于这一原因，压抑被认为是一种预期。它由于阻止了焦虑体验，所以又被认为是一种条件性的回避反应。抑制使人逃离引发焦虑的想法，而压抑则使人回避之。换句话说，当不被接受的素材刚刚从无意识中冒头时，压抑被引发；当这种素材已被意识到时，则抑制被引发。这两个过程都是习得的反应，并且借助焦虑的消除、减弱或阻止而得以保持。

像压抑这样的过程可能是有益的，因为它使人回避许多令人不快的想法，这一点是肯定的。但压抑也有消极的一面。一个被压抑的想法不能被理性地加以对待，因为它没有进入意识。如上一节讲到的，意识的机制是推理和计划这些问题解决过程的一部分。如果一种经验被压抑，它就不可能以符合逻辑的方式被对待，与之相关的活动将是非理性的。此外，把被压抑的素材带到意识中的任何尝试都

310

会遇到巨大的阻力，这种情况在精神分析中经常发生。

现在你可能得出结论，多拉德和米勒（弗洛伊德也如此）认为，从因果关系上，压抑机制与大多数神经症行为有关。心理治疗的目标就是把被压抑的思想解放出来，使人能够理性而现实地对待它们。

十二、神经症及其症状的形成

1. 神经症

如前述，多拉德和米勒追随弗洛伊德，他们假定，冲突是神经症行为的核心，这种冲突是无意识的，往往是在童年期习得的：

> 激烈的情绪冲突是神经症行为的必要基础。这些冲突必然成为无意识的。它们通常只在童年期形成。神经症冲突是在没有周密计划的情况下产生的，这是怎么回事呢？社会必须促进儿童成长，社会并没有把神经症当作自己的目标，在其教育系统中也没有做出正式规定，要培养出神经症儿童。我们的确对神经症感到遗憾，并且认识到，神经症无论对儿童本人还是对别人都是一种负担。那么，神经症是怎样发生的呢？我们的回答是，神经症冲突是父母教、儿童学到的。（Dollard & Miller，1950，p. 127）

神经症（neurosis）这一术语很难被准确定义，但是很清楚，它是令人痛苦的，患者人生的某些方面，表现是不明智的，往往伴随着生理上的症状，即被压抑的冲突的表现。

如果儿童因为性活动受到严厉惩罚，他们就学会压抑性行为，而且像成人那样去想。儿童需要带有性驱力的生活，这种驱力强烈地推动着他们参与性活动，但是他们又非常恐惧这样做带来的惩罚。前一节讲到，在这种情况下，性活动的念头将被压抑，结果这种强烈的接近－回避冲突就存留在无意识中，而且无法用语言来描述和分析：

> 缺少了语言和适当的标签，高级心理过程就不能发挥机能。由于压抑使这一过程变得混沌不清，人就不能运用心理手段指引自己去解决内心冲突。神经症患者无力自助，如果需要帮助，必须求助于别人。当今，数百万人生活在深重的神经症痛苦中却得不到帮助。所以，神经症患者是或似乎是愚蠢的，因为他不能利用自己的心理来解决问题。他觉得应该有人来帮助他，但他不知道怎样向别人求助，因为他不清楚自己的问题出在哪里。他因为受此痛苦而感到委屈，却不能解释自己的情况。（Dollard & Miller，1950，p. 15）

这样一来，神经症患者就陷入一种难以忍受的冲突中，冲突的一方是受到挫折的驱力，另一方是能给他们带来满足的接近反应可能造成的恐惧。

2. 症状的形成

神经症往往伴随一些症状，如恐惧症、压制、逃避、强迫症，以及一些身体疾病，如瘫痪或神经性抽搐。虽然神经症患者普遍认为，他们的症状就是他们的问题，但实际并不是这样。神经症的症状是被压抑的冲突的表现。为此，多拉德和米勒（1950）举了A女士的例子。她是个孤儿，出生在南方一个城市，不知父母为何人。她在一个收养家庭长大，养父母给予她极其压抑的性教育。尽管她具有强烈的性欲望，但是性变成肮脏的、令人厌恶的事情，说起性或想到性都给她带来痛苦。最后，她得了严重的恐惧症，而且对自己的心跳非常关注。分析表明，她对心跳的关注是用来阻止性念头的手段。多拉德和米勒对A女士的案例做了如下的总结：

> 当她独自在街上闲逛时，对性诱惑的恐惧就会增强。有人会跟她搭讪，引诱和靠近她。这种

接近增强了她的性欲望，使她更难抗拒诱惑。但是，强烈的性欲望激起了焦虑和内疚，每当走在街上，这种冲突就会愈加强烈。……当性念头出现或其他性刺激要发生时，这些刺激就会引发焦虑。……由于数自己的心跳是一种高度集中精力的反应，这时候，其他思想不可能进入她的心理。当她数心跳时，引起恐惧的性念头就会减弱。A 女士只要一开始数心跳，马上就会"感觉良好"，数心跳的习惯因焦虑的减轻而被强化。（p. 21）

神经症的症状是习得的，因为它们减轻了恐惧或焦虑。这些症状和压抑相比，不但不能解决根本问题，反而使生活更难以忍受：

这些症状不能解决神经症患者面临的根本冲突，但是能缓解冲突。症状是企图减弱冲突的表现，而且有时候是成功的。症状一旦能够成功地缓解冲突，就会因减轻了神经症导致的痛苦而被强化。这样，症状就作为一种习惯而被学会了。症状的一个很常见的机能就是使神经症患者远离那些引发或加剧其神经症冲突的刺激。所以，曾经经历过悲惨的空战灾难的战斗机飞行员，可能不愿意再看见任何飞机。因为他只要走近一架飞机，立刻就感到焦虑，而离开飞机，焦虑就会消除。离开飞机就被强化。正是这种恐惧性离开构成了他的症状。如果不理解整个情境，旁观者对这种行为会感到匪夷所思。（Dollard & Miller，1950，pp. 15-16）

十三、心理治疗

多拉德和米勒在神经症问题上的主要假设是，神经症是习得的，并且由于它是习得的，所以它也可以不被习得。**心理治疗**（psychotherapy）就可以提供一种神经症不被习得的情境：

如果神经症行为是习得的，那么，把一些相同原理结合起来，通过教学，也应该能使它不被习得。我们相信这是可能的。心理治疗可以创设条件，使人不去习得神经症习惯，而习得非神经症的习惯。因此，我们把治疗师看作一类教师，而患者则是学生。以同样方式，根据同样的原理，优秀网球教练可以纠正打网球的坏习惯，优秀的心理治疗师也可以纠正心理和情绪上的坏习惯。然而，这里是有差别的。希望打网球的人只是少数，而所有人都希望清晰、自由和有效的心理机能。（Dollard & Miller，1950，pp. 7-8）

我们知道，让一个习得的反应消失的唯一途径，是在这个反应发生时不给予强化。要消除一种不现实的恐惧，必须让这种恐惧发生，然后不要让最初导致恐惧的事件发生。但是如前述，人已经学会压抑这种恐惧，因此防止恐惧的表达，从而也阻碍了恐惧的消失。心理治疗可以被看作一种情境，它鼓励患者表达出被压抑的念头。如果患者能够说出这些令人不快的念头，治疗师一定要谨慎地给予鼓励、肯定，而不要惩罚。多拉德和米勒（1950）这样解释：

除了允许自由说话之外，治疗师还要让患者说出心里的所有东西。借助自由联想法，治疗师可以让患者摆脱逻辑局限性。治疗师不要反复盘问，以免引起额外的焦虑。治疗师要鼓励患者说话，不给患者任何惩罚，从而创造出一种社交情境，这种情境与当初说到或想到就引起强烈恐惧的情境完全相反。患者谈论那些恐惧的话题，由于他没有受到惩罚，他的恐惧感消失了。这种消失会泛化并减弱压抑其他有关话题的动机，这些话题是患者过去说起甚至想起就非常恐惧的。对患者不能对自己说的事情，治疗师就帮助他，给他感觉到或在移情情况下无声地表达出来的情感加上语言标签。（p. 230）

劝说患者表达出被压抑的想法不是一件容易的事情，通常要采用一种类似于逐步接近法的程序。我们可以想象，有一个患者，因为这样那样的原因，习得了害怕他的母亲，不敢谈论母亲或与她有关的任何事情。采用多拉德和米勒理论的治疗师不会在面对患者时直接和他谈论他的母亲。治疗师开始时只是谈起和他母亲间接有关的事情。间接到何种程度，取决于患者回避母亲的程度。随着治疗师与患者在毫无威胁的情况下谈论起与患者母亲距离遥远的事情，回避母亲的一小部分动机消失了，这就是弗洛伊德所说的宣泄。随着回避反应的减弱，治疗师可以把谈论话题一点点地和母亲更接近，但始终在安全距离内。在这一过程中，回避反应进一步减弱，治疗师则更接近母亲这个最终目标。逐渐地，通常是经过几次会面后，治疗师使谈论话题越来越接近患者的母亲，当患者的回避反应充分减弱之后，就可以直接讨论母亲本人了。这时候，患者就可以开诚布公地、理性地谈论他的母亲恐惧症了。

在多拉德和米勒（包括弗洛伊德）看来，心理治疗是逐渐消退的过程。这一消除取决于泛化，因为所讨论的事件必须以某种方式与最关切的对象、人物或事件相关。也可以说，患者的回避被转移到和他最想回避的人相似的对象上。所以，患者不但回避他的母亲，而且还回避看上去像他母亲的人（初级泛化），或所有的母亲（次级泛化），他甚至会对所有的女人感到不安。因此，冲突、消除、泛化和移置都是治疗过程的一部分。

在压抑释放后，心理治疗通常不会结束。因为患者的生活曾经长期被压抑的念头占据，而且被压抑的素材不可能马上消除，所以，即使在成功的治疗之后，患者生活中好像还是存在一道深深的鸿沟。例如，一个女人在35岁时突然能够思考她的性驱力问题，她就需要一些指导，以便在相对不受压制的情况下更好地调整自己。多拉德和米勒认为，对治疗过程来说，这样的指导是必不可少的。

十四、童年期的四种重要训练情境

从本章学习中我们已经知道，多拉德和米勒同意弗洛伊德的观点，认为大多数神经症源自童年早期。童年早期是非常脆弱的时期，因为儿童的情感和经验未被冠以语言标签，也没有时间意识。例如，他们不懂得"过一会儿"他们的饥渴或疼痛就会减轻。他们的生活在极不舒适和极其快乐之间摇摆。多拉德和米勒（1950）指出，童年期是一段"短暂的精神病"时期（p. 130）。而且由于婴儿的无能为力，全靠父母满足他们的需要，所以，父母怎样满足自己孩子的需要，将决定着造就一个正常、健康的成人，还是一个神经症患者。多拉德和米勒（1950，pp. 132-156）描述了四种重要的训练情境，他们认为，这些训练对成人的人格有深刻影响。

（1）**喂食情境**（feeding situation，发生在弗洛伊德所说的口唇期）。在这种条件下，饥饿驱力被满足将被习得并泛化到人格属性中。例如，以主动的方式给儿童喂食，他们将来可能成为一个主动的人；以安静、被动的方式给儿童喂食，儿童可能成为被动或缺乏兴趣的人。如果儿童的饥饿驱力以不可预测的方式得到满足，他们长大以后可能相信世界是不可预测的地方。如果儿童饥饿时长时间单独待在一个地方，他们可能形成对独处的恐惧。如果母亲在喂食时严厉并惩罚孩子，儿童长大以后可能不喜欢并且回避别人。假如母亲在喂食情境中亲切、和蔼、积极，儿童就可能成长为对别人持积极态度、在他们中间寻找朋友的人。

（2）**清洁训练**（cleanliness training，发生在弗洛伊德所说的肛门期）。多拉德和米勒像弗洛伊德一样，认为如厕训练对人格发展至关重要。如果父母对儿童不能控制大小便持消极态度，儿童就会难以分辨，父母是不喜欢自己做的事情，还是不喜欢他们自己：

> 儿童也许不能分辨，父母究竟是厌恶他的大小便，还是厌恶他自己。儿童如果学会做出这些反应，就会形成无价值感、无意义感和绝望的罪恶感——这些情感有时会在精神病患者的内疚感

中再次表现出来。(Dollard & Miller，1950，pp. 139-140)

对儿童进行如厕训练是必要的，怎样训练可能深深地影响到儿童最初的人格。

（3）**早期性教育**（early sex training，发生在弗洛伊德所说的性器期）。西方文化中，最早的性教育一般是和儿童的早期自慰行为有关的。这种行为往往由体罚或"下流""肮脏"等措辞引发。所以，它可能是儿童参与的性取向最强的活动。西方文化中，与性有关的禁忌可能比任何其他类型活动的禁忌更多，这些禁忌都是我们的儿童养育的一部分。性冲突无疑是精神分析师所处理的最常见主题。性驱力是天生的，但是对性念头和性活动的恐惧则是在童年期习得的。

（4）**愤怒 - 焦虑冲突**（anger-anxiety conflicts，这一训练与弗洛伊德所说的发展阶段无特定联系）。在童年期（以及其他任何年龄），挫折是不可避免的。如前述，对挫折的最普遍反应是攻击。但是在西方文化中，儿童的攻击行为往往会受到父母的责备或惩罚。这使儿童身处另一个接近 - 回避冲突中：他们想表现出攻击性，但是因为害怕惩罚，又要抑制这种冲动。这可能导致在现代竞争社会中的过于被动的特点：

> 在发生这种学习之后，由愤怒情绪衍生的最初线索会引发"压倒"愤怒情绪的焦虑反应。因此，即使在文化允许的环境中，发泄愤怒也会使人变得无助。这样的人被看作不正常的温顺或忍受折磨的人。完全剥夺一个人愤怒的权利可能是危险的，因为某些愤怒的能力是健康人格所需要的。(Dollard & Miller，1950，p. 149)

多拉德和米勒（1950）描述了他们认为会导致成年期神经症的童年期经验，他们认为，改变童年期的这些生活条件，神经症就会大大减轻：

> 正像学习理论家所说的，神经症是我们文化的儿童养育方法自然而然造成的结果。神经症习惯给人们带来不幸，治疗师不得不费力地让人们戒除在童年期困惑情况下痛苦习得的那些习惯。建立在学习规律基础上的儿童教育系统，对我们时代神经症带来的痛苦可能也有很大影响，就像巴斯德对传染性疾病所做的研究那样。(p. 8)

十五、评价

1. 经验研究

多拉德和米勒的理论建立在坚实的经验研究基础上。他们理论中的每一个概念，几乎没有例外地，都有若干项实验以实证方式对概念加以确认。多拉德和米勒的理论在相当程度上是赫尔学习理论的扩展，而赫尔的理论在心理学史上是最严谨的科学理论之一。纵观本章，我们回顾了多拉德、米勒及其同事用来证明或验证他们的理论概念的实验。例如，我们引用的研究显示出，恐惧是怎样习得的，恐惧和其他一些趋向如何被泛化，各种冲突对行为有何影响，恐惧和其他趋向怎样被移置，挫折与攻击有何关系，生理症状怎样从一定程度上减弱了神经症冲突，以及在治疗过程中怎样运用学习原理。

由于对理论中包含的术语、原理和概念的经验性验证，多拉德和米勒的理论获得了与卡特尔、艾森克和斯金纳同样高的赞誉。

2. 批评

赫尔学习理论与精神分析理论的不成功的融合。赫尔与精神分析两大阵营的杰出代表人都认为，多拉德和米勒把赫尔学习理论与精神分析理论加以整合的尝试并不成功。像班杜拉（第 11 章）和斯金纳等理论家都批评，不需要用模糊、主观的精神分析术语来解释人格。班杜拉和斯金纳（以及其他人）声称，学习原理本身已经可以解决问题。如前一章所述，斯金纳走得更远，他说，离开了任何形式的心理事件，"人格"就无法理解。

斯金纳认为，虽然多拉德和米勒使用了"假设的虚构"，如线索、驱力、冲突和产生线索反应之类，但这种做法不仅不必要，而且妨碍了对人格的正确理解。下一章会讲到，班杜拉所做的分析承认甚至强调心理事件，但这种事件不涉及精神分析学家所说的形形色色的无意识。

多拉德和米勒所做的努力也没有打动精神分析学家。他们指出，人的心理的动力特征远比多拉德和米勒分析的复杂。像移置、压抑、冲突和神经症等现象过于复杂，很难用几个学习原理来理解。此外，他们还说，认为心理治疗（特别是精神分析）过程可以用实验箱里的白鼠来演示，这种想法太愚蠢了。

从非人类的动物向人类的过度推论。像斯金纳受到的批评一样，人们也批评多拉德和米勒把从非人类的动物中观察到的原理应用到人身上。批评者问道：如果必须对研究发现的可推广性做出一个牵强的假设，那么，对非人类动物所做的严格控制的实验有什么用处呢？鉴于人不同于白鼠、鸽子之类的动物，从这些研究中得出的结果的意义有限。但是公正地说，多拉德和米勒也曾强调，对研究结果的推广必须做谨慎的调查，他们也确实针对人和动物做了相当多的研究。

研究方法过于简单。一些批评者指出，多拉德和米勒的理论强调环境刺激、少量的心理事件和外显反应，忽视了人类人格的丰富性和复杂性。爱、绝望、未来的重要性、生活的意义，以及自我体验，这些都只是人类全部经验的凤毛麟角，但这些东西都被多拉德和米勒的理论漏掉了。批评者还说，治疗师对待心理障碍和情绪习惯，可以像网球教练纠正蹩脚网球手的坏习惯那样去纠正，这也太简单化了。

3. 贡献

赫尔学习理论与精神分析理论的综合。一个理论中的东西，一些人认为是弱点，另一些人却认为是优点，这种事情很常见。很多人认为，多拉德和米勒把赫尔的学习理论与精神分析理论相结合，是心理学史上的一个里程碑。这种结合达到了两个目的：首先，它把有局限的学习理论应用到更广泛的人类现象之中；其次，它使几个精神分析的理论概念比过去更可检验。在多拉德和米勒之前，在研究实验室和临床咨询室之间存在着一条深深的鸿沟。他们的研究提供了跨越这条鸿沟的桥梁，从那时起，两种思想就不停地相互流动。实际上，多拉德和米勒是最先探索学习在人格发展中的作用的心理学家。现在，多数心理学家已承认，这种作用是至关重要的。

科学上值得尊敬的人格研究方法。人格领域的早期理论都很难以经验方法验证，人们期待有一种科学上严格的人格理论。多拉德和米勒理论中的大多数术语和概念有准确的定义，这使它们容易以经验方法加以验证。在可验证性方面，多拉德和米勒的理论与卡特尔、艾森克和斯金纳的理论一样，可以排在较高的位置。

对治疗过程的清晰描述。多拉德和米勒根据学习原理来描述传统的心理治疗程序，从而能够说明，什么是成功的治疗，并且对改进治疗过程提出了合理的建议。目前，人们已广泛接受，至少某些形式的焦虑是习得的，一旦习得，引发这种焦虑的想法和事件就会被回避。根据多拉德和米勒的理论，正是这种回避使引发焦虑的想法得以保持。有效的治疗要创设一种情境，让患者将这种想法表达出来，同时不会体验到以前那样不愉快的后果。随着这种变化，焦虑逐渐消除，原来引发焦虑的想法，现在可以理性地去处理了。弗洛伊德曾经讨论过这些治疗过程的要素，但多拉德和米勒使用学习理论的术语重新对它们加以阐述，使它们更清楚、更容易验证。多拉德和米勒的研究对行为治疗产生了很大的推动作用，这已经成为公认的事实。

多拉德和米勒为神经症的治疗提供了有益的信息，这些信息将来也可能有助于降低神经症的发生率。如果这一点能够实现，人们就应该原谅他们对研究动物的偏爱，以及他们做出的人类本性的决定论模型。对理论做出判断，必须根据其最终的效果，而不能根据其最初的结果或所提出的假定。

▼ 小　结

多拉德和米勒的目标是把赫尔的学习理论与弗洛伊德的人格理论结合起来。赫尔的学习理论把强化等同于驱力减弱，把习惯定义为刺激（线索）与反应之间的强有力联结。多拉德和米勒理论的核心是驱力、线索、反应和强化概念。驱力推动有机体去行动，线索指向有机体的行为，反应是有机体的外显或内隐动作，强化则发生在动机驱力减弱或消失时。换言之，有机体要学习，必须想得到某些东西，注意某些东西，做某些事情，并得到想要的东西。

每一个线索都会引发几个反应，这取决于这些反应发生的可能性。这几个反应称为习惯家族等级。在出生后的一段较短时间，在学习发生之前的反应，称为本能反应等级。新学习发生之前已存在的等级称为反应的初始等级。学习发生之后的等级称为反应的结果等级。在任何情境中，最可能发生的反应称为优势反应。学习两难指先前习得的反应或本能反应在学习发生之前必然不能解决问题。因此所有的学习都取决于失败。强化梯度指当一系列的反应最终导致强化时，系列中最后一个反应的强度最大，倒数第二个的强度次之，以此类推。

多拉德和米勒证明，与痛苦体验相关的事件将带来恐惧，有机体将会学习赖以逃离这些产生恐惧线索的反应。刺激的泛化指，习得的反应不仅被实际学习中的线索引发，而且也被各种相似刺激引发。一个线索与训练中实际使用的线索越相似，引发相同反应的可能性就越大。初级泛化由刺激的生理特性决定。次级泛化是使用相同的语言标签来描述事件导致的。例如，一个人以相似方式对所有冠以"威胁"标签的事件做出反应。辨别是和泛化相反的过程。多拉德和米勒研究了四种类型的冲突：接近－接近冲突，其中有机体同时被两个目标吸引；回避－回避冲突，其中有机体同时对两个目标感到厌恶；接近－回避冲突，有机体既被一个目标吸引，又对它感到厌恶；双重接近－回避冲突，其中有机体同时被两个目标吸引，又对它们感到厌恶。多拉德和米勒对接近－回避冲突做了大量研究，发现，距离目标最远时，接近趋向最强烈，但是当人接近目标时，回避趋向就变强了。这使人处在两种趋向力度相同点时会犹豫不决。

如果选择的目标不存在，有机体将会选择一个替代的目标对象，称为移置。如果一个人不能攻击给他带来挫折的事物或人，他将攻击一个替代物；这称为移置性攻击。一个人如果害怕攻击给他带来挫折的事物或人，移置将指向相似的事物或人。如果只有很弱的恐惧，移置将指向更相似的事物。

挫折－攻击假说起初宣称，攻击产生于挫折，挫折总会导致攻击。后来这一说法被修正为，攻击只是挫折的结果之一，而不是唯一结果。后来的研究证明，攻击行为并不一定导致攻击倾向的减弱，像弗洛伊德和多拉德等人（Dollard et al., 1939）认为的那样。莱昂纳德·伯科维茨提议，挫折－攻击假说需要重新修正，以解释与最初陈述不同的预测。

语言在多拉德和米勒理论中占有重要地位。思维本质上是和自己的谈话。思维用认知试错取代行为试错。多拉德和米勒把想象、知觉和词称为产生线索反应，因为这些东西决定着，在反应序列中，下一个反应将会是什么。思维包含着一系列的产生线索反应。思维有两种重要类型：一是推理，目的是解决当前问题；二是计划，目的是解决未来的问题。

多拉德和米勒认为，无意识心理包含着从未付诸语言的经验和被压抑的经验。压抑是未经思维的反应，压抑受到强化是因为它阻止了引发焦虑的想法进入意识。抑制是把引发焦虑的念头驱离意识的动作。被压抑的想法几乎不可能被消除，因为它们在很长时间里未被有意识地感受到，从而使人意识不到，它们不会再带来消极后果。

多数神经症冲突是在童年期习得的，而且不带有语言标签。神经症在对待被压抑的事情上是痛苦和愚钝的。神经症往往伴随一些起源于被压抑冲突的症状。这些症状包括恐惧症、强迫症和身体机能失调，它们可以暂时缓解神经症患者的痛苦，因为它们能够阻断神经症患者与引发焦虑的情境之间的联系。例如，变胖使一个人减小了面临性情境的可能。所以，对身陷被压抑的性冲突的人来说，变胖起了强化作用。但是，性欲望并没有就此消失，仍然以有害方式继续表现。压抑和神经症症状都是因为某些原因而习得的，它们可以暂时减弱或阻止焦虑。

在心理治疗情境中，患者被鼓励用语言说出他们的冲突，并逐渐地面对这些冲突。治疗师要鼓励，不要威胁，被压抑的素材只有浮出水面，才能被消除。治疗开始时，可讨论一些对象、人或事件，它们和起初导致严重焦虑的东西只有间接的联系。随着讨论那些既有距离又有联系的事件，焦虑就会或多或少地被消除。渐渐地，患者就可直接谈论曾经引发严重焦虑的事件。多拉德和米勒认为，心理治疗就是运用泛化、移置和消退解决冲突和压抑的过程。

多拉德和米勒相信，神经症冲突是在童年期习得的。心理健康的正常成年人和神经症成人之间的差异，在相当程度上取决于父母在童年时期的四种情境中如何教育孩子，这四种情境是：喂食情境、清洁训练、早期性教育和愤怒－焦虑冲突。

多拉德和米勒的理论建立在坚实的经验研究基础上，但批评者认为：该理论未能成功地把赫尔的学习理论与精神分析理论结合起来，从动物研究向人类的推广过于直接，对人格和治疗过程的解释过于简单化。但他们的理论也被称赞：他们把赫尔的学习理论与精神分析理论加以整合，使两种理论都更有用；他们明确阐述了有效的心理治疗过程；他们的研究具有科学上的严谨性。

▼ **经验性练习**

1. 各举一例说明你经历过的接近－接近冲突、回避－回避冲突、接近－回避冲突，并说说你是怎样解决这三种冲突的。在接近－回避冲突案例中，你是否体验到米勒所说的情况？就是说，你是否体验到，因为目标接近而感到左右摇摆和犹豫不决？
2. 举一个你生活中移置性攻击的例子。也就是，描述一个情境，其中你不能直接攻击挫折的来源，转而攻击其他的人或物。用多拉德和米勒的理论解释一下，你为什么选择那些人或物。
3. 私下里想想一个念头或话题，在没感受到很大焦虑的情况下，你不会与别人公开讨论这个念头或话题。回顾多拉德和米勒所说的，应该怎样接近和解决这样的引发焦虑的想法。你是否相信，采用多拉德和米勒的系统消退法，引发你的焦虑的想法会逐渐变得更可容忍？为什么？

▼ **讨论题**

1. 多拉德和米勒的理论常被称为赫尔学习理论与弗洛伊德精神分析理论的混合。请解释，为什么人们这样认为。举几个这种混合的例子。
2. 针对驱力、线索、反应和强化概念展开讨论。说出每个概念的定义，并举例说明。
3. 多拉德和米勒所说的学习两难意味着什么？讨论这一概念对教育和儿童养育的意义。

▼ **术语表**

Acquired drive（习得的驱力） 经过学习而形成，而非与生俱来的驱力。恐惧就是一种习得的驱力。

Anger-anxiety conflicts（愤怒－焦虑冲突） 童年期四种训练情境之一。处置不当，可导致神经症冲突。

Approach-approach conflict（接近－接近冲突） 当人必须从两个有同样吸引力的目标中选择一个时面临的情境。

Approach-avoidance conflict（接近－回避冲突） 一个人既被一个目标吸引又对其感到厌恶的情境。

Avoidance-avoidance conflict（回避－回避冲突） 人必须在两个同样厌恶的目标中选择一个时面临的情境。

Biofeedback（生物反馈） 可向个体提供其内部生物过程机能状况的声光类技术设备的使用。

Cleanliness training（清洁训练） 童年期四种重要的训练情境之一。处置不当，可导致神经症冲突。

Conditioned fear reaction（条件恐惧反应） 习得对原来不恐惧的事物的恐惧。

Conflict（冲突） 两个或多个互相矛盾的反应趋向同时存在的情境。

Cue（线索） 指明一个应该进行的活动之恰当方向的刺激。

Cue-producing responses（产生线索反应） 其主要机能是决定下一步行为的想象、知觉和词语，如思维。

Discrimination（辨别） 泛化的反面，与学习过程中不会引发习得反应相似的刺激。

Displaced aggression（移置性攻击） 当攻击的实际对象不存在或对其感到恐惧时，指向替代的人或物的攻击。

Displacement（移置） 当原来的目标不存在或对其恐惧时用另外的目标取代的行动。

Dominant response（优势反应） 在习惯家族等级中最可能发生的反应。

Double approach-avoidance conflict（双重接近－回避冲突） 人对两个目标同时产生积极和消极感觉的情境。

Drive（驱力） 推动有机体行动的强刺激，其消除或减弱能起强化作用。

Drive reduction（驱力降低） 赫尔学习理论中发挥强化作用的过程。

Early sex training（早期性教育） 童年期四种重要的训练情境之一。处置不当，可导致神经症冲突。

Feeding situation（喂食情境） 童年期四种重要的训练情境之一。处置不当，可导致神经症冲突。

First signal system（第一信号系统） 巴甫洛夫理论中，重要生物学事件出现之前可对其产生预期，并对之做出相应反应的生理刺激。

Frustration-aggression hypothesis（挫折－攻击假说） 该假说提出者起先认为，挫折总会导致攻击，攻击只是由挫折导致的。后来修改为，攻击只是对挫折的几种可能的反应之一。

Gradient of reinforcement（强化梯度） 如果一个反应序列导致强化，其中最后一个反应的强度最大，倒数第二个反应的强度次之，以此类推。

Habit（习惯） 一个刺激和一个反应之间的联结。

Habit family hierarchy（习惯家族等级） 单个刺激引发的一组反应发生的可能性由大到小的排列。

Hull's theory of learning（赫尔的学习理论） 驱力降低导致强化的理论。当学习发生时，有机体必然参与导致需要消除或减弱的活动。

Initial hierarchy of responses（反应的初始等级） 新学习发生之前由线索引发的反应等级。

Innate hierarchy of responses（本能反应等级） 由遗传决定的习惯家族等级。

Learning（学习） 根据多拉德和米勒的理论，由某些反应被强化、另一些反应未被强化而导致的反应可能性的重新安排。

Learning dilemma（学习两难） 要让学习发生，天生的反应和过去习得的反应必须在解决问题时无效。因此，学习取决于失败。

Neurosis（神经症） 童年早期无意识心理冲突使一个人不能发挥最有效机能的情况。

Planning（计划） 尝试解决未来问题的产生线索反应（思维）的应用。

Primary generalization（初级泛化） 由刺激的物理属性决定的泛化。

Psychotherapy（心理治疗） 多拉德和米勒认为，心理治疗能使被压抑的冲突得以释放并消退。

Reasoning（推理） 凭借产生线索反应（思维），而不是通过试错来解决当前问题的心理过程。

Reinforcement（强化） 在赫尔的学习理论中，驱力降低即是强化。

Reinforcement theory（强化理论） 认为强化必须在学习之前发生的理论。

Reinforcer（强化物） 赫尔理论中，可降低一个驱力的刺激。

Repression（压抑） "不去想"一个引发焦虑的想法的习得的反应。因此，强化源于对焦虑的回避。

Response（反应） 由刺激引发的任何外显或内隐动作。

Resultant hierarchy of responses（反应的结果等级） 在学习发生后由线索引发的反应等级。

Second signal system（第二信号系统） 巴甫洛夫所说的表示环境事件的语词信号。

Secondary generalization（次级泛化） 不是在相似的生理刺激基础上，而是在言语标签（语词）基础上的泛化。

Stimulus generalization（刺激泛化） 学习过程中引发习得反应的刺激向类似刺激扩展的倾向。这些刺激与实际用于学习过程中的刺激越相似，引发习得反应的可能性就越大。

Suppression（抑制） 主动把引发焦虑的想法从内心驱离的心理活动。抑制因能逃避焦虑而被强化。

Symptom formation（症状的形成） 神经症患者因焦虑暂时减弱而形成恐惧症、强迫症或生理失调的趋向。

第11章

阿尔伯特·班杜拉和沃尔特·米歇尔

本章内容

班杜拉和米歇尔没有像多拉德和米勒那样，合作撰写过重要著作，但他们的观点相当接近，所以我们把他们放到一章来介绍。班杜拉和米歇尔的立场被认为是**社会认知理论**（social-cognitive theory）。班杜拉（1986）对这一名称是这样解释的："这一术语的社会两字强调人的思想和行为的社会起源，认知两字则显示出思维过程对人的动机、情感和行为的影响。"（p. xii）社会认知理论认为，人与环境之间的关系是非常复杂的、个别化的。每个人都把先前经验的残余带入每个情境中，并用它们来应对当前情境。与当前情境互动的结果又反过来影响着以后遇到的相似情境。社会认知理论的核心是观察学习。观察学习的最重要一点是，它是不需要强化的。在班杜拉和米歇尔看来，人们学习他们注意到的东西，因此，学习对他们是一个知觉过程。这样，社会认知理论与斯金纳（见第9章）和多拉德、米勒（见第10章）的理论就形成鲜明对比，因为他们的理论都强烈依赖于直接强化概念。

■ 一、生平

1. 阿尔伯特·班杜拉

阿尔伯特·班杜拉（Albert Bandura），1925年12月4日出生于加拿大阿尔伯塔省的芒达尔小镇。他的父母是波兰裔，以种植小麦为生。他念的中学只有20个学生和两个老师。中学毕业那年，整个夏天他都在阿拉斯加建设快速路。跟他一起干活的人当中，有不少是为了躲避"债主、离婚赡养费和缓刑罪犯监督官"而跑到阿拉斯加来的。跟这些人一起干活使班杜拉形成了"对日常生活中心理疾病的敏锐的鉴别力"（*American Psychologist*, 1981）。1946年，班杜拉考入不列颠哥伦比亚大学，1949年获心理学学士学位。毕业后他来到艾奥瓦大学，1951年获硕士学位，1952年获博士学位。在艾奥瓦大学期间，他认识了他后来的妻子弗吉尼娅（金妮）·瓦恩斯（Virginia [Ginny] Varns），她当时在一所护士学校教书。班杜拉和妻子结婚后育有两个女儿，玛丽（Mary）和卡罗尔（Carol）。在堪萨斯州威奇塔市指导中心做了一年临床实习生之后，他来到斯坦福大学，并在那里一直工作至今。

在斯坦福大学，班杜拉和他的第一个研究生理查德·沃尔特斯（Richard Walters, 1918—1967）开始研究攻击性的家族原因。在此期间，班杜拉逐渐意识到榜样和观察学习对人格发展的重要性。本章后面有一节专门介绍观察学习。班杜拉的第一部专著（与理查德·沃尔特斯合著）是《青少年的攻击性》（1959）。他的第二部著作（也是和理查德·沃尔特斯合著）是《社会学习与人格发展》（1963）。后来的著作有《行为矫正原理》（1969）、《攻击性：社会学习分析》（1973）、《社会学习理论》（1977）、《思想和行动的社会基础：社会认知理论》（1986）。他主编了《变迁社会中的自我效能》（1995）和《自我效能：控制练习》（1997）。除了这些著作外，班杜拉还发表了很多有影响的论文。

班杜拉获得的荣誉有行为科学高级研究中心研究员，1969—1970；古根海姆奖，1972；美国心理学会第12分会（临床心理学）杰出科学家奖，1972；加利福尼亚心理学会杰出科学成就奖，1973；美国心理学会主席，1974；斯坦福大学心理学社会科学戴维·斯塔尔·乔丹教授，1974；詹姆斯·麦卡恩·卡特尔奖，1977；不列颠哥伦比亚大学名誉科学博士，1979；美国艺术与科学院院士，1980；国际攻击性研究协会杰出贡献奖，1980；西部心理学会主席，1980；美国心理学会杰出贡献奖，1980；美国国家科学院医学研究所研究员，1989；美国心理学协会（APS）詹姆斯·麦卡恩·卡特尔杰出研究奖，2003—2004；美国心理学会最高荣誉心理学终生贡献奖，2004。

2. 沃尔特·米歇尔

沃尔特·米歇尔（Walter Mischel），1930年2月22日生于奥地利维也纳，从他家步行可达弗洛伊德的家。他是其中上阶层父母的第二个儿子。1938年，米歇尔9岁时，纳粹入侵奥地利，他家移民到美国。在几经迁徙之后，他家于1940年在纽约布鲁克林安顿下来。他在那儿读了小学、中学，拿到大学奖学金，但是由于他父亲生病，不得不提前工作。他干过勤杂工、电梯工，在一家服装厂做过助理，后进入纽约大学，在那里他先后学过绘画、雕塑和心理学。

上大学时，他对行为主义心理学不着迷，但是被精神分析吸引。当时，阅读存在主义哲学和诗歌，加深了他的人本主义情怀。本科毕业后，米歇尔到纽约城市学院攻读临床心理学硕士学位。在此期间，他成为一名社会工作者，主要在纽约下东贫民区做少年犯罪工作。在工作中，他对精神分析理论的实用性产生了疑问。

1953—1956 年期间，米歇尔到俄亥俄州立大学攻读博士学位。在那里，他受到乔治·凯利和朱利安·罗特（Julian Rotter）的影响。罗特的研究强调期望对人行为的重要性，凯利强调心理概念（个人构想）的形成在处理周围问题上的重要性。罗特和凯利都强调在应对当前情境时的认知成分，也都不认为特质和早期发展经验有多么重要。从米歇尔的著作里可以看到这两位学者的影响。乔治·凯利的理论将在本书第 13 章介绍。

1956—1958 年，米歇尔在加勒比海特立尼达岛的一个村庄研究异教组织怎样占有人的精神世界。米歇尔发现，有些人能拒绝较小的即时奖励，而喜欢较大但延迟的奖励。他还发现，具有这种延迟满足能力的人通常有较高的成就需要，并表现出更强的社会责任感（1958，1961a，1961b）。本章后面还要介绍，对延迟满足的研究成为米歇尔一生的爱好。

此后的两年，米歇尔在科罗拉多大学任教，之后来到哈佛大学社会关系。在哈佛，由于跟戈登·奥尔波特的讨论，他对人格理论与评价的兴趣变得更浓厚。也是在哈佛，米歇尔邂逅了自己后来的妻子哈丽特·纳洛夫（Harriet Nerlove），她当时正在攻读认知心理学研究生。他们养育了三个女儿。米歇尔跟别人合作做了几项研究。1962 年，米歇尔来到斯坦福大学，成为班杜拉的同事。1983 年，在斯坦福大学工作 20 年后，米歇尔回到纽约市，加入哥伦比亚大学心理学系。在那里，米歇尔继续探索自己感兴趣的延迟满足、自我控制以及个体用于和周围人们互动的认知过程。

326

1978 年，米歇尔获得美国心理学会临床心理学分会颁发的杰出科学家奖，1982 年再获该分会颁发的杰出科学贡献奖。他的著作主要有《人格与评价》（1968）和《人格导论》，后者于 1971 年出版，并分别于 1976 年、1981 年、1986 年和 1993 年再版。2004 年，米歇尔当选为美国科学院院士。

二、人的行为的一致性

在很长时间里，多数人格理论家认为，一个人的行为在不同时间、不同但相似的情境中都是相当一致的。也就是说，人们在其生活的某个时间怎样做，在另一时间也会或多或少像原来那样做。此外，人们倾向于以相似方式对相似情境做出反应。例如，一个人在一个社交情境中活泼开朗，在别的情境中也活泼开朗，而且在整个一生中都会以这种特有方式做出反应。人格理论家还假设，人们在各种人格测验和问卷中的得分与人们的真实行为之间有显著相关。那就是说，如果一个人在外倾性测量中得高分，他在社交情境中就会表现出外倾特征。问题不在于行为是否具有一致性，而在于，理论家们试图对他们假设存在的一致性做出解释。精神分析理论试图借助被压抑的经验、情结、固着或内在价值观对这种一致性做出解释。但是，精神分析理论中，有关一致性的结论只能由那些训练有素的精神分析学家做出，因为该理论假设，有时候，极端的攻击性实际上意味着被动性，爱有时意味着恨，厌恶有时意味着喜好，如此等等。特质理论怎样解释稳定的特质呢？该理论假设，一个优雅的人倾向于在各种场合都优雅。学习理论强调强化的作用。受到强化的行为就容易得以保持，并且向相似的、有强化存在的情境中迁移。

人格理论一直试图解释人与人之间的个体差异，但是人们往往假设，人与人之间虽有差异，但任何一个人的行为都倾向于在相似情境中、在不同时间保持一致。在 20 世纪 60 年代初，米歇尔曾

327
经受命，对和平队志愿者的工作成绩做出预测。他的研究发现，用于测量特质的标准化人格测验，对行为只能做出微弱的预测（Mischel，1965）。他发现，和已有的最好的人格测验相比，人是其自己行为的更好的预测者。这些研究使米歇尔写出了颇有影响的专著《人格与评价》（1968）。在这本书中，米歇尔综述了大量研究，包括对行为跨情境一致性的测量，以及有关人格问卷得分与真实行为之间关系的测量结果。他归结出这一相关大约为 0.30。米歇尔把这一弱相关称为**人格系数**（personality coefficient），他辩称，这一微弱系数的问题不是出在对特质或行为这些东西的测量，而在于人的行为并不具有一致性的事实。

在米歇尔看来，尽管特质和其他种种内部状态已被大量用于描述行为的长期稳定性，但是在实际预测行为时，其作用是有限的。米歇尔指出，用特质来描述和解释行为，所说明的往往是，理论家认为应该是那样的，而真实情况并不是那样的。米歇尔（1990）用**一致性悖论**（consistency paradox）这一术语来形容这一事实，即外行人和专业心理学家都相信，人的行为是稳定的，而实际情况并非如此（例如 Carlson & Mulaik，1993；Hayden & Mischel，1976）。查普曼夫妇（Chapman & chapman，1969）杜撰了一个术语幻觉相关（illusory correlation）来形容凭观念和知觉认为变量之间有相关而实际并不存在的相关。在米歇尔看来，认为特质与行为之间有高相关就是这种观念之一例。米歇尔在《人格与评价》（1968）这本书的结尾建议人们放弃用特质来理解行为的想法："关于人的这种概念化的、在哲学上令人乏味的东西，与大量实验数据是矛盾的。"（p. 301）

从 1968 年以来，米歇尔和其他学者的研究确证了人的行为具有不一致性的事实。例如，在一项被广泛引用的研究中，米歇尔和皮克（Mischel & Peake，1982）考察了大学生的尽责性和友善性（friendliness）两项特质的一致性。普通人和心理学家都会预测，根据大学生在问卷中体现出的拥有这些特质的程度，他们的行为应该有跨情境的一致性，但是这一预测未得到证实。基本上不存在跨情境的一致性（$r=0.13$）。

1968 年以后，米歇尔对特质理论的攻击逐渐有所缓和（1979，1984，1990）。他不再否认用智力、友善性、攻击性（aggressiveness）这样的特质术语可以用来描述人。但是他指出，用这些和其他一些特质来预测一个人在特定情境中会怎样做，实际上是不可能的。米歇尔也不再希望改造特质概念心理学。但是他希望澄清，个体拥有的特质对人的行为究竟有何影响。例如，他希望能够做出这样的陈述："某甲，在情境 X 中，倾向于做 Y。"（Wright & Mischel，1987）换言之，米歇尔仍然反对根据人拥有的特质对人做出一般化的预测。对一个人可能表现出来的任何一致性，都只能通过观察他对特定情境的反应来考察。康托尔和米歇尔（Cantor & Mischel，1979）指出："要想证明人格的一致性，理论家只有放弃用一般规律方法对特质的探索，退而考察人与环境的个别化相互作用，才能达到这一目的。"（p. 43）

328
米歇尔的研究发现，人的行为并不像过去人们所想的那样稳定，这在人格理论家中引起了不小的扰动，但是米歇尔认为，这些人的困扰是被误导的。米歇尔相信，过去人们认为的人格稳定性程度实际上可能是非适应性的。

> 人格学家长期探讨行为从此情境到彼情境的一致性，好像这种一致性是人格的本质。也许这种一致性能够证明的，更多是死板的、非适应性的、不完善的社交机能特征，而不是整个人的特征。（1984，p. 360）

米歇尔对传统人格理论的批评主要是，这些理论强调**人的变量**（person variables），而忽视**情境变量**（situation variables）。人的变量指人的特质、习惯和被压抑的经验等等，这些东西被认为使人在各个相似情境中的行为具有一致性。强调人的变量的理论家认为，行为之所以稳定，是因为内部变量稳定，并不断地产生出相同的行为方式。情境变量指的是人自己找到的环境条件。

虽然米歇尔认为，多数人格理论家忽视了情境变量，但是他认为，以斯金纳为代表的行为主义流派又过分强调了情境变量。在米歇尔看来，斯金纳试图完全用环境条件来解释行为，这种做法忽视了人本身对行为的显著影响。米歇尔认为，急需一种既考虑到人的作用，又考虑到情境作用的理论。

交互决定论

社会认知理论的立场被称为**交互决定论**（reciprocal determinism），它意味着，人的变量、情境变量和行为三者之间持续地相互作用。情境变量给人提供行为背景，人的变量决定着人怎样分析情境、怎样对行为做出选择，行为则能给人提供分析情境和改变环境所需的信息。班杜拉（1986，p. 24）做出了交互决定论的下列图示，其中 P 代表人，E 表示环境，B 表示人的行为。

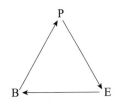

交互决定论的含义是，人关于自己和周围世界的观念会影响他们自己怎样行动，也会影响人置身其中的环境。同时，来自行为和环境经验的反馈又会肯定或否定人的观念。例如，一个擅长社交的人会认为，人们大多是友善的，因此他倾向于对陌生人做出和善的反应。这种积极的反应又可能创造一种鼓励积极的人际互动的环境。因此，这个人的善于交往倾向就得到肯定并加强。相反，一个害羞、退缩的人会害怕人际互动，因而回避或减少交往。这种反应会创造一种负面的社交环境，使这个人继续害羞、退缩。但是，观念并不是影响人的环境的唯一方面。人的变量还包括性别、社会地位、社交范围大小以及生理上的吸引力。班杜拉（1978）指出："人还借助自己的身体特征（高矮胖瘦、外貌、种族、性别、吸引力等）以及社会赋予的属性、角色和地位等激发出不同的环境反应。"（p. 346）

社会认知理论并不排除人的变量。实际上，该理论认为，人的变量非常重要。但是，人的变量不是传统形式的那些变量，如特质、习惯和被压抑的经验等等。人的变量应该指观念、价值观和信息加工策略。此外，人的变量只有在当前表现出来时才是重要的。

三、认知社会人变量

一个人怎样与情境互动，是由米歇尔所说的**认知社会人变量**（cognitive social person variables）决定的（1993，p. 403）。这些变量决定着，在一个人所面临的数量浩瀚的刺激中，哪些被感知、选择、解释和应用。和传统上说的人的变量不同，社会认知理论所指的人的变量是当前正在起作用的主动认知过程。这些变量为人、人的行为和环境提供了动力的、互惠的关系。米歇尔（1993，pp. 403-411）归纳了认知社会人的五个变量。

1.编码策略：我们怎么看待事物？

人不但选择要加入的不同环境，而且赋予所选择的刺激以不同意义。米歇尔（1993）说：

> 人们在怎样编码（表征、符号化）、怎样把输入的刺激信息加以分类方面差别巨大。同样的"热天气"让一个人感到困扰，另一个人却感到快乐，因为他把这看作去海滩的好机会。电梯里的同样一个陌生人，对一个人可能是"危险"，对另一个人可能"富有魅力"。（p. 404）

要理解一个人，必须知道这个人看待世界的标准。这里可以看到乔治·凯利（见第 13 章）对米歇尔的影响。凯利认为，任何一个给定事件，都会以任何数量的方式被构想（被解释）。人们可以自由地选择构想（概念、类型、符号或词语），并用它们来解释自己的经验。这意味着，在相同的物理情境中，人们会对其编码、构想并以不同方式做出反应。不仅如此，由于人的变量是动态的，没有理由去假设，对于同一个人，同样的情境会以相同方式解释两次。人的**编码策略**（encoding strategies）会使人的行为有某种一致性，但是，人在任何时候都可能部分地改变其编码策略，这也是为什么跨情境行为并不总是一致的。编码策略决定着外界的哪些方面被关注，以及它们怎样被解释。

2. 预期：我们认为会发生什么？

人的编码策略变量决定着人怎样为经验分类。但是，在某一时刻，人必须应对环境。实际行为的最重要变量是人的预期。例如，在某个情境中，人会假设，如果我这样做，结果会怎样。这叫作**行为结果预期**（behavior-outcome expectancy）。对一个特殊情境，如果没有任何信息，人就倾向于根据过去在相似情境中的经验做出**预期**（expectancies）。如果有相关信息，人的预期就会相应地改变。例如，在为一次求职面谈做准备时，如果听说自信对这次面谈很重要，人就可能预期，自信的表现会增大得到这一职位的可能性，并且按照这个新做出的预期做准备。

米歇尔指出，我们对待经验时做出的第二种假设是**刺激结果预期**（stimulus-outcome expectancy）。我们知道，如果事件一发生，事件二可能跟着发生。例如：听到警笛声，我们会预期一辆急救车将急速开过来；看到时间已经是 6 点，我们期望很快就要开晚饭了。

我们用于应对外部世界的第三种假设是**自我效能预期**（self-efficacy expectancy）。它指了解在一个情境中什么样的行为最有效，在另一个情境中能否那样做。一个人在一个特定情境中执行一个行为所需的能力称为自我效能。一个人实际能做什么和他认为自己能做什么往往是不同的，所以社会认知理论非常强调**自我效能知觉**（perceived self-efficacy），即一个人在各种情境中对自己能做什么的信念。本章后面还要讨论自我效能问题。

人的预期变量一般能回答这样的问题：如果我用某种方式做，我应该预期什么？如果我看到一件事情，我预期看到的下一件事情应该是什么？我能做好我认为需要去做的事情吗？

3. 主观价值观：什么是值得拥有或值得做的？

即使一个人有强烈的行为结果预期，也有很强的自我效能预期，他也可能不会把这种预期付诸行动，因为不知道这样做是否值得。例如，一个学生很清楚，要写一篇优秀的学期论文需要做些什么，而且相信自己有能力去做这些，但是他可能决定，为了得到一个 A 而付出这些时间和精力不值得。相同情况下，另一个学生可能看重得到 A，因此为了得到这个成绩不惜付出时间和精力。同一个学生在某种条件下可能认为成绩 A 值得去争取，但是在另一个情境中，又认为不值得去争取。一个人的价值观在很大程度上决定着会不会把人的其他变量付诸行动。所以人的**主观价值观**（subjective values）决定着什么是错的，什么是对的。

4. 自我调节系统和计划：我怎样实现目标？

根据社会认知理论，人的行为很大程度上是自我调节的。行为标准也是自己制订的，如果行为表现达到或超过这些标准，人就感觉良好，如果没达到标准，就感觉不良。而且行为更多地受**内在（内部）强化**（intrinsic [internal] reinforcement）和惩罚影响，较少受**外在（外部）强化**（extrinsic [external] reinforcement）和惩罚影响。

人还要设定未来的目标，然后为了实现这些目标而制订生活计划。一般来说，一个重要的未来目标是通过一系列短期目标而逐渐接近的。例如，要获得大学学位，先要在中学努力学习，争取毕业，申请进入大学，把大学的第一个学期好好读下来，等等。所以社会认知理论把人的很多行为看作是目的论的，也就是有目的的。**自我调节系统和计划**（self-regulatory systems and plans）使这些被看作重要的目标的实现成为可能。本章后面还要详细介绍自我调节行为。

5. 胜任力：我能做什么?

人通过观察学习获得关于物理环境与社会环境，以及自己与这些环境关系的知识。人形成了技能、概念和问题解决策略，并把它们运用在应对环境过程中。米歇尔强调，这些**胜任力**（competencies）不是因为机械的环境刺激导致的静态记忆。它们是主动过程，人能把它们应用于广泛的创造性建构或对纷繁复杂的情境做出反应。因此，胜任力是个体与环境互动时随时可用的工具。它们和其他工具一样，能用来做什么受到工具使用者的想象力的限制。胜任力指的是人知道什么，以及人能够做什么。

不仅人的胜任力是通过观察学习获得的，而且人的编码策略、预期、价值观、自我调节系统和计划也都是通过观察学习获得的。下面就讨论观察学习的重要性。

■ 四、观察学习

社会认知理论不认为强化会影响学习，但是认为强化与表现（performance）和知觉过程有重要关系。强化会影响人注意到了什么，并且学习这些东西，更重要的是，它决定着所学的哪些东西被付诸行动了。

班杜拉（1965）所做的一项著名研究说明了学习与表现之间的差异。在这项实验中，给儿童看 5 分钟的影片，其中一个**榜样**（model）对一个充气人表现出攻击性。在社会认知理论中，榜样可以是承载信息的任何东西，例如，一个人、一个电视节目、一本书、一部电影、一个表演或一个成人的指导。在这项实验中，榜样是一个成人。

> 影片开始的场景是这样的：一个榜样走到一个像成人大小的充气人跟前，命令它给让路。怒气冲冲地盯着看了一会儿，见它没反应，榜样做出了四种新奇的攻击动作，每个动作都配着不同的话音。
>
> 榜样先把充气人放到身边，坐在它身上，一边使劲打它的鼻子一边说："砰！就打你的鼻子！砰！砰！"然后，榜样把充气人扶起来，用木棒使劲打它的头。一边打，一边说："没用的东西……让你不能翻身！"用木棒打完，榜样把充气人在房间里踢来踢去，一边踢，一边说："飞呀！"最后，榜样用橡胶球往充气人身上扔，每扔一次，就喊道："哪！"这一套身体和语言攻击行为重复做两次。（Bandura，1965，pp. 590-591）

一组儿童看完这个短片之后，接着看第二个短片，片中出现第二个成人，他赞扬了那个榜样的攻击行为，还奖给他饮料和糖果。第二组儿童看的短片中，第二个成人因为榜样的攻击行为而给予他惩罚，说他是胆小鬼，欺负人，用卷起的报纸打了他一下，还威胁他说，如果他再有这些攻击行为，就要打他。第三组是控制组，只看第一个短片。然后，让这些儿童进入和短片中有一样的充气人和攻击工具的房间，并记录他们对充气人的攻击行为。结果表明，看了攻击行为被表扬的儿童表现出最强烈的攻击行为，看了榜样人物因为攻击行为被惩罚短片的儿童，表现出的攻击行为最少，控制组儿童的攻击行为介于上述两组之间。

班杜拉的这项研究说明，儿童的行为是根据他们看到的别人的行为而表现出来的。也就是说，他们的行为不是根据是否受到了直接的强化和惩罚，而是通过**替代性强化**（vicarious reinforcement）和**替代性惩罚**（vicarious punishment）做出反应。从前面讲过的人的变量角度看，这些儿童似乎在他们看过的短片基础上，形成了行为结果预期。看到榜样的攻击行为受到强化的儿童会假设，他们如果也做出这些攻击行为，可能也会得到强化。看到榜样因攻击行为而受到惩罚的儿童则会预期，自己如果做出这些行为，也会有相同的下场。

班杜拉第一阶段的研究看来可以说明，强化对学习来说仍然很重要，但是这些强化可以是替代性的，而且强化不需要跟随在一个人自己的行为之后。这一发现同斯金纳以及多拉德、米勒的理论是相

332

矛盾的，他们声称，想让强化发生效用，它必须跟随在一个人自己的行为之后。根据他们的理论，看到别人的行为被强化或被惩罚，不会影响一个人自己的行为。

班杜拉第二阶段的研究结果更令人吃惊。在这一阶段，给所有儿童提供奖励（贴纸和果汁），让他们做出短片中榜样的行为。注意，在第一个短片中，榜样做出了各种攻击充气人的行为，但是每组儿童看到的榜样攻击行为的后果是不同的。在鼓励他们模仿出榜样行为的情况下，三组儿童都会这样做。这说明，所有儿童都学会了他们所观察到的事情——榜样的攻击行为——但是他们把学到的东西迁移到自己预期会被强化或至少不会被惩罚的行为方式中。班杜拉的实验显示出，被观察到的东西就是被学习到的东西，这些学到的东西怎样迁移到行为表现中，取决于学习者对行为结果的预期。在这种情况下，行为结果预期变成了替代性的，被观察到的一个榜样的行为结果替代了。班杜拉指出，这项研究使充气人在心理学界颇有名气："我到别的大学做邀请报告时，学生们把一个充气人放到讲台上。一次又一次地请我在充气人上签名。充气人成了心理学圈子里的明星。"（引自 Evans，1989，p. 23）

研究表明，人的情绪反应也能通过替代性学习而获得（例如 Bandura & Rosenthal，1966；Berger，1962；Craig & Weinstein，1965）。伯格（Berger，1962）发现，当一个榜样因为对假装的电击和伴随的巨大声响做出疼痛反应时，观察者也会对那种声响做出情绪反应。生理测量显示，在观察到榜样对声响 - 电击同时出现时做出的反应后，在声响出现时，观察者也会做出情绪反应，即使榜样已不在场。这说明，一种条件情绪反应形成了，而这是以另一个人身上发生的事情为基础的。

班杜拉（1986）发现，通过观察别人的行为后果而学习的能力不仅有利于生存，而且能使生活少些乏味：

> 如果人的行为仅仅依赖于个人经验到的结果，那么多数人会因为早期发展过程中的各种危害而难以活下来。为了克服自己的错误，每个人都不得不借助于枯燥乏味的试误，在日常生活中找出什么是对的，什么是错的，以应对周围环境。（p. 283）

班杜拉还在另一个场合指出："人们不会让新兵通过试误来学习怎样投手榴弹。这种学习方式会创造出一个'看着，下士，没有武器'的情境。这也赋予那些战争片一种新的含义：'永别了，武器'。"（引自 Evans，1989，p. 8）①

在班杜拉看来，我们的确是通过观察自己的行为结果而学习的，但是，能够通过直接经验学习的任何东西，也能够通过替代性经验而学习到。班杜拉（1986）指出："几乎所有的由直接经验导致的学习现象，都可以通过观察别人的行为及其结果而发生。"（p. 19）

1. 作为榜样的新闻和娱乐媒体

根据社会认知理论，由于我们从观察中学习，所以报纸、电视和电影都可能起到榜样的作用。班杜拉（1986）对虚构的电视节目做了以下的观察：

> 对电视节目的分析显示，对暴力行动的描述大多是获得准许的、成功的和相对清白的。……观众对剧中激动人心的暴力表演似乎赞佩有加并身临其境，而不是寻求其他解决办法。暴力不但很成功，而且轻而易举地被那些身手不凡的英雄一试身手，他们敏捷、草率地把敌手置于死地，好像杀人不是什么大不了的事情。（p. 292）

自从班杜拉对榜样攻击进行研究以来，大量研究考察了电视暴力与攻击行为和其他危害社会行为之间的关系。这些研究大多确认了二者之间有正相关（例如 Geen & Thomas，1986；Huesmann &

---

① "看着，下士，没有武器"的意思是，教官给新兵演示怎样投手榴弹时，手里并没有拿真手榴弹。"永别了，武器"是美国作家海明威的一部小说的名字，班杜拉借用它表示，战争片里的作战场面并不是真的，人们通过看战争片就能学会怎样开枪，等等。
——译者注

Malamuth，1986；Turner，Hesse，& Peterson-Lewis，1986）。晚近的一些研究证明，尽管人们无比担忧，但 58% 的电视节目仍然含有暴力情节，而且 78% 的描写没有丝毫的悔意，即使实际上没有对其大肆美化。还有证据表明，节目前的警示不能阻止儿童看暴力节目（Seppa，1997）。还有人发现，含有暴力的摇滚视频会使一些男人形成一种可以用暴力对待女性的态度（Peterson & Pfost，1989）。

当然，并不是每个接触暴力节目的人都会成为施暴者，也不是每个接触公开渲染性的文学或影片的人都会变成性变态者。但是对某些人，这样的榜样提供了学习经验，助长了危害社会行为。新闻和娱乐媒体并不是社会上仅有的为暴力提供榜样的源头，父母对孩子的体罚也为攻击性提供了榜样。班杜拉（1973）发现，其父母采用较多体罚的儿童往往会成为具有很强攻击性的人。这样的儿童往往是不听话的孩子（Power & Chapleski，1986）。班杜拉既不同意大量使用体罚，也不支持"无条件的爱"的说法。他认为，无条件的爱会弄巧成拙，因为它抹杀了行为表现与奖励之间的有益关系。缺了这种关系，儿童会迷失方向。

> 一些教育权威宣传一种观点，说健康人格要在"无条件的爱"的环境中形成。如果这一原则被加以滥用，父母就会在任何时候对孩子表达爱意，无论孩子做什么，是否虐待别人，偷他们喜欢的东西，无视别人的愿望和权利，或要求马上满足自己的愿望。如果有无条件的爱的话，它将会使儿童迷失方向，使之变成不受欢迎的孩子。很多读者都知道有那样的父母，他们试图采用这种无条件的爱，却成功地造就了"自我应验的"暴君。（Bandura，1977，p. 102）

无论如何，新闻和娱乐媒体都是社会大众有影响力的样板，"文明的生活需要减弱那些助长残忍和毁灭行为的社会影响……社会有权遏止那些可能导致伤害的可憎内容"（Bandura，1986，p. 296）。不过，班杜拉意识到，对这样的素材加以管控是很困难的。首先，关于什么东西有害，对此意见纷纭。其次，对这些被认为有害的素材加以抑制，可能有悖于言论自由的基本权利。

根据社会认知理论，可以确切地说，被观察的东西也被学习了。那么，肯定有一些过程影响到什么东西被注意——什么被保持，学到的东西怎样付诸行为，为什么这些东西会付诸行为。班杜拉（1986）描述了四个过程。

2. 注意过程

注意当中包括影响注意的环境因素，如刺激的复杂性、特殊性和流行性。例如，刺耳的刹车声会吸引所有人的注意。榜样的某些特征决定着其被观察到的程度。例如，容易被观察到的榜样往往是那些看起来跟自己相像的人，或被尊重、有权力、有吸引力的人。研究发现，权力概念意味着成人有权控制资源，能够分配奖励物的榜样，比不能控制资源的成人更有权力（Bandura，Ross，& Ross，1963；Grusec & Mischel，1966）。**注意过程**（attentional processes）还包括观察者的一些特征，如感觉能力。例如，盲人和聋哑人不能像有正常视听能力的人那样，对相同刺激做出反应。

过去的行为结果也会在观察者心中创造一套知觉。例如，过去对某个刺激的注意曾经带来一个正面结果，那么，在类似情境中出现的相似刺激，就容易引起注意。

3. 保持过程

通过观察学到的东西如果没有价值，就不会得到保持。前面曾提到，对信息的编码和解释是因人而异的，但是班杜拉（1986）认为，过去的经验会以图像或言语方式得以储存。也就是说，对曾经经验过的东西，我们会保存一个认知图像，也可能保存一些描述该经验的词语。这些记忆可能导致**延迟模仿**（delayed modeling）。延迟模仿指，观察学习获得的信息往往在一段时间以后才被付诸行动。

4. 动作重现过程

要把学到的东西付诸行动，人要有所需的动作能力。但即使具备动作能力，人也可能因为受伤、疲劳或生病而不将其表现出来。具备了必要的动作系统，而且能良好地发挥机能，一些复杂技能也不会直接被观察到并马上在行为中表现出来。首先，对复杂技能，很多观察可能需要先注意到并记住一些相关信息。其次，即使所有相关信息都学会了，也需要多次重复练习，才能把行为表现与学会并保持的东西相匹配。班杜拉（1986）指出，为了改进技能，观察者只有把榜样的行为概念化，才能得到一个参考框架：

> 概念表征为反应生成和反应纠正提供了内部模型。行为生成首先是一个概念匹配过程，在这一过程中，来自动作实施的感觉反馈和相应概念互相比较。然后，在比较信息的基础上，对行为加以矫正，使概念和动作逐渐达到一致。（p.64）

5. 动机过程

无论一个人学到多少东西，也无论他的能力多强，如果缺乏行为动机，学到的东西也不会被付诸行动。观察学习会潜在地创建有效的行为结果预期，但是除非人相信自己的行为能获得某种价值，否则行为也不会产生。根据社会认知理论，**强化**（reinforcement），无论是直接强化还是替代性强化，都为有效的行为结果期望的形成提供了必要信息。但是，就直接强化而言，学习是观察学习，而不是像斯金纳以及多拉德、米勒所言，学习是反应趋势的自动的、无意识的增强过程。社会学习理论认为，一个人从观察行为结果中学习，这可以是他自己的行为结果（直接强化），也可以是别人的行为结果（替代性强化）。无论哪种情况，都给人提供了什么行为导致什么结果的信息。

强化除了提供什么行为导致什么结果的信息，还可提供行动的动机。在社会学习理论中，强化等同于当前情况下人看重的某些东西。因此，人被动机驱动，去做他们看重的事情，回避那些令他们讨厌的事情。班杜拉关于观察学习并付诸行动的观点可以归结为：一个人必须观察某个行为，记住观察到的行为，能够把观察到的行为表现在行动中，而且希望再现那个行为。

■ 五、自我调节行为

社会认知理论认为，人的多数行为是**自我调节行为**（self-regulated behavior）。通过直接的和替代性的经验积累，人会形成**表现标准**（performance standards），用来评价自己的行为。人不断地把他们在一种情境中的所作所为与一些表现标准相比较。如果表现符合或超过那些标准，人就会受到内在强化。如果表现达不到标准，人就会体验到内在惩罚。

研究发现，榜样行为影响着一个人的表现标准的形成。班杜拉和库珀斯（Bandura & Kupers, 1964）发现，接触表现标准高的榜样人物的儿童，只在自己表现优秀时给自己强化，而接触表现标准低的榜样人物的儿童，只要自己的表现达到低标准，就会给自己强化。因此可以预期，儿童身边的人，如父母、兄弟姐妹和同伴，对儿童表现标准的形成有深刻影响。

目标与计划会使自我定向行为保持很长时间。当一个未来的目标确定后，人就会对自己的经验加以组织，力图增大实现目标的可能性。班杜拉（1991）指出："人们形成关于自己能做什么的信念，他们预期自己的行为会有什么结果，他们为自己设定目标，或者选择行动路线，以获得所期望的结果。"（p.248）使人朝着目标前进的经验会带来自我强化，而不符合目标的经验则会带来自我惩罚。如前述，人的主要目标很难一蹴而就。为此，要设定一些次级目标，当这些次级目标逐个实现时，人就逐渐接近重要目标了。如果目标太遥远或太艰难，人就会感到挫败和沮丧。目标必须与人的能力相配，必须能够通过一个个切实可行的次级目标而得以实现，这些次级目标对人的能力来说应该难度适中。表现标准也必须切合实际。如果标准过宽，如举手之劳，那么，这样的表现带来的自我强化也微乎其微。如果标准过严，人会受到挫折，灰心丧气。班杜拉（1986）指出："从绝对意义上讲，过严的标准对自我评价来说，会带来抑郁反应，长期气馁，无价值感，缺乏目的性。"（p. 358）班杜拉（1991）发现，陷于抑郁的人比起没有陷于抑郁的人，在评价自己时会更严苛，"和不抑郁的人相比较，那些陷入抑郁的人对相似的成就给自己更少的自我奖励，对相似的失败，却给自己更多的自我批评"（pp. 274-275）。

最理想的情况是，一个人的表现标准随着人的成绩和失败不断加以修正。班杜拉（1986）写道：

> 一个人通过将先前的行为作为参照持续不断地对当前的表现做出判断。在这个参照过程中，自我比较提供了适当性的尺度。过去成绩主要通过它们对标准设定的影响而影响着自我赞赏。……在取得一定水平的成绩之后，它不再提出挑战，人会凭借改进手段来寻求新的自我满足。所以，人在取得成绩之后会提高表现标准，在屡遭失败后会降低标准，使其更符合实际情况。（pp. 347-348）

1. 自我效能

在班杜拉后期出版的关于社会认知理论的著作中（2001，2002a，2002b），他非常强调**人的能动性**（human agency），即有意识地做计划，并意图明确地完成那些影响未来的行动。用他的话来说，"人不只是由环境事件编排的内部机制的看客。他们是经验的管理者，而不仅仅是经验的承受者"（Bandura，2001，p. 4）。班杜拉发现，"效能信念是人的能动性的基础"（p. 10）。**自我效能**（self-efficacy）涉及一个人实际能做什么。但更重要的是**自我效能知觉**（perceived self-efficacy），这涉及一个人相信他能做什么。自我效能知觉受几个因素的影响，例如，人的成功和失败、把榜样做事的成败看成是自己做事的成败，以及言语说服。通过言语说服，人们可能会鼓励自己去实现曾经放弃的目标。教练员在比赛前对球队的"煽动"就是一个例子。但是，如果口头说服导致的自我效能知觉没有在真实行为中表现出来，那么，口头说服的效果就会很短暂。研究还发现，处在危险情境中的人常因情绪唤醒而对其自我效能做出判断。由于高唤醒一般会抑制行为，所以强烈的情绪大多与低自我效能感相关。相形之下，在这样的情况下放松情绪有利于提高自我效能感。

班杜拉等人的研究表明（对相关研究的综述，可参见 Bandura，1986，1989，1995；Bandura & Locke，2003），与知觉到低自我效能的人相比，知觉到高自我效能的人具有以下特征：

（1）他们设定更具挑战性的目标和表现标准。
（2）他们长时间地追求目标。
（3）他们的行为更具冒险性。
（4）他们能从失败和挫折中很快地恢复过来。
（5）他们体验到较少的恐惧、焦虑、压力和抑郁。

在目标和表现标准方面，最好的情况是，人的自我效能知觉与他的真实能力一致。认为自己能做的比他实际能做的更多，就会导致挫折感。认为自己不能做某事，但实际上有能力做，会妨碍人的进步。这两种扭曲的自我效能都会导致失调的（错误的）自我预期。这种情况如果足够严重，可能导致人产生心理疾病。

在人格理论领域，班杜拉的自我效能知觉已成为最流行的研究课题。下面列出的研究只是其中的一部分。研究发现，自我效能知觉与以下方面存在相关性：羞愧和恐惧降低（Covert Tangney，Maddux, & Heleno，2003）、减肥项目的效果（Mitchell & Stuart，1984；Weinberg, Hughes, Critelli, England, & Jackson，1984）、戒烟项目的效果（Baer, Holt, & Lichtenstein，1986；Garcia, Schmitz, & Doerfler，1990；Wojcik，1988）、酒精成瘾戒除项目的效果（Annis，1990）、艾滋病预防（Bandura，1990b；O'Leary，1992）、学习成绩（Multon, Brown, & Lent，1991；Tuckman，1990）、抑郁症（Bandura，1989；

338

Bandura, Adams, Hardy, & Howells, 1980；Davis-Berman, 1990）、工作倦怠（Meier, 1983）、亲代抚育能力（Teti & Gelfand, 1991）、职业选择（Betz & Hackett, 1981；Bonett, 1994；Bores-Rangel, Church, Szendre, & Reeves, 1990）、运动成绩（Gould, Hodge, Peterson, & Giannini, 1989）、管理决策（Bandura & Jourden, 1991；Bandura & Wood, 1989；Wood & Bandura, 1989；Wood, Bandura, & Bailey, 1990）、性别差异（Lent, Brown, & Larkin, 1986；Nevill & Schlecker, 1988；Poole & Evans, 1989）、发展经验（Holden, Moncher, Schinke, & Barker, 1990；Skinner, Chapman, & Baltes, 1988）、生理反应（Bandura, Reese, & Adams, 1982；Bandura, Taylor, Williams, Mefford, & Barchas, 1985）、免疫系统机能（Bandura, Cioffi, Taylor, & Brouillard, 1988；Bandura, O'Leary, Taylor, Gauthier, & Gossard, 1987；Wiedenfeld et al., 1990）、应对能力（Ozer & Bandura, 1990），以及工作满意度和工作业绩（Saks, 1995）。

本章后面还要介绍，自我效能知觉概念是班杜拉考察和理解心理疾病的核心概念。

2. 道德行为

对与错的标准也是高度个人化的，而且产生于直接和替代性经验。在表现标准方面，道德原则往往通过儿童父母做榜样而最终被儿童内化。一旦被内化，这些道德原则就决定着，哪些行为和思想会受到自我惩罚，哪些会导致自卑感。所以道德行为是自我调节的，而且在很多时候是独立于环境影响得到保持的。班杜拉（1977）指出："对违反标准行为的自责预期，会成为激励人在面对诱惑时遵守规则而行动的动力。"（p. 154）

然而，在没有体验到自卑感的情况下，某些认知机制也会使人去违反他自己的道德原则。班杜拉（Bandura, 1986, pp. 375-385）把这些**自我免责机制**（self-exonerating mechanisms）归纳为以下8点：

（1）道德理由。一个人所做的应遭到谴责的行为因为所谓的崇高目的而变成有理由的行为。班杜拉（1986）指出："我犯罪是为了养家糊口。多年来，很多破坏性的、值得谴责的行为借助正人君子所谓的宗教教义、公平正义和国家需要而成为犯罪行为。"（p. 377）

（2）委婉的标签。把一个值得谴责的行为称为具有另外的所谓真实的意义，人们就可以心安理得地做这件事。例如，一个并非攻击性很强的人很可能在攻击另一个人时，把这说成是游戏。

凭借一些干净的说法，杀人可能失去其原有的含义。士兵"废"了人而不是杀人，中央情报局人员"带着极端的偏见而把（他们）送回老家"。雇佣杀手说，这是个"不错的合同"，于是谋杀就摇身一变，成了光荣的职责（Bandura, 1986, p. 378）。

（3）比上不足比下有余的比较。把自己做的坏事和别人做的更坏的事比较，一个人会认为自己做的坏事微不足道："这的确是我干的，可是看看他干了什么！"

例如，越南战争的发动者和支持者把大量屠杀平民说成是对共产主义"奴役"的清算。有了这种减轻罪责的比较，战争犯罪者就感觉心安理得，因为死亡率惊人的屠杀变成了意图明确的为人民造福。与此同时，国内的反战者破坏学校和政府机构的暴力行动，则是微不足道甚至光荣的，因为这比起自己国家的军队在外国领土上的大屠杀，实在是小菜一碟。

（4）责任移置。如果人们相信有公认的权威者赞成自己的行为并为其负责，一些人就可能轻而易举地违背其道德原则："这件事是我做的，因为有人命令我这样做。"

纳粹监狱的监狱长和士兵对他们的非人道行为不觉得负有个人责任。他们只是执行命令。发生在越南的美莱村屠杀[①]，就是这种对战争屠杀命令无条件服从之一例（Bandura, 1986, p. 379）。

---

① 1968年3月16日，越南广义省美莱村发生屠杀惨案。尽管尼克松政府、美国陆军部以及一个专门的国会委员会试图抹掉这个肮脏事实，但由于罗纳德·瑞登豪尔（Ronald Ridenhour）等愤怒的士兵以及记者塞摩尔·荷西（Seymour Hersh）的努力，事情终于被曝了光：在这次惨案中，美军士兵有组织地处死了约504名越南妇女、儿童和老人。当天，在上尉欧内斯特·麦迪那（Ernest Medina）的命令和中尉威廉·凯利（William Calley）的指挥下，美军第11轻步兵旅的查理连队奉命去烧毁房屋，炸毁地下掩体和地道，杀死所有的牲畜。1971年，威廉·凯利被判处终身监禁，但在三年之后即被释放。下命令者麦迪那却被判无罪。在惨案发生时，美空军直升机驾驶员休·汤普森（Hugh Thomson）少尉以死相威胁，救出了多名妇女儿童，后被授予特级飞行员十字勋章。凯利的部下、机枪手哈里·斯坦利（Harry Stanley）拒绝执行命令，并威胁凯利："你要让我开枪，我就先向你开枪！"——译者注

班杜拉（1990a）指出，那些绑架人质的恐怖分子常常"警告人质所在国家的官员，如果他们采取报复行动，他们将为人质的生命负责"（p. 175）。

（5）责任扩散。由团体做出的值得谴责行为的决策往往比个人做出的决策更容易得以实施。前者是大家担责任，而不是一个人负责："我不能一个人说了算。"

（6）漠视或扭曲后果。这指的是人忽略或扭曲他们的行为造成的伤害，因此他们无须感到自责。人们把自己与他们的不道德行为造成的不良影响撇得越清，他们受到谴责的压力就越小："我只是投了炸弹，但是炸弹消失在云雾中了。"

（7）非人化。如果有些人被看作非人类，就可以像对待非人类那样对待他们，而无须感到自责。当一个人或一个群体被看作非人类时，他们就不再拥有情感、希望和担忧，虐待他们就不必冒自我谴责的风险："为什么不占领他们的土地，他们只不过是没有灵魂的野蛮人。"

> 一旦被非人化，［个体］就不再被看作拥有情感、希望和担忧的人，而只是被充满成见地侮辱为"亚洲佬""苦力"或"黑鬼"的下等人。下等人对被虐待可能是麻木不仁的，只有用更原始的手段才能制服他们。如果剥夺那些被厌恶者的做人资格不能减弱自我谴责，那么，就可能借助把兽性加在这些人头上，而使自我谴责完全消失。他们成了"败类""猪"和别的野兽。多年来，侍从、女人、体力劳动者、异教徒和少数族裔就被当作奴隶或非人的东西来对待。（Bandura，1986，p. 382）

（8）责任归因。一个人可能喜欢选择受害者言行中的某些东西，并声称，正是这些东西导致了自己以值得谴责的方式对待他。

> 强奸犯和企图强奸的人相信关于强奸事出有因的神话，这些原因使道德自责消失殆尽。……这些观念认为，强奸受害者应该为她们的牺牲承担责任，因为她们的轻浮举动和对性攻击的抵抗无力，似乎在勾引别人对她们实施强奸。（Bandura，1986，pp. 384-385）

自我免责机制为人的行为前后不一致找到另一个理由。即使一个人对道德原则清楚地了解，如果他抓住这些机制中的一条或几条，他的道德行为也会令旁观者难以预测。但在他自己看来，这样的行为无疑是前后一致的。

3. 延迟满足

在米歇尔 1956 年从俄亥俄州立大学获得博士学位之后不久，他和同事开始的一系列实验考察了与延迟满足有关的变量。在一项研究中，米歇尔和梅茨纳（Mischel & Metzner，1962）发现，延迟满足能力随着年龄增长、智力水平提高和延迟间隔的缩短而增强。之后，米歇尔及其同事对斯坦福大学宾莹幼儿园的 4～5 岁儿童进行了颇有影响的研究（Mischel & Ebbesen，1970；Mischel, Ebbesen, & Zeiss，1972）。在这些研究中，给儿童两个选择，一是马上给予较少的奖励（如一块棉花糖或一块饼干），二是过一会儿给予较多的奖励（如两块棉花糖或两块饼干）。实验条件有以下四种：（1）马上给的奖品和延后给的奖品都能看到；（2）马上给的奖品和延后给的奖品都看不到；（3）只能看到马上给的奖品；（4）只能看到延后给的奖品。研究者预测，能看到奖品可促进延迟能力。同时还做出相反的预测：看不到奖品时儿童会等待时间更长。结果证明，能看到奖品导致儿童想到奖品，想到奖品降低了延迟满足能力。研究还发现，能等待较长时间的儿童使用了一些自我分心法，把令人讨厌的等待时间变得更愉快。这些孩子有的对自己说话，有的唱歌，有的想出玩手和脚的游戏，甚至有的试着睡觉（其中一个真睡着了）。米歇尔和莫尔（Mischel & Moore，1973）发现，教给儿童想奖品的图画而不是真实的奖品，能增强他们延迟满足的能力。另一些研究显示，教给儿童把想得到的奖品想象为不想得到的东西（例如，把饼干想成一块褐色的木片，把棉花糖想成一朵白云或棉球）可以增强他们的延迟

340

341

能力（Mischel & Baker，1975；Mischel & Moore，1980；Moore，Mischel，& Zeiss，1976）。根据上述实验，米歇尔（1993）得出结论："儿童脑子里想的东西，而不是摆在他们面前的东西，决定着他们的延迟能力，[并且]如果你能把等待变得更容易，你就可能成功地等待。"（pp. 457，458）多项研究证实，别人强加的或自己创造的分心法能增强延迟满足能力（Mischel，Shoda，& Rodriguez，1989）。

对**延迟满足**（delay of gratification）的40多年研究得到的一个最重要发现是，幼儿园儿童的延迟满足能力与青少年期多项积极人格特征之间存在相关。米歇尔等人对所研究的斯坦福大学幼儿园儿童进行了长达10年的追踪（Mischel et al.，1988，1989；Shoda，Mischel，& Peake，1990）。研究者最感兴趣的是那些看到奖品仍能等待的儿童，以及那些未教给他们等待策略仍能等待的儿童。研究者假设，这些儿童能够创造出自我分心法，而且这种能力可能在以后多年持续存在。这种设想得到明确的支持。在幼儿园时期能在看到奖品和未被教给等待策略情况下，仍能做到延迟满足的儿童，到中学时期，其多种社交技能和学习技能得到其父母更积极的评价。表11-1概括了这些父母对他们的青少年子女的评价。

研究发现，除了得到父母的积极评价之外，幼儿园时期能够在看到奖品和未被教给等待策略仍能延迟等待，与他们后期的言语和学习能力倾向测验（SAT）得分之间存在正相关。但幼儿园时期在看不到奖品能延迟等待和被教给等待策略情况下能等待，与SAT得分之间不存在相关。米歇尔（1993，p. 460）还发现，具有自我分心能力的成年人，能更有效地应对疼痛、压力和严重的生活危机。

342

表 11-1	父母对在幼儿期能够延迟满足的青少年的评价
更可能……	
在受到挫折时进行自我控制	
处理重要问题	
在被鼓励时做好	
在被鼓励时努力达到目标	
显示自己的智力	
与同伴保持友谊并和睦相处	
更不可能……	
因很小的失败就退缩	
屈从于诱惑	
在需要集中精力时分心	
设定一个即时的但不合期望的目标	
在受挫时失去自控	

资料来源：Mischel，1993，p. 459.

哪些因素决定着一个人在何种程度上拥有如此重要的人格特性呢？研究发现，像影响自我调节行为的其他因素一样，延迟满足行为也可以通过观察榜样而习得（Bandura & Mischel，1965；Mischel & Liebert，1966；Stumphauzer，1972）。研究发现，延迟满足能力可以教给幼儿，而且这种能力可以在后期生活中得到明显的改进。这些事实告诉我们，对延迟满足的教学应该融入早期教育和父母的家庭教育中。无论如何，这对我们理解延迟满足所需的这种**自我控制**（self-control）都至关重要，因为在米歇尔（1993）看来，缺少了自我控制，人类就会像非人类动物那样容易冲动，文明生活所需的目标定向行为就不可能做到。

六、机能缺失预期和心理疾病

根据社会认知理论，心理问题是由**机能缺失预期**（dysfunctional expectancies，即错误的、无机能的或有缺陷的预期）导致的，纠正这种预期的任何一种治疗——使预期符合实际——都会有明显的效果。

举个例子，假如一个人相信，与多个异性建立亲密关系将会带来痛苦和挫折，此人就会避免发展这种关系。这种预期通常建立在真实体验的基础上，但是它们可能被过度泛化，如果过度泛化发生，人就会难以否定这种预期。基于一个机能缺失预期的防御行为往往很难被纠正。

有的狗会咬人，有的飞机会失事，有些亲密关系会导致痛苦和挫折，有些少数族裔会犯罪，有些男人和女人会冷漠无情。但是，从少数个案向所有事情推论，并不能准确反映真实情况。在个别经验基础上形成强烈预期的人，需要积累更多的有关同样的对象、事件和人的经验，但这些经验都是不带有负面结果的。班杜拉（1986）发现："为了让人放弃他们的错误观念，他们需要强有力的负面经验，这种负面经验仅凭嘴上说是无法得到的。"（p. 190）提供强有力的负面经验，这是社会认知理论主张的治疗方法的关键。

另一种机能缺失预期涉及自我效能知觉。前面讲到，如果人们相信自己无力做某事，他们就不会尝试做那件事。如果一个人相信自己不敢碰狗、猫、蛇、小孩或异性，他就不会做那些事情，无论他真实能力如何。与此相似，一个不相信自己会成功的人将会回避成功。因此，根据社会认知理论，**心理治疗**（psychotherapy）的一个主要目的是改变患者的自我效能知觉。可以假设，如果一个人的自我效能知觉变得更接近实际，行为也就会变得更具适应性。班杜拉指出，如果心理治疗以下面的方式进行，自我效能知觉就能最有效地得到改变："最有效的治疗是在一种激励自主性的榜样中建立起来的。如果你真想帮助别人，你就要增强他们的……能力，使他们树立强烈的自信，给他们创造增强能力的机会。"（引自 Evans，1989，p. 16）

班杜拉、亚当斯和拜尔（Bandura，Adams，& Beyer，1977）检验了自我效能知觉与行为有直接关系的假设。通过报纸广告，患有长期恐蛇症的 7 个男性和 26 个女性参与了研究。在治疗开始前，对他们进行了行为回避测验（Behavioral Avoidance Test），该测验包含 29 个行为任务，要求逐渐接近一只红尾蟒蛇。治疗前还对自我效能预期进行了测量。给每个人一张单子，上面描述了与蟒蛇互动的各种细节，让他说明能完成哪一种互动。还让被试说明，他们相信自己肯定能或肯定不能完成与蟒蛇的哪些互动方式。

在前测之后，班杜拉等人（Bandura et al.，1977）把被试随机分为三个治疗小组。第一组是**参与者模仿**（participant modeling）组，其中一个真人拿着一条蟒蛇，演示与蟒蛇的互动，互动方式从危险最小到危险最大。然后，让被试以相同方式表现出相同的与蟒蛇互动行为。要求在 40 分钟到 7 小时之间完成这些互动，每个人的平均时间是一个半小时。在一些情况下，被试对蟒蛇的恐惧非常强烈，不得不先使用一条蟒蛇幼仔。第二组是模仿组，被试观看榜样以各种方式与蟒蛇互动，但是本人并不真的与蟒蛇互动。第三组是控制组，只参加治疗前的测量，但是不做任何处理。

经过实验处理后，再次对被试进行行为回避测验，测验的最后一步是让蟒蛇在被试膝盖前爬，同时被试把双手被动地放在旁边。结果表明，参与者模仿组和模仿组被试的回避行为都减少了，但是参与者模仿组的回避行为减少得更多。

在三组的处理结果出来之后，又对效能预期进行了测量。结果发现，参与者模仿组和模仿组被试对自己拿起一条蛇的自我效能预期发生了明显改变。两种方法都有效果，但是参与者模仿法对自我效能预期的改变更显著。最重要的是，自我效能预期成为行为的准确预测因素。那些声称自己能拿起一条蛇的被试，后来真的这样做了。三组被试的自我效能知觉与实际表现之间都存在相关。几乎在所有情况下，被试自己说的能做的互动方式，在真实情况下，他们都那样做了。但是，最大的效能预期并不都能引起与蛇的最大限度的互动。也就是说，参与者模仿组中的一些人在处理过程中能够执行与蛇的最危险的互动，他们并未形成在后来的实验场合以这种方式与蛇互动的预期，他们的预期被修正了。此外，效能预期是在多于一个人成功的表现经验基础上形成的，尽管成功的表现对效能预期的形成影响很大。

进一步的测量表明，由于治疗推广到其他类型的蛇当中，回避行为减少了，这一实验结果具有跨时间的一致性，而且这些结果对被试生活的其他方面产生了积极作用。例如，有些被试在减轻对其他动物的恐惧和社交恐惧方面取得了效果。班杜拉等人（Bandura et al., 1982）对患有蜘蛛恐惧症的人进行了相似的实验，得到与上述研究相同的结果。

班杜拉等人（Bandura，Blanchard，& Ritter，1969）在另一项研究中考察了应对恐蛇症的几种方法的效果。在这项实验中，成人和青少年被分为四个组：象征性模仿组，给被试看一段榜样与蛇互动的影片；真实模仿参与组，被试跟随榜样与蛇互动组；**系统脱敏**（systematic desensitization）组，让被试按照从低焦虑方式到高焦虑方式的顺序，想象与蛇的互动。被试先想象与蛇互动时产生低焦虑的情境，然后以这种方式继续下去，直到曾经导致最高焦虑的场景不再导致焦虑。第四组是控制组，被试不接受处理。在实验前后对所有被试进行与蛇互动能力的测量。结果见图11-1。

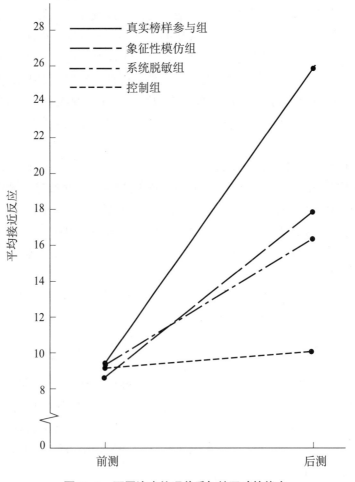

图 11-1　不同治疗处理前后与蛇互动的能力

资料来源：Bandura，Blanchard，& Ritter，1969，p. 183. Copyright 1969 by The American Psychological Association. Reprinted by permission.

从图中可见，真人榜样参与法的效果最好，其次是**象征性模仿**（symbolic modeling）法和脱敏法。控制组被试与蛇互动的能力进步很小或没有进步。追踪研究也再次证明，实验效果能够持续，并泛化到原来实验中导致恐惧的其他方面。还有很多实验也证明，模仿法在矫正各种各样的机能缺失预期中具有有效性。所有这些研究的重点都是人当前的知觉和预期，都没有提到特质、强化或内部冲突。班杜拉（1986）相信，寻找这些东西的治疗师告诉我们很多关于他们自己的事情，却很少告诉我们，他们的患者身上的问题的根源是什么：

> 不同理论流派的研究者在研究中反复地发现了他们所选择的动机因素，但是很少有人发现不同观点的提出者强调的各种动机因素的证据。……所以，一个人能根据治疗师的概念性观念体系的知识，在心理动力分析过程中对自己的感悟和无意识动机做出更好的预测，但是却不能从患者真实的心理状态中发现这些。（p. 5）

七、社会认知理论的人性观

1. 自主论对决定论

社会认知理论认为人类本性是复杂和理性的，这是否等于说，人类拥有自由意志呢？班杜拉否认人是自主的观点，这种观点认为，人能自由而独立地行动，无论环境和别人影响对他们有怎样的冲击。他也否定人对外界影响机械地做出反应的观点。他接受的是交互决定论，人既能影响自己的行为，也能影响环境。人还能产生独特的思想和行动，"人们运用操纵信号和进行反思的能力，能够生成新奇的想法和创新行动，而这都胜过了他们过去的经验"（Bandura，1989，p. 1182）。但是班杜拉说："自我生成的影响，像外部影响一样，对行为发挥着决定性作用。"（1989，p. 1182）所以，在班杜拉看来，人类是理性的，但是他们并不拥有自主的自由意志。

威廉·詹姆斯（William James，1956）把决定论分成硬决定论和软决定论。硬决定论认为，人的行为原因是自动而且机械地发挥作用的，因此，对个人责任的渲染是毫无意义的。赫根汉（Hergenhahn，2001）对软决定论做了如下描述：

> 说到软决定论……像意图、动机、信念和价值观这些认知过程在经验和行为之间起着中介作用。软决定论认为，人的行为是在一定情境中经过深思熟虑的选择而产生的。因为理性过程出现在行动之前，所以，人对自己的行动承担责任。虽然软决定论仍然是决定论，但它是承认认知过程是人行为的原因结构组成部分的理论。所以，软决定论是硬决定论和自主论之间的一种妥协——承认人的责任的妥协。（pp. 13-14）

班杜拉是一个软决定论者。这一概念承认，人的行为可以被看作是目的论的，或有目的倾向的："借助于象征性地表达可预测的结果，人能把未来的结果转换为当前对深思熟虑行为的动机与调节因素。"（Bandura，1986，p. 19）它也承认，人对自己的行为至少负有部分责任，"［人能够］通过选择、影响和创设自己的环境，作为一种原因，对自己的生活道路做出贡献"（Bandura，1986，p. 38）。班杜拉（1989）还指出："通过练习来控制自己的思维、动机和行动的能力，是只有人类才具有的特征。由于判断和行动或多或少是自我决定的，人能通过自己的努力，改变自己和周围环境。"（p. 1175）最后，班杜拉为了说明软决定论仍然是决定论，他说："自我生成的影响像外部影响资源那样，以同样方式对行为起着决定作用。"（p. 1182）

2. 作为选择的自由

在社会认知理论中，**自由**（freedom）被定义为"可供人选择的东西的数量以及进行选择的权利。可选择的行为和人拥有的选择权越多，人的行为就越自由"（Bandura，1986，p. 42）。班杜拉（1989）对此做了详细解释：

> 在相同条件下，那些能够做出各种选择并能调节自己的动机和行为的人，比之那些个人选择手段有限的人，在个人追求方面将更为成功。其原因是，自我影响对那些在某种程度上可自我管理的、有选择自由的行为起着决定性作用。（p. 1182）

347   因此，可减少人的选择的任何东西都会限制人的自由。班杜拉（1986，pp. 42–43）认为，以下因素可能限制人的自由：

> 缺乏知识和技能
> 低自我效能知觉
> 过于严格的内部标准
> 因为人的肤色、性取向、性别、宗教、种族背景或社会阶级而限制人的各种机会的社会体制

3. 偶遇和生活道路

班杜拉（1982）把**偶遇**（chance encounter）定义为"无意中与不熟悉的人相遇"（p. 748）。这样的相遇，因其非计划性和意外性，也可称为是意料之外的。班杜拉发现，偶遇对人的生活可能有重要影响，它给人的行为的不可预测性提供了另一个理由。

> 有些偶遇如蜻蜓点水，有些偶遇却影响良久，还有一些偶遇则改变了人生轨迹。心理学不能预示偶遇的发生，然而却能更深刻地了解人的行为。这一因素导致了对人生流向不可预测性的估计。变化的方式是因人而异的。它可能显示出终其一生的基本连续性，或人生在某些方面是连续的，在另一些方面是不连续的，抑或在人生路上影响着所有机能领域的不连续性。（p. 749）

作为后者的一个例子，班杜拉描述了南希·戴维斯（Nancy Davis）与她后来的丈夫罗纳德·里根（Ronald Reagan）的相遇：

> 在从事演艺事业之初，南希曾收到一封装着共产党员开会通知的信，那封信是寄给同名同姓的另一个人的，那个名字出现在好莱坞的共产主义同情者的名单上。因为害怕自己的职业因一个"错误"身份而生变故，她向影片导演述说了自己的担忧，于是导演介绍她去见当时的演员工会主席罗纳德·里根。不久，他们就结婚了。在这个例子中，一个偶然相似的名字和一封投错的信改变了南希的人生道路。（1982，p. 749）

注意到偶然经历的重要性，这和交互决定论并不冲突。这种经历说明了环境可能影响人和人后来的行为的另一种途径。

4. 心身关系

尽管社会认知理论赋予认知活动以行为之原因的重要作用，但是该理论并不接受心身二元论。班杜拉（1989）指出："思维是高级的大脑过程，而不是与脑活动分离的精神实体。观念性的术语和神经
348   性的术语只表示相同大脑活动的不同方式。"（p. 1181）然而，至少在当前，心理学规律还不能摆脱神经生理学规律：

> 生物学规律怎样调节大脑机制，心理学规律怎样协调地为不同目标服务，人们必须把这二者

加以区分。怎样才能最好地发挥影响，来创建各种观念体系和个人能力，这些心理学知识不能从促进这些变化的神经生理机制的知识中推论出来。所以，对涉及学习的大脑回路的了解并不能告诉我们，怎样才能最好地呈现和组织教材，怎样为了再现记忆而给它们编码，怎样激励学习者去注意，怎样进行认知加工，并且把他们所学的东西加以练习。懂得大脑怎样工作也不能告诉人们，怎样创建社会条件，帮助成功的父母、教师和管理人员掌握所需的技能。最佳的条件必然是由心理学原理来指明的。（Bandura，1989，p. 1182）

虽然心理学规律不能违背神经生理学规律，而神经生理学规律也对心理学规律有帮助，但是把心理学还原为生物学依然是徒劳无益的：

> 如果人们走上还原论之路，心理学会被还原为生物学，生物学又被还原为化学，化学被还原为物理学，直到还原为原子论。无论是原子论、化学还是生物学，都不能提供人类行为的心理学规律。（Bandura，1989，p. 1182）

■ 八、评价

1. 经验研究

像卡特尔、艾森克、斯金纳、多拉德和米勒的理论一样，班杜拉和米歇尔的理论也是以经验研究为基础的。在本章，我们引述了班杜拉、米歇尔及其同事所做的多个实验研究，这些研究验证了他们提出的各种概念。社会认知理论同样引发了大量研究。米歇尔的专著《人格与评价》（1968）在人格研究者中引起了有关人的行为稳定性的争论，这一争论一直持续至今。争论还引发了一些研究项目，试图回答一个问题：人的行为是前后一致的吗？如果是，那么是在多大程度上一致，在哪些领域一致？（关于这一研究的全面回顾，可参见 Zuckerman，1991。）现在看来，行为是否稳定，要看这种一致性意味着什么，以及研究是怎样做的。如果测量的是一般行为，那么，其中既包含那些一致的行为，也包含不一致的行为。结果倾向于支持行为具有一致性的观点。鲍尔斯（Bowers，1973）、贝姆和艾伦（Bem & Allen，1974）辩称，对一致性的研究应该是相关研究，而不是实验研究，因为相关法使个体差异得以保持。贝姆和艾伦指出，研究者假设："认为自己在一个特定的特质维度上相当稳定的人，比那些认为自己的行为很不稳定的人，其行为更具跨情境的稳定性。"（p. 512）这一假设得到了支持，它说明，一些人在一些特质上稳定，而在另一些特质上则不稳定。进一步说，人们自己很清楚，自己的行为到底稳定还是不稳定。

在综述了研究文献和有关一致性对不一致性的各方意见之后，普文（Revin，1984）得出以下结论：

> 这一结论的最有意义之处是，大多数人的行为有时候一致，有时候不一致。……换言之，每个人都被期望以对他来说非常突出或有意义的方式保持行为的一致性。一致性的领域因人而异。例如，对一些人来说，诚实总是很重要，对另一些人来说，支配性总是很重要。每个人或多或少都有这样的具有跨情境一致性的方面。对任何一个特征的大样本研究都显示出很低的跨情境一致性，因为大样本结果不可能比总体中的一小部分人在一个特定领域一致性更高。人口中的一个亚群体的一致性可能被大群体的情境特征掩盖：这一点对所评价的所有人格特征都成立。所以可能要这样做出结论：行为是由情境决定的，而不是某些人以某种方式保持稳定，另一些人以另一种方式保持稳定。需要揭示的是一致性的更分化的图景，以及人的因素与情境因素之间的关系。（p. 17）

上述结论既不能驳倒社会认知理论家，也不能驳倒特质理论家。米歇尔从 1968 年倒向情境论立场，他声称，在任何情境中，奖励或惩罚的概率都是最有力的行为决定因素，但是他从未说过，行为是完全不一致的。他说，如果真是这样，记忆就毫无价值（1977，p. 333）。无论米歇尔最初的立场如何，现在，他是一个**交互作用论者**（interactionist），强调人的变量与情境变量的重要性。查明行为的一致性不再是反驳社会认知理论的一个有效的理由，同样，发现行为的不一致性也不一定是反对特质理论的理由。第 7 章曾经讲到，奥尔波特认为，拥有人格特质不能导致一个人行为稳定不变。相反，奥尔波特认为特质只代表行为的可能范围。他指出，不同的情境决定着，在这个行为范围内，哪个行为会发生。可以说，奥尔波特的理论很像社会认知理论的交互作用论。主要区别是，奥尔波特使用特质一词，而且他认为，一个人的行为必然出现在一个特定的可能性范围内。另外，第 8 章曾讲到，卡特尔和艾森克认为，在给定情境中，特质与情境变量交互作用才导致行为。所以，奥尔波特、卡特尔和艾森克都不认为，行为是完全稳定的，或只凭人格特质就能对其做出预测。

2. 批评

行为比社会认知理论所认为的更稳定。很多批评是由米歇尔的早期著作（1968）引发的，该书强调，情境变量几乎能够压倒人的变量，人的行为很少存在一致性。但是从那以后，米歇尔接受了交互作用论立场，即人和环境都相当重要。米歇尔还声称，他早期关于行为一致性的观点被误解了。他说，他从未说过一致性不存在，他辩称，根据特质和精神分析理论预测出的一致性是不存在的。

心理活动不能导致行为。像斯金纳这样的激进行为主义者反对任何包含精神概念的理论。他们认为，心理活动与人的行为无关。像自我效能知觉、机能缺失预期之类的术语，在激进行为主义者心目中都只能把人的行为研究搞混乱，而不是使其得到澄清。同时，斯金纳主义者认为，观察学习大概只是操作条件作用的一个特例，其中的模仿动作有时导致了强化，因此被重复。因此，观察学习是在强化控制之下，而不是像社会认知理论所说，是独立的（例如，参见 Gewirtz，1971）。

对精神分析理论不公平。社会认知理论家一向严厉批评传统的精神分析理论以及多拉德和米勒试图把精神分析理论与赫尔的学习理论加以综合的做法。社会认知理论家声称，不需要使用精神分析理论那些模糊不清的语言，因为社会认知理论所清楚定义的术语，即使不是更好，也足够用了。精神分析理论家认为，这种观点很天真，它忽视了意识与无意识心理之间复杂的相互影响。这些评论者指出，由于社会认知理论不理解人的心理怎样发挥作用，所以它只能解释像恐惧症这样相对简单的心理问题，对复杂问题则无能为力。

忽视了人格的重要方面。精神分析学家还批评社会认知理论没有意识到无意识动机的重要性。社会认知理论忽视的另一个重要领域是人的发展。另一些理论家发现，成熟因素对决定人体验的情绪和怎样进行信息加工来说非常重要。但是在社会认知理论中，很少提到生物因素、激素和成熟对人格发展的影响。被社会认知理论回避或轻视的，还有动机和冲突等问题。社会认知理论家主要在涉足提出目标和为达到目标制订计划时提到动机。对很多人格理论家高度重视的冲突概念（如弗洛伊德、多拉德和米勒），却从未出现在班杜拉最具综合性的著作（1986）的参考文献中。

社会认知理论是不统一的。有人还批评社会认知理论既不系统，也不统一。人们对几个重要问题已经进行了深入研究（如与观察学习相关的变量、自我效能知觉以及行为的自我调节），但是这些问题之间的相互关系仍不清楚。这一点也适合于米歇尔的认知社会学习中人的变量，他对这些变量只进行了罗列和描述，但是没有讨论这些变量之间的相互关系，整个社会认知理论就更不用说了。

3. 贡献

强调对人的经验研究。社会认知理论在人格心理学家中受欢迎的原因之一是，它的术语定义清楚详细，容易进行验证。班杜拉、米歇尔及其同事一直在积极参与各个研究项目。此外，班杜拉和米歇尔一直回避把非人类的研究结果推广到人类的敏感问题，他们所做研究都是针对人的。同时，他们也回避把简单行为向复杂行为推论的做法。对复杂问题，他们就原原本本地对其进行研究。由于对人类被试和复杂行为的研究，社会认知理论避免了像斯金纳、多拉德和米勒受到的那些批评。

应用价值。社会认知理论具有很大的启发意义。它提供了当今世界上一些重大问题的信息：攻击性、道德行为、延迟满足、榜样（如父母、电视和电影）对行为的影响、机能缺失预期及其矫正、行为的自我调节以及自我效能知觉的重要性。

很多人认为，社会认知理论把人看作能思考、计划、推理、期望和反思的有机体，和那种机械、简单化地从动物研究衍生出对人的结论的做法相比，更符合实际。社会认知理论承认语言、信号和认知信息加工机制的重要性；它所引发的研究通常针对这些相关问题；它以乐观态度看待人；它强调当前或未来的重要性，而不强调过去。

▼　小　结

社会认知理论的主要代表人物是阿尔伯特·班杜拉和沃尔特·米歇尔。社会认知理论强调在学习和行为表现中的认知因素，认为，在任何给定情境中，行为都是人与情境二者共同作用的结果。米歇尔在职业生涯早期抵制特质理论和精神分析理论，因为他发现，人的行为并不像人们所认为的由人身上的特质或压抑经历等因素决定的那样，具有前后一致性。1968 年，米歇尔基本上还是一位情境论者，当时他认为，在任何给定情境中，奖励或惩罚的概率是行为的强有力的决定因素，但是后来他变为一个交互作用论者，转而看重人和情境变量及其交互作用的重要性。班杜拉把交互作用论者的立场称为交互决定论，主张人、人的行为和环境是互相影响的。米歇尔用来取代传统的人的变量的是他所谓的认知社会人变量：编码策略，或经验怎样被保持和分类；预期，或当人以某种方式行动或看到某个事件时，他认为会发生什么；主观价值观，或人认为自己拥有的东西或所做的事情中，哪些是有价值的；自我调节系统和计划，它们决定着人们会用什么方式奖励或惩罚自己，以及他们怎样安排生活以实现未来的目标；胜任力，或人拥有的各种技能。

根据社会认知理论，我们学到我们观察到的东西。人既可以通过观察自己的行为结果来学习，也可以通过观察别人的行为结果来学习。也就是说，我们通过直接或替代性的强化和惩罚来学习。学习大多数时候是一个连续过程，但只是在具备行为动机时，我们才把学到的东西表现在行为中。由于社会学习理论家认为人是通过观察来学习的，所以他们特别关注电视节目和电影的内容。

班杜拉认为，观察学习受到四个因素的影响：注意过程，它决定着我们可能并实际会注意的东西；保持过程，它决定着人的经验怎样在记忆中被编码；动作再现过程，它决定着哪些行为会得以表现；动机过程，它决定着学到的哪些东西会付诸行为表现。

社会认知理论认为，人的多数行为是自我调节的。表现标准确立之后，如果人的行为符合或超过这些标准，人就会感受到自我强化；如果没有达到标准，人就会感受到自我惩罚。人还为未来设定目标并且为自己的生活制订计划，从而增大了实现这些目标的可能。一般来说，要接近这些目标，人先要步步为营地实现一个一个较小、较切近的亚目标。很多自我调节行为都受到自我效能知觉，或对自己能做什么的看法的影响。高自我效能知觉的人做的尝试更多，做的事情更多，坚持的时间更长，他们的焦虑感也少于低自我效能知觉的人。道德行为由内在道德原则支配，如果这些原则被破坏，人就会感到自责。但是，人可能借助各种自我免责机制来逃避自责。一些人的延迟满足能力在人生早期就有所表现，这种能力将对以后的人格特征产生积极影响。像自我调节行为的其他影响因素一样，延迟满足能力也受到榜样的影响。

机能缺失预期可能导致心理和行为问题。人的某一个或几个负面经历或来自榜样的这种经历的过度泛化可能导致这种错误的、无效的预期。社会认知理论把心理治疗当作纠正自我效能预期的手段。假如一个人不相信他能掌控一条蛇，那么，给患者放映一部榜样与蛇互动的短片（象征性模仿），一个真实的榜样做与蛇互动的示范（真实模仿），或一个榜样与患者一起与蛇互动（真实模仿参与），结果发现，这几种模仿法都能有效地治疗多种恐惧症，其中真实模仿参与法的效果最好。研究发现，模仿能改变一个人的自我效能知觉，从而改变行为。

353

社会认知理论把人看作深思熟虑的问题解决者，他们不但能解决当前问题，而且能为将来制订计划。班杜拉不接受人自主或机械地对外部事件或内部活动做出反应（硬决定论）的说法。交互决定论认为，人有能力进行反思和富于想象的思维。这些理性过程又反过来决定人的行为（软决定论）。按照这一观点，人的自由决定于可供选择的数量，或人做出选择的权利。社会认知理论承认，偶然的经验是人的行为的重要决定因素。社会认知理论认为，尽管心理学规律不能违背对其有帮助的神经生理学规律，但是对心理学规律的研究必须独立于神经生理学规律。

社会认知理论以经验研究作为其坚实的基础，但是也受到一些批评，因为它声称：人的行为比其本来的样子更不稳定；认为心理活动能够导致行为；对精神分析理论批评过度，忽视了无意识动机的重要性；忽略了人格的一些重要方面，如发展、动机和冲突；它不是一个系统化的统一理论。社会认知理论在以下方面赢得赞誉：强调以人为被试进行经验研究；对复杂的与社会相关话题开展研究；意识到人类和非人类动物相比，很多认知过程是不同的。

▼ 经验性练习 ────────────────

1. 根据社会认知理论，人的多数行为是自我调节的。例如，该理论声称，我们的很多行为是由内化的行为表现和道德标准指引的。如果行为表现符合或超过这些标准，我们就会对自己感觉良好，如果不符合就对自己不满。举例说明这样的标准是怎样指导你的行为的。你是否同意社会认知理论的下述观点，即内在强化对行为的影响大于外部强化的影响？请解释。请说说你的道德和行为表现标准是怎样产生的。

2. 自我效能知觉是社会认知理论的一个重要概念。请讨论你对自己的知觉对你的行为有何影响，包括这种知觉对你的努力尝试有何影响，你坚持了多长时间，你回避做哪些事情。再讨论一下，你觉得你的自我效能知觉是怎样产生的，你认为在什么样的情况下自己的自我效能知觉可以改变。你是否同意社会认知理论的观点，即改变机能缺失预期可以在很大程度上改变自我效能知觉？请解释。

3. 模仿是社会认知理论中的一个重要概念。请描述一个在你生活中被视为有影响力的榜样的人。从这个人身上你学到了哪些重要的价值观？根据这个模仿的经历对观察学习问题展开讨论。

▼ 讨论题 ────────────────

1. 米歇尔在特质理论和精神分析理论上的基本观点是什么？
2. 举例说明以下概念：行为结果预期、刺激结果预期、自我效能预期。
3. 根据社会认知理论，我们为什么应该关心电视节目和电影的内容？

354

▼ 术语表 ────────────────

Attentional processes（注意过程） 决定着什么被注意到，从而通过观察决定着什么被学习的过程。

Behavior-outcome expectancy（行为结果预期） 相信在某情境中以某种方式行动会产生一定的结果。

Chance encounter（偶遇） 人与人之间意外、偶然的相遇，可能会显著地改变当事人的生活。

Cognitive social person variables（认知社会人变量） 米歇尔所说的决定人怎样做出选择、知觉、解释并运用所面对的刺激的变量。亦见 Competencies（胜任力）、Encoding strategies（编码策略）、Expectancies（预期）、Subjective values（主观价值观）、Self-regulatory systems and plans（自我调节系统和计划）。

Competencies（胜任力）　描述人知道什么和能够做什么的认知社会人变量。

Consistency paradox（一致性悖论）　米歇尔的观点，认为人的行为比实验证据证明的更具一致性。

Delay of gratification（延迟满足）　延缓接受一个较小的即时强化物，以便能得到一个较大但不能马上得到的强化物。

Delayed modeling（延迟模仿）　通过观察学到的东西经过一段时间后才表现在行为中。

Dysfunctional expectancies（机能缺失预期）　对与环境不能进行有效交互作用的预期，可能产生于错误的榜样模仿、缺乏代表性的个人经验的过度泛化，或被扭曲的自我效能知觉。

Encoding strategies（编码策略）　决定环境中的哪些方面被选择性地注意以及人怎样解释这些环境的认知社会人变量。

Expectancies（预期）　决定个体怎样对生活中的事件做出预见的认知社会人变量。亦见 Behavior-outcome expectancy（行为结果预期）、Self-efficacy expectancy（自我效能预期）和 Stimulus-outcome expectancy（刺激结果预期）。

Extrinsic reinforcement（外在强化）　源自人的外部的强化。

Freedom（自由）　在社会认知理论中，自由是由可供人选择的东西的数量和是否有选择权决定的。

Human agency（人的能动性）　有意识地计划和意图明确地执行那些影响未来的行动。

Interactionist（交互作用论者）　主张在给定时间决定行为的人的变量与情境变量交互作用的理论家。

Intrinsic reinforcement（内在强化）　即自我强化。

Model（榜样）　把信息传递给观察者的任何东西。

Moral conduct（道德行为）　与内化的道德原则相符合的行为。当人的行为符合内化的道德原则时，人会体验到自我赞赏，否则会产生自责。

Motivational processes（动机过程）　决定着学习到的哪些东西会付诸行动的内部过程。除非有足够强的激励，否则这种转化不会发生。

Motor reproduction processes（动作再现过程）　决定着人的哪些行为能够通过身体动作表现出来的过程。

Observational learning（观察学习）　由注意某事物而引起的学习，这种学习被认为在没有强化的情况下发生。

Participant modeling（参与者模仿）　要求观察者参与到模仿中去的模仿类型。通常，榜样和观察者共同参与到引发观察者焦虑的活动中去。研究发现，这种模仿的效果最好。

Perceived self-efficacy（自我效能知觉）　一个人相信自己能够做什么事情。

Performance standards（表现标准）　在一个人经历自我强化之前必须符合或超过的标准。如果行为表现不符合或没有超过表现标准，人就会体验到自我惩罚。

Person variables（人的变量）　人身上包含的决定人怎样对情境做出反应的变量。

Personality coefficient（人格系数）　米歇尔所称的在人的行为中发现的一致性的量化值。他发现，跨时间、跨情境的行为相关，以及人格问卷与行为之间的相关约为 0.30。这一弱相关显示，人的行为并不像人们认为的那样具有前后一致性。

Psychotherapy（心理治疗）　社会认知理论所指的任何矫正机能缺失预期的程序，一般通过模仿来进行。

Reciprocal determinism（交互决定论）　认为人、情境和行为三种变量持续交互作用的观点。例如，人影响环境，环境影响人，人的行为结果又会改变人和环境。

Reinforcement（强化） 社会认知理论所指的（直接或替代性的）强化能提供在给定情境中什么行为最有效的信息。强化还能激励人把学到的东西付诸行动。亦见 Vicarious reinforcement（替代性强化）。

Retentional processes（保持过程） 决定着经验如何被编码、进入记忆、以备今后使用的过程。

Self-control（自我控制） 延迟满足的能力。

Self-efficacy（自我效能） 人实际能够做什么事情。

Self-efficacy expectancy（自我效能预期） 人关于自己能表现出哪些有效行为的预期。亦见 Perceived self-efficacy（自我效能知觉）和 Self-efficacy（自我效能）。

Self-exonerating mechanisms（自我免责机制） 人用于逃避因违背内化的道德原则而造成的自责的认知机制。

Self-regulated behavior（自我调节行为） 由内在强化和惩罚控制的行为，常指向需经过一系列小目标而实现的未来大目标。个体在设定目标后，就会对此加以规划，以增大实现目标的可能性。人的很多自我定向行为是由其自我效能知觉决定的。亦见 Delay of gratification（延迟满足）和 Moral conduct（道德行为）。

Self-regulatory systems and plans（自我调节系统和计划） 一种认知社会学习人变量，决定着个体在什么情况下体验到自我强化和自我惩罚，也决定着未来目标的设定和目标实现计划的形成（策略）。

Situation variables（情境变量） 环境中的变量，为使人的变量得以表现提供的情境。

Social-cognitive theory（社会认知理论） 对班杜拉和米歇尔理论的命名，强调人的行为的认知与社会起源。

Stimulus-outcome expectancy（刺激结果预期） 认为在一个环境事件后必然跟随着另一个与前一事件有密切联系的特定事件。

Subjective values（主观价值观） 一种认知社会人变量，决定着人在什么情况下把所学的东西付诸行动，以及什么东西有价值或值得追求，什么东西不是如此。

Symbolic modeling（象征性模仿） 不涉及真人的模仿，如采用电影、电视、说明书、阅读材料或示范表演。

Systematic desensitization（系统脱敏） 一种治疗程序，让患者想象出一系列引发焦虑的场景，直到这些场景不再引发焦虑。

Vicarious punishment（替代性惩罚） 因观察另一人行为的负面结果而导致的惩罚。

Vicarious reinforcement（替代性强化） 因观察另一人行为的正面结果而导致的强化。

第六篇
进化范型

戴维·M.巴斯

本章内容

1975 年，爱德华·O. 威尔逊（Edward O. Wilson）的著作《社会生物学：新的综合》出版，标志着以达尔文进化论为基础，把人类学、心理学和社会学综合起来的一门新学科的开端。社会生物学家的主要观点是，人类的社会行为是因为它们对生物适应性的贡献而由进化选择的。换言之，就像人的身体结构和生理过程是人类进化史上自然选择的产物一样，社会行为也是这种产物。自这部重要著作出版以来，进化心理学开始出现，并显示出在心理学领域的影响力。它分享了达尔文学说关于社会生物学的一些假设，但是，一些进化心理学家有别于社会生物学家，他们希望撇清两门学科之间的区别。戴维·M. 巴斯是一位多产且思维清晰的心理学家，他发展了这一学科并且做了领域划分。本章主要介绍他的一些贡献。

357

一、生平

戴维·巴斯（David M. Buss），1953 年 4 月生于印第安纳州印第安纳波利斯。他的父亲是一位心理学教授，母亲则在特殊教育专业获硕士学位。虽然家庭学术氛围浓厚，但是巴斯最初对教育并不感兴趣。读中学时他曾退学，到一个卡车修理站工作，他干的活是"给轮胎打气，敲击轮胎以确保没被磨平，清洗挡风玻璃，更换该换的零件，等等"（personal communication，2004）。后来他离开了这个卡车修理站，在一所夜校拿到毕业证书，并决定念大学。

他考入得克萨斯大学奥斯汀分校，在该校他几年未确定专业。他曾想学天文学和地质学，后来他做出一个结论，认为"人类心理是已知宇宙中最复杂、最神秘的存在物"（personal communication，2004），并最终选择了心理学。本科毕业后，他来到加利福尼亚大学伯克利分校攻读心理学博士学位，研究方向是人格心理学。（他是本书介绍的理论家中唯一一个接受过人格理论训练的人。）在伯克利，他曾和几位颇具影响的心理学教授一起从事研究，包括肯·克拉克（Ken Craik）、杰克·布洛克（Jack Block）、哈里森·高夫（Harrison Gough）和理查德·拉扎勒斯（Richard Lazarus），但是他们对进化心理学都不感兴趣。经过对人格理论的反思，巴斯这样写道（personal communication，2004）：

> 我发现，每一种理论的一些成分都是令人感兴趣的，有些东西从直觉上是指向一定目标的，但是所有理论似乎都很"武断"，它们都缺乏基本原理的指引。看起来也无法确定哪一个理论是正确的。我寻找的是由一套基本的、非武断的原理指引的人格理论。我被进化论所吸引，是因为它可以提供这种基础。没有理由认为，人类可以被排除在那种基本的因果力量之外，它塑造了其他所有物种——尤其是凭借自然选择而导致的进化。

1981 年，结束了研究生训练之后，巴斯来到哈佛大学担任助理教授。在这里，他遇见了一位认知心理学研究生列达·科斯麦兹（Leda Cosmides），以及她的丈夫约翰·图比（John Tooby），一位生物人类学家，他们进一步激发了巴斯对进化心理学的兴趣，使他形成了建立一门进化心理学的目标。现在，科斯麦兹和图比在加利福尼亚大学圣芭芭拉分校进化心理学中心担任共同主任。

1985 年，巴斯到密歇根大学任副教授，并于1991 年升任正教授。1996 年，他来到得克萨斯大学奥斯汀分校。在那里，他一直从事进化心理学的教学和研究工作。巴斯至今已发表 150 多篇研究论文

　列达·科斯麦兹和约翰·图比。

和多本著作，这些论著考察了进化对择偶策略、爱情、嫉妒和其他相关问题的影响。他是多个学术期刊的编委，包括《美国心理学家》《人格与社会心理学杂志》《心理学》《人格、进化与人类行为杂志》。2003 年，大学校际研究所把他列为被引用率排在前 250 名的心理学家。2007 年和 2008 年，他都获得科学信息研究所（ISI）颁布的社会科学"高引用研究者"称号。他所获得的荣誉包括美国心理学会心理学职业早期特殊科学贡献奖（1988）、密歇根大学优秀教学成就奖（1989）、美国心理学会 G. 斯坦利·霍尔奖（1990）、得克萨斯大学校长联席会优秀教学奖（2001）。2003—2005 年，他担任人类行为与进化学会候任主席，2005—2007 年任该学会主席，2007—2009 年作为前任主席继续服务于该学会。

二、达尔文的进化论

"查尔斯·达尔文可以说是第一位进化心理学家。"（Buss，2009，p. 140）因为进化心理学用达尔文的进化论来解释人类行为，所以，下面我们来回顾这一理论。

达尔文（Darwin，1859）发现，现存有生命的一切物种所繁育的后代，都比环境资源所能支持的更多。在这种情况下，**生存竞争**（struggle for existence）就发生了。生存所需的特质在物种成员中是不同的，只有那些拥有**适应**（adaptation）环境特质的成员才能得以生存和繁育。如果那些赖以适应特殊环境的特质能够或多或少地遗传给后代，那么，子代也倾向于拥有有利于生存的那些特质。只要环境不发生巨变，这一趋向就会持续下去。**自然选择**（natural selection）这一术语指的是，环境需求决定或选择哪些有机体能够生存和繁育。拥有适应性特质的有机体更可能在其环境中生存，它们的特质也更可能表现在其后代中。巴斯（2009）对此做出了如下解释：

> 自然选择理论有四个重要贡献。第一，它解释了器官结构随着时间发生的变化，即"代际渐变"。第二，它告诉我们不同物种起源的因果过程。第三，它解释了有机体各结构成分的有目的的特性——其适应性机能，或这些特性有利于生存的特殊方式。第四，它把包括人类在内的过去和现在的所有物种都联结在一棵大树上。自此，我们才知道我们在自然界所处的真正位置。（p. 140）

达尔文还观察到，动物中有些特征肯定不是自然选择的结果。他给出的例子是鸟的叫声和羽毛颜色，雄性倾向于与其他雄性战斗，胜者的生理属性更容易得到保留（如雄鹿的角）。为了解释此类特征，达尔文提出了**性选择**（sexual selection）理论。性选择是同一物种成员的求偶竞争导致的，这种竞争经常但并不总是在雄性中存在。

达尔文的性选择理论可以概括如下：（1）物种中具有求偶优势适应性的成员能更多地繁育后代，并把它们的特征传给后代；（2）一般来说，一种性别成员的特征如果被另一性别成员偏好，这些特征将会传给后代。

适者生存（survival of the fittest）这一术语指，只有那些最能适应环境的物种成员才能生存和繁育。**适宜性**（fitness）是根据繁育能力的差别，而不是根据其他能力来衡量的。克劳福德（Crawford，1987）提醒我们，不要把适宜性与社会身份混淆起来："把生物学适宜性与社会身份加以区别是非常重要的。米开朗琪罗、伊萨克·牛顿和莱昂纳多·达·芬奇等人的繁育适宜性为零，因为他们都没有留下后代。然而，他们的社会身份则无可争辩。"（p. 16）适宜性有时被错当为身材大小、力量或进取性这些因素。但是我们将会看到，爱孩子、与同伴合作有助于适宜性的增强，不过，攻击性不包括在内。

阖族适宜性

360 　　个体并非必须生育子女，把基因传给后代。他们也可能通过帮助那些共享基因的亲属，使基因得到生存和传承。这种扩展的基因传承概念被称为**阖族适宜性**（inclusive fitness）。阖族适宜性概念虽然是包括达尔文（Darwin，1859，pp. 250-257）在内的学者较早就提出来的，但是却由于汉密尔顿（W. D. Hamilton，1964）的两篇影响巨大的论文才得到充分发展。阖族适宜性概念可用来解释许多社会现象，本章后来还要多次提到这一概念。

■ 三、进化心理学不是社会生物学

1. 社会生物学与基因存续

　　社会生物学家认为，无论我们知道还是不知道，我们生活的主要目标都是把自己的基因传给下一代，我们的祖先当然也是这样。由于基因的自然选择，我们拥有了大脑、心理、身体和我们表现出的行为倾向类型。我们对自己基因的存续是生命的主要动力，它在我们没有意识到的情况下，控制着我们所做的很多事情。"基因不需要为了更好地发挥机能而去了解它们应该做什么——令人不快的是——也不会做我们需要的事情。我们可能在不了解基因的情况下，耗费毕生精力为它们的目的服务。"（Barash，1979，p. 25）下面的假设是整个社会生物学的基础：我们为了把自己的基因复本传给后代而活着。我们所做的每一件事都服务于这一目标，如果不是这样，就是对我们的危害。

2. 进化心理学和适应问题

　　一些研究者，如威尔逊（E. O. Wilson，1998，p. 150）把进化心理学等同于社会生物学。但是巴斯和其他进化心理学家则主张，这两门学科有明显的不同。例如，对社会生物学家所说的人生的主要目标是基因存续这一观点，巴斯（1995）指出：

　　　　我认为这种观点是社会生物学谬论……因为它把该机制（阖族适宜性理论）之起源的理论与该机制之本质的理论混为一谈了。如果男人有这样的适宜性最大化目标，那他们为什么不排队给精子银行捐精，又为什么做出绝育的决定呢？……像绝育这种机制的本质不应混同于创建这些机制的因果过程。社会生物学谬论导致了一些令人怀疑的猜测，这些猜测涉及如果一个人看得足够仔细，这个人将如何知道某人确实在增强适宜性，即使其行为看起来根本不符合这一目标（如自杀、精神分裂、机能丧失）。（p. 10）

　　简言之，一些行为之所以是适应行为，是因为它们能解决问题——而不是因为它们存续了基因。这些行为的目标相对于进化的时间，存在的时间很短，而且它们被限制在特定的环境挑战中。认为这些行为由存续基因的动机指引的看法是不正确的，因为原因还有很多（Buss，1995，1999，2004）。首*361* 先，它要求很多代的人来决定一个行为是否对进化适宜性做出了贡献。在进化背景下，在某一特定时间对某个特定人的特定行为进行分析是无意义的。其次，出于一般目的的一个适宜性最大化动机不大可能存在，因为一个特定行为不可能对所有环境、对两种性别、在所有年龄或对所有物种都是适应行为。最后，社会生物学的解释不能说明作为新的策略性行为或保持原有成功的策略的行为之发展基础的心理机制和过程。也就是说，社会生物学的解释大多不是心理学的解释。巴斯（1999）得出以下结论：

　　　　人类是各种机制的集合，其中每一种机制都是在进化过程中经过选择而形成的。这一过程的产物大多是问题特异性的——保持温暖，回避食肉动物，获得食物，寻找配偶，拥有性行为，帮

助儿童社会化，在需要时帮助亲人，等等。进化的产物不是也不可能是最大化地传承基因的目标。（p. 22）

3. 自然选择选择了什么？

如果像巴斯所说的，我们是"各种机制的集合"，那么，这些机制存在于何处？它们是怎样通过自然选择而形成的？科斯麦兹和图比（Cosmides & Tooby，1997）提出了进化心理学的五条原理来回答这些问题。他们认为，第一，自然选择的目的在于大脑和生理系统，而不在于抽象的动机、思维、行为或策略。简言之，大脑是一个输入输出回路系统。一些回路可能提供一种适应优势，另一些回路则不能提供。我们委婉地称为"回路"的那些生理系统，也就是自然选择所要选择的东西。

第二，我们现在拥有的神经回路是被选择的，因为它们能解决物种进化过程中所面临的适应问题。适应问题是我们物种经常遇到的挑战，而且会对物种繁衍产生影响。因此，我们为了吸引配偶而继承了两性特有的回路，因为人类要一代一代地寻找配偶，因为寻找配偶毫无疑问地影响着我们祖先的繁衍后代行为。

第三，科斯麦兹和图比提醒我们，作为一切行为基础的大脑回路比我们想象的复杂得多。最重要的是，在所有行为中，我们意识到的方面只是神经活动中的一小部分。用他们的话来说，"意识只是冰山一角"（1997，p. 7）。

第四，科斯麦兹和图比重申了巴斯的观点，即我们身上进化的神经回路是针对特定背景中的特定问题的。所以，我们拥有面孔识别的回路、在获得配偶之爱时察觉潜在竞争对手的回路，以及学会哪些食物使我们更健康的回路——所有这一切都因年龄和性别而变化。

第五，虽然我们觉得自己是现代人，但我们的大脑和大脑回路是从狩猎和采集时代经过几千代进化而成的。正如巴斯（1995）所说："人类是活化石——是各种机制的集合体，这些机制是人类祖先漫长的、世世代代的选择的产物。"（p. 10）这些回路曾经使人类的行为成功地应对狩猎和采集活动。这些回路能否使人类在与祖先截然不同的环境中取得成功，还有待观察。

四、人格理论与人类本性

巴斯指出：

> 我认为，人格心理学是心理学所有分支中内容最广阔的学科，它既要解释人类本性，也要解释个体差异的原因。历史上，从弗洛伊德开始的人格理论家都关心人类本性问题（如弗洛伊德的理论认为人具有性和攻击"本能"），但是人格心理学的多数研究把重点放在个体差异上。我认为，进化心理学的元理论在这个鸿沟上架起了一座桥。（personal communication，2004）

的确，如巴斯所说，人格心理学的多数研究涉及人们彼此之间有哪些不同，为什么不同，而进化心理学的主要目标是描述人类本性。人类本性理论试图描述人意味着什么——我们与其他所有人有哪些相像的地方。人类本性理论在人格理论领域是至关重要的，因为每一种人格理论都或明确或含蓄地接受一种人类本性理论。巴斯（2004）对此做出了如下解释：

> 人类也具有本性——把我们定义为一个独特物种的特征——所有心理学理论都承认它的存在。对西格蒙德·弗洛伊德来说，人的本性在于狂野的性冲动和攻击冲动。对威廉·詹姆斯来说，人的本性就是几十上百种本能。即使是最狂热的环境论，如斯金纳的激进行为主义，也假设人拥有一种本性——它就是少数高度一般化的学习机制。所有的心理学理论都需要一个作为其核心的

对人类本性的说明，或基本前提。（p. 49）

下面，我们将介绍人类本性的两种理论。第一个理论有时被称为**经验理论**（empirical theory）或**社会科学模型**（social science model）（Tooby & Cosmides，1997）。第二个是**人类本性的进化心理学理论**（evolutionary psychological theory of human nature）。

1. 社会科学模型

人格的经验理论或社会科学模型认为，一个人在给定时间表现出来的特征，就是这个人在其生活中经验到的东西的机能。约翰·洛克（John Locke，1631—1704）虽然不是最早提出关于人类本性的这种经验观的人，但他是最明确地表达这一观点的人。洛克认为，除了少数像反射能力这样与生俱来的能力之外，人在出生时的心理基本上就是一块白板，经验将会写在这块白板上。对洛克来说，人之所以成为人，取决于人经历了什么。根据这种人的本性观，环境，尤其是文化环境，是决定人格的首要因素。除了把一般的（与环境无关的）能力变为你所经验到的东西之外，人的本性概念并不存在。我们成了没有遗传素质的人。根据这种理论，"人的本性是无定型的和模糊的。在文化符号、社交情境、社会角色或外部的强化跟随提供了结构，角色被安排，社会文化给它留下难以磨灭的印迹之前，它将一直保持原形"（Buss，2001，p. 960）。

2. 人类本性的进化心理学理论

进化心理学家强烈反对白板说对人类本性的解释。他们认为，人的心理被进化塑造，人以某些方式带有倾向性地行动，又以另一些方式避免行动。对进化心理学家来说，人格理论的基本任务是证明和描述这些知觉/行为倾向。

进化心理学对社会科学模型的拒绝不仅仅是一种简单的理论设想。否定白板说的证据已经大量地得以积累。婴儿并不是仅仅带着用于学习的一般能力来到这个世界的，他们还展现出很多具有预先倾向的能力。出生几分钟的婴儿就表现出对人脸的偏好（Johnson & Morton，1991），几个月时婴儿就对物体的软硬表现出基本理解（Baillargeon，Graber，DeVois，& Black，1990；Keen，2003），学步儿已能在没有语境的情况下对别人的意图做出推断（Baron-Cohen，1995）。科斯麦兹和图比（1997）写道："现在已有证据证明，存在着各种回路，涉及对客体的推理、物理因果关系、数、生物世界、其他人的想法和动机，以及社交互动。"（p. 11）所有这些都是在没有正式教学，也没有外部强化的情况下发生的。

3. 天性还是教养？

现代进化心理学家反对把天性和教养加以人为的区分，他们还反对"天性占多少""教养占多少"这样的问题。像其他交互作用论者把人格看作内因和外因相互作用的结果一样（例如，参见第7章、第8章和第11章），进化心理学家提醒我们，进化的适应性要求有适当的环境，如果这些环境能显现出来的话。此外，不同的环境可能引发不同程度的适应性表现。因此，问题不应该是"天性还是教养"，而应该是"带着教养的天性"。巴斯（2004）指出："进化论实际上是一个真正的交互作用框架。缺少了两种材料，人的行为就不可能发生：（1）进化的适应性；（2）使这些适应性得以激活和发展的环境影响。"他还认为："遗传决定论观点——行为在没有环境影响的情况下由基因导致——只是一个错误。"（p. 19）更生动的说法是："如果你把一个受精卵投入液氮中，它不会发育为一个婴儿。"（Cosmides & Tooby，1997，p. 17）（千万不要在家里做这个实验。）

4. 文化

社会科学模型的拥护者声称，五彩缤纷的文化是否定人类普遍本性说法的强有力证据。文化可塑性假设——文化能够改变任何影响的观点——是以人类学对文化的研究为基础的。在这些研究报告中，性别角色被颠倒（相对于西欧标准），没有暴力和杀人，也没有嫉妒等现象。遗憾的是，很多田园诗般的人类学报告都缺乏实证支持，有些报告完全是恶作剧（例如，参见 Freeman，1983，1999）。

　　进化心理学并不认为所有文化都是相同的。但是有大量证据证明，人们的普遍行为在大多数——
如果不是全部——文化中都有所表现。这些行为在多大程度上得到表现，取决于环境条件的不同。这
些文化普遍性涉及

> 乱伦禁忌，面部表情，对群体内成员的偏袒，偏袒亲属而不偏袒非亲属，集体身份感，对蛇的恐
> 惧，劳动中的性别分工，报复和反报复，把自己区别于别人，对不利于集体的犯罪行为的制裁，
> 人际关系中的互惠，妒忌，性嫉妒，爱的情感。（Buss，2001，p. 966）

　　必须注意，上面列出的特征虽然在各种文化中广泛存在，但不一定出现在所有文化中的每个人身
上。它们是平均水平的特征，例如偏袒亲属和报复，并不是所有文化中的所有人都会这样做，即使这
样做，程度也各有千秋。关键问题是，在世界各种文化中，这些行为都以某种程度有所表现。下一节
我们将考察这些普遍性行为存在的证据，再看一看，这些行为怎样成为人格的组成部分。

五、择偶策略的性别差异

　　作为人格一个方面的**性别差异**（sex differences）是如此普遍，不无讽刺的是，这些差异在人格研
究中有时会被忽视。我们在了解一个人的神经质、外向性或其他已有深入研究的人格特征水平之前很
久，就能意识到一个人是男性还是女性。进化心理学尤其关注女性化和男性化这种普遍现象，而且巴
斯的很多研究都聚焦于性别差异。本节我们将讨论进化心理学在性别差异问题上的一些观点，尤其是
男人和女人在寻找配偶、吸引异性方面采用策略的差异。

1. 策略是什么？

　　进化心理学家使用各种术语来描述我们从遥远的过去进化而来、被我们继承并解决当前所面临问
题的那些过程。例如，"机制""回路"和"适应"就是他们使用的术语。这些术语的一个共性是，它
们都是遗传素质，我们以受进化影响的方式来应对当前面临的问题。"素质"（predisposition）这个词
非常重要，因为它表示这些行为倾向不是由于进化而固有的东西，它们永远要与环境条件和文化影响
相互作用，来解决特殊问题。

　　在前面讲过的科斯麦兹和图比（1997）概括的进化心理学五原理中，"回路"用来描述获取信息并
生成行为的生理系统。巴斯经常使用"进化心理学机制"，或更简单些，用**策略**（strategy）来指代这
些生理系统。在下文中，我们将使用"策略"这一术语。这种说法也许更有用，因为它表明了我们试
图描述的神经机制的复杂性。策略不只是简单的输入－输出反射。它是经过进化选择的用于解决特殊
问题的神经系统。我们有寻找食物、得到温暖、寻找配偶等等的策略。当我们需要躲避时，我们不会
运用寻找食物的策略。同样，当我们需要食物时，我们也不会采用寻找配偶的策略。感觉系统与策略
密切配合来应对环境（或内部）信号，它们经过比较，查明适当的目标以满足我们的需要。难忍的饥
饿和肚子咕咕叫告诉我们，需要吃东西了。我们对此的反应是注意路边指示牌上下一出口是否有饭店，
而不是距离目的地有多远。我们的策略通常是从诸多行为中做出恰当选择。我们不会吞进一勺沙子，
也不会对潜在配偶发出的饥饿信号投去调情的媚眼。当我们饥饿时有多种行为可以选择，选择什么行
为取决于很多因素，如需要的强度、食物的有无与种类多少以及我们用来获得食物的资源等等。最后，
虽然一个策略的输出是为了解决当前问题，但是它并不一定导致外显行为。我们可能选择吃东西而无
论有没有可吃的东西，我们可能选择等以后再吃而继续忍受饥饿的生理状态，我们还可能为了做个好
人而在斋月禁食。称机制为策略，并不意味着策略的输入、目标、决定和输出是有意识地被计划、演

练和执行的。被称为策略是因为它是对一个适应问题的多层次解决方案。

2. 长期择偶策略：女人的偏好

出于繁衍目的的长期择偶肯定是受到进化选择压力而产生的目标。对进化的适宜性来说，很少有适应性问题具有如此直接的意义。此外，我们希望发现配偶选择方面的性别差异，因为成功地生育后代的任务对男性和女性是很不同的。对配偶选择性别差异的解释，依据的是前面已经讲过的达尔文关于性选择的基本理论，以及**亲代投资理论**（theory of parental investment；Trivers，1972）。

从生物学角度，物种的雌性往往比雄性更有价值，这一价值分化原理对于哺乳动物是极其重要的。这一价值原理源于卵子和精子的差别。女性的卵子数量是有限的。从生物学角度，卵子是有限的、复杂的和昂贵的资源，女性在一生中大多会把这一资源耗尽。男性排出的精子数量巨大，而且产出精子的能力会令人惊讶地一直持续到老年期。此外，雌性哺乳动物必须要怀胎，在孕期须付出宝贵的资源，要分娩。在人类历史上，女性要在几年时间里哺乳并保护孩子的安全。直到近期，这种情况才有所改变。在繁衍后代问题上，女性的价值是无比重要的。虽然男性也重要，但是在受精之后，其参与程度相对较小。结果，女性要比男性做出更多的选择。女性要保全自己的性资源，在选择配偶时保持耐心，直到遇见显示出她偏爱特征的男性。如果女性比男性做更多选择，那么，她们在选择长期配偶时将会使用不同的标准。

366　来看下面的一段情节：

> 一个女人发现自己吸引了一个"坏男孩"——一个不可靠的男人，他不负责任、粗俗，常诉诸暴力。他跟朋友一起喝酒喝得过量，对与他有关系的女人和孩子的福利毫不关心。他几乎没有什么东西可以供养这些女人和孩子，他挣的钱都花在他的老式汽车和逐步升级的毒品上。他不想让自己变得更好，或赚钱养家。其实，他也知道这些做法令人压抑和烦恼，并成为他们激烈争吵的源头。

跟这样一个男人结婚是灾难性的。这个女人和她的孩子的安全将受到危害，她和孩子将很难生存下去。在人类进化史上，我们的祖先可不会选择像她选的这个配偶。如果她谨慎地选择一个配偶，那个人拥有资源，愿意和她分享，他善良，会照顾人，能为她和她的孩子提供关爱和安全，她和孩子就有更大的生存机会。我们很可能就是做出了这种精明选择的女性的后代。

巴斯和施密特（Buss & Schmitt，1993）提出的**性策略理论**（sexual strategies theory，SST）在复杂的择偶动机中加入了一个条件。根据性策略理论，人们所希望的东西和为了实现这一希望而做的事情，男女之间有所不同，而且可能根据人们寻找的是长期配偶还是短期配偶而变化。

根据这一分析，进化心理学做出预测，选择压力造就了女性的长期择偶策略，用以检查男人是否拥有上面第二个例子中所说的品质和她们所期望的特征。换言之，女人不但希望男人具有生育子女的能力，而且能够提供资源、奉献，为女人及其子女提供安全。巴斯（2003）指出："进化促使女人偏好那些给女人带来好处的男人，不喜欢那些只会让女人付出代价的男人。"（p.21）

巴斯和他的合作者报告了来自 37 个国家对超过 1 万名男人和女人的调查结果（例如 Buss，1989，1994，1998，2000，2003；Buss & Schmitt，1993）。这些调查一致地发现，男人和女人都想寻找可爱、善良、善解人意和聪明的配偶，都不喜欢虐待人、冷漠和头脑迟钝的配偶。然而，除了这些基本条件以外，男人和女人在他们身上的什么东西吸引配偶问题上差异明显。和预期一样，女人寻找长期配偶时，更看重男人的资源和获得资源的能力，其程度超过男人在寻找配偶时对这些特征的重视程度。令人诧异的是，自己已经拥有资源和地位的女人，甚至在更大程度上偏爱男人的资源和获得资源的能力（Buss，1989；Wiederman & Allgeier，1992）。调查还发现，女人喜欢年龄比自己稍大的男人，因为成熟的男人更可能拥有地位并获取资源（Buss & Schmitt，1993）。毫不奇怪，喜欢孩子的男人比不喜欢孩子的男人更容易赢得女人的欢心（La Cerra，1994）。

对拥有资源和地位的男人的偏好在多种文化中存在，这些文化从西方信息技术文化到小型非技术型部落社会。在美国，老年的名演员、摇滚明星或商界富豪娶一个年轻貌美女性的情况比比皆是——如果不考虑男方的威望和财富，这种婚姻简直不可思议。在帝威族（Tiwi，澳大利亚北部）、雅诺马马族（Yanomamö，委内瑞拉）、阿切族（Ache，巴拉圭）和昆族（!Kung，博茨瓦纳）文化中，地位和威望高的男人对资源有很大的控制权，也有更理想的配偶。在利益方面，他们的子女也拥有很高的地位，能够轻而易举地获得资源，因此成长得更好（Buss，2003）。

巴斯（1987）综述了在 40 多年时间里进行的关于择偶标准的七项研究。研究的主要结果见表12-1。这些数据明确支持了前述观点，即女性比男性更看重配偶那些与资源有直接或间接关系的品质。

表 12-1　　在 40 多年间进行的七项关于择偶标准性别差异的研究结果

研究者	时间	样本量	方法	女性更看重	男性更看重
Hill	1945	600	评价法	抱负与勤奋，良好的经济前景	漂亮
Langhorne & Secord	1955	5 000	提名法	前程好，有雄心，享受工作，高职业地位，好的养家者，富有	身体吸引力
McGinnis	1958	120	评价法	抱负和勤奋，良好的社会地位，良好的经济前景	漂亮
Hudson & Henze	1969	566	评价法	抱负和勤奋，良好的社会地位，良好的经济前景	漂亮
Buss	1985	162	排名法	良好的赚钱能力	身体吸引力
Buss & Barnes*	1986	186	评价法	良好的赚钱能力，抱负和职业取向	漂亮，身体吸引力
Buss & Barnes	1986	100	排名法	良好的赚钱能力	身体吸引力

* 此样本由 20 ～ 42 岁的已婚夫妇组成。

资料来源：Buss，1987，p. 345.

这些结果并不能说明女性对男性的身体外貌毫无兴趣。例如，女性倾向于喜欢体格健壮、高个子、强壮的男性——这是潜在的能生育多个子女并提供安全和保护的信号（Buss & Schmitt，1993）。另一个强有力的提示是身体的匀称性。一个人身体或面部的左半部分，如果不是不可能，也很难完全是右半部分的镜像。左右半身之间的差别统称为**波动性不对称**（fluctuating asymmetry，FA），这种不对称似乎给人一种重要的吸引人的提示。非常高的 FA（身体非常不匀称）可能是疾病或遗传缺陷的标志，而较低的 FA（身体左右两部分差别微小）通常是有吸引力的（Gallup，Frederick，& Pipitone，2008）。例如，具有低 FA 的男人（和女人）被认为比高 FA 的人更有吸引力，他们生的孩子也较多（Thornhill & Gangestad，1994）。在一项 T 恤衫嗅觉实验中，处于排卵期、生育能力强的女人判断说，低 FA 匿名男人捐献的 T 恤衫比高 FA 匿名男人捐献的 T 恤衫更有吸引力（Thornhill & Gangestad，1999）。甚至低 FA 者的说话声音（判断者只听音不见人）也被评价为比高 FA 者的更令人愉快（Hughes，Harrison，& Gallup，2002）。令人惊讶的是，与低 FA 相关的男人面孔吸引力竟然和较强的疾病抵抗力及抗感染力相关（Roberts et al.，2005）。

3. 长期择偶策略：男人的偏好

对男性策略的一个非常简单的分析显示，由于男性在生育方面不必消耗大量资源，而且他们能提供无限量的精子，所以男性应该会结交尽可能多的性伴侣，从而依靠大量的后代去取得进化上的成功。然而巴斯（1994，2004）发现，男性在进化上的优势表现在长期择偶上，因为：（1）女性策略是更偏爱能够长期奉献的男性；（2）愿意做出奉献的男性更容易吸引具有较高品质的配偶；（3）后代的父权更可能在一夫一妻制的长期关系中得到保证；（4）和愿意奉献的伴侣生活可能增大后代生存的机会。既然长期配偶关系有好处，那么，男性在寻找长期配偶时，对他们更有吸引力、更让他们满意的品质是什么呢？

巴斯（1994）认为："男性进化出了察觉女性生育价值线索的机制，这些线索包含在可观察的女性特征中，其中两个最明显的线索是年轻和健康。"（p. 50）很显然，青春期之前的女孩和绝经期之后的女人都不具备生育价值。对择偶偏好的早期研究显示，已到结婚年龄的年轻男性（21岁）喜欢的女性的平均年龄是18.5岁（Symons，1979；Williams，1975）。虽然这种年龄差因文化而不同，但男人喜欢年轻些的女人，而且存在这种年龄差似乎是一种跨文化的普遍现象。对这一规律的一个可以预测的例外是，年轻的十几岁男孩表示，他们喜欢稍年长的女性——接近于理想生育年龄，即18.5岁的女性（Kenrick，Keefe，Gabrielidis，& Cornelius，1996）。

一个女人不能凭借她正处于理想生育年龄就肯定令男人满意。请再次想想我们的祖先在进化中的情形。身强力壮的女性比那些因种种原因而体弱多病的女性更可能成为我们的女性祖先。因此，男性形成了一些策略以察觉健康良好的信号——富于光泽的头发、平滑且无疮疖无感染的皮肤、清澈明亮的眼睛、红润的皮肉色调、较低的身体不匀称性等等——同时发现那些令人满意的特征。巴斯（2004）指出："不能识别高生育价值信号的男性——娶了头发灰白、皮肤粗糙、面色苍白的女人的男人——只能有很少的后代，他们的家族最终会消亡。"（p. 143）请注意，这些健康女性的标准正是西方文化的标准，而且出现在世界各种社会中。研究者在任何地方都没有发现，在其文化标准中，人们喜欢的女人和男人有凌乱的头发、溃烂的皮肤、迟钝无光的眼睛、病态的面色和严重的身体不对称性。

辛格（Singh，1993，2000；Singh & Young，1995）发现，理想体重的标准因文化不同而不同，但女性的腰围与臀围的比例标准是普遍存在的。处于生育全盛期的健康女性，其腰臀比大约在0.67到0.80之间。即，她们的腰围大约是臀围的67%～80%。青春期之前的女孩，其腰臀比和男孩差不多，接近于1.00，而那些易患肥胖、糖尿病、心血管病、脑卒中的个体，其腰臀比会大于1.00。无论理想体重的文化标准如何，男性大多认为，腰臀比为0.70的女性比腰臀比为0.80或更大的女性更具吸引力。已有研究显示，这些偏好可在不同文化中重复地得到证明（Singh & Luis，1995）。

除了身体外表特征之外，女性的一些行为方式也是男人喜欢的。除非像我们的男性祖先那样，在结婚时确认妻子是处女，婚后大门不出，二门不迈，与任何情敌隔绝，否则他就不能百分之百地保证他妻子生的孩子是他自己的。毫无疑问，在我们祖先的时代还没有DNA检测。一个男人不会愿意供养不是他自己的孩子，也不愿意供养有婚外性行为的女人。因此，那些显示出忠诚和承诺信号的女人，比那些性混乱或显示出性混乱信号的女人更令人满意。巴斯和施密特（Buss & Schmitt，1993）发现，"忠诚"和"性专一"是男人寻找长期关系时具有最高价值的特质，而女人过去没有过性经验——未来不会出现性混乱的可能信号——也被认为是最符合期望的品质。巴斯（2004）指出：

> 在世界各地，男人都比女人更看重贞洁，但文化差异巨大。在一个极端，中国、印度、印度尼西亚、伊朗和阿拉伯地区的男人，对未婚妻的贞洁赋予最高价值。在另一个极端，瑞典、挪威、芬兰、荷兰、德国和法国，男人都认为，贞洁根本是无所谓的事情。（p. 152）

4. 女人吸引男人的长期策略

除了对未来伴侣特定特征的期望，择偶还涉及其他东西。当我们发现，某人拥有我们正在寻找的所有东西的时候，剩下的问题就是，如何让这个人对我们感到满意。根据性选择理论，"一种性别的择偶偏好影响着另一性别表现出来的竞争形式和内容"（Schmitt & Buss，1996，p. 1186）。因此，如果男

性希望女性年轻、健康，而且表现出忠诚和承诺，那么，我们就有理由期望，那个女人已经形成了在 *370*
那些偏好上集聚资本的策略。施密特和巴斯（Schmitt & Buss，1996）指出：

> 要增强浪漫的吸引力有两个主要途径。……第一个途径是把吸引异性的特征具体化，或至少表面上要具体化。这种择偶竞争方式……是一些自我推销方法。第二个途径是降低被配偶知觉到的同性别竞争价值，即让异性相信，自己的竞争对手不具备他们希望能提高自己地位的那些特点。这种择偶竞争方式是一些贬低竞争对手的方法。（p. 1187）

换句话说，一个有志于建立长期关系的女性的行为应该强调或夸大她的年轻、活力和对配偶的忠诚。同样，一个察觉到为了一个心仪男性和她竞争的对手的女性，将会破坏这个对手显示其相同特征的能力。

说到**自我推销**（self-promotion）策略（或方法），不妨想一想每年上千亿美元的化妆品、健身和美容业。巴斯（2003）指出："女性并不争着向男人传递什么准确信息。她们所竞争的，是男性不断进化的关于美，尤其是关于青春和健康的心理标准。"（p. 110）年轻、健康的女性自然地拥有丰满的嘴唇、光滑的皮肤、红润的面颊、结实的肌肉。娴熟地使用化妆品可以再现这些效果，保持曾有的性活力。美容手术可以移除老化的皮肤皱纹，使老化的身体部位恢复年轻时的特征。定期参加健身俱乐部活动还有更多的好处，可以恢复和保持肌肉力量和健康的外貌。

如上述，与生育价值有关的视觉线索并不是长期择偶中所期望的唯一的女性特征。巴斯（2003）认为：

> 从进化的角度，表现出忠诚在女性吸引男性策略中占有最重要地位。这些策略会发出信号：这个女人寻求的是长期而不是短期的性目标，她不是用欺骗而是用对男人的专一来寻求这一目标。（p. 114）

一个在性方面洁身自好的女人，以及向未来的长期配偶发出选择性的、难得的忠诚信号的女人，也就确保了她将会养育他的孩子，而不是别的男人的孩子。

竞争者贬低（competitor derogation）策略的方向很明确。一个想打败对手的女人可能会削弱对手显示自己年轻、漂亮的企图，或表现其潜在忠诚的愿望，或二者都削弱之。巴斯（2003）指出，女人可能用说出别的女人缺点的方法来改变男人的观点。

> 女人可能会提醒男人注意别人那些未被注意的或不显著的缺点，如腿粗、鼻子长、手指短、脸不对称，并使它们显得突出。……知道别人找了一个不讨人喜欢的女人会导致我们降低对女人外貌的关注。（Buss，2003，p. 112）

同样，女人也会贬低竞争对手在奉献精神和忠诚度方面的价值。有效的贬低对手策略包括：说竞争对手可能不忠贞，她已经向别人做过承诺，她是双性恋者，或者说她是肮脏的人，已经和很多男人 *371*
上过床（Schmitt & Buss，1996）。

5. 男人吸引女人的长期策略

打算建立长期关系的男人倾向于强调他们所拥有的财富。因此，他们会夸大自己的职业潜力、抱负和提升空间，以及他们的学历。另外，寻找长期配偶的男人还喜欢提供当前的财富和资源（Buss，2003）。为了显示自己良好的遗传潜力、力量和提供安全性的能力，男人会夸耀他们的体育成绩或在举重、武术方面的能力。不过，对男人来说的一项重要任务，是显示他们的奉献精神。虽然一个男性求婚者会相对较快地表露他占有资源的潜力或在体育方面多么勇猛，但这需要投入时间来兑现承诺。有效的长期策略包括显示对女人所遇困难的理解，表现对她的忠诚，寻找共同兴趣，并显示爱的忠诚

（Schmitt & Buss，1996）——其中没有一件事是能在酒吧里一夜之间完成的。

竞争者贬低策略也是有一定逻辑的。巴斯（2003）指出，男人"削弱另一个男人的诱惑的办法，就是贬低竞争对手的占有资源的潜力。男人一般会告诉女人，他们的竞争对手很穷，没有钱，没有抱负，开的是廉价汽车"（p. 100）。他们贬低竞争对手的方法很多，例如开玩笑地说竞争对手（缺乏）体育比赛的勇气，说他很笨，甚至挑战对方来一次比赛，包括老式的互殴——用激将法来显示自己做父亲、提供安全和保证的潜力。此外，男人还可能阻碍竞争对手表达奉献精神和忠诚心的尝试。最好的办法包括告诉女人，竞争对手已经有女朋友或妻子，他是在利用女人，他是双性恋者，或者他会虐待女人（Schmitt & Buss，1996）。

6. 短期策略、策略干扰和欺骗

阅读本书的多数学生会同意，我们有时候不是因为长期择偶并建立家庭而去吸引异性。例如，我们不过是想建立朋友关系，或因为一次校园大事件而约会，或找一个临时的性伴侣。巴斯和施密特（1993）的性选择策略理论认为，当人们寻找短期性伴侣而不是长期配偶时，男人的策略和女人的是不同的，而且无论是男人还是女人，此时的策略都不同于长期择偶策略。

对短期关系来说，在长期择偶中的忠诚、责任和奉献精神就变得不重要了。一般来说，寻求短期性伴侣的男人和女人，其行为往往因为自己未来配偶表现出的奉献精神而被阻止。一个女人虽然不会直接表达出对长期关系的忠诚和责任的想法，但她会拒绝一个短期追求者。同样，一个希望表现出忠诚和长期兴趣的男人，也会阻止一个寻找短期风流韵事的女人。在看待忠诚、责任和奉献精神时，哪些特征是符合期望的呢？

7. 女人对短期伴侣的寻求

性选择理论认为，女性比男性较少采取短期择偶策略。但是，女性偶尔也会寻求短期关系，包括以临时的性需求为目的的关系。如果说，女性中寻求短期伴侣的人比男性少，那么，她们在寻找长期伴侣时就会更有选择性。寻求短期伴侣的女性把身体魅力看得很重要，而且她们希望男性对其他女性也有吸引力（Buss & Schmitt，1993）。

短期择偶对女性是高代价的——特别是对那些已经与别人建立关系的女性。关于这种有潜在危险的行为，研究者提出了一些假设，并且得到了支持。根据格莱林和巴斯（Greiling & Buss，2000）的报告，一段男女关系的终结，或追求一个比现有伴侣更优秀者的目标，会引发短期择偶。冈格斯特和桑希尔（Gangestad & Thornhill，1997）发现，女人与魅力十足、体格匀称的男人发生短期关系，说明男人的"好基因"可能在女人偏好这种随便之事中起作用。寻求短期关系的女性更看重短期择偶的质量，而不是追求数量。

由于短期关系往往是性关系，所以女性会采用炫耀自己性魅力的自我推销策略。穿着性感、暴露的女人会发出性诱惑的信号，而男人则认为这种行为是符合自己对短期伴侣的期望的，但对于婚姻伴侣则不那么令人满意（Hill，Nocks，& Gardner，1987）。另一项有关独身者酒吧行为的较早研究发现，男人认为，女人的那些比穿着性感更具诱惑力的行为才算明显的性行为，如提出上床要求，或用其他方式表达性企图等（Allan & Fishel，1979）。

竞争者贬低策略旨在破坏对手性能力的表现。例如，一个女人会告诉她追求的男人，她的对手不过是卖弄风骚，根本没有能力做一个性伴侣。对于女性，最有效的贬低策略是，说对手有性传播疾病，对手是同性恋或双性恋，她从不洗澡，或她非常冷漠（Schmitt & Buss，1996）。

8. 男人对短期伴侣的寻求

男人寻求短期伴侣的策略容易一语道破。从生育后代角度，女人有多个性伴侣没有什么好处。如果一个女人怀了孕，她的性资源必须付出至少九个月的代价。与多个伴侣有性关系不会增加女人的进化适宜性。但是，男人却能从多个性伴侣中得到适宜性方面的好处。对于那些追求短期策略的男人，他们有一种强烈偏好，即与多个伴侣建立关系，而这些人都同意在较短的求爱期之后发生性关系（Buss & Schmitt，1993）。研究资料证明，男人普遍希望建立短期的性关系。例如，男人比女人会产生更多的性幻想，这种幻想常常含有与陌生人发生性行为的情节（Ellis & Symons，1990）。当大学生被问到，在今后一个月、一年或整个一生中希望有多少个性伴侣时，男性一致比女性希望有更多的性伴侣（见图 12-1；McBurney，Zapp，& Streeter，2005），而且他们比女性更愿意在认识一个潜在伴侣之后，短期内就发生性关系（Buss & Schmitt，1993）。男性和女性在性行为多样性方面的这些差异在调查中得到了证实，调查在世界 10 个国家和地区进行，包括非洲和亚洲的 16 000 名被调查者，其中有单身者、异性恋者或双性恋者（Schmitt，2003）。

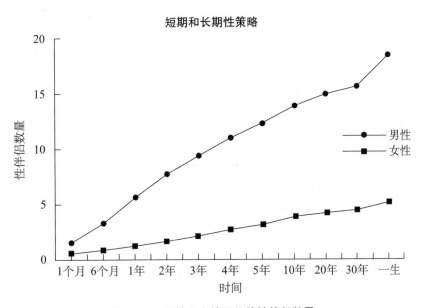

图 12-1　男性和女性渴望的性伴侣数量

被试所说的是在每个特定时间段渴望的性伴侣数量。

多种哺乳动物的雌性在和不同的雄性性交时都在生理上表现出"触电感"，这就是**柯立芝效应**（Coolidge effect）。这一术语来自涉及柯立芝总统及其夫人的一段趣闻逸事。

一天，柯立芝总统和夫人访问政府管辖的一家农场。到那儿之后他们两人走了不同的路。当柯立芝夫人参观鸡舍时，她停下来问养鸡的人，公鸡每天交配是否多于一次。那人回答："很多次。"柯立芝夫人说："请把这事告诉总统。"当总统来到鸡舍时，养鸡工告诉了他有关公鸡的事情，他问道："每次都和同一只母鸡交配吗？"养鸡工回答："哦，不是，总统先生，每次都和不同的母鸡交配。"总统点了点头，说："请把这事告诉柯立芝夫人。"（Kenrick，1989，pp. 7-8）

多数物种的雄性在交配后都有一个射精后不应期。就是说，在交配后不能马上与同一个雌性动物再次交配，需要一段时间来恢复性机能。从专业角度，柯立芝效应指当一个新的雌性伴侣出现时这种射精后不应期的缩短或消失。哈塞尔顿和巴斯（Haselton & Buss，2001）发现，伴随着柯立芝效应的生理成分，有一种情绪/知觉效应。频繁从事随便的性交的男性在性交之后马上会体验到性伴侣吸引力的下降，但是这种现象在女性或不从事频繁的随便性活动的男性身上没有观察到。

既然从短期择偶中能够发现男性从进化上倾向于变换性对象，那么，是什么吸引着他们去找潜在的伴侣呢？由于男性一般比女性更多地寻求短期性关系，所以相对于长期伴侣，男性常常会降低他们对短期伴侣的标准。这是一个不太好听的故事。巴斯（2003）写道："对短暂的艳遇，男人对以下各种特征只需要低水平就够了，包括魅力、体育能力、教育水平、慷慨、诚实、独立性、善良、聪明、忠诚、幽默感、社交能力、财富、责任感、自发性、合作能力以及情感稳定性。"（p. 78）一种情况可能是这样的：寻求短期伴侣的男人所要的不是她们拥有的积极特征，而只是她们身上没有一些特别令人厌恶的特征。对于男人而言，短期伴侣身上特别不受欢迎的特征是"低性驱力，生理上缺乏诱惑力，要求做出承诺和毛发旺盛"（p. 79）。

短期策略中的自我推销策略经过逐步进化，达到了女性寻求短暂关系时的高标准。因此，男人会夸大他的成功、自信并当即显示自己的富有。在短期择偶背景下，"当即显示财富，亮出大叠纸币，给女人买礼物，第一次约会就去昂贵的餐馆，这对吸引短期伴侣比吸引长期配偶更有效"（Buss，2003，p. 100）。

竞争者贬低策略一般着眼于贬低对手的性价值上。受到高评价的策略包括：说对手是同性恋或双性恋，说他有性病，或者他跟别人保持着严肃的关系，所以还不是短期性关系的"上市货"（Schmitt & Buss，1996）。

9. 策略干扰

我们已经介绍了长期策略、短期策略、自我推销策略和竞争者贬低策略。在使用这些适应性策略时，可能会发生各种混淆。当一个寻求短期伴侣的男人被一个希望得到长期承诺的女人吸引时，会发生什么？其结果是一种进化的冲突，巴斯称之为**策略干扰**（strategic interference）。当"一个人为了达到目的采用一种特殊策略，而另一个人妨碍或阻止该策略的成功筹划或所希望的事情得以实现时"，策略干扰就会发生（Buss，2004，p. 312）。

女人比男人更希望得到承诺和长期关系。由于男人比女人更多地寻找短期伴侣或随意的性行为，所以他们的目的往往和他们追求的女人的目的不一致。结果，男人希望两人关系尽快进入性交层面，而女人则要延缓性行为并等待对方做出承诺。这就使男性策略受到女性策略的干扰，反之亦然。当然，相反的情况也是有的。一个正在寻求短期、随意的性伴侣的女人遇到一个正在寻找爱情的男人，其结果也是发生策略干扰。

策略干扰理论的一个有趣的派生物和人们尝试贬低竞争对手有关。来看这样一个情节，一个男人打算找一个偶遇的性伴侣。一个对他有意的女人想做他的长期伴侣，她感到另一个女人是她的对手，因为男人喜欢她，注意她。她想尽办法贬损这个对手，就跟男人说，那个女人太"随便"，喜欢在性方面冒险。假如这个男人正在为他的孩子寻找一个妈妈，这样的贬低策略就会成功。在这种情况下，这个男人只会为自己的好运气暗自窃喜。

10. 欺骗

"一些男人是无赖（cads）。……另一些男人是爸爸（dads）。……"（Buss，2003，p. 23）要分清这两种男人，对女人是个困难。两性之间最大的矛盾是，男人打算找一个临时性伴侣，而女人找的却是男人的承诺。在这个问题上，男人会采取欺骗策略。巴斯（2003）指出，男人"凭借假装有意做出承诺来欺骗女人，以尽快在性方面得手。男人还会装得自信，有地位，善良，富有，而这些是他们为达到艳遇目的所缺乏的"（p. 121）。如果女人在寻找长期伴侣时被这种方法欺骗，她们就要付出沉重代价。巴斯认为，由于进化，女人逐渐具有了识别欺骗的策略。一般来说，一个寻求长期关系的女人会利用未来配偶身上的"求婚花费"（p. 155）。她慢慢了解男人的特点，评价他承诺和忠诚的程度，在同意上床之前判断男人的真正意图。仅仅寻求艳遇的男人不大可能付出这些代价。

男人在承诺上做出欺骗，女人则在性许诺上做出欺骗。巴斯（2003）引用了对大学女生的调查结果：

> 104 名大学女生被问到，她们是否会为了得到自己想要的东西跟一个并不想跟他发生性行为的男人调情。她们在量表上给出的分数平均为 3 分和 4 分，其中 3 分表示"有时"，4 分表示"经常"。……她们对下面的问题也做出了相似的回答："是否采用性暗示博取喜欢和注意，但不想和

发出暗示的对象发生性关系？"这些女性承认，她们会在性问题上欺骗男人。(p.154)

进化心理学家认为，由于受骗的女人和男人都要付出代价，所以通过进化，人们形成了一种识别欺骗和谎言的机制，这个话题下面还要讨论。巴斯（2003）做出了这样的总结：

> 当代人不过是一种性别搞欺骗和另一种性别跟着骗之间无止境的进化军备竞赛螺旋中的一环。随着欺骗方法越来越狡猾，识别欺骗的能力也越来越精妙。(p.155)

六、爱情与嫉妒

376

让我们假设一种最好的情况：一男一女都能熟练运用策略干扰和欺骗术。他们正在享受长期关系可能带来的一切。

> 数不清的好处会涌向彼此做出承诺的夫妇。来自这种独特联姻的……有劳动分工、资源分享、共同面对各自的敌人、养育子女的稳定家庭环境，以及更大规模的亲缘网络。为了获得这些好处，人们必须善于维护他们已经赢得的婚姻关系。(Buss，2003，p.123)

维护婚姻关系不是一项容易的任务。根据美国国家卫生统计中心2002年的统计，美国40%的婚姻以离婚而告终。(对不属于传统婚姻的长期关系的统计不包括在系统计算方法之内，但其失败率很可能是相当的。)值得注意的是，虽然美国60%的已婚夫妇的婚姻得以维持，但这不等于说，这些人都保持着满意的长期关系或继续在一起生活。这些夫妇选择维持不满意婚姻的原因很多，例如，为了孩子、来自朋友和亲属的压力以及宗教信仰等。

虽然离婚率在不同文化之间差别很大，但是准备离婚和已经离婚的现象是普遍的。遗憾的是，长期关系失败的原因在进化心理学术语中并没有得以说明。例如，美国多数失败的婚姻被记录为模糊的"难以调和的差异"。这些难以调和的差异隐藏着各种冲突：在基本价值观、家庭决策、子女养育、经济问题和性生活方面，夫妻难以达成一致。当然，有大量的婚姻失败是因为一方或双方的性行为出轨或感情出轨，且欺骗对方。既然婚姻破裂的原因如此多，那么，是什么进化机制使这些夫妇仍然在一起呢？

一种解决方案是**爱情**（love）。由于爱和善良是人人期望的长期配偶关系的基本特征，所以，当一段有价值的关系开始走下坡路时，只有重新发出爱和善良的信号，才能挽救这段关系。巴斯（1988）报告说，男人和女人都能用越来越强烈的爱和善良来保持婚姻关系，而男人采用这种策略比女人更有效。然而，对进化心理学来说，爱也会陷入困惑中。巴斯（2000）写道：

> 我们期望，进化能比其他任何领域更多地产生高尚而理性的择偶机制。在其本意上，理性导致明智的决策，而不是冲动的错误。像爱情这样盲目的东西——以痴呆症的方式消耗着心理，排挤了其他一切思想，创造出情感依赖，并且产生出对伴侣妄想狂式的理想化——怎么可能比冷静的理性能更好地解决问题呢？(p.10)

答案看来是这样的，非理性的爱情比理性选择更有优势。首先，考虑一下我们可能拥有的关系的质量，如果"冷静的"理性支配择偶行为的话。一个女人可能有一个无意识的数据表，上面记录着她配偶的重要特征。例如，一个拥有良好的资源、运动员般的勇气和很强奉献精神的男人会得到高分。但是当他年老了，体格不那么健壮了，到达他的职业高峰了，丧失赚钱能力之后，会发生什么呢？还有更坏的情形：如果这个女人在检查她的数据表时发现，在她的婚礼上那个最好的男人真是一个最好

377

的男人时，又会发生什么呢？巴斯（2000）认为，盲目的非理性爱情会促进奉献精神，并且能阻止伴侣变换行为。如果把婚姻和做生意看作同样的事情，这种变换伴侣的情形就会发生。巴斯指出：

> 如果你由于失控的爱情——无法提供帮助且无可选择，只对你一个人而不是别人——而变得盲目，那么哪怕你身患重病而不是身体健康，哪怕你变得贫穷而不是富有，你对爱人的承诺也不会动摇。爱情战胜了理性。（p. 11）

令人遗憾的是，爱情是非理性的，也是不稳定的。40%的离婚者当中，即使不是全部，也有多数人声称，在他们订婚时，在婚礼上说出誓言时，在度蜜月时，他们曾经深深相爱。毫无疑问，这些人当中的很多人在离婚诉讼被判决时，觉得爱情已经无影无踪了。其余60%的维持婚姻者，如果不是全部，也有多数人赞成，爱情会随着时间而变化，它已不像刚开始那样傻乎乎的了。一些不属于非理性的"盲目激情"的东西想必对维持婚姻关系起了作用。

和大多数人的看法相反，在巴斯（2000）看来，**嫉妒**（jealous）具有进化上的适应性，它保护着长期伴侣关系。嫉妒往往是被责难的，用一句老话来说，是"绿眼妖魔"，是一种不成熟的占有欲，或是一种心理疾病。巴斯认为，嫉妒偶尔会引发虐待、暴力甚至谋杀，但是嫉妒经过进化，已成为一种保护长期婚姻关系的手段。

为了支持这种观点，巴斯及其合作者用信号检测法进行了决策分析，采用的变量是知觉到的问题数量和诊断出的问题数量（例如，参见 Swets, Dawes, & Monahan, 2000；Tanner & Swets, 1954）。来看下面的信号检测问题。你在自己的公寓里闻到了烟味。可能的情况是楼里着火了，或邻居家（非故意地）把饭烧焦了。你有两个选择：你可以从楼里跑到寒冷的雨中，或者不管烟味，在家里待着。如果你从家里跑出来，发现楼里真的着火了，你的命就能保住；如果你跑出来，发现有烟味只是因为饭烧焦了，你就会觉得只是被打扰而已。来看结果：如果你待在公寓里，不在乎烟味，有烟味只是因为饭烧焦了，你就会待在舒服的家里，但是你什么都没有得到；如果你不在乎烟味，但楼里真的着火了，你的代价可能是严重烧伤或死亡。

信号检测理论分析了人跑出来的各个因素（楼里是否真的着火了），并权衡了跑出来与保住性命（正确的积极反应）和错误地跑出来，只感到被打扰（错误的积极反应）之间的利弊。还采用一种转换法，即**错误管理理论**（error management theory, EMT）（Haselton & Buss, 2000；Haselton, Buss, & DeKay, 1998）主要考察判断的错误。它分析了人们错误地忽略了着火（错误的消极反应）和没有着火，错误地跑到寒冷的雨中（错误的积极反应）各付出多大代价。很显然，如果犯前面的错误，付出的代价更大，但是犯第二种错误，代价往往无关紧要。用快速逃离对烟雾做出反应的古人相较于对此无动于衷的古人更可能是我们的祖先。所以，根据错误管理理论，我们是通过进化而掌握了把错误代价最小化的策略。

嫉妒，就是向配偶的不忠诚发出各种信号。例如，你的配偶开始讲究穿着打扮，参加健身俱乐部，减了几斤体重，做了几种时髦的新发型，到社区中心上探戈舞课程。这些信号就是空气中的"烟"。有时候，这些行为意味着不同的转向，你们的关系看起来——也许很快就会改善。反过来，它们可能标志着你的配偶打算欺骗你，或者已经有了风流韵事。现在，来看看决策错误的代价。一方面，如果你犯了嫉妒错误，而你的配偶无意要改变什么，代价就很低。你的嫉妒甚至会发出信号，表明你的忧虑、忠诚和坚定。另一方面，如果你忽略这些信号，而你的配偶正在渐行渐远，代价就会很大。错误导致的代价越少越好，所以，嫉妒可能是一种适应性的、先发制人的策略，它可以留住长期婚姻带来的好处。

像在择偶策略中所做的那样，巴斯等人（Buss, 2000；Buss, Larsen, Westen, & Semmelroth, 1992）考察了嫉妒的性别差异。他们否定了人们的刻板看法，即男性比女性更容易嫉妒。从进化心理学角度，没有理由预测，嫉妒的发生有普遍存在的性别差异。例如，根据布恩克和胡普卡的报告

（Buunk & Hupka，1987），来自墨西哥、爱尔兰、俄罗斯和美国等不同文化的男人和女人表现出相似的嫉妒水平。确切地说，人们预期的性别差异和引发嫉妒的事件类型有关。

对一个男人来说，如果妻子的生育资源处于危险中，他会感到更强烈的嫉妒心；对一个女人来说，如果其丈夫的物质资源（或情感支持）处于危险中，她会产生更强烈的嫉妒心。如果一个女人欺骗了她忠诚的丈夫，她养的孩子不是她丈夫的孩子，她的丈夫就失去了进化意义，因为：（1）他并没有生育子女；（2）他的情感和物质资源用在帮助另一个男人存续基因上。如果一个男人欺骗了他忠诚的妻子，那么，他养育的孩子显然也还将是他妻子的；但是如果她的丈夫把支持性物资给了别人，她和孩子就将会失去那些资源。因此，如果女人出轨，男人应该更嫉妒。反之，当自己的丈夫把资源供给家庭关系之外的别人时，女人应该更嫉妒。

当让人们选择哪种欺骗会导致更大痛苦时，相当于男性两倍的女性报告说，情感背叛更令人痛苦，大约相当于女性三倍的男性认为，性行为的不忠诚更令人烦恼（Buss et al.，1992）。采用这种迫选法，在德国、荷兰、韩国和日本重复发现了这些性别差异（Buss, Larsen, & Westen，1996；Buss et al.，1999）。另一些实验挑战了这些发现，认为这些发现是采用迫选法获得的，但是这些挑战并没有解决问题。例如，哈里斯（Harris，2000）发现，男人和女人，包括同性恋者和异性恋者，在回忆起伴侣的欺骗情节时，大多因为情感不忠诚而感到痛苦。根据德斯蒂诺等人的报告，无论是男性还是女性，当他们想象伴侣的欺骗行为时，大多会因性行为不忠诚而感到痛苦（DeSteno, Bartlett, Braverman, & Salovey，2002）。但是，关于嫉妒的性别差异的最一致的结果，还是由巴斯及其合作者的重复研究和扩展研究获得的（例如 Pietrzak, Laird, Stevens, & Thompson，2002；Schützwohl，2004，2005；Schützwohl & Koch，2004）。

七、利他、阖族适宜性和社会群体

在让 - 保罗·萨特的剧本《禁闭》中，剧中人加尔桑（Garsin）宣称"他人即地狱"（l'enfer, c'est les autres）。的确，他人会不合情理地要求喜欢，做出他们不能履行的承诺，三更半夜大声弹奏乐器，而不顾别人是否舒服。虽然有这些烦恼，我们还是会寻求别人的陪伴，即使当我们应该更好地了解他人时也是如此。鲍迈斯特和利里（Baumeister & Leary，1995）认为，由于群体比个体在打猎、觅食和防卫方面做得更好，所以，寻找并归属于一个群体的倾向是一种带根本性的进化适应性。他们说：

> 这种进化的选择可能涉及一套内部机制，它们指引着人类个体生存于社会群体中，并且维持着这种关系。这些机制包括趋近于物种其他成员的倾向。在被剥夺社会联系和社会关系时感到痛苦的倾向，以及社会联系和亲缘关系带来积极情感和快乐的倾向。（p. 499）

本书前面各章已经讲到，而且后面各章仍将讲到，其他人格理论都意识到人类归属感的重要性（例如，埃里克森，第 6 章；马斯洛，第 15 章）。下面，我们要介绍进化心理学有关社会行为的观点，这一观点强调个体为生存而斗争及与较大社会群体共存之间的冲突。

1. 抚育作为利他行为

进化心理学家特别感兴趣的是利他现象。利他一般被定义为，在危害到人们自己的资源甚至个人安全情况下，给别人带来好处的行为。利他行为在质与量上都是因人而异的。消防队员冲进着火的建筑内抢救陌生人的性命是利他行为，有钱人给无家可归的流浪汉捐赠食物也被认为是利他行为。这两种行为都危及个人资源并给别人带来好处，但是二者在其效果的即时性、危及资源的程度和其他很多方面都有不同。对进化心理学来说，问题在于，一个人为什么会把好处给予别人。

380

泰格尔（Tiger，1979）认为，父母必须"以一种彻底无私且往往是不可思议的麻烦活动"在时间和资源上做出牺牲（p. 96）。根据达尔文的观点，生存和繁衍是进化成功的基础。即使和我的家人分享给我带来危险，我也要让他们分享我的食物、水和住所。根据美国农业部的测算，把一个孩子从出生养育到17岁的花费超过16万美元，而且预计这些花费在未来不会减少。这种对一个孩子的"利他主义"的贡献，取决于人们所居住的州，它相当于中等家庭年收入（对四口人之家而言）的两倍到四倍。注意，这种估计还不包括照顾一个生病儿童付出的情感代价、对孩子进行性教育或教孩子怎样驾驶汽车带来的压力，也不包括给孩子交大学学费。那么，人们为何要把五花八门的大量资源花在孩子身上呢——即使他们已经到了要为自己的生存而奋斗的年纪？

在新达尔文主义的阖族适宜性原理中，可以找到部分答案（进化适宜性涉及如何延续我们自己的基因，其途径是要么自己生育，要么帮助和自己有血缘关系的亲属生育）。帮助那些和我们共享基因的人被称为**亲缘选择**或**亲缘利他**（kin selection or kin altruism）。**汉密尔顿法则**（Hamilton's rule）告诉我们，基于遗传**成本效益分析**（cost-benefit analysis），我们要为另一人付出或牺牲自己的资源。首先，我们只有在遗传效益大于风险行为代价时，才承担付出资源的风险。其次，我们在基因基础上考虑效益时，要同时考虑利他行为者和利他行为接受者的利益。特别是，这一法则指出，在以下条件下，我们会共同获得资源或付出资源：

$rB > C$ 且：

$B=$ 利他行为接受者获得的利益

$C=$ 利他行为者付出的代价

$r=$ 利他行为者和利他行为接受者共享基因的百分比

让我们看看在多数简单和自私的情况下，一个人为自己的好处所做出的行动。因为行为者和接受者是同一个人，所以 $r=1.00$。也就是说，行为者和接受者共享100%的遗传基因。汉密尔顿法则认为，人们只在一个行为的好处大于其代价时才做出这一举动。因此，做出自私行为的比例总是很高的。一个孩子拥有父母各一半的基因，所以 $r=0.50$。这意味着，为孩子做出牺牲的收益只相当于父母付出成本的一半。因此，我们为孩子的付出不大可能超过对自己的付出。汉密尔顿法则认为，只有当收益大于付出时，我们才会做出无私的抚育行为。因此，父母为自己孩子的健康、安全和教育付出资源，但他们不大可能为了孩子在同伴中受欢迎而做这些。如果把这一公式用到其他亲属上，就能理解汉密尔顿法则的意义。我们的兄弟姐妹和父母都和我们共享50%的基因，但是和外甥、外甥女、侄子、侄女、叔叔、姑姑、舅舅、姨母、祖父母、外祖父母只共享25%的基因。根据汉密尔顿法则，对后面这些人，如果我们为他们付出资源，所得收益必须比付出多三倍以上。所以，人们会最先为自己做事，其次为自己的子女，再次为远亲，最后为没有血缘关系的人。和另一人共享的基因越少，我们就越不愿意付出自己的资源。汉密尔顿法则的逻辑告诉我们，出于任何实际目的，我们为一个无血缘关系的人做出利他行为的可能性为零。夫妻之间往往会互相付出自己的资源，但是，在最好的情况下，他们也不共享多少基因。因此，汉密尔顿法则不足以解释所有的利他行为。它无法说明毫无血缘关系的个体之间的利他行为。

381

2. 性别差异

为了让人们进行亲缘选择，必须有相应的机制，使人们能够查明带有他们基因的亲属，包括他们的子女。这在一定程度上加大了做父母的性别差异，因为男人和女人必须依靠不同的线索来解决父母不确定性的问题。巴斯（1998）指出，在现代人的进化中，女人更容易肯定她生的孩子是不是她自己的（pp. 415-416）。但只是在近来，因为有了DNA检测，男人才能肯定孩子是不是他自己的。由于女人怀胎并生育了孩子，所以她知道孩子是自己的（除非是"代孕母亲"）。所以一般来说，女人比男人更可能在抚育行为中付出时间、精力和资源。当然，这不等于说男人不会为他们的子女做出牺牲。但是，这可能使男人依靠其他的共享基因线索，如长相等来做出判断，这就不如母亲使用的线索那样显著（Krebs，1998）。解决父亲面临的不确定性，从而增加父亲为婴儿付出资源可能性的一个策略是，母亲（和她的亲戚）尽量多说婴儿与父亲之间的相像之处，而少说婴儿与自己的相像之处。对加拿大样本（Daly & Wilson，1982）和墨西哥样本（Regalski & Gaulin，1993）的研究都发现了这一现象。父亲与孩子之间相像，不管是真实的还是想象的，都能使父亲更多地介入养育行为。例如，阿皮切拉和马洛的研究发现（Apicella & Marlowe，2004），如果父亲认为孩子和自己很相像，而且相信妻子很忠诚，他们就更愿意往孩子身上投资。虽然在离婚或分居之后，这种投资的意愿有所减弱，但他们仍然愿意给与自己相像的子女投资，而不愿意给不像自己的孩子投资。此外，虽然男人能以好父亲的形象对待那些不是自己亲生的孩子，但对美国、南非和坦桑尼亚的研究显示，和非亲生子女相比，男人对亲生子女会付出更多的金钱、指导和一起玩的时间（Anderson，Kaplan，Lam，& Lancaster，1999；Anderson，Kaplan，& Lancaster，1999；Marlow，1999）。下面还要讲到，家里有非亲生子女的家庭会面临更严重的问题。

3. 互惠利他

排外（xenophobia）是对陌生人（或外来者）的恐惧和怀疑，进化论对其解释是直截了当的。除非古代人类拥有足够的食物、水和住所，否则外来者很可能成为这些资源的竞争者。在多数情况下，轻易把觅食和狩猎领地及其他资源让给别人的，都很难繁衍壮大，也肯定不是我们的祖先。从这一角度，对不同于我们的人产生怀疑的倾向，是由于人类进化遗产而形成的天生倾向。在讨论遗传倾向时，必须采取谨慎态度。赫根汉和奥尔森（Hergenhahn & Olson，2005）写道：

> 排外体现了一种对侵害的自然反应。对此，有两个问题需要谨慎看待。第一，根据进化心理学的观点，观察一种自然的（具有生物学起源的）趋势，并不意味着那种趋势肯定是好的。假定自然的东西就是好东西，就是诉诸**自然主义谬论**（naturalistic fallacy）。第二，进化心理学家并没有说，人类是以某种方式"本能地"行为的。（p. 439）

382

我们很多人是自然主义谬论的牺牲品：广告商告诉我们，一种新型的谷类早餐"是有机的，是自然食品，因此是好的食品"。与此同时，砷、狂犬病和飓风是自然的但不一定是好的。对陌生人和保卫战火中的领土的恐惧，作为进化的适应行为，可能是自然的，但有很多实例说明，这种趋向很快就变成不适应行为。此外，人类对偏见似乎有一种自然的爱好，但是在多数情况下，这种爱好都被看作是不符合期望的（见第 7 章奥尔波特对偏见的富有启发的讨论）。好在我们的行为不都是反射或本能。即使具有很强的准备倾向的行为也可能被影响力巨大的环境条件（如拥有资源），或被习得的分享观念所改变。

当我们冒着自己不安全的风险把资源分给与我们无亲缘关系的人，包括陌生人时，这就是**互惠利他**（reciprocal altruism）（Axelrod & Hamilton，1981；Trivers，1971；Williams，1966）。其中的关键是"互惠"，这使我们直觉地想起了成本效益分析。科斯麦兹和图比（Cosmides & Tooby，1997）把它称为"投桃报李"原则。巴斯（1995）指出：

> 形成合作互惠关系的人们可能获得巨大的收益。……给别人提供很大好处要求成本的投入，最初得到好处的受益者后来又让原来的提供者得到好处。两个人在这一过程中获得的好处可能会高于或远远超过他们各自行事的收益。人类看来已经在一定程度上达到了互惠联盟形式的高峰。……（p. 17）

这一原则至少可以部分地解释夫妻之间的利他行为。在婚姻关系中，共享的互惠性是一个重要的纽带，因为夫妻两人必须为生存和养育孩子共同奋斗，而且他们并不共享基因。但值得注意的是，夫妻也可能会互相提供资源，进化心理学家称之为"配偶努力"。就是说，夫妻会撇开互惠利他，为了换来配偶的关注、性生活和忠诚而做出单方面的付出。

达尔文曾经意识到，个体可能会并且往往会为了更好地生存而加入群体活动。他在《人类的起源》（1871）一书中写道：

> 可以肯定地说，如果一个部落的很多成员具有高度的忠诚、遵从、勇敢和同情精神，他们时刻准备着互相支援，为共同利益牺牲自己，这个部落必会胜过其他部落。这也是自然选择。（p. 203）

无论在工作中还是在各种自发的组织中，合作行为都很常见，但是它带来了一个令人感兴趣的问题。

383

4. 占便宜与欺骗

巴斯和邓特利（Buss & Duntley，2008）指出，对运用个体与合作策略获得资源，人们进行了大量研究。但是占便宜是仍须进一步考察的领域。我们成功地形成了狩猎和采集策略，我们也形成了为实现共同目标而一起合作的策略。遗憾的是，我们还形成了占别人便宜的策略。

可以想象一下，在心理系有一个非正式的学生咖啡室。里面可以免费提供咖啡、热可可、热水等等，每种饮品都以"名单"系统运作。咖啡或热可可没有固定价格，但使用者被鼓励用"集资"方式每周交一点钱，来维持咖啡室的运作。唯一的核算设施就是一张心理学专业的学生名单。如果一个学生在某一周付了钱，他就要在标有自己名字的地方签名。（简单起见，我们假定付钱的人都会签名，没付钱者不签名。）但是，由于咖啡室没有人监管，可能有一个或几个学生会欺骗。在这种情况下，**欺骗**（cheating）指一个人消费的东西多于他应该享用的利益，付出的少于他应该付出的成本，或二者都包括。甚至有一个或几个成员想喝的时候就喝，从不付钱。显然，欺骗使个体占了便宜，但是如果人人都欺骗，整个系统就无法运行下去了。同样，在我们以狩猎采集为生的祖先中，也会有人靠欺骗占了便宜——在一起吃饭时大吃大喝，但是在打猎和采集时做得很少或一无所获。像大学咖啡室的情况一样，如果欺骗在狩猎采集祖先群体中传播，这个群体就无法生存。因为欺骗的潜在灾难性效应，我们期望靠一些适应性行为来阻止欺骗的发生。巴斯和邓特利（2008）指出："随着占便宜策略的形成，他们很快会选择：（1）同时想出不被占便宜的办法；（2）想出把被占的便宜减至最低的办法。……"（p. 55）

怎样戳穿欺骗，这是科斯麦兹和图比（Cosmides & Tooby，1992）的社会契约理论的核心问题。他们认为，人类进化出了很多种能力，包括理解成本、效益和交换的能力，以及发现别人破坏互惠规则的能力。这些能力随时可以在社交互惠领域起作用，但是如果被从"自然"背景中移除，他们会感到紧张和尴尬。例如，很多心理系学生都知道沃森（Wason，1966）提出的下列问题：

384

> 你面前有四张卡片，每张卡片的一面有一个字母，另一面是一个数字，现在你只能看见每张卡片的一面。这些卡片的"规则"如下：
>
> 如果卡片的一面是一个元音，另一面就是一个偶数。
>
> 卡片正面是 **A，B，4，7**。
>
> 你的任务是，只翻你需要翻的卡片来确定上述规则说的是否正确。

多数人选择了 A 和 4，他们相信，如果 A 的背面是一个偶数，4 的背面是一个元音，规则就是对的（或者，若不是这样，规则就是错的）。遗憾的是，正确答案是翻 A 和 7：如果 A 的背面是偶数，规则就是对的（否则就是错的）；如果 7 的背面是元音，规则就是错的。带有 B 和 4 的另两张卡片其实只提供了与假设的规则不相关的信息。

一些研究（例如 Cosmides，1985，1989；Cosmides & Tooby，1989，1992）发现，如果人们察觉到这是个欺骗问题而不是抽象推理问题，那么他们就能很容易地解决这些问题。根据前面所说的咖啡室问题，我们的规则可能是：如果你喝咖啡、可可等（元音），那么，你每周就要付费（偶数）。我们在咖啡室里遇到的人要么喝咖啡（元音），要么不喝（辅音）。我们的核查表说明，他们要么付了钱（偶数），要么没有付钱（奇数）。现在，你能请谁来决定，要不要遵守你喝你付钱规则呢？如果你像大多数人一样，你就会查一查喝咖啡的人（元音），看看他们是否付了钱，再查查没付钱的人（奇数）是否喝过咖啡。忽然间，翻卡片的任务就变简单了。

在其他文化里也观察到了这种查明欺骗的能力（Cosmides & Tooby，1997；Sugiyama, Tooby, & Cosmides，1995）。有特殊类型的脑损伤患者不具备这种能力（Stone, Cosmides, Tooby, Kroll, & Knight，2002），即使这些脑损伤患者能够完成其他类型的推理任务。科斯麦兹和图比（Cosmedes & Tooby，1992）得出结论："人的推理是为查明违反规则行为而精心准备的，因为这种行为被理解为违反社会契约的欺骗行为。"（p. 205）

八、机能缺失行为

本书中已经介绍的一些理论家都认为焦虑、神经症和机能缺失行为是非常重要的问题。在前面所讨论的进化心理学中，我们已经看到，有些人寻找配偶，有些人找到了配偶，有些人维持了配偶关系，有些人失去了配偶，人们为养育子女付出牺牲，也会放弃个人利益去帮助别人——这些都是日常生活中的正常行为。进化心理学家意识到，人们还会出现自我毁灭行为。从进化心理学角度，机能缺失行为之所以发生，是因为进化心理机制没有被恰当地激活。本节将介绍进化心理学关于人类行为中较少见的一面，甚至是阴暗面的观点，特别要关注被巴斯（2004，p. 400）称为**背景故障**（context failure）的机制性机能缺失。背景故障这一术语指的是，一种进化机制被一些刺激或情境激活，而这些刺激或情境不是进化应该针对的东西。其结果是，该行为不适合于所处的环境或背景，从而从社交角度看可能是不恰当的、危险的或自我毁灭的。

1. 自杀

没有一种行为比自杀能更有效地终止个体的进化适宜性。人们可能期望，在过去多少代里，任何可遗传的自杀倾向都会消失在基因库中。但是，根据世界卫生组织的数据，从阿尔巴尼亚到津巴布韦（中东和北非的数据不全），自杀率都相当高，且男性是女性的三倍。

在自杀意图和行为出现之前，往往有一些精神障碍的前兆（例如 Gili-Planas, Roca-Bennasar, Ferrer-Perez, Bernardo, & Arroyo，2001；Harkavy-Friedman, Nelson, Venarde, & Mann，2004），但情况并不都是如此。例如，德·卡坦扎罗（De Catanzaro，1987）根据阖族适宜性对自杀做了解释。他的理由说明，为什么一个人并没有患严重的抑郁之类的病，却尝试或实施自杀。德·卡坦扎罗提出一种成本效益法，其中一个人的潜在生育（和阖族适宜性）效益相对于他加在亲属头上的成本是非常重要的。简单来说，如果一个人不但没给亲属们带来好处，反而让他们付出了很大的成本，自杀可能就通过减轻那些亲属的负担而帮助了他们。德·卡坦扎罗写道：

> 实际上，生育后的和无生育力的个体都在一定程度上消耗着资源，否则这些资源会提供给即将生育的亲属使用，他们的自我保护本能对他们的阖族适宜性可能有负面影响。……无论如何，一个人的继续存在对近亲生育的妨碍……都超过对这个人自己生育的促进，所以，自我毁灭至少在理论上是可能的。（p. 317）

这种假设从逻辑上排除了未到达生育年龄的人们，德·卡坦扎罗指出，14 岁以下儿童很少有人自杀。同样，它也排除了仍然打算生育的那些人，他发现，处在健全婚姻中的人，相对于社交孤独或离婚、鳏寡者，较少去自杀。

失望和绝望感是真正自杀意图的最好的预测指标之一。在德·卡坦扎罗（1987）提出其观点之后，布朗等人（Brown, Dahlen, Mills, Rick, & Biblarz, 1999）的研究发现，一个人知觉到对亲属无用，是失望感和抑郁心境的最好预测指标，并且与自杀行为相关。当然，还有其他变量对自杀起着中介作用。当我们的条件没有威胁到阖族适宜性，例如，我们所依赖的亲属已经失去生育能力时，我们就不大可能会感到失望和想自杀。

2. 杀人

没有一种心理学理论能圆满地解释，除了在战争中之外，为什么一个人会杀死别人。但是，进化心理学理论帮助我们解释了杀人的一些共有模式。第一，进化心理学家否认杀人由心理疾病或心理控制机制缺失所致，后者指在正常环境下能够阻止暴力行为的机制。戴利和威尔逊（Daly & Wilson, 1997）指出："一般来说，暴力不能被认为是这种缺失导致的适应不良的产物，因为人和其他动物都拥有复杂的针对暴力行为之产生和调节的生理心理机制。"（p. 57）第二，这两位研究者指出，暴力行为，包括造成杀人的暴力行为，具有背景的特定性。就是说，在多数情况下，杀人是由失去资源和生育力的威胁引发的。（也许正因为如此，小说和电影中那些典型的谋杀场面才既引起惊恐又引人入胜。）如果为资源和生育竞争是杀人的重要背景因素，我们就会预期，杀人较多地在青少年晚期和成年初期发生，因为这是为配偶而竞争的高峰时期。威尔逊和戴利（1994）对芝加哥、加拿大、英格兰和威尔士样本的研究证明，这种模式确实存在。第三，在暴力行为的表现上，有明显的性别差异。戴利和威尔逊（1997）发现，谋杀一般发生在同性别的熟人或陌生人之间（而不是家人之间）。他们进一步指出："在任何地方，男人杀死不相干男人的比例都远远高于女人杀死不相干女人的比例。"（p. 69）对博茨瓦纳、芝加哥、印度、苏格兰和乌干达男女谋杀率的调查，也证实了这种性别差异。

男性的暴力倾向无疑受到文化不适应、激素和其他很多因素的影响。进化心理学家感兴趣的一个因素涉及性选择（女性倾向于选择配偶而不是相反），这影响到冒险和竞争行为。因为女性是被追求的，男性是被选择的，女性可能会生育，但她们的生育效率有限。对一个女人来说，其生育效率表现为在有限的年份里每年只能生一个孩子，这种情况适合于所有女人。一些男人（那些"不中用的东西"［duds］）向女人求爱，但从来不能得手，因此，他们的生育率为零。另一些男人（那些"爸爸"［dads］）只和一个妻子养育孩子，所以他们的生育率和妻子的生育率相当。还有一些男人（那些"无赖"［cads］）有好几个女人，每个女人都生几个孩子。在无生育和多配偶生育之间的这种差异被称为**生育变异**（reproductive variance）。戴利和威尔逊（2001）指出，高生育变异"既可能导致对获胜者的更大奖励，也可能导致更大的失败可能性，这两种结果可能加剧了竞争的努力和对风险的接受性"（p. 8）。**有效的一夫多妻制**（effective polygyny）指男性的生育变异大于女性的生育变异。在其他哺乳动物和灵长类动物中，有效的一夫多妻制导致雄性的残酷竞争——包括冒险行为在内——以获得更多的交配权和吸引雌性的资源。因此，影响自杀性别差异的一个因素可能是进化导致的男性与生俱来的与其他男性竞争以及冒险的倾向。从这一角度，男性潜在的暴力倾向可能是适应性的。在我们的祖先身上，它不仅有用，而且会带来声望，但是在现代生活中，却是不适当的。

3. 家庭内杀人

进化心理学告诉我们，什么人最可能会杀人，什么人最可能成为受害者。阖族适宜性的善的一面是对亲属的利他行为，而且如前所述，男性谋杀男性或女性谋杀女性事件的受害者，大多是熟人或陌生人，很少是自己家人（见图 12-2）。

因此，阖族适宜性原理显示了对我们亲属安全性的估计。戴利和威尔逊发现，针对配偶（通常无血缘关系）或不相干者的谋杀是针对自己孩子、父母或其他血亲的谋杀的 20 多倍。根据跨文化的研究数据，他们做出以下结论：

> 近亲关系中，暴力行为存在合作者的情况更普遍，而互为杀人者和受害者的情况则很少见。……即使在兄弟之间为土地和继承权而竞争的父系社会，也有证据表明，亲密的宗族关系能使冲突缓和，从而降低暴力行为的发生率。……家庭团结不可能被降低到仅仅是亲近和熟悉的结果。（Daly & Wilson，1998，p. 440）

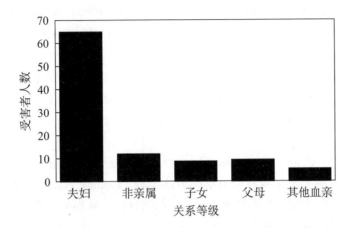

图 12-2　戴利和威尔逊（1998）统计出的 1972 年底特律同居者中的杀人案

在继父母及其子女之间的关系上，阖族适宜性和汉密尔顿法则表现出令人困扰的含义。平克（Pinker，1997）指出："继父母给配偶买东西，但不给孩子买，孩子只是一笔交易中的成本。"（p.433）戴利和威尔逊（1998）提出了下面的问题：

> 对亲生父母来说，为养育孩子，在生活中冒大的风险，这是适应性的、正常的。但是可以想象，继父母在养育上的可承受成本门槛就要低得多。……因此毫不奇怪，继子女被利用、被虐待，这在世界各地的民间故事中，都是一个常见的主题。（p. 441）

但这些只是民间传说吗？还是继子女比亲生子女更可能被选为暴力的对象？答案是肯定的。戴利和威尔逊（1988，1994）对加拿大 1974 年到 1990 年期间的杀人案的研究发现，儿童，尤其是 0 ～ 5 岁这一年龄段的儿童，被继父母杀害的人数相当于被亲生父母杀害人数的 50 倍到 100 倍。同样，学前儿童中遭继父母虐待的，比遭亲生父母虐待的多 40 倍。

九、心理障碍

1. 成瘾

人类摄入五花八门的能改变情绪的物质。我们吸食植物的叶子和花，嗅入颜料和胶水中的气溶胶，吸食或注射各种加过工的化学物质，饮用各种酿造或蒸馏酒类。这些物质中，有些东西，如含有咖啡因的软饮料，是有害的，有些东西，如麻黄碱或海洛因，则有潜在的致死可能。很多人注重什么东西合法（烟草和酒类），什么东西不合法（大麻、可卡因等），不养成使用这些物质的习惯。但是另一些人从尝试性使用转而频繁使用，最终导致成瘾。其中的问题是极为复杂的。研究成瘾的一些专业人员不同意"物质滥用""物质依赖"和"物质成瘾"这些术语的定义。使问题变得更复杂的，还有赌博成瘾、性成瘾和寻求刺激成瘾，其中没有一种包含药物或酒精，但是每一种都像对化学物质成瘾一样有害（Shaffer，2005）。有关成瘾及其治疗的文献数量巨大，在此不可能详细引述。我们尝试根据现有的理论和研究，提出关于物质成瘾，而不是性或赌博这类活动成瘾的进化论观点。

我们的原始人祖先还未曾用过蒸馏酒精、精炼的可卡因和烟草。他们拥有的是进化了的中脑系统，这一系统发挥着重要的生物学机能。大多数哺乳动物，包括人类，具有一套神经回路，专门负责引发需求（渴望）感和寻求生物学上重要物质的行为。这套神经回路不像人们认为的那样，能对与食物、水和性有关的快感加以调节，但是它与造成特定需求状态的特定物质及获得这些物质的驱力相匹配（Berridge & Robinson，1995；Robinson & Berridge，2000，2003；Salamone & Correa，2002）。这一系统进化出并形成了发出信号的机能，信号指向至关重要的生物学强化物，以及那些曾经是，现在仍然是与人的生存息息相关的东西。内瑟（Nesse，2002）指出，像可卡因之类的物质"能人为地唤起一些奖励机制，从而刺激这一回路，而这一回路本应被能提供巨大舒适性的事件激活。实际上，可卡因并没有提供任何舒适性，只是创造出一种幻觉"（p. 470）。研究证明，所有致瘾物具有的共同特征是，它们都是使人接近奖励－渴望系统（reward-craving system）的冒牌货（Leshner & Koob，1999；Nestler & Malenka，2004）。

一种较晚近的假设是，乙醇（果糖发酵得到的酒精）是原始的、进化而来的"入门"药物。成熟水果会自然发酵，它比未成熟水果营养价值更高。达德利（Dudley，2000，2002）指出，首先，酒的香味提供了水果的最佳营养源的线索。其次，饮酒能刺激食欲，从而使人多吃饭，多摄入营养。再次，乙醇本身含有的热量也能提供额外的养分。（请注意，我们的祖先并不在意怎样减肥以便在沙滩上显得漂亮。）达德利试图这样假设：现代人生来就喜欢喝酒，是因为我们的祖先形成了与酒精提供的营养线索相符合的饮食策略。因为酒是一种自然强化物，它会理所当然地进入并唤醒我们的奖励－渴望回路。这样说来，酒精就是一种有价值的、与营养相关的具有适应性的令人遗憾的副产品。

达德利的酒精假设没能解释，人类为什么对其他的物质成瘾，这包括尼古丁、鸦片、安非他命以及数不胜数的人们使用和滥用的物质。我们可能从来都没有完全搞清楚成瘾的进化史，但是早在新石器时代（约前8500—约前4000），人类就远远不止对成熟水果着迷了。很多种文化都已拥有精妙的酿酒技术，巴比伦文化和埃及文化已经掌握了酿造各种啤酒的技术。自那时以来，人类就已经具备足够的专长来欺骗我们生物学上的奖励－渴望回路。达成这一目的的，正是对进化适宜性毫无贡献的那些物质。

2. 神经性厌食症

神经性厌食症是一个令人困惑的谜题。几乎所有物种都具有这样的机制，它驱动物种成员在饥饿的时候去吃东西，并且形成强烈的回避饥饿的动机。根据神经性厌食症的定义，患者（90%是女性）会失去15%的体重，但他们仍然不吃东西，而且看起来也没感到正常人那样的饥饿。目前，神经性厌食症以10%的死亡率，已成为致死率最高的精神障碍（American Psychiatric Association，2000）。但是，如果认为神经性厌食症作为一种自我强加的饥饿，只会影响当代女性青少年的话，那就错了。有证据表明，这种障碍也会在中年期出现（Bell，1985），弗洛伊德（1954）也曾对神经性厌食症在中年期的出现做过描述。心理动力学、社会学和生物医学等学科的专家都曾对此进行探索，但是盖辛格（Guisinger，2003）认为，没有一个单一的机制能对神经性厌食症的病因做出充分的解释，也没有一个单一的流派能提出有效的治疗方法。

当健康人感到饥饿时，他们的适应机制就会被激活，以便保持能量平衡同时寻找食物：降低代谢率，同时加强对食物的寻找。如果饥饿得以继续，人就变得无生气和精神沮丧（G. H. Anderson & Kennedy，1992；Prentice et al.，1992）。相反，很多神经性厌食症患者在饥饿时仍然精力充沛，兴奋异常，甚至会过度地锻炼身体。他们回避食物甚至对食物感到厌恶。他们往往产生对自己身体的扭曲的形象，即使体重骤减，身体消瘦，他们仍然觉得自己很胖。虽然目前还没有可以推荐的治疗方法，但进化论假设（J. L. Anderson & Crawford，1992；Guisinger，2003；Nesse，1984）也许能帮助我们理解神经性厌食症患者表现出的反常行为。

较早的进化论流派（J. L. Anderson & Crawford，1992）认为，神经性厌食症是一种经进化形成的对艰苦条件或资源短缺的适应性的、生育性的反应。由于罹患神经性厌食症的女性往往出现激素失衡以及排卵和月经中断，所以她们不能生育。根据这种观点，神经性厌食症是延缓或永久性地防止怀孕的策略。因此，这一假设认为，神经性厌食症是一种手段，女性通过它来使即将出生的子女免于陷入恶劣环境的危险中。

较晚近的假设（Guisinger，2003）则认为，神经性厌食症是对资源短缺的一种适应性的、迁徙性的反应。盖辛格（2003）指出，人类的狩猎采集祖先不遗余力地从特定的觅食领地上采撷一切可用的资源。当资源耗尽、面临饥饿时，他们必须向其他领地迁徙。对食物的渴望、浑身无力和精神沮丧等等"正常的"饥饿症状会妨碍这种迁徙，但是，神经性厌食症的症状——对食物失去兴趣、保持精力、对身体形象的忽略或扭曲，则有助于这种迁徙。为了支持这种假设，盖辛格指出，在进化过程中，神经性厌食症最多出现在为寻找食物而迁徙的最后一批人群中（美国土著、西班牙裔和白种人），最少出现在通过进化较早摆脱了为寻觅食物而迁徙的人群中（亚裔和非裔）。

这些假设都是令人感兴趣的，但是它们到现在还无法解释，为什么资源的相对丰盛，也会引发生育性适应或迁徙性适应。引起生育性或迁徙性挨饿策略的资源耗尽的情形，在美国和西欧并不存在，但是这些地方神经性厌食症患者却增加得最多。因此，作为一种背景故障，神经性厌食症是一种适应性的挨饿策略，但这种策略在食物和营养供给丰富的情况下被错误地激活了。

390

3. 焦虑障碍

在该恐惧的时候有一点恐惧是好事。古时候，恐惧帮助人们回避野兽和强敌。"如果没有恐惧，很少有人能在自然条件下长期生存。"（Marks，1987，p. 3）今天，恐惧仍然促进着我们的生存，尽管我们对恐惧的新事物有了完全非自然的抗拒手段。例如，正常而健康的恐惧能帮助一些学生认真准备对本章的考试。但是有时候，健康、适应性的恐惧变成了**恐惧症**（phobias），巴斯（2004）把它定义为"比起真实危险来大得不成比例的恐惧，它超越了自主控制范围，导致对恐惧情境的回避"（p. 91）。进化论者长期以来对恐惧症感兴趣，因为在人类进化史上，人们共有的大多数恐惧所针对的事件，本来是应该引起恐惧的。拉姆斯登和威尔逊（Lumsden & Wilson，1981）指出：

> 值得注意的事实是，一直会引起这些反应的现象（空间封闭、待在高处、雷电、洪水、蛇和蜘蛛）在人类古代环境中是最危险的。但是，科技进步的现代社会上那些可能造成更大危险的东西，如枪支、刀具、汽车、电源插座等等却很少引起恐惧。因此有理由得出结论：恐惧症是非理性恐惧反应的极端个案，它远远超出了保证生存所需的边界。……因为恐惧而离开悬崖，总比靠近悬崖边缘更好些。（pp. 84-85）

厄曼和明尼卡（Öhman & Mineka，2001，2003）提出，一些恐惧症是通过对某种恐惧的"自动"和适应性学习的进化的中介作用而快速习得的。这两位研究者指出，对蛇的恐惧也发生在其他哺乳动物中，而且在其他灵长类动物中也很普遍。这种恐惧甚至出现在实验室喂养的猴子身上，它们看到录像中播放的野猴子表现出对真实的蛇或玩具蛇的恐惧时，也会表现出恐惧（Cook & Mineka，1990）。研究发现，存在一种感觉成分使得蛇和蜘蛛很容易捕捉到人的注意（Öhman, Flykt, & Esteves，2001），而且人不需要特殊训练或意识努力，就能意识到，这些刺激来自一个重要类别中的某个成员（Gerdes, Uhl, & Alpers，2009；Rakison & Derringer，2008），这和我们有关进化机制和策略的一般观点相一致。在恐惧的时候，人还会采用其他策略，包括出现各种带有恐惧"症状"的反应，如出汗、心率加速等，还有一些外部行为，如回避或逃离恐惧情境。更重要的是，研究者还收集了参加研究的人的数据，证明对蛇或蜘蛛的恐惧不需要对这些刺激的有意识知觉（对这些研究的讨论，可参见 Olson & Hergenhahn，2009）。因此，厄曼和明尼卡认为，作为人类进化遗产的一部分，我们与其他动物分享了一种神经机制，它使我们通过自动的快速学习对进化上有重要意义的刺激做出反应。这些刺激捕捉到我们的注意，我们则无须有意识的信息加工就能学会对它们感到恐惧。这不等于说，所有人都会自然而然地对蛇、蜘蛛、咆哮的狗等等感到恐惧。但是它告诉我们，这些刺激对我们物种本来就是异乎寻常的，我们也生来就准备好习得蛇和蜘蛛恐惧症。令人感兴趣的问题是，那些患有蛇和蜘蛛恐惧症的现代人，从未被蛇和蜘蛛攻击过，也从未在可能会适应这些恐惧的环境中生活过。这使我们再次想到了巴斯（2004）在恐惧症问题上提出的背景故障概念。

十、评价

进化心理学至今仍然是心理科学的一支新军。近年来它在学术上取得了可观的进展，已从自然观察顺利过渡到有控制的实验。不应奇怪，这个相对较新的领域当前仍然在验证其基本假设，并正在提出可验证的假设。请记住，我们的基本前提是，没有一种理论能够全面描述人格，现有的每一种理论都为这个复杂的拼图贡献了一片重要的拼板。下面就来看对进化心理学理论的批评及其做出的贡献。

1. 批评

进化心理学是适应主义的。几位批评者（Gould，1997；Gould & Lewontin，1979；Panksepp & Panksepp，2000）认为，进化心理学是一种适应主义理论——从技术上来说是泛适应论。这一术语指的是，人类或非人类所做的一切都是进化与适应的结果。**泛适应论**（panadaptationism）认为，现有的任何行为都是可遗传的，而且在效果上都是有用的，因为它们具有适应意义。例如，泛适应论会做出这样的推理：由于当代青少年对视频游戏很着迷，因此选择的压力必然会使一些由明亮的色彩和生动的动作引发的认知机制得以形成。根据这种假设，如果这些机制不是适应性的，它们就不会存在，而且毫无疑问，还有一些尚未被发现的由这种行为带来的适宜上的好处。更极端的是，让我们来想想适应带来的好处，它使一个人一边玩视频游戏，一边骑着摩托车同时接手机电话。

进化心理学家也意识到泛适应论的局限性。巴斯等人（Buss，Haselton，Shackelford，Bleske，& Wakefield，1998）举了两个例子。当古代的一种适应以不同方式表现在现代有机体身上时，就会发生**扩展适应**（exaptations）。例如，鸟最初通过进化形成羽毛是为了调节体温，但是后来却用它来飞翔。当起初的一种适应对现代有机体产生了几种意想不到的影响时，就会发生**拱形效应**（spandrels）。例如，人类大脑的能力增强提供了很多适应上的好处，如问题解决技能的改进，工具制造高手的出现，对当地食物、水、食肉动物更强的记忆力，等等。然而，大脑能力增强的更大影响还包括语言、音乐艺术和各种复杂社会法规的形成。所以，从古代适应性向现代人行为的推论必须慎之又慎，进化心理学家很清楚这一点。

进化心理学家认为，发现和探索适应问题是他们的主要目的之一，但他们并不是泛适应论者。追随由克伦巴赫和米尔最早创立的模型（Cronbach & Meehl，1955），进化心理学家只是假设：如果一个心理行为满足一个**一般规律网络**（nomological network）的限制，它就是适应性的（Schmitt & Pilcher，2004）。和一般规律网络相互关联的有：（1）心理建构的理论框架；（2）关于这一建构如何测量的经验框架；（3）这两个框架之中和之间的经验联系。因此，一般规律网络和假设的心理适应（如互惠利他）与几种经验资料的来源（即心理学、医学、生理学、遗传学、人类学等）是交互作用的。此外，这个网络可能把一个心理建构，如互惠利他，与另一个建构，如亲缘利他，联系起来。它还可能把一种类型的资料，如调查资料，与另一种类型的资料，如真实的助人行为，联系起来。只有那些在一般规律网络中形成的心理建构才是有效的，最后发现，人类只有很少的行为可被证明是适应性的。正如我们已经知道的，择偶策略、维持婚姻策略、亲缘利他和互惠利他以及对违背社会互惠的揭露，是符合这些标准的几个例子。而人们关注的玩视频游戏、在汽车里大声播放音乐震得车窗颤动、嚼口香糖，如此等等的行为则不符合这些标准。

进化心理学编造出人类古代祖先的故事。古尔德（Gould，1997）批评进化心理学家编造出各种情节——"如此这般"的故事——以便说明古人的适应似乎完全适用于我们现代人行为机制的形成。他和其他学者（例如 Panksepp & Panksepp，2000；Rose & Rose，2000）对重新构想我们的更新世祖先生活的价值提出质疑。这些批评者认为，我们只有当前人类或非人类的数据库，因为"我们没有时间机器，能对特定时期内我们古代祖先做出合理可信的分析"（Panksepp & Panksepp，2000，p. 112）。

科斯麦兹和图比（1997）则断言，对古人的推断不是无边无际的想象，也不是虚构出"如此这般"的情节：

> 我们的祖先照养孩子，有男人和女人，打猎，采集，选择配偶，使用工具，辨别颜色，在受伤时流血，遭遇猛兽，感染病毒，因受伤而丧失能力，因中毒而衰弱。如果他们与兄弟姐妹结婚而造成近亲繁殖，彼此打斗，与虎、狼、蛇和有毒植物等在致命环境中生活，他们就会逐渐消亡。（p. 5）

诚然，我们已经设法使得一些肉食动物灭绝，并大批杀掉其他动物。我们已经战胜了少数致命病毒并能对付其他病毒，但是，除了缺乏现代人的方便性之外，我们祖先的适应问题与现代人的适应问题并没有太大差别。因此，我们用来解决当前问题的机制类似于我们祖先用来解决相似问题的机制，这种假设并不是南辕北辙的。

进化心理学证明现状（性别歧视和种族主义）是合理的。批评者声称，由于进化心理学家试图解释性别差异（如择偶策略）以及回避和恐惧与我们很不像的人（排外）等现象，这就等于使用科学手段来证明社会上的性别歧视和种族主义是合理的。这种批评等于说，因为班杜拉的社会认知理论解释了通过观察而习得攻击性，他的理论就证明攻击是合理的。过去一百年里，我们花了很多时间来解释抑郁症和精神分裂症，但是没有批评家声称，心理学研究者想证明维持抑郁症和精神分裂症是合理的。进化心理学像心理学其他领域一样，试图解释人的行为的存在，而不是人的行为应该怎样，也不是采用科学方法验证解释性假设。基础科学研究没有，也不应该设定一个日程来揭示社会原因和社会问题的对与错。它的目标是描述和解释心理现象，包括性别歧视、种族主义和其他不符合期望的现象。这就是进化心理学所要做的事情。把某个行为归因于选择性压力和适应性，并不意味着该行为对社会来说必然是好的，我们在前面讨论的杀人和成瘾问题上已经谈到了这一点。

此外，如我们已经知道的，进化心理学相信，行为总是遗传倾向和文化影响相互作用的结果。因此，即使遗传倾向以社会难以接受的方式（如排外）施加影响，这些倾向也可能被所处的文化纠正。

进化心理学忽视了神经科学的重要研究。一些批评者（例如 Panksepp & Panksepp，2000）声称，进化心理学由于背景特殊性、对机制或策略的"模块化"研究缺乏当代神经科学的基础，因此是不正确的。请回忆，关于回路、机制或策略的假设，都是在下列设想指导下提出的，即择偶、攻击、饮食等行为都有不同的神经机制。潘克塞普夫妇（Panksepp & Panksepp，2000）赞同，诸如饮食或性行为的皮下机制，已得到较深入的研究和较明确的理解。但他们也认为，对较高级的机能，如嫉妒或利他，其神经机制尚未得到研究。我们必须理解，进化心理学家使用的"回路""机制"等术语，是对极其复杂的神经活动的一种隐喻，它们包括感觉、情绪、认知和行为的脑过程的相互作用。这并不等于说，已经查明大脑内部某个位置存在着一个掌管嫉妒的模块或一个掌管利他的模块。进化心理学家说到嫉炉回路时，其实在暗指心理机能具有多层次性。从逻辑上来说，所有机能都有其大脑活动的基础。嫉妒的机制好像马赛克一样，必然不同于复杂的利他机制。当我们嫉妒别人和做出利他行为时，我们所看到的线索、体验到的情绪、做出的决定、采取的行为都是完全不同的。在这种意义上，它们是不同的模块，只是目前还没有人宣布，这些模块已经像大脑语言区那样已经得到查明。具有背景特定性的回路、机制和策略是一种假设的结构，并不表示一种普遍、万能、能使适宜性最大化的大脑机制。像一切科学假设一样，它们也要接受经验性检验，并随时准备被证伪。科斯麦兹和图比（1997）正确地指出了这一点：

> 从我们非正统的眼光来看以下问题，我们当然是错误的，即人类的推理能力涉及一套巨大而异质性的、因进化形成、具有特定机能的回路（服务于合作、威胁、冒险等等）。但关键是，虽然当代的进化机能主义指向对人类推理的一系列预测，但没有人打算去验证这些预测，并且去发现那些还没有做出的事情。（p. 5）

2. 贡献

进化心理学与其他理论建立了联系。巴斯（2004）指出，弗洛伊德曾经受达尔文理论的影响，而且弗洛伊德早期的本能论就提出了因为自然选择和性选择而形成的"保护"本能和"性"本能。因此，弗洛伊德理论和进化论都把对人格的解释与进化过程联系起来。虽然二者是以不同方式做出这种解释的，但是弗洛伊德理论和进化心理学都涉及无意识心理活动。对弗洛伊德来说，本我及其无意识愿望是核心。对进化心理学家来说，根据进化的适应性而做出的非习得的有准备倾向的行为是核心。一个寻找配偶的男人不会说："今天晚上我想，我中意的女人是会生孩子、忠诚、有理想臀围的。"他只会倾向性地对这些特征做出积极反应，其反应方式可能被描述为无意识的，尽管他可能在看到这样一个女人时清醒地意识到自己的意图，并开始解决对她产生怎样印象的问题。两种理论都考察了"性"这个进化论的核心问题，而且它们也都考察了攻击性，这在本章只是简要地提到。我们还记得，弗洛伊德声称，攻击性源于死的本能，这种本能被引发时，就会极力表达出来。这种"驱力宣泄"模型显示，攻击性一旦被激发，就必然以直接形式、被移置的形式或升华形式表达出来。虽然进化心理学家承认，人有潜在的攻击行为，但他们假设，只有当攻击行为带来的利益——例如获得或保卫领地或性资源——超出了付出的代价，包括受伤和死亡时，人们才会表现出攻击行为。根据这种观点，攻击性"基于进化心理机制，但它不是固定、僵化，无论在什么环境中都会'被释放'的"（Buss，2004，p. 285）。所以，和弗洛伊德的驱力宣泄解释不同，进化心理学认为，人在一定情境中是否表现出攻击行为，取决于成本－效益分析结果。

进化心理学和一些较晚的人格理论也有关系。前面提到的利他和群体合作研究与埃里克森（第 6 章）和马斯洛（第 15 章）所关心的社会归属感有关。此外，巴斯等人（Buss & Greiling，1999；Ellis，Simpson，& Campbell，2002）还把当前的"大五"这种特质理论（参见第 8 章）与进化理论相联系，认为人可能形成了进化机制，以查明具有高亲和性和尽责性的个体及与之相伴随的合作行为以及与他人的互惠行为倾向。与此同时，这些机制还有助于了解并谨慎地对待那些具有高神经质的个体。

进化心理学是启发性理论。第 1 章曾经讨论过理论的整合机能和启示机能，并特别强调了一种科学理论的价值在于它能否生成新的研究。过去一些年进化心理学研究的爆发式增长说明了进化理论的启示机能。科斯麦兹和图比（1997）指出，进化心理学提出了过去未曾有人提出过的许多研究问题，而且发现了很多新的现象。对此，西蒙斯（Symons，1987）补充说：

> 达尔文学说可能有助于我们理解心理现象：它指导着研究，防止一些类型的错误，提出新问题，提请人们注意心理中那些被人们认为过于平凡或千篇一律的方面。……对宇宙中已知最复杂的东西，即人的大脑／心理的探索这一令人敬畏的任务，哪怕只是微小的贡献也肯定会受到欢迎。

（pp. 143-144）

进化心理学防止了错误的二分法。如前述，进化心理学家不介入天性与教养之争。他们强调，人的行为中一般被归为"教养"的东西，例如学习，是在人通过进化形成的天性影响下，有时被促进，有时被局限的。同样，他们也不赞成把行为的"近期"原因和"终极"原因加以区别，近期原因指有机体当前特征及所处环境，终极原因指可以归为进化的有准备倾向的东西。阿尔科克（Alcock，2000）提醒人们不要忘记基本的生物学原理：

> 近期解释和进化解释是相互补充，而不是相互竞争的。的确，个体拥有的遗传、发展、激素和其他生理机制，为其行为提供了近期解释和进化解释。但进化生物学家可能仍要问：物种为什么拥有其特殊的近期机制？当这些机制在物种中显露出来之后，它们是怎样传播开的？这些问题需要从物种历史角度——方程式的进化论角度来理解。……在现实当中，科学工作者对近期原因的兴趣往往能借助进化论水平的解释而查明各种机制的价值。（pp. 2-3）

进化心理学建立在科学原理基础上。最后，我们再回到巴斯的个人经历上来（personal communication，2004）。他在接受研究生训练时学习的人格理论都是凭直觉"切入主题"的，这些理论都不是以基本的、非任意性的原理为基础。例如，弗洛伊德以一种特殊的方式给无意识下定义，并赋予它极为重要的作用。其他理论则无拘束地重新定义了无意识的本性和作用，甚至抹杀其对人的行为的决定作用。相反，进化心理学坚持要确定进化理论原理，这些原理也同样指导着当代生物学、生理学和医学研究。巴斯（2004）指出，进化理论提供了"有能力解释复杂的适应机制的产生和结构的唯一已知的科学理论，从痛苦的生育机制到超大号的大脑，正是这些机制组成了人的本性"（p. 38）。此外，值得注意的是，心理学当前有很多互相分离、高度专门化的领域（社会心理学、认知神经科学、发展心理学、决策科学等等），它们都不一定需要共享一些基本假设或原理。巴斯（2004）认为，进化心理学"为当前心理科学显露的碎片化状态提供了一些概念工具，把心理学与其他生命科学相联系，以迈向更大的科学整合"（p. 411）。巴斯（2009）做出这样的总结："达尔文的梦想还没有完全实现"，但是，"已有一些充满希望的信号，那就是，进化心理学使心理学的每个分支都变得更加宽阔。……达尔文所预期的遥远未来就是我们的使命。当代心理学家将责无旁贷地经历一场科学革命，并向世界宣告这一愿景的实现"（pp. 146-147）。

▼ 小　结 ————————————————————————————————

进化心理学家发展并验证了达尔文提出的自然选择和性选择理论。此外，他们还运用了根据达尔文主义原理、在近期得以发展的一些理论（如汉密尔顿的阖族适宜性理论［Hamilton，1964］和特里弗斯的亲代投资理论［Trivers，1972］）。

与洛克的白板说以及心理由经验决定的思想不同，进化心理学家假定，由于自然选择和性选择，人类具有内在的、基本的天性。进化心理学的主要任务是探索和研究使我们的祖先得以生存繁衍的行为和认知方面的适应性，并且揭示，这些适应性在现代人中间是怎样表现出来的。进化心理学家强调，进化作用于大脑，生成各种回路或策略，帮助人们解决问题，适应环境，这些问题贯穿人类发展的历史，直到今天还在向我们提出挑战。这些问题包括吸引配偶、维持婚姻关系、生儿育女、发现和保护资源、与别人形成合作同盟关系等等。然而，进化心理学家认为，人们在特定条件下，只是按照一种有准备倾向，以特定方式行动的，人类绝不仅仅是依赖本能的生物。文化、学习和当时的环境都可能促进、矫正或抑制我们通过进化而来的有准备倾向。

戴维·巴斯的很多研究都专注于性别差异，因为在择偶行为上，选择压力对男人和女人是不同的。

对世界各种文化的研究显示，男性和女性都喜欢善良、聪明的长期配偶，但女性更偏爱拥有资源并愿意和她们分享的配偶，男性更偏爱生育力强的配偶。无论男性还是女性，都会利用对方的偏好，并通过自我推销和竞争者贬低来吸引对方。在寻找长期配偶时，女性倾向于夸大自己年轻、健康和忠诚等特征，她们可能阻止竞争对手显露这些特征。男性在寻找长期配偶时则倾向于夸大自己的声望、资源和身体方面的优势，他们会妨碍竞争对手表现这些方面的品质。女性在寻找短期伴侣时，对男性杰出的身体特征具有更高的选择性，并可能用性感表现来吸引他们。男性在寻找短期伴侣时，倾向于降低择偶标准，并可能采用当场炫耀资源来吸引女性。

当一个人的策略与另一个人发生冲突时，策略干扰就会发生。例如，一个女人寻找一个长期伴侣，但她中意的男人寻求的是一个短期伴侣。男性和女性都会采用欺骗来摆脱策略干扰，但多个世纪以来的选择压力也促使反欺骗策略得以形成。

巴斯把爱情看作一种非理性但必要的适应行为，当理性分析可能导致婚姻解体时，爱情能够帮助人们维持婚姻关系。他把嫉妒看作对潜在不忠诚迹象的进化的反应，一种保持长期关系的附加手段。男性更可能因性的不忠产生嫉妒，女性更可能在其资源受到竞争对手威胁时产生嫉妒。

虽然别人会和我们竞争资源，但很多时候我们必须表现出合作行为。利他是指一个人把资源让给另一个人，或群体成员为整个群体利益做出个人牺牲。亲缘利他是指我们在帮助和自己共享基因的人的行为时，倾向于把资源让给和我们共享基因比例较大的人（汉密尔顿法则）。互惠利他是指帮助那些和自己无血缘关系的人。在进化心理学家看来，我们根据直觉的成本—效益分析做出助人行为，而且只在预期收益超过行为的成本时，才会拿自己的资源冒风险。人类有能力理解互惠的社会合作动力，同时能够察觉违反社交互惠的潜在规则的情形。

对机能缺失的研究是进化心理学的一个新方向。进化心理学家认为，机能缺失行为可归因于进化机能的障碍。背景故障是一种进化机制被不恰当的刺激或背景激活的结果。进化心理学家考察了自杀、杀人、成瘾、神经性厌食症和焦虑障碍等现象，他们声称，这些行为中至少有一部分是进化机制在不恰当背景中被激活所致。

进化心理学被批评有泛适应论倾向，编造了想象的进化场景来解释现代人的行为，证明了性别歧视和种族主义的合理性，以及忽视了神经科学的重要研究成果。我们认为，这些批评是有偏颇的，有些批评并无事实根据。进化心理学对人格理论做出了重要贡献，这表现在，它与已有理论建立起联系，它提出了新的研究问题并导致了新发现，它避免了一些二分法错误（如天性和教养之争），而且它建立在达尔文和新达尔文主义进化论的科学原理上。

▼ 经验性练习

1. 列出一个描述你理想的丈夫或妻子、"你的一生所爱"特征的单子。再列出描述你完美的"夏夜情人"特征的单子。这两张单子和进化心理学家的预测有什么不同？
2. 想一想你曾经有过的或现在的爱情关系。哪些事情曾经使你感到嫉妒？在进化心理学家看来，男性和女性嫉妒的原因是不同的。你有过的嫉妒之情是否符合进化论？
3. 写出你最愿意为其做出牺牲的10个人的名字。根据进化心理学理论，名单上的人应该主要是你的血缘亲属或和你有性关系的人。你的名单是否符合进化心理学的预测？

▼ 讨论题

1. 为什么用进化论原理来研究人的行为会引起某些人的不安？
2. 简述下列术语的定义：生存斗争、适应、适者生存、适宜性、阖族适宜性、自然选择。

3. 为什么爱情和嫉妒被认为是进化的适应行为?

▼ 术语表

Adaptation（适应） 有助于生存和生育的任何生理结构、特质或行为。

Altruism（利他） 为了给接受者带来好处而牺牲个人资源的行动。

Cheating（欺骗） 发生在利他系统中的行为，指一个人接受了另一人的帮助但不予报答，或一个人接受的东西多于付出的东西。

Competitor derogation（竞争者贬低） 向理想伴侣提供自己竞争对手的负面信息的择偶策略。

Context failure（背景故障） 一种进化机制或策略被不恰当的刺激或在不恰当背景下被激活。

Coolidge effect（柯立芝效应） 大多数哺乳动物中的雄性在新的雌性出现时，射精后不应期缩短或消失的现象。

Cost-benefit analysis（成本效益分析） 进化心理学理论中，对行为代价和行为可能带来的好处之对比的直觉的或无意识的评价。

Effective polygyny（有效的一夫多妻制） 在物种的雄性而不是雌性中观察到的生育变异量增大的现象。

Empirical theory（经验论） 关于人性的理论，声称人在出生时心理是一块不带有遗传倾向的白板，是经验而不是内因影响着心理及其特征。亦见 Social science model（社会科学模型）。

Error management theory，EMT（错误管理理论） 人类有准备地使所犯错误的代价最小化的倾向。

Evolutionary psychology（进化心理学） 运用达尔文和新达尔文主义的进化论原理对心理现象提出假设并加以解释的心理学分支学科。

Evolutionary psychology's theory of human nature（进化心理学的人类本性理论） 进化心理学声称，心理的一些方面受自然选择影响，某些行为是有准备的倾向所致。

Exaptations（扩展适应） 古代的一种适应以不同方式表现在现代有机体身上。亦见 Adaption（适应）。

Fitness（适宜性） 达尔文所指的生育可行后代的能力。

Fluctuating asymmetry（波动性不对称） 身体左右两部分（包括面部）的不完全对称。

Hamilton's rule（汉密尔顿法则） 人们按照与自己共享基因的比例向接受者提供帮助和资源。

Inclusive fitness（阖族适宜性） 进化的适宜性可能因为生育而增大，也可能因为对与自己共享基因的人们的贡献而增大，也可能由于这两方面原因而增大。亦见 Hamilton's rule（汉密尔顿法则）。

Jealousy（嫉妒） 当男性知道或猜疑其伴侣在性方面不忠，女性知道或猜疑其伴侣把本应供给子女的资源送给其竞争对手时产生的情感体验。

Kin selection（亲缘选择），或 Kin altruism（亲缘利他） 对与自己有血缘关系的人提供帮助。亦见 Hamilton's rule（汉密尔顿法则）和 Inclusive fitness（阖族适宜性）。

Love（爱情） 巴斯认为，爱情是非理性但必要的情感，它由进化而来，且可以维持长期婚姻关系。

Natural selection（自然选择） 根据达尔文的进化论，在给定环境中，有机体必须拥有适应性特征才能生存和繁衍。

Naturalistic fallacy（自然主义谬论） 认为自然"是"什么就等于"应该是"什么的错误观念。

Nomological network（一般规律网络） 指一个心理建构的发展中，以下三者之间的关系：（1）该建构的理论框架；（2）对该建构加以测量的经验框架；（3）这两个框架之间的经验联系。

Panadaptationism（泛适应论） 把当代的所有行为都归因于进化的适应性的理论。

Phobias（恐惧症） 按照巴斯的定义，指把真实危险无限放大而导致的恐惧，它无法被意志努力所控制，并导致对恐惧情境的回避。

Reciprocal altruism（互惠利他） 抱着明确或暗含的求得报答或偿还的期望，帮助与自己无血缘关系的人。

Reproductive variance（生育变异） 对一个人潜在生育次数的测量：女人为低变异（每年 0 ～ 1 次），男人为高变异（每年 0 次到多次）。亦见 Effective polygyny（有效的一夫多妻制）。

Self-promotion（自我推销） 凭借表现或夸大伴侣中意的特征来吸引伴侣的策略。

Sex differences（性别差异） 男女之间归于生物学而非社会学方面的差异。

Sexual selection（性选择） 达尔文认为，物种中的雌性会选择具有某些生理和行为特征的雄性作为配偶，以便把这些特征传给后代，有时雄性也会如此。

Sexual strategies theory，SST（性策略理论） 巴斯和施密特的观点，认为择偶策略因性别以及寻求的是短期还是长期关系而不同。

Social science model（社会科学模型） 关于人类本性的理论，认为是经验而不是内因影响着心理及其特征。亦见 Empirical theory（经验论）。

Sociobiology（社会生物学） 进化心理学的先驱学科，系统地研究包括人类在内的动物社会行为之生物学基础的学科。

Spandrels（拱形效应） 一种适应带来的预料之外的副产品或额外特征。

Strategic interference（策略干扰） 巴斯的观点，认为当一个人为了达到目的采用一种特殊策略，而另一人采用另一种策略加以有效干扰时，就会发生策略干扰。

Strategy（策略） 因进化而形成的对适应问题的多层面的解决方案，亦称机制或回路。

Struggle for existence（生存斗争） 根据达尔文学说，生存斗争发生在生命力旺盛的有机体繁育的后代数量多于环境能够允许的数量时。

Survival of the fittest（适者生存） 物种中只有那些最适应环境者才能生存和繁育后代。

Theory of parental investment（亲代投资理论） 特里弗斯的理论，认为在生育中付出更多投资的性别（女性）在择偶时要做更多的选择，付出较少投资的性别（男性）将面临更大的竞争。

Xenophobia（排外） 对陌生人或与自己不同的人的恐惧。

第七篇
存在主义-人本主义范型

乔治·凯利

本章内容

和本书中的其他理论相比较，凯利写的著作很少。他的理论主要体现在其两卷本著作《个人构想心理学》（1955）中。在该书第一卷前言中，凯利坦率地提醒读者，在阅读时应该注意什么。我们在这里引用凯利以他的写作风格对读者的提醒，来体现他对心理学与众不同的探索，并提供他的人格理论的总览：

401

> 我要坦率地告诫读者，他即将读到的是什么。首先，读者可能会发现，他找不到心理学书籍中那些熟悉的标志性术语。例如，在大多数心理学教科书中被强调的学习，根本没有出现。这完全是有意的，我把它彻底抛弃了。本书中没有自我、情绪、动机、强化、驱力、无意识，也没有需求。一些术语被赋予崭新的心理学定义，如适用性焦点、优选、提议性构想、角色修正疗法、创新性循环、传递诊断法，以及轻信态度。对焦虑以一种特殊的系统方式加以界定，对角色、内疚和敌意的定义则出乎很多人的意料。为了独出心裁，也没有多少可借鉴的参考文献。令人遗憾的是，这些东西可能使读者感到陌生甚至不快。但是，不同的研究方法难免会导致不同的词汇。在这些新术语影响下，很多老术语已经摆脱了它们原来的意义。（pp.x–xi）

> 我们这些话是向谁说的？我认为，那些以严肃态度对待我们的读者一般会具有一种冒险精神，他们对关于人的非正统思想没有丝毫担忧，他们敢于透过陌生人的眼睛看世界，他们在思想和言词上的投入并没有超出他们的手段，他们寻求的是对心理学的一种过程中的而非终极的思考。（pp. x–xi）

■ 一、生平

乔治·亚历山大·凯利（George Alexander Kelly），1905 年出生于堪萨斯州珀斯附近的一个农户之家。凯利是个独生子，他父亲曾经是基督教长老会的牧师，但是因为健康问题放弃了牧师职业，回乡务农。1909 年，凯利的父亲把一辆运木材的车改装成篷车，用这辆车把家搬到科罗拉多，在那儿用木桩围起一片向移居者免费开放的土地。但是，由于找不到水源，他们又返回堪萨斯的农庄。凯利从没有丧失从早期经历中获得的这种拓荒者精神。他的一生都是一个讲求实际的人，他在思想和策略上最看重的是一种想法有没有用，如果没有用，就不会去浪费时间。可以说，凯利深受他父亲深入骨髓的宗教信仰的影响，始终是教会的积极成员。

凯利的早期教育是在单房间校舍，由他的父母亲自进行的。13 岁时，他被送到威奇托，在那里读过四所中学。13 岁以后，凯利很少在家里生活。中学毕业后，他来到威奇托的教友大学，这是一所贵格会学校。3 年后，他进入密苏里州帕克维尔的帕克学院，于 1926 年获物理学与数学学士学位。凯利回忆说，他上过的第一节心理学课没给他留下什么印象。读了几个星期之后，他仍然说不出有什么令人感兴趣的东西。一天，教师讲刺激 - 反应心理学，在黑板上写下"S → R"。最后，凯利认为，他们被这个问题难住了。他记得，当时他感到非常失望：

> 我全神贯注地听了好几堂课，但是我能理解的最多是，为了解释一个反应，你必须先有一个刺激，反应被放在那儿，刺激才能解释点什么。我一直没弄明白，那个箭头代表什么——不是至今还不明白——当时我差不多不再想把它闹明白。（Kelly，1969，p.47）

402

凯利起先打算从事工程师职业，但是后来他想，干这行不能使他涉及他越来越感兴趣的社会问题。为此，他到堪萨斯大学攻读教育社会学和劳动关系专业的硕士学位。为了完成硕士论文，他研究了堪萨斯城的工人们怎样度过闲暇时间。他在 1928 年获得硕士学位。在堪萨斯大学接受研究生训练期间，凯利盘算，这正是了解弗洛伊德著作的机会。弗洛伊德理论带给他的印象和 S → R 心理学留给他的印象差不多："我不记得我曾经努力读过弗洛伊德的哪一本书了，但是我记得，越读他的书，我就越怀疑，什么人都能写出这样的废话，这样的书还是少出版为好。"（Kelly，1969，p. 47）

硕士毕业后的一年，凯利很繁忙。他在明尼阿波利斯的一所劳动学院做兼职教师，给美国银行家协会讲课，还为那些打算成为公民的移民讲授美国化课程。1928 年冬，他来到艾奥瓦州谢尔顿的一所两年制学院，在那里结识了他后来的妻子格拉迪斯·汤普森（Gladys Thompson）。业余时间，他曾做过业余戏剧导演，这可能影响了凯利后来的理论创建。

1929 年，凯利得到一笔学术交流基金，来到苏格兰的爱丁堡大学，跟随戈弗雷·汤姆森爵士（Sir Godfreg Thompson）从事研究，他在很大程度上激发了凯利对心理学的兴趣。1930 年，凯利获得爱丁堡大学教育学学位。他在汤姆森指导下完成的论文，内容涉及对教学效果的预测。

凯利在 1930 年回到美国后，来到艾奥瓦州立大学攻读心理学学位，并于 1931 年获博士学位。他的学位论文考察了言语和阅读能力低下的共同影响因素。博士毕业两天后，他和格拉迪斯·汤普森结婚，他们养育了两个孩子。在凯利 26 岁获得心理学博士学位时，他已经学过物理学、数学、社会学、教育学、劳动关系、经济学、言语病理学、文化人类学和生物统计学。

凯利的学术生涯开始于海斯堡堪萨斯州立学院，当时正处于大萧条的中期。他很快意识到，他在艾奥瓦州立大学产生的对生理心理学的兴趣，在眼前条件下对他没什么用处。他发现，他所接触的人们根本不知道，为了生活，他们该做什么——他们很迷茫。因此，凯利的兴趣转到临床心理学上来，因为人们非常需要它。而凯利在这一点上有很大的优势，因为他从未接受过任何临床技术方面的正式训练。由于他善于实践的天性，他有很大的自由度，可在情绪问题的治疗上进行尝试。有用者留，无用者弃。

在海斯堡的 13 年（1931—1943），凯利建立了巡回诊所，为本州的公立学校服务，这也使凯利成为早期的学校心理学家（Guydish，Jackson，Markley，& Zelhart，1985）。这种服务使凯利及其学生经历了类型广泛的心理问题，并在治疗中进行实验。起初，凯利曾经诉诸弗洛伊德主义的观点，即，作为一个学者，他的发现是缺乏依据的，同时这些发现又是有效的："通过我的弗洛伊德式的谨慎解释，当来访者看起来准备接受它们的那些时刻，很多不幸的人似乎得到了巨大的帮助。"（Kelly，1963，p. 51）然而，凯利对弗洛伊德主义的治疗方法深感忧虑，因为这种疗法之所以起作用，只是因为来访者相信它管用。这时候，凯利做了两项观察，它们对其后来的理论产生了深刻影响。第一，他发现，即使他对来访者的问题做出非常激进的解释，来访者也会接受，而且病情往往会得到改善。换言之，凯利发现，导致患者看待自己和自己病情的任何东西，都会以不同方式促进病情的改善。逻辑性或"正确性"似乎都不起作用。凯利这样描述他所做的心理治疗实验：

> 我开始编造一些"启示"。我故意向患者做出一些"荒谬的解释"。其中一些是我能够编造的非弗洛伊德主义的解释——先做出一些谨慎的解释，然后，随着我看到的结果，解释更大胆。我唯一的标准是，当来访者知道这些解释后，这些解释对最重要的事实有何影响，以及这些解释承载的以不同方式接近未来的含义是什么。（Kelly，1969，p. 52）

第二，凯利发现，一个教师对一个学生的抱怨，说的更多的是关于教师，而不是学生的事情。也就是说，教师寻求的，是决定问题本质的东西，而不是人人都会经历的那些客观事件。这些观察激励着凯利创造一个自弗洛伊德理论以来最大胆的人格理论。

第二次世界大战开始后，凯利曾经主管当地平民的飞行员培训项目。后来，他以心理学家身份加入海军的医疗和外科手术办公室，驻扎在华盛顿特区。在此期间，他做了大量工作，以改进军队中临床心理学相关项目的质量和有效性。直到逝世前，凯利还在积极参与临床心理学方面的政府项目。

　　1945 年二战结束后，凯利受聘于马里兰大学，任副教授，他在那里工作了一年。1946 年，他成为俄亥俄州立大学心理学教授，任临床心理学系主任。虽然这个系很小，但是凯利和同为杰出心理学家的朱利安·罗特（Julian B. Rotter）一起，完成了一个临床心理学项目，很多人认为这是全美国最好的项目。在俄亥俄州立大学工作的 19 年间，凯利改进并检验了他的人格理论。本书第 12 章说过，沃尔特·米歇尔就是罗特和凯利的学生，由此可见他们对社会认知理论的影响。

　　1960—1961 年，凯利夫妇获得人类生态学基金会的赞助，供他们到世界各国讲学，讲授凯利的理论与各种国际问题的关系。他们的旅途中包括马德里、伦敦、奥斯陆、鲁汶、哥本哈根、布拉格、华沙、莫斯科、加勒比地区和南美。这对一个声称自己的鞋从未踏过整个堪萨斯州土地的人来说，的确是一种冒险之旅。1965 年，凯利离开俄亥俄州，接受了布兰代斯大学名誉教授职位。凯利逝世于 1967 年 3 月 6 日，享年 62 岁。

404

　　凯利曾任美国心理学会临床心理学分会主席、咨询心理学分会主席。他还在建立美国职业心理学考试委员会中发挥了重要作用，该委员会的目的是增进职业心理学工作者的素质。他从 1951 年到 1953 年担任该委员会主席。

　　凯利的学生和同事都回忆说，他是个热情而包容的人。凯利的同事乔治·汤普森在凯利逝世时表达了这样的思念之情：

　　　　1963 年，在美国心理学会年会召开期间，大约 40 名凯利的学生出席了一个晚宴，来感谢这位好老师和热心的朋友。这些教授、学者和治疗师们来自美国各地。他们都认为，正是这个人帮助他们找到了通向创造性人生的道路。很多没能出席晚宴的人通过写信表达了他们对凯利充满智慧的咨询和指导的感谢之意。（Thompson，1968，pp. 22-23）

　　1965 年夏，凯利在俄亥俄州立大学的同事们祝贺他获得布兰代斯大学名誉教授的荣誉，凯利的三位前博士研究生和一位来自英格兰的优秀的前同事宣读了论文。庆祝会结束后，凯利邀请所有与会人员来到他家里参加晚宴。接受邀请的将近 100 人。汤普森（1968）在谈到这件事时说："所有人都享受了美食和深厚情谊。这次晚宴以最恰当的方式反映出乔治·亚历山大·凯利充满爱心的人性——学者、教师和热心的朋友。"（pp. 22-23）

■ 二、凯利理论的分类

　　如前述，凯利是以一个未受过正式临床训练的临床心理学家角色开始其职业生涯的。换言之，他没有接受过任何思想流派的教育影响。凯利曾经面对被各种问题困扰的人们，因为他不具备临床技能，所以只能即兴发挥地使用自己的方法。没有老师的指导，不是来自具有特定哲学课程的学校，身边也没有从事临床工作的同事给他指出方向。因此，他只能"凭借耳朵来操作"。如果凯利的理论中包含任何其他人的东西，那都只是巧合。凯利相信，一个人当前的人格并不需要和他的过去相联系。而且他认为，这一点同样适用于人格理论。就是说，如果一种理论是有效的，它就不需要从已有理论中发展而来。凯利的人格理论也许像一个理论可能做的那样，完全独立于其他人格理论。凯利理论与其他理论之间的相似性，主要是被别人发现的，他本人对此毫不在意。

　　但是，我们可以按照一定方式给凯利的理论分类。凯利是一个**现象学家**（phenomenologist）（例如，参见 Walker，1990）。现象学家认为，原初的意识经验应该是心理学注意的焦点。不需要探讨这些经验来自何处，重要的是要研究一个人独立的意识经验，不要把这些经验打碎，分为不同成分，也不要试图确定它们的起源。由于凯利探讨原初的意识经验，我们可以赋予他现象学家的称号，但是要注意，

405

他只不过是对这种经验与客观现实的关系感兴趣。也就是说，凯利和一些现象学家不同，他感兴趣的

是，思维过程怎样被用来与环境整合。

因为强调心理活动，凯利的理论也可以被冠以认知标签（例如，参见 Cantor & Zirkel，1990）。它不是行为主义理论，因为它看重的不是行为及其与环境之间的因果关系；它不是精神分析理论，因为它不认为无意识机制和早期经验对成人人格的决定作用；它也不是特质理论，因为它从不根据人的特质对人加以分类。它是一种**认知理论**（cognitive theory），因为它强调人怎样看待和思考现实。

凯利的理论还可以被看作一种**存在主义理论**（existential theory），因为它强调现在和未来，而不强调过去。它认为，人能自由地选择自己的命运。存在主义一般认为，人是自由的、定向于未来的，他们的主观感觉和个人经验极其重要，他们关心生活的意义。存在主义者相信，因为人是自由的，所以人要为自己的命运负责。一般来说，存在主义者探讨的是人的存在问题。著名的存在主义哲学家让-保罗·萨特曾说，人"是他想成为的存在物"，这句话很好地概括了凯利和存在主义者的立场。

最后，凯利的理论被认为是一种**人本主义理论**（humanistic theory）（例如，参见 Epting & Leitner，1992），因为它强调人自我完善的能力。凯利主张，每个人都要为了生活不断探索新机会，探索那些比已经尝试过的东西更有效的机会。无论是凯利还是人本主义者都相信，人类会探寻并且有能力创造更好的个人环境、社会环境和国际环境。

必须指出，给凯利理论冠以这些标签，都不是凯利本人所为，而是别人所为。凯利（1966）认为，他的理论"过于流体化，很难用一些语言标签加以固定"（p. 15）。

三、基本假定——人是科学家

凯利把科学家看作描述所有人的模型。他发现，科学家在他们的生活中不断地通过提出理论，来探寻事物的明确性和可理解性，从而对未来的事件做出预测。换言之，科学家的主要目的就是降低不确定性。凯利认为，所有人都像科学家一样，努力在生活中降低不确定性，而寻求确定性。说科学家与非科学家之间有区别，这是无根据的：

> 心理学家可能会对自己说："我，是一个心理学家，因此我是科学家，我正在做的这项实验是为了对人类的某个现象进行预测和控制。但我的受试者，只是一个人类有机体，他是被身体里不可控制的驱力推动的，或者，他总是贪婪地寻找着衣食归宿。"（Kelly，1955，p. 5）

在凯利看来，所有人都像科学家一样，他们关心未来，并且只根据当前的情况来检验一种理论能否对事件做出预期。"预期不仅是为了达到自己的目标，还为了使未来的现实更美好。那是人们渴望的未来，而不是过去。人总是透过当前的窗口眺望未来。"（Kelly，1955，p. 49）

一个人用来预期事件的主要手段是**个人构想**（personal construct）。人们用个人构想对经验进行**构思**（construe）或解释、说明、赋予其意义，并进行预测。一个构想就是一个想法，人们试图解释自己的个人经验时，就会用到它。一个构想就像一个微型科学理论，通过它可以对现实做出预测。假如根据一个构想产生的预测被经验确认，它就是有用的；如果这些预测没有得到证实，这个构想就必须被修正或放弃。"人透过自己创造的透明图案或模板来看周围世界，并且试图用它来匹配组成世界的现实。……让我们把这些大小随时变化的图案称为构想，它们是建构这个世界的途径。"（Kelly，1955，pp. 8-9）

关于构想，下一节我们还会更多地介绍。有一点需要注意，构想往往是应用到环境事件的手头标签，用它们把随后的经验和那些事件加以检验。例如，某人初次遇到另一人时，可能产生此人很"友善"的构想。如果此人后来的行为与友善的构想相一致，这一构想就会被用来预期此人的行为。如果这个新认识的人以不友善的方式行事，那么，人就需要产生不同的构想，或者使用与友善相对的另一极（见下一节的"二分推论"），即友善－不友善的构想。问题在于，构想是用来预期未来的，所以构想必须符合现实。进入**构想系统**（construct system）的那些与现实相当符合的构想，主要是通过试误而形成的。凯利认为，一个人的**人格**（personality）就是在任何给定时间组成其构想系统的一些构想的集合。

凯利强调指出，为了解决身边的问题，每个人都要创建自己的构想。他认为，每个人都有降低未来不确定性的目标，而且是以自己希望的方式，自由地解释现实的。他把这种观念称为**构想的可选择性**（constructive alternativism），对此，他做了如下描述："我们可以肯定，在应对环境中的问题的时候，总有一些可供选择的构想。没有人想把自己逼到两难境地，没有人会由于环境而彻底踌躇不决，也没有人必然成为自己经历的牺牲品。"（Kelly，1955，p. 15）

虽然没有人想"把自己逼到两难境地"，但这不意味着人不会这样做。在这一问题上，自由与决定论之间有一个有趣的差别。凯利认为，人们能够自由地创建自己的构想系统，但是他也认为，当人们创建了这个系统之后，他们就会受自己的控制。

凯利发现，一些人创建的构想系统比另一些人的构想系统更有效。有些人对环境形成了僵化的观念，因此成了这些观念的奴隶。这些人的生活被规则和规范支配着，他们生活在一个高度可预测事件的狭窄圈子里。另一些人的眼光比较开阔，他们让自己的生活听从灵活的原则，而不是僵硬的规则。这种人的生活更加丰富，因为他们对经验持开放态度：

> 最终，人们根据他们选择并形成的信念所达到的水平，来衡量他们自己的自由和被束缚的程度。人们根据各种特殊的、灵活的信念来安排自己的生活，尤其是关于使他们成为环境牺牲品的暂时困难的信念。每个原来的、较小的信念，只要不能通过检验，就都会成为可能招致后患的警告。它们决定着，明天发生的事情是带来幸福还是痛苦。人们原来的信念包含着多个视角，它们是以原则，而不是以规则方式投射出来的。它们有很多好机会去发现可变通的选择，从而使自己最终得到解放。（Kelly，1955，pp. 21-22）

因此，在凯利看来，一个人拥有的是开放、富有创造性的生活，还是充满限制的生活，在很大程度上取决于个人选择。对同一个情境，有些人把它看作是积极的，另一些人则把它看作是消极的。这是个人选择决定的。它向我们展示了凯利理论的基本假定："一个人的心理过程是凭借他预期事件的方式，在心理上被疏通的。"（Kelly，1955，p. 46）换言之，人的活动（行为和思想）通过用于预测未来事件的个人构想，而被指引到一定方向上。

凯利、费英格和阿德勒

在第4章讲到阿德勒理论时，我们曾经讨论费英格的"仿佛"哲学。这种哲学主张，思想可能是构想的，同时又是有用的。也就是说，一种思想在现实中并没有证据，但它仍可提供解决现实问题的有用手段。虽然费英格哲学与凯利的理论之间有重要差别（参见 Hermans，Kempen，& Van Loon，1992），但二者都强调命题思维的重要性，即，通过思想实验来看它是否管用。凯利也注意到他的立场与费英格之间的相似之处：

> 上世纪末，德国哲学家汉斯·费英格提出了他称为"'仿佛'哲学"的哲学体系。他在其中提出了一个思想体系，认为上帝与现实可以作为［命题］而得以最好的表现。这不等于说，无论上帝还是现实都比人的意识领域里的其他东西更不确定，而是说，与人有关的所有事物都可能以假设形式达到最好。在某种程度上，我认为费英格的观点对心理学有特殊价值。至少，它帮我们找到了一个话题——它也许正是费英格提出，而我们为之努力奋斗的目标。（Kelly，1964，p. 139）

除了赞同费英格和阿德勒关于命题思维重要性的观点之外，凯利还提出一种观点，即对事件的解释比事件本身更重要（例如，参见 Neimeyer & Mahoney，1995）。换言之，他们都认为，对行为来说，主观现实是比客观现实更重要的决定因素。

■ 四、十一个推论

凯利用十一个推论对他的基本假定加以说明。

1. 构想推论（construction corollary）

"人通过对事件重复性的解释对事件做出预期。"（Kelly，1955，p. 50）

人生活中事件的发生带有某种规律性，例如：一个友善的人可能一直友善；黑夜之后是白天；冬天会很冷；人所处环境中的物体会保持其位置不变，例如，明天，冰箱还在厨房里。虽然没有两个事件是完全相同的（"没有人会重蹈覆辙"），但是，贯穿不同事件的主题却把它们联系在一起。人们以这些主题为基础形成构想，并做出对未来的预测。换言之，如果我们生活中的事件的发生没有规律性，人们就不会产生表达这些事件的构想。

2. 个体化推论（individuality corollary）

"人们对事件的构想是互不相同的。"（Kelly，1955，p. 55）

对这个推论不用过多地强调，它是凯利理论的精华。凯利认为，在旁观者眼中，不仅美好事物是这样，其他一切事物也是如此。现实是我们感知到的东西，这一点重申了凯利的构想可选择性的论点。就是说，我们以自己希望的方式，自由地对事件做出解释。这种自由不但适用于我们对外部现实的解释，而且适用于对我们自己的解释。

> 在说到我自己时……"我是个内向的人"。"我"是主语，"是个内向的人"是谓语。语言的陈述形式清楚地把一个内向者的人物放在主语位置上——我。我实际上是怎样的，这句话说，是个内向的人。
>
> 对我的陈述的解释是，我把我自己解释为一个内向的人，或者，我不过有些腼腆或不诚实，我引诱我的听众把我解释为内向的人。在混乱中漏掉单词是一种心理事实，即，我以个人构想——"内向"的方式确认了我自己。（Kelly，1958，p. 38）

3. 组织化推论（organization corollary）

"每个人都会逐渐进步，为了更方便地预期事件，一个构想体系包含着不同构想之间的顺序关系。"（Kelly，1955，p. 56）

个体差异不仅表现在人们用来解释事件的构想上，而且表现在人们怎样组织他们的构想上。凯利认为，个人构想是分层次的，一些构想比另一些更全面。例如，外向 - 内向这一构想包含着另一些构想，如喜欢人们 - 不喜欢人们、喜欢聚会 - 不喜欢聚会。包含其他构想的构想称为**高级构想**（superordinate construct），被包含的构想称为**次级构想**（subordinate constructs）。

内梅耶（Neimeyer，1985b）曾提到一位女患者，她把自己看成"有条理"的人，而不是"情绪化"的人。问她为什么把自己看成有条理的人，她说，她把这看成一种"成熟的生活态度"，而不是"不稳定"的态度。让她给成熟下定义，她说，成熟就是能"受自己控制"，而不是"被别人控制"。问她为什么控制自己非常重要，她说，她的"生存"全凭自我控制，否则就"好像死亡"。图 13-1 总结了这位患者用来描述自己的构想，其中一些是高级构想，一些是次级构想。

凯利认为，如果没有这些分层的构想，人就会感到矛盾重重，对事件做出不恰当的预测。这当然是不符合期望的，所以人们就会对构想加以组织，以减少矛盾性，增加预测的有效性。

4. 二分推论（dichotomy corollary）

"一个人的构想系统是一定数量的二分结构的组合。"（Kelly，1955，p. 59）

在凯利看来，所有的构想都是两极的或二分的。他认为，一个有意义的构想必须至少显示两个成分，它们彼此相似，而和除此之外的第三个成分不同。例如，一个人可能说，男人和女人是相似的，因为都是人。这反过来暗含着，一些有机体，例如猴子，不是人类。又如，一个人为年迈的父母提供帮助，另一个人给慈善事业捐款，人们会说，这两个人都是"好人"或"慷慨的人"。言外之意，不做这些事的人可能是"不好的人"，或"吝啬的人"，或"麻木不仁的人"。然而必须注意，人们用来解释个人生活现实的构想是一种选择，而且构想的两极也是一种选择。一个构想对应的两极不是由逻辑或惯例决定的，它们取决于一个人怎样看待之。例如，在一个人眼里，一个构想的一极可能是美好，另一极是麻木不仁。而在另一个人眼里，美好的对应一极是丑陋。在第三人看来，美好可能和缺乏性感相对应。因为每个人都用这种个人定义的构想来解释自己所生活的世界，所以，一个人若想了解另一个人，就必须了解那个人的构想系统。在凯利看来，构想是一个人用来解释某种相似经验的方式，而不能解释其他不同的经验。

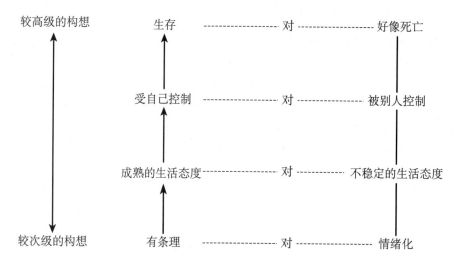

图 13-1　一位女患者对自己的描述显示出的高级构想和次级构想

资料来源：Neimeyer，1985a，p. 281.

观察发现，人们在面临压力时，会发生突然的转变，原来用一个重要构想的一极来解释事件，现在改用另一极来解释。例如，原来解释为友善的事情，现在被解释为不友善。温特（Winter，1993）指出，一个奉公守法的警察向一个违法者提出控告时，就可能出现这种在解释事件时的突发变化。凯利把这种两极的转换称为**位移**（slot movements）。由于人们在接受心理治疗时可能是被压抑的，所以在治疗过程中，位移现象发生并不多（Landfield & Epting，1987）。

5. 选择推论（choice corollary）

"一个人为自己选择可变换的两极构想，借此，他希望有更多机会来扩展并确定其构想系统。"（Kelly，1955，p. 64）

在这一过程中，人既可能回避风险，也可能冒风险。如果一个人把原来有效的构想用在新的、相似的经验中，他就仅仅对其构想系统做了再次确认。凯利把这种相对安全的方法称为**确定**（definition），因为这一过程进一步定义或确认了一个构想系统。反过来，一个人也可以抓住机会尝试新的构想，如果有效，就能扩展自己的构想系统，从而把先前处在构想之外的经验加以同化。凯利把这一过程称作**扩展**（extension）。和确定相比，扩展的危险是可能遭到失败。在选择构想时，人会在安全和冒险之间徘徊。人们会做出安全的预测，也会尝试扩展自己的构想系统，从而使可理解的经验数量越来越多。用凯利的话来说："人在对事件做出预期时，可能尝试在越来越少的事情上变得越来越肯定［确定］，也可能尝试对模糊的地平线上越来越多的事情产生依稀的认识［扩展］。"（Kelly，1955，p. 67）凯利认为，过多地强调确定，可能导致被肯定的东西过多，从而限制对生活的看法。反之，过多地强调扩展则可能导致不确定的、混淆的东西过多。中庸之道是最好的。

6. 范围推论（range corollary）

"一个构想只能对一个有限范围内的事件做出预期。"（Kelly，1955，p. 68）

像热对冷这样的构想可能被用在需要做出好坏判断的情境中。每个构想都有一个**适用范围**（ranger of convenience），它涵盖与该构想相关的所有事件：

> 假设甲和乙是男人，丙是女人，O代表时间。我们可能从甲、乙、丙三人中找出性别这一属性，我们暂且把性别称为Z。性别并不适用于O，大多数人不会这样归类。代表时间的O没有归于性别Z的适用范围。现在，就性别Z而言，甲和乙类似，而和女人丙不同。（Kelly，1955，p. 60）

适用范围中的事件最大限度地界定了该构想的**适用性焦点**（focus of convenience）。例如，当人受到一条流浪狗的威胁时，危险－安全的构想就可用于解释这一情境。流浪狗造成的令人紧张的事件自然会落入危险－安全构想的适用范围。而且，非常危险的念头在这一构想中看来是特别恰当的。在这种情况下，会用到危险－安全构想，而非常危险的念头在该构想的适用范围内就是适用性焦点。但是像好天气－坏天气、政治上的自由－政治上的保守这些构想与此情境是不相干的。换言之，后两个构想的适用范围不包括流浪狗的情境。

7. 经验推论（experience corollary）

"一个人的构想系统随着他对重复事件的成功解释而变化。"（Kelly，1955，p. 72）

凯利认为，经验本身并不重要，重要的是对经验的解释：

> 经验因对事件的不断解释而形成，而不是由连续不断的事件本身组成。一个人可能见过很多游行事件的片段，但是，如果他没有从这些事件中得出什么结论，或者他在这些事件发生后没有尝试做出解释，那么，他就不会从身边发生的这些经验中得到什么。人身边发生的事情并不能使人变得有经验，只有在事件发生时不断地解释、解释，再解释，才能丰富人的生活经验。……一个人以浓厚兴趣关注着每个即将发生的事件，这能使他体验到各种有趣而令人惊讶的事情，但是，如果他不努力尝试发现其中不断出现的主题，他就不会积累什么经验。当人们开始从事件发生的次序中看出一些条理时，他就开始形成有关这些事件的经验。（Kelly，1955，pp. 73-74）

所以，凯利认为，最好的老师不是经验本身，而是对经验的积极解释。凯利（1963）以他特有的智慧回忆起一位学校管理者，他"的经验在一年里重复了13次"（p. 171）。

8. 调整推论（modulation corollary）

"一个人构想系统的变化受到构想对适用范围中可变沉淀物的渗透力的局限。"（Kelly，1955，p. 77）

一些构想具有较大的**渗透性**（permeable），即它们比另一些构想对经验更开放。"如果一个构想能触及适用范围中未曾根据其框架加以解释的新成分，它就具有渗透性。"（Kelly，1955，p. 79）

例如，一个人的"好人－恶人"构想可能是根据一些相应的个体定义的，好人是自己朋友圈里的人，恶人是另一些人。这个人就缺乏对经验的开放性，因为构想的两极，好人和恶人都不具有渗透性。因此，即使这个人遇到另一个具备一些值得赞赏特征的人，他也难以把这个人纳入自己的构想系统，因为缺乏渗透性。

拥有一些渗透性构想的人，比起拥有很多非渗透性构想的人，在扩展自己的构想系统方面，处于优势地位。前者的心理具有开放性，而后者则比较封闭。

9. 分裂推论（fragmentation corollary）

"一个人可能会不断地使用多个构想子系统，而这些子系统从逻辑上是互不相容的。"（Kelly，1955，p. 83）

凯利指出，一个人的构想系统处于一种连续不断涌出的状态。不同构想持续受到检验，新成分不断进入那些更具渗透性的构想。同样，人们不断地重组自己的构想系统，从而做出最可靠的预测。人们对自己构想系统的这种实验为前后矛盾的行为创造出可能性。一个人对一个相同事件可能每次做出的反应方式不同。例如，在公司与老板的互动方式和在酒吧遇到老板时的互动方式可能完全不同。一个人的行为方式不同，可能因为情境发生了变化，使人的构想也发生变化，或构想的组织发生了变化。凯利认为，一定数量的不一致性是难以避免的，因为构想系统"处于变化中"。但是他指出，这些较小的行为不一致性带来的结果仍然是一致的。"我们可以说，一个人在一件小事上做些改变，这个赌注不会带来什么改变，他的整个生活结果的赌注也不会有什么变化。"（Kelly，1955，p. 88）

10. 共性推论（commonality corollary）

"如果一个人使用经验构想的程度与另一人使用构想的程度相似，这个人的心理过程也和另一人相似。"（Kelly，1955，p. 90）

凯利的这一推论强调的是，使人们相似的，不是共同的经验，而是人们以相似方式对经验的解释。两个人可能有相同的身体经验，但是对其解释不同。同样可以想见的是，两个相似的构想系统可能来自明显不同的身体经验。

11. 交际性推论（sociality corollary）

"一个人在解释其他人的构想过程时，他就在一定程度上扮演着参与别人社交过程的角色。"（Kelly，1955，p. 95）

角色（role）概念在凯利理论中很重要，不过他使用这一概念与传统方式不同。凯利把角色定义为"一种正在进行中的行为方式，这一行为产生于一个人对在工作观念上与他有关系的其他人的理解"（Kelly，1955，pp. 97-98）。

换句话说，扮演一个角色就是根据对其他人的期望而行动。要扮演一个角色，一个人必须理解另一个人的构想系统。例如，如果一个男人要在妻子面前扮演丈夫角色，他必须首先知道妻子对丈夫的期望，然后按照这一期望去行动。凯利把人们对另一人的观点和期望的理解称为**角色构想**（role construct），人们如何根据这种理解去行动就称为角色。"一个角色就是一个心理过程，这一心理过程的基础是角色扮演者尝试与另一人参与社交活动时，对这个人的构想系统的解释。"（Kelly，1955，p. 97）

这一推论是凯利关于社交行为的主要陈述。他指出，如果我们要与别人进行富于建设性的互动，首先必须决定，别人怎样看待事物，然后在和他们打交道时认真考虑他们的观点。如果这种角色扮演是相互的，就会引发最深刻的社交互动。

五、慎重、优选、控制循环

根据凯利的理论，**谨慎、优选、控制循环**（CPC cycle）是一个人面临新情境时行为的典型特征。这一循环有三个阶段：谨慎、选择和控制。让我们以一个较小的交通事故为例来说明。当我们驾驶的车不慎与前面一辆轿车追尾时，我们就进入了**慎重阶段**（circumspection phase）：要仔细思考和这一情境相关的几种解释，例如我的错误－对方的错误、汽车受损－没有受损、人受伤－人没受伤等等。在**优选阶段**（preemption phase），我们要对前一阶段的几种解释加以选择。例如，我们选择的解释是"我的错误还是对方的错误"。在**控制阶段**（control phase），我们根据该情境下最有效解释中的一极，做出相应的行动。比如，我们选择的是承认责任：我们会交流上保险的情况，查看对方的身体情况，并且为自己的车离前车距离太近而道歉。所有这些做法都是对情境的控制。如果这些行动取得了成功，"我的错误－对方的错误"这一构想是有效的，那么，在不久之后发生的另一次交通事故中，这一构想就会在我们的想法中占支配地位。对慎重、优选、控制循环可以总结如下。

1. 慎重阶段

在这一阶段，人仔细思考几种可用来解释情境的**提议性构想**（propositional constructs）。这一阶段的想法是假设性和试探性的，带有认知上的试误特征。

2. 优选阶段

在此阶段，人从上一阶段慎重考虑的所有解释中选择一个与情境最相关的解释。换言之，人不能停留在对情境的思考上，而必须选择一种策略来应对这一经验。

3. 控制阶段

在选择阶段，做出的选择要考虑到哪一种构想可用来解释情境。在控制阶段，人必须决定，已经选择的、与情境最相关的构想中，要选择哪一极。

总之，慎重、优选、控制循环是先思考能够解释情境的几种构想，决定从中选择一种构想，再决定这一构想的哪一极能最好地解释情境。做出最终选择之后，随后的经验将证实或不能证实人的预测。

六、创新性循环

创新性循环（creativity cycle）指人们寻求对问题做创新式的解决，或用新方法来解释经验。和慎重、优选、控制循环一样，创新性循环也有三个阶段。

1. 松散的构想阶段（loosened construction phase）

凯利认为，创新思维表现在人的松散的构想系统中。松散的构想系统使各种成分和构想的联系容易变化。比如，香蕉可以被想作蓝色的、喧闹的、智慧的。一位教师可以被想作一把画笔、一个门挡或一顶帽子。松散的构想系统允许人们做认知实验。凯利（1955）这样说："创造性总是在荒谬可笑的思维中出现的。"（p. 529）

2. 收紧的构想阶段（tightened construction phase）

前一阶段的所有想法是为了发现解决问题的方法，或解释那些尚不明显的情境。一个松散的构想系统要得到应用，它就必须被收紧。就是说，松散的构想系统是为了发现新想法，但是，当发现一个有用的想法之后，就必须停止做这种认知实验，并对这一想法进行评价。凯利（1955）指出：

> 一个人只用收紧的构想不会有什么创新，同样，一个人只用松散的构想也不会有创新。他永远不会走出自说自话的境地，也不会对一个重要的检测提出一个假设。富有创造性的人必须具有从松散转向紧缩的重要能力。（p. 529）

3. 检验阶段（test phase）

在松散构想阶段发现的创新思想要经过检验，如果被后来的经验证明有效，它就成为人的构想系统的一部分。如果无效，它将被放弃，而创新性循环则会重复进行下去。

■ 七、凯利对传统心理学概念的解释

前面讲过，凯利在1955年出版的著作第一卷中曾警示读者，他忽略了许多传统概念，重新定义了另一些概念，并且提出了一些新概念。本节，我们来看看凯利根据其个人构想理论，重新定义一些传统心理学概念的例子。

1. 动机

凯利不接受关于**动机**（motivation）的很多传统观点。他认为，这些观点把人看作天生被动的人，需要别的东西来推动。换言之，传统动机理论认为，人需要驱力、需求、目标或刺激来推动。凯利认为，这是毫无意义的。他相信，人天生就是有动机的，不需要上面说的那些东西去推动。在他看来，每个人都是自我驱动的，"除了他自己的活力，其他什么原因都不需要"（Kelly，1958，p. 49）：

> 动机理论可分为两类，推动理论和拉动理论。在推动理论中，我们寻找驱力、动机或刺激之类的术语。拉动理论使用诸如目标、价值或需求这样的概念。打个比方，这好像是一只手拿的是干草叉理论，另一只手拿的是胡萝卜理论。但我的理论不是这些。由于我们喜欢观察动物的天性，也许把我的理论称为公驴理论最好。（p. 50）

凯利称为**动机的推动理论**（push theories of motivation）的例子包括弗洛伊德、斯金纳、多拉德和米勒的理论，**动机的拉动理论**（pull theories of motivation）的例子有荣格和阿德勒的理论。其他的公驴理论还包括罗杰斯、马斯洛和梅等人的理论，后面三章将会讲到这些理论。涉及动机问题，社会认知理论也比推动理论或拉动理论更像**动机的公驴理论**（jackass theory of motivation）（因为动机被看作是与生俱来的）。

2. 焦虑

凯利把**焦虑**（anxiety）定义为"人对自己面临的事件处于自己构想系统之外的意识"（Kelly，1955，p. 495）。

如前述，形成正确预测未来的能力是所有人的目标。我们不能正确预测的程度，就是我们体验到的焦虑的程度。

因为构想系统的基本机能是正确地预测事件，而焦虑就是错误的构想系统的证据，所以，在这种情况下，人就需要矫正。根据凯利（1955）的理论，人们的构想系统需要矫正的程度有大有小：

> 从个人构想心理学角度，焦虑……代表人们对自己的构想系统不适用于当前事件的一种意识。所以，它是对必须做出修正的一种预先考虑。……我对焦虑的定义……包含着对日常生活的一点混淆和迷惑。一列数字之和算不出来，焦虑！再加一遍，还算不出来，更焦虑！我们用别的方法来加，就是很好的调整。哎呀，我们算错啦！（pp. 498–499）

有时候，生活变得如此不可预测，人们能想象的只有一件事情，就是死亡。对某些人来说，这种情形会引发自杀。"对一个目光狭隘的人来说，他的世界已经崩溃，死亡对他来说可能是当前唯一能够确定可以做的事情。"（Kelly，1955，p. 64）当一个人的构想系统不足以解释生活经历时，这种不确定性就会导致焦虑。在一些极端案例中，死亡的确定性就胜过了未来的不确定性。

应该指出，有时候，一些人虽然没有体验到焦虑，但他们的构想系统也需要矫正。在这一点上，凯利（1963）再次表现出他的幽默，他举了这样一个例子：

> 我有一个朋友，她在开车遇到困境时会习惯性地闭上眼睛。这是一个预期行为，表示她怀疑

有什么她不愿看到的事情发生。令人费解的是，到目前为止，居然还没有什么事故发生。(p.26)

3. 敌意

凯利把**敌意**（hostility）定义为"为一个已被证明是错误的社会预测寻找合理证据持续努力"（Kelly，1955，p.510）。

敌意和焦虑有关。当一个人的预测不正确时，焦虑就会产生。很显然，此时人的构想系统不能正确地解释情境（这时的焦虑是难以避免的），他可能不承认这一事实并极力从环境中寻求认可。这种寻求往往表现为敌意。班尼斯特和弗兰塞拉（Bannister & Fransella，1971）指出：

> 有时候，人的构想系统被隐藏起来，他只是不能承担错误的结果。如果他认识到自己的一些期望根本站不住脚，他就会修正或放弃赖以做出预期的构想。但是，假如这些构想在他的系统里占据核心位置，他就会出现混乱，难以从另一角度看当时的情况。在这种情况下，人就会表现出敌意，故意找理由，对别人大打出手，借此来确认自己的预测，撒谎骗人，拒绝承认所发生事情的最终意义。(p.35)

雷特纳和普芬宁格（Leitner & Pfenninger，1994）曾经举了一个男人的例子，当他的妻子提出离婚时，他就对妻子实施暴力，因为这个想法是他不能容忍的。

4. 攻击

凯利把**攻击**（aggression）定义为"一个人知觉领域的主动扩展"（Kelly，1955，p.508）。他认为，具有攻击性的个体选择把自己的构想系统扩展到对其定义之外（见选择推论）。这种人寻求的是冒险，而不是安全。他极力扩展自己的构想系统，使之包括的事件范围更大。在凯利的理论中，攻击性是敌意的反面。班尼斯特和弗兰塞拉（Bannister & Fransella，1971）对它做了这样的说明：

> 有意思的是，凯利在定义攻击（对敌意的定义也类似）时，注重的是个体内部发生了什么，而不是别人对他采取了什么行动。因此，当一个人积极地通过尝试来检验自己的解释是否有效时，当他把自己的构想（及相应的行动）的范围扩展到一个新方向时，当他进行探索时，攻击性就会表现出来。显然，在周围人眼里，这个人的行为是很不好受的过程，他们会把这看作对自己的攻击，并且以牙还牙。但是从攻击者的构想系统角度来看，这其实是一个扩展和细化过程，因此它是敌意的反面。(pp.37-38)

凯利认为，敌意是非故意地放弃一个无效的构想系统，而攻击则是试图把构想系统扩展到逐渐扩大的事件范围。

5. 内疚

凯利把**内疚**（guilt）定义为"人对自己的核心角色结构明显转移的知觉"（Kelly，1955，p.502）。**核心角色结构**（core role structure）涉及人们在生活中与相关个体和群体互动时扮演的角色。根据凯利的理论，"当个体意识到自己的角色从一直与自己保持最重要关系的人身上偏离到其他人身上时，其内疚感就会增强"（Kelly，1963，p.228）。如果一个男人把他与妻子的关系解释为爱、信任和关心，在行动上却表现为对妻子不爱、不信任和不关心，他就会感到内疚。

在凯利看来，内疚体验谈不上善恶和对错。这种体验必须与生活中打交道的重要他人和群体保持一致或不一致。在这些关系中出现不一致，就会导致内疚。然而根据凯利的定义，内疚感可能是可怕的：

> 如果你发现在一些重要问题上，你所做的事情不符合平时一直认为你是个好人的人们的期望，你就会感到内疚。……生活在你对别人不理解和不可预测的环境中是可怕的——人对自己不

理解和不能预测就更可怕。（Bannister & Fransella，1971，p. 36）

418

6. 威胁

凯利把**威胁**（threat）定义为"人对自己核心结构即将发生巨大变化的觉知"（Kelly，1955，p. 489）。

我们不但拥有掌管重要人际关系的核心角色结构，而且拥有我们非常倚重的预测外部事件的其他构想。这些**核心结构**（core structures）使人的生活更有意义，它们成为其他人所说的我们的信念系统的核心。当这些基本的核心构想突然被经验证明不再有效时，我们就感受到威胁。对我们的核心构想的挑战就是对我们生存本身的挑战，那是很危险的。

凯利认为，当我们用于预测重要人际关系的构想不再有效时，内疚感就会产生。当原来用来应对外部事件的有效的构想失去其效果时，人们就会感到威胁。例如：一个人大半生都滴酒不沾，但是在一次聚会上却被劝了一杯酒，他就会感到内疚；另一个人在盛夏看见窗外在下雪，他就会感到有威胁。对自己死亡的预期也会导致威胁（Moore & Neimeyer，1991；Neimeyer，Moore，& Bagley，1988）。

由于每个人有不同的核心结构，所以每个人体验到的威胁情境也不同。此外，威胁并不都是负面事件导致的。凯利（1955）举了一个例子："一个坐牢20年、渴望出狱的人，在释放的前一天却感到了威胁。"（p. 490）

7. 恐惧

在凯利看来，**恐惧**（fear）与威胁相似，但没有那么严重。当一个人构想系统中的次要成分而不是核心构想不起作用时，恐惧就会产生。"恐惧很像威胁，在这种情况下，它是一个附加的构想，而不是一个综合的构想，看来起着接管作用。"（Kelly，1955，p. 494）一条本来温顺的狗突然对人咆哮，人会感到恐惧。要避免这种体验，人只需对其构想系统做较小的改变，例如，一条温顺的狗现在变成了一条有时会咆哮的温顺的狗。

8. 无意识

凯利认为，构想可以借助认知意识加以描述。具有较弱认知意识的构想被认为或多或少是**无意识**（unconscious）。他认为，弱认知意识的构想有三类：前言语构想、下潜构想和悬浮型构想。

前言语构想（preverbal constructs）。凯利把前言语构想定义为"即使没有稳定的语词符号但仍然持续发挥效用的构想"（Kelly，1955，p. 459）。前言语构想一般是在生命早期、语言出现之前形成的。虽然婴儿还不具备语言能力，但他们仍能用模糊的、非言语的构想，如温情和安全感，来描述和预期事件。由于以语言形式命名的构想用起来更方便，前语言构想比用语言形式命名的构想较少被确认。

419

下潜（submergence）。如前述，每个构想都有两极。但有时候，人的行为显示出好像两极中只有一极存在，例如，相信所有人都是好人，或所有东西都是有生命的。强调构想中的一极而忽略另一极，被凯利称为下潜。"这里有相似性，也有不同的结局。有时候，两种结局中的一种比另一种少。当这种情况明显出现时，我们就把较少出现的结局称为下潜结局。"（Kelly，1955，p. 467）一个人选择的可能不是构想中乐观的一极，因为这样会挑战他的构想系统。凯利的下潜观点与弗洛伊德的压抑观点有某种相似之处。

悬浮（suspension）。人的经验的一种成分只有较弱的认知意识的另一种方式是悬浮。当人的构想系统中的一个构想不能被有效运用时，这种体验就处于悬浮状态。好像该经验一直处于暂停状态，直到创建起一个能把它同化的构想系统：

> 我的理论并不强调对快乐的回忆，也不强调对不愉快的忘却，它只强调进入结构的记忆和未进入结构的忘却。和压抑理论相比，悬浮意味着，思想或体验的成分只是被忘记了，因为有时候人能容忍没有结构存在，而思想在其中仍然有意义。一旦人获得结构，思想就能在其中活跃起来。

（Kelly，1955，p. 473）

不能被人的构想系统解释的经验是无意义的。因此，这些经验必然处于悬浮状态，直到一个构想系统形成并把它们同化。一个人能够理解的东西永远是可以由他的构想系统决定的。第 4 章曾讲到，阿德勒认为，与人的世界观、虚构目标和生活方式不相容的经验不能被有意识地加以思考，因此也无法得到理解。虽然阿德勒和凯利使用的术语不同，但他们一致认为，只有那些能被同化到人格结构中的经验才能被有意识地体验到。用阿德勒和凯利自己的话说，他们都把无意识看作"不能理解的东西"。从中可以看出阿德勒和凯利的另一相同点。

9. 学习

在凯利看来，**学习**（learning）是人的构想系统随着其预测效能逐渐增强而不断变化的过程。人的构想系统的任何变化都是学习的例证。凯利在对当时红极一时的经典条件作用的价值做出评价时，认为巴甫洛夫得到的评价并不比弗洛伊德好多少：

> 流口水到底意味着对食物的预期还是饥饿——我不能肯定。也许所期望的事情是我们称为吃的活动。无论它意味着什么，巴甫洛夫看来已经证明了，我们没有理由不表示谢意，虽然我们不能确定，他证明的到底是什么。（Kelly，1980，p. 29）

10. 强化

凯利用**确认**（validation）概念取代了其他人所称的强化或奖励。凯利认为，人们并不会寻求强化或回避痛苦。人们寻求的是对自己的构想系统的确认。如果一个人预测某件不愉快的事情会发生而且真的发生了，他的构想系统就得到了确认，尽管这种经验是负面的。在凯利看来，人生活的主要目标是通过对未来事件的正确预测来减少不确定性："人的预测能否得到证实，比奖励、惩罚或……驱力减弱更［具］心理学意义。"（Kelly，1970，p. 11）

八、心理治疗

根据凯利的理论，神经症患者像是蹩脚的科学家，他们在缺乏确定经验的情况下持续做出相同的预测。"从个人构想心理学角度，我们可以把精神障碍定义为，个人构想在一直无效的情况下仍被反复使用。"（Kelly，1955，p. 831）换言之，神经症患者的构想系统不能正确预测未来事件，因此产生焦虑是无法避免的。神经症患者需要的是有效的构想系统，心理治疗就是帮助他形成这种构想系统的过程。凯利认为，**心理治疗**（psychotherapy）就是给人提供机会，去检验并重新形成自己构想系统的过程。也就是说，心理治疗就是训练人们成为更好的科学家。

1. 角色构想轮流呈现测验

由于心理治疗必须紧扣患者的构想，所以治疗师首先要查明这些构想是什么。凯利设计了**角色构想轮流呈现测验**（Role Construct Repertory Test），来查明患者在生活中解释相关事件时所用的构想。图 13-2 显示了角色构想轮流呈现测验的使用方法。

使用构想测验的第一步是让患者填写一份网格表，表中从 1 到 22 排列着与患者生活相关的 22 个人的名字。先让患者在与数字对应的空格里填写下列相关人的名字（见图 13-2）：

（1）参加测验的患者。
（2）母亲（或实际上扮演你母亲的人）。
（3）父亲（或实际上扮演你父亲的人）。

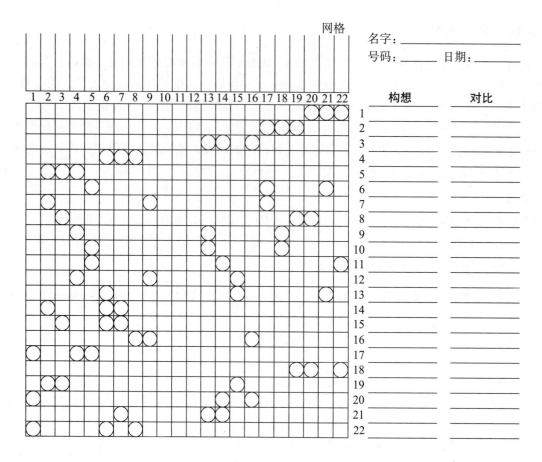

图 13-2　凯利的角色构想轮流呈现测验的常用表格

资料来源：Kelly，1955，p. 270.

（4）与你年龄最接近的兄弟，如无兄弟，一个年龄接近、最像兄弟的男孩。

（5）与你年龄最接近的姐妹，如无姐妹，一个年龄接近、最像姐妹的女孩。

（6）你妻子或丈夫，如未结婚，一个最亲密的异性朋友。

（7）在前6个人之后，一个最亲密的异性朋友。

（8）最亲密的一个同性朋友。

（9）曾经是亲密朋友、现在不再是亲密朋友的人。

（10）一位宗教领袖，如你愿意和他讨论你的宗教情感的牧师、神父、拉比。

（11）你的医生。

（12）你最熟悉的邻居。

421

（13）你认为不喜欢你的一个人。

（14）你觉得对不起并想帮助的一个人。

（15）和他待在一起你觉得最不舒服的人。

（16）你最近结识、想进一步了解的人。

（17）你在青少年时期对你影响最大的一位教师。

（18）与你意见最不一致的一位教师。

（19）你感到有压力的一个雇主或单位主管。

（20）你结识的最成功的一个人。

（21）你认识的最幸福的一个人。

（22）你认识的最有道德的一个人。

填写完这些人的名字之后，每三个人为一组，让患者加以比较。每组的三个人按表格上的顺序循环组成。例如，第一组是表上第 20、21、22 个人。第二组是第 17、18、19 个人，以此类推。对每一组，让患者找到可形容三人中的两个人相像的一个词或词组，以及形容第三个人和另两个人不一样的一个词或词组。两个相同的人的描述词被列在构想之下，第三个不同的人则作为对比。每一循环中两个相似者的单元格内标记为 ×，另一个不同的人的单元格内则保持空白。图 13-3 是构想测验的一个样例。从图 13-3 可见，患者把 20 号和 22 号个体解释为有强烈动机，21 号个体则很懒惰；18 号和 19 号个体被解释为吝啬者，而 17 号个体则是善解人意者；等等。

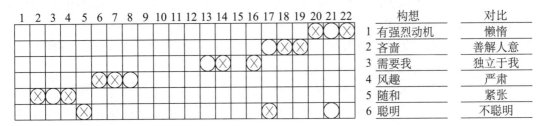

图 13-3　角色构想轮流呈现测验之一例

一般让患者做 22 次比较，而不是图中的 6 次。

通过分析患者在角色构想轮流呈现测验中的表现，心理治疗师可以解答有关患者构想系统的很多问题。例如：他们使用哪些构想？他们注重人的哪些方面，是身体特征还是社交特征？哪些人看起来最像患者，哪些人与患者区别最大？患者的构想数量是很多还是很少？患者使用哪一极来定义构想范围？

轮流呈现测验是凯利用来研究其患者构想系统的唯一工具。另一种办法是询问患者关于自己的问题。凯利称自己采用**轻信态度**（credulous attitude）对待患者。换言之，他相信患者提供的关于自己的信息是可信的。"如果你不知道患者错在什么地方，就问他，他会告诉你。"（Kelly，1955，p. 201）从客观角度，患者报告的东西可能是不真实的，但是至少在主观上，患者相信的东西是真实的。这些个人观念或知觉由于决定着患者的行为，因此必须得到治疗师的理解：

> 人可能会歪曲一个真实现象，如他的收入或所患的疾病，但他的歪曲是完全真实的。这甚至适用于非常容易轻信的患者：他知觉到的东西可能不存在，但他的知觉却是真的。（Kelly，1955，p. 8）

和奥尔波特的理论一样（见第 7 章），凯利的理论也来自特殊规律研究法，注重人们对自己生活的口述报告（Harvey，1989；Neimeyer，1994）。其实，奥尔波特（1965）对珍妮的信的经典特殊规律研究，从个人构想理论角度也被做了重新解释（Feixas & Villegas，1991）。虽然凯利并不关注患者的过去，但他承认个案史（叙事类资料）是有用的。凯利（1955）认为，个案史中包含的事件提供了

> 确实的证据，证明［患者］所下赌注的输赢，以及患者对自己个人构想的检验。它们是患者绘制人生旅程时所用的检查点。理解了这些东西是什么，就能获得一些提示，包括患者构想的适用范围，以及其建立的构想系统是单向的还是其他的。此外，这些事件中有很多还给出了根据治疗干预中产生的新构想系统做出的稳定的解释。（p. 688）

为了坚持这种轻信态度，凯利常常让他的患者写一份**自我描述**（self-characterization）：

> 我希望你写一写哈里·布朗（患者的姓名）的性格梗概，比如他在游戏中的主要特点。像对他很熟悉、富于同情心的朋友那样写这份东西，大概比真正了解他的人写得更好。要保证以第三

人的身份来写。例如，开头这样写道："哈里·布朗是……"（Kelly，1955，p. 323）

就像轮流呈现测验一样，这种自我描述的目的是帮助治疗师了解，患者怎样解释自己以及他们与周围人和其他人互动。

2. 角色修正疗法

凯利相信，让患者发现不同解释方式的一种方法是，让他们假装成另一个人。在**角色修正疗法**（fixed-role therapy）中，治疗师展示出患者的人格轮廓，并且让患者把它表演出来，就像演员表演一部戏剧的片段。为了帮助新构想的发展，让患者表演的那个人的人格与自己的人格明显不同。凯利请患者尝试表现出新的人格，就像一个人换一套新衣服一样。在这种情况下，治疗师成为一个支持性的演员。凯利指出，治疗师必须"表现出对一个演员——患者——的强劲支持，让他摸索自己的路线并进入角色"（Kelly，1955，p. 399）。

患者扮演其角色的时间大约是两周，在这段时间里，他"仿佛"像他扮演的那个人那样生活。同时，治疗师对患者的反应使他"仿佛"就是角色中的那个人。治疗师还提供鼓励，确认患者实验性地创造出的新构想经验。治疗师必须给患者足够的鼓励，以战胜他在放弃的核心构想、发展新构想时遇到的威胁：

> 我要说的是，人认为有价值的东西并不重要，因为这是人自己做的冒险。为了迈出这一步，他必须比自我揭露做得更多，他必须冒遭遇各种困惑的风险。然后，他会很快瞥见不同的生活，他需要找到克服威胁带来的无能为力的手段，当他奇怪他真的是什么人——他究竟是刚才的样子，还是平常的样子时，这种情境是非常急迫的。（Kelly，1964，p. 147）
>
> 患者在角色扮演中对五花八门的构想做出的反应提供了可确认的资料，他们中的一些人变得相当放松、富于想象力或非常调皮。医生给患者提供了确认构想的机会，这种机会在平时是不存在的。（Kelly，1955，p. 165）

424

由此可见，即使在心理治疗中，凯利仍然坚持他的认知观：情绪问题是知觉问题。要解决知觉问题，人必须以不同方式审视经验。心理治疗就是鼓励患者以不同方式审视经验的过程，在这一过程中，治疗师所做的就是努力减轻患者的焦虑和威胁感。

凯利认为，神经症患者丧失了树立信念的能力，治疗师要努力帮助他们重新获得这种能力。健康人在任何时候都会树立信念。在凯利看来，杰出的作家和优秀的科学家在很多时候做着同样的事情，那就是树立信念：

> ［小说家和科学家］都在运用……人的策略。科学家不愿承认他的想象，这一事实揭示出，他与普通大众的思维方式并无二致。小说家不去收集用于帮助他的描写和推论的资料来完成创作，这不过说明，他希望凭借人的经验，而不靠什么正式的证据来证明他是对的。
>
> 但是优秀的科学家和杰出作家写出的东西到头来说的是同样的事情——在很多时候，他们是殊途同归的。而蹩脚科学家和蹩脚作家的失败也很相似，他们都显而易见没有能力超越过去，他们都不能树立信念。（Kelly，1964，p. 140）

包含在个人构想理论中的原理已被用于对各种障碍的研究和治疗中，包括精神分裂症（Bannister，Adams-Webber，Penn，& Radley，1975；Bannister & Fransella，1966；Pierce，Sewell，& Cromwell，1992）、焦虑障碍（McPherson & Gray，1976）、恐惧症（Huber & Altmaier，1983）、饮食障碍（Button，1985a；Fransella & Crisp，1979；Neimeyer & Khouzam，1985）、应激（Talbot，Cooper，& Ellis，1991）、老年期抑郁（Viney，Benjamin，& Preston，1989），以及帮助艾滋病病毒携带者和艾滋病患者应对病情（Viney，Allwood，Stillson，& Walmsley，1992）。

3. 做自己

凯利强烈反对鼓励人们做好自己的建议。对此，他的建议恰恰相反：

> 据说，最近人们都在谈论做自己的事情。它假定，这样做有益于健康。然而让我费解的是，一个人怎么会成为别人。我假定，这种说法的意思是，一个人不应该变成别人，自己是怎样就怎样。这种愚蠢的生活态度把我打懵了，我倾向于认为，如果我们设定一个成为某种人的目标，而不是安于现状，人人都会做得更好。当然，我不敢肯定，我们所有人都会变得**更好**——也许更准确的说法是，生活会变得更丰富多彩。（Kelly，1964，p. 147）

九、构想系统与范型

凯利对人格的看法在很多方面与库恩对科学的看法一致。凯利认为，一个人解释现实的方式只是很多种可能方式中的一种。但是对于特定个体来说，他的构想系统就是现实，想象其他的构想有时对他是很难的。如第 1 章所述，库恩认为，一个范型就是看待问题的一种方式，科学工作者跟随一个范型做科学研究被认为所做的是正统的科学研究。在库恩看来，这样的科学工作者对其他东西往往是盲目的，而审视所有的信息可能是更有效的途径。

强调知觉机制可能是凯利和库恩之间最重要的相似之处。对凯利来说，一个构想系统是人以一定方式解释周围世界的一套个人构想。与此类似，库恩的范型是一些科学家共享的一种知觉习惯，它使这些科学家以相似方式看待他们的主要论题。

凯利和库恩都认为，有效地解释现实的方式有很多，而不是只有一种。凯利以这种观点使个体适应周围世界，库恩用这种观点来看待科学，我们则用它来看待人格理论。本书的主要任务之一就是提供各种人格理论，不是作为真理，而是作为视角。换言之，我们相信，人格像一般现实一样，也可以用同样有效的不同方法来解释。我们希望，读者对人格的构想具有足够的可渗透性，允许不同观点加入其中。

我们用凯利的一段话来结束对凯利理论的介绍，它概括了凯利关于个体的哲学、库恩关于科学的哲学以及本书关于人格理论的观点："无论大自然会怎样，也无论对真理的寻求最终会如何，当今我们面临的生活都服从于各种各样的构想，就像我们的智慧能使我们发明创造一样。"（Kelly，1970，p. 1）

十、评价

1. 当前状态

当前有一个相对较小但高产的凯利流派的圈子（Jankowicz，1987）。在内布拉斯加大学林肯分校，兰德菲尔德（Al Landfield）领导着一个专门收集追随凯利理论的研究资料的研究所。该研究所定期出版有关个人构想理论近期研究的简报和论文集。类似的信息收集单位还分布于世界各地。凯利研究所的成员则从 1970 年的 112 人增至目前的 500 多人。

虽然对凯利理论的研究兴趣在美国日益浓厚，但最欢迎该理论的国家是英国，主要原因是凯利的学生、著名临床心理学家唐纳德·班尼斯特（Donald Bannister）在英国进行了多年成功的推广。其次，由费伊·弗兰塞拉（Fay Fransella）领导、以伦敦为基地的个人构想心理学中心，对凯利思想在英国的传播也有一定影响。凯利理论如此受欢迎的另一个原因是，由英国心理学会批准的临床心理学项目，大多要求涉及凯利的理论（Jankowicz，1987，p. 483）。

凯利理论在美国不那么流行的主要原因是，它受到当时红极一时的其他流派，尤其是行为主义和精神分析理论的激烈批评。凯利极力避免他的理论与其他理论之间的联系，同时也回避其他理论与他的理论的联系。随着美国的心理学越来越重视认知属性，凯利的理论才逐渐受到欢迎。实际上，对很多人来说，凯利被看作他所处时代站在前沿的学者。

2. 经验研究

凯利理论的几乎所有方面都受到一些研究的关注，但其中大多涉及轮流呈现测验。采用轮流呈现测验进行的一个早期项目是由凯利的学生詹姆斯·比利（James Bieri）进行的。比利（1955）用这一测验考察了**认知复杂的人**（cognitively complex person）和**认知简单的人**（cognitively simple person）之间的差别。认知复杂的人拥有很多高度分化的构想。这样的人能把别人列入多个范畴，并能理解人们的多样性。相形之下，认知简单的人只有数量有限、不够分化的构想系统。这样的人把各种人性归于好-坏等少数范畴。比利还证实了凯利的一个假设，即拥有较多构想的人，能更好地预测未来事件。比利发现，在预测别人行为方面，认知复杂的人比认知简单的人结果好得多。与认知复杂性相关的变量还有年龄（Signell，1966；Vacc & Greenleaf，1975）、适应灵活性（Stein，1994）、职业选择（Bodden，1970；Harren，Kass，Tinsley，& Moreland，1979；Neimeyer，1988，1992a，1992b）、最高法院法官的决定（Gruenfeld，1995）、压力应对能力（Dixon & Baumeister，1991；Linville，1985；Niedenthal，Setterlund，& Wherry，1992；Smith & Cohen，1993），以及性别差异（Engelhard，1990；Pratt，Pancer，Hunsberger，& Manchester，1990）。

轮流呈现测验还被用于工业组织心理学。班尼斯特和弗兰塞拉（Bannister & Fransella，1971）指出，轮流呈现测验不但可被用于评价凯利提出的角色修正治疗的效果，而且适用于评价个体对任何事物的解释。轮流呈现测验在非临床方面，较晚近的应用是在市场研究领域。由于消费者行为在相当程度上取决于消费者的知觉，所以，采用轮流呈现测验来查明消费者怎样知觉（解释）各种产品就很有用。斯图尔特夫妇（Stewart & Stewart，1982）举了几个实例来说明，轮流呈现测验怎样在商业领域得到应用。例如，一项研究探索了一组家庭测试员使用的描述各种化妆品和香水的构想。了解消费者使用的评价和比较产品的构想是非常重要的，因为他们正是在这些构想基础上做出购买与否决定的。这些构想也是广告商求之不得的。扬科维奇（Jankowicz，1987）则举例说明了个人构想理论被应用于工业组织心理学家、管理发展专家和职业咨询师中的情况。扬科维奇总结说："在这些心理学领域，查明别人想什么，并作为向导去发现人们为什么出手，这都是要完成的核心任务。"（p. 481）

除了上述领域，轮流呈现测验还可以被有效地应用于考察管理者和学校心理学家的决策（Jankowicz，1987；Salmon & Lehrer，1989）、婚姻满意度（G. J. Neimeyer，1984；Neimeyer & Hall，1988；Neimeyer & Hudson，1984，1985）、友谊形成（Duck，1979）、价值观与信念（Horley，1991）、性别角色（Baldwin，Critelli，Stevens，& Russell，1986）以及精神病患者的复发率（Smith，Stefan，Kovaleski，& Johnson，1991）。要进一步了解轮流呈现测验在研究中的实例，可参见 Bannister & Mair，1968；Landfield & Leitner，1980；Mancuso & Adams-Webber，1982。

采用轮流呈现测验这一复杂的工具，计算机不可避免地要参与到计分和数据管理中。这方面的工作，可参见 Bringmann，1992；Ford & Adams-Webber，1991；Sewell，Adams-Webber，Mitterer，& Cromwell，1992。

我们知道，凯利流派的心理学是以经验研究作为其坚实基础的。而且，这种基础还在不断夯实。内梅耶尔和杰克逊（Neimeyer & Jackson，1997）首次描述了传播个人构想理论的世界各地的研究中心，他们总结道：

这一国际性的学会有近 3 000 种理论的、临床的和经验性的发表物源源不断地涌现出来（主要是在过去十年间），显示出人们对个人构想理论的兴趣继续增强。在该理论诞生 35 年后，没有迹象表明人们对这一理论的兴趣已经达到高峰或已进入一个下降期。（p. 370）

3. 批评

经验研究有限。虽然凯利的理论带来了数量可观的经验研究，但其中大多数采用的是轮流呈现测验。轮流呈现测验是以个人构想理论为基础的，但是很少有研究来验证这一理论。由于没有研究扩展这一理论，所以它或多或少还是凯利在 1955 年最初提出时的那个样子。

人格的一些重要方面被忽略或否定。在凯利致力于创建他看待人格的新途径过程中，他可能在否定其他理论流派方面走得太远。当凯利不无轻率地否认学习、动机以及人格发展等问题时，他可能丢弃了全面理解人格的大量信息。其他学者认为，他对无意识心理和人的情绪的治疗，充其量是肤浅的。例如，杰罗姆·布鲁纳（Jerome Bruner, 1956）就曾指出，凯利的理论"是一个真正的新起点，是对人格心理学的令人鼓舞的贡献"（p. 356）。然而，他接着说，这一理论的最大失败是它不能解决人的情感（如爱）问题。布鲁纳认为，在这方面，弗洛伊德所做的研究要好得多。

值得注意的是，一些研究者曾经试图修正和扩展凯利的理论，以便能够更充分地考察人的情绪（例如 Fisher, 1990; Katz, 1984; McCoy, 1977; Miall, 1989）。

难以预测行为。凯利认为，解释是个人的、创造性的过程，而构想系统是持续被检验和修正的。凯利理论的这些特征使它在实际当中不可能预测人在特殊情境下将要做什么。凯利认为，不可预测性是健康人的重要特征。很多人认为，这一点违反了关于理解的科学定义。就是说，如果某个事物被真正理解了，人的行为就可以被预测和控制。凯利把注意力集中在个别人身上，这和奥尔波特做的差不多。当人们想要理解一个人时，他们不会诉诸适于人的行为的一般规律。因此，很多人认为，把焦点集中在个体行为上就违反了科学原则。

很多问题没有答案。凯利留下了很多没有答案的问题，例如：为什么一些人比另一些人拥有更多的构想？为什么一些人选择其构想系统的定义，而另一些人选择定义的外延？个人构想的起源是什么？什么原因使人以不同方式解释相同情境？人好像科学家，这一模型真的准确吗？也就是说，人真的花费大量时间去尝试准确地预测未来事件吗？

4. 贡献

强调认知。当有些人批评凯利强调人的认知方面时，另一些人则赞赏他的这一倾向。精神分析学家和行为主义者（出于不同原因）都贬低人的理性思维，而凯利却把理性思维当作他的理论基石。其他人格理论家在解释人的行为时，采用的是诸如压抑的记忆、刺激和反应、强化、习惯、自我防御机制或自我实现的天生倾向，而凯利则通过认知假设检验来做出解释。一些新理论（如信息加工心理学）像是送给凯利的理论，它们很像凯利本人的理论，而不像他反对的理论。他的理论与大受欢迎的交互作用论者的立场是交融的，因为交互作用论既强调人的变量（如构想和构想系统），也强调情境变量（人所解释的事件）。对凯利来说，仅仅一个变量与另一个变量在一起是无意义的。如前述，凯利否认纯现象学，因为它只考虑主观现实，他否认行为主义，是因为它只关心客观现实。凯利关心的是主观现实与客观现实之间的关系，这种观点现在成为流行的观点。

具有应用价值。除了提供一个探索人格的新理论和治疗心理失常的新方法之外，凯利的理论还被应用到多个不同领域。如前述，他的思想现在已被广泛应用于工业组织心理学中。他的思想被应用或被研究的其他领域还包括友谊关系的形成、发展心理学、人的知觉、教育、政治学和环境心理学（Adams-Webber, 1979; Mancuso & Adams-Webber, 1982）。

构想理论被应用于临床领域的实例涉及自杀（R. A. Neimeyer, 1984; Parker, 1981）、强迫症（Rigdon & Epting, 1983）、致癌物滥用（Dawes, 1985; Rivers & Landfield, 1985）、童年期障碍（Agnew, 1985）、身体疾病（Robinson & Wood, 1984; Viney, 1983, 1984）、夫妻冲突（Neimeyer &

Hudson，1984），以及其他人际关系障碍（Leitner，1984；Neimeyer & Neimeyer，1985）。

429　　　凯利在从未接受过临床心理学正规训练的情况下开始研究和治疗，他提出了独特的人格理论和治疗程序，二者都具有革新性和有效性。凯利认为，真理主要来自对事物的观察，这一理念使他摆脱了陈旧的教条，给他以机会对自己的理论进行实验。我们赞同普文对凯利理论的下述令人信服的评价：

> 乔治·凯利是一个不接受黑与白、对与错这类东西的人。他是一个喜欢检验新经验的人；一个否认绝对真理，从而能够游刃有余地对现象进行重新解释的人；一个挑战"客观"现实并在"假装"世界自由漫游的人；一个把事件看作在个体身上发生并对个体怎样解释事件感兴趣的人；一个把自己的理论看作探索性的构想，从而自如地挑战被别人当作事实的那种看法的人；一个经历过挫折与挑战、威胁与欢乐，永不停歇地探索未知的人。（Pervin，1989，p. 235）

对凯利理论的批评不妨碍这一理论给予人们众多启示。没有人格理论——当然，如果没有任何理论——也就没有合理的批评。凯利可能会说，一种人格理论，就像任何构想一样，都有一个适用范围和一个适用性焦点，这也包括他自己的理论在内。

在当今流行的社会认知理论中可以发现凯利理论的很多观点。在下面三章将要讲到的存在主义-人本主义理论中，凯利的理论也随处可见。

▼ 小　结

凯利出生在美国中西部，在受过良好教育、信仰宗教的父母养育下长大。早期与父母在一起的开拓性经历，使讲求实际、灵活地看待事物成为凯利一生的座右铭。凯利的理论是现象学的，因为它研究原封不动的、意识到的经验；是认知的，因为它研究心理事件；是存在主义的，因为它强调现在和未来，以及人对自己命运的自由选择；还是人本主义的，因为它强调人的创造力，而且对人解决自己问题的能力持乐观主义态度。

凯利理论的一个重要前提是，人就像科学家，他们通过建立理论（构想系统）并用以准确地预期未来事件，从而降低不确定性。人们利用构想来解释——分析、解释或预测——他们生活中的事件。一个构想就是一个思想范畴，它描述了事件之间的相似性和差异性。所有个体都能自由地创建他们所选择的构想，并试图对自己的经验赋予意义。这种对构想的自由选择被称为构想的可选择性。人们可以自由地选择构想，但是一旦构想被选择，他们就或多或少地与这些构想绑定起来。费英格、阿德勒和凯利都看重命题思维，而且都相信，对人的行为来说，主观现实是比客观现实更重要的决定因素。

430　　　凯利用 11 个推论详细阐明了他的理论。构想推论指出，构想是在人的经验的共同主题基础上形成的。个体化推论指出，所有的个体都以自己独特的方式解释他们自己的经验。组织化推论指出，有些构想可被归为其他构想之下。二分推论指出，每个构想都必须描述有些事件是相似的，它们与另一些推论不同。面对压力时，人们有时候会发生位移。就是说，他们从使用构想的一极转为用另一极来解释事件。选择推论指出，被选择的那些构想最有可能起作用（被确认）或扩展（概化）人的构想系统。范围推论指出，每个构想都有一个适用范围，据此来解释与该构想有关的事件，适用性焦点与该构想关系最大。经验推论指出，重要的不是身体经验，而是对身体经验的解释。这种解释使人的构想系统得到检验和修正。调整推论指出，一些构想比另一些构想具有更大的渗透性，即对经验具有更大的开放性。分裂推论指出，在尝试新构想时，人们在不同时点可能出现不一致，但是如果看整个图景，人就倾向于表现出前后一致。共性推论指出，如果两个人被认为相似，他们必须以相似方式解释经验。社交性推论指出，要扮演一个角色，人首先必须决定另一人的期望是什么，并按照这些期望付诸行动。

当个体面临新情境时，他们使用慎重、优选和控制循环。在慎重阶段，人对可能适用于情境的几个构想加以慎重考虑。在优选阶段，人选择看起来最相关的构想。在控制阶段，人在经过优选阶段选择一个构想之后，再确定选出其中的一极。创新性循环用于探索一个新的想法，它也包括三个阶段：松散的构想阶段，对新想法进行实验；收紧的构想阶段，旨在使前一阶段的认知实验得到结果；检验阶段，对新想法进行验证。

凯利根据他的理论，重新定义了一些传统心理学概念。他认为动机概念是不必要的，因为人生来就有内在驱力。焦虑被定义为人对所面临的自己构想系统之外的谎言的意识。焦虑表明一个构想系统不能发挥效用，必须得到修正。敌意被定义为一个已被证明是错误的社会预测寻找合理依据的努力。攻击被定义为扩展人的构想系统的尝试。在凯利看来，当人的核心角色构想受到威胁时，人就会体验到内疚。换言之，当个体意识到自己的角色背离了生活中最重要的人和群体时，内疚就会产生。威胁被定义为，当人的核心构想不起作用时体验到的情感。无意识被解释为一种前言语构想，两极只用一极的下潜得到强调，而悬浮是指某些经验被忽略，直到它们被同化到人的构想系统中。学习被定义为人的构想系统中发生的任何变化。

凯利把患神经症的人比作因缺乏有效经验而持续做出不正确预测的蹩脚科学家。凯利认为，心理治疗是患者尝试形成不同的、更有效的构想系统的过程。为了发现患者用于处理经验的构想，凯利编制了角色构想轮流呈现测验。凯利主张对患者采取轻信态度，认为他们能够提供关于自己的大量有效信息。例如，他常常让患者以第三人称写一份自我描述。凯利应用角色修正疗法，让患者"装作"另一个人来行动，治疗师则要扮作一个支持性的演员。这一程序使患者能够检验和改变自己的构想系统，治疗师则提供鼓励和有效的经验。

比较凯利的理论和库恩的科学范型论可发现，二者都强调，可以采用多种同样有效的途径看待现实。

当前，有一个分布于世界各地的相对较小但高产的凯利理论追随者群体。因凯利理论而引发的经验研究聚焦于轮流呈现测验，但其理论的几乎每一方面都有研究产生。当前，凯利思想已被相当广泛地应用于工业组织心理学、发展管理和职业咨询中。

有人批评凯利理论产生的经验研究数量有限，他忽视或否认人格的一些重要问题，其理论难以预测行为，有很多重要问题没有答案。凯利理论因在人格研究中回归理性和人类行为的理智方面而受到赞誉，而且具有重要的应用价值。由于凯利理论的很多方面都能在社会认知理论和存在主义－人本主义理论中找到，因此它仍具有影响力。

▼ 经验性练习

1. 选择生活中使你感觉强烈的话题。写出这个话题和你在这个话题上的感觉。可能的话题包括流产、死刑、上帝的存在、女性和同性恋者的权利等等。然后找一个和你立场完全相反的观点，想一想那种观点和你的想法有何不同。你们"理解"那种观点吗？与此话题有关的一种观点是否完全正确，而其他观点完全不正确？对凯利所说的"真理"主要是一种视角做出评论。

2. 用本章介绍的角色构想轮流呈现测验测测你自己。注意你用来解释其他人的构想的数量和种类。注意你列出的构想的两极都是什么。测验结果告诉你什么？然后，采用轮流呈现测验对一个和你关系非常密切的人进行施测，把你们的反应做比较。对结果做总结。

3. 体会一下角色修正疗法是怎样实施的，以第三者的口气写一份自我描述。然后写一份对一个和你很不相像的人的描述。在以后几天里，把这份假想的描述记在心里。随着你拥有了各种经验，不但要注意你怎样对这个人做出解释和反应，还要想想这个假想的人怎样做出解释和反应。记住，凯利的患者曾经被指导像一个假想的人那样对事件做出解释和反应。你是否认为，这种方法像穿一套新衣服那样，很容易地尝试一种新的人格？为什么？

▼ 讨论题 ————————————————————————————

    1. 凯利怎样采用科学家的行为方式来解释所有人的心理过程？
    2. 给凯利使用的构想这一术语下定义，并列出构想的各种特征。
    3. 用凯利的观点对下列术语展开讨论：动机、焦虑、敌意、攻击、内疚、威胁、恐惧、学习、强化。

▼ 术语表 ————————————————————————————

Aggression（攻击）　极力扩展自己的构想系统，以便把经验同化到一个更大范围中。

Anxiety（焦虑）　当人意识到一个经验处于自己的构想系统之外时体验到的情感。

Choice corollary（选择推论）　认为人们会选择一个构想，要么进一步对它做出界定，要么扩展自己的构想系统。亦见 Definition of a construct system（构想系统的确定）和 Extention of a construct system（构想系统的扩展）。

Circumspection phase（慎重阶段）　慎重、优选、控制循环中的一个阶段。在这一阶段，人仔细考虑对解释新情境可能有用的几种构想。

Cognitive theory（认知理论）　专注于考察心理事件的理论。

Cognitively complex person（认知复杂的人）　在其构想系统中拥有很多分化良好的构想的人。

Cognitively simple person（认知简单的人）　在其构想系统中只有少量不够分化的构想的人。

Commonality corollary（共性推论）　主张人们可以被认为是相似的，但不是因为身体经验相似，而是因为他们以相似方式解释他们的经验。

Construct（构想）　亦见 Personal construct（个人构想）。

Construct system（构想系统）　一个人在给定时间用于解释其生活事件时所用的构想的集合。

Construction corollary（构想推论）　认为构想是在人的经验反复发生的主题基础上形成的。

Constructive alternativism（构想的可选择性）　凯利认为，人解释自己的经验有多种方式，因此可以从多个构想系统中自由地做出选择。

Construe（构思）　人积极主动地剖析、分解自己的经验并赋予其意义。

Control phase（控制阶段）　慎重、优选、控制循环中的一个阶段。在这一阶段，人从前一阶段确定的构想中选择一极并付诸行动。

Core role structure（核心角色构想）　人在生活中与重要他人和群体相处时扮演的角色。

Core structures（核心构想）　人在解释经验时最倚重的构想，即能最稳定地发挥效用的构想。

CPC cycle（慎重、优选、控制循环）　人在面临新情境时表现出的行动。亦见 Circumspection phase（慎重阶段）、Preemption phase（优选阶段）和 Control phase（控制阶段）。

Creativity cycle（创新性循环）　寻求新思想的三阶段循环。阶段一，人的构想系统被松散化使人能对构想系统加以重组；阶段二，找到新想法后，人的构想系统被收紧；阶段三，对新想法加以检验，有用则保留，无用则放弃。

Credulous attitude（轻信态度）　一种假定，认为患者提供的关于自己的信息准确而有效，因而值得相信。

Definition of a construct system（构想系统的确定）　在解释情境时选择一个曾经有效地解释相似情境的构想，对人的构想系统的进一步被确认产生效用。

Dichotomy corollary（二分推论）　认为每个构想都有两极，其中一极描述与构想相关的事件共同具有的特征，另一极描述没有这些特征的事件。例如，构想的一极描述美好事物，另一极则描述不美好或丑陋的事物。

Existential theory（存在主义理论） 专注于人的存在的本性或与之相关问题的理论。

Experience corollary（经验推论） 认为只有消极经验并不重要，重要的是可导向更有效构想系统的对经验的积极解释。

Extension of a construct system（构想系统的扩展） 对从未解释过的情境进行解释时对构想的选择，对人的构想系统扩展有潜在影响，使之能把更大范围的经验同化进来。

Fear（恐惧） 当一个相对不重要的构想不起作用，因此需要对构想系统做出较小调整时产生的情感。

Fixed-role therapy（角色修正疗法） 让患者装作另一个人行动的临床方法。患者成为一个演员，治疗师成为一个支持性演员。其指导思想是，让患者在没有威胁的情况下，尝试用不同方式解释自己的经验，治疗师则提供关于患者新构想系统的有效信息。

Focus of convenience（适用性焦点） 在一个最有效的构想的适用范围中的事件。

Fragmentation corollary（分裂推论） 当一个构想系统被检验、修正或扩展时，行为的某些方面可能变得不一致。

Guilt（内疚） 人在与生活中的重要他人或群体互动时觉得自己的行为不符合应有行为时的情感。

Hostility（敌意） 强迫一种已被证明错误的预测变得有效的尝试。

Humanistic theory（人本主义理论） 一种理论，假定人的本性是善良、理性的，人的行为是有目的的。

Individuality corollary（个体化推论） 认为每个人在解释经验的方式上都是唯一的。

Jackass theory of motivation（动机的公驴理论） 凯利给他自己理论的命名，主张动机是人与生俱来的。因此，不需要推动或拉动的事件驱使人去行动。

Learning（学习） 人的构想系统发生的任何变化。

Modulation corollary（调整推论） 如果一个构想系统中包含的构想具有渗透性，该系统就更容易发生改变。亦见 Permeable construct（有渗透性的构想）。

Motivation（动机） 凯利认为，动机是生命的同义词。

Organization corollary（组织化推论） 认为构想是从最一般到最特殊的顺序排列的。亦见 Subordinate construct（次级构想和 Superordinate construct（高级构想）。

Permeable construct（有渗透性的构想） 容易把新经验加以同化的构想。

Personal construct（个人构想） 人在解释个人经验时使用的观点或思想，简称构想。

Personality（人格） 凯利认为，人格指人的构想系统。

Phenomenologist（现象学家） 原封不动地探索意识到的经验的学者。

Preemption phase（优选阶段） 慎重、优选、控制循环中的一个阶段。在这一阶段，人决定使用什么构想来解释新情境。

Preverbal construct（前言语构想） 在生命早期、语言尚未充分发展时形成的构想。这种构想不能以语言形式命名，但仍能用来解释经验。

Propositional construct（提议性构想） 从认知角度被验证为可以有效解释情境的构想。

Psychotherapy（心理治疗） 凯利把具有情绪问题的人等同于蹩脚的科学家，心理治疗就是让患者学做较好的科学家，经过学习，形成更有效的构想系统。

Pull theories of motivation（动机的拉动理论） 强调目的、价值或需求等术语的理论。凯利亦称之为胡萝卜理论。

Push theories of motivation（动机的推动理论） 强调驱力、动机和刺激等术语的理论。凯利亦称之为干草叉理论。

Range corollary（范围推论） 认为一个构想只和一个有限的事件范围有关。亦见 Focus of convenience（适用性焦点）和 Range of convenience（适用范围）。

Range of convenience（适用范围）　与一个特定构想有关的有限的事件范围。

Role（角色）　凯利认为，角色就是按照另一个人期望的行为方式去行动。

Role construct（角色构想）　对另一个人期望的意识，即站在别人的角度看待周围的事物。

Role Construct Repertory Test（角色构想轮流呈现测验）　凯利编制的测验，用于查明患者用来解释生活中相关人们的构想。

Self-characterization（自我描述）　凯利让患者（以第三人称）写的对自己的描述，以便查明他们用来解释自己和他人的构想。

Slot movements（位移）　从使用构想的一极向另一极的突然转换，常因面临压力而发生。

Sociality corollary（社交性推论）　认为人若想参与建设性的社交互动，必须首先了解别人怎样解释他们的经验。只有这样，人才能扮演生活中的角色。亦见 Role（角色）。

Submergence（下潜）　构想的一极被使用，但另一极不出现的情形。未使用的一极被称为下潜的或无意识的。

Subordinate constructs（次级构想）　被纳入更一般构想的构想。

Superordinate construct（高级构想）　包括其他构想的一般构想。

Suspension（悬浮）　一个人的经验因与当前的构想系统不相容，从而只具有较低的认知意识的情形。如果人的构想系统发生改变并把这个经验同化，它将完全进入意识，不再处于悬浮状态。

Threat（威胁）　人意识到自己的构想系统中的一个或多个重要构想不起作用，需要大的变化。亦见 Core structures（核心构想）。

Unconscious（无意识）　具有很少认知意识的构想。亦见 Submergence（下潜）和 Suspension（悬浮）。

Validation（确认）　一个构想或一个构想系统正确地预测了一个经验。

第14章

卡尔·罗杰斯

本章内容

一、生平

二、实现趋向

三、现象场

四、积极关注需要

五、不和谐的人

六、心理治疗

七、机能完全的人

八、Q分类法

九、罗杰斯与斯金纳的论战

十、自由学习

十一、现代婚姻

十二、明天的人

十三、评价

小结

经验性练习

讨论题

术语表

　　卡尔·罗杰斯认为，所有的人，以及其他生命有机体，都具有要生存、成长、提升自我的需求，这是一种与生俱来的需求。这种"生命的向前推力"虽然障碍重重，但会连续不断。例如，婴儿学走路时会经常跌倒，哪怕被摔得很痛，他们也会忍受疼痛接着走。大量实例表明，生活在极其恶劣环境下的人们，不仅活了下来，而且不断地改善了生存状况。

　　罗杰斯的人性观，与弗洛伊德的观点在本质上针锋相对。弗洛伊德认为，人类与其他动物有同样的需要、同样的驱力、同样的动机。因此，人类不可抑制的性冲动和攻击冲动必须由社会加以控制。相反，罗杰斯相信，人类根本上是向善的，因此不需要控制。他指出，正是对人加以控制的企图，才使他们做坏事。罗杰斯的人性观毫无疑问使他成为人本主义阵营的一员。

　　　目前相当流行的一种观点认为，人类从根本上是非理性的，对人类的冲动，如果不加控制，它将导致他人和自己的毁灭。对此，我不能认同。人的行为是非常理性的，它与精细而有序的复杂有机体一道，朝向有机体本身努力要实现的目标前进。（1961，pp. 194-195）

　　　我相信，要成为一个完整的人的存在，就要通过复杂的过程，成为这个星球上最敏感、反应最灵敏、最具创造性和适应性的生物之一。

　　　因此，当卡尔·门宁格（Karl Menninger）这样的弗洛伊德信徒（如他在有关这一问题的讨论中）告诉我说，他认为人"性本恶"，或者说"天生具有破坏性"的时候，我能做的只是惊奇地摇摇头而已。（引自 Kirschenbaum，1979，p. 250）

一、生平

　　卡尔·罗杰斯（Carl Ranson Rogers），1902 年 1 月 8 日出生在芝加哥近郊的奥克帕克（Oak Park）。父亲是沃尔特·库欣·罗杰斯（Walter Cushing Rogers），母亲是朱莉娅·库欣·罗杰斯（Julia Cushing Rogers）。他是家里六个孩子中的老四。罗杰斯的父亲是个成功的土木工程师和承包人，罗杰斯小时候家里生活富足。罗杰斯说他"是一个亲密和谐的家庭里排行中间的孩子，家里既崇尚努力工作，又虔诚地信仰正统派的基督教新教"（1959，p. 186）。罗杰斯（1961）在回忆小时候家里的宗教和道德氛围时说："我很难让我自己的孩子们相信，碳酸饮料也有一种轻微的罪恶的味道。我还记得我第一次喝汽水时的那种轻微的罪恶感。"（p. 5）罗杰斯的父母不赞成他与外面的人交朋友，因为那些人会做一些有问题的事情。罗杰斯说：

　　　我认为，对我们大家庭之外的人的态度可以大致概括为：其他人的行为方式是我们家不赞成的、令人怀疑的。他们中许多人打牌，看电影，抽烟，喝酒，做一些难以启齿的事情。所以，最好的办法就是宽容他们，因为跟他们不太熟，所以不跟他们密切来往，在家里过自己的日子。（1973，p. 3）

　　对"家外人"的这种态度，其结果就是罗杰斯花大量的时间独处，阅读他能找到的任何书籍，包括大百科全书和词典。在奥克帕克，罗杰斯一家住在中上等阶层居住的街区。在那里，少年卡尔·罗杰斯进入霍尔姆斯小学，他的同学包括欧内斯特·海明威（Ernest Hemingway，他比卡尔年长两岁），以及美国著名建筑师弗兰克·劳埃德·怀特（Frank Lloyd Wright）的子女。

　　罗杰斯 12 岁时，他家搬到距芝加哥近 50 公里的一个农场，但这次搬家并没有使罗杰斯一家放弃他们的中产阶层生活方式。"人们都知道卡尔·罗杰斯在农场长大，但并不都知道他们在农场的房子拥有镶大理石的屋顶、贴瓷砖的地板、八间卧室和五个浴室，房子后面还有一个草地网球场。"（Kirschenbaum，1979，p. 10）在这个农场，罗杰斯开始对科学产生了兴趣。由于他父亲坚决主张要科学地管理农场，因而罗杰斯读了许多农业实验方面的书籍。通过阅读，他对一种蛾子产生了兴趣，他捕捉到这种蛾子，并喂养它们。这种对科学的兴趣在罗杰斯身上一直没有减弱，尽管他的毕生职业是研究心理学领域更加主观的课题。

在整个中学阶段，罗杰斯一直喜欢独处，只有过两次约会。他是个优等生，几乎各门功课都是优，对英语和科学尤其感兴趣。

1919 年，罗杰斯进入威斯康星大学，这是他的父母、两个哥哥和一个姐姐的母校。他选择了农学专业。罗杰斯在大学的最初几年，积极参与教会活动。1922 年，他被选为在校大学生十个代表中的一员，出席了在中国北京举行的"世界基督教学生联盟大会"。这六个月的行程对罗杰斯产生了深远影响，使他亲身接触到不同文化和不同宗教信仰的人。罗杰斯（1961）曾谈到他在从中国返回美国的轮船上产生的一个想法："一天夜里，我在船舱中，突然冒出一个念头：耶稣可能只是和其他人一样的人——不是神。随着这个想法的产生和逐渐牢固，我再也不能回到在家里那种情感状态了。后来的事实也证明了这一点。"罗杰斯在写给他父母的信中，宣布他打算脱离他们保守的宗教观。罗杰斯的这个独立声明让他神清气爽，但也不得不为新生的自由付出情感代价。从中国返回不久，他腹部的疼痛不断加剧，被诊断为十二指肠溃疡。罗杰斯住院几周，接受了连续六个月的集中治疗。罗杰斯不是家里唯一患有十二指肠溃疡的孩子，"六个孩子中的三个在某个阶段都患有溃疡。这一事实表明，他们的家庭氛围有时是有些压抑的。我在幼年时期，十二指肠就犯过病"（1967，p. 353）。返回威斯康星大学后，罗杰斯换了专业，从农学转为历史，并于 1924 年获得文学学士学位。

毕业之后，在父母极力反对下，罗杰斯与自己青梅竹马的好友海伦·艾略特（Helen Elliott）结婚。他们育有一对子女：戴维（David），1926 年出生；娜塔莉（Natalie），1928 年出生。有趣的是，在戴维出生时，罗杰斯曾想按照华生的行为主义理论来教养他，但是他的妻子"拥有当好一个母亲的足够常识，完全不理睬这种有破坏性的心理学'知识'"。罗杰斯说，观察自己孩子的成长，使他"对人、人的发展、人与人关系的认识，远多于我从职业上所获得的"（1967，p. 356）。罗杰斯从威斯康星大学毕业后，进入纽约协和神学院进修。这一时期，罗杰斯对帮助有困难的人非常热心，但他怀疑，从宗教教义中并不能找到最佳的帮助手段，这种怀疑不断加深。在神学院学习两年后，罗杰斯转入哥伦比亚大学，学习临床与教育心理学。他于 1928 年获硕士学位，1931 年获博士学位。他的博士论文是关于儿童人格测量的研究。

在获得博士学位后，罗杰斯接受了一个工作职位，是在纽约的罗切斯特防止虐待儿童协会的儿童研究部担任心理学家。在完成博士论文期间，他曾作为实习生在这里工作。在工作中积累的很多经验，对他后来的人格理论和他对心理治疗的探索产生了重要影响。第一，他发现在该研究部占主导地位的精神分析治疗方法，常常是无效的。第二，由于他在哥伦比亚大学和儿童研究部对各种治疗方法做过尝试，他发现，那些所谓的治疗权威不会为一个求助者制定最佳的治疗方式。第三，探寻一种解决问题的"启示"常常遇到挫折。罗杰斯描述了一个情境，他认为，该情境中一位母亲对她儿子的拒绝是她儿子违法犯罪的原因。他尽力与这位母亲分享他的这一"启示"，但没能成功：

> 最后，我放弃了。我跟她说，看起来我们两人都很尽力，但还是失败了……她也同意。我们握了握手，结束了面谈，她走到诊室门口，转过身来问道："你给成人做咨询吗？"我做出肯定的回答后，她说："那好，我需要一些帮助。"她坐回到她刚离开的椅子上，把她对婚姻的绝望、她与丈夫的糟糕关系、她的失败感与困惑和盘托出，这一切都与她之前说的枯燥乏味的"案例史"迥然不同。真正的治疗就此开始了……
>
> 这只是我经历过对我有帮助的很多事情之一。后来我才深刻认识到，来访者最清楚，什么东西伤害了自己，应该朝什么方向走，哪些问题是关键所在，什么经历被深埋于心。我开始明白，除非我需要显示出我的聪明才智，否则，我最好是跟随来访者的方向走。（1961，pp.11-12）

大约就在这个时候，罗杰斯受到了阿尔弗雷德·阿德勒的影响：

> 我有了见到、聆听和观察阿尔弗雷德·阿德勒博士的机会，这是在1927—1928年冬天我当实习生的时候。……由于习惯了儿童研究部严格的弗洛伊德学派的方法——在开始思考怎样"治疗"一个儿童前，先写出75页的病历史，做详尽的成套测验——我对阿德勒对待儿童及其父母那种直接而令人不可思议的简单方式感到震惊。好长时间后，我才认识到我从他那里学到了多少东西。（引自Ansbacher，1990，p.47）

从阿德勒那里，罗杰斯懂得了，冗长的病历是冷冰冰的、机械的和无用的。治疗师不需要花时间去探究一个患者的过去。只需查明患者此时此地的境况，就能知道更多东西。

在儿童研究部工作期间，罗杰斯撰写了他的第一部著作《对问题儿童的临床治疗》（1939）。1940年，罗杰斯接受了俄亥俄州立大学临床心理学系的职位，从临床领域转向学术领域。罗杰斯在那里开始建立并检验他自己的心理治疗方法。1942年，罗杰斯出版了他至今仍然享有盛名的著作《咨询与心理治疗：实践中的新概念》。该书首次描述了对精神分析的异议（关于罗杰斯革命性思想的讨论，可参见Hergenhahn，2009）。出版商曾不情愿出版这本书，认为销量不会超过开印的底线2 000册。但是到1961年，该书已经售出7万多册，而且仍然抢手。

1944年，出于为战争服务的目的，罗杰斯离开俄亥俄州立大学，返回纽约，在美国劳军组织（USO）的咨询服务部担任主任。一年后，他来到芝加哥大学，任心理学教授和咨询部主任。在此期间，罗杰斯出版了被认为是其代表作的著作——《来访者中心疗法：实践、意义及理论》（1951）。

1957年，罗杰斯离开芝加哥大学，回到威斯康星大学，担任心理学教授和精神病学教授的双重职位。在威斯康星大学，罗杰斯发现这里的氛围过于强调竞争而缺乏支持性。他对研究生在这里受到的非人性化对待深感忧虑（Kirschenbaum，1979，pp. 291–292）。他试图改善这种状况，但不成功，于是辞去在威斯康星大学的职务，来到加利福尼亚州拉荷亚的西部行为科学研究所（WBSI）从事研究。1968年，罗杰斯和该研究所的其他几位有人本主义倾向的研究人员离开该机构，在拉荷亚成立了"人的研究中心"。

罗杰斯的多次工作变动，都伴随着他的兴趣、方法或者哲学观念的转换。他最后一次的职业变动，突出体现了他对人们体验到的世界的兴趣。罗杰斯指出："我们对个人深感兴趣，但是像老研究方法那样，把人当作研究'对象'，等于'走上岔路'。"（1972b，p. 67）晚年，罗杰斯和他的团队一道，对人们进行敏感性训练。他的主要兴趣在于找到能充分挖掘人的潜能的条件。也是在晚年，他对促进世界和平产生了兴趣。他组织了维也纳和平项目，在1985年得到13个国家领导人的响应，并于1986年在莫斯科举办了和平研讨会。此后，罗杰斯继续为这个和其他项目而努力，直到1987年2月4日他因髋部骨折手术后出现的心肌梗死而逝世，享年85岁。

罗杰斯拥有很多荣誉。他曾任美国应用心理学会主席（1944—1945）、美国心理学会主席（1946—1947）、美国心理学会临床与变态心理学分会主席（1949—1950）、美国心理治疗科学院首任院长（1956）。1956年，他获得由美国心理学会首次颁发的杰出科学贡献奖（同时获该奖的还有另外两位杰出的心理学家，分别是肯尼思·斯彭斯［Kenneth W. Spence］和沃尔夫冈·苛勒［Wolfgang Köhler］），这个奖项让罗杰斯感动得热泪盈眶，因为他一直以为同行把他的工作看作是非科学的。1972年，罗杰斯获美国心理学会首次颁发的杰出专业贡献奖，使他成为美国心理学会史上第一个获得杰出科学贡献奖和杰出专业贡献奖两个奖项的心理学家。1964年，他被美国人道主义者协会命名为"年度人道主义人物"。1986年，他被美国咨询与发展学会授予终身成就奖。就在他去世的当天，一封来信通知他，他获得了诺贝尔和平奖提名（Dreber，1995）。

从卡尔·罗杰斯逝世后至今，他在心理学界一直是知名人物。库克（Cook）、比亚诺娃（Biyanova）和科因（Coyne）在2009年对2 400多位咨询师、治疗师、社会工作者和心理学家进行了一个网上调查，结果表明，罗杰斯排在最有影响的人物第一名的位置。

在很多年里，罗杰斯一直主张，人所拥有的最重要资源是其实现趋向。对此，我们接下来将要讨论。

二、实现趋向

罗杰斯假定，有机体存在一个他称为自我实现的根本动机，"有机体具有一种基本的、努力使其自己得到实现、保持和提升的趋向"（1951，p. 487）。罗杰斯假定，人类有机体中有一个集中的能量来源，它是整个有机体而不是有机体某部分的功能，对这个能量来源的最恰当表述或许是，有机体具有一种自我完成、自我实现、自我保持和自我改进的趋向（1963，p.6）。

罗杰斯承认，人的行为有时是负面的，但他断言，这样的行为与人类的本性并不一致，而是对环境的恐惧和防御的表现。

> 对于人类的本性，我不赞同盲目乐观的观点。我非常明白，出于防御和内心恐惧，一个人能够并且确实会做出某种令人难以置信的残忍行为，或者是非常有破坏性的、不成熟的、有攻击性的、反社会的和伤害他人的行为。然而，我最近最令人鼓舞的经历之一，就是与这样的人一道努力，发现他们内心深处存在强烈的积极趋向，如同所有人都具有的那种趋向。（1961，p. 27）

实现趋向（actualizing tendency）是每一个人的人生驱力，它使一个人成为更独特（复杂）、更独立、更有社会责任感的人。本章后面对机能完全的人这一概念进行介绍时，将对实现趋向进行详细讨论。

有机体评价过程

有机体的各种体验都能够以实现趋向作为参照系来评价。罗杰斯把这种对个人体验的评价称为**有机体评价过程**（organismic valuing process）。与实现趋向相一致的体验是令人满意的，因而加以趋近和保持；与实现趋向相违背的体验是令人不满意的，因而加以回避或终止。因此，有机体评价过程可创造一个反馈系统，使得有机体能够按照自我实现的趋向来调节自己的体验。这意味着个人可以信赖他们的感觉。罗杰斯相信，哪怕是婴儿，如果给予机会，他们也会选择对自己来说最好的东西：

> 最简单的一个例子就是婴儿对食物价值的评价。吃饱喝足时，他会讨厌食物；这一会儿，他喜欢别人的刺激，过一会儿，他喜欢的只是歇一会儿；他慢慢懂得，让他满足的饮食，从长远看对他的发育最有帮助。（1959，p. 210）

罗杰斯从自己的生活经历中，体会到按照自己的感觉来行动的重要性：

> 我用了很长时间才认识到，而且直到现在仍在加深认识的诸多问题之一，就是当你感觉某项活动似乎有价值、值得去做的时候，它就真的值得去做。换言之，我认识到，我的机体的整体感觉远比我的理智更值得信赖。
>
> 在我全部的职业生涯中，我一直沿着其他人认为是愚蠢的方向前行。对这个方向，我自己也有过许多怀疑，但我从没有因为沿着"感觉正确"的方向走下去而后悔，尽管我常常感到孤独，有时候甚至感到愚蠢。……对我来说，体验就是最高的权威……权威既不是《圣经》，也不是先知，既不是弗洛伊德，也不是调查研究——无论是上帝还是人的启示，都不能取代我自己体验的优先地位。（1961，pp. 22-24）

认为情感（情绪）高于理智，相信人之初，性本善，这就把罗杰斯置于浪漫主义的哲学传统中（Hergenhahn，2009）。而浪漫主义哲学和人本主义心理学是相当一致的。

三、现象场

下面一段话表明罗杰斯是一个现象论者，显示出他的立场与凯利立场的密切关系：

> 我能了解的唯一现实，就是我在此时此刻感知并体验到的世界。你能了解的唯一现实，也是你在此时此刻感知并体验到的世界。唯一能确定的，就是人们所感知的现实是不同的。世上有多少人，就有多少"真实的世界"。（Rogers，1980，p. 102）

在罗杰斯看来，所有人都生活在一个主观世界中。这个世界，在其全部意义上，只是他们自己感知到的世界。正是这个所谓**现象学的现实**（phenomenological reality），而不是物理世界，决定着人的行为。换言之，对人来说，他们怎么解释事物，真实就是怎么样的。这种个体化的真实与客观真实的相似度因人而异，这就是主观的、现象学的现实。罗杰斯认为，治疗师必须充分认识到这一点。在这一点上，罗杰斯的理论与凯利的理论有很多相似之处。两人都强调个体的唯一性，强调个人体验的主观解释，这就是为什么他们二人都被冠以现象论者的名号。他们二人的主要区别在实现趋向上。凯利认为，人不断尝试新的构想，以便找到正确预期未来的办法。在凯利看来，并非所有人都因为进化而获得某种天生的先决条件。在一定意义上，每个人创造了他自己的人格，其主要人格特征不是先天决定的。社会认知理论家（第 11 章）的观点与凯利的观点近似。

罗杰斯把**体验**（experience）与**意识**（awareness）加以区分。体验是有机体在其周围环境中某特定时间所经历的、可能进入意识的所有感受。当这些潜在的体验被符号化后，它们就进入意识，成为一个人的**现象场**（phenomenological field）的一部分。作为把体验转为意识的载体，这些象征符号通常是词汇，但也不一定。罗杰斯认为，象征符号还可以是视觉和听觉形象。在罗杰斯看来，把体验与意识加以区分是至关重要的，因为在特定条件下，人会对自己的体验加以否认或扭曲，从而阻止它们进入意识。

自我的出现

起初，婴儿并不能把其现象场中的各种事物区分开来，所有事物都在一个单一结构中混为一团。逐渐地，通过了解一些言语表达，例如作为宾语的"我"（me）和作为主语的"我"（I）等，其现象场的一部分作为**自我**（self）而分化出来。此时，一个人能够懂得，别人眼中的他，与自己心里的他是不同的客体。

自我的发展是实现趋向的一个主要表现，如前述，它使有机体趋向于越来越分化和复杂。在自我出现之前，实现趋向是整体有机体的特征，自我出现之后，它也是自我的特征。换言之，那些有益于自我概念的经验将得到积极评价，而那些无益于自我概念的经验将得到负面评价。

四、积极关注需要

罗杰斯认为，随着自我出现而产生的**积极关注需要**（need for positive regard）是普遍存在的，尽管它不一定是与生俱来的（对罗杰斯来说，它是习得的还是天生的，这并不重要）。积极关注意味着人们从与周围人那里得到温暖、爱、同情、关照、尊重和接纳。也就是说，它是一种觉得自己受到周围最重要的人珍重的情感。

作为社会化过程的一个重要部分，儿童懂得了有些事情能做，有些事情不能做。父母常常对孩子做出的符合期望的行为给予积极关注。也就是说，如果儿童做了某些事，他们将得到积极关注，做了另一些事，就得不到积极关注。这就产生了罗杰斯所说的**价值条件**（conditions of worth），它们特指儿童能够得到积极关注的情形。儿童通过反复体验这些价值条件，就把它们内化，成为儿童自我结构的一部分。经过内化，它们就变成良心或超我，指导儿童的行为，即使父母不在场也会如此。

从积极关注需要，又产生**自我关注需要**（need for self-regard）。也就是说，儿童会积极看待自己的需要。具体来说，儿童首先希望别人对他们感觉良好，然后他们希望对自己感觉良好。周围人给他们积极关注的条件逐渐融入他们的自我结构，此后，他们必须按照这些条件来行事，才能积极地关注自己。这时就可以说儿童理解了价值条件。遗憾的是，当价值条件建立起来后，儿童能够积极看待自己的唯一途径，就是按照他们内化的其他人的价值观来行事。这样，儿童的行为不再由他们的有机体评价过程来引导，而是由环境中引起积极关注的条件来引导。

儿童生活中，只要有这种价值条件，那么，为了迎合别人的评价，他们就不得不否定自己对个人经验的评价，这就导致个人经验与其自我的分离。这种分离将带来一种不和谐的条件。对此，我们将在下一节讨论。

不去干扰儿童实现趋向的唯一途径，就是给予儿童**无条件积极关注**（unconditional positive regard），即无论儿童做什么，都使他们感受到积极关注：

> 如果一个人只受到过无条件积极关注，那价值条件就不会形成，自我关注就将是无条件的，对积极关注和自我关注的需要就将不会与有机体评价不一致，这个人在心理上将会一直保持适应，并成为一个机能完善的人。（Rogers，1959，p. 224）

这并不等于说，罗杰斯主张儿童应该被允许做他们想做的任何事情。他认为，理性、民主的方法是应对行为问题的最好办法。在罗杰斯看来，因为价值条件是人一切需要调节行为的关键，所以应该全力避免它的出现。在面对一个行为不良的儿童时，罗杰斯提出以下策略：

> 如果一个婴儿总是觉得被珍爱，如果他自己的情感总是被接纳，那么，即使有些行为被控制，价值条件也不会产生。如果父母能够真诚地持有下面这样的态度，那么，至少这在理论上是成立的："我能理解你在打你弟弟（或者随意大小便、毁坏物品）时感到多么满足，我爱你，而且我非常愿意让你感到开心。但我也非常愿意有我自己的情感，当你的弟弟挨打时，我感到非常痛苦……所以，我不让你打他。你的情感和我的情感都是重要的，每个人都能够自由地拥有自己的情感。"（1959，p. 225）

换言之，罗杰斯认为应该向孩子传达出这样的意思：我们深爱你，就如同你深爱我们一样，但是你正在做的事是令人烦恼的，如果你不再这样做，我们会非常高兴。儿童应该总是被爱的，但他们的一些行为可能不被喜欢。

五、不和谐的人

当人们不再使用有机体评价过程来决定，其体验是否符合其实现趋向时，**不和谐**（incongruency）就会出现。如果人们不使用自己的评价过程来评价其体验，那么他们必定会使用别人的**内化价值观**（introjected values）来做出评价。就是说，价值条件就取代了有机体评价过程，成为评价其体验的参照框架。这将导致自我与体验的分离，因为在这种情况下，使人真正感到满意的东西，可能被他有意识地否定，因为它不符合被他内化的某人的价值条件。

444

罗杰斯把不和谐看作人的所有适应问题的原因。因此，消除不和谐才能解决这些问题：

> 如我们所认识到的，这是人最基本的社会疏离。对于他对自己体验的自然的有机体评价来说，他不再是真实的自己。为了保住别人的积极关注，他扭曲了自己体验到的某些价值观，而根据它们对别人的价值来感知它们。然而这不是明确的选择，而是婴儿期的一种自然和悲剧式的发展。通往心理成熟的发展路径……就在于消除人发挥机能过程中的这种社会疏离。……自我的形成需要与体验的协调，需要恢复统一的、作为行为调节器的有机体评价过程。（Rogers，1959，pp. 226-227）

当人的自我与体验之间存在不和谐时，他肯定会出现适应问题，容易出现焦虑和**威胁感**（threat），以及由此导致的防御。

当人们潜在地知觉到一种体验与他们的自我结构及其内化的价值条件不一致时，**焦虑**（anxiety）就会出现。换言之，当一个事件威胁到现有的自我结构时，人就会体验到焦虑。注意，罗杰斯说这个事件是被潜在地知觉到而不是被知觉到的。**潜知觉**（subception）是对尚未完全进入意识的东西的察觉。在这种状态下，一个具有潜在威胁的事件在它引起焦虑之前就会被否认或扭曲，为的是使它符合自我结构。在罗杰斯看来，**防御**（defense）过程包括对各种体验加以编辑，使用**否认**（denial）和**扭曲**（distortion）机制，使之与自我结构相一致。必须注意，罗杰斯认为，一种体验并不是被否认的**象征物**（symbolization），像弗洛伊德所认为的那样，因为它是"罪恶的"，或"下流的"，或者是不符合文化习俗的。它成为被否认的象征物，是因为它与自我结构不一致。比方说，如果一个人的内化价值条件认为自己是一个差等生，那么在考试中得高分就是有威胁性的，他得高分的体验往往会被否认或被歪曲。例如，这个人可能会说，他只是因为运气好或者老师搞错了。

在罗杰斯看来，几乎所有人都会经历不和谐，并因此防御某些体验的象征物进入意识。但只有在严重不和谐时，适应问题才会产生。

■ 六、心理治疗

像凯利一样，罗杰斯的人格观点来自他的治疗实践。**心理治疗**（psychotherapy）对罗杰斯来说是最重要的工作。他的人格理论能够得到发展，正是由于他作为一个治疗师，努力使治疗更加有效，由于他努力理解治疗过程中所遵循的基本原则。

> 一个逐渐形成并反复被检验的假设是：一个人拥有大量的资源来进行自我理解，以便改变其自我概念、态度以及自我指导行为——只要营造出适宜的、能改进心理态度的氛围，这些资源就能被发掘出来。（1974，p. 116）

多年间，罗杰斯对治疗过程的表述不断改变（Holdstock & Rogers，1977）。起先，他把他的治疗
445　方法称为**非指导性疗法**（nondirective therapy），强调给来访者营造恰当的氛围，挖掘他们解决自己问题的能力。后来，罗杰斯把他的方法命名为**来访者中心疗法**（client-centered therapy），治疗被看作来访者和治疗师都深涉其中的共同体。不再是像原来那样，只是简单地营造气氛，使来访者逐渐理解其问题，而是让治疗师努力理解来访者的现象场或**内在参照框架**（internal frame of reference）。之后的阶段，被称作**体验阶段**（experiential stage）。在罗杰斯理论演化的这一阶段，治疗师变得与来访者同样自由，双方的个人情感同等重要，治疗过程被看作用语言表达出这些情感的努力。

罗杰斯思想发展的最后阶段，被命名为**以人为中心的阶段**（person-centered stage）。在这个阶段，罗杰斯的理论扩展到治疗过程以外的很多领域。应用他的理论的领域包括教育、婚姻与家庭、会心小组、少数族裔问题以及国际关系等。然而，罗杰斯认为，这一阶段最重要的，不在于其理论应用范围

的扩大，而是它强调完整的人，不再根据特定角色来看待一个人：

> 强调以人为中心，这一转变表明的不仅仅是这一理论的广泛应用。它强调，这是人，像我一样，是一个存在，而不只是作为各种人际互动基本单元的某些角色，如来访者、学生、教师或治疗师。名称的改变传达出每个人深刻的复杂性，它表明每个个体都超出了构成这个人的各部分的总和。（Holdstock & Rogers，1977，p. 129）

1980 年，罗杰斯这样描述他的以人为中心的方法：

> 我不再简单地谈论心理治疗，而是谈论一种观点、一种哲学、一种对生活的探索、一种存在方式。它适用于任何成长的情境，一个人、一个群体，或一个社区都是其目标的一部分。（p. ix）

罗杰斯的思想在其生涯中有许多改变，但是，其理论的基本成分则保持不变。这包括实现趋向的重要性、作为贯穿人的一生的参照框架的有机体评价过程的重要性，以及使一个人过上丰富、完整生活的无条件积极关注的重要性。罗杰斯（1959，p. 213）概括出进行有效治疗必备的以下六个条件：

（1）来访者与治疗师必须有心理接触，即双方都必须影响到对方的现象场。
（2）来访者必须是处在不和谐状态，表现出脆弱性或焦虑。
（3）治疗师与来访者的关系必须处于和谐状态。
（4）治疗师必须给予来访者无条件积极关注。
（5）治疗师对来访者的内在参照框架必须努力做到共情式理解。
（6）来访者必须知觉到治疗师给予他的无条件积极关注，以及努力对他的内在参照框架系统予以共情式理解。

446

罗杰斯（1959，p. 216）认为，如果具备上述的有效治疗的条件，那么，就会在来访者身上看到以下变化：

（1）来访者能越来越自如地表达他们的情感。
（2）来访者能更准确地描述他们的体验以及他们身边发生的事件。
（3）来访者开始审查他们的自我概念与某些体验不一致的情况。
（4）来访者在体验到不一致时感觉受到威胁，但是，治疗师给予的无条件积极关注使他们能够继续感受这种不一致，而不再扭曲或否认它们。
（5）来访者最终逐渐能准确地用象征物表达出以前曾否认或扭曲的情感，并意识到它们。
（6）来访者的自我概念被重组，并能够包含曾经被否认的体验。
（7）随着治疗的继续，来访者的自我概念逐渐变得与他们的体验相一致，即，自我概念中包含许多过去曾带来威胁的体验。随着来访者不再感到它们的威胁性，他们的心理防御也减少。
（8）来访者越来越能够在不感到威胁的情况下，感受到治疗师的无条件积极关注。
（9）来访者越来越多地感受到无条件积极自我关注。
（10）最后，如果来访者在评价自己的体验时，根据的是其有机体评价过程，而不是价值条件，那么，治疗就是成功的。

罗杰斯描述了一个来访者在经过几个疗程的治疗后的反应：

> 我发现很多人是靠取悦别人来塑造自己，但是，当他们释放了自己以后，他们就不再是原来那个人了。例如，一个从事专业工作的男性在治疗结束回首往事时，写道："我最终感到，我正在开始做自己想做的事，而不是我认为应该做的事，不去管别人认为我该做什么。这与我原来的人

生完全相反。过去我总是感到我必须做一些事，因为他们期望我去做，更重要的是，让别人喜欢我。真见鬼！从现在开始，我打算就要做我自己——无论富有还是贫穷，好还是坏，理性还是非理性，合理还是不合理，声名显赫还是默默无闻。我要感谢您帮助我重新发现了莎士比亚的名句：'你必须对自己忠实。'"（1961，p.170）

因此，治疗就是为了消除体验与自我之间的不和谐。当一个人的生活与他的有机体评价过程而不是他的价值条件相匹配时，就不再需要否认和扭曲等防御手段，这样的人就是**机能完全的人**（fully functioning person）。

■ 七、机能完全的人

机能完全的人在许多方面像一个小婴儿，因为他是根据自己的有机体评价过程而不是价值条件来生活的。罗杰斯认为，"忠实于自己"就等于美好人生。幸福不是一个人的所有生物需要都得到满足，或他达到了追求的目标比如房子、金钱或大学的一个好成绩而带来的宁静。幸福来自持续不断地投入实现趋向过程中。请注意，罗杰斯强调的是实现趋向，而不是自我实现的状态。

如前述，要把人的有机体评价过程作为人生的指导，离不开一个无条件的环境。罗杰斯认为，无条件积极关注是心理治疗的基本要素，但是人们不需要为了感受无条件积极关注而接受心理治疗。有些人，在他们的家里，在婚姻关系中，或者与亲密朋友交往中就能体验到这种无条件积极关注。

1980 年，罗杰斯扩展了人的成长必需的人际关系的条件：

> 要创造一个有助于成长的氛围，必须具备三个条件。这些条件适用于我们谈到的各种关系，包括治疗师与来访者、父母与子女、领导者与团队、教师与学生、管理者与员工等等。事实上，这些条件适用于任何以人的发展为目标的情境。……第一个条件可称为**真诚**、真实或和谐。……旨在创造一个改变氛围的第二个重要态度是接纳、关爱或珍视，我称之为"**无条件积极关注**"。……改进关系的第三个条件是**共情式理解**。……这种敏感、主动的倾听在我们的生活中极其缺乏。我们以为我们在听，但是我们很少能带着真正的理解和真正的共情去倾听。然而，根据我的经验，这种非常独特的倾听是带来变化的最有效的力量之一。（pp. 115–116，表示强调的楷体是后加的）

罗杰斯认为，必须防止把共情与被动倾听或者同情相混淆。他指出，共情"意味着暂时活在别人的生活中，轻柔而不做判断地在其中走动"（1980，p. 142）。在罗杰斯去世后发表的一篇文章中，他还这样说道：

> 做到真正的共情，是我所知的最有效的经验。你必须真正理解，这个人在这种情况下感受到了什么。……真正让自己走进另一个人的内心世界，是我所知道的最有效、最困难、最吃力的事情。（1987，p. 45）

如果人们幸运地拥有了上述的三种经验，他们将能自如地听凭自己的情感——按照他们的有机体评价过程来行动。这样的人将是机能完全的人，在罗杰斯看来（1959，pp. 234-235），他们至少具备以下特征：

（1）他们具有**体验的开放性**（open to experience）——他们不会展现出防御性。因此，他们的体验能够得到准确的象征性表达，因此能够被意识到。

（2）他们的自我结构与自我体验协调一致，并能够吸纳新经验而加以改变。

（3）他们把自己看作评价其体验的焦点。换言之，他们用于评价自己体验的，是有机体评价过程而不是价值条件。

（4）他们体验到无条件自我关注。

（5）他们以独特的、创造性地适应彼时彼刻新情况的行为来面对每个情境。换言之，面对每个新经验，他们表现出的是真诚的自发性，而不是怀有那种经验应该意味着什么的先入为主的偏见。1961 年，罗杰斯把机能完全的人的这种特征表述为"存在主义的生活"，他说："在下一刻我怎么样，我会做什么，都是那一刻的事情，无论是我，还是别人，都不能事先预测。"（ p. 188 ）

（6）他们会和别人和谐相处，因为这种相处具有相互的无条件积极关注特性。

1961 年，罗杰斯给他所说的机能完全的人增加了两个特征，其中之一是主观自由体验：

> 他是自由的——成为他自己或隐藏在表面之下；或者前行，或者后退；要么以伤害自己和他人的方式行为，要么以增进自我和他人的方式行为；在这些术语的生理学和心理学意义上完全自由地活着或者死去。（ p. 192 ）

另一个特征是创造性：

> 随着他对自己所处世界表现出敏感的开放性，以及他对自己与环境形成新关系的能力的确信，他将成为那种类型的人，从他身上能看到创造性产物和创造性的生活。他不需要"适应"他的文化，他将肯定不是一个墨守成规的人。（ p. 193 ）

■ 八、Q 分类法

罗杰斯理论中更有趣的一点是，他一方面强调个体完全主观的现象场的重要性，另一方面，他又强调科学方法的重要性：

> 治疗是一种体验，我在其中能让自己主观地去进行。研究也是一种体验，我在其中能够站在一旁，客观地看待这种丰富的主观体验，运用各种精细的科学方法来确定我是否欺骗了自己。我逐渐地相信，我们应能发现人格和行为的规律，它们像地心引力定律或热力学定律那样，对人的进步或人的理解力，具有重要意义。（ 1961，p. 14 ）

作为一位尊重科学的治疗学家，罗杰斯不接受在治疗期间会出现假定变化或看似发生变化的观念。与其他优秀科学家一样，罗杰斯必须找到一种方法，对来访者接受治疗后发生变化的程度加以量化。罗杰斯发现，最适宜的一种方法是他在芝加哥大学时的同事威廉·斯蒂芬森（ Stephenson，1953 ）开发的。该方法被称为 Q 分类法（ Q-sort technique ）。

449

Q 分类法能够以多种方式来使用，但所有方式都采用相同的基本概念和假设。首先，它假定来访者能够准确地描述自己，也就是**真实自我**（ real self ）。其次，一个人能够描述那些他希望拥有但目前尚不具备的特征，这被称为**理想自我**（ ideal self ）。通常，当治疗刚开始时，一个人的真实自我（他是什么样）与其理想自我（他希望变成什么样）往往不一致。

Q 分类法的使用步骤如下：

（1）给来访者 100 张卡片，每张卡片上有一句陈述，例如：

我与别人有温暖情感联系。

我给人以假象。

我是聪明人。

我感到没有希望。

我看不起自己。

我对自己的态度积极。

我常觉得丢脸。

我通常能自己做决定并坚持下去。

我能自如地表达我的情感。

我对性方面的事情感到恐惧。

（2）要求来访者选择那些与他最相符的卡片，这就创建了**自我分类**（self-sort）。为便于对不同的
　　　Q 分类结果进行统计分析，来访者被要求以接近正态分布的方式选择卡片。来访者需要把卡
　　　片放成九堆，把卡片上的陈述最像自己的卡片放在一端，把卡片上的陈述最不像自己的卡片
　　　放在另一端，放在中间第五堆的卡片是来访者说不清上面的描述是否与他相符的，也就是说，
　　　它们处于符合与不符合中间。来访者按要求摆放的卡片堆与卡片数如表 14-1 所示。

（3）接着，让来访者把卡片再次分类，这次的分类方式是按照卡片上的陈述与他最希望成为的那
　　　样的人来进行，这就创建了**理想分类**（ideal-sort）。

这样的步骤能使治疗师检验治疗过程的几个特点。最重要的是，治疗师能够在治疗的开始、中间
和结束时，查明来访者真实自我与理想自我之间的关系。对发生的变化进行量化分析的最常用方法是
450 利用相关系数。当两个分数在正向上完全一致时，相关系数为 +1.00。如果两组数字的方向完全相反，
相关系数为 -1.00。如果它们之间没有关联，相关系数为 0。测量出的两组数字的正向关联倾向越强，
正相关系数就越高。例如，+0.95、+0.89、+0.75，都表明是高正相关。测量出的两组数字的反向关联
倾向越强，负相关系数就越高。例如，-0.97、-0.85、-0.78，都是高负向相关。

表 14-1　　　　　　　　　　　　　　　　　一个典型的 Q 分类安排

	最不像我			无法确定			最像我	
堆数	0	1	2	3	4	5	6	7	8
卡片数（共 100 张）| 1	4	11	21	26	21	11	4	1

罗杰斯（1954a）对一个来访者——众人所知的奥克女士（Mrs. Oak）——治疗前后的自我分类之
间的相关系数报告如下：

7 次治疗后	0.50
25 次治疗后	0.42
治疗结束后	0.39
治疗结束 12 个月后	0.30

上面的相关系数表明，来访者的自我概念与她刚开始接受治疗时的自我概念有了很大的不同。罗
杰斯还把治疗后的理想分类与她治疗中各个阶段的自我分类加以对照，获得下列相关系数：

治疗前	0.36
7 次治疗后	0.39
25 次治疗后	0.41
治疗结束后	0.67
治疗结束 12 个月后	0.79

上面的相关系数表明，随着治疗的进展，自我概念越来越与理想自我概念相一致，甚至在治疗结束后，这种趋势还一直延续。换言之，来访者变得与她所描述的理想类型更接近。根据上述数据，这个案例的治疗完全达到了罗杰斯希望的效果。在本章后面对罗杰斯的理论评价部分，还将介绍其他采用Q分类法开展的研究。

罗杰斯是对治疗的有效性（或无效性）进行测量的第一个治疗学家，此外，他还是最先用录音和胶片记录治疗过程的人。征得来访者同意之后，他做了录音并拍了胶片，这使治疗师在评估治疗过程时，对发生的事不必全靠记忆。另外，录音和胶片还有助于对某些行为详加分析，如言语风格、身体姿势等，可以把它们当作了解来访者体验到的压力或焦虑程度的指标。

这看上去有些矛盾，那些主张了解人的唯一方式是了解其私人的、独特的、主观世界的治疗学家，在用科学方法评价治疗过程方面，却起到了很大的激发作用。

九、罗杰斯与斯金纳的论战

1955年9月4日，美国心理学会的会员们都屏住了呼吸，因为当时世界上最有影响力的两位心理学家登上了在芝加哥举行的心理学年会的讲台，展开一场论战。心理学家渴望听到什么？讲台的一角是卡尔·罗杰斯，代表现象学派，用主观方法解释人，他声称，人的行为的主要动机是实现趋向。罗杰斯还表明了人性本善、人的自由源于内心的信念。讲台的另一角是B. F. 斯金纳，代表行为主义的、用客观方法理解人类的流派。斯金纳表达了他的观点，即人变成什么样，只能用环境中的强化跟随来解释，而不是与生俱来的实现趋向。讲台上演出了一场激烈的哲学冲突。实际发生的事情并不是一场战斗，其实，两人之间的相同观点与不同观点一样多。

罗杰斯和斯金纳两人都承认，人们总是试图理解、预测并控制人的行为。行为科学在促进预测和控制人的行为的能力方面，已经取得了很大进展。两人都承诺要进一步发展行为科学。

罗杰斯与斯金纳最重要的区别在于对文化工程的观念上。斯金纳认为，行为原理应该用于构建一种更有效地满足人的需要的文化。罗杰斯则认为，斯金纳的观点提出了这样一些重要问题："什么人要被控制？谁去控制？用什么方法来控制？最重要的是：实行控制的结果是什么？要达到什么目的？追求什么价值？"（1956c，p. 1060）

罗杰斯提出了人的一个模型，它强调人的实现趋向和创造力。罗杰斯建议，不要从外部控制人的行为，而要把行为科学原理应用于创造适当条件来释放和促进人的内在力量。

罗杰斯与斯金纳的另一个重要分歧反映在人的行为是自由的还是被决定的问题上。斯金纳认为，人的行为是由强化跟随决定的。罗杰斯则认为，不能否认选择的存在。他同意科学必须做出决定论的假定，但他认为，这与个体水平上存在着负责任的选择并不冲突：

> 当以科学方法考察行为时，它最容易被理解为是由先前的原因决定的。这是科学的伟大事实。但是负责人的个人选择是一个人存在的最本质要素，它是心理治疗的核心经验，它在任何科学研究之前就已存在，是我们生活中同样显著的事实。在我看来，否认负责任的选择的经验，就等于否认行为科学的潜力。我们经验中这两个看似矛盾的重要因素，可能是同样重要的，就像光的波动说与微粒说之间的矛盾一样，二者彼此互不相容，但都被证明是正确的。我们不能出于某种利益而否认我们的主观生活，正如同我们不能否认对生活的客观描述一样。（Rogers，1956c，p. 1064）
>
> 我在治疗和团队工作中的经验，都不允许我否认人的选择的真实性和重要意义。对我来说，它不是一个人在某种程度上构想他自己的幻觉。……在我看来，人本主义方法是唯一可能的方法。对所有人——无论是行为主义者还是人本主义者——它都是一条正确的前进之路。（Rogers，

1974，p.118）

斯金纳认为，他与罗杰斯的争论主要在方法上，因为他们两人都想看到未来的、同样类型的人：

> 全部问题就是一个方法问题，那是我与卡尔·罗杰斯争论的关键。我喜欢的人与罗杰斯希望中的人很相近。我希望的是独立的人，这意味着，没必要告诉他们，什么时候该做什么或不该做什么，只是因为他们曾经被告知，他们有正确的事去做。……我们的目标是一致的，我们两人都希望人们不接受别人的控制性训练——不被他们所受的教育所影响，使他们既从教育中受益，又不被它束缚，等等。（引自 Evans，1968，pp.67-68）

如上述，罗杰斯和斯金纳都赞同行为科学是，而且应该是不断前行的，但是拥有这些知识并不一定知道如何使用它。罗杰斯认为，我们是经历积极成长，还是遭到毁灭，取决于怎样应用这些信息：

> 因此我的结论是，在不久的将来，心理学的知识将像当今的物理学知识那样，得到利用和开发。如果我们只是前瞻一两年，对教育者的挑战还不那么紧迫。但长远来看，我知道，人类会拥有更大的成长和毁灭的潜能，这一点是没有问题的。问题是，随着行为科学的力量更强大，我们该怎样生活，这个问题的答案就握在我们和我们孩子们的手里。（1956b，p.322）

十、自由学习

前面讲到，罗杰斯在威斯康星大学任教期间，对研究生受到的冷冰冰的、机械式的培养方式深感困扰（例如，参见 Rogers，1968）。而且，罗杰斯对美国的教育制度进行了严厉的批评，怀疑它还会更糟糕，除非教育制度发生根本改变。

453

> 我曾长时间地思考，我们的各级教育机构可能会在劫难逃，或许我们会在中肯的建议下与它们告别——各州所需的课程、强制性考勤、终身教授、课时数、分数、学位等等——让真正的学习开始在沉闷的圣墙之外开花结果。假如每一个教育机构，从幼儿园到久负盛名的博士项目，明天全部关闭，那将是多么让人欣喜的情境！父母和儿童、青少年、年轻人——甚至一部分教职员——都来设计他们可以在其中学习的情境！你还能想象得出别的令所有人都精神振奋的事情吗？（1980，pp.268-269）

罗杰斯所呼唤的无异于一场革命："我们应该认识到，向真正人本主义的、以人为中心的教育的转变是一场全面的革命。它不是对传统教育做一些修修补补，而是必须彻底颠覆原有的教育政策。"（1980，pp.307-308）

罗杰斯认为，美国的教育建立在对受教育者的错误假设基础上。例如，人们普遍认为，学生必须获得别人给予他们的知识并消化吸收，在这个过程中学生一直是被动的。罗杰斯认为，教育不应建立在这样或那样的错误假设基础上，如果考虑有关学习过程的以下事实，教育就将得到改进（Rogers，1969，pp.157-163）：

（1）人具有自然的学习潜能。

（2）只有当学生懂得所学东西与他相关时，学习才最有效。

（3）有些学习可能需要学习者自我结构的变化，这样的学习会受到抵触。

（4）在外部威胁最小的情况下，需要改变学习者自我结构的学习才容易发生。

（5）当对学习者的自我概念威胁不大时，他的体验就能更详细地得到理解，并得到最佳学习效果。

（6）很多学习发生在做当中。

（7）当学生真正参与到学习过程中时，学习的进展最佳。

（8）自我发起的学习，即整个人，包括智力和情感，完全参与其中的学习，可以持续的时间最长。

（9）当自我批判和自我评价处于首位、他人评价居于次席时，独立性和创造性得以促进。

（10）最有用的学习是学会学习，这样的学习来自持续的体验开放和对变化的容忍。

总之，罗杰斯（1968，1969，1983）认为，以下看法是错误的，例如，不能相信学生会追求自己的教育目标，创造性的人来自被动的学习者，评价等同于教育。罗杰斯（1968）不无沮丧地看到，"考试已经成为教育的起点和终点"（p. 691）。

罗杰斯认为教师（teacher）一词是令人遗憾的，因为它意味着他是一个把知识分配给学生的人。罗杰斯建议使用促进者一词，它强调这个人要去创造一种有助于学习的氛围。一个**教育促进者**（facilitator of education）按照上面列出的原则来行事，把每个学生都看作拥有自己情感的独特的人，而不是一个被教给某些东西的客体。

罗杰斯的教育方法与他的心理治疗方法没有什么不同。在两种情况下，他都主张时刻牢记每个人都是独特的，每个人都有情感，每个人都有实现趋向，在享有无条件积极关注和充分自由的情况下，都能充分地发挥自己的机能。

454

十一、现代婚姻

统计显示，我们文化中的婚姻状况处于困境中，在罗杰斯看来，这是因为婚姻过多地建立在过时、简单、错误或自私的想法基础上。例如，夫妇二人常常相信，只要彼此相爱或相互奉献，就足以维持婚姻。罗杰斯（1972a）汇集了他认为是这些有害想法的一些表现：

> "我爱你。""我们彼此相爱。"……"我要把全身心奉献给你和你的幸福。"……"我关心你胜过关心我自己。"……"为了我们的婚姻，我们将努力工作。"……"我们支持婚姻神圣的制度，它对我们也是神圣的。"……"我们发誓要白头偕老。"……"我们在一起是命中注定的。"（pp. 199-200）

在罗杰斯看来，上述的所有说法都忽视了重要的一点：对和谐的婚姻来说，夫妻双方必须平等、相互促进和相互满足。婚姻应是一个夫妻双方不断成长的动力过程。罗杰斯认为，唯一有意义的誓言是："我们要共同投身于改变我们当前关系的努力之中，因为这种关系能促进我们的爱情和我们的人生，我们希望它不断成长。"（1972a，p. 201）好的婚姻应该使双方互相受益。

罗杰斯考察了成功婚姻中的一些主题，这些夫妻双方通过讨论小组、"交朋友"小组或个人治疗，学会了以人为中心的理念。罗杰斯对这些主题做了概括：

> 伴侣关系中已经出现的问题被公之于众。……由于更多的相互倾听，沟通变得更加开放、真实。……伴侣双方认识到独立的价值。……双方认识到，女方越来越大的独立性在这种关系中是重要的。……双方越来越认识到，情感和理智同样重要，情绪和智力同样重要。……出现了一种推动力，促使双方体验到更大的相互信任、个人成长和共同兴趣。……角色和角色期望被放弃，取而代之的是个人来选择自己的行为方式。……更符合实际地评价双方能够满足对方的需要。……所谓的卫星关系可以由任何一方形成，这种关系既会带来痛苦，也会带来互相促进的成长。（1977，pp. 45-52）

罗杰斯（1977）对**卫星关系**（satellite relationships）做了以下阐述：

卫星关系是婚姻之外的一种紧密的次级关系，它可能涉及也可能不涉及性关系，但性关系对它是有价值的。……当伴侣关系中的两个人都能把对方看作独立的人，拥有独立的或共同的兴趣和需要时，他们就会发现，婚外关系也是这些需要中的一种。（pp.52-53）

455

有一种观点认为，卫星关系会带来嫉妒。但罗杰斯认为，嫉妒暗示着占有欲：

嫉妒在一定程度上是由占有欲构成的，情感上的任何变化，都会造成婚姻关系状况的明显不同。当伴侣双方都成为真正的自由人时，只要双方能够彼此做出奉献，互相之间有良好的沟通，接纳对方是独立的人，并作为人而不是角色来共同生活，这种关系将会是持久的。这是很多伴侣所追求的新型的、成熟的关系。（1977，p.55）

罗杰斯（1977）描述了一对已婚夫妇，他们显然已经克服了占有欲和与此相关的嫉妒感：

弗雷德和崔西努力使他们的婚姻成为这样一种关系：两人都把对方作为人来对待，这是他们的基本价值。他们共同做决定，希望两个人都同样重要。两人都在很大程度上避免表现出占有或控制对方的需要。他们形成了一种伙伴关系，过着互相独立的共同生活。他们都在婚姻之外建立了各自的人际关系，而且那种亲密交往常常有性关系包括在内。他们彼此对那样的关系直言不讳，而且显然把它看作他们个人生活和婚姻的一个自然的、有益的组成部分。他们喜欢自己的生活方式。这是是以人为中心的婚姻，完全不同于传统习俗。（p.205）

允许婚姻中存在一种亲密的卫星关系，从理智上接受显然比从情感上接受更容易，因为有许多夫妻为此做过一次或多次的努力，但还是以离婚告终。罗杰斯认为，要使这种关系存在，夫妻双方必须在理智和情感两方面都接受这种想法。

■ 十二、明天的人

1969年6月7日，罗杰斯在索诺马州立大学的毕业典礼上发表了演讲，他在开场时说道：

上大学时，我的专业是中世纪史。我非常敬重中世纪的学者和他们对学习的贡献。但是，在1969年，我以卡尔·罗杰斯的身份，而不是一个中世纪的象征，给你们讲话。所以，如果我脱掉这些中世纪的服饰——这顶没用的帽子、这个漂亮但没用的套头三角兜，还有这件在欧洲的寒冬腊月用来保暖的长袍，但愿我没有让你们不愉快。（引自 Kirschenbaum，1979，p.395）

在把学位服脱掉之后，67岁的罗杰斯开始讨论"明天的人"。罗杰斯认为，"新人"正在出现，他

456 们具有机能完全的人的许多特点，他们是人本主义取向而不是技术取向的。这些人的出现，使罗杰斯乐观地看待未来：

坦白讲，我相信，长远地看，人本主义观点将占据优势地位。我相信，我们作为人，正在开始拒绝让技术支配我们的生活。越来越以征服自然和控制人类为基础的我们的文化，正在走向衰落。新人正从废墟中走出来，他们是知识渊博和自我指导的，他们对自己内心的探索多于对外在空间的探索，他们不盲从体制和权威的教条。他们不相信行为可以被塑造，或者按照他人的行为来塑造。他们肯定是人本主义的，而不是技术取向的。以我的判断，他们有很高的生存可能性。（1974，p.119）

罗杰斯（1980，pp.350-352）列举了他认为明天的人将具备的12个特征。显然，明天的人与前述

的机能完全的人有许多特征是相似的。

（1）对内在体验和外在体验都是开放的。

（2）拒绝虚伪、欺骗和故弄玄虚，而希望真实。

（3）怀疑那种以征服自然和控制人类为目的的科学技术。

（4）追求完整性。例如，对理性和情感给予同等的认识和表达。

（5）希望在生活或亲密关系中与别人分享目的。

（6）热情地迎接变化和冒险。

（7）给别人温和、无微不至、非说教和无偏见的关心。

（8）具有贴近和爱护自然的情感。

（9）厌恶那些高度结构化、僵化、官僚主义的制度。他们相信，制度的存在应该是为了人民，而不是为了别的。

（10）具有把自己的有机体评价过程当作权威来服从的倾向。

（11）不看重物质享受和奖励。

（12）希望寻求超越个体的人生意义。罗杰斯称这一特征为"对精神世界的向往"。

罗杰斯相信，未来具有人本主义精神的人并非无对手。他概括出他所想到的反对者的各种理由：

1."国家高于一切。"……2."传统至上。"……3."智慧高于一切。"……4."人应该被塑造。"……5."现状永存。"……6."我们的真理就是真理。"（1980，pp. 353–355）

罗杰斯坚信，以人为中心的人将会成为主流，其结果是出现一个更人道的世界。

■ 十三、评价

1. 经验研究

罗杰斯的成就之一是他比其他任何治疗学家都更注重对心理治疗过程进行科学检验。罗杰斯及其同事采用 Q 分类法，能够检验来访者是否在走向和谐，以查明疗效。前面已经讲过，Q 分类法怎样用来测量疗效。此外，巴特勒和黑格（Butler & Haigh，1954）还提供了 Q 分类法可以检验疗效的证据。这两位研究者发现，治疗前，25 个来访者的真实自我与理想自我之间的平均相关系数是 –0.01，显示二者无相关。治疗后，真实自我与理想自我之间的平均相关系数提高到了 0.34，显示来访者朝着理想自我明显靠近。同时有一个由 16 人组成的控制组，对他们不做任何治疗，但也给他们做了与接受治疗的 25 个来访者同样的两次 Q 分类测验。控制组的结果是，第一次测验，真实自我与理想自我之间的平均相关系数是 +0.58，第二次测验的结果是 +0.59。这表明，未参与治疗者，其真实自我与理想自我的差异比参与治疗的人的要小，而且这种较小的差异持续了很久。

罗杰斯还创建了会心小组（亦称敏感性训练小组或 T 小组），已有几项研究考察了其有效性。例如，邓尼特（Dunnette，1969）的研究发现，经过会心小组治疗的人，共情能力增强了。戴蒙德和夏皮罗（Diamond & Shapiro，1973）的研究则证明，参与会心小组的人，感到更善于控制自己的生活了。

Q 分类法作为一种研究工具，还被广泛应用于治疗之外的情境。特纳和范德利佩（Turner & Vanderlippe，1958）以 175 名大学生为对象，考察他们的真实自我与理想自我之间的差异与一般效能感和满意度之间的关系。研究发现，真实自我与理想自我之间差异小的学生，比差异大的学生更积极，更爱社交，情绪更稳定，学习成绩更好。罗森伯格（Rosenberg，1962）发现，真实自我与理想自我之间差异小的人通常拥有取得成功的各种办法。马奥尼和哈尼特（Mahoney & Harnett，1973）发现，自我实现的测量结果与和谐程度相关。也就是说，随着真实自我与理想自我之间的差异变小，表现出的自我实现者的特征更强了。

在验证罗杰斯所提出的共情、无条件积极关注和真诚是个人成长的必要条件问题上，也有不少研究。阿斯比和罗巴克（Aspy & Roebuck，1974）在教育领域检验了罗杰斯的这一假设。他们对美国和美国以外550所小学和中学的3 500多小时的师生互动进行了录音。他们发现，要取得良好的教育结果，最重要的变量是教师的共情，或者说是站在学生角度来理解在校学习的意义。他们还发现，无条件积极关注和真诚也很重要。共情、无条件积极关注和真诚共同作用，将产生最有力的影响。这三个条件与学生的学习成绩、积极的自我概念、纪律问题减少、旷课的减少、学习风气、创造性、解决问题能力等都有较高的相关。在心理治疗领域，杜亚士和米切尔（Truax & Mitchell，1971）发现，以真诚、无条件积极关注和共情为特征的治疗过程，在一定程度上是成功的。古尔曼（Gurman，1977）概述了22项研究，这些研究中的来访者都获得了对治疗师的知觉。结果显示，知觉到治疗师表现出共情、无条件积极关注和真诚的来访者，大多认为他们接受的治疗是效的。

因为共情是有效治疗、形成其他有帮助的关系的一个重要特征，因此，有必要查明，有些东西究竟是从共情中学到的，还是与生俱来的。研究充分证明，这些东西确实能从共情中学到（Aspy，1972；Aspy & Roebuck，1974；Goldstein & Michaels，1985）。有大量研究支持了罗杰斯的论点，即共情、无条件积极关注和真诚是有效治疗的必要因素。然而，另一些研究表明，这些条件对于有效治疗是不充分的（Sexton & Whiston，1994）。来访者的人格特征与治疗师表现出的共情、无条件积极关注以及真诚之间的相互作用，会产生不同的结果。也就是说，一些来访者从治疗师的"大三"要素中的获益比另一些来访者更多。杜亚士和卡可夫（Truax & Carkhuff，1967）得出了同样的结论："治疗三要素可能是也可能不是'必要的'，但很明显，它们不是'充分的'。"（p. 114）

还有很多研究考察了罗杰斯的另一个假设，即不和谐的人必定会对某些体验加以否认或扭曲来进行防御。例如。丘多尔科夫（Chodorkoff，1954）以大学男生为被试，检验了这一假设，即和谐的人比不和谐的人表现出较少的知觉防御，而且社会适应更好。这两个假设都得到了确认。被试中，不和谐者在识别情绪词（如妓女、母狗、阴茎等）时，花的时间比识别中性词（如树、房子、书等）明显更多。而心理和谐的被试，在识别这两类词的时间上没有差别。另外，通过凭借临床经验做出的判断和各种测量手段发现，和谐者比不和谐者的社会适应更好。卡特赖特（Cartwright，1956）和苏因、奥斯本及温弗里（Suinn，Osborne，& Winfree，1962）的研究都支持了罗杰斯的论断，即和谐的人具有体验的开放性，而不和谐的人则较少具有这种特征。

罗杰斯（1954b）提出，如果童年时期的家庭环境具有开放体验的特征，如果儿童被鼓励拥有自己的内在评价点，如果他被鼓励提出各种想法，那么，这些将促进他成年后的创造性。哈林顿等人（Harrington，Block，& Block，1987）检验并证实了罗杰斯有关创造力的推测。

2. 批评

方法过于简单化和理想化。许多人认为，罗杰斯有关人本善、一出生就有自我实现趋向的假说仅仅是一个良好的愿望，他们甚至把卡尔·罗杰斯与弗雷德·罗杰斯（Fred Rogers），儿童电视节目中一位善良、敏感的邻居相提并论（Palmer & Carr，1991）。一些人批评说，现实中的人体验到的恨和爱一样多，这常常是由强烈的性欲所驱动。此外，除了承认潜知觉外，罗杰斯否认无意识动机的重要性。对那些经历过怪异梦境、强烈的冲突、深度抑郁、气愤，或身心疾病的人来说，罗杰斯关于人的观点并不真实。还有，罗杰斯的观点过于简单化，他过分依赖自我报告，而其他人发现，这种自我报告是根本不可靠的。许多人还批评罗杰斯，说他的简单化与凯利受到指责的简单化正相反。罗杰斯强调人格的情绪方面，他说，真正感觉好的东西，就是行动的最好引导。在罗杰斯看来，情绪比理性更重要，而凯利的看法则正好相反。

未把成就归功于影响其理论的人。罗杰斯和阿德勒在理论上有许多相似之处，他们都强调完整的人、意识经验和与生俱来的与他人和谐相处的驱力。罗杰斯的理论与霍妮的理论也有密切关系，霍妮理论的一个关键点是，当健康的真实自我被不健全的理想自我所取代，加上与之相关的"应该的专横"，就会出现心理问题。在霍妮看来，使一个不健康的人变成一个健康人的途径，是引导他回过头来，碰触他真实的自我，从而让真实自我而不是外部强加的理想自我来指导自己的生活。除了用词稍有不同，罗杰斯和霍妮说的是同样的事情。罗杰斯的理论与奥尔波特的理论也有不少相似性。例如，他们都描述了心理健康的人的特征，都强调人性本善，都强调有意识动机而不是无意识动机。尽管罗杰斯曾经说，他要感谢阿德勒对他早期有关治疗过程思想的影响，但他对霍妮和奥尔波特的影响却从未提及。

忽略或否认了人格中的一些重要方面。如前述，罗杰斯从根本上忽略了人性的黑暗面（诸如攻击性、敌意、自私、性动机等）。他还很少提到人格的发展。除了有机体评价过程中被价值条件取代这样的事实外，罗杰斯几乎没有提到有益于健康成长的发展经验。

3. 贡献

对人类持与众不同的积极态度。罗杰斯帮助人们照亮了此前朦胧不清的人性的光明面。他对心理学中"第三势力"的发展做出了贡献，并成功地向心理学中的其他两个占主导地位的势力，即行为主义和精神分析发起了挑战。心理学的这个第三势力被命名为人本主义心理学，因为它强调人性本善，并关注使人的全部潜能得以实现的条件。这种关注贯穿于罗杰斯论著的所有方面。

新型的治疗方法。自弗洛伊德以后，对心理学的影响无人能与罗杰斯相比。他的积极的、人本主义的咨询与治疗方法一直盛行，原因有三：（1）它是有效的；（2）它不像精神分析方法那样需要长时间、枯燥的培训才能掌握；（3）它对人类本性持积极、乐观的态度。罗杰斯不仅创造了一种新式的治疗方法，他还创建了疗效评估方法。通过对疗程进行录音、对录音进行转写和把复本提供给其他的专业人员、开发对作为治疗机能的人格改变进行客观测量的工具，罗杰斯第一次使心理治疗的研究具有科学合理性。

应用价值。自弗洛伊德之后，没有人像罗杰斯那样，对心理学和其他学科都产生了如此巨大的影响。罗杰斯以人为中心的心理学已被应用于诸多领域，例如宗教、护理、牙科、医药、执法、社会工作、种族与文化关系、企业、政治以及组织发展（有关以人为中心的心理学的应用，可参见 Levant & Schlien，1984）。罗杰斯和雷贝克（Rogers & Ryback，1984）在一篇引起人们兴趣的文章中，提出以人为中心的心理学可以在全球应用，以减少或避免国际冲突以及国内敌对派别之间的冲突（亦见 McGaw，Rice，& Rogers，1973）。为实现这个目标，罗杰斯在他生命的最后几年，发起了有巴西、英国、德国、匈牙利、爱尔兰、日本、南非、苏联和瑞士等国出席的国际研讨会（Gendlin，1988；Heppner，Rogers，& Lee，1984）。最后一点，罗杰斯（1969，1983）还展示出，他的以人为中心的原则可用于改进各级教育。

1972 年，美国心理学会授予他首个杰出专业贡献奖，在获奖感言中，他对自己的工作做了如下评价：

> 它把咨询领域颠倒过来。它使心理治疗向公众监督和调查研究敞开了大门。它使得对高度主观的现象进行经验研究成为可能。它有助于给各级的教育方法带来一些变化。它是给很多基本概念带来变化的因素之一，包括工业（甚至军事）领导人、社会工作实践、护理工作、宗教活动等概念。它使会心小组运动蔚然成风。它至少在一定程度上，影响了科学哲学。它正在开始对跨种族、跨文化关系产生影响。它甚至还影响了神学和哲学的学生们。（1974，p. 115）

那么，卡尔·罗杰斯是个怎样的人？对此他的回答是：

> 那么，我是谁？我是多年来把心理治疗作为主要兴趣的心理学家。……我很高兴自己享有作为新人格的助产士的权利——因为我充满敬畏，随时等待一个自我、一个人的诞生。我注视着这一出生过程，而我是其中重要的、有促进作用的一分子。（1961，pp. 4-5）

罗杰斯在芝加哥大学时的同事罗莎琳德·戴蒙德·卡特赖特（Rosalind Dymond Cartwright）曾这样评价罗杰斯：

> 卡尔为两代治疗师、临床心理学家、咨询人员和其他人树立了一个榜样……他是这一理论的生动的样板。他是这样一个人：他不断成长，发现自己，检验自己，他真诚待人，他不断总结经验并从中学习，他为正义而战，这意味着他正直而满怀期望，他代表着一些东西，他真诚、充实地在最优秀的人的意义上生活。（引自 Kirschenbaum，1979，p. 394）

461 　罗杰斯逝世后，简德林（Gendlin，1988）对罗杰斯的为人做了如下的简洁评价："他关心每一个人——而不是体制。他不在意外表、角色、阶层、文凭或地位，他怀疑每一个权威，包括他自己。"（p. 127）

▼ 小 结

罗杰斯出生于一个经济条件优越、笃信宗教的家庭。他的青少年时代是在农场度过的，在那里，他开始对科学感兴趣。大学时代的一次远东旅行对他影响很大，使他了解了不同文化，每一种文化都有自己的宗教和哲学。

罗杰斯理论的主要假设是，所有人天生具有实现趋向，这使他们寻求那些保持和增进自己生活的体验。这个趋向驱使个体变得更具复杂性、独立性、创造性和社会责任感。在理想情况下，所有人都利用有机体评价过程对自己的体验做出评价，以证明这些体验是否符合其实现趋向。那些带来满足感的体验将被寻求，那些引起不满足感的体验则被回避。健康的人把他们的有机体评价过程作为其人生的指导。

所有人都生活在他们的主观现实中，这称为他们的现象场。人们按照他们的现象场，而不是根据客观现实，即物理现实而行动。体验被界定为人们周围发生且被意识到的所有事件。然而，这些事件只有一小部分被符号化并进入意识。逐渐地，现象场的一部分作为自我而分化出来。自我概念的出现就是对主我（I）、客我（me）和我的（mine）这些词重复获得经验的结果。

随着自我的出现，产生了积极关注的需要，希望从生活中相关的人那里得到温暖、爱、同情和尊重。积极关注需要进一步扩展到自我关注需要。这意味着，此时儿童除了需要周围的人给予他们积极回应外，还需要自己给予自己积极回应。通常，无论儿童做什么，成人都没给他们积极关注。成人往往根据儿童正在做出的行为而做出有选择性的回应。换言之，儿童做出某些行为会受到积极关注，而其一些行为则得不到。这就创造出了价值条件，它规定了儿童必须怎样做、怎样想才能受到积极关注。这些价值条件内化为儿童的自我概念，并控制了他们的自我关注。在这种情况下，即使成人不在场，儿童也必须按照这些价值条件去做，才能使自己感觉良好。儿童逃避冠冕堂皇的价值条件的唯一方式，就是给他们以无条件积极关注。

价值条件造就出不和谐的人，因为它们强迫一个人按照内化价值而不是自己的有机体评价过程去生活。不和谐的人是脆弱的，因为他必须不断地对违反价值条件的体验或情感进行防范。这些体验威胁到了他的自我结构并导致焦虑。当一种体验被知觉或潜知觉为威胁时，它要么在象征意义上被扭曲，要么使该象征被否认。由于不和谐的人不是追随自己的真实情感生活的，这样一来，他们往往会感到焦虑，并且选择性地对体验加以理解。

罗杰斯认为，心理治疗的目标是帮助那些不和谐的人变为和谐的人。他的治疗方法起先被称为非指导性疗法，之后被称为来访者中心疗法，再后被称作体验式疗法，最后被称为以人为中心疗法。他的疗法强调无条件积极关注，并假定它能降低威胁、消除价值条件，使人能够与他自己的有机体评价过程相匹配，成为机能完全的人：他的体验是开放的，不是防御性的，他能与别人最大限度地和谐相处，他能体验到主观的自由，并且富有创造性。罗杰斯总结说，除了无条件积极关注，真诚和共情必然是那些寻求积极成长的人的关系的基本特征。

在罗杰斯的职业生涯中，他有两个主要兴趣：一个是在心理学中提出了现象学的以人为中心的方法，另一个是以科学方法对治疗后发生的改变进行考察。为达到这一目的，他最常用的方法就是Q 分类法。使用这种方法，就是把写有特质描述的 100 张卡片分成九堆。每张卡片被放入哪一堆，取决于来访者认为卡片上的描述与自己像还是不像。先请来访者根据卡片上的描述与当前的自己是否相像来分类，这就创建了真实自我的分类。然后，再请来访者根据卡片上的描述与自己希望成为的人的相像程度来分类，这就创建了理想自我的分类。这两次分类使治疗师能够做出多种比较，如治疗前的真实自我概念与治疗后的真实自我概念之比较、治疗后的真实自我概念与治疗后的理想自我概念之比较等。还可以进行其他各种比较。研究表明，罗杰斯的治疗方法能够有效地正向改变来访者的自我概念。

1955 年，罗杰斯与世界知名的行为主义领袖 B. F. 斯金纳展开了一场论战。他们二人都承认行为科学已经取得了迅猛的发展，这种发展是有益的。然而，当他们讨论到应该怎样应用这些行为科学原理时，两人则各奔东西。斯金纳认为，应该用它们作为指导，创建一种环境，鼓励符合期望的行为，并满足人们的需要。他的方法强调外部对行为的控制。罗杰斯认为，这些原理应该用来避免来自外部的控制，创造一种给人以最大自由的环境，使人的实现趋向在不受干扰的情况下发挥作用。斯金纳认为，他和罗杰斯二人想要看到的是同样类型的人，但他们用来造就这种人的方法不同。

罗杰斯认为，我们的教育体制处于不良状态。它把学生看作一个客体去施教，教师则是在高度结构化的环境中散发信息的权威人物。罗杰斯认为，这样的教育体制是建立在对人的本性的错误假设之上的。他相信，如果我们假设每个人都想学习，而且在一个以无条件积极关注为特征的非威胁性环境中，每个人都去学习，那将是建设性的。另外，如果学习材料与学习者有个人化的关系，那么学习会更快，保持得会更好。罗杰斯反对使用"教师"一词，他认为使用"教育促进者"更好些。

463

罗杰斯认为，许多婚姻失败是因为它们建立在过时的、表面的或自私的假设基础上。他认为，要使婚姻运行良好，伴侣双方必须把它看作是动力的、彼此都满意的关系。因为在这样的关系中，伴侣双方必然是自由、自主的个体，一方或双方可以选择去发展一种卫星关系，这是一种与配偶之外的其他人的亲密关系。

罗杰斯对明天的人做出展望，他们将表现出机能完全的人的许多特征。这样的人拒绝虚伪，尊重自然，尊重他人，抵制来自外部的任何控制其思想和行为的企图。在罗杰斯看来，这样的人的出现，将受到一些人的抵制，他们想维持现状，保持传统，看重理性而不是情感，相信自己手握真理，而其他所有人都应该照此真理而行动。

罗杰斯的理论引发了大量的经验研究，其中多数是支持性的。罗杰斯的理论也受到一些批评，被认为对人的看法过于简单和乐观，没有恰当地承认其他理论曾经是他提出自己理论的基础，忽视了人格的一些重要方面。他的理论也受到各种赞扬，被认为促进了对人的积极观点，反对行为主义和精神分析对人的消极看法；创造了一种新型的治疗方法，并可检验其有效性；创造出具有启发意义的人格理论。

▼ **经验性练习**

1. 罗杰斯认为，以无条件积极关注、共情和真诚为特征的任何关系都有助于积极成长。与此同时，以价值条件为特征的关系会扼杀积极成长。首先，描述一个你从中得到无条件积极关注、共情和真诚的关系，再描述一个你遇到价值条件的关系。你是否赞同罗杰斯的观点，前者比后者更有利于积极成长？其次，说说你在列出的一种重要关系中的感觉如何。问问与你同处这种关系中的一个人，他是否同意你的评价，他是怎么说的。

2. 说说你为什么赞成或反对罗杰斯的以下论断：人性本善，如果让他们按照自己的有机体评价过程来生活，他们将与其他人和平、和谐地相处。对于一些人从事犯罪活动的事实，你认为罗杰斯会怎么解释？在你看来，对于犯罪行为，罗杰斯会提出怎样的建议来有效地解决犯罪问题？换言之，怎么做会降低他们再次犯罪的可能性？

3. 列出至少15个你认为准确描述了真实的你的句子。可能包括下面这些：

我有些懒惰。

我过于敏感。

我喜怒无常。

我是乐观的。

我是理智的人。

我能公开表达自己的情感。

我觉得别人对我的控制太多。

我是可信赖的。

我是悲观的人。

我容易结交新朋友。

我常常觉得自己虚伪。

我对自己的未来感到困惑。

我对自己相当了解。

我常常感到内疚。

我对自己过于挑剔。

然后，列出至少15个你认为可描述你希望成为的那类人的陈述句。对两列句子做仔细检验。如果两组句子有很多相同，罗杰斯就会说，你是一个和谐的人。如果两组句子差别很大，他就会说，你是一个不和谐的人。你是哪一种？罗杰斯对和谐的人和不和谐的人的描述是否符合你自己？说明理由。

▼ **讨论题**

1. 先界定什么是实现趋向，然后讨论它对罗杰斯理论的重要性。答案中要包括对有机体评价过程的讨论。

2. 解释为什么罗杰斯的理论被认为是人本主义和存在主义的。它可以说是认知学派的吗？为什么？

3. 说明为什么罗杰斯如此严厉地批评美国的教育体制，他提出了哪些改变这种现状的建议。

▼ 术语表

Actualizing tendency（实现趋向） 所有人与生俱来的维护和提高自己的趋向。

Anxiety（焦虑） 一个人知觉到或潜在地知觉到一种体验与其自我结构和内化的价值条件相矛盾而产生的结果。

Awareness（意识） 一个人体验中那些被符号化并进入意识的事件。

Client-centered therapy（来访者中心疗法） 对罗杰斯的第二种治疗方法的描述，治疗师要积极努力地了解来访者主观的真实情况。

Conditions of worth（价值条件） 让不和谐的人感受到积极关注的条件。

Defense（防御） 通过扭曲或否认，努力去改变有威胁性的体验。

Denial（否认） 拒绝让有威胁的体验进入意识。

Distortion（扭曲） 对有威胁的体验加以矫正，使其不再具有威胁性。

Experience（体验） 一个人在任何给定时刻能够意识到的所有事件。

Experiential stage（体验阶段） 罗杰斯治疗方法演变的第三个阶段，治疗师的情感变得与来访者的情感同样重要。

Facilitator of education（教育促进者） 罗杰斯认为比教师一词更好的术语，因为它表明，这些人有帮助性而非批判性，他们给学生提供学习所必需的自由。

Fully functioning person（机能完全的人） 以自己的有机体评价过程，而不是其内化的价值条件为评价基本点的人。

Ideal self（理想自我） 来访者对自己想成为怎样的人的描述。

Ideal-sort（理想分类） Q 分类法的一部分，来访者所选择最符合他想成为的那类人的陈述。

Incongruency（不和谐性） 一个人不再把有机体评价过程作为评价个人体验的手段时表现出的特征。在这种情况下，人不再诚实地根据自我体验行动。

Internal frame of reference（内在参考框架） 人赖以生活的主观现实或称现象场。

Introjected values（内化价值） 被内化并成为人自我关注的基础的价值条件。

Need for positive regard（积极关注需要） 从生活中相关的人那里得到温暖、同情、关心、尊重和被接纳的需要。

Need for self-regard（自我关注需要） 一个人对自己感觉良好的需要。

Nondirective therapy（非指导性疗法） 对罗杰斯最初治疗方法的表述，强调来访者解决自己问题的能力。

Openness to experience（体验的开放性） 机能完全的人的主要特征之一。

Organismic valuing process（有机体评价过程） 使个体了解自己的体验是否符合其实现趋向的参照框架，那些使人得以保持或促进的体验即符合其实现趋向，其他体验则不符合。

Person-centered stage（以人为中心的阶段） 罗杰斯理论发展的最后阶段，强调对完整的人的理解，而不是仅仅把人作为来访者来理解。

Phenomenological field（现象场） 个体意识到的体验部分。正是这种主观现实而不是物理现实，指导着人的行为。

Phenomenological reality（现象学的现实） 人对客观现实的个人的、主观的知觉或解释。

Psychotherapy（心理治疗） 罗杰斯认为，心理治疗就是帮助不和谐的人转变为和谐的人的体验。

Q-sort technique（Q 分类法） 罗杰斯用来确定治疗后反映治疗效果的来访者自我形象之变化的方法。

　　亦见 Ideal-sort（理想分类）和 Self-sort（自我分类）。

Real self（真实自我）　来访者对当前的自己的描述。

Rogers-Skinner debate（罗杰斯与斯金纳的论战）　1955 年罗杰斯与斯金纳围绕如何最好地利用行为科学发现的原理而展开的一场论战。

Satellite relationships（卫星关系）　与配偶之外的其他人之间的亲密关系。

Self（自我）　由于对主我、客我、我的等词的体验，而从现象场中分化出来的部分。

Self-sort（自我分类）　由来访者选出、认为最能描述他当前真实情况的陈述。它是 Q 分类法的一部分。

Subception（潜知觉）　在一种体验完全进入意识之前的一种察觉。

Symbolization（符号化）　一个事件进入个体意识的过程。

Teacher（教师）　罗杰斯认为不恰当的术语，因为它表示把信息分发给被动的学生的权威者。

Threat（威胁）　被认为与人的自我结构不相容的任何东西。

Unconditional positive regard（无条件积极关注）　不带任何价值条件的积极关注体验。换句话说，积极关注并非跟随在一定行为或想法之后。

亚伯拉罕·马斯洛

本章内容

与罗杰斯的理论一样，由亚伯拉罕·马斯洛提出的人本主义人格理论聚焦于人的成长和潜能。与罗杰斯不同的是，马斯洛的主要关注点是那些对政治、历史、医学或其他领域有重要影响的杰出人物。马斯洛曾经这样回忆第二次世界大战的悲剧对他的刺激：

> 大约在 1941 年，我放弃了我曾以自私方式而着迷的所有一切。我感到我必须努力去拯救世界，阻止这场可怕的战争、这种可恶的仇恨和偏见。
>
> 你们知道，这是非常突然地发生的。在珍珠港事件发生后的一天，我正开车回家，被一队令人怜悯和感伤的游行队伍阻挡。童子军、肥胖的人、旧制服和旗子，还有人吹着走调的长笛。……看到这些，不禁泪流满面。我感到我们不理解——不理解希特勒及德国人，也不理解斯大林及苏联人。我们不理解他们中的任何人。我感到，如果我们能够理解，我们就能进步。我脑海中出现一张和平谈判桌，大家围桌而坐，谈论着人的本性、仇恨、战争、和平以及四海之内皆兄弟的理想。
>
> 我年龄太大，不能去参军。就在那一刻，我认识到，我的余生一定要贡献给发现一种致力于和平谈判心理学。
>
> 那个时刻，改变了我的一生，决定了自那时起我做的事情。……我希望证明，人类能够做一些比战争、偏见、仇恨更重要的事情。我想对非科学家探讨的诸多问题——宗教、诗歌、价值观、哲学、艺术，做科学的思考。
>
> 我通过尝试理解一些伟人，那些我能找到的最好样本来做这件事。（引自 Hall，1968，pp. 54-55）

很多人格理论家都属于人本主义阵营（如奥尔波特和罗杰斯），但是以人本主义心理学代言人身份出现的是马斯洛。马斯洛把人本主义心理学的发展当作一项事业，并且以宗教般的狂热去从事这项事业。

一、生平

亚伯拉罕·哈罗德·马斯洛（Abraham Harold Maslow），1908 年 4 月 1 日在纽约市布鲁克林出生。他是家里七个孩子中的老大。他的父母是从俄国移民过来的犹太人，贫穷、未受过教育。作为邻居中唯一的犹太男孩，他的大多数时间是孤独和不开心的。与罗杰斯一样，马斯洛把书籍当作避难所。马斯洛这样描述他的童年："度过那样的童年，我却神奇地没成为精神病患者。我是住在非犹街区的一个犹太小男孩，有点像白人学校里的第一个黑人。我是孤独的、不快乐的。我在图书馆的书籍中长大，没有朋友。"（引自 Hall，1968，p. 37）

不幸的是，马斯洛面临的问题不全来自家庭之外。据马斯洛的回忆，他的父亲最喜欢的是威士忌、女人和打架（Wilson，1972，p. 131），并认为他的儿子（马斯洛）又丑又笨。一次大家庭聚会，他的父亲塞缪尔（Samuel）问道："亚伯不是你们见到过最丑的小孩吗？"霍夫曼（Hoffman，1988）描述了父亲的评价对年幼的马斯洛的影响："这样轻率的评论对这个男孩自我形象的影响很大，一段时间里，他乘坐地铁时都要找无人的车厢，'以便不被别人看到'，好像他是一个恐怖的丑八怪。"（p. 6）

马斯洛的母亲罗丝（Rose）比他的父亲有过之而无不及：

> ［马斯洛］从小到大一直怀有对她的仇恨，并且从未缓解过。他甚至拒绝参加她的葬礼。他形容罗丝·马斯洛是一个残忍、愚昧、充满敌意的人，她如此没有爱心，使她的孩子们几近发疯。在马斯洛提到他母亲的所有文章中——有些是她还在世的时候就已发表——没有一处表达出一丝

温暖或情感。（Hoffman，1988，p. 7）

马斯洛对他母亲的怨恨，原因之一就是她吝啬的持家之道：

　　[马斯洛] 怨恨地回忆起，她用链条锁住冰箱，尽管她丈夫让日子过得还不错。只有当她要做饭时，她才把锁取下，允许孩子们拿些东西吃。年幼的马斯洛无论何时有朋友来家里，她都小心翼翼地把冰箱锁上。（Hoffman，1988，p. 7）

关于猫的一段情节是这样的：

　　少年时期的一天，[马斯洛] 外出闲逛，看见街上有两只被遗弃的小猫。他决定把它们带回家抚养。他抱着小猫轻轻地进了家门，到了地下室。晚上，罗丝回到家，听到小猫叫的声音，她来到地下室，看到她的儿子正在用牛奶盘子喂小猫。他儿子不但把流浪猫带回家，还用她的盘子喂它们吃的，见此情境，她被激怒了。罗丝抓住了小猫，就在他惊恐的眼前，她抓住两只小猫的头朝地下室的墙上摔过去，直到小猫死掉。（Hoffman，1988，p. 8）

　　具有讽刺意味的是，与人本主义心理学有如此紧密关系的人，却是从对其母亲的仇恨中找到了自己毕生事业的动力。1969 年，在马斯洛去世前不久，他在日记中写下了这样一段话：

　　我的全部怨恨和抗拒，不仅因为 [我母亲的] 外貌，而且因为她的价值观、世界观，她的吝啬，她的自私，她对世界上的其他任何人都缺乏爱，甚至她的丈夫和孩子们……她认为反对她的任何人都是错误的，她对孙辈不关心，没有朋友，她邋遢肮脏，她对自己的父母和兄弟姐妹没有亲情。……我一直奇怪，我的乌托邦理想，道德主张，人道主义，对善良、爱和友谊的强调，以及其他的一切来自哪里。我很清楚缺乏母爱的直接后果。但是我的生活哲学、我的研究以及我提出理论的全部推动力，也起源于对她一切所作所为的怨恨与厌恶。（Lowry，1979，p. 958）

　　马斯洛后来能与父亲和平相处，常与父亲亲切交谈，但与母亲则从没有过。

　　1925 年，17 岁的马斯洛进入纽约城市学院。1926 年，在该大学读书期间，马斯洛为了让父亲高兴，参加了布鲁克林法学院的一个晚间课程。但仅仅两周后，他就发现自己的兴趣不在法律方面，于是放弃了法学院。1927 年，马斯洛转学到纽约州伊萨卡市的康奈尔大学。在那里，马斯洛选修了爱德华·B. 铁钦纳（Edward B. Titchener）讲授的心理学导论。铁钦纳上课时总是穿着全套的学术礼服。马斯洛觉得铁钦纳的"科学内省"冰冷而乏味，它一度使马斯洛失去了对心理学的兴趣。马斯洛在康奈尔大学只读了一个学期，就回到纽约市，重新进入纽约城市学院。1928 年，马斯洛转入威斯康星大学，1930 年在那里获得文学学士学位，1931 年获文学硕士学位，1934 年获哲学博士学位。

　　来到威斯康星不久，马斯洛与伯莎·古德曼（Bertha Goodman，他的一个表妹，两人青梅竹马）结婚，育有两个孩子。马斯洛声称，他的生活是在结婚后才真正开始的。那一年马斯洛 20 岁，伯莎 19 岁。他们的婚姻一直很幸福，直到马斯洛去世。

　　现在看来令人奇怪的是，马斯洛还是纽约城市学院学生的时候，就决定学习心理学，他发现了 J. B. 华生（J. B. Watson）的行为主义理论。他这样描述发现这一理论时的激动心情：

　　我发现了 J. B. 华生并且对行为主义如此热衷。我激动得要爆炸。……伯莎来接我，我在第五大道满怀激情地一直跳着舞。我让她感到难为情，但华生的课程太让我激动了，它太棒了。我确信，这里有一条解决一个又一个谜团并且改变世界的真正的道路。（Hall，1968，p. 37）

　　马斯洛对行为主义的这种迷恋在他和妻子的第一个孩子出生时终止了：

　　我们的第一个孩子改变了作为心理学家的我。我曾经如此欣然接受的行为主义理论现在看起来那么愚蠢，让我不能再忍受。那是对已经认定的东西的晴天霹雳。……一种神秘感和真实的失控感使我不知所措。我感到渺小而羸弱，面对此情此景无能为力。我敢说，任何有孩子的人都不可能成为行为主义者。（Hall，1968，p. 55）

　　在威斯康星大学，马斯洛成为著名实验心理学家哈里·哈洛（Harry Harlow）的第一个博士生，哈里·哈洛当时正在创立一个基础实验室来研究猴子的行为。马斯洛的博士论文是关于猴群中支配地位的确立。他发现，支配地位似乎是一种内在自信或支配情感的结果，而不是靠身体的强壮或攻击性。马斯洛还观察到，在灵长类动物群体中，性行为是由成员的支配或从属地位决定的。他想查明，人类是不是也这样。他很快就着手进行这样的探索。

　　在 1934 年马斯洛获得博士学位后，有不长一段时间他继续在威斯康星大学教课，并且注册了该校医学院的课程。他发现，医学院像法律学校一样，反映的是对人的缺乏情感的、负面的观点，于是很快就退出了。1935 年，他获得卡内基基金，来到哥伦比亚大学，跟随著名学习理论家爱德华·L. 桑代克（Edward L. Thorndike）工作了 18 个月。桑代克对马斯洛做了一项智力测验，结果他的智商为 195，是该测验记录中的第二高的分数。当马斯洛表示他想探索支配权与性行为的关系时，桑代克表现出沮丧，但还是答应了，他说：

　　我不喜欢你做［有关支配权与性行为］的研究，我希望你不去做，但是如果我不相信我的智力测验结果，谁会相信呢？我想，如果我给你［允许］，对你对我——以及这个世界，都是最好的。（引自 Hoffman，1988，p. 74）

470

　　得到这一允许，马斯洛于 1935 年下半年开始了有关人类性行为的研究。他从访谈开始，考察男性和女性的支配感或从属感，以及他们的性偏好。没过多久，他就放弃了男性，因为他们常常闪烁其词，而且"倾向于说谎，夸大事实，扭曲他们的性体验"（Hoffman，1988，p. 77）。马斯洛设计了一个标准化访谈，包括这样一些问题："做爱时你的身体偏好怎样？""你多长时间手淫一次？""手淫时你有什么特别的性幻想？"（Hoffman，1988，p. 78）1937 年到 1942 年间，马斯洛根据人们对此类问题的回答，发表了几篇有关女性性行为的文章。总体来说，与顺从型的女性相比，支配型的女性常常是非传统和宗教观念不强的，她们对女性成见更不能容忍，较外向，有更多的性冒险，较少焦虑、嫉妒和神经症。马斯洛还发现，高支配性的女性更吸引高支配性的男性，他们被描述为"非常男性化，自信，攻击性相当强，明确自己想得到什么和能得到什么，通常在大多数事情上表现出色"（引自 Lowry，1973，p. 126）。在性领域，高支配性的女性表现出的偏好是：

　　直截了当，不动情感，相当猛烈，野性，异教徒式的，热烈，有时甚至野蛮地做爱。来得快，无须长时间余热。希望一下子就席卷全身，不用殷勤。她希望她喜欢的东西被全部拿去，不用请求。换句话说，她必须被支配，必须被迫处于从属地位。（引自 Lowry，1973，p. 127）

　　相反，低支配性的女性吸引的是善良、友好、温存、忠诚、喜欢孩子的男人。有趣的是，马斯洛对人类性行为的研究比金赛（Alfred Kinsey）在 20 世纪 40 年代中期做的著名研究还早了几年。

　　1937 年，马斯洛来到布鲁克林学院，在那里一直工作到 1951 年。在布鲁克林学院，马斯洛在完成全职教学任务的同时，还继续进行有关人类性行为的研究，并指导学生。马斯洛成为深受欢迎的教师，学院报纸称他是布鲁克林学院的弗兰克·辛纳屈（Frank Sinatra，20 世纪最著名的流行歌手之一）。1947 年，马斯洛患病，后被诊断为心脏病，这使得他被迫病休。马斯洛夫妇与他们的两个女儿一起，移居加利福尼亚的普莱森顿。在那里，马斯洛临时负责管理马斯洛桶业公司的一个分部，同时阅读了一些著名历史人物的传记。1949 年，马斯洛返回布鲁克林学院。

如前述，马斯洛早期研究的是健康、与众不同、支配型的样本。从这些早期兴趣前进一小步，就涉及最优秀的人了。

20 世纪 30 年代末到 40 年代初，马斯洛在纽约度过。当时，欧洲一些优秀人才为了逃避纳粹德国的迫害纷纷来到美国。其中，马斯洛追寻并从他们身上获益的人，包括阿尔弗雷德·阿德勒、马克斯·韦特海默（Max Wertheimer）、卡伦·霍妮，以及埃里希·弗洛姆（Erich Fromm）。

对马斯洛具有重大影响的人物中，还有当时美国的人类学家鲁思·本尼迪克特（Ruth Benedict）。事实上，马斯洛内心最崇拜的是格式塔心理学的创立者马克斯·韦特海默，而鲁思·本尼迪克特则激发了他对自我实现者的兴趣。马斯洛描述了他怎样努力去理解这两个人，以至于这成为他一生的工作：

> 我对自我实现的调查，并不是有计划的，也不是作为研究开始的，而是作为一个年轻知识分子试图去理解他的两位老师而开始的。这两位老师是他热爱、钦佩和敬慕的人，是非常非常棒的人。它是一种需要高智商的奉献。我不能只是满足于对他们的崇拜，而是要努力搞清楚，为什么这两人与世界上的芸芸众生如此不同。这两个人就是鲁思·本尼迪克特……和马克斯·韦特海默。他们是我从西部来到纽约攻读博士学位时的导师，他们是最卓越的人。我在心理学方面的训练根本不足以使我理解他们，好像他们不是普通人，而是比人多出点什么。我自己的调查是作为一项前科学或非科学的活动开始的。我对马克斯·韦特海默做了描述和笔记，也对鲁思·本尼迪克特做了笔记。当我试图对他们进行理解、思考，并把有关他们的事情写到我的日记和笔记中的时候，在一个奇妙的时刻，我意识到，他们两人的模式可以加以概括。我谈论的是一类人，而不是不可比较的两个人。那是令我兴奋异常的时刻。我很想知道，这个模式是否能从别处看到，我的确在别处找到，一个人接着一个人。
>
> 按照实验室研究，即严格控制的研究的一般标准，这完全算不上是研究。（1971，pp. 40-41）

马斯洛对韦特海默和本尼迪克特的深深崇拜只是他对高度受人尊敬者的钦佩的一种延伸。他曾把他大学时的教授们和一些著名历史人物看作他的天使，因为在他需要帮助的时候他们总是会出现。马斯洛曾经把他心目中的天使理想化，当知道他们也仅仅是人时，他感到震惊。例如，有一次，马斯洛在洗手间发现他的哲学教授就在旁边的小便池小便。对这件事，马斯洛说道："这使我很吃惊，让我有几个小时，甚至几周的时间都在消化这个事实，即教授也是个人，他们有其他所有人都有的排泄构造。"（引自 Wilson，1972，p. 138）在马斯洛的全部职业生涯中，他的天使们在他需要的时候，总是会出现在那里。

> 我有很多对付专业攻击的花招。……我有一个秘密。我越过我前面的人，与我的私人听众谈话。我与我热爱并尊敬的人交谈，与苏格拉底、亚里士多德、斯宾诺莎、托马斯·杰斐逊、亚伯拉罕·林肯交谈。我的写作是为他们而写，这减少了很多废话。（引自 Hall，1968，p. 56）

1951 年，马斯洛来到当时新成立的位于马萨诸塞州沃尔瑟姆的布兰代斯大学，任心理系主任。他在布兰代斯大学的初期，行政管理职责和一些个人问题有碍于他对自己理论目标的追寻。在这段时间，由于他对母亲的持续敌意以及童年时期经历的反犹太主义的痕迹，他曾接受精神分析（Hoffman，1988，p. 203）。不久以后，马斯洛重新开始了他对心理健康的人的研究，很快他就作为第三势力心理学（稍后讨论）领袖而出现。他的影响巨大的著作《动机与人格》于 1954 年出版。接下来的几年是他的多产时期，然而之后，马斯洛的学术生涯越来越动荡不安。

20 世纪 60 年代中期，美国出现了遍及全国的社会动荡，不断兴起的反主流文化思潮试图寻找领袖人物。马斯洛似乎是一个候选人，但霍夫曼（Hoffman，1988，pp. 287-312）曾讨论，为什么马斯洛是一个不恰当的选择。那些反主流文化运动中的人，以客观探究人性为代价，希望强调人的情感、直觉和自发性。而马斯洛的立场则是，对人性中较高级的东西，能够且应该进行客观研究。他拒绝彻底谴责美国出兵中南半岛。他退出了美国民权同盟，因为他认为该同盟对罪犯心慈手软。他直率地批评其小女儿艾琳（Ellen）和布兰代斯大学心理系前主任阿比·霍夫曼（Abbie Hoffman）的消极主义及其他政治观点。他公开反对蒂莫西·利里（Timothy Leary）提出的"聚神，入世，出离"（tune in，turn on，and drop out）的主张。他批评美国的大学没有对解决世界上的问题做出贡献，批评教师们支持中世纪的行业特权，例如终身教职等，因而使他与学术界越来越疏远。他得出结论称，大学是全国管理最差的组织。就是在这样的异议纷争中，1966 年 7 月 8 日，马斯洛惊讶地得知，他被选为美国心理学会的主席（Hoffman，1988，p. 294）。

在这个动荡不安的时期，马斯洛把他的学生们视作自我放纵、缺乏理性的人。举个例子，马斯洛的学生们希望接管班级，自己授课。马斯洛起先反对，但最后让步了。霍夫曼（Hoffman，1980）做了这样的描述：

> 在他让这些不满现状的人自己管理他们的班级后，情况得到了改善。现在他相信，他们多么强烈地渴望团体友谊，以至于他们都不能参与到严肃的理性对话中。他们只是一群迷惑的青少年，而不是在故意伤害他人。他意识到，他的人性理论可以中肯地解释他们的行为：归属需要比自我实现需要更急迫。但他认为这是令人遗憾的，是对他的智力的浪费，因为这些年轻人仍然为满足基本需要而挣扎，这本该在他们的童年时期就得到满足。（p. 314）

学生们接管了哥伦比亚大学的图书馆和行政大楼，马斯洛糟糕的健康状况告诉他，到了该停止教学工作的时候了。

1968 年底，马斯洛告别了学术界，他得到萨迦管理公司的一笔资助，从而有不限时的自由时间从事写作和学术工作。马斯洛接受了这个赞助，并且非常享受这种无限制的自由。不幸的是，这一理想状态没有持续多久。1970 年 6 月 8 日，马斯洛在慢跑时因心脏病发作而逝世，享年 62 岁。

马斯洛获得的诸多荣誉中，包括美国心理学会人格与社会心理学分会主席（1955—1956）和美学分会主席（1960—1961）、马萨诸塞心理学会主席（1960—1961）、新英格兰心理学会主席（1962—1963）、美国心理学会主席（1967—1968）。他是美国心理学基金会的金质奖章获得者（1971）。

二、第三势力心理学

如前述，马斯洛认为，他所接受的心理学训练并没有使他了解他认为是杰出的人们的积极品质。精神分析阵营把人看作动物本能和文化冲突的牺牲品，这只涉及了问题的一部分。行为主义者把人看作其行为由环境塑造的生物，这也只是对人类存在的奥秘射出的一束亮光。马斯洛认为，此前所有的心理学都聚焦于人类黑暗的、消极的、病态的和兽性的那些方面。马斯洛所希望的是，**人本主义心理学**（humanistic psychology）将关注人类的积极面，并提供有助于建立人类动机综合理论的信息。这个综合理论既包括人性的积极面，也包括人性的消极面。在马斯洛看来，很清楚，如果我们想发现人类中最好的品质，就必须研究卓越的人物。

马斯洛把他职业生涯的大多数时间奉献给对卓越人物的研究。马斯洛相信，一般的**科学的还原分析法**（reductive-analytic approach to science），把人还原成习惯或冲突的集合，而忽视了人性的本质。而**科学的整体分析法**（holistic-analytic approach to science），把人看作一个有思想、有情感的整体，更可能获得有效的结果。马斯洛指出，如果标准化的科学方法不能用于研究完整的人，那就应该摒弃之，并创立可用的方法：它是对人的理解，如果传统的科学程序不能帮助我们理解人，它们就是糟糕的。马斯洛提出，一些科学家热衷于还原分析法，是因为它能防范他们看清自己的本性。换言之，一些科学家以科学严谨性的名义，把他们自己及其他人与诗歌、浪漫情怀、脆弱性和精神世界隔绝开来。马斯洛说，这样的科学家通过把人说得与实际相比不那么非凡、美好和令人敬畏，从而使人**世俗化**（desacralize）。

　　马斯洛的目标是通过使心理学聚焦于多年来被忽视的主体，即健康、机能完全的人身上，从而使心理学更完满。这种努力促成了心理学的**第三势力**（third force），其他两个势力指精神分析和行为主义。马斯洛（1968）指出："弗洛伊德向我们提供了心理的病态的一半，现在我们必须用健康的另一半使它完整。"（p. 5）马斯洛对行为主义的科学客观性印象深刻，但对其与真实世界的相关性则不以为然："行为主义的致命缺点是，它对实验室中进行的实验来说是好的，但是它像实验室工作服那样，进去时穿上，离开时脱掉。当你在家里与妻儿、朋友在一起时，它是无用的。"（引自 Lowry，1973，p. 5）

　　1962 年，马斯洛和其他几位有人本主义倾向的心理学家（包括戈登·奥尔波特、乔治·凯利、卡尔·罗杰斯和罗洛·梅）一起建立了美国人本主义心理学会，该学会遵循以下原则：

474

　　（1）心理学的基本研究对象应该是具有各种经验的人。
　　（2）人本主义心理学家关注的是人的选择、创造性和自我实现，而不是机械还原论。
　　（3）只有对个人和社会具有重要性的问题才应该被研究——是重要性，而不是客观性，才是口号。
　　（4）心理学的主要关切应该是人的尊严和进步。

　　人本主义的心理科学将遵循这些原则，其结果很少能由外部预测并控制人的行为，更多的是自我了解：

　　　　如果说人本主义科学被认为除了探索人的神秘与欢乐带来的巨大魅力之外，还有其他目标，那就是把人从外部控制中解放出来，使人对观察者来说更难以预测（使人更自由，更有创造性，更多地由内部决定），也许使人更好地预测自己。（Maslow，1966，p. 40）

　　马斯洛不反对科学，他反对的是把人性的重要方面排除出去的科学。马斯洛一直把自己看作一个客观的科学家：

　　　　我对［我的人本主义心理学研究］的看法听起来有些令人奇怪，但是我仍然感到对客观研究有同样的热爱和赞赏。我既没有否定它，也不会攻击它。真实情况是，我被迫认识到它的局限性，它不能描绘出人的真实而有益的形象。（引自 Hoffman，1988，p. 40）

■　三、需要层次

　　马斯洛理论的基石是他的动机理论，这是 1943 年他在布鲁克林学院时发表的两篇论文中最早提出的（1943a，1943b）。马斯洛把他的动机理论聚焦于**人的需要层次**（hierarchy of human needs）。他认为，人具有多种**类本能的**（instinctoid）需要，它们是天生的。马斯洛使用类本能的这一术语来代替本能的一词，以表明人类的生物遗传与动物的生物遗传之间的区别：

　　　　虽然这个内核以生物学为基础，而且是"类本能"的，但在某种意义上来说，它很弱，而不是很强。它容易被克服、抑制或压抑。它甚至会被永远地消灭。人类不再拥有动物意义上的本能这一强有力的、明确的内部声音，这些内部声音能毫不含糊地告诉他们做什么，什么时候做，在哪里做，怎样做，跟谁一起做。我们只保留了本能的残余。它们是微弱、模糊和脆弱的，很容易

被学习、文化期望、恐惧和不被允许等等所淹没。（1968，p. 191）

475

马斯洛还假定，我们的需要是根据其效能分层次排列的。尽管所有的需要都是类本能的，但是其中一些比另一些更强大。一种需要在层次中所处的位置越低，它就越强有力。在层次中所处位置越高，该需要就越弱，也越明显地属于人类。在层次中较低级的或基本的需要，与非人类动物拥有的需要相类似，只有人类才拥有较高级的需要。

1. 生理需要

这种需要直接与生存有关，是我们与动物所共有的。这包括对食物、水、性、排泄以及睡眠的需要。如果某一种**生理需要**（physiological needs）不能得到满足，它将在人的生活中占支配地位：

> 对于一个长期处于严重饥饿中的人来说，理想天堂可以简单地定义为一个有着丰富食物的地方。他往往会想，只要有足够的食物，他的余生就会非常幸福，而不再有其他奢念。生命根据吃来定义，其他的都被定义为不重要的。自由、爱情、社群情感、尊重、人生观，都可以成为无用的东西被抛在一边，因为它们不能填饱肚子。这样的人，可以说只是为面包而活着。（Maslow, 1987, p. 17）

这些需要显然是绝对重要，而且必须被满足的。但是马斯洛认为，心理学过分强调了这些需要在决定现代社会人的行为上的重要性。对多数人来说，这些需要是容易满足的。在马斯洛看来，真正的问题是在生理需要被满足之后会怎样。"在没有面包的时候，只要有面包，人就能活着，这是真实的。但是，在有了足够的面包、肚子总是被填饱的时候，他们又有什么欲望呢？"（Maslow, 1987, p. 17）马斯洛的回答是，个体将被下一层或下一簇的需要所支配。必须注意，马斯洛不认为，一个层次的需要必须完全满足后，个体才被释放并产生下一层次的需要。他认为，一层需要必须持续、充分地得到满足。也就是说，一个人可能偶然遭遇饥渴却仍有较高级的需要，但是饥渴不能在人的生活中占主导地位。

2. 安全需要

当生理需要被满足之后，**安全需要**（safety needs）就作为优势动机而出现。它包括对房屋、秩序、安全性和可预测性的需要。处于这一层次上的人们很像凯利所说的，其主要目标是降低生活中的不确定性。这种需要在儿童身上表现得最明显，当面对新异（不可预测）事物时，他们通常会表现出很强烈的恐惧。安全需要的满足使人确信，他们生活在一个远离危险、恐惧和混乱的环境中。

476

3. 归属与爱的需要

随着生理需要和安全需要得到充分满足，此时的人将被**归属与爱的需要**（belongingness and love needs）所驱动。这包括对朋友、陪伴、支持性家庭、群体认同以及亲密关系的需要。如果这些需要得不到满足，人将感到孤独和空虚。马斯洛认为，这个层次上的需要没能得到满足是美国社会的主要问题，这可以解释，为什么有那么多的人寻求心理治疗，并加入支持性团体。

4. 尊重需要

如果一个人很幸运，他的生理需要、安全需要、归属与爱的需要都得到了满足，那么，对尊重的需要就开始在生活中占主导地位。要满足这些需要，一方面要有来自其他人的认可及所带来的威望感、被接纳感和地位感，另一方面要有自尊，并激发自我适当感、能力感和自信心。这两类情感通常在投入有益社会的活动中产生。**尊重需要**（esteem needs）得不到满足，将导致挫折感和自卑感。

5. 自我实现

如果所有较低级的需要都得到了充分满足，那么这个人就会成为数量很少的人们中的一员，这些人将体验到**自我实现**（self-actualization）：

> 根据前述的动机状态，健康人会充分满足对安全、归属、爱、尊重和自尊的基本需要，从而被自我实现驱动［定义为潜能、能力和天赋得以不断的实现，是使命（或呼唤、命运、天命、天职）的完成，是对个人内在本性的全面了解与认可，是一种不间断地向着人的内在统一、整合或协同作用发展的趋向］。（Maslow，1968，p. 25）。

> 如果要实现内心平和，音乐家就必须作曲，艺术家就必须作画，诗人就必须写诗。人能够成为什么样的人，他们就必须做那样的人。他们必须真实地呈现自己的本性。我们可以把这种需要称为自我实现。（Maslow，1987，p. 22）

本章后面还要谈到自我实现者的更多特征。马斯洛的需要层次如图 15-1 所示。

6. 需要层次的一些例外情况

马斯洛认为，大多数人是按照图 15-1 所示的需要层次来递进的。但也有一些例外，例如，一些人会长期停留在他们的生理需要上，因为生理需要仅得到部分满足，使他们失去了向高级需要前进的愿望。在他们的余生中，如果他们能够得到足够的食物，他们就感到满足了。类似情况还可能发生在对爱的需要上。如果一个人在童年时期缺乏爱，他对爱的渴望和付出情感的能力可能永远丧失。这两种情况都使人想起了弗洛伊德所说的固着。在第一种情况下，这个人"固着"于需要层次的生理层次上，第二种情况则固着于归属与爱的层次上。马斯洛（1987，p. 26）还提出，某些天才人物的创造力似乎并不要求满足自我实现之前的那些需要。没有这些满足，他们的创造性也照样能得以表现。

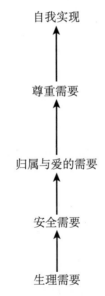

图 15-1　马斯洛的需要层次

7. 满足的程度

如前所述，并非必须完全满足一个层次的需要后才能够进入下一层次的需要。同样，无论一个人处在哪一层次的需要上，他都会同时寻求其他层次的需要。对此，马斯洛（1987）这样解释：

> 至此，我们的理论阐述可能给人这样一种印象，这五种需要——生理、安全、归属、尊重和自我实现——在某种程度上遵循着以下关系：一种需要得到满足，另一种需要才会出现。这样的表述可能给人一种错误印象，即一种需要必须百分之百地得到满足，下一种需要才会出现。事实上，我们社会中的大多数正常的成员，他们的所有基本需要中，都只有一部分得到了满足，另一

部分没有得到满足。对需要层次的更合乎实际的表述应该是：当我们向上一层次的需要演进时，满足低层次需要的百分比就会下降。为了能说得更清楚，我们可以假定：能够满足生理需要的民众有85%，能够满足安全需要的有70%，能够满足爱的需要的有50%，能够满足尊重需要的有40%，能够满足自我实现需要的有10%。

至于说到低层次需要得到满足后，一种新需要出现的概念，那么，这种出现并不是突然、跳跃的现象，而是缓慢地从无到有的逐渐显现。例如，若低层次需要 A 只有 10% 得到满足，那么，需要 B 完全不可能得以显现。当需要 A 有 25% 得到满足时，需要 B 可能会出现 5%。当需要 A 的满足程度达到 75% 时，需要 B 可能会显现出 50%。（pp. 27-28）

478　还应注意，一个人无论达到多高的需要层次，如果较低级的需要在一个相当长的时间内未得到满足，这个人将退回到与这些需要相符合的层次上，并停留在那里，直到这些需要得到满足。因此，人们在生活中无论有多大成就，如果对食物的需要突然间不能得到满足，那么，这种需要就会重新在生活中占主导地位。马斯洛指出："对于一个极度饥饿、面临生命危险的人来说，除了食物，他不会有其他兴趣。"（引自 Lowry, 1973, p. 156）在另一场合，他还说道："与食物和安全相比，尊重是一种可有可无的奢侈品。"（1987, p. 57）

8. 渴望知道和理解

马斯洛认为，**渴望知道和理解**（desire to know and understand）与基本需要的满足密切相关。换句话说，知道和理解被认为是用来解决问题和克服障碍的手段，进而使基本需要得到满足：

如果我们还记得，各种认知能力（知觉、智力、学习）是一套调节手段，它们还有满足我们基本需要的其他机能，那么很显然，对它们的任何威胁，对其自由使用的任何剥夺或者阻碍，必然也会间接地威胁到基本需要本身。这样的表述可以部分地解决以下问题：一般的好奇心问题，对知识、真理和智慧的探索，对揭示宇宙奥秘的永不停歇的渴望。保密制度、审查制度、欺骗和对人际沟通的阻塞，会威胁到所有的基本需要。（Maslow, 1987, p. 23）

对知道与理解的需要，存在于所有的动机水平，但是指向不同需要的满足，这取决于一个人在需要层次中所处的位置。要向需要的较高层次前进，知道和理解需要的满足就必须不受妨碍。

9. 审美需要

审美需要（aesthetic needs）是对秩序、对称性、闭合、结构和完成各种动作的需要，在一些成人和几乎所有儿童身上可以看到这种需要。马斯洛认为，有证据表明，这种需要存在于所有文化中，并且早在洞穴人的文化中就已出现。

生理、安全、归属与爱、尊重和自我实现需要形成了一个层次，知道与理解的需要在机能上与上述需要的满足相关，但是，审美需要与其他需要的关系还不清楚。马斯洛认为，只有两点是明确的：第一，审美需要是类本能的；第二，审美需要在自我实现者中得到最充分的表现。

四、存在型动机

当所有的基本需要都得到充分满足，并且进入了自我实现层次时，人会怎么样呢？马斯洛的回答是：在某种意义上，这些人与那些仍在努力满足基本需要的人就有了本质差别。自我实现者的生活由**存在型价值**（being values，亦称 B 价值）所主导，马斯洛称之为**元动机**（metamotives）。"自我实现者*479*基本上不是被驱动的（不是被基本需要驱动），他们主要是被元驱动的（即被元需要——存在型价值所驱动）"。（Maslow, 1971, p. 311）由于**存在型动机**（being motivation）影响人内心的成长，因此它还被称为**成长动机**（growth motivation）。存在型价值的实例是美好、真实和正义。

非自我实现者的生活被**匮乏型动机**（deficiency motives，亦称 D 动机）主导。换言之，他们受到缺少食物、爱或尊重等因素的影响。非自我实现者的知觉受到缺乏这些东西的影响，因此被称为**需要导向知觉**（need-directed perception，亦称 **D 知觉**或 **D 认知**）。"需要导向知觉好像一个高度聚焦、四处照射的探照灯，寻找能满足需要的目标，而忽略与需要无关的东西。"（Jourard，1974，p. 68）

与此同时，**存在型认知**（being cognition，亦称 **B 知觉**或 **B 认知**）与需要导向知觉有本质差别。"存在型认知……是一种被动的知觉模式。它使自己被周围事物触及、接触，或影响，从而使这种**知觉**（perception）更丰富多彩。"（Jourard，1974，p. 68）

为说明匮乏型动机与存在型动机之间的区别，马斯洛举了爱的概念来说明。他把匮乏型爱与存在型爱加以区分，**匮乏型爱**（D-love）是由于爱与归属需要未得到满足而被驱动的。处在这种需要状态的人渴望爱如同饥饿的人渴望食物。这样的爱是自私的，因为爱的获得，只是满足了一个人所缺乏的东西。而存在型爱则不同，马斯洛（1968，pp. 42-43）列出了**存在型爱**（B-love）的一些特征：

（1）存在型爱是非占有性的。
（2）存在型爱是贪得无厌的，可以无止境地被享受。它通常会越来越强，而不是逐渐消失。但匮乏型爱是能够被满足的。
（3）存在型爱的体验常常被描述为与审美体验或神秘体验有同样的效应。
（4）存在型爱具有深远的、广泛的治疗效果。
（5）与匮乏型爱相比，存在型爱是一种更丰富、更高级、更有价值的体验。
（6）存在型爱中的焦虑和敌意是最小的。
（7）具有存在型爱的双方是相互独立的，与具有匮乏型爱的人相比，他们较少嫉妒，具有更多兴趣和自主性。他们更愿意帮助对方达到自我实现，并对对方的成功由衷地骄傲。
（8）存在型爱能带来互相之间最真实、最深刻的知觉。
（9）在某种意义上，存在型爱创立了伴侣关系。它提供了自我接纳以及有价值的爱的情感，这两种情感使伴侣得以成长。缺少了存在型爱的体验，人的全面发展就不会发生。

马斯洛认为，有 15 项存在型价值主导着自我实现者的一生。这 15 项存在型价值见表 15-1。

尽管存在型价值是元需要，但它们仍然是需要。因此，如果一个人要体验到全面的心理健康，它们就必须得到满足。元需要（存在型价值）不能得到满足，会导致马斯洛所称的**元疾病**（metapathology）。由于未能满足各种存在型价值而引发的元疾病，见表 15-1。

强烈的存在型认知会引发入迷或狂喜的情感，马斯洛称这些神秘或广阔无限的情感为**高峰体验**（peak experiences）。下一节讲到自我实现者的特征时将对其做更多介绍。

表 15-1　　　　　　存在型价值未被满足（精神病型剥夺）条件下的表现，
　　　　　　　　　　以及存在型价值未被满足所造成的影响（某种元疾病）

存在型价值	精神病型剥夺	特定的元疾病
1.真诚	不诚实	怀疑，不信任，玩世不恭，多疑，猜忌
2.善	恶	极度自私，仇恨，反感，厌恶，只相信自己和为了自己，虚无主义，玩世不恭
3.美	丑	粗俗，非常忧愁，不安，丧失品位，紧张，疲乏，庸俗，阴郁
4.统一，完整	混乱，分裂主义，失去连贯性	分裂，"世界正在分崩离析"，恣意妄为

续前表

存在型价值	精神病型剥夺	特定的元疾病
4A. 二分－超然	非黑即白的二分，失去渐变和程度，强迫两极化，强迫选择	非黑即白、非此即彼的思维方式，把所有事情都看作斗争、战争或冲突，低协同性，把生活简单化
5. 活跃，前进	无生气，生活机械	无生气，机械呆板，感到自己完全被外力所左右，丧失情感，无聊，失去生活热情，感觉空虚
6. 独特	单调，千篇一律，可替换	失去自我感和个性感，感到自己可被替换，无个性特征，不被他人需要
7. 完美	不完美，马虎，技能差，粗制滥造	气馁，失望，无所事事
7A. 必要	意外，偶然，易变	混乱，不可预测，失去安全感，警觉
8. 做事有始有终	做事有始无终	持续的未完成感，失望，停止努力和应对，不再尝试
9. 公正	不公正	不安全感，愤怒，愤世嫉俗，不信任，违法，优胜劣汰世界观，彻底的自私自利
9A. 秩序	不守法，混乱，无视权威	不安全感，过分谨慎，失去安全感和可预见性，时刻保持警惕、警觉、紧张和防卫
10. 简明	混乱复杂，分离，分裂	过分复杂，混乱，困惑，冲突，失去方向
11. 丰富，全面，广泛	贫乏，狭窄	抑郁，担忧，对世界失去兴趣
12. 轻松自如	不够专注	疲乏，吃力，挣扎，笨拙，尴尬，粗俗，僵硬
13. 嬉笑	缺乏幽默感	冷酷，抑郁，偏执狂，一本正经，失去生活热情，不快活，失去享乐能力
14. 独立自足	偶然，意外，机缘论	依赖于感知者，这成为他的责任
15. 富有意义	无意义	无意义感，失望，生活无意义

资料来源：Maslow，1971，pp. 308-309.

■ 五、自我实现者的特征

前面讲过，马斯洛对自我实现者的兴趣开始于他对鲁思·本尼迪克特和马克斯·韦特海默的极大钦佩。在发现这两个人有许多共同之处后，他开始寻找其他具有同样品质的人。他寻找那些把全部能力都发挥出来的人，也就是说，他们能把所做的事做到最好。他在自己的学生、熟人和历史人物中都发现了这样的人。这样的人能找到，但并不容易找到。马斯洛在研究中对 3 000 名大学生进行了筛查，他发现其中只有一人可以作为受试者，另有少数人显示出他们有希望在未来成为受试者（Maslow，1987，p. 126）。一般人群则表现平庸。马斯洛估计，在全体人群中，只有 1% 的人能够成为自我实现者。他最后圈定做进一步研究的有 23 人：9 人有很大可能成为自我实现者，9 人相当确定是自我实现者，5 人能部分地达到自我实现。在公众人物和历史人物中，有较大可能是自我实现者的人有阿尔伯特·爱因斯坦、埃莉诺·罗斯福、简·亚当斯、威廉·詹姆斯、阿尔伯特·施韦泽、阿道司·赫胥黎和本尼迪克特·斯宾诺莎（Maslow，1987，p. 128）。

马斯洛充分认识到，他有关自我实现者的研究不是科学的，可能在几个水平上受到批评。但是，他被自己的发现所震惊，他感到必须把他的观察结果与他人分享：

　　［这项］研究……在各方面都是非同寻常的。它不像普通研究那样来设计，也不是一项社会

事业，而是一项个人活动，是由我个人的好奇心推动的，目的是解决有关个人、道德、伦理和科学方面的各种问题。我只想说服并告诫自己，而不是要证明什么或向他人展示什么。

非常意外的是，这些研究表明，它们对我如此富有启迪，它们荷载着如此令人激动的含义。尽管在方法上有缺陷，但是将它们写成某种形式的报告并公之于众，是正确的。（Maslow，1987，p. 125）

马斯洛把他获取自我实现者的相关数据的方法，比作像是对一个朋友或熟人逐渐形成总体印象。换言之，印象来自各种环境中大量非正式的观察，而不是来自实验室条件下有控制的观察。因此，他的结论是根据小样本得出的，这引起了对他的研究的很多批评。

根据这些非正式研究，马斯洛得出结论说，自我实现者展现出下列特征：

（1）他们能**准确全面地感知现实**（accurate and full perception of reality）。他们的感知并不带有特别的需要或防御的色彩。换言之，他们对世界的感知以存在型认知为特征，而不是以匮乏型认知为特征。他们还具有"一种非凡的能力，去察觉人格中伪造的、虚假的、不诚实的东西，并对人做出正确、有效的判断"（1987，p. 128）。

（2）他们表现出**对自我、他人和大自然的接纳**（acceptance of self，others，and nature）。自我实现者接纳他们自己。他们没有防御和虚假，而且不被过分的内疚、焦虑和羞耻所困扰。

自我实现者往往是优秀的动物，他们胃口好，享受自己，没有什么遗憾、羞愧或歉意。他们似乎有良好的食欲，他们似乎睡眠良好，他们似乎很享受性生活，而没有那些不必要的压抑，对其他一切相关的生理冲动也是如此。（Maslow，1987，p. 131）

同样，他们也接纳其他人，而且没有指导、告知或改变别人的需要。他们不但能容忍别人的缺点，而且不因别人的长处而感到威胁。对他们而言，大自然也原封不动地被接纳。

（3）他们具有**自发性、率真性和自然性**（spontaneity，simplicity，and naturalness）。自我实现者能真实地对待他们的情感，愿意说出或体会他们真正感觉到的东西。他们不会隐藏在一个面具的后面，不会根据社会角色来行动。他们对自己是诚实的。

（4）他们表现**问题定向而非自我定向**（problem oriented rather than self-oriented）。自我实现者通常会投身于某项任务、事业或使命，并为此付出大部分精力。与此相反，非自我实现者则常常专注于自己。

（5）他们**超脱且希望独处**（detachment and a need for privacy）。由于自我实现者依靠自己的价值观和情感来指导生活，因此他们不需要经常与他人接触。

在他们身上常能看到，他们远离纷争，在对其他人会造成纷扰的事情面前保持平静和镇定。他们发现，超凡脱俗，保持缄默，又保持平静与安详，这是容易做到的。他们能接受个人不幸，而不像一般人那样反应激烈。即使在威胁到尊严的环境和情境中，他们仍然能够保持尊严。这在一定程度上可能由于他们的这样一种倾向，即他们坚持自己对情境的解释，而不依赖别人对事物的感觉或想法。这种缄默可能逐渐变为严峻和远离世俗。（Maslow，1987，p. 134）

（6）他们**独立于环境和文化**（independence from the environment and culture）。由于自我实现者是受存在型动机驱动，而不是受匮乏型动机驱动，因此他们更依赖于他们的内部世界，而不是外部世界。

具有匮乏型动机的人，必须有其他人在身边，因为他们的大部分重要需要（爱、安全、尊重、声誉、归属感）的满足都只能来自其他人。而受成长动机（存在型动机）驱动的人，实际上却可能受到他人的妨碍。对他们来说，满足和美好生活的决定因素，来自个体内部而不是社会。他们已经足够强大，可以独立于其他人的好意见或他们的情感。他们获得的荣誉、地位、奖赏、

名气、声望和爱，比起自我发展和内在成长，必然变得不那么重要。（Maslow，1987，p.136）

（7）他们展现出**持续新鲜的鉴赏力**（continued freshness of appreciation）。自我实现者怀着敬畏、惊奇和愉悦体验着他们生活中的事件。每一个婴儿出生或每一次日落，他们都好像是第一次看到时那样，感觉美好和激动。婚姻在经历了40年以后，还像新婚时那样激动人心。对自我实现者来说，性也具有特殊意义："对我的几个被研究者来说，性快感，特别是性高潮，带来的不仅是快感，而且是像某些人从音乐或者大自然中汲取到的根本力量的增强和复苏。"（1987，p.137）总之，这些人能从日常生活的平凡经历中获得灵感，使他们入迷。

（8）他们周期性地经历神秘体验或高峰体验。马斯洛认为，所有的人类都具有获得高峰体验的潜能，但是，只有自我实现者才能让高峰体验达到成熟，因为这样的人不会因高峰体验而感到威胁，因此，他们不会以任何方式阻止或防御之。一般来说，高峰体验是拥抱接受型价值的结果：

> 无限宽广的地平线展现在视野中的感觉，与此同时，比以往更强大又更无助的感觉，强烈的销魂、惊奇和敬畏以及失去时间和空间位置的感觉，最后，对一些绝对重要和有价值事物的坚定信念涌上心头。因此，被研究者在日常生活中，凭借这种体验，在某种程度上改头换面，变得坚定有力。（Maslow，1987，p.137）

马斯洛本人的一次高峰体验与他的"天使"有关。他想象着自己是有史以来最伟大的毕业典礼的一员：

> 此时，我身处布兰代斯的教师队伍中。我看到了一条线延伸到朦胧的未来。在这条线的一端是苏格拉底。站在这条线上的是我最热爱的那些人。托马斯·杰斐逊也在其中。还有斯宾诺莎。还有阿尔弗雷德·诺斯·怀特海。我也在这条线上。在我身后，无尽头的长线消失在混沌之中。（引自Hall，1968，p.35）

484　马斯洛得出结论，一些自我实现者达到的高峰比另一些人多。非高峰者（低频率的高峰体验）往往是一些实干、高效的人。高峰者（高频率的高峰体验）往往是更富有诗意的、审美导向的、出类拔萃的和神秘的人。

本章后面介绍对马斯洛理论提供了支持的经验研究时，将对高峰体验做更多的讨论。

（9）他们**认同整个人类**（identification with all of humanity）。自我实现者对其他人的关心不仅限于他们的朋友和家人，而是对全世界所有文化中的所有人。这种友好的情感还扩展到那些有攻击性、不顾及别人，或者愚蠢的人。自我实现者怀有帮助人类的真诚愿望。

（10）他们**只有少数深交的朋友**（deep friendships with only a few people）。自我实现者往往寻找其他的自我实现者做他们的亲密朋友。这样的友谊在数量上不多，但是深刻且丰富。

（11）他们往往**接受民主价值观**（acceptance of democratic values）。自我实现者并不会根据一个人的种族、地位或宗教信仰来对待他。"他们能够以并且真正以友好态度对待任何性格投合的人，而无论其阶层、教育程度、政治观念、种族或肤色。事实上，他们好像不在乎这些差别，而这些差别在普通人眼中是那么明显和重要。"（Maslow，1987，p.139）

（12）他们有**强烈的道德感**（strong ethical sense）。虽然自我实现者关于正确和错误的观念常常是不依惯例的，但他们总能了解自己行为的道德意义。自我实现者关注的道德问题都是实质性的。他们回避那些琐碎问题，例如"打牌、跳舞、穿短裙、（在一些教堂里）暴露头部或者（在另一些教堂里）不暴露头部、喝酒、吃某些肉类而不吃另一些肉类或者在某些日子吃肉而在另一些日子不吃肉"（1987，p.147）。

（13）他们具有高度发达的、**非敌意的幽默感**（unhostile sense of humor）。自我实现者往往不去寻求那种伤害或贬低他人的幽默。他们多半会是嘲笑自己或者普通人。

（14）他们富于**创造性**（creativity）。马斯洛在所有自我实现者身上都发现了这一特征：

> 这是所有被研究或被观察的人的一个普遍特征。……没有例外。……这种创造性在我们的某些被研究者身上，不是以著书、作曲或创作艺术作品那种通常形式，而是以普通得多的形式得以表现的。这种特殊类型的创造力作为健康人格的一种表达，仿佛被投射在世界上，或触动着人们所投身的任何活动。在这个意义上，可能有富于创造性的鞋匠、木匠或办事员出现。（1987，pp. 142-143）

这种创造性来自这样一个事实，即自我实现者对体验更加开放，在情感上更加自然。它与存在型动机有直接关系。

（15）他们**不随波逐流**（noncon formity）。自我实现者往往是不随波逐流的人，因为他们是内心导向的人。如果一种文化标准与他们的个人价值观相对立，他们根本不会去追随。 485

自我实现者的一些消极特征

多数人会把这 15 个特征看作积极的东西，但是马斯洛想要说明，自我实现者远远不是完美的：

> 我们的被研究者表现出很多小缺点。他们也有愚蠢、浪费或粗心的习惯。他们可能是无聊、固执和令人烦恼的。他们没有摆脱对自己的作品、家庭、朋友和子女的肤浅的虚荣心、傲慢和偏爱。发脾气也不罕见。
>
> 我们的被研究者偶然会表现出异乎寻常、令人意外的冷酷无情。必须记住，他们是强者。这使他们在必要时可能表现出一种超出一般人的、外科手术般的淡定。如果发现自己长期信任的一个熟人不诚实，他们会马上中断和他的友谊，而看不出有任何痛苦。一个女人与她不爱的人结了婚，当她决定离婚时，她做得非常果断，看起来近乎冷酷无情。他们中有些人在亲友去世后很快就恢复过来，看起来非常无情无义。（1987，p. 146）

马斯洛得出结论，就像他的自我实现者是健康、富有创造性、民主和自然的人一样，"没有十全十美的人"（1987，p. 146）！

■ 六、为什么自我实现并不普遍

如果自我实现趋向是与生俱来的，那么，为什么不是每一个成熟的成年人都是自我实现者，而且据马斯洛的估计只有 1% 的人能做到呢？对此，马斯洛做出了四点解释：

（1）因为自我实现处于需要层次的顶端，在所有需要中它是最弱的，因此很容易被阻碍。"这种内在本性不像动物本能那样强大、无法抵抗和明确。它弱小、易损而敏感，很容易被习惯、文化压力和对它的错误态度所压制。"（1968，p. 4）

（2）大多数人害怕了解自我实现所要求的知识，这样的知识要求他们放弃已知的东西并进入一种不确定状态：

> 和其他任何类型的知识相比，我们更害怕关于自己的知识，害怕那些可能会改变我们的自尊和自我形象的知识。……人类热爱并寻求知识——他们是富于求知欲的——他们也害怕知识。越是接近于人的知识，他们就越害怕。（Maslow，1966，p. 16）

与害怕自我认知相关的，是**约拿情结**（Jonah complex），马斯洛（1971）把它定义为"对自己的伟 486

大的恐惧……对自己命运的逃避……对自己最优秀才能的远离"（p. 34）。这种情结因《圣经》中的约拿而得名。约拿试图逃避作为先知的责任，但徒劳无功。马斯洛认为，我们不仅害怕我们的弱点，而且害怕我们的优点：

> 我们恐惧我们的最大可能性（以及我们的最小可能性）。我们普遍害怕在最完美的条件下、在具有最大勇气的条件下，瞥见我们达到完美的瞬间。我们为在这种高峰时刻看到自己身上神一般的可能性而高兴和激动。但是，我们同时也对面临这些完全相同的可能性时的软弱、敬畏和恐惧而战栗。（1971，p. 34）

约拿情结说明，高峰体验为什么是短暂和瞬间即逝的："我们只是不够强大，不能承受更多！"（1971，pp. 36–37）

约拿情结不仅说明了我们对自己的潜在伟大性的恐惧，而且还说明了我们为什么常常对他人的伟大性表现出怨恨：

> 我们不但对自己的最大可能性爱恨交加，而且我们还永远地，我认为是普遍地——也许是必需的——对在他人身上，以及在人的一般本性中同样表现出的最大可能性，也爱恨交加。我们当然喜欢并欣赏善良、神圣、诚实、正直和干净整洁的人。但是任何一个能深度洞察人性的人，难道不会意识到我们对圣贤者怀有复杂且常常是敌意的情感吗？对美貌非凡的女人或男人、对伟大的创造者、对智力天才，不也是如此吗？（1971，p. 35）

（3）文化环境能够借助对不同阶层的人施加特定的规范而扼杀人们的自我实现趋向。例如，我们的文化定义了男子气概，以防止男孩形成同情、善良和温柔等特质，而这些特质都是自我实现者的典型特征。

（4）如第二条所述，为了成为自我实现者，一个人必须选择成长，而胜过安全。马斯洛发现，来自温暖、安全、友善的家庭的儿童，比来自不安全家庭的儿童，更多地选择有利于个人成长的经验。因此，童年时期的条件影响着一个人成为自我实现者的可能性。马斯洛把他认为的儿童最佳环境称为**有局限的自由**（freedom within limits）。他相信，过多的放任与过多的控制都是有害的。他认为，儿童所需要的是这二者的适当融合。

1. 自我实现的必要条件

要达到自我实现，除了满足生理需要、安全需要、爱与归属的需要之外，环境还必须具有其他几个特点。马斯洛把这些特点概括为：言论的自由、在不伤害他人前提下做自己想做之事的自由、探究的自由、自我防御的自由、秩序、公正、公平和诚实。后来马斯洛又加上"挑战"（适当的刺激），将其作为有利于自我实现的环境的一个特征。

知道了这些环境的先决条件，再加上前述的多数人不能达到自我实现的四个理由，就容易理解，为什么只有 1% 的人能够做到自我实现。我们中大多数人的生活是在爱与归属需要和尊重需要之间度过的。

2. 自我实现与性别

马斯洛根据他早期对灵长类动物的研究，认为人类的男性和女性心理有不同的本能基础。尽管马斯洛的研究曾经被 20 世纪 60 年代女权运动（例如，参见 Friedan，1963）所接受，但是他对该运动的平等主义宗旨其实是担心的（Nicholson，2001，p. 88）。马斯洛从未放弃他的观点，即重要的人格特征是因性别而不同的。例如，虽然他没有公开指出，但是私下他认为，男性与女性的自我实现过程是有区别的。他曾在日志中写道：

> 女性的自我实现并不意味着在家庭与职业二者中做出非此即彼的选择。家务、家庭等等是更基本、更重要、更占优势的，必须始终是其他方面更高发展的根基。如果把它们抛开……那么，

所谓"更高级"的东西、职业等等就是空洞的、无意义的。……女性要做到真正的自我实现……须接受家庭是首位的。（Lowry，1979，Vol.2，p.1139）

所以，和弗洛伊德以及职业生涯早期的霍妮一样，马斯洛也接受"解剖即命运"这一观点。要更多地了解马斯洛关于男性气质和女性气质的观点及其对他的生活与工作的影响，可参见 Nicholson，2001。

七、优心态社会

由于马斯洛相信人的所有需要，包括自我实现的需要，都是类本能的，因此，环境（社会、文化）必然决定着人们是否能达到的需要层次中的最高层次。马斯洛反对弗洛伊德有关人与社会永远处于持久冲突之中的观点。他认为，社会能够加以构建，使自我实现的可能性达到最大化。由于马斯洛相信，人的需要是善的，而不是恶的（像弗洛伊德所说），因此，对这些需要的满足应该鼓励，而不是阻碍。

马斯洛假设了一个理想社会，把 1 000 个健康家庭移居到一个荒岛上，让他们决定自己的命运。他把这个假想的理想社会称为**优心态社会**（Eupsychia，读作 Yew-sign-key-a，这个词可分解为：Eu=good，psych=mind，ia=country）。在这个优心态社会中，有一种完整的**协同**（synergy，这是从鲁思·本尼迪克特那里借用的概念：syn=together，ergy=working）。在马斯洛的优心态社会中，人们是完全合作的或一道工作的。优心态社会还有什么其他特点呢？

488

> 他们会选择怎样的教育、经济制度、两性关系和宗教呢？
>
> 我对某些事情非常不确定——特别是经济学，但是对其他一些事情我能确定。其中之一是，它几乎肯定是一个（哲学意义上）无政府主义的群体，一个道家（崇尚自然）的但是热爱文化的群体，其中的人们（也包括年轻人）比现在的我们拥有更多的自由选择，基本需要和元需要比我们的社会更受到尊重。人们不像我们现在这样彼此相互打扰，人们很少向邻居们宣扬自己的意见、宗教信仰、哲学，或者对穿着、食物和艺术的品位。一句话，优心态社会中的居民倾向于道家的、非干涉性的、基本需要得到满足（一旦可能）的人。他们只在我暂且不打算描述的特定条件下才会遇到挫折，他们比我们更诚实，他们在各种可能程度上允许人们做出自由选择。他们受到的控制、暴力、侮辱和傲慢远比我们少得多。在这些条件下，人性中最深层的东西能够很容易地展示出来。（Maslow，1987，pp.121-122）

1962 年，马斯洛到非线性系统有限公司（Non-linear Systems，Inc.）做访问研究员。他在这个生产电压表的工厂的经历，使他完成了《优心态管理》一书（1965）。这部著作的主要启示是，如果企业管理更加注重人的需要和满足这些需要所要求的东西，那么，工人和企业都会更健康。"工作的优心态……条件不仅有利于个人业绩，而且有利于组织的健康与成功，有利于产品的数量和质量，以及组织所提供的服务。"（Maslow，1971，p.227）优心态管理是一种尝试，以创造能够满足马斯洛所说的人的需要的工作环境。

八、修院——个人成长之地

数百年来，印度一直存在**修院**（ashrams），或称隐修院。人们在那里能够逃避日常生活中的各种担忧。修院的生活节奏非常缓慢，使人能对他们生活的意义进行冥想和反思。每一个修院都由一位古鲁（guru，精神导师）来领导，他的作用是对那些寻求内心平静的人进行指导。人们可以在修院居住一天、一周、一个月，有些人会住几年。还有些人来修院只待几个小时，然后再回到他们的日常生活中。

1963 年，迈克尔·墨菲（Michael Murphy）和理查德·普赖斯（Richard Price）在加利福尼亚的大瑟尔建立了美国第一个印度修院式的机构。该修院的宗旨完全符合马斯洛的观点，即心理学应该多关注健康人而非不健康人。在修院这个地方，非神经症个体能够来到这里，探索自己，反省自己的价值观，从而使他们的日常生活过得更好。对情绪失调的人，这里可提供心理治疗。修院是个使健康人变得更健康的地方。毫不奇怪，马斯洛是第一个在这个新建的修院举办研讨会的人，这个修院叫作**伊莎兰学院**（Esalen Institute），是根据曾居住在大瑟尔地区的伊莎兰印第安人命名的。

印度修院在西方一般被称为**成长中心**（growth center）。

虽然伊莎兰学院及其参与者热情地接受了马斯洛的人本主义心理学，但他们留给马斯洛的，却是他一生中最不愉快的一次经历。马斯洛在 1966 年的假期离开布兰代斯大学，同意到伊莎兰学院举办一个研讨会。大约 25 人参加了这次研讨会，包括爱发脾气的著名心理治疗师弗里茨·佩尔斯（Fritz Perls）。当研讨会在马斯洛以问答式的学术风格开始时，人们感到困惑并躁动起来。他们希望的是个人经验的交流（如马斯洛在布兰代斯的学生们后来所做的那样）。佩尔斯大声喊道："这就像个学校。……这里是老师，那里是给出正确答案的学生。"（Hoffman，1988，p. 290）佩尔斯越来越不耐烦，他"慢慢走到房间另一边一位引人注目的女性身边，赞美道：'你是我的母亲，我要我的母亲，你是我的母亲。'"（Maslow，1987，p. xi）局面变得越加紧张，但是马斯洛和伊莎兰学院的领导们都没有理会。第二天，事态达到高潮，就在马斯洛发言时，佩尔斯"倒在地上，发出像小孩哭一般的声音，他用自己的身体慢慢包围了马斯洛的膝盖，引得人们惊奇地围过来……会议在混乱中结束"（Hoffman，1988，p. 291）。

马斯洛最终感到受够了，第二天，他斥责了伊莎兰学院的领导和参与者。他指出，他们有意无意地更看重情感，而不是理性和客观研究。他们希望做天真烂漫的人，而不去做理解人性所必需的艰苦工作。"如果你们不想成为一个仅仅专注于肚脐冥想的自私的人……你们就用肩膀顶一把车轮。……如果你们不动脑筋，你们就无法实现自己的潜能。"（引自 Hoffman，1988，pp. 292–293）

经历了伊莎兰学院的一场闹剧之后，马斯洛和妻子伯莎轻松地回了家。他们把假期的剩余时间用在了到美国南部和东部的旅行上。他们没想到，伊莎兰学院的经历，很快又在布兰代斯大学重演。

九、超个人心理学

在马斯洛的晚年，他开始认识到，即使是人本主义心理学也不能充分地解释人的某些方面。例如，各种神秘的、令人心醉神迷的东西，以及超越马斯洛所说的自我实现体验的精神状态。它们是超越个人同一性和个人体验的惯常界限的体验。马斯洛认为，对这些现象的研究应该构成心理学第四势力，马斯洛称之为**超个人心理学**（transpersonal psychology）。在他的《迈向存在心理学》（1968）一书的前言中，他把自己关于超个人心理学的观点概括如下：

> 我考虑，人本主义的第三势力心理学，是一种过渡，是向"更高级"的第四势力心理学的准备，那是超越个人、超越人类的，它以宇宙为中心，而不是以人类的需要和利益为中心，它超越人性、同一性、自我实现和诸如此类的东西。……这些新发展将绝妙地向很多默然、绝望的人，尤其是年轻人中的"失意的理想主义者"提供一种切实、有用、有效的满足。这种心理学将承诺，它将深入这些人正在失去的生活哲学、宗教代理、价值体系和生活规划。缺少了这种卓越、超越，

我们得到的是疾病、暴力、虚无主义，或者绝望和冷漠。我们需要某些"比我们更强大"的东西，它们令人敬畏，呼唤人们献身于崭新的、自然主义的、经验性的、非教会的思想。(pp. iii–iv)

马斯洛生前看到了《超个人心理学杂志》于 1969 年创刊发行。该杂志由安东尼·苏蒂奇（Anthony Sutich）负责，他还创办了《人本主义心理学杂志》。以下是苏蒂奇对《超个人心理学杂志》的宗旨所做的说明，对此说明马斯洛曾热情地给予赞同：

> 超个人心理学（第四势力）的出现与对以下问题的经验的、科学的研究有特殊关系，而且将对这些问题的研究结果付诸实施，这些问题涉及：变化过程的发生、个体和物种范围内的超越性需要、终极价值观、统一意识、高峰体验、存在型价值、销魂、神秘体验、敬畏、存在、自我实现、本质、极乐、惊异、终极意义、卓越、精神、统一性、宇宙意识、个人和物种范围内的协同作用、最大限度的人际接触、日常生活的神圣化、超自然现象、宇宙的自我幽默与嬉闹、最大限度的感觉意识、反应性与表达性，以及相关的概念、体验与活动。(1976，pp. 13-14)

马斯洛撰写的《人性可达到的境界》是新杂志第一期的开篇文章。1985 年，超个人心理学会有会员 1 200 人，国际超个人心理学会举办了世界超个人心理学大会。随着超个人心理学在美国的兴起，出现了对非西方的心理学、哲学和宗教的推崇。人们认识到，在未来几百年里，这种观点提供了引发和理解"更高级"的意识状态的途径，例如，深入的冥想就是这种途径之一。

■ 十、评价

1. 经验研究

对马斯洛理论的批评主要集中在他和他的同事在描述和研究自我实现者时所采取的主观方式上。作为对这些批评的回应之一，埃弗雷特·肖斯特罗姆等人（Everett Shostrom, 1963, 1964, 1974；Shostrom, Knapp, & Knapp, 1976）编制了个人定向调查表（Personal Orientation Inventory, POI）。该测验包含 150 个自填项目，每一项目包含两个陈述，应答者根据是否符合自己的情况对陈述做出简单选择。例如，一个项目相应的可能选择是"我的道德标准由社会决定"和"我的道德标准由自我决定"。另一个项目，可能的选择是"我发现有人是无趣的"和"我从未发现有人是无趣的"。这个测验会得出两个总分：一个针对内部指向的支持（inner-directed support），指一个人自身拥有支持性资源的程度；另一个针对当前能力（time competence），指一个人当前生活达到的水平。除了这两个总分，还有 10 个分量表，测量的是对自我实现者的发展来说重要的价值观：自我实现价值观、存在感、情感反应性、自发性、自我关注、自我接纳、人性、协同作用、对攻击性的容忍度、建立亲密关系的能力。

个人定向调查表已经被证明是测量一个人自我实现程度的一个可靠的测验，如马斯洛对这个术语所定义的那样（Ilardi & May, 1968；Klavetter & Mogar, 1967；Shostrom, 1966）。个人定向调查表还被证明是一个有价值的研究工具。例如，多桑曼特斯－阿尔珀森和梅里尔（Dosamantes-Alperson & Merrill, 1980）使用该测验对一组人进行了测量，测量分别在他们参加小组治疗之前和参加了几次治疗之后进行。在实验组接受治疗的同时，控制组（等待治疗但还没有开始的人）也得到了测量。结果显示，接受治疗的人变得更加内部指向、自发和自我接纳——他们变得更具有自我实现趋向。使用该测验还发现，其得分与学习成绩（LeMay & Damm, 1968；Stewart, 1968）、教学效果（Dandes, 1966），以及心理治疗效果（Foulds, 1969）有正相关。其他对自我实现进行测量的研究发现，得分相对比较高的人，往往更有创造性（Buckmaster & Davis, 1985；Runco, Ebersole, & Mraz, 1991；Yonge, 1975），更果断（Ramanaiah, Heerboth, & Jinkerson, 1985），更善于享受性愉悦（McCann & Biaggio,

1989），较少受社会压力影响（Bordages，1989），较少成为令人厌烦者（McLeod & Vodanovich，1991）。

格雷厄姆和巴伦（Graham & Balloun，1973）发现了支持马斯洛需要层次概念的证据。他们让37人描述他们生活中最重要的事情。研究者把他们获得对生理、安全、爱与归属、自我实现等需要的愿望从"非常高"到"很少或者没有"进行排列。其结果支持了马斯洛的假设，即处于不同需要层次的人，对低于他们所处水平的需要比高于其水平的需要显示出更大的满足。赖斯特等人（Lester，Hvezda，Sullivan，& Plourde，1983）使用他们编制的需要满足调查表（Need Satisfaction Inventory）发现，在基本需要的满足与心理健康之间有明显的正相关。马斯洛的需要层次概念在工业组织心理学领域受到很大关注。例如，马罗等人（Marrow，Bowers，& Seashore，1967）发现，提供可满足较高层次需要的条件，可以促进员工的产量和士气（亦见Alderfer，1972；Buttle，1989；Massarik，1992）。威廉姆斯和佩奇（Williams & Page，1989）编制了马斯洛理论评价调查表（Maslowian Assessment Survey，MAS），以查明一个人在需要层次中的位置。他们以大学生作为研究对象，发现在大学生中尊重需要最为突出，其次是爱与归属的需要。生理和安全需要很少被关注。对自我实现的需要也很少被考虑。对大学生这一群体，研究结果与马斯洛的预测是相一致的。最后，研究者发现，马斯洛的需要层次概念是跨文化有效的（Davis-Sharts，1986）。

492

对马斯洛的高峰体验观点，也有相当广泛的研究。例如，潘扎莱拉（Panzarella，1980）发现，具有艺术和音乐取向的人声称，高峰体验加深了他们对艺术和音乐的欣赏力，这种神秘瞬间给他们提供了从未有过的感觉和创作冲动。拉维扎（Ravizza，1977）让从事12个体育项目的20个运动员描述他们作为运动员的"最伟大瞬间"。他们的描述与马斯洛对高峰体验的描述有很多共同之处。运动员在他们的最伟大瞬间，感觉不到恐惧，全身心沉浸在运动中，有一种神一般的控制感，感觉到一种自我确认感，感到与个人体验、与天地万物融为一体，把自己看作是被动的，他们的活动是易如反掌的，他们用敬畏、痴迷、奇妙等词来描述他们的活动。马西斯等人（Mathes，Zevon，Roter，& Joerger，1982）编制了用来测量高峰体验倾向的高峰量表。他们使用高峰量表开展了几个研究，研究结果与马斯洛的高峰体验理论相一致。例如，该量表得分高的人，往往拥有一种神秘的大自然的体验和强烈的幸福感。得分高的人还报告，他们是按照存在型价值（即真、善、美）而不是匮乏型价值而生活的。考伊策（Keutzer，1978）发现，在大学生中，欣赏大自然之美、静静地反省和听音乐是最能触发高峰体验的事情。伊格尔等人（Yeagle，Privette，& Dunham，1989）发现，艺术家和大学生都拥有高峰体验，但是大学生的高峰体验大多与人际关系有关，而艺术家的高峰体验大多与对美的欣赏有关。戈登（Gordon，1985）发现，高峰体验往往有以下特点：感到爱的接受，敞开心扉的顿悟，自发性，令人愉快的恐惧，全神贯注和自我超然感。其中也有性别差异：女性的高峰体验比男性的更多以爱的接受和自发性为特征。一些研究者发现，与马斯洛的看法不同，高峰体验可能是积极的，也可能是消极的（Blanchard，1969；Wilson & Spencer，1990）。受马斯洛高峰体验概念的影响，奇克森特米哈伊（Csikszentmihalyi，1975，1990，1996）对不同文化、不同职业的人进行了研究，探索了他所称的"涌流"（flow）或者"最佳体验"。除了其他发现外，他发现，体验到"涌流"的人会忘记时间和自我感。普里维特和邦德里克（Privette & Bundrick，1991）发现，这种体验常常与嬉戏以及重要的人际关系有关。

2. 批评

有太多例外。太多人似乎在基本需要没有得到满足的情况下，也有很高的能产性和创造性。虽然马斯洛在他的理论中注意到了这种情况，但他没有对此做出任何说明。还有些人的匮乏型需要都得到了满足，但是他们并没有成为自我实现的人。马斯洛在他离世前不久曾致力于这一问题（参见他与弗里克［Frick］的谈话，1989），但他并没有解决这个问题。

非科学的方法。马斯洛被批评采用非控制的和不可靠的研究方法，据此通过一个小样本得出了有关自我实现者的结论。他认为，其受试者有意识的自我报告是有效的，并采用他自己的直觉标准，来评判什么东西构成了一个自我实现者。在其理论中，他使用了一些模糊的术语，如元需要、元疾病、爱、美好、高峰体验等。公平地说，我们必须认识到，马斯洛觉察到了人的较高级方面从未被客观研究过。他拼尽全力地希望心理学能扩展其领域，以便这些方面能够以科学方法得到研究。有几位心理学家追随奥尔波特、罗杰斯、马斯洛等人的指引，并试图建立一个严格的、符合科学要求的人本主义心理学（例如 Giorgi，1992；Polkinghorne，1992；Rychlak，1988，1991，1997）。

近来，一个被称为**积极心理学**（positive psychology）的领域已经得以建立，它与人本主义心理学在很多方面是一致的。然而，在塞利格曼和奇克森特米哈伊（Seligman & Csikszentmihalyi，2000）看来，与人本主义心理学相比，积极心理学在科学上更严格，而且更少以自我为中心。

> 令人遗憾的是，人本主义心理学并没有积累多少经验根据，并且它引发了各式各样的自助治疗运动。其中的某些典型是强调自我，鼓励以自我为中心，无视对集体幸福感的关注。进一步的争论将决定，事情是不是这样的，因为马斯洛和罗杰斯在他们的时代是领先的，因为这些缺陷在他们最初的愿景中是固有的，或者因为有过度热情的追随者。然而，20 世纪 60 年代的人本主义遗产非常显眼地展示在各个大书店中："心理学"部分至少占据 10 排书架，各排书架上摆着关于晶体疗法、香熏按摩以及涉及腹中胎儿的书籍，这些书都试图与一些学术标准绑在一起。（p. 7）

塞利格曼和奇克森特米哈伊（2000）在阐述积极心理学的宗旨时，指出了它与人本主义心理学的共同之处，以及什么使它不同：

> ［积极心理学的宗旨］是要提醒我们业内人，心理学不仅是对疾病、弱点和损伤的研究，它还是对优点和美德的研究。治疗不仅是修复被损坏的地方，它还要培育出最好的东西。心理学不只是关心疾病与健康的医学的一个分支，它的范围要大得多。它涉及工作、教育、洞察力、爱、成长和游戏。在什么东西最好这个问题上，积极心理学不依靠符合愿望的思想、信念、自欺欺人、时尚或挥手，它努力使科学方法中的最佳技术适用于独特的问题，这些问题被人的行为呈现在希望理解其全部复杂性的人们面前。（p. 7）

对人性的看法过于乐观。与罗杰斯一样，马斯洛还因假定人具有天生的自我实现趋向而受到批评。批评者说，有许多人非常暴力、麻木不仁、缺乏人性，因此无法证明这个假设。对于这些批评，弗洛伊德、荣格和进化心理学的理论都提供了人的更真实图景，罗杰斯和马斯洛的理论只代表希望的愿景，而不是事实。

几个未回答的问题。例如，什么人可以成为自我实现者？马斯洛的大多数研究对象是高智力而且经济充裕的人。那么，不那么聪明、经济上不那么宽裕的人会怎么样呢？他们也会成为自我实现者吗？低能的人能运用他们的全部潜能而成为自我实现者吗？还有，人能够有意识地成为自我实现者吗，还是说自我实现只能自然地发生？就是说，如果一个人知道了自我实现的标准，那么他能否按照这些标准去做，并成为自我实现者呢？最后，如前述，一个人在给定需要层次上获得多大的满足，下一个更高层次的需要才能在其生活中占优势，对这个问题，马斯洛是含糊不清的。

概念偏向于西方文化。马斯洛对最佳心理健康的描述强调个人成就、自主性和自尊。而对个人这些方面的强调，与一些非西方文化中的"完善"概念是相矛盾的。例如，在日本和中国，社会教人们重视合作，而不是自主，也不要显示出自己比别人强（Kitayama & Markus，1992；Markus & Kitayama，1991）。北山和马库斯（Kitayama & Markus，1992）发现，日本大学生把积极情绪与人际关系相联系，而美国大学生把积极情绪与个人成就相联系。此外，佛教所说的觉悟，强调以内心约束为手段，克服苦难、渴望和失望，否则它们将会支配人的生活（Das，1989）。这样的最佳心理健康的概念显然不同于马斯洛的概念。同样，丹尼尔斯（Daniels，1988）批评马斯洛的心理健康概念忽视了努力工作以及成长和发展中所经历的痛苦。

还有批评说，马斯洛对最佳心理健康的描述反映的是男性的价值观（例如个人成就），而不是女性的价值观（例如人际关系）（Josephs，Markus，& Tafarodi，1992）。

3. 贡献

大大扩展了心理学的领域。马斯洛的立场在本质上与弗洛伊德是对立的。在前面讨论弗洛伊德时，我们曾提到一种观点，即人好像与社会发生冲突的动物，因为社会把各种限制强加于他们，来抑制其动物性的冲动。在介绍马斯洛时，我们又提到了另一种观点，即人的本质是好的，是非攻击性的，人是真、善、美的求索者。在弗洛伊德看来，如果给人以完全的自由，性滥交和性侵犯将会发生。在马斯洛看来，给以完全的自由，人将会创造一个优心态社会，一个充满爱、和谐和非攻击的社会。弗洛伊德和马斯洛在人性观上的差别，与人性可能表现出来的差别大体相同。

马斯洛认为，心理学传统上专注于人性中较黑暗一面，这无疑是对的。当然，也有一些心理学家例外，例如阿德勒、奥尔波特、班杜拉、米歇尔、凯利和罗杰斯。但总的来说，心理学一直关注的问题是，在决定行为方面，究竟是生理驱动重要，还是导致神经症和精神病发生的环境条件重要。马斯洛尽其所能地把心理学的领域扩展到对健康人的研究。他与罗杰斯等理论家同心协力，真正创立了心理学中生机勃勃的第三势力。

应用价值。除了对心理学的影响外，马斯洛的理论还在相当程度上影响了教育、商业、宗教和儿童养育等领域。

我们用马斯洛在他逝世前一个月写在日记中的最后一篇来总结本章内容。这篇日记的日期是1970年5月7日，其中他试图解释为什么他要采取这么多不受欢迎的立场，他的毕生追求是什么：

> 有人问我……一个害羞的年轻人是怎样变为一个（看上去）"勇敢"的领袖和发言人的？我为什么会在大多数人不这样去做的情况下愿意说出并选择了不受欢迎的立场？我马上想到的是"智慧——仅仅是真正看到了事实"，但是我不会这样回答，因为——只是因为——它是错误的。我最终的回答是"坚定的意志、同情心和智慧"。我想，我加上的东西是从我的自我实现的被试、从他们的生活方式和他们的超越性动机那里学来的，现在，它们已经成为我的东西。因此，我满怀激情地用这样的简单回答来回应不公正、卑鄙、谎言、虚伪、仇恨和暴力。……所以，如果我不说出来，我会感到低劣、内疚和怯懦。因此，在一定意义上，我不得不这样做。
>
> 孩子们和知识分子们——还有其他所有人——需要的是一种精神，一种科学的价值体系，一种生活方式和人道主义政纲，以及相应的理论、事实等等，这一切都需要严肃地加以陈述。……因此，我必须再一次对自己说：去工作！（Lowry，1979，Vol. 2，p. 1309）

▼ 小　结

马斯洛早年有很多痛苦的经历，是读书庇护了他。他曾说，直到他婚后不久转到威斯康星大学，他的人生才真正开始。

马斯洛早期对猴子中的支配地位的研究促使他开始研究人类中的支配地位问题，并最终促使他对"优秀样本"或称自我实现者产生了兴趣。激发他对自我实现者产生兴趣的是他想要了解他非常钦佩的两个人，鲁思·本尼迪克特和马克斯·韦特海默。使他感到痛苦的是，他在心理学方面的训练不能帮助他理解真正健康、适应良好的人。他把原因归结为，心理学一直专注于，要么研究低等动物、儿童，要么研究适应不良的成年人。还有，心理学借用了自然科学的还原分析法。这种方法试图把人看作各种习惯和冲突的集合体。这种方法已被庸俗化，因为它否认或扭曲了人类的很多积极品质。马斯洛主张采用整体分析法来研究完整的人。这种方法是人本主义的，因为它强调人的积极品质。人本主义心理学还被称为第三势力心理学，因为它是除精神分析和行为主义之外的另一种关于人类的模型。马斯洛并没有与精神分析学家或行为主义者进行争论，他只是认为他们没有说出事情的全貌。他认为人类拥有若干种积极属性，而它们一直被心理学所忽略。

马斯洛认为，人性中包含一些类本能（天生的但是较弱的）需要，并根据其效能排列出各个层次。这些需要的特性是：当一类需要被满足后，层次中的下一类需要就会在人的生活中占优势，这一类需要被满足后，另一类需要又成为主导，如此递进。从最基本的需要到最高层次的需要分别为生理需要、安全需要、归属与爱的需要、尊重需要和自我实现的需要。 496

自我实现者不再由匮乏（匮乏型动机）驱动，他们由存在型价值（存在型动机）所驱动。存在型价值包括真、善、美、正义和完美。存在型价值亦称元动机。具有匮乏型动机的人寻求的是环境中与特定需要相关联的事物，这被称作匮乏型知觉（或匮乏型认知），因为它是靠需要来驱动的。具有存在型动机的人能够最全面地理解环境，因为他们寻求的不是特定事物，这被称作存在型知觉（或存在型认知）。不能表现出存在型价值会导致元疾病。

马斯洛为了纠正心理学过多地专注于不健康的人这种偏向，他考察了能找到的最健康的人的特征。这些人有的是他的朋友，有的是健在的知名人士，还有些是著名历史人物。他发现，自我实现者往往具有以下共同特征：他们能准确全面地感知现实；他们对自己、他人和自然显示出很大的接纳度；他们具有自发性、率真性和自然性；他们专注于问题，而不是专注于自己；他们超脱且希望独处；他们是自主的；他们展现出持续新鲜的鉴赏力；他们拥有高峰体验；他们认同整个人类；他们只有少数深交的朋友；他们接受民主价值观；他们有很强的道德感；他们拥有非敌意的良好幽默感；他们有创造性；他们是不随波逐流的。除了这些积极品质之外，自我实现者还表现出一些消极品质，例如虚荣、傲慢、偏袒、糊涂、爱发脾气、对死亡冷漠。

尽管马斯洛认为自我实现趋向是与生俱来的，但它不是每个人都能经历到的，因为这种需要很弱，容易被阻碍；自我实现需要很大的勇气（对自己潜在的伟大性的恐惧称为约拿情结）；文化规范常常与自我实现过程不相容；儿童早期经历必须使儿童逐渐产生充分的安全感，使他们把精力投入成长，而不是持续地寻求安全感，但是这样的童年经历并不普遍。马斯洛认为，女性也能成为自我实现者，但她们最关心的是家庭，在这一过程中她们不可能放弃家庭或把对家庭的关心减到最小。

马斯洛描绘了一个理想社会，他假设一群健康人可以建立这样的社会。他把这个社会称为优心态社会。他认为，那里的一切都是完全协同的，人们在优心态中一起工作，人们的所有需要都被认可、被尊重并得到满足。如果一个企业关切马斯洛所定义的人的需要，这一过程就是著名的优心态管理。

马斯洛的人本主义心理学受到了加利福尼亚的名为伊莎兰学院的一所修院的热情接纳。修院是健康人能够全面探索自己、使生活恢复活力的地方。马斯洛曾与伊莎兰学院的领导者和参与者发生过一场冲突，因为他们只希望分享自然的情感，而马斯洛主张客观地探索这些情感。在西方，这种个人成长中心现在已有数百所。

在生命晚期，马斯洛对超个人心理学或称第四势力心理学产生了兴趣。这种心理学探索人类与宇宙的关系，以及因意识到这种关系而带来的各种情感体验。

个人定向调查表已经被成功地用于查明一个人自我实现的程度。其他研究则支持了马斯洛需要层次和高峰体验等观点。马斯洛理论受到的批评包括，它的预测有很多例外情况，是非科学的，对人性的看法过于乐观，有很多重要问题没有回答，偏向于西方（且可能是男性）的价值观。对马斯洛理论的赞扬则是它扩展了心理学的领域而且具有重要的应用价值。 497

▼ 经验性练习

1. 你认为你现在正处在马斯洛需要层次的哪个水平上？说明理由。
2. 根据自我实现者的 15 个特征，评价你的人格。说明你在某种程度上拥有哪些特征，不具备哪些特征。从你的观察中你得出什么结论？
3. 作为高峰体验研究的一部分，马斯洛（1986）对 190 名大学生发出以下指导语：

> 我希望你们想一想最美妙的体验或者生活中的其他体验，最幸福的时刻、狂喜的时刻，兴高采烈的时候，它们的出现或许因为沉浸于爱，或者因为听音乐，或者突然被一本书、一幅画"震撼"，或者由于某种巨大的创造瞬间。先把它们列出来，然后尽量谈一谈，你在这个短暂时刻的感觉是怎样的，你感到与你其他时候的感觉有何不同，在那个时刻你与平时的自己有什么不同。（p. 71）

按照马斯洛的指导语做出回答。

▼ 讨论题

1. 什么是第三势力心理学？为什么马斯洛认为他的第三势力心理学是必需的？回答中要包括科学研究上的还原分析法与整体分析法有何区别。再围绕"去神圣化"这一术语展开讨论。
2. 对需要层次进行讨论。每个层次包含哪些需要，它们之间有何联系？
3. 如果说自我实现趋向是与生俱来的，那么为什么自我实现不是普遍的？

▼ 术语表

Acceptance of democratic values（接受民主价值观）　自我实现者的特征之一。

Acceptance of self, others, and nature（对自我、他人和大自然的接纳）　自我实现者的特征之一。

Accurate and full perception of reality（准确、全面地感知现实）　自我实现者的特征之一。

Aesthetic needs（审美需要）　对诸如对称、闭合、秩序等特征的与生俱来的需要，在儿童和自我实现的成年人身上可明显观察到。

Ashrams（修院）　印度的修养之处，普通民众可在那里住一段时间，以逃避日常担忧，并反思生活的意义。

B-cognition（B 认知）　参见 Being cognition（存在型认知）。

Being cognition（存在型认知）　亦称 B 知觉或 B 认知，指由存在型价值而不是匮乏型动机支配的思维或知觉。这种认知比匮乏型认知更为丰富全面。

Being motivation（存在型动机）　亦称成长动机，指由追求存在型价值而不是由基本匮乏的满足所主导的动机。亦见 Being values（存在型价值）。

Being values（存在型价值）　即 B 价值，亦称元动机，指自我实现者追求的生命中较高级的方面，包括真、善、美、正义和完美等价值。

Belongingness and love needs（归属与爱的需要）　需要层次中的第三层级，包括归属他人、感到被爱的需要。

B-love（存在型爱）　一种深刻、非占有性、永不满足的情感关系，不以满足某种需要为目的。与匮乏型爱相反。

B-perception（B 知觉）　参见 Being cognition（存在型认知）。

Continued freshness of appreciation（持续新鲜的鉴赏力）　自我实现者的特征之一。

Creativity（创造性）　自我实现者的特征之一。

D-cognition（D 认知）　参见 Need-directed perception（需要导向知觉）。

D-love（匮乏型爱）　由爱与归属的需要驱动的爱。这种爱是自私的，因为它满足的是一个人缺乏的东西。与存在型爱相反。

Deep friendships with only a few people（只有少数深交的朋友）　自我实现者的特征之一。

Deficiency motivation（匮乏型动机）　亦称 D 动机，指由基本需要主导的动机。非自我实现者的特征之一。

Deficiency motive（匮乏型驱力）　亦称 D 驱力，指处于需要层次中、低于自我实现水平的需要或匮乏。

Desacralization（去神圣化）　扭曲人的本性、将其描述为不像其本身那样非凡和高尚的任何过程。

Desire to know and understand（渴望知道和理解）　人与生俱来的好奇心，马斯洛认为它与满足人的所有需要具有机能上的联系。

Detachment and a need for privacy（超脱且希望独处）　自我实现者的特征之一。

D-perception（D 知觉）　参见 Need-directed perception（需要导向知觉）。

Esalen Institute（伊莎兰学院）　位于加利福尼亚、按照印度修院的模式建立的机构，非神经症的健康人可在此进一步开发他们的内心资源。

Esteem needs（尊重需要）　需要层次中的第四层级，包括对地位、声望、能力和信心的需要。

Eupsychia（优心态社会）　马斯洛对他认为可由健康成年人创建的社区的命名。

Eupsychian management（优心态管理）　根据马斯洛理论、考虑人的基本需要的企业或社会管理方式。

Fourth-force psychology（第四势力心理学）　参见 Transpersonal psychology（超个人心理学）。

Freedom within limits（有局限的自由）　马斯洛描述的儿童所经历的最佳心理环境。

Growth center（成长中心）　印度修院的西方同类机构，健康人可在此扩展自己的潜能。亦见 Esalen Institute（伊莎兰学院）。

Growth motivation（成长动机）　参见 Being motivation（存在型动机）。

Guru（古鲁）　修院里的精神导师。

Hierarchy of human needs（人的需要层次）　按照需要的效能从最低级到最高级的排列。

Holistic-analytic approach to science（科学的整体分析法）　把整体而不是其各组成部分作为研究对象的研究方法。

Humanistic psychology（人本主义心理学）　亦称第三势力心理学，指一个心理学流派，它强调拥有体验的人、创造性、从社会和个人角度考察重要问题，以及人的尊严与人的进步。

Identification with all of humanity（认同整个人类）　自我实现者的特征之一。

Independence from the environment and culture（独立于环境和文化）　自我实现者的特征之一。

Instinctoid（类本能的）　马斯洛用于描述人的需要属性的术语。类本能的需要是与生俱来的，但是它们较弱，容易被环境条件所改变。

Jonah complex（约拿情结）　对个人潜在的伟大性的恐惧和对他人伟大性的爱恨交加的情感。

Metamotives（元动机）　参见 Being values（存在型价值）。

Metapathology（元疾病）　存在型动机无法得以适当表达导致的心理失调。

Need-directed perception（需要导向知觉）　由寻求可满足基本需要的东西所驱动的知觉。例如，饥饿的人寻找食物。

Nonconformity（不随波逐流）　自我实现者的特征之一。

Peak experiences（高峰体验） 一种伴随着狂喜或销魂的神秘而广阔无限的体验。马斯洛认为它是存在型价值被完全接受时达到人的能力最大限度的体验。

Physiological needs（生理需要） 需要层次中的最低层级，包括对水、食物、氧气、睡眠、排泄以及性的需要。

Positive psychology（积极心理学） 当代心理学的一个领域，它探索人的较高级方面，但与人本主义心理学相比，它的研究方法在科学上更严格，更少以自我为中心。

Problem oriented rather than self-oriented（问题定向而非自我定向） 自我实现者的特征之一。

Reductive-analytic approach to science（科学的还原分析法） 把研究对象还原为其各个组合部分来研究和分析的方法。

Safety needs（安全需要） 需要层次中的第二层级，包括对秩序、安全，以及可预见性的需要。

Self-actualization（自我实现） 需要层次中的最高层级，只有以前各层级的需要都得到充分满足，才能达到这一水平。自我实现者的潜能可以得到完全的发挥，它由存在型动机而非匮乏型动机驱动。

Sense of humor that is unhostile（非敌意的幽默感） 自我实现者的特征之一。

Spontaneity，simplicity，and naturalness（自发性、率真性和自然性） 自我实现者的特征之一。

Strong ethical sense（强烈的道德感） 自我实现者的特征之一。

Synergy（协同） 共同工作。处在协同的社会中的人们不会与他们的社会发生冲突。

Third-force psychology（第三势力心理学） 马斯洛等人认为人本主义心理学是与精神分析和行为主义不同的另一种势力。

Transpersonal psychology（超个人心理学） 亦称第四势力心理学，它旨在考察人类与宇宙或"比我们更强大的"某种事物的关系，以及这些关系带来的神秘的、心灵上的东西或高峰体验。

罗洛·里斯·梅 500

本章内容

阿德勒、奥尔波特、凯利、罗杰斯和马斯洛的理论都有很明确的存在主义倾向，这些理论都关心人的生命的意义。然而，罗洛·梅的理论是最符合存在主义哲学的。实际上，罗洛·梅是把欧洲存在主义哲学引入美国心理学的重要人物。人本主义心理学与存在主义心理学虽有很多共同点，但二者也有一些重要的差异。例如，人本主义心理学家认为人之初，性本善，而存在主义心理学家认为人性无善无恶。人之所以变得善或恶，从根本上是人的选择使然（人本主义心理学和存在主义心理学之间的其他差别，可参见 DeCarvalho，1990a；Hergenhahn，2009。）

■ 一、生平

罗洛·里斯·梅（Rollo Reese May），1909年4月21日生于美国俄亥俄州的艾达。父亲是厄尔·蒂特尔·梅（Earl Tittle May），母亲是玛蒂·博夫顿·梅（Matie Boughton May）。罗洛·梅在密歇根州的马林城长大。他是家中的长子，排行老二，家里共有6个兄弟姐妹。他的父母都没受过良好教育，家里也没有什么培养智力的环境。当他的姐姐患精神分裂症时，他父亲反而责怪是因为念书太多了。梅和父母都不亲，尤其不喜欢他的母亲，他形容他母亲是"喋喋不休的泼妇"。梅认为，他母亲的不稳定行为和他姐姐的精神分裂症是他本人一生中两次婚姻失败的原因（Rabinowitz，Good，& Cozad，1989）。梅与弗罗伦斯·德弗雷斯（Florence DeFrees）的第一次婚姻从1938年持续到1968年，他们生了三个子女：儿子罗伯特·罗洛（Robert Rollo）曾任阿姆赫斯特学院的心理咨询主任。另两个是双胞胎女儿，凯罗琳·简（Carolyn Jane）是社会工作者、治疗师和艺术家，阿莱格拉·安（Allegra Anne）是纪录片编剧、两个被收养的混血儿的单亲母亲（Bugental，1996，p. 418）。在结婚10年后，梅很清楚，他和弗罗伦斯的婚姻是不成功的，但是为了孩子，他们的婚姻又延续了20年（Rabinowitz et al.，1989，pp. 438–439）。梅与英格丽·肖勒（Ingrid Scholl）的第二次婚姻从1971年持续到1978年，这次婚姻也不成功，最终离婚。1988年，梅与一位荣格学派分析师乔治娅·米勒·约翰逊（Georgia Miller Johnson）开始了第三次婚姻，并持续到1994年罗洛·梅去世。

梅先考入密歇根州立大学英语专业，但是因担任激进的学生刊物的编辑而被勒令退学。于是他来到俄亥俄州的奥柏林学院，于1930年拿到学士学位。

大学毕业以后，梅出于个人兴趣，和一群艺术工作者一起在欧洲漫游。1930到1933年，他在欧洲期间，除了学习艺术，还在希腊的一所美国学院教书，并参加了阿尔弗雷德·阿德勒在维也纳举办的一次暑期研讨班。在欧洲的第二年，梅开始对自己生活的意义产生疑问，并最终导致了"神经崩溃"。

> 最终，在第二年春天，我进入一种可称为温和的神经质的崩溃中。这意味着，我用于工作和生活的规则、原则、价值观完全无能为力。我的精神完全垮了，不得不上床躺了两星期，才能积攒能量继续我的教学。我在大学学过的心理学知识告诉我，这种症状意味着，我的整个生活出了什么问题。我必须为自己的生活找到新的目标和打算，放弃我崇尚道德、有些僵化的生存方式。（1985，p. 8）

1932年，梅仍然在欧洲，他在画一片开满罂粟花的田野时有了一个重要的顿悟：

> 我意识到，我没有倾听我内心的声音，这个声音想告诉我，美是什么。我过于勤勉，过于"原则化"，以至于很少花时间欣赏花朵！我似乎用以前生活方式的彻底崩溃为代价，才听到了这个声音。（1985，p. 13）

除了学会倾听自己内心的声音，梅还从这一体验中懂得了，心理健康往往需要挑战旧有的价值观，并用新的价值观取而代之。上述梅画罂粟花的令人印象深刻的描述，以及他对这一问题的顿悟，见梅的著作《我对美的追求》（1985）第 13 页。

1934 年，梅回到美国，进入了纽约协和神学院——梅后来说道，虽然自己没能一个牧师，但是研究的是与人的存在有关的基本问题。在此期间，梅遇到了杰出的基督教神学家和存在主义哲学家保罗·蒂利希（Paul Tillich），蒂利希刚从德国作为难民来到美国，并成为神学院的一员。蒂利希成为梅的终生朋友，1973 年，梅写了《保罗：对一位朋友的回忆录》，作为对 1965 年逝世的蒂利希的悼念。梅从蒂利希那里接触了存在主义思想，虽然他在接触阿德勒思想之后就已做出结论，他无法接受机械论的、决定论的人类观。从此以后，梅很快接受了存在主义的人性观，而且是满腔热情地拥抱这一观点。在协和神学院学习一年后，梅得知他的父母已经离婚，他父亲离开了家。梅回到密歇根的家，努力保全这个家（他母亲、一个妹妹和一个弟弟）。在这段时间（1934—1936），他就职于密歇根州立学院，担任学生的指导教师和咨询师。1936 年，梅回到纽约协和神学院，并于 1938 年接受了优秀毕业生荣誉。之后，他在新泽西蒙特克莱尔做了两年牧师。

梅的第一部著作《咨询的艺术》（1939）是在协和神学院读毕业班时写的，第二部著作是《创造性生活之春：人类本性与神之研究》（1940）。这两本书都有宗教倾向，但都不赞成盲目服从宗教教条。梅认为，宗教要求人们盲目接受教条是错误和危险的。和不健康的宗教相反，他把正确、健康的宗教定义为"在宇宙中呼唤信任，相信神，相信同胞，或不该相信什么，宗教的本质是对某些事物的信念——这是让生活有意义的前提"（May，1940，pp. 19-20）。所以，信教者是发现了生活意义的人，而无神论者是不能或尚未发现生活意义的人。

20 世纪 40 年代，梅在纽约威廉·阿兰逊·怀特精神病学、精神分析学和心理学研究所学习精神分析理论，在那里，他受到了哈里·斯塔克·沙利文（Harry Stack Sullivan）和埃里克·弗洛姆（Erich Fromm）等著名人物的影响。在以后多年里，梅一直和这个研究所保持联系。1946 年，梅做了开业的精神分析治疗师，但其后不久，他就参与了哥伦比亚大学师范学院的临床心理学项目。大约在这段时间里，他感染了肺结核，并在纽约北部的一所疗养院修养了 18 个月。与死亡擦肩而过深深地影响了他的思想，使他更坚信存在主义哲学。

在患病期间，梅阅读了克尔恺郭尔和弗洛伊德对焦虑的分析。索伦·克尔恺郭尔（Søren Kierkegaard，1813—1855）是丹麦神学家和哲学家，他不接受其他哲学家的观点，即人总体上是理性的和讲逻辑的。他认为，人在很大程度上是情绪性的，人会自由选择自己的命运。尽管梅赞同弗洛伊德的很多观点，但是他更同意克尔恺郭尔的观点，即焦虑是人的生存受到威胁导致的。这一焦虑定义后来成为梅的理论中的焦点，这将在本章后面详细介绍。梅对焦虑的分析是他呈交给哥伦比亚大学的博士学位论文，并且以《焦虑的意义》（1950）的书名出版。1949 年，梅在哥伦比亚大学获得了第一个临床心理学博士学位。这一学位论文也使他获得了最优秀毕业生的荣誉。

1975 年，梅来到加利福尼亚的蒂伯龙，继续他的私人开业医生工作，同时在旧金山的塞布鲁克研究所（一所研究生院和研究中心），以及加利福尼亚职业心理学院担任多个职务。他还进一步阐述了他的存在主义心理学理论。1994 年 10 月 22 日，在疾病缠身两年之后，梅因多种疾病在家中逝世（Bugental，1996，p. 418）。

在漫长的职业生涯中，梅曾在哈佛大学和普林斯顿大学做访问教授，并在多所大学和研究单位授课，包括耶鲁大学、哥伦比亚大学、达特茅斯学院、奥柏林学院、康奈尔大学、瓦萨学院和新社会研究院等。他获得的荣誉有美国心理学会的临床心理学科学与职业杰出贡献奖（1971）、纽约大学的杰出贡献奖（1971）、纽约临床心理学家协会小马丁·路德·金博士奖（1974）、哥伦比亚大学师范学院优秀研究生奖（1975）、美国心理学基金会的心理学终身贡献金质奖章（1987）、美国心理学会的心理学职业金质奖章（1988）。梅还接受过至少 10 所大学授予的荣誉博士，包括奥柏林学院、哥伦比亚大学以及他的出生地俄亥俄州艾达市的北俄亥俄大学等。

502

503

1987年，塞布鲁克研究所成立了一个罗洛·梅中心，包括一个图书馆和一个支持罗洛·梅思想研究和出版的项目。塞布鲁克研究所还授予梅荣誉博士，并给予梅以下评价：

> ［罗洛·梅］，一个带着神话般的幻想和奉献精神的人，探索了我们的艺术和心理科学的处女地。……你把自己漫长、创造性和勇敢无畏的人生献给了人类精神研究……你探索了爱情、意志、勇气、焦虑、天真、美和存在。……在视野的宽度、描述的清晰度和概念的创造性方面，你不愧为［威廉·］詹姆斯的杰出继承人。（Bugental，1996，p. 419）

除了前面提到的以外，梅的著作还有：

《人的自我寻求》（1953）

《存在：精神病学和心理学的新方向》（与恩斯特·安杰尔［Ernest Anbgel］和亨利·艾伦伯格［Henry Ellenberger］合著）（1958）

《存在心理学》（编）（1961）

《心理学与人的困境》（1967）

《爱与意志》（1969）——获美国大学优等生协会授予的拉尔夫·沃尔多·爱默生人道主义奖

《权力与无知：寻求暴力的根源》（1972）

《创造的勇气》（1975）

《自由与命运》（1981）

《存在之发现：一种整合的临床观》（1983）

《我对美的追求》（1985）

《政治与纯真》（1986）

《祈望神话》（1991）

二、存在主义

前面介绍的各种理论中已多次提到过存在主义哲学，但梅的理论中，存在主义哲学是最多见到的。因此，对**存在主义**（existentialism）各种概念的介绍，在一定程度上就是对梅的人格理论的介绍。下面要介绍的概念和术语来自多个存在主义思想家，包括克尔恺郭尔、尼采、海德格尔、宾斯万格、鲍斯、雅斯贝尔斯、萨特、加缪、弗兰克尔和蒂利希。

1. 此在

此在（dasein）这个德文词的字面意思是"在那儿"。这个术语表明，存在主义者感兴趣的是特定的人在特定时间、特定地点对世界的体验和解释。他们把人当作在世界上的存在来研究。世界和人是同时存在、不可分离的。说一个人在一定时间和地点的存在，不等于说一个物理客体的存在。吉尼翁（Guignon，1984）这样解释此在的复杂属性：

> 人，就像［海德格尔的］术语此在说的，是"在那里"的，待在［世界上］，在人生中占据一个位置，带着看待生活中各种问题的观点，主动参与日常生活。人的生活的典型特征，以其最自然的存在方式，不是身心关系，而是在世界上实在的"存在"。人对自己的最自然的体验可以说是"在世界上的存在"，这里说的世界不是物理学研究中的宇宙，而是感觉上的生活世界，是我们说的"学术界"或"戏剧界"。"存在"于这样的世界上，并不像一支铅笔"在"抽屉里，而更像参与或介入某事物中。（p. 231）

对人来说，存在是一个复杂的、动态的过程。通过选择、评价、接受和拒绝，人不断地**生成**（becoming），在某些方面与过去不同。

2. 存在的三种模式

一些存在主义者把人的存在分为三个范畴：**客观世界**（Umwelt），即内部和外部环境的物理方面；**共在世界**（Mitwelt），指人际关系领域；**自我世界**（Eigenwelt），指一个人的意识。每个人都同时生活在这三个世界中，这三个世界的共存，才能完满地解释人的存在。

3. 异化

异化（alienation）指一个人与他本性的某些方面的分离。异化导致孤独感、虚无感和绝望。由于存在有三种模式，所以人的异化，原因可能来自自然界（客观世界）、其他人（共在世界）或自己（自我世界）。

4. 自由

人最重要的属性，使人成为唯一的属性，是选择的自由。但是，**自由**（freedom）仅作为一种可能性而存在，它在某些人身上可能未得到发展，甚至被拒绝。人通过扩展意识范围而获得更多的自由。人凭借自由选择而超越自己当前的处境，所以没有人想成为环境、遗传、早期经验或其他什么东西的牺牲品。用萨特的话说："人不是别的什么，而是他做自己的结果。这是存在主义的首要原理。"（Sartre，1957，p. 15）

5. 责任

由于我们有选择做自己想做的人的自由，所以我们必须承担为了做出这种改变的全部**责任**（responsibility）。没有其他人、环境或命运会因为我们存在的本性而受到赞扬或谴责，我们要自己承担责任。自由和责任是不可分离的。

6. 本体论

在哲学中，**本体论**（ontology）是对存在或它所说明的东西的研究。对诸如时间、知识或爱这些概念的本体论分析试图确定，每个概念共同拥有的所有实例是什么。例如，这一分析寻求确定，爱的体验的本质成分有哪些。存在主义者关心两个本体论问题：（1）人类本性的实质是什么，或作为一个人意味着什么？（2）做一个特殊的人意味着什么，或是一个人成为他的途径是什么？换言之，存在主义者感兴趣的是，发现一般人和特殊个体的本质。

7. 现象学

存在主义者把人的意识作为他们的研究主题。他们对所有类型的意识加以分析，例如，对外部世界的意识、对身体活动的意识、对意识的意识。存在主义者通常假定，首先，人类是意识到而且知道自己有意识的唯一的动物。其次，意识被作为完整的、有意义的现象来研究，而不是被分为不同部分做进一步研究。现象的意思是，它是原来就有的，**现象学**（phenomenology）就是研究人类意识中原有的东西。

8. 真实性

如果一个人锻炼自己的自由意志，扩展自己的意识，形成价值观来把焦虑减到最低，与家人和朋友建立积极的关系，为个人成长接受必要的挑战，那么，他过的就是一种真正的生活。但是，如果一个人按照别人的价值观来生活，不锻炼他自己的自由意志来促进个人成长和有效的生活，这个人的生活就被认为是不真实的生活。过真实生活必然冒风险，因此这样的生活也需要**勇气**（courage）——这正是保罗·蒂利希一部著作的书名《存在的勇气》（1952）。

9. 死亡

多数存在主义者强调一个事实的重要性，即人们意识到，他们必然会在某一天死亡。**死亡**

505

506

（death）代表着虚无和不存在，是富足、完整和创造性生活的对立一极。因此，死亡代表存在主义者鼓励人们要做的那种人的反面。无人能逃离这一困境：我们寻求完整的生活，但我们同时也意识到自己必然会死亡。对死亡的了解导致焦虑，但这种焦虑不应该是消极的，它可以（而且应该）推动人们在有生之年尽其可能地延长寿命。梅（1983）指出："人理解了存在的意义，就需要理解自己可能会不存在的事实。"（p. 105）此外，死亡不被看作全或无现象。因不同时间人所建立的价值观受到威胁的程度不同，死亡的象征意义也不同。这种威胁被认为是对人的存在的打击，因此它也会导致焦虑。要过真实的生活，就必须同时应对死亡的字面意义和象征意义。因此，**真实性**（authenticity）和焦虑是密不可分的。

10. 抛置

抛置（thrownness，亦称存在的确凿性和范围）指这样一些事实，它们描述了一个人的存在处于他不能控制的范围。人的出生和最终死亡就是两个例子。其他例子还包括地震、火山爆发和飓风这样的自然灾害；遗传因素，如肤色、性别、超常天赋（艺术、音乐、数学能力等）；文化因素，如人出生的家庭和社会因素（贫富、美国人还是苏联人、生于和平年代还是战争年代等）。这些自然、家庭、历史和文化条件在相当程度上决定了此在中的"在哪里"。抛置则决定了，我们要在什么条件下对个人自由进行锤炼。就是说，描述我们存在的一些事实是我们不可控的，但怎样解释、评价这些事实并采取行动则是个人选择的事情。

被其他存在主义者称为抛置或存在的确凿性或范围的东西，被罗洛·梅称为**命运**（destiny），他的定义是"命中'注定'的局限与才华的模式"（May，1981，p. 89）。在梅看来，人的存在中的这些个人局限性对个人自由赋予了意义。事实的确如此，命中注定的东西是环境决定而超出人的控制范围的，但这些东西的意义是可以自由选择的。因此，决定论与自由密切相关。

> 自由与决定论共同影响着人的身世。自由每进一步，就给予身世新的决定因素，决定因素每进一步就给身世以新的自由。自由是一个大的决定论循环中的一个循环，反过来，决定因素也是一个大的自由循环中的一个循环。就这样循环往复，以至无穷。（May，1981，p. 84）

上述所有术语和概念都能在梅的人格理论中看到。下面，我们来看梅是怎样把存在主义哲学应用于心理学的。

三、人的困境

梅（1967）认为，**人的困境**（human dilemma）在于，人能够同时把自己看作主体和客体。梅曾经以不同方式描述**客体－主体二分**（object-subject dichotomy），每次说的并不一致（参见 Reeves，1977，pp. 198-201）。但是一般来说，梅说过，人能够把自己看作事物可在其身上发生的客体。例如，作为人，我们受到物理环境、他人在不在场、遗传（长得高矮、男女、肤色深浅等）等因素的影响，也受到社会或文化变量的影响。换言之，我们受自己命运的影响。

这些客观事件就是决定论倾向的理论所强调的行为的原因。也就是说，因为我们受到一定方式的刺激，所以我们以一定方式做出反应。但是作为主体，我们意识到，这些东西是发生在我们身上的。我们察觉，思考，然后根据这些信息去行动。我们决定，哪些经验有价值，哪些没有价值，并根据这些个人构想来行动。

梅认为**自我关联性**（self-relatedness）是区别人类和自然界其他东西的关键。自我关联性是"人站在自己身边的能力，使人知道他既是经验的主体，也是经验的客体，使人把自己看作能对客观世界采取行动的实体"（May，1967，p. 75）。作为人，我们观察世界，也观察自己观察到的东西。这就是自我关联性，或自我意识，它使人能避开决定论，并且以个人方式影响自己所做的一切。"自我意识给我们力量，去面对那个死板的刺激－反应链，让它暂停，通过这种暂停，人估量偏向哪一边，并决定做出怎样的反应。"（May，1953，p. 161）

再来看梅的理论中此在的概念。"在那里"可以理解为某个人在那里。"那里"指有某种决定性的力量出现在给定情境中，但是那个存在（那个人）用这些力量去获得自由、价值观、各种解释等等。梅认为，二分法的两端都要考虑到，才能对人做出完整的理解，就是说，既要考虑到人的物理环境（客观方面），也要考虑到人主观上怎样构建和评价环境（主观方面）。

梅认为，强调客体－主体二分法的一极而轻视另一极是错误的。"足以令人感兴趣的是，这两端的任何一端，即纯粹的自由和纯粹的决定论，在傲慢地拒绝接受这一困境、显耀自己无所不能方面是同样的。然而，这一困境是我们的命运，是我们作为人的巨大潜力所在。"（May，1967，p. 9）

梅认为，斯金纳和罗杰斯是强调这一困的一面而忽视另一面的两类心理学家。斯金纳回避主观体验，但是梅质问道："人对环境的内心体验做出反应，而且人以自己的象征物、希望和恐惧对它们做出解释，这难道不是事实吗？"（May，1967，p. 15）

梅批评罗杰斯，认为他强调主体性，而从来不对人的存在的消极成分做分析，如气愤、攻击性、敌意和狂怒等情绪。梅（1982）在给罗杰斯的一封公开信中说，我们必须"积极面对我们自己、社会和我们世界的善与恶问题"（p. 19）。梅还在另一处写道："因此我们要提出一个问题，罗杰斯对理性的强调，认为个体只会简单地选择对他而言合理的东西，这难道不是要放弃人类经验光谱中的大部分，即所有非理性的情感吗？"（May，1967，p. 18）

508

在本章后面讨论原始生命力时，我们还会看到，梅认为，邪恶是人的本性的一部分，必须被纳入我们对人的全面理解中。

意向

梅在《爱与意志》（1969）一书中指出，**意向**（intentionality）是一种手段，凭借这一手段，主体与客体之间的分离会部分地被克服。尽管心理活动是纯粹主观的，但是这些活动总是指向外部事件，或与之相联系的。例如，爱是主观体验，但是人必须要爱某个人或事物。同样，知觉是主观体验，但是人必须察觉那是什么东西。所以，一切心理和情绪体验必须指向人身之外的客体或事件，或与之有关系。在客体－主体二分法中，客体一极是给定的，但个体要决定，客观现实中的哪些方面将被评价为积极或消极的，是参与还是忽略，是接近还是回避。因此，意向是人的选择性知觉能力，它对外界的客体和事件赋予意义，描述有思想的人与外部世界的关系。对同样的环境事件做出怎样的反应，取决于人赋予它什么意义。例如，同样是山上的一座房子，会有不同的意义，这取决于它被看作临时度假的房子，还是一个永久居住地，是朋友的房子、敌人的房子，还是用来做素描的对象（May，1969，pp. 224-225）。

梅认为，意向描述了此在的一个重要方面。作为在世上的存在，我们与物理世界的互动在很大程度上是个人化和动力性的。每个人都根据他的个人意义结构（信念、价值观和期望）对世界做出反应。从这里，我们看到了梅的存在主义理论观点与凯利的构想的可选择性（第13章）的相似点。

意志和愿望与意向的关系密切。梅把**意志**（will）定义为"人对自己加以组织，从而走向一定方向或达到一定目标的能力"（May，1969，p. 218）。他把**愿望**（wish）定义为"富于想象力地表现出的某些言行"（1969，p. 218）。因此，一个人的意义结构确定之后，他就会利用他的想象力对未来可能的行动方式加以思考。这种愿望可以提供活力、想象和人格的创新。从多个可能的行动路线中，人选择那些可能的和最有意义的方式，对自己的生活加以组织，从而达到已选择的目标（意志）。

意向、愿望和意志是梅的理论中最重要的三个概念，因为它们与其他人格属性相联系。里夫斯（Reeves，1977）指出："梅认为，在意向和意志中，在人对意义、决策和行动的宽广丰富的倾向中，在权衡、决定和在可能意义上的行动中，作为个体的人体验着他的同一性，获得他的自由和存在感。"（p. 158）

509

■ 四、焦虑和内疚

多数存在主义思想家都认为**焦虑**（anxiety）体验是人的健康问题，梅也不例外。前面提到，梅在因肺结核住进疗养院时，曾经研究了克尔恺郭尔（《焦虑的概念》[Kierkegaard，1944]）和弗洛伊德关于焦虑的理论。他不赞同弗洛伊德的观点，即，焦虑是人的生物需要和社会要求之间的冲突导致的。在梅看来，弗洛伊德对焦虑的分析过于偏重生物学和碎片化。因为弗洛伊德认为，焦虑是本我、自我和超我的冲突导致的。

梅不接受弗洛伊德关于焦虑的复杂的、基本上是生物学的解释，他接受克尔恺郭尔的存在主义定义。克尔恺郭尔认为，人的自由和焦虑息息相关。只要自由受到威胁，就像常常发生的那样，焦虑就会产生：

> 人的焦虑的不同特性源于人是注重价值的动物，人以符号和意义方式解释自己的生活和世界，用他作为自我的存在来查明这些。……对这些价值观的威胁就会导致焦虑。我把焦虑定义为对威胁到某些价值的线索的恐惧，这些价值是个体秉持的、对于他作为自我的存在至关重要的。这种威胁可能危及生理方面，如死亡，或心理生活，如失去自由。它也可能危及人作为自我而存在的价值：爱国主义、对特定人的爱、在同伴中的威望、献身于科学真理或宗教信仰。（May，1967，p. 72）

梅指出人具有一种独有的特征，即相比于放弃自己珍爱的价值，人更愿意偏向死亡：

> 死亡是最明显的为了摆脱焦虑的威胁提示，除非人怀有不朽的信念，死亡对我们的文化并不常见，死亡最终会抹杀一个人作为自我的存在。但我们马上注意到一个令人好奇的事实：有些人偏向死亡而不是放弃其他价值。对欧洲独裁统治下的人们，放弃心理和精神上的自由，比起死亡是一种更大的威胁，这种人并不少见。"不自由，毋宁死"不一定是戏剧性的或神经症态度的证据。相信死亡是人类独有的最成熟行为方式，是有其原因的。（May，1967，p. 73）

1. 正常焦虑

为了成长为一个人，人必须不断地向自己的意义结构提出挑战。由于意义结构是人存在的核心，这必然导致焦虑。要做一个人就要强烈希望扩展自己的意识，但是这会导致焦虑。这种焦虑不仅是难以避免的，而且是正常和健康的。"一切成长都是由焦虑导致的对过去价值观的放弃组成的，因为人要把这些价值观转换为更宽广的价值观。成长，以及随之而来的焦虑，都需要为了实现更广阔的目标而放弃当前的安全性。"（May，1967，pp. 80-81）真正的人明明知道探索未知领域的风险，偏偏还要这样做。与探索未知相联系的焦虑是追求自由的不幸陪伴物。

510

正常焦虑（normal anxiety）是成长过程的一部分，不应企图把它从人的经验中排除出去。梅强烈反对把消除焦虑作为目标的心理学家的观点。

2. 神经症焦虑

一定程度的焦虑是正常的，但它仍然是焦虑，有些人试图逃离这种焦虑。例如，决定顺从别人价值观的人，为了寻求顺从带来的"安全"而放弃个人自由和个人成长的机会。这种逃离正常且健康的焦虑的尝试会导致不健康的**神经症焦虑**（neurotic anxiety）。神经症焦虑必须求助于心理治疗师。梅（1967）对正常焦虑和神经症焦虑做了这样的区分：

> 正常焦虑是与威胁水平成比例的焦虑，它不导致抑郁，人能在意识水平建设性地应对之。……

但是，神经症焦虑是与威胁不成比例的反应，它导致抑郁和其他形式的内心冲突，要用各种阻挡活动和意识应对之。电影中说的"站在山顶的孤独"和"长跑型孤独"，与之相关的焦虑可被看作正常焦虑。由于顺从别人以逃离这种孤独而产生的焦虑，则是从起初的正常焦虑转化而来的神经症焦虑。

在人的成长中出现实际的危机并威胁到价值观时，如果不能面对正常焦虑，人就会陷入神经症焦虑之中。（p. 80）

总结一下，正常焦虑是人在尝试扩展自己的意识或因情况变化、新价值观取代旧价值观时体验到的。正常焦虑是健康成长的一部分："一切成长都包含过去的价值观被放弃带来的焦虑。"（May，1967，p. 80）。当人的意识受到局限，不顾一切地固守原有的价值观时，或人试图接纳教条、逃离正常焦虑时，神经症焦虑就会出现。"教条，无论是宗教教条还是科学教条，都只能带来暂时的安全，它是以放弃新的学习和成长机会为代价换来的。教条导致神经症焦虑。"（May，1967，p. 80）

3. 正常内疚和神经症内疚

如果一个人不能展现他作为一个人的潜力，他就会感到内疚。所以，每个人都会体验到一定程度的**内疚**（guilt）。梅指出，内疚是本体性的，因为它像焦虑一样，是人的健康的一部分。在梅看来，内疚不是由违反了平时接受的道德准则导致的，而是由未实现或未努力挖掘自己作为人的潜力导致的。"本体性的内疚不是来自'我内疚因为我违反了父母的禁令'，而是来自'我能认识到自己是一个能够选择或不能选择的人'。每个成熟的人都有这种本体性内疚。"（May，Angel，& Ellenberger，1958，p. 55）

正常内疚（normal guilt）是健康的存在的一部分，是具有建设性的。但是，如果不能认识到并应对它，就像焦虑一样，它可能变成神经症的、导致衰弱的内疚。焦虑与内疚体验有密切关系。一个人越敢于冒险以扩展自己的意识，他体验到的正常焦虑就越多，但是这种冒险本身会降低正常内疚。反之，回避这种冒险会导致神经症焦虑，这反过来将导致**神经症内疚**（neurotic guilt）。此外，由于存在有三种模式，因此焦虑和内疚也有三个主要来源。不同水平的焦虑和内疚源于我们怎样面对客观世界、共在世界和自我世界。

五、价值观的重要性

在符号形式上，**价值观**（values）可概括为我们认为特别重要的那些经验。把一些经验看得比另一些经验更有价值，这是无法回避的，因为评价过程是人本性的一部分。一个人的价值体系决定着，一种经验有多大意义，它能引起多强烈的情绪，对未来的渴望有什么价值。在更大程度上，一个人体验到多大的焦虑是由他价值体系的适当性决定的。"一个人能够在他的价值观比威胁更强大的程度上应对焦虑。"（May，1967，p. 51）

梅认为，在价值观形成中存在一个发展模式。出生后，母亲提供的爱、关心和喂养是最有价值的。对这些养育行为的任何威胁都会让婴儿体验到焦虑。随着儿童的成熟，赞扬、成功、在同伴中的地位成为被看重的东西。但是，成熟的价值观不是原来所持价值观的副产品。它们通过强调自由、未来以及人的处境的改善反映着人性：

成熟价值观的标准要根据人类存在的不同特征而定……成熟的价值观是超越当前情境的，它包含着过去和未来。成熟的价值观也要超越当前所在的群体，向外扩展到社会的善，理想地说，最终要拥抱完整的人性。……一个人的价值观越成熟，他就越不看重其价值观从表面上能否令他满意。满足感和安全感都以持有的价值观为基础。对真正的科学家、宗教人士或艺术家来说，安全感和自

信心来自他们对自己献身于追求真理和美的意识，而不是对这些东西的发现。（May，1967，p. 82）

梅认为，俄狄浦斯冲突（Oedipus conflict）不像弗洛伊德所说的那样，是父母对子女的吸引，也不是对其他人的敌意，而是依赖性与独立性的斗争。小时候，父母要满足我们对食物、住所和安全的需要。儿童有持续依赖父母和他人的倾向，人们需要安全感，即使不再需要别人做这些事情时也是如此。要挖掘我们作为人的潜力，我们必须放弃儿时看重的依赖性。做到这一点是不容易的，但它是积极成长的必要条件。

512

如果条件长期保持稳定，人们就有机会形成能有效应对世界并表现出自己作为人的价值观。对很多人来说，还可能或多或少地保持相同的价值观。美国的开拓者就是这样，他们广泛接受个体主义和实用主义价值观。然而在现代世界，社会变化太快，使我们没有时间形成能充分应对现代生活的价值观。"在转型期，旧的价值观被抽空，传统风俗习惯不再维持，个体在世界上寻求自己时遇到特殊的困难。"（May，1967，p. 25）

如果未能形成适当的价值观，我们就会感到与周围世界疏离，失去自我同一感、个人价值和意义。梅认为，20 世纪 50 年代的美国，传统价值观的崩溃就曾导致了影响深远的同一性危机。但是他看到，这种同一性危机甚至带来了更严重的问题：

> 近日，各色人等，特别是年轻人，找咨询师或治疗师诊断他们"同一性危机"的问题——这个术语虽有些陈旧，但不应该使我们忽视一个事实，即这个问题确实很重要。……我的观点是，20 世纪 50 年代的同一性问题现在变成了更特殊的丧失意义感的危机。……这种情感倾向于"我甚至不知道我是谁，作为一个个体，也不能做出什么与众不同的事"。（May，1967，p. 26）

梅认为，当今的人们面临着无处不见的"大量"，例如，大量的信息、大量的教育。强调的是千篇一律，而不是个体性。但是，我们在成长过程中，相信的是个体的力量和价值。因此，我们小时候形成的价值观并不适用于现代世界，因此我们感到自己无价值、孤独和焦虑。缺少了能发挥作用的价值观，人就无所事事，感到无助。缺少了强有力的价值体系，人就很难——如果不是不能的话——选择行动方式和生活道路。在梅看来，我们时代的主要问题是"年轻一代……在他们赖以与世界发生联系的基础的文化中，没有可行的价值观"（May，1967，p. 42）。

缺少了适当的价值观体系，人就倾向于被外部因素指引。就是说，拥有不适当价值观的人依赖于外部事物来说明他们的生活意义，例如社会习俗、同伴评价、宗教教条、教师的意见和学习成绩等。而那些拥有强有力价值观的人，无论这些外部事件如何，都知道他们的意义所在，而且能从不同角度感受这些事件。例如，同伴赞赏可能是有价值的，但是人的价值感并不依赖于同伴赞赏。

梅和其他许多存在主义思想家一样，都认为价值观和**自觉行动**（commitment）是密不可分的。成熟的价值观使人不但能有效地处理当前事件，而且关心别人的情感和价值观，从而形成深刻、有意义的人际关系。同时，成熟的价值观使人面向未来。这样的价值观给予一个人希望，也给他一个原因，让他自觉地付诸行动。对于缺乏适当价值体系的人，也没有恰当的原因鼓舞他对什么事情自觉行动。由于这个原因，存在主义者把自觉行动归结为人类的本体性特征。也就是说，自觉行动是所有正常、健康、成熟的人的特征。

513

一个人的价值观决定着他怎样行动，而且由于价值观是有意识地自由选择的，所以人要完全为自己的行动负责：

> 在价值行为中，意识和行为是紧密结合的。一个人可能从教堂、剧院、学校、美国退伍军人协会或社会上的其他群体中获得生搬硬套的价值观。但是，价值行为则不然，它是基于个体本身的自觉行动，是超越"生搬硬套"或自动化情境的。这意味着某种有意识的选择和责任。（May，1967，p. 220）

六、爱的本质

梅在他的《爱与意志》(1969)一书中描述了四种类型的**爱**(love),他认为,真实的爱是四种爱的混合。这四种爱分别是性爱、爱欲、友爱和博爱。

1. 性爱

性爱(sex)是人的生物驱力之一,它能通过性交而得到满足,就像吃饭能解除饥饿驱力一样。性交和吃饭都是自动化的活动,也都因为需要和满足需要的对象的存在而引发。"性爱可以用生理学术语下一个相当充分的定义,因为它包括身体的紧张与放松。"(May,1969,p.73)现在的很多人把性爱等同于爱,但是梅认为,这是最令人遗憾的。

2. 爱欲

爱欲(eros)是与另一个人结合的愿望。性爱的目的是完成性行为,得到满足和放松。与之相比,人们寻求的往往是继续的爱欲体验。爱欲使我们追求性体验背景下的温柔和富于创意的关系。除此以外,爱欲还推动人们寻求与世界、与一般人建立这种关系。爱欲驱使人们去寻求自己所有经验的完整性和相互关系。在性关系中寻求这种情感只是爱欲的一种表现方式。虽然爱欲看起来总是正面体验到的,但其实并非如此,因为爱欲也为人的恶魔力量提供了例证。梅(1969)是这样给**原始生命力**(daimonic)下定义的:

> 原始生命力是拥有控制整个人的力量的一切自然机能。性爱、爱欲、愤怒和狂怒,以及热衷于权力都是例子。原始生命力既可能是创造性的,也可能是破坏性的,或二者兼而有之。……原始生命力是每一个生命要使之得到确认、维护、保持和增强的强烈欲望。当原始生命力占据了整个人格而无视自我的整合时,或无视其他人的独特性和愿望以及他们对整合的需要时,它就会变成邪恶。于是,原始生命力就表现为攻击、敌意和残忍——这些最令人恐惧的东西。人一旦有可能就会压抑它们,或更多的时候将它们投射到其他人身上。但这些东西都是能够激发人的创造力的同一种力量的反面。整个生命就在原始生命力的这两个方面之间摇摆。(p.123)

Daimonic 这个术语来自希腊文,意思是驱力和恶魔。就是说,人身上有很多力量,如果适度表现,它们会促进人的成长和创造,但是它们如果占据统治地位,就会成为负面的、破坏性的力量。所以原始生命力与爱欲同在。人必须果断地与另一个人形成爱的结合,但如果这种果断性占据支配地位,人在利用其伴侣时就会处于危险中。

人身上的原始生命力,为人的残忍、非理性和无人性行为提供了潜在可能。人不可能使自己摆脱这种力量,也不需要这样做。重要的是让原始生命力冲动可控,把它用于创造,而不是用于伤害。梅把每个人身上这种积极力量与消极力量之间的张力看作在艺术、戏剧、文学甚至科学等方面最大的创造性源泉。

如上面讨论的,如果爱欲是在积极推动一个相爱的关系,此时人体验到的必然是适度的原始生命力。但是,爱欲还可能有另一个危险。与另一个人的结合可以被看作死亡的一种形式,即在结合之前存在的那个人死了。在融入爱的关系后,人就时时处于悲伤、痛苦和失望中,也同时享受着这种关系带来的趣味与欢乐。这是一场大赌博。

> 死亡总是隐藏在爱的欢乐的阴影中。死亡在模糊的轮廓里时隐时现,众多疑问如余音绕梁:这种新关系会毁灭我们吗?我们爱,我们就放弃了自己的中心。我们把自己从原来的存在状态抛入虚无,我们虽然希望得到一个新世界、新存在,但我们从不敢保证我们能够得到。……这种被

514

湮灭的体验是无可挽回的，因为它正是［爱欲的］神话制造的，它根本就是爱欲带给我们的。忘我的爱总是裹挟着毁灭一切的威胁。这种强烈的意识有点像人和上帝关系中那种神秘的狂喜：人永远不敢保证上帝的存在，所以，在爱带给我们的同样强烈的意识中，我们也不再拥有任何安全的保证。（May，1969，p. 101）

3. 友爱

第三种爱是**友爱**（philia），它一般被定义为友谊或兄弟般的爱。在梅看来，缺少友爱的爱欲是不可持续的，因为持续吸引和热情的张力太大了。梅（1969）对友爱做了这样的解释：

> 友爱是和喜欢的人在一起时的放松状态，它接纳另一人作为人的存在，它只是喜欢和另一个人在一起，喜欢和另一人一起休息，喜欢一起走路的节奏，喜欢对方的声音，喜欢对方完整的存在。它给予爱欲更丰富的东西，给予它成长的时间，时间使它的根钻入更深的地下。友爱不要求为所爱的人做多少事情，只需接纳他，欣赏他而已。友爱是最简单、最直接的友谊。（p. 317）

515
梅认为，为了使深深的爱的关系存在，同伴之间作为人，必须真诚地相互喜欢，并寻求一种创造性的结合。发自内心地说出"我喜欢你"，对人的同伴来说，是真诚的爱不可或缺的一部分。

4. 博爱

第四种爱是**博爱**（agapé），梅（1969）对它做了如下的定义：

> 尊重他人，关心他人的福祉，不管自己能从中得到什么；无私的爱，就像上帝对子民的爱。与此类似——虽然不尽相同——生物本性使母猫保护猫仔免于死亡，人凭借与生俱来的机制保护自己的婴儿，而不求婴儿任何回报。（p. 310）

博爱是自己向他人的无私给予，是不考虑得到任何回报的付出。梅关于博爱的概念与罗杰斯的无条件积极关注相似。在这两种情况下，都要无条件地向别人付出爱。

梅相信，当代很多人有一种把爱等同于性爱的令人遗憾的倾向。对梅来说，真正的爱必须包括：性爱，即爱的生物学成分；爱欲，与他人形成富于创意的结合，分享和联合两个自我；友爱，友谊，只是喜欢自己的同伴，即使不带有性爱和爱欲；博爱，对同伴的无私的关心，这种爱是无条件的。

七、心理治疗

梅认为，**心理治疗**（psychotherapy）的目的不是消除焦虑或内疚，而是把神经症焦虑或内疚转变为正常焦虑或内疚。后者是人的存在的一部分，对人的成长是必不可少的：

> 在治疗中我们的主要关切是人存在的潜力。治疗目的是帮助患者实现他的潜力。……治疗目的不是消除焦虑，而是把神经症焦虑变成正常焦虑，以及发展与正常焦虑共存并利用它的能力。治疗后患者能比治疗前容忍更多的焦虑，但这是有意识的焦虑，患者将能建设性地利用之。消除内疚也不是治疗的目的，而是把神经症内疚变为正常内疚，同时促进创造性地利用正常内疚能力的发展。（May，1967，p. 109）

梅用**无意识**（unconscious）这个术语描述一个人因为没有过着真实生活，而从认知上拒绝意识的经验。梅对无意识的态度与凯利相似。凯利认为，人的某些经验是悬浮的，因为这些经验不适合人的构想系统。梅则认为，有些经验被拒绝是因为，如果它们被体验，会产生过多的焦虑。无论凯利还是梅都未涉及弗洛伊德所说的压抑，因为人至少部分地意识到这些经验，但是不承认它们是完全被意识到的经验。对梅来说，无意识不是未被接受的冲动、思想和愿望的港湾。它是由"个体现在不能，或将来也不能实现的获得知识经验的潜力"构成的（May，1983，pp. 17-18）。

在梅看来，如果治疗师把患者看作一个对象并试图以各种因果方式，例如，用过去的经历解释他的问题，治疗就不可能有效。治疗师必须确定，患者自己怎样说出他的"问题"：

> 站在本体论的立场……我们知道，疾病恰恰是个体用来保护其存在的手段。我们不能假设，通过日常的简单方式，患者就能自然而然地希望病情变好。我们必须假定，他不允许自己放弃自己的神经症，逐渐康复，直到他的存在的另一种条件出现，使他与世界的关系发生变化。（May，1967，p. 95）

回忆阿德勒和凯利的观点，存在主义治疗师鼓励患者把事件看作已被他们抛弃的东西，即各种不同的命运。在这个意义上，理智的目的就是帮助患者在过去感到无意义和无助感的环境中找到生活的意义。维克多·弗兰克尔（Viktor Frankl，1905—1997）在其经典著作《人对意义的寻求》（1984）中指出，即使在最悲惨的环境中，也能寻找到意义：

> 我们不会忘记，即使面临毫无希望的情境和无法改变的命运，我们也能找到生活的意义。那么，什么东西可以见证人类独有的最强大的潜力？那就是把个人的不幸转化为成功，把困境转化为人的成就。当我们不能改变情境时——只要想想晚期癌症这样的不治之症——我们就要挑战自我改变……在某种程度上，当找到意义的那一刻，痛苦就不再是痛苦。（p. 135）

梅用**邂逅**（encounter）这个术语形容治疗过程。梅认为，邂逅是两个自我的相遇，并分享他们存在的各个方面：

> 邂逅是真实发生的事情，它是比关系更多的东西。在邂逅中，我必须能在一定程度上体验到患者所体验的东西。我的治疗师工作是向他的世界开放的。他给他的世界带来了他自己，我们要在这里一起生活 50 分钟。……此外，治疗的邂逅要求我们成为广义的人的存在。这给我们带来一个点，在这一点上我们可以不再只谈论心理学，而以任何别的形式谈，但是必须使自己融入治疗的邂逅中。在这种邂逅中，它帮助我们意识到，我们体验着相似的经验，也许现在还未卷入其中，但我们知道它们意味着什么。（May，1967，p. 108）

从这里可以看到，罗杰斯和梅都把共情式理解看作有效治疗的关键。

梅的治疗方法涵盖他的人格理论中所有术语和概念。他主张，每个患者都要有个人目标并发现治疗的意义，他批评那种把意义——尤其是宗教观念——强加给患者的治疗方法（Pytell，2006）。梅认为，人具有寻求自由和过真实生活的潜能，但很多因素都可能抑制这种自由和真实性。拥有适当价值观的人能够建设性、创造性地认识到他们的正常焦虑和内疚。而不具备适当价值观的人必然会对各种类型的经验持封闭态度，使健康的焦虑和内疚变成神经症的焦虑和内疚。这样的人不能展现他们作为人的存在的全部潜能。治疗师的责任是帮助患者认识到自己的潜力。在梅看来，治疗师必须帮助患者过上真实的生活。梅所说的真实性很像罗杰斯所说的和谐性（congruency）和马斯洛所说的自我实现。

八、神话的重要性

梅相信："神话是在无意义世界里创造出意义的手段。"（May，1991，p. 15）这从精神上和以下几位学者很相似，如荣格认为，原型通过象征物和神话指导着人类的生存，另如费英格的"仿佛"哲学、阿德勒的导向性虚构、社会生物学所说的神话带来公众的凝聚力，以及凯利的构想的可选择性概念等。在梅看来，我们社会上的很多问题，如邪教、毒品成瘾、自杀和抑郁等等，都能从给人提供内心安全感的神话中追溯其源头。在谈到人们向心理学寻求帮助时，梅（1991）说道："作为一个开业精神分析师，我经调查发现，当代心理治疗几乎都涉及个体对神话的寻求问题。"（p. 9）

梅关于好生活依赖于好神话的观点，晚近得到所谓叙事疗法的临床心理学的支持。叙事疗法强调故事的重要性，人们凭借这些故事生活，理解自己的生活，理解这些故事的机能性意义或机能失调的意义（例如，参见 McLeod，1997；White & Epston，1990）。

梅完全赞成荣格的观点，他认为："神话是人的意识的原型，[因此]哪里有意识，哪里就有神话。"（May，1991，p. 37）梅的另一观点也和荣格相似，他认为，神话反映了人性的核心："个人神话一般会成为那些经典神话的某个核心主题的变式。"（p. 33）个人神话的普遍主题往往是出生、死亡、爱与婚姻、俄狄浦斯情结等的变式，梅把它们看作是为独立而斗争；而对于善与恶的冲突，梅则认为是原始生命力的表现。最后，梅表达了与荣格相似的观点："在永恒闯入时间之门的时刻，我们找到了神话。神话有两个维度：它既是我们日常经验中粗俗的东西，也超越了我们世俗的存在。"（p. 297）梅还表示，他赞成阿德勒的观点，即我们忘记了早期经验中的大多数东西，能记得的很少。这些"原初记忆"无论准确与否，都成为我们的"导向性虚构"或神话的重要素材，我们就是根据这些东西过日子的。因此，"记忆与神话是不可分离的"（p. 70）。

为了说明神话是人性的表达这一普遍真理，梅（1991）分析了一些经典著作中描述的神话，包括《圣经》、荷马的《奥德赛》、索福克勒斯的《俄狄浦斯王》和《科罗纳斯的俄狄浦斯》、萨特的《苍蝇》、但丁的《神曲》、易卜生的《培尔·金特》、格林兄弟的《睡美人》、梅尔维尔的《白鲸记》、歌德的《浮士德》、菲茨杰拉德的《了不起的盖茨比》、埃德加·爱伦·坡的《乌鸦》、莎士比亚的《哈姆雷特》《李尔王》和《麦克白》。通过分析这些作品，梅阐述了它们怎样表现出人性的方方面面，使读者体验到心灵的净化。梅注意到，这些文学作品的最普遍主题是人性中的善恶冲突。梅认为，这种永恒的善恶冲突（如上帝与撒旦之间的冲突）是创造性的最丰富源泉。如前述，梅并不接受仅仅把人性描述为善或恶的观点。他认为，人是善恶兼有的，这是人类存在的根本剧情。

在梅看来，神话在我们生活中发挥着四项基本机能：它们给我们个人同一性的意义，它们给我们社会的意义，它们支持我们的道德价值观，它们允许我们揭示创造中的未解之谜。上述所有"对神话的欲望就是对社会的欲望……要成为一个社会的成员，就要分享这个社会中的神话"（May，1991，p. 45）。然而，不同的社会和文化与不同的神话相联系，人群中的摩擦是以此为基础的。排外行为可以解释为，外来者不了解这里的神话，因此引起恐惧："外来者、外国人、陌生人不懂得我们的神话，他们被不同的星辰指引，他们崇拜不同的神。"（1991，p. 45）所以，像人性的其他方面一样，能把人们团结在一起的特征，也可能驱使人们分离。

神话有高低好坏之分吗？梅的答案是肯定的。有些神话是不符合期望的，因为它们不鼓励人类中的亲情感。在梅看来，当代美国社会的许多问题来自一些顽固的个人主义者企图过与人分离生活的神话。这种神话曾经导致了自恋狂时代以及孤独和暴力。梅认为，真正的幸福只能来自积极的人际关系，因此，只有那些把人民团结起来的神话才是有助于心理健康的。生存本身就取决于对别人——整个人类的关心。梅（1991）提出了他认为我们现在需要的神话：

> 我们沉睡多个世纪，醒来后发现我们处在关于人类神话的新的、无法推翻的意义中。我们发现自己处在一个新世界的社会上。如果不能毁灭整个世界，我们就不能毁灭它的各个部分。在这样一个美好光明的世界上，我们深知，现在我们是最终生活在同一家庭的真正的兄弟姐妹。（p. 302）

在前面章节，我们曾介绍阿德勒的观点（第4章），他运用社会兴趣来解释心理健康。我们也曾介绍奥尔波特的观点（第7章），他认为，要根本解决人类的矛盾，可以通过推行同一个世界的观点，即，每个个体都实现对全人类的认同。

九、新人学

和很多存在主义思想家不同，梅不是反科学论者。在他看来，我们所需要的是一种探索人类的方法，它并不会减少我们对人的习惯、大脑机能、遗传决定的特质、早期经验或环境影响等方面资料的收集。我们需要一门建立在人的本体性特征基础上的人学。就是说，这门科学要考虑到人的自由，现象学经验的重要性，象征和神话的应用，决策时考虑到过去、现在和未来的能力，以及评价过程。这样一门科学强调每个个体的整体性和唯一性。以存在主义哲学为基础的人的科学不同于现在所称的科学心理学。动物研究是不相干的，其成分和形式都须回避。梅（1967）对他关于**新人学**（new science of humans）的观点做了如下的概括：

> 我认为，这门关于人的科学将把人看作符号制造者、推理者、能够参与其社会历史的哺乳动物，并且拥有自由和道德行为的潜力。和做得最好的实验科学、自然科学相比，对这门科学的探索需要更多严格的思想和全心全意的努力，它将把科学事业置于一个更广阔的背景下。也许它将为科学地探索人，而且一直把人看作一个整体提供新的可能性。（p. 199）

施耐德（Schneider，1998）曾深入分析了梅所构想的科学类型，并讨论了它与当代心理学的关系。

十、评价

1. 经验研究

多数存在主义理论家不重视用经验研究确认他们的概念。他们相信，检验他们理论的地方是日常生活舞台，或是在治疗情境中，而不是系统的实验室研究或现场调查。存在主义心理学家范·卡姆（Van Kaam，1966）概括了这种观点："像责任、梦、焦虑、失望、爱、惊奇或决定这些体验是无法测量，也无法用实验来研究的。……它们只是一种存在，只能用它们自身所给予的东西来解释。"（p. 187）

但也有一些人试图以经验方法验证存在主义概念。简德林和汤姆林森（Gendlin & Tomlinson，1967）编制了一份"体验量表"（Experiencing Scale），以测量人触及自己真实情感的程度。由于心理治疗的主要目的是鼓励人们按照自己的情感去认识、接纳和生活，所以这个量表可用来测量治疗的有效性（Gendlin, Beebe, Cassens, Klein, & Oberlander, 1968）。克伦博（Crumbaugh，1968）修订了"生活目的测验"（Purpose-in-Life Test）以测量一个人的生活有意义的程度。研究发现，得分低的人倾向于拥有负面、缺乏目标的世界观，还发现该测验与抑郁量表存在正相关。就是说，在该量表上得分高的人表现出的抑郁较低，得分低的人表现出较高的抑郁。索恩和皮什金（Thorne & Pishkin，1973）创建了"存在主义研究"（Existential Study），其中包括七个量表：自我状态（self-status）、自我实现（self-actualization）、存在主义伦理（existential morale）、存在主义虚空（existential vacuum）、人本主义认同（humanistic identification）、存在和命运（existence and destiny），以及自杀倾向（suicidal tendency）。这些量表都是根据存在主义理论的术语和概念设计的。

只有少数人试图验证存在主义概念，多数存在主义者相信，用传统科学方法研究和理解人会误入歧途。梅描述了试图用物理学和生理学等传统科学方法探索人类的心理学家最终可能发生的情况。换言之，对那些忽视人的真正重要特征、只做简单研究的心理学家来说，他们的做法是毫无意义的，因为那些东西很容易被测量：

> 一位心理学家——也许是我们中的任何一位——在度过了富有成果的漫长一生后，站在了天堂门前。他被带到圣彼得面前接受常规的评判。……一位白衣天使把一个马尼拉纸夹放在桌上，圣彼得打开它，一边读着，一边锁起双眉。这位审判官的表情令人敬畏，但心理学家紧握公文包，鼓起勇气走上前。不过圣彼得的眉头锁得更紧。他用手指敲着桌子，嘴里咕哝着什么，一边用他摩西般的眼神注视着这位被评判者。
>
> 沉默令人难堪。心理学家忍不住打开公文包叫喊起来："看！我的132篇论文的复印件。"
>
> 圣彼得慢慢地摇了摇头。
>
> 心理学家掏了掏公文包的深处，说："给你看我因为科学成就获得的奖章。"
>
> 圣彼得的眉头并没有舒展，他仍旧默默地注视着心理学家的脸。
>
> 最后，他终于开口了："我的善良的人，我知道你有多么勤奋。你被指控不是因为懒惰，也不是因为非科学行为。"……
>
> 这时，圣彼得用手重重地拍着桌子，他的声音像摩西宣布《十诫》："你被指控把事情搞得简单平庸！
>
> "你耗尽一生在大山上挖老鼠洞——那就是你的罪过。当人身处悲剧中时，你说他遇到的只是琐碎小事。……当他被迫忍受痛苦时，你把这说成是傻笑；当他鼓足勇气付诸行动时，你却称之为刺激和反应。……你用你童年时玩的建筑模型的图像和主日学校的格言塑造一个人——凡此种种都令人厌恶。
>
> "一言以蔽之，我把你送到人世间的但丁竞技场活了72年，你却没日没夜地表演你的串场小杂耍！"（May，1967，pp. 3-4）

2. 批评

是哲学而不是心理学。从历史角度看，像价值观、责任和自觉行动这些概念，都是由哲学家和神学家而不是心理学家来研究的。很多批评存在心理学的人认为它很像这种历史倾向的延续。

非科学的方法。如前述，多数存在主义心理学家否认传统科学方法论是探索人类的有效途径。存在主义者认为，这样的方法论把人看作被动的对象，而不是他们自己存在的主人。不仅如此，存在主义者还拒绝按照传统科学提出的决定论原理进行探索。存在主义者认为，人的行为是自由选择的，不是被决定的。批评者认为，拒绝科学方法论和决定论是退回到心理学前科学的过去——一种向心理学与哲学和宗教不加区分时代的退行。批评者说，存在主义心理学家正在危害心理学摆脱前科学时代后取得的科学地位。

含混的术语。对自由、责任、自觉行动、内疚、意向、爱和勇气这些术语，很难下准确的定义。这些术语的意义，不同的存在主义理论家有不同的说法，甚至同一个人在不同时间，说法也不同。缺乏准确性使人们很难理解它们，而且不可能进行量化研究。

3. 贡献

呼唤人学。梅和马斯洛一样，并不否定对人进行客观研究的主张，只是认为传统的科学方法论不适合做这样的研究。我们需要的是把人当作整体的、唯一的、复杂的存在进行研究的方法。很多人欢迎梅提出的建立一门适合于人类研究的科学的主张——它不是建立在假设和自然科学方法基础上。

构建人格的重要新途径。很多人认为，对人的环境的存在主义描述是真实的：我们确实在寻求自己生活的意义，失去意义就失去了生活；一些人的确通过不断选择得到成长，而另一些人却在逃避他们的自由；多数人意识到人具有局限性并且被其困扰；人们在体验他们的寻求和解释这些经验时存在着个别差异。很多人相信，存在主义对人的观点把新的生命带入了心理学。

▼ 小 结 ──────────────────────────

　　在弗洛伊德、克尔恺郭尔和蒂利希等人影响下，怀着对焦虑的本性和原因的兴趣，罗洛·梅创建了以存在主义哲学为基础的人格理论。梅接纳了存在主义哲学的以下方面：（1）术语此在，它是对世界上处于特定环境和特定时间的特定之人的研究；（2）对人的存在的三个范畴的描述：客观世界，或人与物理世界的互动；共在世界，即人与其他人的互动；以及自我世界，即人与自己的互动；（3）异化，指一个人可能和存在的一个或几个范畴分离；（4）每个人都会自由选择其存在的意义；（5）责任，它与自由密不可分；（6）本体论，它试图确定一般人或特定人本性的本质特征；（7）现象学的重要性，或对原封不动的、有意义的、意识到的经验的研究，而不是为了研究和分析把它们分开或还原；（8）真实性，或一个人按照其自由选择的价值观，而不是按照外部强加的价值观生活而努力；（9）死亡在人的本体论中的重要性（死亡是不存在的最终状态，对死亡必然性的思考是重度焦虑的源头）；（10）抛置，涉及人不可控制的环境。其他存在主义者称为抛置、存在的确凿性或范围的东西，被梅称为命运。

　　梅描述了人的困境，因为人既把自己看作世界上的客体，事物可在其身上发生，又把自己看作主体，通过对事物的解释、评价及将它们投射到未来并因此改造它们，而对其采取行动。梅认为，要完整地理解人，必须对作为客体和主体的人的两方面进行研究。在梅看来，斯金纳的理论过多地强调人的客体方面，而罗杰斯的理论过于强调主体方面。而且，罗杰斯忽略了人的存在中非理性和邪恶的一面。

　　意向涉及指向外部对象的心理活动。人通过意向与客观世界互动，通过它，在客体和主体之间搭建桥梁。

　　意志是自觉的行动。在建立意义结构、形成意向之后，人必须按照意向采取行动。意志和行动直接相关。愿望是在付诸行动之前想象的可能行为方式。

　　梅认为，做人就要体验焦虑和内疚。正常焦虑是因人考虑到死亡或价值观受到威胁时产生的。由于人终有一死，而且从心理意义上，人的价值观的形成不断受到挑战，正常焦虑不可避免。同样，人发觉自己过着没有完全发挥潜力的生活时，就会感到内疚。由于没有人能永远过着彻底发挥潜力的生活，所以正常内疚是无法回避的。有些人不会利用正常焦虑和内疚促进个人成长，而是通过顺从外部价值观或拒绝承认这种焦虑和内疚的存在而设法逃避之。如果正常焦虑和内疚不能通过意识，以建设性方式应对，它们就会变成神经症。神经症焦虑和内疚使人否认个人经验中的重要领域，从而遏制人的成长。神经症焦虑和内疚通常会使人去寻求心理治疗。

　　人的价值观是人认为最有价值的经验的概括。成熟的价值观寻求一种和谐并指向未来。因为每个人都是自由地选择自己的价值观，所以人要为自己从价值观衍生出的行为负责。价值观要求自觉行动，人要为自己的价值结构及其导致的行为负责。对某些人而言，价值观如此重要，以至于宁死也不放弃之。一个人体验到的焦虑程度与人的价值观有直接关系。如果人的价值结构适当，他就会体验到正常的焦虑。但价值结构必须是动力性的，因为不愿改变价值观会阻碍人的成长并导致过度内疚。健康的人要持续不断地超越他的过去。

　　梅描述了四种类型的爱。性爱是纯粹以生物本能为基础的异性吸引。爱欲寻求与爱的对象结合并分享自我。友爱是两个人的友谊，即使性爱和爱欲不参与其中，而只是喜欢对方。博爱是在没有任何回报的情况下对别人的关心。梅认为，真实的爱是这四种爱的结合。但是，人必须意识到原始生命力，它具有破坏人与他人关系的力量。原始生命力是所有人的机能，它具有支配一个人的力量。如果性爱支配了两人的关系，真实的爱就会失去，因为对方除了满足自己的生物驱力，其他一无所有。同样，如果爱欲支配了一个人对二人结合的追求，伴侣的个体性就会被忽略，这是以牺牲伴侣为代价的结合。原始生命力为人的存在中的邪恶提供了潜力。在梅看来，投入爱的关系存在风险，因为个人献身并不能保证带来好处。

梅认为，如果心理治疗只是收集患者的习惯、过去经验、遗传决定的素质、测验分数，或只被作为一个诊断类型，治疗就不可能有效。有效的治疗必须是两个人之间的邂逅。治疗师要努力理解患者言行中反映出来的情绪问题，也就是努力理解患者的体验。如能做到这一点，治疗师就能帮助患者把神经症焦虑或内疚转换为正常焦虑或内疚，并开始过真实的生活。存在主义治疗的另一目的是帮助患者从本来认为无意义或无希望的环境中找到意义。

在梅看来，无意识并不是被压抑记忆的储藏室。无意识包含有一些必须被否认的潜在经验，它们之所以被否认，是因为人们为了回避正常焦虑而采用各种防御措施，或因为人只具备有限的价值结构。一旦克服这些障碍，人就会开放其体验，意识到原来被否认的那些可能性，就会变成一个自由人。

梅认为，人性的基本成分通过神话得以表达。给人以社会观念的神话有助于心理健康。鼓吹个体主义的神话则使人与世隔绝，导致孤独感和失望。

梅提出，心理学需要一个研究人学的新模型。以机械主义决定论为基础的旧心理学，其主要目的是寻找行为的客观原因，并对行为进行预测和控制。这种模型把人看作物理力量加于其身的客体。而梅认为，以存在主义哲学为基础的模型更好些，它强调人的自由、评价和爱的能力。

为了以经验方法证实存在主义概念，人们做了少量的尝试，多数存在主义心理学家相信，检验他们概念的最好场合是日常生活大舞台或治疗情境。梅的理论被批评为代表的是哲学（或宗教），而不是心理学，是非科学的东西，包含很多模糊的术语。但梅的理论也受到赞扬，因为它呼唤一门人学的诞生，并提供了建立人格理论的新途径。

524

▼ 经验性练习

1. 梅把无神论者定义为其生活很少有或没有意义的人。根据梅的定义，你是一个无神论者吗？为什么？
2. 用梅的四类型定义分析你现在的或曾经的一个爱的关系。说说你同意还是反对梅对爱的看法。
3. 用存在主义对焦虑和内疚的定义，说说你曾经体验过的这两种情感。

▼ 讨论题

1. 简要描述下列存在主义哲学的术语：此在，客观世界，同在世界，自我世界，异化，本体论，现象学，责任，抛置。
2. 根据梅和其他存在主义者的理论，什么是真实的生活？
3. 根据梅的理论，什么是人的困境？举例说明。

▼ 术语表

Agapé（博爱）　在爱的关系中无私地付出自我。是不期望任何回报的爱。

Alienation（异化）　因孤独、空虚或绝望导致的与大自然、其他人或自己的分离状态。

Anxiety（焦虑）　成为人就要体验焦虑。焦虑是人作为个体的存在受到威胁时的体验。想到死亡不可避免或人的价值观受到威胁都会导致焦虑。在成长过程中，人的价值观必然受到威胁，因此焦虑是正常、健康的生活中不可回避的成分。亦见 Neurotic anxiety（神经症焦虑）和 Normal anxiety（正常焦虑）。

Authenticity（真实性）　人如果按照自己选择的价值观生活，就是过着真实的生活。人如果顺从于别人的价值观生活，就不会争取个人自由，就过着不真实的生活。不真实的生活会导致神经症焦虑和内疚，以及孤独感、无能感、自我异化感和绝望感。

Becoming（生成）　认为真实的人通过积极参与生活环境，会不断地改变。

Commitment（自觉行动）　人必须存在于世界上并对世界采取行动。价值观必须表现在行动中，否则便无意义。靠自觉行动投身于自我构建的、面向未来的价值观是真实生活的特征。

Courage（勇气）　真实的生活需要为自己创建一套意义结构并指导自己的思想和行动。这样的生活需要勇气，因为这意味着人的信念和行动往往不符合多数人的观点。

Daimonic（原始生命力）　人性中邪恶或具有破坏力的部分。适度的本性机能是积极的，但支配性的原始生命力是消极的，例如，果断变为攻击或敌意，爱欲导致对所爱的人的支配，因此破坏其个体性。

Dasein（此在）　对个体作为世界上的存在的研究。强调个体在给定时间和给定环境中的存在。一个人自身所处的条件永远不能与他自己分离。二者必须被看作一个整体。作为客体和作为主体的个体也永远不可分离。

Death（死亡）　由于人终有一死且死亡是不存在的最终状态，所以对死亡不可避免的意识会导致焦虑。焦虑的这一源头是人的存在的一部分，是无法回避的。但对死亡的意识也可能凭借促使人在有限时间里获得更丰富的生活而增添生命活力。

Destiny（命运）　梅认为，对人天生拥有的东西可以做出创造性解释，因此提供了生命的意义。例如，所有人都会死，但这一事实导致的是活力还是绝望则是个人选择的结果。亦见 Thrownness（抛置）。

Eigenwelt（自我世界）　个体内心的世界。个体的自我觉知。

Encounter（邂逅）　两个自我的相遇。两个人互相站在对方角度看事物。与另一人真诚地分享自我。梅认为，邂逅是有效心理治疗的必要成分。患者必须被看作一个完整的人，而不是提供测验分数、被压抑的经验或被划入某个诊断类别的对象。

Eros（爱欲）　与另一人结合的愿望或与伴侣陷入爱情的情感。通过分享两个自我，两人都体验到新事物，并扩展了自己的意识。和性爱以最终满足欲望的目的相比，爱欲的目的是尽可能长时间地延长爱的体验。

Existentialism（存在主义）　研究人性本质的哲学。强调自由、个体性和现象学的经验。

Freedom（自由）　在面临不利条件时，设定面向未来的目标并为此奋斗的潜力。存在主义哲学家萨特认为，"我们是我们的选择"，或"我们是我们选择成为的人"。自由只作为一种潜力存在，它必须在不断增强的自我意识情况下才能获得。由于自由必然伴随着焦虑和责任，所以很多人拒绝、减少或逃避他们的个人自由。

Guilt（内疚）　当人发觉自己过着没有完全挖掘潜力的生活时体验到的情感。亦见 Neurotic guilt（神经症内疚）和 Normal guilt（正常内疚）。

Human dilemma（人的困境）　人认识到自己既是事物发生在其身上的客体，又是对经验采取行动并赋予其意义的主体。

Intentionality（意向）　指向外部对象的心理活动。例如，知觉总是对某事物的知觉。通过意向，客观现实和主观现实之间的关系得以形成。

Love（爱）　真实的爱是性爱、爱欲、友爱和博爱的和谐混合。亦见 Agapé（博爱）、Eros（爱欲）、Philia（友爱）和 Sex（性爱）。

Mitwelt（同在世界）　人与人相互影响的世界。

Neurotic anxiety（神经症焦虑）　因不能充分应对正常焦虑而导致的焦虑。例如，因顺从他人或形成僵化的价值观以回避正常焦虑，正常焦虑就会转化为神经症焦虑，使人生活在狭窄的局限中，从而抑制了健康成长必需的丰富多彩的经验。体验到神经症焦虑的人，其很多潜力将被遏制。亦见

Anxiety（焦虑）和 Normal anxiety（正常焦虑）。

Neurotic guilt（神经症内疚） 如果正常内疚未被意识到并建设性地加以处置，它就会压垮一个人，使他失去很多有助于人成长的经验。

New science of humans（新人学） 梅提出的以存在主义哲学为基础的人类科学。它不是以决定论和因素论为基础，而是以预测和控制行为为目标。这样一门科学强调的是人使用的象征、人的时间感、价值观的重要性，每个人的唯一性，以及自由的重要性。

Normal anxiety（正常焦虑） 因人修正价值体系和意识到死亡不可避免而产生的焦虑。由于人的成长要冒一定的风险，这必然会导致正常焦虑。

Normal guilt（正常内疚） 当人意识到现实的自己与可能的自己之间的距离时体验到的情感。由于人永远能够比当前的自己做得更好，所以正常内疚是不可避免的。亦见 Guilt（内疚）和 Neurotic guilt（神经症内疚）。

526

Object-subject dichotomy（客体 – 主体二分） 人既是经验的客体，又是经验的解释者、改变者和发起者。亦见 Human dilemma（人的困境）。

Oedipus conflict（俄狄浦斯冲突） 弗洛伊德把俄狄浦斯冲突解释为被父母中的一人吸引，而对另一人怀有敌意。梅的解释与此不同，他认为俄狄浦斯冲突是依赖性与独立性之间的斗争。

Ontology（本体论） 对存在的研究。在存在主义中，本体论分析的目的是理解一般人和特定个体的本质。

Phenomenology（现象学） 对作为存在的人的意识经验的原封不动的研究，不缩减，不分离，也不以任何方式把它划分。

Philia（友爱） 一个人与所爱的人之间的友谊或陪伴的体验，其中并不掺杂性爱和爱欲。

Psychotherapy（心理治疗） 梅认为，有效的心理治疗只能由两个人之间的邂逅所带来。治疗师必须努力像患者那样理解事物，以及患者怎样利用一个"问题"来保持其作为人的同一性。治疗的目的是使患者摆脱神经症焦虑和内疚，使人能自由地实现自己的潜力。亦见 Encounter（邂逅）。

Responsibility（责任） 由于人可以自由选择自己的存在，所以人要为自己的存在负完全责任。人无论做出什么改变，都不应赞扬或责备别人，而只能赞扬或责备自己。

Self-relatedness（自我关联性） 意识到人作为世界上的一种存在既拥有经验，也能改变经验。人既是经验的客体，也是经验的主体。

Sex（性爱） 爱的生物性方面。要满足爱的性需求，只能与伴侣从事性活动。此时伴侣就成为满足性需求的对象。

Thrownness（抛置） 亦称存在的确凿性、命运或范围。这些事实描述了人的生命中不可控的东西，包括一个人生命中特有的生物、历史和文化事件。

Umwelt（客观世界） 物理的、客观的世界。由物理学和生物学研究的世界。

Unnconscious（无意识） 对梅来说，无意识不像弗洛伊德所说，是被压抑的经验的"地窖"。它是由被否认的经验构成的，这些经验被否认是僵化的价值观或神经症焦虑和内疚所致。

Values（价值观） 被人们认为最重要的那些经验类型。一般来说，生命早期的价值观涉及母亲提供的爱、安全和食物，后期的价值观涉及地位和成就。成熟的价值观是定向于未来的，是独立形成的，而且是关心他人的价值观。

Will（意志） 自觉地投身于行动。

Wish（愿望） 在自觉投身于行动之前，对可能的行动路线的认知探索。

第八篇
总结与未来方向

结　语

本章内容

在以上各章对主要人格理论的回顾后，我们可以得出以下四点结论：

（1）人格理论往往是理论提出者人生的写照。
（2）有关人格的很多东西仍然是未知的。
（3）对人格的最完整解释来自各主要理论的综合（而不是来自单个的理论或范型）。
（4）每个人必然会做出判断，每个理论中哪些对自己有用，哪些无用。

■　一、人格理论往往是理论提出者人生的写照

　　学生们有时会感到奇怪，为什么有这么多不同的人格理论。原因之一是，人格过于复杂，只有不同的多种理论才能聚焦于人格的不同方面。既然人格可以以不同方式加以定义和探索，那么，问题就来了：什么原因使一个特定的理论家选择一种与众不同的方式来定义并研究人格？答案至少在一定程度上是这样的：人格理论具有个人传记色彩。也就是说，人格理论往往反映了特定理论家鲜明的个人经历。乔治·阿特伍德和希尔万·汤姆金斯（Atwood & Tomkins，1976）指出："每一位人格理论家都是从他独特的个人视角来看待人类处境的。结果，人格理论受到其个人和主观因素的很大影响。"（p. 166）阿特伍德和汤姆金斯认为，不了解每位理论提出者的人生，就无法完整地理解人格理论。

　　　　一个真正统一的人格理论不仅应能解释所有理论要解释的现象，而且能解释其他理论本身。这是因为，这些理论中的每一种都反映了对人类处境的愿景，这些愿景起源于每个理论家作为一个人的个人发展。……如果人格科学要达到更大程度的一致性和普遍性，它首先应当回到自身，对其心理学基础提出质疑。不仅要对人格理论领域一直以来存在的普遍现象进行持久的研究，而且要研究该领域一直令人困惑和多样性的、带有偏见的主观因素。（p. 167）

　　斯托洛罗夫和阿特伍德（Stolorow & Atwood，1979）按照上面的建议对本书介绍的多个理论进行了分析。萨尔瓦托尔·马蒂（Maddi，1996）也认识到理论家的个人直觉对他怎样看待人格的重要性。马蒂把直觉定义为"对所发生事情的一种难以言表的、个人的、情绪化而又生动的、引人入胜的感觉"（p.9）。

　　人格理论反映了理论提出者的人格和经历，这一事实会使人格理论失去价值吗？根本不会。一种人格理论，无论什么原因促使其产生，都可能是有价值或无价值、有用或无用的。例如，弗洛伊德理论中的很多东西反映了他的个人经历和关切，但是很多人都赞同，他的理论是有史以来最有影响的人格理论。我们当然也要认识到，由于任何一个特定理论都在一定程度上带有个人传记色彩，因此它可能适用于某些人而不适用于另一些人，它对某些人比对另一些人更真实——可能这些人的人格与那位人格理论家的人格非常相似。这就是为什么在学完本课程之后，不同的学生会喜欢不同的理论。对人格理论的偏好可能具有个人色彩。例如，维斯（Vyse，1990）发现，心理学专业的学生喜欢心理学理论，因为它们有助于他们的自我理解。

　　罗宾逊（Robinson，1985）所做的下面的观察是针对精神分析理论的，但是它也可能适合于所有的人格理论：

　　　　精神分析的解释是一个故事、一段叙事，而不是科学的东西。不如说它是一段历史的叙事——是某种传说的东西——它是"好"还是不好，取决于它与读者本人的经历与思想的碰撞。我们从这样的解释中所要求的只是，它是否言之有理，要知道，它只是难以计数的有意义（或无意义）的解释中的一种而已。（p. 123）

二、有关人格的很多东西仍然是未知的

本书中介绍的理论，无论是个人提出的还是多人提出的，都不能充分地解释人格。尽管每种理论都阐述了我们称为人格的某些问题，但很多东西仍然是未知的。现有理论需要加以扩展，要想向完全理解人格迈进，还须发展新的理论。

529

要检验在人格方面你学到了什么，还有什么不知道，只需在某一天，用你在本书中学到的知识解释你自己和别人的行为。现在，你可能对很多事情有了更好的理解。你无疑见过压抑的实例（如口误、梦和幽默）和自我防御机制，如投射、认同和反向作用。你可能在反映我们物种进化经历的艺术、音乐和宗教中发现了那些情感符号。你会看到，父母给他们的孩子灌输的要么是焦虑，要么是信任。你可能得出结论，从人群中观察到的稳定行为模式是以特质为基础的，你可能看到强化跟随怎样影响行为的例子。你会看到人们显示出对亲戚的偏袒，也会观察到，很多表面的利他行为其实是自私行为。你会看到，生活中的很多事情其实和你怎样解释和对它们的态度有关。你可能发现，不同的人为满足不同水平的需要而努力，而且你可能认识一个称得上自我实现的人。你可能观察到，一些人在形成自己对待世界的价值观方面比别人更成功。你还会注意到，你和另一些人通过接受个人和集体的神话而找到了生活的意义。

最后，过去曾经神秘的很多行为，现在至少部分得到了解释，但还有很多神秘的东西仍然存在。要解决这些问题，需要人格理论家进一步的研究和想象。

三、所有理论的综合才能最好地解释人格

本书的立场是用所有的主流人格理论帮助我们理解人格，而无须判定，哪个理论是正确的，甚至哪个理论是最正确的。正如第1章说到的，就像木匠不会只用一种工具来盖房子一样，谁也不要指望只用一种理论就能理解人格。说螺丝刀比锤子更正确或更有用是荒谬的。不同的工具有不同的机能，这也适用于人格理论。说哪种人格理论"最好"，取决于人想要解释人格的哪一方面。这种立场就是**折中主义**（eclecticism）：从若干种不同观点中选择最好的。折中立场不应受制于任何一种理论，而要从一种或多种理论中选择有用信息。

社会强迫人们压抑性和攻击冲动，这些被压抑的冲动在人的生活中间接地表现出来，像弗洛伊德和多拉德、米勒认为的那样，这种情况是不可能的吗？像荣格所说的，我们出生就具有情绪化地对一些主要的存在做出反应的素质，这些存在包括生、死、异性以及完美事物的象征，这是不可能的吗？阿德勒认为，我们大多为了追求完美和优越、为了社会的改进而选择一种生活方式，这是不可能的吗？霍妮认为，神经症患者为了适应生活，一些人试图接近人群，一些人试图离开人群，另一些人则试图反对别人，难道没有这样的证据吗？埃里克森认为，一生可以划分为不同的阶段，每个阶段都以不同的需要和潜在的成就为特征，人一生中最重要的事情是同一性的形成，难道没有这些证据吗？像奥尔波特说的那样，每个人都是唯一的，一些人长大成人后，其动机和原来的动机已经不再一致，这些说法难道毫无意义吗？卡特尔认为，影响人的行为的很多变量，包括体质、学习和环境变量，可以用一个方程来表示并能预测人的行为，这难道是不可能的吗？如艾森克认为的那样，人格可以用几个具有生物学基础的重要维度来描述，这是不合理的吗？斯金纳认为，强化跟随对行为有强大影响，这是毫无证据的吗？多拉德和米勒认为，五花八门的自我防御机制和神经症症状都是习得的，因为它们可以暂时降低焦虑，这是不可能的吗？班杜拉和米歇尔认为，我们仅靠观察就学到了很多东西，榜

530

样示范的经验对人格发展起重要作用，这也是不可能的吗？进化心理学家声称，各种约会、婚姻和养育子女行为，保护属于我们的东西，以及不同的男性－女性抚育行为，至少部分地可以用我们身上存在的冲动来解释，而这些冲动受到自然选择的影响，这是不可能的吗？凯利认为，降低不确定性是人类行为的主要动机，这是不可能的吗？凯利和罗杰斯认为，我们的很多行为根据的是我们的主观现实而不是客观现实，这种可能性不存在吗？罗杰斯认为，由于我们需要积极关注，也需要自我关注，所以很多人把价值条件内化，成为其生活参照框架，而不是把自己的机体评价过程作为参照框架，这是不能证实的吗？马斯洛认为，随着基本需要的满足，人的动机和仍在为满足基本需要而奋斗的动机已有本质不同，这是毫无证据的吗？最后，罗洛·梅发现，一些人希望过真实的生活，而另一些人盲目跟从别人的价值观生活，这也是不可能的吗？

　　人格理论领域所需要的也许是宏大的综合，一个人可以把来自各个理论的形形色色的术语和概念加以整合。这个人将会认真地看待各种理论所讨论的发展阶段问题，例如弗洛伊德、埃里克森和奥尔波特的发展阶段，并尝试获得一个人格发展的综合图景。如果我们的观点正确，即各种理论都把一些不同的东西添加到我们的人格知识中，就像牛顿那样，把各种理论集大成于一身，那么，这样做就是有用的。然而，在可预见的未来，这种整合似乎不大可能，人们只能最大限度地运用现有的范型，或创建新的范型。

四、你就是终审法官

　　如我们所知，每一个人格理论都引发了一些支持自身的经验研究。同时，也有经验研究分别反驳了每一个人格理论。由于评价各种理论的经验研究结果都有些模棱两可，不能以它们为根据来接受或拒绝一个理论。随着更多研究的开展，它们会做出一般结论，指出可以接受或拒绝那个理论或其中的一部分，情况就会改观。但是截至目前，只有少量经验研究可以确定无误地帮助我们决定，人格理论领域什么是有效的，什么是无效的。那么，一个人怎么才能知道，该接受什么、拒绝什么呢？佛陀给出了对这个问题的最好答案：

> 　　不要相信传统的信仰，哪怕世世代代、身居各地的人们都崇尚这些信仰。不要因为很多人说过一件事就相信它。不要相信过去传说的信仰。不要相信你想象的、以为神会赋予你灵感的东西。不要相信你的大师或祭司的独有的权威。经过检验之后，相信经过你自己检验的、合理的、被你的行为证实的东西。（Hawton，1948，p. 200）

▼ 小　结

　　在回顾了各个主流人格理论之后，可以做出四个结论：（1）即使不是全部，也有多数人格理论带有理论提出者的个人传记色彩；（2）尽管主流人格理论阐明了人格的很多方面，但是人格的很多东西仍属未知；（3）对人格的最好解释来自所有理论中的精华，而不是来自一种或少数几种理论；（4）在更多准确无误的经验研究出现之前，最好的做法是对各种理论做出评价，接受那些合理的概念，拒绝不合理的概念。这种指导思想意味着，哪些理论是有效、有用和因人而异的。

▼ **经验性练习** ————————————————————————

1. 假设你是本章提到的理论整合者，请描述你会怎样把各种人格理论加以整合。

2. 回顾你在第 1 章经验性练习中提出的人格理论。用你在提出该理论之后学到的人格知识，重新修订你最初的理论。总结你的第一个理论和第二个理论的主要差别。

参考文献

ADAMS, G. R., & FITCH, S. A. (1982). Ego stage and identity status development: A cross-sequential analysis. *Journal of Personality and Social Psychology, 43,* 547–583.

ADAMS, G. R., RYAN, J. H., HOFFMAN, J. J., DOBSON, W. R., & NIELSEN, E. C. (1985). Ego identity status, conformity behavior, and personality in late adolescence. *Journal of Personality and Social Psychology, 47,* 1091–1104.

ADAMS-WEBBER, J. R. (1979). *Personal construct theory: Concepts and applications.* New York: Wiley.

ADLER, A. (1917). *Study of organ inferiority and its physical compensation: A contribution to clinical medicine* (S. E. Jeliffe, Trans.). New York: Nervous and Mental Disease Publication. (Original work published 1907)

ADLER, A. (1930a). *The education of children.* South Bend, IN: Gateway.

ADLER, A. (1930b). Individual psychology. In C. Murchison (Ed.), *Psychologies of 1930.* Worcester, MA: Clark University Press.

ADLER, A. (1956a). The accentuated dogmatized guiding fiction. In H. L. Ansbacher & R. R. Ansbacher (Eds.), *The individual psychology of Alfred Adler.* New York: Harper. (Original work published 1912)

ADLER, A. (1956b). Feeling unmanly as inferiority feeling. In H. L. Ansbacher & R. R. Ansbacher (Eds.), *The individual psychology of Alfred Adler.* New York: Basic Books. (Original work published 1910)

ADLER, A. (1956c). *The individual psychology of Alfred Adler: A systematic presentation of selections from his writings* (H. L. Ansbacher & R. R. Ansbacher, Eds.). New York: Basic Books.

ADLER, A. (1956d). The use of heredity and environment. In H. L. Ansbacher & R. R. Ansbacher (Eds.), *The individual psychology of Alfred Adler.* New York: Basic Books. (Original work published 1935)

ADLER, A. (1958). *What life should mean to you.* New York: Capricorn. (Original work published 1931)

ADLER, A. (1964a). *Problems of neurosis.* New York: Harper & Row. (Original work published 1929)

ADLER, A. (1964b). *Social interest: A challenge to mankind.* New York: Capricorn. (Original work published 1933)

ADLER, A. (1979). The structure of neurosis. In H. L. Ansbacher & R. R. Ansbacher (Eds.), *Superiority and social interest: A collection of Alfred Adler's later writings.* New York: Norton. (Original work published 1932)

AGNEW, J. (1985). Childhood disorders. In E. Button (Ed.), *Personal construct theory and mental health: Theory, research, and practice.* Beckenham, UK: Croom Helm.

ALCOCK, J. (2000, April/May). Misbehavior: How Stephen Jay Gould is wrong about evolution. *Boston Review.* Retrieved November 20, 2004, from http://www.pdisci.mit.edu/BostonReview/BR25.2/alcock.html

ALDERFER, C. P. (1972). *Existence, relatedness, and growth needs in organizational settings.* New York: Free Press.

ALLAN, N., & FISHEL, D. (1979). Singles bars. In N. Allan (Ed.), *Urban life styles* (pp. 128–179). Dubuque, IA: William C. Brown.

ALLPORT, G. W. (1937). *Personality: A psychological interpretation.* New York: Holt, Rinehart and Winston.

ALLPORT, G. W. (1942). The use of personal documents in psychological science (*Bulletin 49*). New York: Social Science Research Council.

ALLPORT, G. W. (1950). *The individual and his religion.* New York: Macmillan.

ALLPORT, G. W. (1955). *Becoming: Basic considerations for a psychology of personality.* New Haven, CT: Yale University Press.

ALLPORT, G. W. (1958a). *The nature of prejudice.* Garden City, NY: Doubleday. (Original work published 1954)

ALLPORT, G. W. (1958b). What units shall we employ? In G. Lindzey (Ed.), *Assessment of human motives* (pp. 239–260). New York: Holt, Rinehart and Winston.

ALLPORT, G. W. (1960). *Personality and social encounter: Selected essays.* Boston: Beacon Press.

ALLPORT, G. W. (1961). *Pattern and growth in personality.* New York: Holt, Rinehart and Winston.

ALLPORT, G. W. (1962). The general and the unique in psychological science. *Journal of Personality, 30,* 405–422.

ALLPORT, G. W. (1965). *Letters from Jenny.* New York: Harcourt Brace Jovanovich.

ALLPORT, G. W. (1967). Autobiography. In E. G. Boring & G. Lindzey (Eds.), *A history of psychology in autobiography* (Vol. 5, pp. 1–25). New York: Appleton-Century-Crofts.

ALLPORT, G. W. (1968). *The person in psychology: Selected essays.* Boston: Beacon Press.

ALLPORT, G. W. (1978). *Waiting for the Lord: 33 meditations on God and man.* New York: Macmillan.

ALLPORT, G. W., & ALLPORT, F. H. (1921). Personality traits: Their classification and measurement. *Journal of Abnormal and Social Psychology, 16,* 6–40.

ALLPORT, G. W., & CANTRIL, H. (1934). Judging personality from voice. *Journal of Social Psychology, 5,* 37–55.

ALLPORT, G. W., & ODBERT, H. S. (1936). Trait names: A psycholexical study. *Psychological Monographs, 47*(211), 1–171.

ALLPORT, G. W., & POSTMAN, L. (1947). *The psychology of rumor.* New York: Holt, Rinehart and Winston.

ALLPORT, G. W., & ROSS, J. M. (1967). Personal religious orientation and prejudice. *Journal of Personality and Social Psychology, 5,* 432–443.

ALLPORT, G. W., & VERNON, P. E. (1933). *Studies in expressive movement.* New York: Macmillan.

ALLPORT, G. W., VERNON, P. E., & LINDZEY, G. (1960). *A study of values* (3rd ed.). Boston: Houghton Mifflin.

ALTMAN, K. E. (1973). The relationship between social interest dimensions of early recollections and selected counselor variables. *Dissertation Abstracts International, 34,* 5613A. (University Microfilms No. 74-05, 364)

AMERICAN PSYCHOLOGICAL ASSOCIATION approves FMSF as a sponsor of continuing education programs. (1995, November–December) *False Memory Syndrome Foundation Newsletter* [Online].

AMERICAN PSYCHOLOGIST. (1981). Awards for distinguished scientific contributions: 1980. *American Psychologist, 36,* 27–42.

AMERICAN PSYCHOLOGIST. (1992). Citation for outstanding lifetime contribution to psychology. Presented to Neal E. Miller, August 16, 1991. *American Psychologist, 47,* 847.

ANDERSON, G. H., & KENNEDY, S. H. (1992). *The biology of feast and famine: Relevance to eating disorders.* San Diego, CA: Academic Press.

ANDERSON, J. L., & CRAWFORD, C. B. (1992). Modeling costs and benefits of weight control as a mechanism for reproductive suppression. *Human Nature, 3,* 299–334.

ANDERSON, K. G., KAPLAN, H., LAM, D., & LANCASTER, J. (1999). Parental care by genetic fathers and stepfathers II: Reports by Xhosa high school students. *Evolution and Human Behavior, 20,* 433–451.

ANDERSON, K. G., KAPLAN, H., & LANCASTER, J. (1999). Parental care by genetic fathers and stepfathers I: Reports from Albuquerque men. *Evolution and Human Behavior, 20,* 405–431.

ANNIS, H. M. (1990). Relapse to substance abuse: Empirical findings within a cognitive-social learning approach. *Journal of Psychoactive Drugs, 22,* 117–124.

ANSBACHER, H. L. (1983). Individual psychology. In R. J. Corsini & A. J. Marsella (Eds.), *Personality theories, research, and assessment.* Itasca, IL: Peacock.

ANSBACHER, H. L. (1990). Alfred Adler's influence on the three leading cofounders of humanistic psychology. *Journal of Humanistic Psychology, 30,* 45–53.

APICELLA, C. L., & MARLOWE, F. W. (2004). Perceived mate fidelity and paternal resemblance predict men's investment in children. *Evolution and Human Behavior, 25,* 371–378.

ARAGONA, J., CASSADY, J., & DRABMAN, R. S. (1975). Treating overweight children through parental training and contingency management. *Journal of Applied Behavior Analysis, 8,* 269–278.

ASPY, D. (1972). *Toward a technology for humanizing education.* Champaign, IL: Research Press.

ASPY, D., & ROEBUCK, F. (1974). From human ideas to humane technology and back again, many times. *Education, 95,* 163–171.

ATWOOD, G. E., & TOMKINS, S. (1976). On the subjectivity of personality theory. *Journal of the History of the Behavioral Sciences, 12,* 166–177.

AXELROD, R., & HAMILTON, W. D. (1981). The evolution of cooperation. *Science, 211,* 1390–1396.

AYLLON, T., & AZRIN, N. H. (1965). The measurement and reinforcement of behavior of psychotics. *Journal of the Experimental Analysis of Behavior, 8,* 357–383.

AYLLON, T., & AZRIN, N. H. (1968). *The token economy: A motivational system for therapy and rehabilitation.* New York: Appleton-Century-Crofts.

BAER, J. S., HOLT, C. S., & LICHTENSTEIN, E. (1986). Self-efficacy and smoking reexamined: Construct validity and clinical utility. *Journal of Consulting and Clinical Psychology, 54,* 846–852.

BAILLARGEON, R., GRABER, M., DEVOIS, J., & BLACK, J. (1990). Why do young infants fail to search for hidden objects? *Cognition, 36,* 225–284.

BALDWIN, A. C., CRITELLI, J. W., STEVENS, L. C., & RUSSELL, S. (1986). Androgyny and sex role measurement: A personal construct approach. *Journal of Personality and Social Psychology, 51,* 1081–1088.

BALMARY, M. (1979). *Psychoanalyzing psychoanalysis: Freud and the hidden fault of the father.* Baltimore: Johns Hopkins University Press.

BANDURA, A. (1965). Influence of models' reinforcement contingencies on the acquisition of imitative responses. *Journal of Personality and Social Psychology, 1,* 589–595.

BANDURA, A. (1969). *Principles of behavior modification.* New York: Holt, Rinehart and Winston.

BANDURA, A. (1973). *Aggression: A social-learning analysis.* Englewood Cliffs, NJ: Prentice-Hall.

BANDURA, A. (1977). *Social learning theory.* Englewood Cliffs, NJ: Prentice-Hall.

BANDURA, A. (1978). The self system in reciprocal determinism. *American Psychologist, 33,* 344–358.

BANDURA, A. (1982). The psychology of chance encounters and life paths. *American Psychologist, 37,* 747–755.

BANDURA, A. (1986). *Social foundations of thought and action: A social cognitive theory.* Englewood Cliffs, NJ: Prentice-Hall.

BANDURA, A. (1989). Human agency in social cognitive theory. *American Psychologist, 44,* 1175–1184.

BANDURA, A. (1990a). Mechanisms of moral disengagement. In W. Reich (Ed.), *Origins of terrorism: Psychologies, ideologies, states of mind* (pp. 161–191). New York: Cambridge University Press.

BANDURA, A. (1990b). Perceived self-efficacy in the exercise of control over AIDS infection. *Evaluation and Program Planning, 13,* 9–17.

BANDURA, A. (1991). Social cognitive theory of self-regulation. *Organizational Behavior and Human Decision Processes, 50,* 248–287.

BANDURA, A. (Ed.). (1995). *Self-efficacy in changing societies.* New York: Cambridge University Press.

BANDURA, A. (1997). *Self-efficacy: The exercise of control.* New York: W. H. Freeman.

BANDURA, A. (2001). Social cognitive theory: An agentic perspective. *Annual Review of Psychology, 52,* 1–26.

BANDURA, A. (2002a). Growing primacy of human agency in adaptation and change in the electronic era. *European Psychologist, 7,* 2–16.

BANDURA, A. (2002b). Social cognitive theory in cultural context. *Applied Psychology: An International Review [Special issue on Psychology in the Far East, Singapore], 51,* 269–290.

BANDURA, A., ADAMS, N. E., & BEYER, J. (1977). Cognition processes mediating behavioral change. *Journal of Personality and Social Psychology, 35,* 125–139.

BANDURA, A., ADAMS, N. E., HARDY, A. B., & HO-WELLS, G. N. (1980). Tests of the generality of self-efficacy theory. *Cognitive Therapy and Research, 4,* 39–66.

BANDURA, A., BLANCHARD, E. B., & RITTER, B. (1969). Relative efficacy of desensitization and modeling approaches for inducing behavioral, affective, and attitudinal changes. *Journal of Personality and Social Psychology, 13,* 173–199.

BANDURA, A., CIOFFI, D., TAYLOR, C. B., & BROUILLARD, M. E. (1988). Perceived self-efficacy in coping with cognitive stressors and opioid activation. *Journal of Personality and Social Psychology, 55,* 479–488.

BANDURA, A., & JOURDEN, F. J. (1991). Self-regulatory mechanisms governing the impact of social comparison on complex decision making. *Journal of Personality and Social Psychology, 60,* 941–951.

BANDURA, A., & KUPERS, C. J. (1964). The transmission of patterns of self-reinforcement through modeling. *Journal of Abnormal and Social Psychology, 69,* 1–9.

BANDURA, A., & LOCKE, E. A. (2003). Negative self-efficacy and goal effects revisited. *Journal of Applied Psychology, 88,* 87–99.

BANDURA, A., & MISCHEL, W. (1965). Modification of self-imposed delay of reward through exposure to live and symbolic models. *Journal of Personality and Social Psychology, 2,* 698–705.

BANDURA, A., O'LEARY, A., TAYLOR, C. B., GAUTHIER, J., & GOSSARD, D. (1987). Perceived self-efficacy and pain control: Opioid and nonopioid mechanisms. *Journal of Personality and Social Psychology, 53,* 563–571.

BANDURA, A., REESE, L., & ADAMS, N. E. (1982). Microanalysis of action and fear arousal as a function of differential levels of perceived self-efficacy. *Journal of Personality and Social Psychology, 43,* 5–21.

BANDURA, A., & ROSENTHAL, T. L. (1966). Vicarious classical conditioning as a function of arousal level. *Journal of Personality and Social Psychology, 3,* 54–62.

BANDURA, A., ROSS, D., & ROSS, S. A. (1963). A comparative test of the status envy, social power, and secondary reinforcement theories of identificatory learning. *Journal of Abnormal and Social Psychology, 67,* 527–534.

BANDURA, A., TAYLOR, C. B., WILLIAMS, S. L., MEFFORD, I. N., & BARCHAS, J. D. (1985). Catecholamine secretion as a function of perceived coping self-efficacy. *Journal of Consulting and Clinical Psychology, 53,* 406–414.

BANDURA, A., & WALTERS, R. H. (1959). *Adolescent aggression.* New York: Ronald Press.

BANDURA, A., & WALTERS, R. H. (1963). *Social learning and personality development.* New York: Holt, Rinehart and Winston.

BANDURA, A., & WOOD, R. (1989). Effect of perceived controllability and performance standards on self-regulation of complex decision making. *Journal of Personality and Social Psychology, 56,* 805–814.

BANNISTER, D. (Ed.). (1984). *Further perspectives in personal construct theory.* New York: Academic Press.

BANNISTER, D., ADAMS-WEBBER, J. R., PENN, W. L., & RADLEY, A. R. (1975). Reversing the process of thought-disorder: A serial validation experiment. *British Journal of Social and Clinical Psychology, 14,* 169–180.

BANNISTER, D., & FRANSELLA, F. (1966). A grid test of schizophrenic thought disorder. *British Journal of Social and Clinical Psychology, 5,* 95–102.

BANNISTER, D., & FRANSELLA, F. (1971). *Inquiring man: The theory of personal constructs.* New York: Penguin.

BANNISTER, D., & MAIR, J. M. M. (1968). *The evaluation of personal constructs.* New York: Academic Press.

BARASH, D. P. (1979). The *whisperings within: Evolution and the origin of human nature.* New York: Penguin.

BARON-COHEN, S. (1995). *Mindblindness: An essay on autism and theory of mind.* Cambridge, MA: MIT Press.

BARTOL, C. R., & COSTELLO, N. (1976). Extraversion as a function of temporal duration of electrical shock: An exploratory study. *Perceptual and Motor Skills, 42,* 1174.

BAUMEISTER, R. F., & LEARY, M. R. (1995). The need to belong: Desire for interpersonal attachments as a fundamental human motivation. *Psychological Bulletin, 117,* 497–529.

BECKER, W., MADSEN, C., ARNOLD, C., & THOMAS, D. (1967). The contingent use of teacher attention and praising in reducing classroom behavior problems. *Journal of Special Education, 1,* 287–307.

BELL, R. (1985). *Holy anorexia.* Chicago: University of Chicago Press.

BELL, R. W., & BELL, N. J. (Eds.). (1989). *Sociobiology and the social sciences.* Lubbock: Texas Tech University Press.

BELMONT, L., & MAROLLA, F. A. (1973). Birth order, family size, and intelligence. *Science, 182,* 1096–1101.

BEM, D. J., & ALLEN, A. (1974). On predicting some of the people some of the time: The search for cross-situational consistencies in behavior. *Psychological Review, 81,* 506–520.

BERGER, S. M. (1962). Conditioning through vicarious instigation. *Psychological Review, 69*, 450–466.

BERGIN, A. E., MASTERS, K. S., & RICHARDS, P. S. (1987). Religiousness and mental health reconsidered: A study of an intrinsically religious sample. *Journal of Counseling Psychology, 34*, 197–204.

BERKOWITZ, L. (1989). Frustration–aggression hypothesis: An examination and reformulation. *Psychological Bulletin, 106*, 59–73.

BERR, S. A., CHURCH, A. H., & WACLAWSKI, J. (2000). The right relationship is everything: Linking personality preferences to managerial behaviors. *Human Resource Development Quarterly, 11*, 133–157.

BERRIDGE, K. C., & ROBINSON, T. E. (1995). The mind of an addicted brain: Neural sensitization of wanting versus liking. *Current Directions in Psychological Science, 4*, 71–76.

BESS, T. L., & HARVEY, R. J. (2002). Bimodal score distributions and the Myers-Briggs Type Indicator: Fact or artifact? *Journal of Personality Assessment, 78*, 176–186.

BETZ, N. E., & HACKETT, G. (1981). The relationship of career-related self-efficacy expectations to perceived career options in women and men. *Journal of Counseling Psychology, 28*, 399–410.

BIERI, J. (1955). Cognitive complexity–simplicity and predictive behavior. *Journal of Abnormal and Social Psychology, 51*, 61–66.

BJORK, D. W. (1997). *B. F. Skinner: A life.* Washington, DC: American Psychological Association.

BLANCHARD, R. (1997). Birth order and sibling sex ratio in homosexual versus heterosexual males and females. *Annual Review of Sex Research, 8*, 27–67.

BLANCHARD, R. (2004). Quantitative and theoretical analyses of the relation between older brothers and homosexuality in men. *Journal of Theoretical Biology, 230*, 173–187.

BLANCHARD, R. (2008). Review and theory of handedness, birth order, and homosexuality in men. *Laterality, 13*, 51–70.

BLANCHARD, R., & BOGAERT, A. F. (1996). Homosexuality in men and number of older brothers. *American Journal of Psychiatry, 153*, 27–31.

BLANCHARD, R., & BOGAERT, A. F. (1997). Additive effects of older brothers and homosexual brothers in the prediction of marriage and cohabitation. *Behavior Genetics, 27*, 45–54.

BLANCHARD, W. H. (1969). Psychodynamic aspects of the peak experience. *Psychoanalytic Review, 46*, 87–112.

BLECHMAN, E. A., TAYLOR, C. J., & SCHRADER, S. M. (1981). Family problem solving versus home notes as early intervention with high-risk children. *Journal of Consulting and Clinical Psychology, 49*, 919–926.

BLOCK, J. (1995). A contrarian view of the five-factor approach to personality description. *Psychological Bulletin, 117*, 187–215.

BLUM, G. (1962). The Blacky test—sections II, IV, and VII. In R. Birney & R. Teevan (Eds.), *Measuring human motivation* (pp. 119–144). New York: Van Nostrand.

BOAG, S. (2006). Freudian repression, the common view, and pathological science. *Review of General Psychology, 10*, 1, 74–86.

BODDEN, J. C. (1970). Cognitive complexity as a factor in appropriate vocational choice. *Journal of Counseling Psychology, 17*, 364–368.

BOGAERT, A. F. (2003). Interaction of older brothers and sex-typing in the prediction of sexual orientation in men. *Archives of Sexual Behavior, 32*, 129–134.

BOGAERT, A. F. (2006). Biological versus nonbiological older brothers and men's sexual orientation. *Proceedings of the National Academy of Sciences, 103*(28), 10771–10774.

BONETT, R. M. (1994). Marital status and sex: Impact on career self-efficacy. *Journal of Counseling and Development, 73*, 187–190.

BORDAGES, J. W. (1989). Self-actualization and personal autonomy. *Psychological Reports, 64*, 1263–1266.

BORES-RANGEL, E., CHURCH, A. T., SZENDRE, D., & REEVES, C. (1990). Self-efficacy in relation to occupational consideration and academic performance in high school equivalency students. *Journal of Counseling Psychology, 37*, 407–418.

BOSLOUGH, J. (1972, December 24). Reformatory's incentive plan works. *Rocky Mountain News*, p. 13.

BOTTOME, P. (1957). *Alfred Adler: A portrait from life.* New York: Vanguard.

BOUCHARD, T. J., JR. (1984). Twins reared together and apart: What they tell us about human diversity. In S. W. Fox (Ed.), *Individuality and determinism* (pp. 147–184). New York: Plenum Press.

BOUDIN, H. M. (1972). Contingency contracting as a therapeutic tool in the deceleration of amphetamine use. *Behavior Therapy, 3,* 604–608.

BOURNE, E. (1978). The state of research on ego identity: A review and appraisal: I. *Journal of Youth and Adolescence, 7,* 223–251.

BOWERS, K. S. (1973). Situationism in psychology: An analysis and a critique. *Psychological Review, 80,* 307–336.

BRELAND, H. M. (1974). Birth order, family constellation, and verbal achievement. *Child Development, 45,* 1011–1019.

BREUER, J., & FREUD, S. (1955). Studies on hysteria. In *The standard edition* (Vol. 2). London: Hogarth Press. (Original work published 1895)

BRINGMANN, M. W. (1992). Computer-based methods for the analysis and interpretation of personal construct systems. In R. A. Neimeyer & G. J. Neimeyer (Eds.), *Advances in personal construct psychology* (pp. 57–90). Greenwich, CT: JAI Press.

BROCKE, B., TASCHE, K. G., & BEAUDUCEL, A. (1996). Biopsychological foundations of extraversion: Differential effort reactivity and the differential P300 effect. *Personality and Individual Differences, 21,* 727–738.

BRONSON, W. C. (1966). Central orientations: A study of behavior organization from childhood to adolescence. *Child Development, 37,* 125–155.

BRONSON, W. C. (1967). Adult derivatives of emotional experiences and reactivity-control: Developmental continuities from childhood to adulthood. *Child Development, 38,* 801–878.

BROWN, R. M., DAHLEN, E., MILLS, C., RICK, J., & BIBLARZ, A. (1999). Evaluation of an evolutionary model of self-preservation and self-destruction. *Suicide and Life-Threatening Behavior, 29,* 58–71.

BRUNER, J. S. (1956). You are your constructs. *Contemporary Psychology, 1,* 355–357.

BUCKMASTER, L. R., & DAVIS, G. A. (1985). ROSE: A measure of self-actualization and its relationship to creativity. *Journal of Creative Behavior, 19,* 30–37.

BUGENTAL, J. F. T. (1996). Rollo May (1909–1994). *American Psychologist, 51,* 418–419.

BUSS, D. M. (1987). Sex differences in human mate selection criteria: An evolutionary perspective. In C. Crawford, M. Smith, & D. Krebs (Eds.), *Sociobiology and psychology: Ideas, issues, and applications* (pp. 335–351). Hillsdale, NJ: Erlbaum.

BUSS, D. M. (1988). From vigilance to violence: Mate guarding tactics. *Ethology and Sociobiology, 9,* 292–317.

BUSS, D. M. (1989). Sex differences in human mate preferences: Evolutionary hypotheses testing in 37 cultures. *Behavioral and Brain Sciences, 12,* 1–49.

BUSS, D. M. (1994). *The evolution of desire: Strategies of human mating.* New York: Basic Books.

BUSS, D. M. (1995). Evolutionary psychology: A new paradigm for psychological science. *Psychological inquiry, 6,* 1–49.

BUSS, D. M. (1998). The psychology of human mate selection: Exploring the complexity of the strategic repertoire. In C. Crawford & D. L. Krebs (eds.), *Handbook of evolutionary psychology* (pp. 405–429). Mahwah, NJ: Erlbaum.

BUSS, D. M. (1999). *Evolutionary psychology: The new science of the mind.* Boston: Allyn & Bacon.

BUSS, D. M. (2000). *The dangerous passion: Why jealousy is as necessary as love and sex.* New York: Free Press.

BUSS, D. M. (2001). Human nature and culture: An evolutionary psychological perspective. *Journal of Personality, 69,* 955–978.

BUSS, D. M. (2003). *The evolution of desire: Strategies of human mating.* New York: Basic Books.

BUSS, D. M. (2004). *Evolutionary psychology: The new science of the mind.* Boston: Allyn & Bacon.

BUSS, D. M. (2009). The great struggles of life: Darwin and the emergence of evolutionary psychology. *American Psychologist, 64*(2), 140–148.

BUSS, D. M., & DUNTLEY, J. D. (2008). Adaptations for exploitation. *Group Dynamics: Theory, Research, and Practice, 12*(1), 53–62.

BUSS, D. M., HASELTON, M. G., SHACKELFORD, T. K., BLESKE, A. L., & WAKEFIELD, J. C. (1998). Adaptations, exaptations, and spandrels. *American Psychologist, 53,* 533–548.

BUSS, D. M., LARSEN, R., & WESTEN, D. (1996). Sex differences in jealousy: Not gone, not forgotten, and not explained by alternative hypotheses. *Psychological Science, 7,* 204–232.

BUSS, D. M., LARSEN, R., WESTEN, D., & SEMMELROTH, J. (1992). Sex differences in jealousy: Evolution, physiology, and psychology. *Psychological Science, 3,* 251–255.

BUSS, D. M., & SCHMITT, D. P. (1993). Sexual strategies theory: An evolutionary perspective on human mating. *Psychological Review, 100,* 204–232.

BUSS, D. M., SHACKELFORD, T. K., KIRKPATRICK, L. A., CHOE, J., HASEGAWA, M., HASEGAWA, T., & BENNETT, K. (1999). Jealousy and the nature of beliefs about infidelity: Tests of competing hypotheses about sex differences in the United States, Korea, and Japan. *Personal Relationships, 6,* 125–150.

BUTLER, J. M., & HAIGH, G. V. (1954). Changes in the relation between self-concepts and ideal concepts consequent upon client-centered counseling. In C. R. Rogers & R. F. Dymond (Eds.), *Psychotherapy and personality change: Co-ordinated studies in the client-centered approach.* Chicago: University of Chicago Press.

BUTTLE, F. (1989). The social construction of needs. *Psychology and Marketing, 6,* 199–207.

BUTTON, E. (1985). Eating disorders: A quest for control. In E. Button (Ed.), *Personal construct theory and mental health: Theory, research and practice* (pp. 153–168). Cambridge, MA: Brookline.

BUUNK, B., & HUPKA, R. B. (1987). Cross-cultural differences in the elicitation of jealousy. *Journal of Sex Research, 23,* 12–22.

CANTOR, N., & MISCHEL, W. (1979). Prototypes in person perception. In L. Berkowitz (Ed.), *Advances in experimental social psychology* (Vol. 12, pp. 3–52). New York: Academic Press.

CANTOR, N., & ZIRKEL, S. (1990). Personality, cognition, and purposive behavior. In L. A. Pervin (Ed.), *Handbook of personality: Theory and research* (pp. 135–164). New York: Guilford Press.

CAPARO, R. M., & CAPARO, M. M. (2002). Myers-Briggs Type Indicator score reliability across studies: A meta-analytic reliability generalization study. *Educational and Psychological Measurement, 62,* 590–602.

CAPLAN, P. J. (1979). Erikson's concept of inner space: A data-based reevaluation. *American Journal of Orthopsychiatry, 49,* 100–108.

CARLSON, M., & MULAIK, S. A. (1993). Trait ratings from descriptions of behavior as mediated by components of meaning. *Multivariate Behavioral Research, 26,* 111–159.

CARLSON, R. (1980). Studies of Jungian typology: II. Representations of the personal world. *Journal of Personality and Social Psychology, 38,* 801–810.

CARLSON, R., & LEVY, N. (1973). Studies of Jungian typology: I. Memory, social perception, and social action. *Journal of Personality, 41,* 559–576.

CARTWRIGHT, D. S. (1956). Self-consistency as a factor affecting immediate recall. *Journal of Abnormal and Social Psychology, 52,* 212–218.

CATTELL, R. B. (1943). The description of personality: Basic traits resolved into clusters. *Journal of Personality and Social Psychology, 38,* 476–506.

CATTELL, R. B. (1944). *The culture free test of intelligence.* Champaign, IL: Institute for Personality and Ability Testing.

CATTELL, R. B. (1950). *Personality: A systematic, theoretical, and factual study.* New York: McGraw-Hill.

CATTELL, R. B. (1957). *Personality and motivation structure and measurement.* Yonkers, NY: World.

CATTELL, R. B. (1965). *The scientific analysis of personality.* Baltimore: Penguin.

CATTELL, R. B. (1972). *A new morality from science: Beyondism.* New York: Pergamon.

CATTELL, R. B. (1973). *Personality and mood by questionnaire.* San Francisco: Jossey-Bass.

CATTELL, R. B. (1974). Autobiography. In G. Lindzey (Ed.), *A history of psychology in autobiography* (Vol. 6). Englewood Cliffs, NJ: Prentice-Hall.

CATTELL, R. B. (1975). *Clinical analysis questionnaire (CAQ).* Champaign, IL: Institute for Personality and Ability Testing.

CATTELL, R. B. (1979, 1980). *Personality and learning theory* (Vols. 1 & 2). New York: Springer.

CATTELL, R. B. (1982). *The inheritance of personality and ability.* New York: Academic Press.

CATTELL, R. B. (1987). *Beyondism: Religion from science.* New York: Praeger.

CATTELL, R. B., BREUL, H., & HARTMAN, H. P. (1952). An attempt at a more refined definition of the cultural dimensions of syntality in modern nations. *American Sociological Review, 17,* 408–421.

CATTELL, R. B., EBER, H. W., & TATSUOKA, M. M. (1970). *Handbook for the 16 PF questionnaire.* Champaign, IL: Institute for Personality and Ability Testing.

CATTELL, R. B., & NESSELROADE, J. R. (1967). Likeness and completeness theories examined by sixteen personality factors measured by stably and unstably married couples. *Journal of Personality and Social Psychology, 7,* 351–361.

CATTELL, R. B., SAUNDERS, D. R., & STICE, G. F. (1950). *The 16 personality factor questionnaire.* Champaign, IL: Institute for Personality and Ability Testing.

CATTELL, R. B., SCHUERGER, J. M., & KLEIN, T. W. (1982). Heritabilities of ego strength (factor C), superego strength (factor G), and self-sentiment (factor Q3) by multiple abstract variance analysis. *Journal of Clinical Psychology, 38,* 769–779.

CATTELL, R. B., & WARBURTON, F. W. (1967). *Objective personality and motivation tests: A theoretical and practical compendium.* Urbana: University of Illinois Press.

CHAMOVE, A. S., EYSENCK, H. J., & HARLOW, H. F. (1972). Personality in monkeys: Factor analysis of rhesus social behaviour. *Quarterly Journal of Experimental Psychology, 24,* 496–504.

CHAPMAN, L. J., & CHAPMAN, J. P. (1969). Illusory correlation as an obstacle to the use of valid psychodiagnostic signs. *Journal of Abnormal Psychology, 74,* 271–280.

CHODORKOFF, B. (1954). Self-perception, perceptual defense, and adjustment. *Journal of Abnormal and Social Psychology, 49,* 508–512.

CHODOROW, N. (1989). *Feminism and psychoanalytic thought.* New Haven, CT: Yale University Press.

CHOMSKY, N. A. (1959). A review of verbal behavior by B. F. Skinner. *Language, 35,* 26–58.

CHRONBACK, L. J., & MEEHL, P. E. (1955). Construct validity in psychological tests. *Psychological bulletin, 52,* 281–302.

CIACCIO, N. (1971). A test of Erikson's theory of ego epigenesis. *Developmental Psychology, 4,* 306–311.

CLARIDGE, G. S., DONALD, J. R., & BIRCHALL, P. (1981). Drug tolerance and personality: Some implications for Eysenck's theory. *Personality and Individual Differences, 2,* 153–166.

CLARIDGE, G. S., & ROSS, E. (1973). Sedative drug tolerance in twins. In G. S. Claridge, S. Carter, & W. I. Hume (Eds.), *Personality differences and biological variations.* Oxford: Pergamon.

COAN, R. W. (1966). Child personality and developmental psychology. In R. B. Cattell (Ed.), *Handbook of multivariate experimental psychology* (pp. 732–752). Chicago: Rand McNally.

COILE, D. C., & MILLER, N. E. (1984). How radical animal activists try to mislead humane people. *American Psychologist, 39,* 700–701.

CONLEY, J. J. (1984). The hierarchy of consistency: A review and model of longitudinal findings on adult individual differences in intelligence, personality and self-opinion. *Personality and Individual Differences, 5,* 11–26.

COOK, J. M., BIYANOVA, T., & COYNE, J. C. (2009). Influential psychotherapy figures, authors, and books: An internet survey of over 2,000 psychotherapists. *Psychotherapy Theory, Research, Practice, Training, 46*(1), 45–51.

COOK, M., & MINEKA, S. (1990). Selective associations in the observed conditioning of fear in rhesus monkeys. *Journal of Experimental Psychology: Animal Behavior Processes, 16,* 372–389.

CORDES, C. (1984). Easing toward perfection at Twin Oaks. *APA Monitor, 15*(11), 1, 30–31.

COSMIDES, L. (1985). *Deduction or Darwinian algorithms? An explanation of the "elusive" content effect on the Wason selection task.* Doctoral dissertation, Department of Psychology, Harvard University. (University Microfilms, No. 86-02206)

COSMIDES, L. (1989). The logic of social exchange: Has natural selection shaped how humans reason? Studies with the Wason selection task. *Cognition, 31,* 187–276.

COSMIDES, L., & TOOBY, J. (1987). From evolution to behavior: Evolutionary psychology as the missing link. In J. Dupre (Ed.), *The latest on the best: Essays on evolution and optimality.* Cambridge, MA: MIT Press.

COSMIDES, L., & TOOBY, J. (1989). Evolutionary psychology and the generation of culture, Part II. Case study: A computational theory of social exchange. *Ethology and Sociobiology, 10,* 51–97.

COSMIDES, L., & TOOBY, J. (1992). Cognitive adaptations for social exchange. In J. Barkow, L. Cosmides, & J. Tooby (Eds.), *The adapted mind.* (pp. 163–228) New York: Oxford University Press.

COSMIDES, L., & TOOBY, J. (1997). *Evolutionary psychology: A primer.* Santa Barbara: Online Center for Evolutionary Psychology, University of California, Santa Barbara.

COSTA, P. T., JR., & McCRAE, R. R. (1980). Still stable after all these years: Personality as a key to some issues in adulthood and old age. In P. B. Baltes & O. G. Brim, Jr. (Eds.), *Life-span development and behavior (Vol. 3*, pp. 65–102). New York: Academic Press.

COSTA, P. T., JR., & MCCRAE, R. R. (1985). *The NEO personality inventory manual.* Odessa, FL: Psychological Assessment Resources.

COSTA, P. T., JR., & WIDIGER, T. A. (EDS.). (2002). *Personality disorders and the five factor model of personality* (2nd ed.). Washington, DC: American Psychological Association.

COTE, J. E., & LEVINE, C. (1983). Marcia and Erikson: The relationships among ego identity status, neuroticism, dogmatism, and purpose in life. *Journal of Youth and Adolescence, 12,* 43–53.

COVERT, M. V., TANGNEY, J. P., MADDUX, J. E., & HELENO, N. M. (2003). Shame-proneness, guilt-proneness, and interpersonal problem solving: A social cognitive analysis. *Journal of Social and Clinical Psychology, 22,* 1–12.

CRAIG, K. D., & WEINSTEIN, M. S. (1965). Conditioning vicarious affective arousal. *Psychological Reports, 17,* 955–963.

CRAIGHEAD, W. E., KAZDIN, A. E., & MAHONEY, M. J. (1976). *Behavior modification: Principles, issues, and applications.* Boston: Houghton Mifflin.

CRAMER, P. (2000). Defense mechanisms in psychology today: Further processes for adaptation. *American Psychologist, 55,* 637–646.

CRAMER, P. (2001). The unconscious status of defense mechanisms. *American Psychologist, 56* (9), 762–763.

CRANDALL, J. E. (1980). Adler's concept of social interest: Theory, measurement, and implications for adjustment. *Journal of Personality and Social Psychology, 39,* 481–495.

CRANDALL, J. E. (1981). *Theory and measurement of social interest: Empirical tests of Alfred Adler's concept.* New York: Columbia University Press.

CRANDALL, J. E. (1982). Social interest, extreme response style, and implications for adjustment. *Journal of Research in Personality, 16,* 82–89.

CRAWFORD, C. (1987). Sociobiology: Of what value to psychology? In C. Crawford, M. Smith, & D. Krebs (Eds.), *Sociobiology and psychology: Ideas, issues, and applications* (pp. 3–30). Hillsdale, NJ: Erlbaum.

CRAWFORD, C., SMITH, M., & KREBS, D. (EDS.). (1987). *Sociobiology and psychology: Ideas, issues, and applications.* Hillsdale, NJ: Erlbaum.

CRONBACH, L. J., & MEEHL, P. E. (1955). Construct validity in psychological tests. *Psychological Bulletin, 56,* 281–302.

CROSS, H. J., & ALLEN, J. G. (1970). Ego identity status, adjustment, and academic achievement. *Journal of Consulting and Clinical Psychology, 34,* 288.

CRUMBAUGH, J. C. (1968). Cross-validation of Purpose-in-Life Test based on Frankl's concept. *Journal of Individual Psychology, 24,* 74–81.

CSIKSZENTMIHALYI, M. (1975). *Beyond boredom and anxiety.* San Francisco: Jossey-Bass.

CSIKSZENTMIHALYI, M. (1990). *Flow: The psychology of optimal experience.* New York: Harper & Row.

CSIKSZENTMIHALYI, M. (1996). *Creativity: Flow and the psychology of discovery and invention.* New York: HarperCollins.

DALY, M., & WILSON, M. (1982). Whom are newborn babies said to resemble? *Ethology and Sociobiology, 3,* 69–78.

DALY, M., & WILSON, M. (1988). Evolutionary social psychology and family homicide. *Science, 242,* 519–524.

DALY, M., & WILSON, M. (1994). Some differential attributes of lethal assaults on small children by stepfathers versus genetic fathers. *Ethology and Sociobiology, 15,* 207–217.

DALY, M., & WILSON, M. (1997). Crime and conflict: Homicide in evolutionary psychological perspective. *Crime and Justice, 22,* 51–100.

DALY, M., & WILSON, M. (1998). The evolutionary social psychology of family violence. In C. Crawford & D. L. Krebs (Eds.), *Handbook of evolutionary psychology* (pp. 431–456). Mahwah, NJ: Erlbaum.

DALY, M., & WILSON, M. (2001). Risk-taking, intrasexual competition, and homicide. *Nebraska Symposium on Motivation, 47,* 1–36.

DANDES, M. (1966). Psychological health and teaching effectiveness. *Journal of Teaching Education, 17,* 301–306.

DANIELS, M. (1988). The myth of self-actualization. *Journal of Humanistic Psychology, 28,* 7–38.

DARWIN, C. (1859). *The origin of species: By means of natural selection or the preservation of favoured races in the struggle for life.* New York: New American Library.

DARWIN, C. (1871). *The descent of man and selection in relation to sex.* London: Murray.

DAS, A. K. (1989). Beyond self-actualization. *International Journal for the Advancement of Counseling, 12,* 13–27.

DAVIS, A., & DOLLARD, J. (1940). *Children of bondage.* Washington, DC: American Council on Education.

DAVIS, S., THOMAS, R., & WEAVER, M. (1982). Psychology's contemporary and all-time notables: Student, faculty, and chairperson viewpoints. *Bulletin of the Psychonomic Society, 20,* 3–6.

DAVIS-BERMAN, J. (1990). Physical self-efficacy, perceived physical status, and depressive symptomatology in older adults. *Journal of Psychology, 124,* 207–215.

DAVIS-SHARTS, J. (1986). An empirical test of Maslow's theory of need hierarchy using hologeistic comparison by statistical sampling. *Advances in Nursing Science, 9,* 58–72.

DAWES, A. (1985). Drug dependence. In E. Button (Ed.), *Personal construct theory and mental health: Theory, research, and practice.* Beckenham, UK: Croom Helm.

DAWES, R. M. (2001). *Everyday irrationality: How pseudo-scientists, lunatics, and the rest of us fail to think rationally.* Boulder, CO: Westview Press.

DeANGELIS, T. (1994, July). Jung's theories keep pace and remain popular. *APA Monitor, 25,* 41.

DeCARVALHO, R. J. (1990a). The growth hypothesis and self-actualization: An existential alternative. *Humanistic Psychologist, 18,* 252–258.

DeCARVALHO, R. J. (1990b). A history of the "third force" in psychology. *Journal of Humanistic Psychology, 30,* 22–44.

DeCARVALHO, R. J. (1991). Gordon Allport and humanistic psychology. *Journal of Humanistic Psychology, 31,* 8–13.

DeCATANZARO, D. (1987). Evolutionary pressures and limitations to self-preservation. In C. Crawford, M. Smith, & D. Krebs (Eds.), *Sociobiology and psychology: Ideas, issues, and applications* (pp. 311–333). Hillsdale, NJ: Erlbaum.

DeRAAD, B. (1998). Five big, Big Five issues. *European Psychologist, 3,* 113–124.

DeSTENO, D., BARTLETT, M. Y., BRAVERMAN, J., & SALOVEY, P. (2002). Sex differences in jealousy: Evolutionary mechanism or artifact of measurement? *Journal of personality and social psychology, 83,* 1103–1116.

DIAMOND, M. J., & SHAPIRO, J. L. (1973). Changes in locus of control as a function of encounter group experiences: A study and replication. *Journal of Abnormal Psychology, 82,* 514–518.

DIGMAN, J. M. (1989). Five robust trait dimensions: Development, stability, and utility. *Journal of Personality, 57,* 195–214.

DIGMAN, J. M. (1990). Personality structure: Emergence of the five-factor model. *Annual review of psychology, 41,* 417–440.

DIGMAN, J. M. (1996). The curious history of the five-factor model. In J. S. Wiggins (Ed.), *The five-factor model of personality.* New York: Guilford Press.

DIGMAN, J. M., & TAKEMOTO-CHOCK, N. (1981). Factors in the natural language of personality: Reanalysis, comparison, and interpretation of six major studies. *Multivariate Behavioral Research, 16,* 149–170.

DIXON, T. M., & BAUMEISTER, R. F. (1991). Escaping the self: The moderating effect of self-complexity. *Personality and Social Psychology Bulletin, 17,* 363–368.

DOBSON, K. S., & BREITER, H. J. (1983). Cognitive assessment of depression: Reliability and validity of three measures. *Journal of Abnormal Psychology, 92,* 107–109.

DOLLARD, J. (1937). *Caste and class in a southern town.* New Haven, CT: Yale University Press.

DOLLARD, J. (1942). *Victory over fear.* New York: Reynal and Hitchcock.

DOLLARD, J. (1943). *Fear in battle.* New Haven, CT: Yale University Press.

DOLLARD, J., DOOB, L. W., MILLER, N. E., MOWRER, O. H., & SEARS, R. R. (1939). *Frustration and aggression.* New Haven, CT: Yale University Press.

DOLLARD, J., & MILLER, N. E. (1950). *Personality and psychotherapy: An analysis in terms of learning, thinking and culture.* New York: McGraw-Hill.

DONAHUE, M. J. (1985). Intrinsic and extrinsic religiousness: Review and meta-analysis. *Journal of Personality and Social Psychology, 48,* 400–419.

DOSAMANTES-ALPERSON, E., & MERRILL, N. (1980). Growth effects of experiential movement psychotherapy. *Psychotherapy: Theory, research, and practice, 17,* 63–68.

DOWNEY, D. B. (2001). Number of siblings and intellectual development: The resource dilution explanation. *American Psychologist, 56,* 497–504.

DRAYCOTT, S. G., & KLINE, P. (1995). The big three or the big five—the EPQ-R vs. the

NEO-PI: A research note, replication, and elaboration. *Personality and Individual Differences, 18*(6), 801–804.

DREHER, D. (1995). Toward a person-centered politics: John Vasconcellos. In M. M. Suhd (Ed.), *Carl Rogers and other notables he influenced* (pp. 339–372). Palo Alto, CA: Science and Behavior.

DREIKURS, R. (1957). *Psychology in the classroom.* New York: Harper & Row.

DREIKURS, R. (WITH V. SOLTZ). (1964). *Children: The challenge.* New York: Duell, Sloan & Pearce.

DUCK, S. W. (1979). The personal and interpersonal in construct theory: Social and individual aspects of relationships. In P. Stringer & D. Bannister (Eds.), *Constructs of sociality and individuality* (pp. 279–297). London: Academic Press.

DUDLEY, R. (2000). Evolutionary origins of human alcoholism in primate frugivory. *Quarterly Review of Biology, 75,* 3–15.

DUDLEY, R. (2002). Fermenting fruit and the historical ecology of ethanol ingestion: Is alcoholism in modern humans an evolutionary hangover? *Addiction, 97,* 381.

DUNN, J., & PLOMIN, R. (1990). *Separate lives: Why siblings are so different.* New York: Basic Books.

DUNNETTE, M. D. (1969). People feeling: Joy, more joy, and the "slough of despond." *Journal of Applied Behavioral Science, 5,* 25–44.

EIDELSON, R. J., & EPSTEIN, N. (1982). Cognition and relationship maladjustment: Development of a measure of dysfunctional relationship beliefs. *Journal of Consulting and Clinical Psychology, 50,* 715–720.

ELLENBERGER, H. (1970). *The discovery of the unconscious.* New York: Basic Books.

ELLENBERGER, H. (1972). The story of "Anna O.": A critical review with new data. *Journal of the Behavioral Sciences, 8,* 267–279.

ELLIOTT, C. D. (1971). Noise tolerance and extraversion in children. *British Journal of Psychology, 62,* 375–380.

ELLIS, A. (1970). Tribute to Alfred Adler. *Journal of Individual Psychology, 26,* 11–12.

ELLIS, A., & GREIGER, R. (1977). Handbook of rational emotive therapy. New York: Julian Press.

ELLIS, B. J., & SYMONS, D. (1990). Sex differences in fantasy: An evolutionary psychological approach. *Journal of Sex Research, 27,* 527–556.

ELMS, A. C. (1972). Allport, Freud, and the clean little boy. *The Psychoanalytic Review, 59,* 627–632.

ELMS, A. C. (1981). Skinner's dark year and *Walden Two. American Psychologist, 36,* 470–479.

ENGELHARD, G. (1990). Gender differences in performance on mathematics items: Evidence from the United States and Thailand. *Contemporary Educational Psychology, 15,* 13–26.

EPTING, F. R., & LEITNER, L. M. (1992). Humanistic psychology and personal construct theory. *Humanistic Psychologist, 20,* 243–259.

ERIKSON, E. H. (1959). *Identity and the life cycle.* Selected papers. New York: International Universities Press.

ERIKSON, E. H. (1964). *Insight and responsibility.* New York: Norton.

ERIKSON, E. H. (1968). *Identity, youth, and crisis.* New York: Norton.

ERIKSON, E. H. (1969). *Gandhi's truth: On the origins of militant nonviolence.* New York: Norton.

ERIKSON, E. H. (1975a). *Life history and the historical moment.* New York: Norton.

ERIKSON, E. H. (1975b). Once more the inner space. In E. H. Erikson (Ed.), *Life history and the historical moment.* New York: Norton.

ERIKSON, E. H. (1977). *Toys and reasons: Stages in the ritualization of experience.* New York: Norton.

ERIKSON, E. H. (1982). *The life cycle completed: A review.* New York: Norton.

ERIKSON, E. H. (1985). *Childhood and society.* New York: Norton. (Original work published 1950)

ERNST, C., & ANGST, J. (1983). *Birth order: Its influence on personality.* New York: Springer-Verlag.

ESTERSON, A. (1993). *Seductive mirage: An exploration of the work of Sigmund Freud.* La Salle, IL: Open Court.

ESTERSON, A. (1998). Jeffrey Masson and Freud's seduction theory: A new fable based on old myths. *History of the Human Sciences, 11,* 1–21.

ESTERSON, A. (2001). The mythologizing of psychoanalytic history: Deception and self-deception in Freud's accounts of the seduction theory episode. *History of Psychiatry, 12,* 329–352.

EVANS, R. I. (1968). *B. F. Skinner: The man and his ideas.* New York: Dutton.

EVANS, R. I. (1976). *The making of psychology: Discussions with creative contributors.* New York: Knopf.

EVANS, R. I. (1978, July). Donald Bannister: On clinical psychology in Britain. *APA Monitor, 9*(7), 6–7.

EVANS, R. I. (1981). *Dialogue with B. F. Skinner.* New York: Praeger.

EVANS, R. I. (1989). *Albert Bandura: The man and his ideas—A dialogue.* New York: Praeger.

EYSENCK, H. J. (1947). *Dimensions of personality.* London: Routledge & Kegan Paul.

EYSENCK, H. J. (1952). *The scientific study of personality.* London: Routledge & Kegan Paul.

EYSENCK, H. J. (1957). *The dynamics of anxiety and hysteria.* London: Routledge & Kegan Paul.

EYSENCK, H. J. (1965). Extraversion and the acquisition of eyeblink and GSR conditioned responses. *Psychological Bulletin, 63,* 258–279.

EYSENCK, H. J. (1967). *The biological basis of personality.* Springfield, IL: Charles C. Thomas.

EYSENCK, H. J. (1970). *The structure of human personality* (3rd ed.). London: Methuen.

EYSENCK, H. J. (1972). *Psychology is about people.* New York: Penguin Books.

EYSENCK, H. J. (1976). *Sex and personality.* London: Open Books.

EYSENCK, H. J. (1977). *Crime and personality* (3rd ed.). London: Routledge & Kegan Paul.

EYSENCK, H. J. (1980). Autobiograpical essay. In G. Lindzey (Ed.), *A history of psychology in autobiography* (Vol. VII). (pp. 153–187) San Francisco: W. H. Freeman.

EYSENCK, H. J. (1990a). Biological dimensions of personality. In L. A. Pervin (Ed.), *Handbook of personality: Theory and research.* New York: Guilford Press.

EYSENCK, H. J. (1990b). *Rebel with a cause.* London: W. H. Allen.

EYSENCK, H. J. (1991). Dimensions of personality: 16, 5, or 3?—Criteria for a taxonomic paradigm. *Personality and Individual Differences, 12*(8), 773–790.

EYSENCK, H. J., & EYSENCK, M. W. (1985). *Personality and individual differences.* New York: Plenum Press.

EYSENCK, H. J., & LEVEY, A. (1972). Conditioning, introversion–extraversion and the strength of the nervous system. In V. D. Neblitsyn & J. A. Gray (Eds.), *Biological basis of individual behaviour.* London: Academic Press.

FABER, M. D. (1970). Allport's visit with Freud. *Psychoanalytic Review, 57,* 60–64.

FALBO, T. (1981). Relationships between birth category, achievement, and interpersonal orientation. *Journal of Personality and Social Psychology, 41,* 121–131.

FALSE MEMORY SYNDROME FOUNDATION. (1992, November 5). Information needed in assessing allegations by adults of sex abuse in childhood. *False Memory Syndrome Foundation Newsletter,* p. 5.

FARLEY, F. (2000). Hans J. Eysenck (1916–1997). *American psychologist, 55,* 674–675.

FEIXAS, G., & VILLEGAS, M. (1991). Personal construct analysis of autobiographical texts: A method presentation and case illustration. *International Journal of Personal Construct Psychology, 4,* 51–83.

FERSTER, C. B., & SKINNER, B. F. (1957). *Schedules of reinforcement.* Englewood Cliffs, NJ: Prentice-Hall.

FIEBERT, M. S. (1997). In and out of Freud's shadow: A chronology of Adler's relationship with Freud. *Individual Psychology, 53,* 241–269.

FISHER, D. D. (1990). Emotional construing: A psychobiological model. *International Journal of Personal Construct Psychology, 3,* 183–203.

FISHER, S., & GREENBERG, R. P. (1977). *The scientific credibility of Freud's theories and therapy.* New York: Basic Books.

FORD, K. M., & ADAMS-WEBBER, J. R. (1991). The structure of personal construct systems and the logic of confirmation. *International Journal of Personal Construct Psychology, 4,* 15–41.

FOULDS, M. L. (1969). Self-actualization and the communication of facilitative conditions under counseling. *Journal of Counseling Psychology, 16,* 132–136.

FRANKL, V. E. (1970). Tribute to Alfred Adler. *Journal of Individual Psychology, 26,* 11–12, 146–147.

FRANKL, V. E. (1984). *Man's search for meaning* (rev. ed.). New York: Washington Square Press. (Original work published as *Experiences in a concentration camp,* 1946)

FRANKS, C. M., & LAVERTY, S. G. (1955). Sodium amytal and eyelid conditioning. *Journal of Mental Science, 101,* 654–663.

FRANKS, C. M., & TROUTON, D. (1958). Effects of amobarbital sodium and dexamphetamine sulfate on the conditioning of the eyeblink response. *Journal of Comparative and Physiological Psychology, 51,* 220–222.

FRANSELLA, F., & CRISP, A. H. (1979). Comparisons of weight concepts in groups of neurotic, normal and anorexic females. *British Journal of Psychiatry, 134,* 79–86.

FREDERIKSEN, L. W., JENKINS, J. O., & CARR, C. R. (1976). Indirect modification of adolescent drug abuse using contingency contracting. *Journal of Behavior Therapy and Experimental Psychiatry, 7,* 377–378.

FREEMAN, D. (1983). *Margaret Mead and Samoa: The making and unmaking of an anthropological myth.* Cambridge, MA: Harvard University Press.

FREEMAN, D. (1999). *The fateful hoaxing of Margaret Mead: A historical analysis of her Somoan research.* Boulder, CO: Westview Press.

FREESE, J., POWELL, B., & STEELMAN, L. C. (1999). Rebel without a cause or effect: Birth order and social attitudes. *American Sociological Review, 64,* 207–231.

FREUD, A. (1966). *The ego and the mechanisms of defense* (rev. ed.). New York: International Universities Press. (Original work published 1936)

FREUD, S. (1955a). Beyond the pleasure principle. In J. Strachey (Ed. and Trans.), *The standard edition of the complete psychological works of Sigmund Freud* (Vol. 18). London: Hogarth Press. (Original work published 1920)

FREUD, S. (1955b). A difficulty in the path of psychoanalysis. In J. Strachey (Ed. and Trans.), *The standard edition of the complete psychological works of Sigmund Freud* (Vol. 17, pp. 136–144). London: Hogarth Press. (Original work published 1917)

FREUD, S. (1955c). A note on the prehistory of the technique of analysis. In J. Strachey (Ed. and Trans.), *The standard edition of the complete psychological works of Sigmund Freud* (Vol. 18). London: Hogarth Press. (Original work published 1920)

FREUD, S. (1958). Totem and taboo. In J. Strachey (Ed. and Trans.), *The standard edition of the complete psychological works of Sigmund Freud* (Vol. 13). London: Hogarth Press. (Original work published 1913)

FREUD, S. (1960). Jokes and their relation to the unconscious. In J. Strachey (Ed. and Trans.), *The standard edition of the complete psychological works of Sigmund Freud* (Vol. 8). London: Hogarth Press. (Original work published 1905.)

FREUD, S. (1961a). *Civilization and its discontents.* New York: Norton. (Original work published 1930)

FREUD, S. (1961b). The ego and the id. In J. Strachey (Ed. and Trans.), *The standard edition of the complete psychological works of Sigmund Freud* (Vol. 19, pp. 3–59). London: Hogarth Press. (Original work published 1923)

FREUD, S. (1961c). *The future of an illusion.* New York: Norton. (Original work published 1927)

FREUD, S. (1963). On the beginning of treatment. In J. Strachey (Ed. and Trans.), *The standard edition of the complete psychological works of Sigmund Freud* (Vol. 12). London: Hogarth Press. (Original work published 1913)

FREUD, S. (1964a). Moses and monotheism. In J. Strachey (Ed. and Trans.), *The standard edition of the complete psychological works of Sigmund Freud* (Vol. 23, pp. 3–137). London: Hogarth Press. (Original work published 1939)

FREUD, S. (1964b). *New introductory lectures on psycho-analysis.* New York: Norton. (Original work published 1933)

FREUD, S. (1965a). *The interpretation of dreams.* New York: Norton. (Original work published 1900)

FREUD, S. (1965b). *The psychopathology of everyday life.* New York: Norton. (Original work published 1901)

FREUD, S. (1966a). *The complete introductory lectures on psychoanalysis* (J. Strachey, Ed. and Trans.). New York: Norton. (Original work published 1933)

FREUD, S. (1966c). *On the history of the psychoanalytic movement.* New York: Norton. (Original work published 1914)

FREUD, S. (1966b). *Introductory lectures on psychoanalysis.* New York: Norton. (Original work published 1917)

FREUD, S. (1977). *Five lectures on psychoanalysis.* New York: Norton. (Original work published 1910)

FREY-ROHN, L. (1976). *From Freud to Jung: A comparative study of the psychology of the unconscious.* New York: Dell.

FRICK, W. B. (1989). *Humanistic psychology: Conversations with Abraham Maslow, Gardner Murphy, and Carl Rogers.* Bristol, IN: Wyndham Hall Press.

FRIEDAN, B. (1963). *The feminine mystique.* New York: Norton.

FRIEDMAN, L. J. (1999). *Identity's architect: A biography of Erik H. Erikson.* Cambridge, MA: Harvard University Press.

FROMM, E. (1941). *Escape from freedom.* New York: Henry Holt.

FURNEAUX, W. D. (1957). *Report to the Imperial College of Science and Technology.* London.

GAGNON, J. H., & DAVISON, G. C. (1976). Asylums, the token economy and the merits of mental life. *Behavior Therapy, 7,* 528–534.

GALE, A. (1973). The psychophysiology of individual differences: Studies of extraversion and the EEG. In P. Kline (Ed.), *New approaches in psychological measurement.* New York: Wiley.

GALE, A. (1983). Electroencephalographic studies of extraversion–introversion: A case study in the psychophysiology of individual differences. *Personality and Individual Differences, 4,* 371–380.

GALLUP, G. G., FREDERICK, M. J., & PIPITONE, R. N. (2008). Morphology and behavior: Phrenology revisited. *Review of General Psychology, 12, 3,* 297–304.

GALTON, F. (1884). Measurement of character. *Fortnightly Review, 36,* 179–185.

GANGESTAD, S. W., & THORNHILL, R. (1997). The evolutionary psychology of extrapair sex: The role of fluctuating asymmetry. *Evolution and Human Behavior, 18,* 69–88.

GARCIA, M. E., SCHMITZ, J. M., & DOERFLER, L. A. (1990). A fine-grained analysis of the role of self-efficacy in self-initiated attempts to quit smoking. *Journal of Consulting and Clinical Psychology, 58,* 317–322.

GAY, P. (1988). *Freud: A life for our time.* New York: Norton.

GEEN, R. G., & QUANTY, M. B. (1977). The catharsis of aggression: An evaluation of a hypothesis. In L. Berkowitz (Ed.), *Advances in experimental social psychology* (Vol. 10, pp. 1–37). New York: Academic Press.

GEEN, R. G., STONNER, D., & SHOPE, G. L. (1975). The facilitation of aggression by aggression: Evidence against the catharsis hypothesis. *Journal of Personality and Social Psychology, 31,* 721–726.

GEEN R. G., & THOMAS, S. L. (1986). The immediate effects of media violence on behavior. *Journal of Social Issues, 42*(3), 7–27.

GENDLIN, E. T. (1988). Carl Rogers (1902–1987). *American Psychologist, 43,* 127–128.

GENDLIN, E. T., BEEBE, J., III, CASSENS, J., KLEIN, M., & OBERLANDER, M. (1968). Focusing ability in psychotherapy, personality, and creativity. In J. M. Schlien (Ed.), *Research in psychotherapy* (Vol. 3). Washington, DC: American Psychological Association.

GENDLIN, E. T., & TOMLINSON, T. M. (1967). The process conception and its measurement. In C. R. Rogers, E. T. Gendlin, D. J. Kiesler, & C. B. Truax (Eds.), *The psychotherapeutic relationship and its impact: A study of psychotherapy with schizophrenics.* Madison: University of Wisconsin Press.

GERDES, A. B. M., UHL, G., & ALPERS, G. W. (2009). Spiders are special: Fear and disgust evoked by pictures of arthropods. *Evolution and Human Behavior, 30.1,* 66–73.

GEWIRTZ, J. L. (1971). Conditional responding as a paradigm for observational, imitative learning and vicarious imitative learning and vicarious reinforcement. In H. W. Reese (Ed.), *Advances in child development and behavior* (pp. 274–304). New York: Academic Press.

GIBSON, H. B. (1981). *Hans Eysenck: The man and his work.* London: Peter Owen.

GIESE, H., & SCHMIDT, A. (1968). *Studenten Sexualitat.* Hamburg: Rowohlt.

GILI-PLANAS, M., ROCA-BENNASAR, M., FERRER-PEREZ, V., BERNARDO, & ARROYO, M. (2001). Suicidal ideation, psychiatric disorder, and medical illness in a community epidemiological study. *Suicide and Life-Threatening Behavior, 31,* 207–213.

GIORGI, A. (1992). The idea of human science. *Humanistic Psychologist, 20,* 202–217.

GOLDBERG, L. R. (1990). An alternative "Description of personality": The big-five factor structure. *Journal of Personality and Social Psychology, 59,* 1216–1229.

GOLDBERG, L. R. (1993). The structure of phenotypic personality traits. *American Psychologist, 48*(1), 26–34.

GOLDSTEIN, A. P., & MICHAELS, G. Y. (1985). Empathy: *Development training and consequences.* Hillsdale, NJ: Erlbaum.

GORDON, R. D. (1985). Dimensions of peak communication experiences: An exploratory study. *Psychological Reports, 57,* 824–826.

GOULD, D., HODGE, K., PETERSON, K., & GIANNINI, J. (1989). An exploratory examination of strategies used by elite coaches to enhance self-efficacy in athletes. *Journal of Sport and Exercise Psychology, 11,* 128–140.

GOULD, S. J. (1997, October 9). Evolutionary psycholgy: An exchange. *New York Review of Books, XLIV,* 53–58.

GOULD, S. J., & LEWONTIN, R. C. (1979). The spandrels of San Marco and the Panglossian paradigm: A critique of the adaptationist programme. *Proceedings of the Royal Society of London, 205,* 581–598.

GRAHAM, W., & BALLOUN, J. (1973). An empirical test of Maslow's need hierarchy theory. *Journal of Humanistic Psychology, 13,* 97–108.

GREENSPOON, J. (1955). The reinforcing effect of two spoken sounds on the frequency of two responses. *American Journal of Psychology, 68,* 409–416.

GREILING, H., & BUSS, D. M. (2000). Women's sexual strategies: The hidden dimension of short-term extra-pair mating. *Personality and Individual differences, 28,* 929–963.

GRUENFELD, D. H. (1995). Status, ideology, and integrative complexity on the U.S. Supreme Court: Rethinking the politics of political decision making. *Journal of Personality and Social Psychology, 68,* 5–20.

GRUSEC, J., & MISCHEL, W. (1966). Model's characteristics as determinants of social learning. *Journal of Personality and Social Psychology, 4,* 211–215.

GUISINGER, S. (2003). Adapted to flee famine: Adding an evolutionary perspective on anorexia nervosa. *Psychological Review, 110,* 745–761.

GUPTA, B. S. (1973). The effects of stimulant and depressant drugs on verbal conditioning. *British Journal of Psychology, 64,* 553–557.

GURMAN, A. S. (1977). The patient's perception of therapeutic relationships. In A. S. Gurman & A. M. Razin (Eds.), *Effective psychotherapy: A handbook of research.* Oxford: Pergamon Press.

GUYDISH, J., JACKSON, T. T., MARKLEY, R. P., & ZELHART, P. F. (1985). George A. Kelly: Pioneer in rural school psychology. *Journal of School Psychology, 23,* 297–304.

HAFNER, J. F., FAKOURI, M. E., & LABRENTZ, H. L. (1982). First memories of "normal" and alcoholic individuals. *Individual Psychology, 38,* 238–244.

HALL, C. S., & LINDZEY, G. (1978). *Theories of personality* (3rd ed.). New York: Wiley.

HALL, C. S., & NORDLY, J. (1973). *A primer of Jungian psychology.* New York: New American Library.

HALL, C. S., & VAN DE CASTLE, R. L. (1965). An empirical investigation of the castration complex in dreams. *Journal of Personality, 33,* 20–29.

HALL, M. H. (1968, July). A conversation with Abraham Maslow. *Psychology Today,* pp. 35–37, 54–57.

HAMILTON, W. D. (1964). The genetical evolution of social behavior I & II. *Journal of Theoretical Biology, 7,* 1–52.

HANNAH, B. (1976). *Jung: His life and his work.* New York: Putnam's.

HARKAVY-FRIEDMAN, J. M., NELSON, E. A., VENARDE, D. F., & MANN, J. J. (2004). Suicidal behavior in schizophrenia and schizoaffective disorder: Examining the role of depression. *Suicidal and Life-Threatening Behavior, 34,* 66–76.

HARPER, R. G., WIENS, A. N., & MATARAZZO, J. D. (1978). *Nonverbal communication: The state of the art.* New York: Wiley.

HARREN, V. A., KASS, R. A., TINSLEY, H. E. A., & MORELAND, J. R. (1979). Influence of gender, sex-role attitudes, and cognitive complexity on gender-dominant career choices. *Journal of Counseling Psychology, 26,* 227–234.

HARRIS, C. R. (2000). Psychophysiological responses to imagined infidelity: The specific innate modular view of jealousy reconsidered. *Journal of Personality and Social Psychology, 78,* 1082–1091.

HARRIS, J. R. (2000). Context-specific learning, personality, and birth order. *Current Directions in Psychological Science. 9,* 174–177.

HARVEY, J. H. (1989). People's naive understandings of their close relationships: Attributional and personal construct perspectives. *International Journal of Personal Construct Psychology, 2,* 37–48.

HASELTON, M. G., & BUSS, D. M. (2000). Error management theory: A new perspective on biases in cross-sex mind reading. *Journal of Personality and Social psychology, 78,* 81–91.

HASELTON, M. G., & BUSS, D. M. (2001). The affective shift hypothesis: The functions of emotional changes following sexual intercourse. *Personal Relationships, 8,* 357–369.

HASELTON, M. G., BUSS, D. M., & DEKAY, W. T. (1998, July). *A theory of errors in cross-sex mind reading.* Paper presented at the annual meeting of the Human Behavior and Evolution Society, Davis, CA.

HAWTON, H. (1948). *Philosophy for pleasure.* London: Watts.

HAYDEN, B., & NASBY, W. (1977). Interpersonal conceptual structures, predictive accuracy, and social adjustment of emotionally disturbed boys. *Journal of Abnormal Psychology, 86,* 315–320.

HAYDEN, T., & MISCHEL, W. (1976). Maintaining trait consistency in the resolution of behavioral inconsistency: The wolf in sheep's clothing? *Journal of Personality, 44,* 109–132.

HEPPNER, P. P., ROGERS, M. E., & LEE, L. A. (1984). Carl Rogers: Reflections on his life. *Journal of Counseling and Development, 63,* 14–20.

HERGENHAHN, B. R. (1974). *A self-directing introduction to psychological experimentation* (2nd ed.). Monterey, CA: Brooks/Cole.

HERGENHAHN, B. R. (2004). *An introduction to the history of psychology* (5th ed.). Belmont, CA: Wadsworth.

HERGENHAHN, B. R., & OLSON, M. H. (2005). *An introduction to theories of learning* (7th ed.). Upper Saddle River, NJ: Prentice-Hall.

HERMANS, H. J. M. (1988). On the integration of nomothetic and idiographic research in the study of personal meaning. *Journal of Personality, 56,* 785–812.

HERMANS, H. J. M., KEMPEN, J. G., & VAN LOON, R. J. P. (1992). The dialogical self: Beyond individualism and rationalism. *American Psychologist, 47,* 23–33.

HILL, E. M., NOCKS, E. S., & GARDNER, L. (1987). Physical attractiveness: Manipulation by physique and status displays. *Ethology and Sociobiology,* 143–154.

HINDLEY, C. B., & GIUGANINO, B. M. (1982). Continuity of personality patterning from 3 to 15 years in a longitudinal sample. *Personality and Individual Differences, 3,* 127–144.

HIRSCHMÜLLER, A. (1989). *The life and work of Josef Breuer: Physiology and psychoanalysis.* New York: New York University Press.

HOFFMAN, E. (1988). *The right to be human: A biography of Abraham Maslow.* Los Angeles: Jeremy P. Tarcher.

HOLDEN, C. (1987, August). The genetics of personality. *Science, 237,* 598–601.

HOLDEN, G. W., MONCHER, M. S., SCHINKE, S. P., & BARKER, K. M. (1990). Self-efficacy of children and adolescents: A meta–analysis. *Psychological Reports, 66,* 1044–1046.

HOLDSTOCK, T. L., & ROGERS, C. R. (1977). Person-centered theory. In R. J. Corsini (Ed.), *Current personality theories.* Itasca, IL: Peacock.

HOMME, L. E., CSANYI, A., GONZALES, M., & RECHS, J. (1969). *How to use contingency contracting in the classroom.* Champaign, IL: Research Press.

HOOD, R. W., JR. (1970). Religious orientations and the report of religious experiences. *Journal for the Scientific Study of Religion, 9,* 285–291.

HOPKINS, R. J. (1995). Erik Homburger Erikson (1902–1994). *American Psychologist, 50,* 796–797.

HORLEY, J. (1991). Values and beliefs as personal constructs. *International Journal of Personal Construct Psychology, 4,* 1–14.

HORNEY, K. (1937). *The neurotic personality of our time.* New York: Norton.

HORNEY, K. (1939). *New ways in psychoanalysis.* New York: Norton.

HORNEY, K. (1942). *Self-analysis.* New York: Norton.

HORNEY, K. (1945). *Our inner conflicts.* New York: Norton.

HORNEY, K. (1950). *Neurosis and human growth: The struggle toward self-realization.* New York: Norton.

HORNEY, K. (1967). *Feminine psychology.* New York: Norton. (Original work published 1923–1937)

HUBER, J. W., & ALTMAIER, E. M. (1983). An investigation of the self-statement systems of phobic and nonphobic individuals. *Cognitive Therapy and Research, 7,* 355–362.

HUESMANN, L. R., & MALAMUTH, N. M. (1986). Media violence and antisocial behavior. *Journal of Social Issues, 42*(3), 1–6.

HUGHES, S., HARRISON, M., & GALLUP, G. G., JR. (2002). The sound of symmetry: Voice as a marker of developmental instability. *Evolution and Human Behavior, 23,* 173–180.

HULL, C. L. (1943). *Principles of behavior.* New York: Appleton-Century-Crofts.

HUNDLEBY, J. D., PAWLIK, K., & CATTELL, R. B. (1965). *Personality factors in objective test devices: A critical integration of a quarter of a century's research.* San Diego, CA: Knapp.

HUNT, J. M. (1979). Psychological development: Early experience. *Annual Review of Psychology, 30,* 103–143.

HUNTLEY, C. W., & DAVIS, F. (1983). Undergraduate study of values scores as predictors of occupation twenty-five years later. *Journal of Personality and Social Psychology, 45,* 1148–1155.

ILARDI, R., & MAY, W. (1968). A reliability study of Shostrom's personal orientation inventory. *Journal of Humanistic Psychology, 8,* 68–72.

INGRAM, D. H. (ED.). (1987). *Karen Horney: Final lectures.* New York: Norton.

JACOBSON, N. S. (1978). Specific and nonspecific factors in the effectiveness of a behavioral approach to the treatment of marital discord. *Journal of Consulting and Clinical Psychology, 46,* 442–452.

JAMES, W. (1956). The dilemma of determinism. In W. James, *The will to believe and other essays* (pp. 145–183). New York: Dover. (Original work published 1884)

JANKOWICZ, A. D. (1987). Whatever became of George Kelly? Applications and implications. *American Psychologist, 42,* 481–487.

JENSEN, A. R. (2000). Hans Eysenck: Apostle of the London school. In G. A. Kimble & M. Wertheimer (Eds.), *Portraits of pioneers in psychology* (Vol. 4, pp. 339–357). Washington, DC: American Psychological Association.

JOHNSON, M., & MORTON, J. (1991). *Biology and cognitive development: The case of face recognition.* Oxford: Blackwell

JONES, E. (1953, 1955, 1957). *The life and work of Sigmund Freud* (Vols. 1–3). New York: Basic Books.

JONES, J., EYSENCK, H. J., MARTIN, I., & LEVEY, A. B. (1981). Personality and the topography of the conditioned eyelid response. *Personality and Individual Differences, 2,* 61–84.

JOSEPHS, R., MARKUS, R., & TAFARODI, R. (1992). Gender and self-esteem. *Journal of Personality and Social Psychology, 63,* 391.

JOURARD, S. M. (1974). *Healthy personality: An approach from the viewpoint of humanistic psychology.* New York: Macmillan.

JUNG, C. (1921). *Psychologische typus.* Zurich: Rascher.

JUNG, C. G. (1928). *Contributions to analytical psychology.* New York: Harcourt Brace Jovanovich.

JUNG, C. G. (1933). *Modern man in search of a soul.* New York: Harcourt Brace Jovanovich.

JUNG, C. G. (1936). The psychology of dimentia praecox. New York: Nervous and Mental Disease Publishing Company.

JUNG, C. G. (1953). The psychology of the unconscious. In *The collected works of C. G. Jung* (Vol. 7). Princeton, NJ: Princeton University Press. (Original work published 1912)

JUNG, C. G. (1958). *The undiscovered self.* New York: Mentor.

JUNG, C. G. (1961a). *Memories, dreams, reflections.* New York: Random House.

JUNG, C. G. (1961b). Prefaces to "collected papers on analytical psychology." In *The collected works of C. G. Jung* (Vol. 4). Princeton, NJ: Princeton University Press. (Original work published 1916)

JUNG, C. G. (1961c). The theory of psychoanalysis. In *The collected works of C. G. Jung* (Vol. 4). Princeton, NJ: Princeton University Press. (Original work published 1913)

JUNG, C. G. (1964). *Man and his symbols.* New York: Doubleday.

JUNG, C. G. (1966). Two essays on analytical psychology. In *The collected works of C. G. Jung* (Vol. 7). Princeton, NJ: Princeton University Press. (Original work published 1917)

JUNG, C. G. (1968). *Analytical psychology: Its theory and practice* (The Tavistock Lectures). New York: Pantheon.

JUNG, C. G. (1969). The structure of the psyche. In *The collected works of C. G. Jung* (Vol. 8). Princeton, NJ: Princeton University Press. (Original work published 1931)

JUNG, C. G. (1971). Psychological types. In *The collected works of C. G. Jung* (Vol. 6). Princeton, NJ: Princeton University Press. (Original work published 1921)

JUNG, C. G. (1973a). On the doctrine of complexes. In *The collected works of C. G. Jung* (Vol. 2). Princeton, NJ: Princeton University Press. (Original work published 1913)

JUNG, C. G. (1973b). The psychological diagnosis of evidence. In *The collected works of C. G. Jung* (Vol. 2). Princeton, NJ: Princeton University Press. (Original work published 1909)

JUNG, C. G. (1978). On flying saucers. In *Flying saucers: A modern myth of things seen in the sky* (R. F. C. Hull, Trans.). New York: MJF Books. (Original work published 1954)

KAGAN, J. (1994). *Galen's prophecy.* New York: Basic Books.

KAHN, S., ZIMMERMAN, G., CSIKSZENTMIHALYI, M., & GETZELS, J. W. (1985). Relations between identity in young adulthood and intimacy at midlife. *Journal of Personality and Social Psychology, 49,* 1316–1322.

KANT, I. (1912). *Anthropologie in pragmatischer hinsicht.* Berlin: Bresser Cassiner (Original work published 1798)

KATZ, J. O. (1984). Personal construct theory and the emotions: An interpretation in terms of primitive constructs. *British Journal of Psychology, 75,* 315–327.

KAZDIN, A. E. (1977). *The token economy: A review and evaluation.* New York: Plenum Press.

KAZDIN, A. E. (1989). *Behavior modification in applied settings* (4th ed.). Pacific Grove, CA: Brooks/Cole.

KAZDIN, A. E., & BOOTZIN, R. R. (1972). The token economy: An evaluative review. *Journal of Applied Behavior Analysis, 5,* 343–372.

KAZDIN, A. E., & HERSEN, M. (1980). The current status of behavior therapy. *Behavior Modification, 4,* 283–302.

KEEN, R. (2003). Representation of objects and events: Why do infants look so smart and toddlers look so dumb? *Current Directions in Psychological Science, 12,* 79–83.

KELLEY, M. L., & STOKES, T. F. (1982). Contingency contracting with disadvantaged youths: Improving classroom performance. *Journal of Applied Behavior Analysis, 15,* 447–454.

KELLY, G. A. (1955). *The psychology of personal constructs* (2 vols.). New York: Norton.

KELLY, G. A. (1958). Man's construction of his alternatives. In G. Lindzey (Ed.), *Assessment of human motives.* New York: Holt, Rinehart and Winston.

KELLY, G. A. (1963). *A theory of personality: The psychology of personal constructs.* New York: Norton.

KELLY, G. A. (1964). The language of hypotheses: Man's psychological instrument. *Journal of Individual Psychology, 20,* 137–152.

KELLY, G. A. (1966). A brief introduction to personal construct theory. In D. Bannister (Ed.), *Perspectives in personal construct theory.* London: Academic Press.

KELLY, G. A. (1969). The autobiography of a theory. In B. Maher (Ed.), *Clinical psychology and personality: Selected papers of George Kelly* (pp. 40–65). New York: Wiley.

KELLY, G. A. (1970). A brief introduction to personal construct theory. In D. Bannister (Ed.), *Perspectives in personal construct theory.* New York: Academic Press.

KELLY, G. A. (1980). A psychology of the optimal man. In A. W. Landfield & L. M. Leitner (Eds.), *Personal construct psychology: Psychotherapy and personality.* New York: Wiley.

KENRICK, D. T. (1989). Bridging social psychology and sociobiology: The case of sexual attraction. In R. W. Bell & N. J. Bell (Eds.), *Sociobiology and the social sciences* (pp. 5–23). Lubbock: Texas Tech University Press.

KENRICK, D. T., KEEFE, R. C., GABRIELIDIS, C., & CORNELIUS, J. S. (1996). Adolescents' age preferences for dating partners: Support for an evolutionary model of life-history strategies. *Child Development, 67,* 1499–1511.

KEUTZER, C. S. (1978). Whatever turns you on: Triggers to transcendent experiences. *Journal of Humanistic Psychology, 18,* 77–80.

KIERKEGAARD, S. (1944). *The concept of dread* (W. Lowrie, Trans.). Princeton, NJ: Princeton University Press. (Original work published 1844 as *The concept of anxiety*)

KILMANN, R. H., & TAYLOR, V. A. (1974). A contingency approach to laboratory learning: Psychological types versus experimental norms. *Human Relations, 27,* 891–909.

KIMBLE, M. M. (2000). From "Anna O." to Bertha Pappenheim: Transforming private pain into public action. *History of Psychology, 3,* 20–43.

KINKADE, K. (1973). *A Walden Two experiment.* New York: Morrow.

KIRSCH, T. B. (2000). *The Jungians: A comparative and historical perspective.* Philadelphia: Routledge.

KIRSCHENBAUM, H. (1979). *On becoming Carl Rogers.* New York: Dell.

KITAYAMA, S., & MARKUS, H. R. (1992, May). *Construal of self as cultural frame: Implications for internationalizing psychology.* Paper presented to the Symposium on Internationalization and Higher Education, Ann Arbor, MI.

KLAVETTER, R., & MOGAR, R. (1967). Stability and internal consistency of a measure of self-actualization. *Psychological Reports, 21,* 422–424.

KLINE, P. (1966). Extraversion, neuroticism, and academic performance among Ghanaian university students. *British Journal of Educational Psychology, 36,* 92–94.

KLINE, P. (1972). *Fact and fantasy in Freudian theory.* London: Methuen.

KLUCKHOHN, C., & MURRAY, H. A. (1953). Personality formation: The determinants. In C. Kluckhohn, H. A. Murray, & D. M. Schneider (Eds.), *Personality in nature, society, and culture* (2nd ed., pp. 53–67). New York: Knopf.

KORN, J. H., DAVIS, R., & DAVIS, S. F. (1991). Historians' and chairpersons' judgments of eminence among psychologists. *American Psychologist, 46,* 789–792.

KREBS, D. L. (1998). The evolution of moral behaviors. In C. Crawford & D. L. Krebs (Eds.), *Handbook of evolutionary psychology: Ideas, issues, and applications* (pp. 337–368). Mahwah, NJ: Erlbaum.

KRISHNAMOORTI, K. S., & SHAGASS, C. (1963). Some psychological test correlates of sedation threshold. In J. Wortis (Ed.), *Recent advances in biological psychiatry.* New York: Plenum Press.

KUHN, T. S. (1996). *The structure of scientific revolutions* (3rd ed.). Chicago: University of Chicago Press.

LA CERRA, M. M. (1994). *Evolved mate preferences in women: Psychological adaptations for assessing a man's willingness to invest in offspring.* Unpublished doctoral dissertation, Department of Psychology, University of California, Santa Barbara.

LAMIELL, J. T. (1981). Toward an idiothetic psychology of personality. *American Psychologist, 36,* 276–289.

LANDFIELD, A. W., & EPTING, F. R. (1987). *Personal construct psychology: Clinical and personality assessment.* New York: Human Sciences Press.

LANDFIELD, A. W., & LEITNER, L. M. (EDS.). (1980). *Personal construct psychology: Psychotherapy and personality.* New York: Wiley.

LAVERTY, S. G. (1958). Sodium amytal and extraversion. *Journal of Neurology, Neurosurgery, and Psychiatry, 21,* 50–54.

LEAK, G. K., & CHRISTOPHER, S. B. (1982). Freudian psychoanalysis and sociobiology: A synthesis. *American Psychologist, 37,* 313–322.

LEITNER, L. (1984). The terrors of cognition. In D. Bannister (Ed.), *Further perspectives in personal construct theory.* New York: Academic Press.

LEITNER, L. M., & PFENNINGER, D. T. (1994). Sociality and optimal functioning. *Journal of Constructivist Psychology, 7,* 119–135.

LEMAY, M., & DAMM, V. (1968). The personal orientation inventory as a measure of self-actualization of underachievers. *Measurement and Evaluation in Guidance,* 110–114.

LENT, R. W., BROWN, S. D., & LARKIN, K. C. (1986). Self-efficacy in the prediction of academic performance and perceived career options. *Journal of Counseling Psychology, 33,* 265–269.

LEON, G. R., GILLENN, B., GILLENN, R., & GANZE, M. (1979). Personality, stability, and change over a 30-year period—middle age to old age. *Journal of Consulting and Clinical Psychology, 47,* 517–524.

LESHNER, A. I., & KOOB, G. F. (1999). Drugs of abuse and the brain. *Proceedings of the Association of American Physicians, 111,* 99–108.

LESTER, D., HVEZDA, J., SULLIVAN, S., & PLOURDE, R. (1983). Maslow's hierarchy of needs and psychological health. *Journal of General Psychology, 109,* 83–85.

LEVANT, R. F., & SCHLIEN, J. M. (EDS.). (1984). *Client-centered therapy and the person-centered approach: New directions in theory, research, and practice.* New York: Praeger.

LEWIN, K. (1935). *A dynamic theory of personality.* New York: McGraw-Hill.

LEWONTIN, R. C., ROSE, S., & KAMIN, L. J. (1984). *Not in our genes.* New York: Pantheon.

LINDIN, M., ZURRON, M., & DIAZ, F. (2007). Influences of introverted/extraverted personality types on P300 amplitude across repeated stimulation. *Federation of European Psychophysiological Societies, 21*(2), 75–82.

LINVILLE, P. W. (1985). Self-complexity and affective extremity: Don't put all of your eggs in one cognitive basket. *Social Cognition, 3,* 94–120.

LOFTUS, E. (1993). The reality of repressed memories. *American Psychologist, 48,* 518–537.

LOFTUS, E., & KETCHAM, K. (1994). *The myth of repressed memories and allegations of abuse.* New York: St. Martin's Press.

LOWRY, R. J. (ED.). (1973). *Dominance, self-esteem, self-actualization: Germinal papers of A. H. Maslow.* Monterey, CA: Brooks/Cole.

LOWRY, R. J. (1979). *The journals of A. H. Maslow* (Vols. 1 & 2). Monterey, CA: Brooks/Cole.

LUDVIGH, E. J., & HAPP, D. (1974). Extraversion and preferred level of sensory stimulation. *British Journal of Psychology, 65,* 359–365.

LUMSDEN, C. J., & WILSON, E. O. (1981). *Genes, mind, and culture: The coevolutionary process.* Cambridge, MA: Harvard University Press.

LYNN, R. (1959). Two personality characteristics related to academic achievement. *British Journal of Educational Psychology, 29,* 213–216.

MADDI, S. R. (1996). *Personality theories: A comparative analysis.* Pacific Grove, CA: Brooks/Cole.

MAHONEY, J., & HARNETT, J. (1973). Self-actualization and self-ideal discrepancy. *Journal of Psychology, 85,* 37–42.

MALOTT, R. W., RITTERBY, K., & WOLF, E. L. C. (1973). *An introduction to behavior modification.* Kalamazoo, MI: Behaviordelia.

MANCUSO, J. C., & ADAMS-WEBBER, J. R. (EDS.). (1982). *The construing person.* New York: Praeger.

MANN, R. A. (1972). The behavior-therapeutic use of contingency contracting to control an adult behavior problem: Weight control. *Journal of Applied Behavior Analysis, 5,* 99–109.

MARCIA, J. (1966). Development and validation of ego identity status. *Journal of Personality and Social Psychology, 3,* 551–558.

MARCIA, J., & FRIEDMAN, M. L. (1970). Ego identity status in college women. *Journal of Personality, 38,* 249–263.

MARKS, I. M. (1987). *Fears, phobias, and rituals.* New York: Oxford University Press.

MARKUS, H. R., & KITAYAMA, S. (1991). Culture and the self: Implications for cognition, emotion, and motivation. *Psychological Reports, 98,* 224–253.

MARLOW, F. (1999). Showoffs or providers? The parenting efforts of Hazda men. *Evolution and Human Behavior, 20,* 391–404.

MARROW, A. J., BOWERS, D. G., & SEASHORE, S. E. (1967). *Management by participation.* New York: Harper & Row.

MARX, M. H., & GOODSON, F. E. (EDS.). (1976). *Theories in contemporary psychology* (2nd ed.). New York: Macmillan.

MASLING, J. (ED.). (1983). *Empirical studies of psychoanalytic theories.* Hillsdale, NJ: Analytic Press.

MASLOW, A. H. (1943a). A preface to motivation theory. *Psychosomatic Medicine, 5,* 85–92.

MASLOW, A. H. (1943b). A theory of human motivation. *Psychological Review, 50,* 370–396.

MASLOW, A. H. (1964). *Religions, values and peak experiences.* Columbus: Ohio State University Press.

MASLOW, A. H. (1965). *Eupsychian management: A journal.* Homewood, IL: Irwin-Dorsey.

MASLOW, A. H. (1966). *The psychology of science: A reconnaissance.* New York: Harper & Row.

MASLOW, A. H. (1968). *Toward a psychology of being* (2nd ed.). New York: Van Nostrand.

MASLOW, A. H. (1971). *The farther reaches of human nature.* New York: Penguin.

MASLOW, A. H. (1987). *Motivation and personality* (3rd ed.) (Revised by R. Frager, J. Fadiman, C. McReynolds, & R. Cox). New York: Harper & Row. (Original work published 1954)

MASSARIK, F. (1992). The humanistic core of humanistic/organizational psychology. *Humanist Psychologist, 20,* 389–396.

MASSERMAN, J. H. (1961). *Principles of dynamic psychiatry* (2nd ed.). Philadelphia: Saunders.

MASSON, J. M. (TRANS. & ED.). (1985). *The complete letters of Sigmund Freud to Wilhelm Fliess 1887–1904.* Cambridge, MA: Harvard University Press.

MASTERS, J. C., BURISH, T. G., HOLLON, S. D., & RIMM, D. C. (1987). *Behavior therapy: Techniques and empirical findings* (3rd ed.). Orlando, FL: Harcourt Brace Jovanovich.

MATHES, E. W., ZEVON, M. A., ROTER, P. M., & JOERGER, S. M. (1982). Peak experience tendencies: Scale development and theory testing. *Journal of Humanistic Psychology, 22,* 92–108.

MAY, R. (1939). *The art of counseling: How to give and gain mental health.* Nashville, TN: Abingdon-Cokesbury.

MAY, R. (1940). *The springs of creative living: A study of human nature and God.* New York: Abingdon-Cokesbury.

MAY, R. (1950). *The meaning of anxiety.* New York: Ronald Press.

MAY, R. (1953). *Man's search for himself.* New York: Norton.

MAY, R. (ED.). (1961). *Existential psychology.* New York: Random House.

MAY, R. (1967). *Psychology and the human dilemma.* New York: Van Nostrand.

MAY, R. (1969). *Love and will.* New York: Norton.

MAY, R. (1972). *Power and innocence: A search for the sources of violence.* New York: Norton.

MAY, R. (1973). *Paulus: Reminiscences of a friendship.* New York: Harper & Row.

MAY, R. (1975). *The courage to create.* New York: Norton.

MAY, R. (1981). *Freedom and destiny.* New York: Norton.

MAY, R. (1982). The problem of evil: An open letter to Carl Rogers. *Journal of Humanistic Psychology, 22,* 10–21.

MAY, R. (1983). *The discovery of being: Writings in existential psychology.* New York: Norton.

MAY, R. (1985). *My quest for beauty.* Dallas, TX: Saybrook.

MAY, R. (1986). *Politics and innocence.* Dallas, TX: Saybrook.

MAY, R. (1991). *The cry for myth.* New York: Norton.

MAY, R., ANGEL, E., & ELLENBERGER, H. F. (EDS.). (1958). *Existence: A new dimension in psychiatry and psychology.* New York: Basic Books.

McBURNEY, D. H., ZAPP, D. J., & STREETER, S. A. (2005). Preferred number of sexual partners: Tails of distributions and tales of mating systems. *Evolution and human Behavior, 26,* 271–278.

McCANN, J. T., & BIAGGIO, M. K. (1989). Sexual satisfaction in marriage as a function of life meaning. *Archives of Sexual Behavior, 18,* 59–72.

McCAULLEY, M. H. (2000). Myers-Briggs Type Indicator: A bridge between counseling and consulting. *Consulting Psychology Journal: Practice and Research, 52,* 117–132.

McCOY, M. M. (1977). A reconstruction of emotion. In D. Bannister (Ed.), *New perspectives in personal construct theory* (pp. 93–124). London: Academic Press.

McCRAE, R. R., & COSTA, P. T., JR. (1985). Updating Norman's "Adequate taxonomy": Intelligence and personality dimensions in natural language and in questionnaires. *Journal of Personality and Social Psychology, 49,* 710–721.

McCRAE, R. R., & COSTA, P. T., JR. (1987). Validation of the five-factor model across instruments and observers. *Journal of Personality and Social Psychology, 52,* 81–90.

McCRAE, R. R., & COSTA, P. T., JR. (1989). Reinterpreting the Myers-Briggs Type Indicator from the perspective of the five-factor model of personality. *Journal of Personality, 57,* 17–40.

McCRAE, R. R., & COSTA, P. T., JR. (1990). *Personality in adulthood.* New York: Guilford Press.

McCRAE, R. R., & COSTA, P. T., JR. (1996). Toward a new generation of personality theories: Theoretical contexts for the five-factor model. In J. S. Wiggins (Ed.), *The five-factor model of personality.* New York: Guilford Press.

McCRAE, R. R., & COSTA, P. T., JR. (1997). Personality trait structure as a human universal. *American Psychologist, 52,* 509–516.

McGAW, W. H., RICE, C. P., & ROGERS, C. R. (1973). *The steel shutter.* LaJolla, CA: Film Center for Studies of the Person.

McGUIRE, W. (ED.). (1974). *The Freud/Jung Letters.* Princeton, NJ: Princeton University Press.

McLEOD, C. R., & VODANOVICH, S. J. (1991). The relationship between self-actualization and boredom proneness. *Journal of Social Behavior and Personality, 6,* 137–146.

McLEOD, J. (1997). *Narrative and psychotherapy.* London: Sage.

McNALLY, R. J. (2007). Do certain readings of Freud constitute "pathological science"? A comment on Boag (2006). *Review of General Psychology, 11*(4), 359–360.

McPHERSON, F. M., & GRAY, A. (1976). Psychological construing and psychological symptoms. *British Journal of Medical Psychology, 49,* 73–79.

MEIER, S. T. (1983). Toward a theory of burnout. *Human Relations, 36,* 899–910.

MIALL, D. S. (1989). Anticipating the self: Toward a personal construct model of emotion. *International Journal of Personal Construct Psychology, 2,* 185–198.

MILLER, G. A. (1965). Some preliminaries to psycholinguistics. *American Psychologist, 20,* 15–20.

MILLER, N. E. (1944). Experimental studies of conflict. In J. M. Hunt (Ed.), *Personality and the behavior disorders* (Vol. 1). New York: Ronald Press.

MILLER, N. E. (1948). Studies of fear as an acquirable drive: I. Fear as motivation and fear reduction as reinforcement in the learning of new responses. *Journal of Experimental Psychology, 38,* 89–101.

MILLER, N. E. (1959). Liberalization of basic S-R concepts: Extensions to conflict behavior, motivation and social learning. In S. Koch (Ed.), *Psychology: A study of a science* (Vol. 2). New York: McGraw-Hill.

MILLER, N. E. (1964). Some implications of modern behavior theory for personality change and psychotherapy. In P. Worchel & D. Bryne (Eds.), *Personality change.* New York: Wiley.

MILLER, N. E. (1982). Obituary: John Dollard (1900–1980). *American Psychologist, 37,* 587–588.

MILLER, N. E. (1983). Behavioral medicine: Symbiosis between laboratory and clinic. In M. R. Rosenzweig & L. W. Porter (Eds.), *Annual Review of Psychology, 34,* 1–31.

MILLER, N. E. (1984). *Bridges between laboratory and clinic.* New York: Praeger.

MILLER, N. E. (1985). The value of behavioral research on animals. *American Psychologist, 40,* 423–440.

MILLER, N. E. (1991). Commentary on Ulrich: Need to check truthfulness of statements by opponents of animal research. *Psychological Science, 2,* 422–423.

MILLER, N. E. (1992). Introducing and teaching much-needed understanding of the scientific process. *American Psychologist, 47,* 848–850.

MILLER, N. E., & DOLLARD, J. (1941). *Social learning and imitation.* New Haven, CT: Yale University Press.

MILLER, P. M. (1972). The use of behavioral contracting in the treatment of alcoholism: A case report. *Behavior Therapy, 3,* 593–596.

MISCHEL, W. (1958). Preference for delayed reinforcement: An experimental study of cultural observation. *Journal of Abnormal and Social Psychology, 56,* 57–61.

MISCHEL, W. (1961a). Delay of gratification, need for achievement, and acquiesce in another culture. *Journal of Abnormal and Social Psychology, 62,* 543–552.

MISCHEL, W. (1961b). Preference for delayed reinforcement and social responsibility. *Journal of Abnormal and Social Psychology, 62,* 1–7.

MISCHEL, W. (1965). Predicting the success of Peace Corps volunteers in Nigeria. *Journal of Personality and Social Psychology, 1,* 510–517.

MISCHEL, W. (1968). *Personality and assessment.* New York: Wiley.

MISCHEL, W. (1969). Continuity and change in personality. *American Psychologist, 24,* 1012–1018.

MISCHEL, W. (1977). The interaction of person and situation. In D. Magnusson & N. S. Endler (Eds.), *Personality at the crossroads: Current issues in interactional psychology.* Hillsdale, NJ: Erlbaum.

MISCHEL, W. (1979). On the interface of cognition and personality. *American Psychologist, 34,* 740–754.

MISCHEL, W. (1981). *Introduction to personality* (3rd ed.). New York: Holt, Rinehart and Winston.

MISCHEL, W. (1984). Convergences and challenges in the search for consistency. *American Psychologist, 39,* 351–364.

MISCHEL, W. (1986). *Introduction to personality* (4th ed.). New York: Holt, Rinehart and Winston.

MISCHEL, W. (1990). Personality dispositions revisited and revised: A view after three decades. In L. A. Pervin (Ed.), *Handbook of personality theory and research* (pp. 111–134). New York: Guilford Press.

MISCHEL, W. (1993). *Introduction to personality* (5th ed.). Orlando, FL: Harcourt, Brace, Jovanovich.

MISCHEL, W., & BAKER, N. (1975). Cognitive appraisals and transformations in delay behavior. *Journal of Personality and Social Psychology, 31,* 254–261.

MISCHEL, W., & EBBESEN, E. B. (1970). Attention in delay of gratification. *Journal of Personality and Social Psychology, 16,* 329–337.

MISCHEL, W., EBBESEN, E. B., & ZEISS, A. R. (1972). Cognitive and attentional mechanisms in delay of gratification. *Journal of Personality and Social Psychology, 21,* 204–218.

MISCHEL, W., & LIEBERT, R. M. (1966). Effects of discrepancies between observed and imposed reward criteria on their acquisition and transmission. *Journal of Personality and Social Behavior, 3,* 45–53.

MISCHEL, W., & METZNER, R. (1962). Preference for delayed reward as a function of age, intelligence, and length of the delay interval. *Journal of Abnormal and Social Psychology, 64,* 425–431.

MISCHEL, W., & MOORE, B. (1973). Effects of attention to symbolically presented rewards upon self-control. *Journal of Personality and Social Psychology, 28,* 172–179.

MISCHEL, W., & MOORE, B. (1980). The role of ideation in voluntary delay for symbolically presented rewards. *Cognitive Therapy and Research, 4,* 211–221.

MISCHEL, W., & PEAKE, P. K. (1982). Beyond déjà vu in the search for cross-situational consistency. *Psychological Review, 89,* 730–755.

MISCHEL, W., SHODA, Y., & PEAKE, P. K. (1988). The nature of adolescent competencies predicted by preschool delay of gratification. *Journal of Personality and Social Psychology, 54,* 687–696.

MISCHEL, W., SHODA, Y., & RODRIGUEZ, M. L. (1989). Delay of gratification in children. *Science, 244,* 933–938.

MITCHELL, C., & STUART, R. B. (1984). Effect of self-efficacy on dropout from obesity treatment. *Journal of Consulting and Clinical Psychology, 52,* 1100–1101.

Mogdil, S., & Mogdil, C. (Eds.). (1986). *Hans Eysenck: Searching for a scientific basis for human behavior.* London: Falmer Press.

Moore, B., Mischel, W., & Zeiss, A. R. (1976). Comparative effects of the reward stimulus and its cognitive representation in voluntary delay. *Journal of Social Psychology, 34,* 419–424.

Moore, M. K., & Neimeyer, R. A. (1991). A confirmatory factor analysis of the Threat Index. *Journal of Personality and Social Psychology, 60,* 122–129.

Moritz, C. (Ed.). (1974). Miller, Neal, E(lgar). In *Current biographical yearbook* (pp. 276–279). New York: W. H. Wilson.

Moruzzi, G., & Magoun, H. W. (1949). Brain stem reticular formation and activation of the EEG. *Electroencephalography and Clinical Neurophysiology, 1,* 455–473.

Multon, K. D., Brown, S. D., & Lent, R. W. (1991). Relation of self-efficacy beliefs to academic outcomes: A meta-analytic investigation. *Journal of Counseling Psychology, 38,* 30–38.

Murray, B. (1996a). British case could set precedent. *APA Monitor, 11,* 10.

Murray, B. (1996b). Judges, courts get tough on spanking. *APA Monitor, 11,* 10.

Mussen, P., Eichorn, D. H., Hanzik, M. P., Bieher, S. L., & Meredith, W. (1980). Continuity and change in women's characteristics over four decades. *International Journal of Behavioral Development, 3,* 333–347.

Mustanski, B. S., Chivers, M. L., & Bailey, J. M. (2002). A critical review of recent biological research on human sexual orientation. *Annual Review of Sex Research, 13,* 89–140.

Myers, I. B. (1962). *The Myers–Briggs type indicator manual.* Palo Alto, CA: Consulting Psychologists Press.

Myers, I. B., McCaulley, M. H., Quenk, N. L., & Hammer, A. L. (1998). *Manual: A guide to the development and use of the Myers–Briggs type indicator.* Palo Alto, CA: Consulting Psychologists Press.

Neimeyer, G. J. (1984). Cognitive complexity and marital satisfaction. *Journal of Social and Clinical Psychology, 2,* 258–263.

Neimeyer, G. J. (1988). Cognitive integration and differentiation in vocational behavior. *Counseling Psychologist, 16,* 440–475.

Neimeyer, G. J. (1992a). Personal constructs in career counseling and development. *Journal of Career Development, 18,* 163–173.

Neimeyer, G. J. (1992b). Personal constructs and vocational structure. In R. A. Neimeyer and G. J. Neimeyer (Eds.), *Advances in personal construct psychology* (Vol. 2, pp. 91–120). Greenwich, CT: JAI Press.

Neimeyer, G. J., & Hall, A. G. (1988). Personal identity in disturbed marital relationships. In F. Fransella & L. Thomas (Eds.), *Experimenting with personal construct theory* (pp. 297–307). London: Routledge & Kegan Paul.

Neimeyer, G. J., & Hudson, J. E. (1984). Couples' constructs: Personal systems in marital satisfaction. In D. Bannister (Ed.), *Further perspectives in personal construct theory.* New York: Academic Press.

Neimeyer, G. J., & Hudson, J. E. (1985). Couples' constructs: Personal systems in marital satisfaction. In D. Bannister (Ed.), *Issues and approaches in personal construct theory* (pp. 127–141). New York: Academic Press.

Neimeyer, G. J., & Khouzam, N. (1985). A repertory grid study of restrained eaters. *British Journal of Medical Psychology, 58,* 365–367.

Neimeyer, R. A. (1984). Toward a personal construct conceptualization of depression and suicide. In F. R. Epting & R. A. Neimeyer (Eds.), *Personal meanings of death: Applications of personal construct theory to clinical practice* (pp. 127–173). New York: Hemisphere/McGraw-Hill.

Neimeyer, R. A. (1985a). *The development of personal construct psychology.* Lincoln: University of Nebraska Press.

Neimeyer, R. A. (1985b). Personal constructs in clinical practice. In P. C. Kendall (Ed.), *Advances in cognitive-behavioral research and therapy* (Vol. 4, pp. 275–339). New York: Academic Press.

Neimeyer, R. A. (1994). The role of client-generated narratives in psychotherapy. *International Journal of Personal Construct Psychology, 7,* 229–242.

Neimeyer, R. A., & Jackson, T. T. (1997). George A. Kelly and the development of personal construct theory. In W. G. Bringmann, H. E. Lück, R. Miller, & C. E. Early (Eds.), *A pictorial history of psychology* (pp. 364–372). Carol Stream, IL: Quintessence.

Neimeyer, R. A., & Mahoney, M. J. (Eds.). (1995). *Constructivism in psychotherapy.* Washington, DC: American Psychological Association.

NEIMEYER, R. A., MOORE, M. K., & BAGLEY, K. J. (1988). A preliminary factor structure for the Threat Index. *Death Studies, 12,* 217–225.

NEIMEYER, R. A., & NEIMEYER, G. J. (1985). Disturbed relationships: A personal construct view. In E. Button (Ed.), *Personal construct theory and mental health: Theory, research, and practice.* Beckenham, UK: Croom Helm.

NESSE, R. M. (1984). An evolutionary perspective on psychiatry. *Comparative Psychiatry, 25,* 575–580.

NESSE, R. M. (2002). Evolution and addiction. *Addiction, 97,* 470–471.

NESTLER, E. J., & MALENKA, R. C. (2004, March). The addicted brain. *Scientific* American, 3. Retrieved from http://www.scientificamerican.com/article.cfm?id=the-addicted-brain.

NEVILL, D. D., & SCHLECKER, D. I. (1988). The relation of self-efficacy and assertiveness to willingness to engage in traditional/nontraditional career activities. *Psychology of Women Quarterly, 12,* 91–98.

NICHOLSON, I. A. M. (2001). "Giving Up Maleness": Abraham Maslow, masculinity, and the boundaries of psychology. *History of Psychology, 4,* 79–91.

NIEDENTHAL, P. M., SETTERLUND, M. B., & WHERRY, M. B. (1992). Possible self-complexity and affective reactions to goal-relevant evaluation. *Journal of Personality and Social Psychology, 63,* 5–16.

NORMAN, W. T. (1963). Toward an adequate taxonomy of personality attributes: Replicated factor structure in peer nomination personality ratings. *Journal of Abnormal and Social Psychology, 66,* 574–583.

ÖHMAN, A., FLYKT, A., & ESTEVES, F. (2001). Emotion drives attention: Detecting the snake in the grass. *Journal of Experimental Psychology: General, 131,* 466–478.

ÖHMAN, A., & MINEKA, S. (2001). Fear, phobias, and preparedness: Toward an evolved module of fear and fear learning. *Psychological Review, 102,* 483–522.

ÖHMAN, A., & MINEKA, S. (2003). The malicious serpent: Snakes as a prototypical stimulus for an evolved module of fear. *Current Directions in Psychological Science, 12,* 5–9.

O'LEARY, A. (1992). Self-efficacy and health: Behavioral and stress-physiological mediation. *Cognitive Therapy and Research, 16,* 229–245.

OLSON, H. A. (Ed.). (1979). *Early recollections: Their use in diagnosis and psychotherapy.* Springfield, IL: Charles C. Thomas.

OLSON, M. H. & HERGENHAHN, B. R. (2009). *An introduction to theories of learning* (8th ed.). Upper Saddle River, NJ: Pearson Prentice Hall.

ORGLER, H. (1963). *Alfred Adler: The man and his work.* New York: Liveright.

OZER, E. M., & BANDURA, A. (1990). Mechanisms governing empowerment effects: A self-efficacy analysis. *Journal of Personality and Social Psychology, 58,* 472–486.

PALMER, E. C., & CARR, K. (1991). Dr. Rogers, meet Mr. Rogers: The theoretical and clinical similarities between Carl and Fred Rogers. *Social Behavior and Personality, 19,* 39–44.

PANKSEPP, J., & PANKSEPP, J. B. (2000). The seven sins of evolutionary psychology. *Evolution and Cognition, 6*(2), 108–131.

PANZARELLA, R. (1980). The phenomenology of aesthetic peak experiences. *Journal of Humanistic Psychology, 20*(1), 69–85.

PARIS, B. J. (1994). *Karen Horney: A psychoanalyst's search for self-understanding.* New Haven, CT: Yale University Press.

PARIS, B. J. (2000). Karen Horney: The three phases of her thought. In G. A. Kimble & M. Wetheimer (Eds.), *Portraits of pioneers in psychology* (Vol. 4, pp. 163–179). Washington, DC: American Psychological Association.

PARKER, A. (1981). The meaning of attempted suicide to young parasuicides: A repertory grid study. *British Journal of Psychiatry, 139,* 306–312.

PAULUS, D. L., TRAPNELL, P. D., & CHEN, D. (1999). Birth order effects on personality and achievement within families. *Psychological Science, 10,* 482–488.

PAVLOV, I. P. (1928). *Lectures on conditioned reflexes* (Vol. 1) (H. Gantt, Trans.). New York: International Publishers.

PAXTON, R. (1980). The effects of a deposit contract as a component in a behavioral programme for stopping smoking. *Behaviour Research and Therapy, 18,* 45–50.

PAXTON, R. (1981). Deposit contracts with smokers: Varying frequency and amount of repayments. *Behaviour Research and Therapy, 19,* 117–123.

PELHAM, B. W. (1993). The idiographic nature of human personality: Examples of the idiographic self-concept. *Journal of Personality and Social Psychology, 64,* 665–677.

PERVIN, L. A. (1984). *Current controversies and issues in personality* (2nd ed.). New York: Wiley.

PERVIN, L. A. (1989). *Personality: Theory and research* (5th ed.). New York: Wiley.

PERVIN, L. A. (2001). *Current controversies and issues in personality* (3rd ed.). New York: Wiley.

PETERSON, D. L., & PFOST, K. S. (1989). Influence of rock videos on attitudes of violence against women. *Psychological Reports, 64,* 319–322.

PIERCE, D. L., SEWELL, K. W., & CROMWELL, R. L. (1992). Schizophrenia and depression: Construing and constructing empirical research. In R. A. Neimeyer & G. J. Neimeyer (Eds.), *Advances in personal construct psychology* (Vol. 2, pp. 151–184). Greenwich, CT: JAI Press.

PIETRZAK, R. H., LAIRD, J. D., STEVENS, D. A., & THOMPSON, N. S. (2002). Sex differences in human jealousy: A coordinated study of forced-choice, continuous rating-scale, and physiological responses on the same subjects. *Evolution and Human Behavior, 23,* 83–94.

PINKER, S. (1997). *How the mind works.* New York: Norton.

PITTENGER, D. J. (2005). Cautionary comments regarding the Myers-Briggs Type Indicator. *Consulting Psychology Journal: Practice and Research,* Summer 2005, 210–221.

POLKINGHORNE, D. E. (1992). Research methodology in humanistic psychology. *Humanistic Psychologist, 20,* 218–242.

POOLE, M. E., & EVANS, G. T. (1989). Adolescents' self perceptions of competence in life skill areas. *Journal of Youth and Adolescence, 18,* 147–173.

POPPER, K. (1963). *Conjectures and refutations.* New York: Basic Books.

POWELL, R. A., & BOER, D. P. (1994). Did Freud mislead patients to confabulate memories of abuse? *Psychological Reports, 74,* 1283–1298.

POWER, T., & CHAPLESKI, M. (1986). Childrearing and impulse control in toddlers: A naturalistic investigation. *Developmental Psychology, 22,* 271–275.

PRATT, M. W., PANCER, M., HUNSBERGER, B., & MANCHESTER, J. (1990). Reasoning about the self and relationships in maturity: An integrative complexity analysis of individual differences. *Journal of Personality and Social Psychology, 59,* 575–581.

PRENTICE, A. M., DIAZ, E., GOLDBERG, G. R., JEBB, S. A., COWARD, W. A., & WHITEHEAD, R. G. (1992). Famine and refeeding: Adaptations in energy metabolism. In G. H. Anderson & S. H. Kennedy (Eds.), *The biology of feast and famine: Relevance to eating disorders* (pp. 22–46). San Diego, CA: Academic Press.

PRIVETTE, G., & BUNDRICK, C. M. (1991). Peak experience, peak performance, and flow: Correspondence of personal descriptions and theoretical constructs. *Journal of Social Behavior and Personality, 6,* 169–188.

PROGOFF, I. (1973). *Jung, synchronicity, and human destiny: Noncausal dimensions of human experience.* New York: Dell.

PYTELL, T. (2006). Transcending the angel beast: Victor Frankl and humanistic psychology. *Psychoanalytic Psychology, 23(3),* 490–503.

RABINOWITZ, F. E., GOOD, G., & COZAD, L. (1989). Rollo May: A man of meaning and myth. *Journal of Counseling and Development, 67,* 436–441.

RAHMAN, Q., CLARKE, K., & MORERA, T. (2009). Hair whorl direction and sexual orientation in human males. *Behavioral Neuroscience, 123(2),* 252–256.

RAKISON, D. H., & DERRINGER, J. L. (2008). Do infants possess an evolved spider-detection mechanism? *Cognition, 107,* 381–393.

RAMANAIAH, N. V., HEERBOTH, J. R., & JINKERSON, D. L. (1985). Personality and self-actualizing profiles of assertive people. *Journal of Personality Assessment, 49,* 440–443.

RAVIZZA, K. (1977). Peak experiences in sport. *Journal of Humanistic Psychology, 17(4),* 35–40.

REEVES, C. (1977). *The psychology of Rollo May.* San Francisco: Jossey-Bass.

REGALSKI, J. M., & GUALIN, S. J. C. (1993). Whom are Mexican infants said to resemble? Monitoring and fostering parental confidence in the Yucatan. *Ethology and Sociobiology, 14,* 97–113.

RIGDON, M. A., & EPTING, F. R. (1983). A personal construct perspective on an obsessive client. In J. Adams-Webber & J. C. Mancuso (Eds.), *Applications of personal construct theory.* New York: Academic Press.

RIVERS, P., & LANDFIELD, A. W. (1985). Alcohol abuse. In E. Button (Ed.), *Personal construct theory and mental health: Theory, research, and practice.* Beckenham, UK: Croom Helm.

ROAZEN, P. (1976). *Erik H. Erikson: The power and limits of a vision.* New York: Free Press.

ROAZEN, P. (1980). Erik H. Erikson's America: The political implications of ego psychology. *Journal of the History of the Behavioral Sciences, 16,* 333–341.

ROBERTS, S.C., LITTLE, A. C., GOSLING, L. M., PERRET, D. I., CARTER, V., JONES, B. C., ET AL. (2005). MHC-heterozygosity and human facial attractiveness. *Evolution and Human Behavior, 26,* 213–216.

ROBINSON, D. N. (1985). *Philosophy of psychology.* New York: Columbia University Press.

ROBINSON, P. J., & WOOD, K. (1984). Fear of death and physical illness: A personal construct approach. In F. R. Epting & R. A. Neimeyer (Eds.), *Personal meanings of death: Applications of personal construct theory to clinical practice.* Washington, DC: Hemisphere.

ROBINSON, T. E., & BERRIDGE, K. C. (2000). The psychology and neurobiology of addiction: An incentive-sensitization view. *Addiction, 95*(Suppl. 2), S91–S117.

ROBINSON, T. E., & BERRIDGE, K. C. (2003). Addiction. *Annual Review of Psychology, 54,* 25–53.

RODGERS, J. L. (2001). What causes birth order-intelligence patterns? The admixture hypothesis, revisited. *American Psychologist, 56,* 505–510.

RODGERS, J. L., CLEVELAND, H. H., VAN DEN OORD, E., & ROWE, D. C. (2000). Resolving the debate over birth order, family size, and intelligence. *American Psychologist, 55,* 599–612.

ROGERS, C. R. (1939). *The clinical treatment of the problem child.* Boston: Houghton Mifflin.

ROGERS, C. R. (1942). *Counseling and psychotherapy: Newer concepts in practice.* Boston: Houghton Mifflin.

ROGERS, C. R. (1951). *Client-centered therapy: Its current practice, implications, and theory.* Boston: Houghton Mifflin.

ROGERS, C. R. (1954). Toward a theory of creativity. *ETC: A Review of General Semantics, 11,* 249–260.

ROGERS, C. R. (1955). Persons or science? A philosophical question. *American Psychologist, 10,* 267–278.

ROGERS, C. R. (1956a, February). Implications of recent advances in prediction and control of behavior. *Teachers College Record, 57,* 316–322.

ROGERS, C. R. (1956b). Some issues concerning the control of human behavior (Symposium with B. F. Skinner). *Science, 124,* 1057–1066.

ROGERS, C. R. (1959). A theory of therapy, personality, and interpersonal relationships, as developed in the client-centered framework. In S. Koch (Ed.), *Psychology: A study of a science* (Vol. 3). New York: McGraw-Hill.

ROGERS, C. R. (1961). *On becoming a person: A therapist's view of psychotherapy.* Boston: Houghton Mifflin.

ROGERS, C. R. (1963). Actualizing tendency in relation to motives and to consciousness. In M. R. Jones (Ed.), *Nebraska Symposium on Motivation.* Lincoln: University of Nebraska Press.

ROGERS, C. R. (1966). Client-centered therapy. In S. Arieti (Ed.), *American handbook of psychiatry.* New York: Basic Books.

ROGERS, C. R. (1967). Autobiography. In E. G. Boring & G. Lindzey (Eds.), *A history of psychology in autobiography* (Vol. 5). New York: Appleton.

ROGERS, C. R. (1968). Graduate education in psychology: A passionate statement. In W. G. Bennis, E. H. Schein, F. I. Steele, & D. E. Berlew (Eds.), *Interpersonal dynamics* (2nd ed., pp. 687–703). Homewood, IL: Dorsey.

ROGERS, C. R. (1969). *Freedom to learn.* Columbus, OH: Charles E. Merrill.

ROGERS, C. R. (1970). *Carl Rogers on encounter groups.* New York: Harper & Row.

ROGERS, C. R. (1972a). *Becoming partners: Marriage and its alternatives.* New York: Delacorte.

ROGERS, C. R. (1972b). My personal growth. In A. Burton (Ed.), *Twelve therapists.* San Francisco: Jossey-Bass.

ROGERS, C. R. (1973). My philosophy of interpersonal relationships and how it grew. *Journal of Humanistic Psychology, 13,* 3–15.

ROGERS, C. R. (1974). In retrospect: Forty-six years. *American Psychologist, 29,* 115–123.

ROGERS, C. R. (1977). *Carl Rogers on personal power.* New York: Delacorte.

ROGERS, C. R. (1980). *A way of being.* Boston: Houghton Mifflin.

ROGERS, C. R. (1983). *Freedom to learn for the 80s.* Columbus, OH: Charles E. Merrill.

ROGERS, C. R. (1987). The underlying theory: Drawn from experience with individuals and groups. *Counseling and Values, 32,* 38–46.

ROGERS, C. R., & RYBACK, D. (1984). One alternative to nuclear planetary suicide. In R. F. Levant & J. M. Schlien (Eds.), *Client-centered therapy and the person-centered approach:*

New directions in theory, research, and practice. New York: Praeger.

ROSE, H., & ROSE, S. (2000). Introduction. In H. Rose & S. Rose (Eds.), *Alas, poor Darwin: Arguments against evolutionary psychology* (pp. 1–13). London: Jonathan Cape.

ROSENBAUM, M., & MUROFF, M. (EDS.). (1984). *Anna O.: Fourteen contemporary reinterpretations.* New York: Free Press.

ROSENBERG, L. A. (1962). Idealization of self and social adjustment. *Journal of Consulting Psychology, 26,* 487.

ROSENTHAL, D. A., GURNEY, R. M., & MOORE, S. M. (1981). From trust to intimacy: A new inventory for examining Erikson's stages of psychosocial development. *Journal of Youth and Adolescence, 10,* 525–537.

ROWE, I., & MARCIA, J. E. (1980). Ego identity status, formal operations, and moral development. *Journal of Youth and Adolescence, 9,* 87–99.

RUBINS, J. L. (1978). *Karen Horney: Gentle rebel of psychoanalysis.* New York: Dial.

RULE, W. R. (1972). The relationship between early recollections and selected counselor and life style characteristics. *Dissertation Abstracts International, 33,* 1448A–1449A. (University Microfilms No. 72-25, 921)

RULE, W. R., & TRAVER, M. D. (1982). Early recollections and expected leisure activities. *Psychological Reports, 51,* 295–301.

RUNCO, M. A., EBERSOLE, P., & MRAZ, W. (1991). Creativity and self-actualization. *Journal of Social Behavior and Personality, 6,* 161–167.

RUNYAN, W. M. (1983). Idiographic goals and methods in the study of lives. *Journal of Personality, 51,* 413–437.

RYCHLAK, J. F. (1988). *The psychology of rigorous humanism* (2nd ed.). New York: New York University Press.

RYCHLAK, J. F. (1991). *Artificial intelligence and human reason: A teleological critique.* New York: Columbia University Press.

RYCHLAK, J. F. (1997). *In defense of human consciousness.* Washington, DC: American Psychological Association.

SAKS, A. M. (1995). Longitudinal field investigation of the moderating and mediating effects of self-efficacy on the relationship between training and newcomer adjustment. *Journal of Applied Psychology, 80,* 211–225.

SALAMONE, J. D., & CORREA, M. (2002). Motivational views of reinforcement: Implications for understanding the behavioral functions of nucleus accumbens dopamine. *Behavioral Brain Research, 137,* 3–25.

SALMON, D., & LEHRER, R. (1989). School consultant's implicit theories of action. *Professional School Psychology, 4,* 173–187.

SANTOGROSSI, D., O'LEARY, K., ROMANCZYK, R., & KAUFMAN, K. (1973). Self-evaluation by adolescents in a psychiatric hospital school token program. *Journal of Applied Behavior Analysis, 6,* 277–287.

SARTRE, J.-P. (1956). Existentialism. In W. Kaufmann (Ed.), *Existentialism from Dostoevsky to Sartre.* New York: Meridian.

SARTRE, J-P. (1957). *Existentialism and human emotions.* New York: Wisdom Library.

SAUNDERS, F. W. (1991). *Katherine and Isabel: Mother's light, daughter's journey.* Palo Alto, CA: Consulting Psychologists Press.

SCHAEFER, H. H., & MARTIN, P. L. (1969). *Behavioral therapy.* New York: McGraw-Hill.

SCHIEDEL, D. G., & MARCIA, J. E. (1985). Ego identity, intimacy, sex role orientation, and gender. *Journal of Personality and Social Psychology, 21,* 149–160.

SCHILL, T., MONROE, S., EVANS, R., & RAMANAIAH, N. (1978). The effects of self-verbalization on performance: A test of the rational–emotive position. *Psychotherapy: Theory, research, and practice, 15,* 2–7.

SCHMITT, D. P. (2003). Universal sex differences in the desire for sexual variety: Tests from 52 nations, 5 continents, and 13 islands. *Journal of personality and social psychology, 85*(1), 85–104.

SCHMITT, D. P., & BUSS, D. M. (1996). Strategic self-promotion and competitor derogation: Sex and context effects on the perceived effectiveness of mate attraction tactics. *Journal of Personality and Social Psychology, 70*(6), 1185–1204.

SCHMITT, D. P., & PILCHER, J. J. (2004). Evaluating evidence of psychological adaptation: How do we know one when we see one? *Psychological science, 15*(10), 643–649.

SCHNEIDER, K. J. (1998). Toward a science of the heart: Romanticism and the revival of psychology. *American Psychologist, 53,* 277–289.

SCHUR, M. (1972). *Freud: Living and dying.* New York: International Universities Press.

SCHÜTZWOHL, A. (2004). Which infidelity type makes you more jealous? Decision strategies in a forced-choice between sexual and emotional infidelity. *Evolutionary Psychology, 2,* 121–128.

Schützwohl, A. (2005). Sex differences in jealousy: The processing of cues to infidelity. *Evolution and Human Behavior, 26,* 288–299.

Schützwohl, A., & Koch, S. (2004). Sex differences in jealousy: The recall of cues to sexual and emotional infidelity in personally more and less threatening context conditions. *Evolution and Human Behavior, 25,* 249–257.

Seligman, M. E. P., & Csikszentmihalyi, M. (2000). Positive psychology: An introduction. *American Psychologist, 55,* 5–14.

Seppa, N. (1997, June). Children's TV remains steeped in violence. *APA Monitor, 28,* 36.

Sewell, K. W., Adams-Webber, J., Mitterer, J., & Cromwell, R. L. (1992). Computerized repertory grids: Review of the literature. *International Journal of Personal Construct Psychology, 5,* 1–23.

Sexton, T. L., & Whiston, S. C. (1994). The status of the counseling relationship: An empirical review, theoretical implications, and research directions. *The Counseling Psychologist, 22,* 6–78.

Shaffer, H. J. (2005). What is addiction?: A perspective. *Harvard Medical School Division on addictions* [Online]. Retrieved November 15, 2004, http://www.hms.harvard.edu/doa/ institute

Shagass, C., & Jones, A. L. (1958). A neurophysiological test for psychiatric diagnosis: Results in 750 patients. *American Journal of Psychiatry, 114,* 1002–1009.

Sheldon, K. M., & Kasser, T. (2001). Getting older, getting better? Personal strivings and psychological maturity across the life span. *Developmental Psychology, 37*(4), 491–501.

Shiomi, K. (1978). Relations of pain threshold and pain tolerance in cold water with scores on Maudsley Personality Inventory and Manifest Anxiety Scale. *Perceptual and Motor Skills, 47,* 1155–1158.

Shoda, Y., Mischel, W., & Peake, P. K. (1990). Predicting adolescent cognitive and self-regulatory competencies from preschool delay of gratification: Identifying diagnostic conditions. *Developmental Psychology, 26,* 978–986.

Shostrom, E. L. (1963). *Personal orientation inventory.* San Diego, CA: Educational and Industrial Testing Service.

Shostrom, E. L. (1964). An inventory for the measurement of self-actualization. *Educational and Psychological Measurement, 24,* 207–218.

Shostrom, E. L. (1966). *Manual for the personal orientation inventory (POI): An inventory for the measurement of self-actualization.* San Diego, CA: Educational and Industrial Testing Service.

Shostrom, E. L. (1974). *Manual for the personal orientation inventory.* San Diego, CA: Educational and Industrial Testing Service.

Shostrom, E. L., Knapp, L. F., & Knapp, R. R. (1976). *Actualizing therapy: Foundations for a scientific ethic.* San Diego, CA: Educational and Industrial Testing Service.

Signell, K. (1966). Cognitive complexity in person perception and nation perception: A developmental approach. *Journal of Personality, 34,* 517–537.

Silverman, L. (1976). Psychoanalytic theory: "The reports of my death are greatly exaggerated." *American Psychologist, 31,* 621–637.

Singh, D. (1993). Adaptive significance of waist-to-hip ratio and female attractiveness. *Journal of Personality and Social Psychology, 65,* 293–307.

Singh, D. (2000). Waist-to-hip ration: An indicator of female mate value. *International Research Center for Japanese Studies, International Symposium. 16,* 79–99.

Singh, D., & Luis, S. (1995). Ethnic and gender consensus for the effect of waist-to-hip ratio on judgements of women's attractiveness. *Human Nature, 6,* 51–65.

Singh, D., & Young, R. K. (1995). Body weight, waist-to-hip ratio, breasts, and hips: Role in judgments of female physical attractiveness and desirability for relationships. *Ethology and Sociobiology, 16,* 483–507.

Skinner, B. F. (1938). *The behavior of organisms: An experimental analysis.* Englewood Cliffs, NJ: Prentice-Hall.

Skinner, B. F. (1948). *Walden Two.* New York: Macmillan.

Skinner, B. F. (1950). Are theories of learning necessary? *Psychological Review, 57,* 193–216.

Skinner, B. F. (1951). How to teach animals. *Scientific American, 185,* 26–29.

Skinner, B. F. (1953). *Science and human behavior.* New York: Macmillan.

Skinner, B. F. (1957). *Verbal behavior.* Englewood Cliffs, NJ: Prentice-Hall.

Skinner, B. F. (1967). Autobiography. In E. G. Boring & G. Lindzey (Eds.), *A history of psychology in autobiography* (Vol. 5, pp. 387–413). New York: Appleton-Century-Crofts.

SKINNER, B. F. (1971). *Beyond freedom and dignity.* New York: Knopf.

SKINNER, B. F. (1974). *About behaviorism.* New York: Knopf.

SKINNER, B. F. (1976). *Particulars of my life.* New York: Knopf.

SKINNER, B. F. (1978). *Reflections on behaviorism and society.* Englewood Cliffs, NJ: Prentice-Hall.

SKINNER, B. F. (1979). *The shaping of a behaviorist.* New York: Knopf.

SKINNER, B. F. (1983). *A matter of consequences.* New York: Knopf.

SKINNER, B. F. (1990). Can psychology be a science of mind? *American Psychologist, 45,* 1206–1210.

SKINNER, E. A., CHAPMAN, M., & BALTES, P. B. (1988). Control, means–ends, and agency beliefs: A new conceptualization and its measurement during childhood. *Journal of Personality and Social Psychology, 54,* 117–133.

SMITH, H. S., & COHEN, L. H. (1993). Self-complexity and reactions to a relationship breakup. *Journal of Social and Clinical Psychology, 12,* 367–384.

SMITH, J. E., STEFAN, C., KOVALESKI, M., & JOHNSON, G. (1991). Recidivism and dependency in a psychiatric population: An investigation with Kelly's dependency grid. *International Journal of Personal Construct Psychology, 4,* 157–173.

SMITH, T. W. (1983). Changes in irrational beliefs and the outcome of rational–emotive psychotherapy. *Journal of Consulting and Clinical Psychologists, 51,* 156–157.

SOMIT, A., ARWINE, A., & PETERSON, S. A. (1996). *Birth order and political behavior.* Lanham, MD: University Press of America.

SPELTZ, M. L., SHIMAMURA, J. W., & McREYNOLDS, W. T. (1982). Procedural variations in group contingencies. *Journal of Applied Behavior Analysis, 15,* 533–544.

SPRANGER, E. (1928). *Types of men: The psychology and ethics of personality* (5th ed.) (P. J. W. Pigors, Trans.). Halle: Niemeyer. (Original work published 1913)

STANOVICH, K. E. (2004). *How to think straight about psychology* (7th ed.). Boston: Allyn & Bacon.

STEELMAN, L. C., & POWELL, B. (1985). The social and academic consequences of birth order: Real, artificial, or both. *Journal of Marriage and the Family, 47,* 117–124.

STEIN, K. F. (1994). Complexity of self-schema and responses to disconfirming feedback. *Cognitive Therapy and Research, 18,* 161–178.

STELMACK, R. M., ACHORN, E., & MICHAUD, A. (1977). Extraversion and individual differences in auditory evoked response. *Psychophysiology, 14,* 368–374.

STEPHENSON, W. (1953). *The study of behavior: Q-technique and its methodology.* Chicago: University of Chicago Press.

STERN, P. J. (1976). *C. G. Jung: The haunted prophet.* New York: Dell.

STEVENS, A. (1994). *Jung.* New York: Oxford University Press.

STEVENSON, L., & HABERMAN, D. L. (1998). *Ten theories of human nature* (3rd ed.). New York: Oxford University Press.

STEWART, A. J., FRANZ, C., & LAYTON, L. (1988). The changing self: Using personal documents to study lives. *Journal of Personality, 56,* 41–74.

STEWART, R. A. C. (1968). Academic performance and components of self-actualization. *Perceptual and Motor Skills, 26,* 918.

STEWART, V., & STEWART, A. (1982). *Business applications of repertory grid.* New York: McGraw-Hill.

STOLOROW, R. D., & ATWOOD, G. E. (1979). *Faces in a cloud: Subjectivity in personality theory.* New York: Aronson.

STONE, V. E., COSMIDES, L., TOOBY, J., KROLL, N., & KNIGHT, R. T. (2002). Selective impairment of reasoning about social exchanges in a patient with bilateral limbic system damage. *Proceedings of the National Academy of Sciences, 99,* 11531–11536.

STRICKER, L. J., & ROSS, J. (1962). *A description and evaluation of the Myers-Briggs Type Indicator* (Research Bulletin #RB-6-26). Princeton NJ: Educational Testing Service.

STUART, R. B., & LOTT, L. A. (1972). Behavioral contracting with delinquents: A cautionary note. *Journal Therapy and Experimental Psychiatry, 3,* 161–169.

STUMPHAUZER, J. S. (1972). Increased delay of gratification in young prison inmates through imitation of high delay peer models. *Journal of Personality and Social Psychology, 21,* 10–17.

SUGIYAMA, L., TOOBY, J., & COSMIDES, L. (1995). *Testing for universality: Reasoning adaptations amoung the Achuar of Amazonia.* Meetings of the Human Behavior and Evolution Society, Santa Barbara, CA.

SUINN, R. M., OSBORNE, D., & WINFREE, P. (1962). The self concept and accuracy of recall of inconsistent self-related information. *Journal of Clinical Psychology, 18,* 473–474.

SULLOWAY, F. J. (1979). *Freud, Biologist of the mind: Beyond the psychoanalytic legend.* New York: Basic Books.

SULLOWAY, F. J. (1996). *Born to rebel: Birth order, family dynamics, and creative lives.* New York: Pantheon.

SUTICH, A. (1976). The emergence of the transpersonal orientation: A personal account. *Journal of Transpersonal Psychology, 1,* 5–19.

SWETS, J. A., DAWES, R. M., & MONAHAN, J. (2000). Psychological science can improve diagnostic decisions. *Psychological Science in the Public interest, 1,* 1–26.

SYMONS, D. (1979). *The evolution of human sexuality.* New York: Oxford.

SYMONS, D. (1987). If we're all Darwinians, what's the fuss about? In C. Crawford, M. Smith, & D. Krebs (Eds.), *Sociobiology and psychology: Ideas, issues, and applications* (pp. 121–146). Hillsdale, NJ: Erlbaum.

SYMONDS, A. (1991). Gender issues and Horney's theory. *American Journal of Psychoanalysis, 51,* 301–312.

TALBOT, R., COOPER, C. L., & ELLIS, B. (1991). Uses of the dependency grid for investigating social support in stressful situations. *Stress Medicine, 7,* 171–180.

TANNER, W. P. JR., & SWETS, J. A. (1954). A decision making theory of visual detection. *Psychological Reviews, 6,* 401–409.

TELLEGEN, A., LYKKEN, D. T., BOUCHARD, T. J., JR., WILCOX, K. J., SEGAL, N. L., & RICH, S. (1988). Personality similarity in twins reared apart and together. *Journal of Personality and Social Psychology, 54,* 1031–1039.

TESCH, S. A., & WHITBOURNE, S. K. (1982). Intimacy status and identity status in young adults. *Journal of Personality and Social Psychology, 43,* 1041–1051.

TETI, D. M., & GELFAND, D. M. (1991). Behavioral competence among mothers of infants in the first year: The mediational role of maternal self-efficacy. *Child Development, 62,* 918–929.

THOMPSON, G. G. (1968). George Alexander Kelly (1905–1967). *Journal of General Psychology, 79,* 19–24.

THOMPSON, T., & GRABOWSKI, J. (1972). *Reinforcement schedules and multi-operant analysis.* Englewood Cliffs, NJ: Prentice-Hall.

THOMPSON, T., & GRABOWSKI, J. (EDS.). (1977). *Behavior modification of the mentally retarded.* New York: Oxford University Press.

THORNE, F. C. (1975). The life style analysis. *Journal of Clinical Psychology, 31,* 236–240.

THORNE, F. C., & PISHKIN, V. (1973). The existential study. *Journal of Clinical Psychology, 29,* 387–410.

THORNHILL, R., & GANGESTAD, S. W. (1994). Human fluctuating asymmetry and sexual behavior. *Psychological Science, 5,* 297–302.

THORNHILL, R., & GANGESTAD, S. W. (1999). The scent of symmetry: A human sex pheromone that signals fitness. *Evolution and Human Behavior, 20,* 175–201.

THURSTONE, L. L. (1934). The vectors of mind. *Psychological Review, 41,* 1–32.

TILLICH, P. (1952). *The courage to be.* New Haven, CT: Yale University Press.

TIGER, L. (1979). *Optimism: The biology of hope.* New York: Simon and Schuster.

TRIVERS, R. L. (1971). The evolution of reciprocal altruism. *Quarterly Review of Biology, 46,* 35–57.

TRIVERS, R. L. (1972). Parental investment and sexual selection. In B. Campbell (Ed.), *Sexual selection and the descent of man: 1871–1971* (pp. 136–179). Chicago: Aldine.

TRUAX, C. B., & CARKHUFF, R. R. (1967*). Toward effective counseling and psychotherapy.* Chicago: Aldine.

TRUAX, C. B., & MITCHELL, K. M. (1971). Research on certain therapist interpersonal skills in relation to process and outcome. In A. E. Bergin & S. L. Garfield (Eds.), *Handbook of psychotherapy and behavior change.* New York: Wiley.

TUCKMAN, B. W. (1990). Group versus goal-setting effects on the self-regulated performance of students differing in self-efficacy. *Journal of Experimental Education, 58,* 291–298.

TUPES, E. C., & CHRISTAL, R. E. (1961). *Recurrent personality factors based on trait ratings* (USAF ASD Tech. Rep. No. 61–97). Lackland Air Force Base, TX: U.S. Air Force.

TURNER, C. W., HESSE, B. W., & PETERSON-LEWIS, S. (1986). Naturalistic studies of the long-term effects of television violence. *Journal of Social Issues, 42*(3), 51–73.

TURNER, R. H., & VANDERLIPPE, R. H. (1958). Self-ideal congruence as an index of adjustment. *Journal of Abnormal and Social Psychology, 57,* 202–206.

VACC, N. A., & GREENLEAF, W. (1975). Sequential development of cognitive complexity. *Perceptual and Motor Skills, 41,* 319–322.

VAIHINGER, H. (1952). *The philosophy of "as if": A system of the theoretical, practical and religious fictions of mankind* (C. K. Ogden, Trans.). London: Routledge & Kegan Paul. (Original work published 1911)

VAN DER POST, L. (1975). *Jung and the story of our time.* New York: Pantheon.

VAN HOOFF, J. (1971). *Aspects of social behaviour and communication in humans and higher nonhuman primates.* Rotterdam: Bronder.

VAN KAAM, A. (1966). *Existential foundations of psychology.* Pittsburgh, PA: Duquesne University Press.

VERPLANCK, W. S. (1955). The operant, from rat to man: An introduction to some recent experiments on human behavior. *Transactions of the New York Academy of Science, 17,* 594–601.

VINEY, L. L. (1983). *Images of illness.* Miami, FL: Krieger.

VINEY, L. L. (1984). Concerns about death among severely ill people. In F. R. Epting & R. A. Neimeyer (Eds.), *Personal meanings of death.* Washington, DC: Hemisphere.

VINEY, L. L., ALLWOOD, K., STILLSON, L., & WALMSLEY, R. (1992). Personal construct therapy for HIV and seropositive patients. *Psychotherapy, 29,* 430–437.

VINEY, L. L., BENJAMIN, Y. N., & PRESTON, C. (1989). Mourning and reminiscence: Parallel psychotherapeutic processes for elderly people. *International Journal of Aging and Human Development, 28,* 239–249.

VYSE, S. A. (1990). Adapting a viewpoint: Psychology majors and psychological theory. *Teaching of Psychology, 17,* 227–230.

WAGNER, M. E., & SCHUBERT, H. J. P. (1977). Sibship variables and United States presidents. *Journal of Individual Psychology, 33,* 78–85.

WALKER, B. M. (1990). Construing George Kelly's construing of the person-in-relation. *International Journal of Personal Construct Psychology, 3,* 41–50.

WASON, P. (1966). Reasoning. In B. M. Foss (Ed.), *New horizons in psychology.* London: Penguin.

WATERMAN, A. S. (1982). Identity development from adolescence to adulthood: An extension of theory and a review of research. *Developmental Psychology, 18,* 341–358.

WATERMAN, A. S., GEARY, P. S., & WATERMAN, C. K. (1974). Longitudinal study of changes in ego identity status from the freshman to the senior year at college. *Developmental Psychology, 10,* 387–392.

WATERMAN, C. K., BUEBEL, M. E., & WATERMAN, A. S. (1970). Relationship between resolution of the identity crisis and outcomes of previous psychosocial crises. *Proceedings of the 78th Annual Convention of the American Psychological Association, 5,* 467–468.

WATSON, J. B. (1926). Experimental studies on the growth of the emotions. In C. Murchison (Ed.), *Psychologies of 1925.* Worcester, MA: Clark University Press.

WATSON, P. J., MORRIS, R. J., & HOOD, R. W., JR. (1990). Extrinsic scale factors: Correlations and construction of religious orientation types. *Journal of Psychology and Christianity, 9,* 35–46.

WEBSTER, R. (1995). Why Freud was wrong: Sin, science, and psychoanalysis. New York: Basic Books.

WEHR, G. (1987). *Jung: A biography.* Boston: Shambhala.

WEINBERG, R. S., HUGHES, H. H., CRITELLI, J. W., ENGLAND, R., & JACKSON, A. (1984). Effects of preexisting and manipulated self-efficacy on weight loss in a self-control program. *Journal of Research in Personality, 18,* 352–358.

WEISS, R. L., BIRCHLER, G. R., & VINCENT, J. P. (1974). Contractual models for negotiation training in marital dyads. *Journal of Marriage and the Family, 36,* 321–330.

WEISSTEIN, N. (1975). Psychology constructs the female, or the fantasy life of the male psychologist (with some attention to the fantasies of his friends, the male biologist and the male anthropologist). In I. Cohen (Ed.), *Perspectives on psychology.* New York: Praeger.

WEST, S. (ED.). (1983, September). Personality and prediction: Nomothetic and idiographic approaches. *Journal of Personality* [Special issue], *51*(3).

WESTCOTT, M. (1986). *The feminist legacy of Karen Horney.* New Haven, CT: Yale University Press.

WHITE, M., & EPSTON, D. (1990*). Narrative means to therapeutic ends.* New York: Norton.

WIEDENFELD, S. A., O'LEARY, A., BANDURA, A., BROWN, S., LEVINE, S., & RASKA, K. (1990). Impact of perceived self-efficacy in coping with stressors on components of the immune system. *Journal of Personality and Social Psychology, 59,* 1082–1094.

WIEDERMAN, M. W., & ALLGEIER, E. R. (1992). Gender differences in mate selection criteria: Sociobiological or socioeconomic explanation? *Ethology and Sociobiology, 13,* 115–124.

WIENER, D. N. (1996). *B. F. Skinner: Benign anarchist.* Needham Heights, MA: Allyn & Bacon.

WIGGINS, J. S. (1968). Personality structure. *Annual review of psychology* (Vol. 19). Palo Alto, CA: Annual Reviews.

WILLET, R. A. (1960). Measures of learning and conditioning. In H. J. Eysenck (Ed.), *Experiments in personality* (Vol. 2). London: Routledge & Kegan Paul.

WILLIAMS, D. E., & PAGE, M. M. (1989). A multidimensional measure of Maslow's hierarchy of needs. *Journal of Research in Personality, 23,* 192–213.

WILLIAMS, G. C. (1966). *Adaptation and natural selection.* Princeton, NJ: Princeton University Press.

WILLIAMS, G. C. (1975). *Sex and evolution.* Princeton, NJ: Princeton University Press.

WILSON, C. (1972). *New pathways in psychology: Maslow and the post-Freudian revolution.* New York: Taplinger.

WILSON, E. O. (1975). *Sociobiology: The new synthesis.* Cambridge, MA: Harvard University Press.

WILSON, E. O. (1998). *Consilience: The unity of knowledge.* New York: Knopf.

WILSON, M. (1989). Marital conflict and homicide in evolutionary perspective. In R. W. Bell & N. J. Bell (Eds.), *Sociobiology and the social sciences* (pp. 45–62). Lubbock: Texas Tech University Press.

WILSON, M., & DALY, M. (1994). A lifespan perspective on homicidal violence: The young male syndrome. In C. R. Block & R. L. Block (Eds.), *Proceedings of the 2nd annual workshop of the homicide research working group.* Washington, DC: National Institute of Justice.

WILSON, S. R., & SPENCER, R. C. (1990). Intense personal experiences: Subjective effects, interpretations, and after-effects. *Journal of Clinical Psychology, 46,* 565–573.

WINTER, D. A. (1993). Slot rattling from law enforcement to lawbreaking: A personal construct theory exploration of police stress. *International Journal of Personal Construct Psychology, 6,* 253–267.

WITTELS, F. (1924). *Sigmund Freud: His personality, his teaching, and his school.* London: Allen & Unwin.

WOJCIK, J. V. (1988). Social learning predictors of the avoidance of smoking relapse. *Addictive Behaviors, 13,* 177–180.

WOLPE, J., & PLAUD, J. J. (1997). Pavlov's contributions to behavior therapy: The obvious and the not so obvious. *American Psychologist, 52,* 966–972.

WOOD, R., & BANDURA, A. (1989). Impact of conceptions of ability on self-regulatory mechanisms and complex decision making. *Journal of Personality and Social Psychology, 56,* 407–415.

WOOD, R., BANDURA, A., & BAILEY, T. (1990). Mechanisms governing organizational performance in complex decision-making environments. *Organizational Behavior and Human Decision Processes, 46,* 181–201.

WRIGHT, J. C., & MISCHEL, W. (1987). A conditional approach to dispositional contructs: The local predictability of social behavior. *Journal of Personality and Social Behavior, 53,* 1159–1177.

WRIGHTMAN, L. S. (1981). Personal documents as data in conceptualizing adult personality development. *Personality and Social Psychology Bulletin, 7,* 367–385.

WULFF, D. M. (1991). *Psychology and religion: Classic and contemporary views.* New York: Wiley.

WUNDT, W. (1903). *Grundzuge der physiologischen psychologie* (Vol. 3, 5th ed.). Leipzig: W. Engelmann.

YEAGLE, E. H., PRIVETTE, G., & DUNHAM, F. Y. (1989). Highest happiness: An analysis of artists' peak experience. *Psychological Reports, 65,* 523–530.

YONGE, G. D. (1975). Time experiences, self-actualizing values, and creativity. *Journal of Personality Assessment, 39,* 601–606.

YOUNG-BRUEHL, E. (1988). *Anna Freud: A biography.* New York: Norton.

YOUNG-BRUEHL, E. (1990). *Freud on women: A reader.* New York: Norton.

ZAJONC, R. B. (2001). The family dynamics of intellectual development. *American Psychologist, 56,* 490–496.

ZAJONC, R. B., & MARKUS, G. B. (1975). Birth order and intellectual development. *Psychological Review, 82,* 74–88.

ZAJONC, R. B., MARKUS, H., & MARKUS G. B. (1979). The birth order puzzle. *Journal of Personality and Social Psychology, 37,* 1325–1341.

ZAJONC R. B., & MULLALLY, P. R. (1997). Birth order: Reconciling conflicting effects. *American Psychologist, 52,* 685–699.

ZIMBARDO, P., & RUCH, F. (1977). *Psychology and life* (9th ed.). Glenview, IL: Scott, Foresman.

ZUCKERMAN, M. (1991). *Psychobiology of personality.* New York: Cambridge University Press.

ZUCKERMAN, M. (1995). Good and bad humors: Biochemical bases of personality and its disorders. *Psychological Science, 6,* 325–332.

ZUROFF, D. (1986). Was Gordon Allport a trait theorist? *Journal of Personality and Social Psychology, 51,* 993–1000.

出处说明

照片

（照片所在页码为英文原书页码，即本书边码）

注释

第2章

From Freud: *A Life for Our Time* by Peter Gay. Copyright © 1998 by Peter Gay. Used by permission of W. W. Norton & Company, Inc.

From *New Introductory Lectures on Psycho-Analysis* by Sigmund Freud, translated by James Strachey. Copyright © 1965, 1964 by James Strachey. Used by permission of W. W. Norton & Company, Inc.

From *Civilization and its Discontent* by sigmund Freud, translated by James Strachey. Copyright © 1961 by James Strachey, renewed 1989 by Alix Strachey. Used by permission of W. W. Norton & Company, Inc.

From *The Myth of Repressed Memories, and Allegations of Abuse* by Elizabeth Loftus. Copyright © 1994 New York, NY: Bedford/St. Martin's.

From *How to Think Straight about Psychology* by Keith E. Stanovich. Copyright © 2004 Keith E. Stanovich. Reproduced by permission of Pearson Education, Inc.

人名索引

（索引页码为英文原书页码，即本书边码）

主题索引

（索引页码为英文原书页码，即本书边码）

推荐阅读书目

ISBN	书名	第一作者	单价（元）
	心理学译丛		
978-7-300-26722-7	心理学（第3版）	斯宾塞·A. 拉瑟斯	79.00
978-7-300-29372-1	心理学改变思维（第4版）	斯科特·O. 利林菲尔德	168.00
978-7-300-12644-9	行动中的心理学（第8版）	卡伦·霍夫曼	89.00
978-7-300-09563-9	现代心理学史（第2版）	C. 詹姆斯·古德温	88.00
978-7-300-13001-9	心理学研究方法（第9版）	尼尔·J. 萨尔金德	68.00
978-7-300-22490-9	行为科学统计精要（第8版）	弗雷德里克·J. 格雷维特	68.00
978-7-300-28834-5	行为与社会科学统计（第5版）	亚瑟·阿伦	98.00
978-7-300-22245-5	心理统计学（第5版）	亚瑟·阿伦	129.00
978-7-300-13306-5	现代心理测量学（第3版）	约翰·罗斯特	39.90
978-7-300-12745-3	人类发展（第8版）	詹姆斯·W. 范德赞登	88.00
978-7-300-29844-3	伯克毕生发展心理学（第7版）	劳拉·E. 伯克	258.00
978-7-300-18422-7	社会性发展	罗斯·D. 帕克	59.90
978-7-300-21583-9	伍尔福克教育心理学（第12版）	安妮塔·伍尔福克	109.00
978-7-300-29643-2	教育心理学：指导有效教学的主要理念（第5版）	简妮·爱丽丝·奥姆罗德	109.00
978-7-300-31183-8	学习心理学（第8版）	简妮·爱丽丝·奥姆罗德	118.00
978-7-300-23658-2	异常心理学（第6版）	马克·杜兰德	139.00
978-7-300-18593-4	婴幼儿心理健康手册（第3版）	小查尔斯·H. 泽纳	89.90
978-7-300-19858-3	心理咨询导论（第6版）	塞缪尔·格莱丁	89.90
978-7-300-29729-3	当代心理治疗（第10版）	丹尼·韦丁	139.00
978-7-300-30253-9	团体心理治疗（第10版）	玛丽安娜·施奈德	89.00
978-7-300-30663-6	社会心理学（第8版）	迈克尔·豪格	158.00
978-7-300-25883-6	**人格心理学入门（第8版）**	**马修·H. 奥尔森**	**118.00**
978-7-300-12478-0	女性心理学（第6版）	马格丽特·W. 马特林	79.00
978-7-300-18010-6	消费心理学：无所不在的时尚（第2版）	迈克尔·R. 所罗门	79.80
978-7-300-12617-3	社区心理学：联结个体和社区（第2版）	詹姆士·H. 道尔顿	79.80
978-7-300-16328-4	跨文化心理学（第4版）	埃里克·B. 希雷	55.00
978-7-300-14110-7	职场人际关系心理学（第12版）	莎伦·伦德·奥尼尔	49.00
978-7-300-13303-4	生涯发展与规划：人生的问题与选择	理查德·S. 沙夫	45.00
978-7-300-18904-8	大学生领导力（第3版）	苏珊·R. 考米维斯	39.80

图书在版编目（CIP）数据

人格心理学入门：第8版 /（美）马修·H.奥尔森，（美）B.R.赫根汉著；陈会昌，苏玲译.—北京：中国人民大学出版社，2018.8

（心理学译丛）

书名原文：An introduction to theories of personality，8th edition

ISBN 978-7-300-25883-6

Ⅰ.①人… Ⅱ.①马… ②B… ③陈…④苏… Ⅲ.①人格心理学 – 高等学校 – 教材 Ⅳ.①B848

中国版本图书馆CIP数据核字（2018）第123903号

心理学译丛

人格心理学入门（第8版）

［美］马修·H.奥尔森　B.R.赫根汉　著

陈会昌　苏　玲　译

Renge Xinlixue Rumen

出版发行	中国人民大学出版社		
社　址	北京中关村大街31号	**邮政编码**	100080
电　话	010–62511242（总编室）	010–62511770（质管部）	
	010–82501766（邮购部）	010–62514148（门市部）	
	010–62515195（发行公司）	010–62515275（盗版举报）	
网　址	http://www.crup.com.cn		
经　销	新华书店		
印　刷	北京七色印务有限公司		
开　本	890mm × 1240mm　1/16	**版　次**	2018年8月第1版
印　张	31.75　插页2	**印　次**	2024年2月第2次印刷
字　数	869 000	**定　价**	118.00元

版权所有　　侵权必究　　印装差错　　负责调换

Pearson

尊敬的老师：

您好！

为了确保您及时有效地申请培生整体教学资源，请您务必完整填写如下表格，加盖学院的公章后传真给我们，我们将会在2～3个工作日内为您处理。

请填写所需教辅的开课信息：

采用教材			□ 中文版　□ 英文版　□ 双语版	
作　者		出版社		
版　次		ISBN		
课程时间	始于　　年　月　日	学生人数		
	止于　　年　月　日	学生年级	□ 专　科　□ 本科 1/2 年级 □ 研究生　□ 本科 3/4 年级	

请填写您的个人信息：

学　校			
院系/专业			
姓　名		职　称	□ 助教 □ 讲师 □ 副教授 □ 教授
通信地址/邮编			
手　机		电　话	
传　真			
official email（必填） （eg：×××@ruc.edu.cn）		E-mail （eg：×××@163.com）	
是否愿意接受我们定期的新书讯息通知：　□ 是　□ 否			

系/院主任：_____（签字）

（系／院办公室章）

___年___月___日

资源介绍：

——教材、常规教辅（PPT、教师手册、题库等）资源：请访问 www.pearsonhighered.com/educator。　（免费）

——MyLabs/Mastering 系列在线平台：适合老师和学生共同使用；访问需要 Access Code。　（付费）

100013　北京市东城区北三环东路 36 号环球贸易中心 D 座 1208 室

电话：（8610）57355003　　传真：（8610）58257961

Please send this form to：copub.hed@pearson.com